Tölke · Praktische Funktionenlehre

Praktische Funktionenlehre

Von

Professor Dr.-Ing. Dr. ès sc. h. c. F. Tölke
o. Professor an der Technischen Hochschule Stuttgart
Direktor des Otto-Graf-Instituts

Dritter Band

Jacobische elliptische Funktionen
Legendresche elliptische Normalintegrale
und spezielle Weierstraßsche Zeta- und Sigma-Funktionen

Springer-Verlag Berlin Heidelberg GmbH 1967

ISBN 978-3-662-35550-3 ISBN 978-3-662-36379-9 (eBook)
DOI 10.1007/978-3-662-36379-9

Softcover reprint of the hardcover 3rd edition 1967

Library of Congress Catalog Card Number 51—21615

Titelnummer 1273

Vorwort

Die JACOBIschen elliptischen Funktionen entstehen aus den im zweiten Band der Praktischen Funktionenlehre behandelten vier JACOBIschen Theta-Funktionen durch Quotientenbildung. Entsprechend dem Vorbild in der angelsächsischen Literatur bildet hier der vollständige Satz der zwölf meromorphen Funktionen die Grundlage der Darstellung, die noch durch die sechs zugehörigen logarithmischen Ableitungen ergänzt wird. Von diesen zeichnen sich diejenigen, welche auf Quotienten der im zweiten Band zusätzlich eingeführten fünften und sechsten Theta-Funktionen zurückgeführt werden können, durch ihre Eigenschaften besonders aus.

In engem Zusammenhang zu dem so gebildeten Grundstock der achtzehn elliptischen Funktionen steht der vollständige Satz der zugehörigen LEGENDREschen und JACOBIschen elliptischen Normalintegrale erster, zweiter und dritter Gattung, deren Darstellung in algebraischer, trigonometrischer und hyperbolischer Form gegeben wird.

Aus den im zweiten Band eingeführten sechs speziellen einparametrigen WEIERSTRASSschen $\wp$-Funktionen ergeben sich durch Integration sechs spezielle einparametrige WEIERSTRASSsche Zeta-Funktionen, die in bezug auf zwei Raumgerade eine relative Periodizität aufweisen. Neben jenen behandelt das Buch auch noch die sechs speziellen WEIERSTRASSschen Sigma-Funktionen, welche durch Integration aus den vorerwähnten Zeta-Funktionen hervorgehen.

Den Herren Dr.-Ing. FEUERLEIN, Dipl.-Ing. FLAMM, Dipl.-Ing. FLINSPACH, Dr.-Ing. GAISER und Dipl.-Ing. KLOPFER danke ich für die Anfertigung der Abbildungen und Fräulein Dr.-Ing. Dipl.-Math. GOESER für die Durchführung der programmierungstechnischen Vorarbeiten. Ferner danke ich den Herren Priv.-Doz. Dr.-Ing. GIESECKE und Dr.-Ing. BONHAGE für die Unterstützung bei der Durchsicht des Manuskriptes und für das Lesen der Korrektur.

Mein besonderer Dank gilt dem Springer-Verlag für die Geduld bei der Korrektur und für die hervorragende Ausstattung des Buches.

Stuttgart, im Herbst 1966

Friedrich Tölke

Vorbemerkungen zum Gesamtwerk

Entsprechend der Zweckbestimmung der Praktischen Funktionenlehre war auch für die Bearbeitung der Bände II bis V der Gesichtspunkt entscheidend, Aufbau und Stoffauswahl in erster Linie auf die Bedürfnisse der angewandten Mathematik, theoretischen Physik und Technik abzustellen. Wenn die dadurch bedingte, über den klassischen Behandlungsstoff hinausgehende Gebietsausweitung auch für die reine Mathematik interessant sein sollte, so würde dies den durch das Buch angesprochenen Personenkreis noch vergrößern.

Das eine Einheit bildende, die Theorie der Theta- und elliptischen Funktionen behandelnde Werk erscheint in fünf Bänden, deren Titel, Kapitel- und Abschnittseinteilung sowie Gleichungs- und Abbildungsnummern unter Einschluß der bereits erschienenen Bände I und II folgendermaßen lauten:

	Kapitel	Abschnitte	Gleichungen	Abbildungen
I: Elementare und elementare transzendente Funktionen	—	1—6	1—824	1—174
II: Theta-Funktionen und spezielle WEIERSTRASSsche Funktionen	1—4	1—107	1—765	1—129
III: JACOBIsche elliptische Funktionen, LEGENDREsche elliptische Normalintegrale und spezielle WEIERSTRASSsche Zeta- und Sigma-Funktionen	5—9	108—156	766—1082	130—224
IV: Elliptische Integralgruppen und JACOBIsche elliptische Funktionen im Komplexen	10, 11	157—191	1083—1274	225—298
V: Allgemeine WEIERSTRASSsche Funktionen und Ableitungen nach dem Parameter, Integrale der Theta-Funktionen und Bilinear-Entwicklungen	12—17	192—252	1275—1600	299—440

Diesen Bänden wird ein weiterer auf den Stoff der Bände II bis V abgestellter Tafelband VI mit 120 den Gebrauch der Tafel erläuternden Beispielen aus der Theorie der elliptischen Integrale mit den nachstehend aufgeführten Tafeln folgen

Tafel I: Übergang vom Parametersystem $\varkappa$ auf das Modulsystem k, k', α bzw. k^2, k'^2 und das System der Periodenzahlen K, K'.

Tafel II: 57 Parameterfunktionen, bezogen auf $\varkappa$ bzw. $1/\varkappa$ als Argument.

Tafel III: Sechsstellige Tafel der Theta-Funktionen und ihrer logarithmischen Ableitungen, der JACOBIschen elliptischen Funktionen und ihrer logarithmischen Ableitungen sowie der WEIERSTRASSschen $\mathfrak{z}$-, $\wp$- und $\wp'$-Funktionen einschließlich einiger Parameterfunktionen für $\zeta = \frac{z}{2K}$ als Argument und $\varkappa$ bzw. $\frac{1}{\varkappa}$ als Parameter.

Tafel IV: Neunstellige Tafel der LEGENDREschen Normalintegrale erster und zweiter Gattung sowie der JACOBIschen Zetafunktion und der abgewandelten HEUMANschen Lambda-Funktion.

Tafel V: Sechsstellige Tafel der D-Funktionen erster bis vierter Ordnung für die Charakteristiken 1 bis 4.

Inhaltsverzeichnis

Kapitel 5

Jacobische elliptische Funktionen und zugehörige logarithmische Ableitungen

Kapitel 6

Umkehrfunktionen der Jacobischen elliptischen Funktionen und elliptische Normalintegrale erster Gattung. Elliptische Amplitudenfunktion sowie Legendresche F- und E-Funktion. Elliptische Normalintegrale zweiter Gattung. Jacobische Zeta- und Heumansche Lambda-Funktion

Kapitel 7

Normalintegrale dritter Gattung. Legendresche Π-Funktion. Zurückführung des allgemeinen elliptischen Integrals auf Normalintegrale erster, zweiter und dritter Gattung

Seite

Kapitel 8

Spezielle Weierstraßsche Zeta-Funktionen

Kapitel 9

Spezielle Weierstraßsche Sigma-Funktionen

Kapitel 5

Jacobische elliptische Funktionen und zugehörige logarithmische Ableitungen

108. Definitionen

Die von Jacobi entwickelte Theorie der nach ihm benannten Funktionen umfaßt die drei aus Quotienten der drei ersten Thetafunktionen mit der vierten gebildeten meromorphen Funktionen

$$\operatorname{sn}(z,k)=\frac{1}{\sqrt{k}}\,\frac{\vartheta_1(z,k)}{\vartheta_4(z,k)},\qquad \operatorname{cn}(z,k)=\sqrt{\frac{k'}{k}}\,\frac{\vartheta_2(z,k)}{\vartheta_4(z,k)},\qquad \operatorname{dn}(z,k)=\sqrt{k'}\,\frac{\vartheta_3(z,k)}{\vartheta_4(z,k)}.$$

Inzwischen wurde, insbesondere in der angelsächsischen Literatur, die mathematische Betrachtung auf die 12 Quotientenfunktionen, die sich unter Einfügung geeigneter multiplikativer Parameterfunktionen aus den vier ersten Theta-Funktionen bilden lassen, ausgeweitet, was in den Darlegungen des vorigen Kapitels, insbesondere in den Abschnitten 92 bis 104, schon weitgehend berücksichtigt wurde. Die Definitionsgleichungen lauten, wenn angesichts der Möglichkeiten der Bezugnahme auf das Modulsystem (z, k) und das Parametersystem $(\zeta, \varkappa)$ wie im zweiten Teil des vierten Kapitels auf eine Argumentbezeichnung verzichtet und noch (692) beachtet wird,

$$\left.\begin{aligned}
&\mathrm{cs}=\frac{\mathrm{cn}}{\mathrm{sn}}=\frac{1}{\mathrm{sc}}=\sqrt{k'}\,\frac{\vartheta_2}{\vartheta_1}=\sqrt{\wp_1-e_1}, && \mathrm{nd}=\frac{1}{\mathrm{dn}}=\frac{1}{\sqrt{k'}}\,\frac{\vartheta_4}{\vartheta_3}=\frac{1}{k'}\sqrt{-(\wp_3-e_1)},\\
&\mathrm{ds}=\frac{\mathrm{dn}}{\mathrm{sn}}=\frac{1}{\mathrm{sd}}=\sqrt{k\,k'}\,\frac{\vartheta_3}{\vartheta_1}=\sqrt{\wp_1-e_2}, && \mathrm{sd}=\frac{\mathrm{sn}}{\mathrm{dn}}=\frac{1}{\mathrm{ds}}=\frac{1}{\sqrt{k\,k'}}\,\frac{\vartheta_1}{\vartheta_3}=\frac{1}{k\,k'}\sqrt{-(\wp_3-e_2)},\\
&\mathrm{ns}=\frac{1}{\mathrm{sn}}=\sqrt{k}\,\frac{\vartheta_4}{\vartheta_1}=\sqrt{\wp_1-e_3}, && \mathrm{cd}=\frac{\mathrm{cn}}{\mathrm{dn}}=\frac{1}{\mathrm{dc}}=\frac{1}{\sqrt{k}}\,\frac{\vartheta_2}{\vartheta_3}=\frac{1}{k}\sqrt{\wp_3-e_3},\\
&\mathrm{sc}=\frac{\mathrm{sn}}{\mathrm{cn}}=\frac{1}{\mathrm{cs}}=\frac{1}{\sqrt{k'}}\,\frac{\vartheta_1}{\vartheta_2}=\frac{1}{k'}\sqrt{\wp_2-e_1}, && \mathrm{dn}=\frac{1}{\mathrm{nd}}=\sqrt{k'}\,\frac{\vartheta_3}{\vartheta_4}=\sqrt{-(\wp_4-e_1)},\\
&\mathrm{nc}=\frac{1}{\mathrm{cn}}=\sqrt{\frac{k}{k'}}\,\frac{\vartheta_4}{\vartheta_2}=\frac{1}{k'}\sqrt{\wp_2-e_2}, && \mathrm{cn}=\frac{1}{\mathrm{nc}}=\sqrt{\frac{k'}{k}}\,\frac{\vartheta_2}{\vartheta_4}=\frac{1}{k}\sqrt{-(\wp_4-e_2)},\\
&\mathrm{dc}=\frac{\mathrm{dn}}{\mathrm{cn}}=\frac{1}{\mathrm{cd}}=\sqrt{k}\,\frac{\vartheta_3}{\vartheta_2}=\sqrt{\wp_2-e_3}, && \mathrm{sn}=\frac{1}{\mathrm{ns}}=\frac{1}{\sqrt{k}}\,\frac{\vartheta_1}{\vartheta_4}=\frac{1}{k}\sqrt{\wp_4-e_3}.
\end{aligned}\right\}\quad(766)$$

Von gleich großer Bedeutung wie die Jacobischen elliptischen Funktionen selbst sind ihre logarithmischen Ableitungen, die in den folgenden Betrachtungen durch einen Querstrich über den durch (766) eingeführten Funktionen gekennzeichnet werden sollen. Da die logarithmische Ableitung des Reziprokwertes einer Quotientenfunktion sich von der logarithmischen Ableitung der Quotientenfunktion nur durch das Vorzeichen unterscheidet, können die Betrachtungen im allgemeinen auf sechs logarithmische Ableitungen beschränkt werden. Bei Bezugnahme auf die Gln. (705) in Verbindung mit (766) lassen sich die logarithmischen Ableitungen der Jacobischen elliptischen Funktionen als Produkte der letzteren unter Einfügung einer multiplikativen Parameterfunktion darstellen. Hierbei nehmen die Funktionen

$$\frac{\partial \ln \mathrm{ds}}{\partial z},\quad \frac{\partial \ln \mathrm{nc}}{\partial z},\quad \frac{\partial \ln \mathrm{sd}}{\partial z},\quad \frac{\partial \ln \mathrm{cn}}{\partial z}$$

dadurch eine Sonderstellung ein, daß die vorgenannten Produkte nach (129) als Quotienten der fünften und sechsten Theta-Funktion betrachtet werden können, wodurch die enge Verwandtschaft der Jacobischen elliptischen Funktionen mit ihren logarithmischen Ableitungen noch unterstrichen wird. Die so sich ergebenden Definitionsgleichungen lauten:

$$\left.\begin{aligned}
\overline{\mathrm{cs}} &= \frac{\partial}{\partial z}\ln \mathrm{cs} = -\frac{\partial}{\partial z}\ln \mathrm{sc} = -\overline{\mathrm{sc}} = \frac{\partial}{\partial z}\ln\frac{\vartheta_2}{\vartheta_1} = \frac{1}{2}\frac{\partial}{\partial z}\ln(\wp_1 - e_1) = -\mathrm{dsnc} = -\mathrm{dcns},\\
\overline{\mathrm{ds}} &= \frac{\partial}{\partial z}\ln \mathrm{ds} = -\frac{\partial}{\partial z}\ln \mathrm{sd} = -\overline{\mathrm{sd}} = \frac{\partial}{\partial z}\ln\frac{\vartheta_3}{\vartheta_1} = \frac{1}{2}\frac{\partial}{\partial z}\ln(\wp_1 - e_2) = -\mathrm{cdns} = -\mathrm{csnd} = -\frac{\vartheta_6}{\vartheta_5},\\
\overline{\mathrm{ns}} &= \frac{\partial}{\partial z}\ln \mathrm{ns} = -\frac{\partial}{\partial z}\ln \mathrm{sn} = -\overline{\mathrm{sn}} = \frac{\partial}{\partial z}\ln\frac{\vartheta_4}{\vartheta_1} = \frac{1}{2}\frac{\partial}{\partial z}\ln(\wp_1 - e_3) = -\mathrm{csdn} = -\mathrm{cnds},\\
\overline{\mathrm{sc}} &= \frac{\partial}{\partial z}\ln \mathrm{sc} = -\frac{\partial}{\partial z}\ln \mathrm{cs} = -\overline{\mathrm{cs}} = \frac{\partial}{\partial z}\ln\frac{\vartheta_1}{\vartheta_2} = \frac{1}{2}\frac{\partial}{\partial z}\ln(\wp_2 - e_1) = +\mathrm{dsnc} = +\mathrm{dcns},\\
\overline{\mathrm{nc}} &= \frac{\partial}{\partial z}\ln \mathrm{nc} = -\frac{\partial}{\partial z}\ln \mathrm{cn} = -\overline{\mathrm{cn}} = \frac{\partial}{\partial z}\ln\frac{\vartheta_4}{\vartheta_2} = \frac{1}{2}\frac{\partial}{\partial z}\ln(\wp_2 - e_2) = +\mathrm{dcsn} = +\mathrm{dnsc} = +\frac{\vartheta_5}{\vartheta_6},\\
\overline{\mathrm{dc}} &= \frac{\partial}{\partial z}\ln \mathrm{dc} = -\frac{\partial}{\partial z}\ln \mathrm{cd} = -\overline{\mathrm{cd}} = \frac{\partial}{\partial z}\ln\frac{\vartheta_3}{\vartheta_2} = \frac{1}{2}\frac{\partial}{\partial z}\ln(\wp_2 - e_3) = k'^2\,\mathrm{scnd} = k'^2\,\mathrm{sdnc},\\
\overline{\mathrm{nd}} &= \frac{\partial}{\partial z}\ln \mathrm{nd} = -\frac{\partial}{\partial z}\ln \mathrm{dn} = -\overline{\mathrm{dn}} = \frac{\partial}{\partial z}\ln\frac{\vartheta_4}{\vartheta_3} = \frac{1}{2}\frac{\partial}{\partial z}\ln(\wp_3 - e_1) = k^2\,\mathrm{sdcn} = k^2\,\mathrm{sncd},\\
\overline{\mathrm{sd}} &= \frac{\partial}{\partial z}\ln \mathrm{sd} = -\frac{\partial}{\partial z}\ln \mathrm{ds} = -\overline{\mathrm{ds}} = \frac{\partial}{\partial z}\ln\frac{\vartheta_1}{\vartheta_3} = \frac{1}{2}\frac{\partial}{\partial z}\ln(\wp_3 - e_2) = +\mathrm{cdns} = +\mathrm{csnd} = +\frac{\vartheta_6}{\vartheta_5},\\
\overline{\mathrm{cd}} &= \frac{\partial}{\partial z}\ln \mathrm{cd} = -\frac{\partial}{\partial z}\ln \mathrm{dc} = -\overline{\mathrm{dc}} = \frac{\partial}{\partial z}\ln\frac{\vartheta_2}{\vartheta_3} = \frac{1}{2}\frac{\partial}{\partial z}\ln(\wp_3 - e_3) = -k'^2\,\mathrm{scnd} = -k'^2\,\mathrm{sdnc},\\
\overline{\mathrm{dn}} &= \frac{\partial}{\partial z}\ln \mathrm{dn} = -\frac{\partial}{\partial z}\ln \mathrm{nd} = -\overline{\mathrm{nd}} = \frac{\partial}{\partial z}\ln\frac{\vartheta_3}{\vartheta_4} = \frac{1}{2}\frac{\partial}{\partial z}\ln(\wp_4 - e_1) = -k^2\,\mathrm{sdcn} = -k^2\,\mathrm{sncd},\\
\overline{\mathrm{cn}} &= \frac{\partial}{\partial z}\ln \mathrm{cn} = -\frac{\partial}{\partial z}\ln \mathrm{nc} = -\overline{\mathrm{nc}} = \frac{\partial}{\partial z}\ln\frac{\vartheta_2}{\vartheta_4} = \frac{1}{2}\frac{\partial}{\partial z}\ln(\wp_4 - e_2) = -\mathrm{dcsn} = -\mathrm{dnsc} = -\frac{\vartheta_5}{\vartheta_6},\\
\overline{\mathrm{sn}} &= \frac{\partial}{\partial z}\ln \mathrm{sn} = -\frac{\partial}{\partial z}\ln \mathrm{ns} = -\overline{\mathrm{ns}} = \frac{\partial}{\partial z}\ln\frac{\vartheta_1}{\vartheta_4} = \frac{1}{2}\frac{\partial}{\partial z}\ln(\wp_4 - e_3) = +\mathrm{csdn} = +\mathrm{cnds}.
\end{aligned}\right\}\quad(767)$$

Weitere Definitionsgleichungen für die logarithmischen Ableitungen der Jacobischen elliptischen Funktionen liefern die Gln. (723) und (730) in Verbindung mit (766) und (284), nämlich

$$\left.\begin{aligned}
&\overline{\mathrm{cs}}(\zeta,\varkappa) = -\overline{\mathrm{sc}}(\zeta,\varkappa) = -(1+k')\,\mathrm{ns}(2\zeta, 2\varkappa),\\
&\overline{\mathrm{ds}}(\zeta,\varkappa) = -\overline{\mathrm{sd}}(\zeta,\varkappa) = -(1+k')\,\mathrm{ns}(2\zeta, 2\varkappa) + (1-k)\,\mathrm{sc}\left(\zeta, \frac{\varkappa}{2}\right),\\
&\overline{\mathrm{ns}}(\zeta,\varkappa) = -\overline{\mathrm{sn}}(\zeta,\varkappa) = -(1+k)\,\mathrm{cs}\left(\zeta, \frac{\varkappa}{2}\right),\\
&\overline{\mathrm{nc}}(\zeta,\varkappa) = -\overline{\mathrm{cn}}(\zeta,\varkappa) = +(1-k)\,\mathrm{sc}\left(\zeta, \frac{\varkappa}{2}\right) + (1-k')\,\mathrm{sn}(2\zeta, 2\varkappa),\\
&\overline{\mathrm{dc}}(\zeta,\varkappa) = -\overline{\mathrm{cd}}(\zeta,\varkappa) = +(1-k)\,\mathrm{sc}\left(\zeta, \frac{\varkappa}{2}\right),\\
&\overline{\mathrm{nd}}(\zeta,\varkappa) = -\overline{\mathrm{dn}}(\zeta,\varkappa) = +(1-k')\,\mathrm{sn}(2\zeta, 2\varkappa).
\end{aligned}\right\}\quad(768)$$

$$\left.\begin{aligned}
\overline{\mathrm{cs}} &= -\overline{\mathrm{sc}} = -\mathrm{dn}(\mathrm{cs}+\mathrm{sc}) &&= -k'\,\mathrm{nd}\left(\frac{\mathrm{cs}}{k'} + k'\,\mathrm{sc}\right),\\
\overline{\mathrm{ds}} &= -\overline{\mathrm{sd}} = -k'\,\mathrm{nc}\left(\frac{\mathrm{ds}}{k'} - k'\,\mathrm{sd}\right) &&= -k\,\mathrm{cn}\left(\frac{\mathrm{ds}}{k} + k\,\mathrm{sd}\right),\\
\overline{\mathrm{ns}} &= -\overline{\mathrm{sn}} = -\mathrm{dc}(\mathrm{ns}-\mathrm{sn}) &&= -k\,\mathrm{cd}\left(\frac{\mathrm{ns}}{k} - k\,\mathrm{sn}\right),\\
\overline{\mathrm{nc}} &= -\overline{\mathrm{cn}} = +\mathrm{ds}(\mathrm{nc}-\mathrm{cn}) &&= +k\,k'\,\mathrm{sd}\left(\frac{k'}{k}\,\mathrm{nc} + \frac{k}{k'}\,\mathrm{cn}\right),\\
\overline{\mathrm{dc}} &= -\overline{\mathrm{cd}} = +\mathrm{ns}(\mathrm{dc}-\mathrm{cd}) &&= +k\,\mathrm{sn}\left(\frac{\mathrm{dc}}{k} - k\,\mathrm{cd}\right),\\
\overline{\mathrm{nd}} &= -\overline{\mathrm{dn}} = +\mathrm{cs}(\mathrm{nd}-\mathrm{dn}) &&= +k'\,\mathrm{sc}\left(\frac{\mathrm{dn}}{k'} - k'\,\mathrm{nd}\right).
\end{aligned}\right\}\quad(769)$$

109. Funktionalgleichungen

Zwischen den JACOBIschen elliptischen Funktionen, ihren logarithmischen Ableitungen, den WEIERSTRASSschen $\wp$-Funktionen und den WEIERSTRASSschen $\wp'$-Funktionen bestehen untereinander und miteinander zahlreiche Funktionalgleichungen. Einige von diesen sollen nachfolgend zusammengestellt werden.

Die zwischen den Quadraten der JACOBIschen elliptischen Funktionen bestehenden Funktionalgleichungen ergeben sich durch Umschreibung von (696) in Verbindung mit (766). Sie lauten:

$$\left.\begin{array}{llll}
\mathrm{cs}^2-\mathrm{ds}^2=-k'^2, & \mathrm{sc}^2-\mathrm{nc}^2=-1, & \mathrm{nd}^2-k^2\,\mathrm{sd}^2=1, & \mathrm{dn}^2-k^2\,\mathrm{cn}^2=k'^2,\\
\mathrm{ds}^2-\mathrm{ns}^2=-k^2, & k'^2\,\mathrm{nc}^2-\mathrm{dc}^2=-k^2, & k'^2\,\mathrm{sd}^2+\mathrm{cd}^2=1, & \mathrm{cn}^2+\mathrm{sn}^2=1,\\
\mathrm{ns}^2-\mathrm{cs}^2=+1, & \mathrm{dc}^2-k'^2\,\mathrm{sc}^2=+1, & k^2\,\mathrm{cd}^2+k'^2\,\mathrm{nd}^2=1, & k^2\,\mathrm{sn}^2+\mathrm{dn}^2=1.
\end{array}\right\}\quad(770)$$

Durch Quadrieren der Gln. (715) in Verbindung mit (767) folgen lineare Darstellungen der Quadrate der logarithmischen Ableitungen der JACOBIschen elliptischen Funktionen durch WEIERSTRASSsche $\wp$-Funktionen, die bei Berücksichtigung von (504), (591) und (596) nur noch eine einzige $\wp$-Funktion enthalten. Durch Heranziehung von (766) lassen sich die $\wp$-Funktionen auch durch Quadrate JACOBIscher elliptischer Funktionen ausdrücken, und zwar auf zahlreiche Weise. So erhält man unter anderem:

$$\left.\begin{array}{llll}
\overline{\mathrm{cs}}^2=\overline{\mathrm{sc}}^2=e_1+\wp_1+\wp_2=2e_1+(1+k')^2\,\wp_1(2\zeta,\,2\varkappa) & =3e_1+\mathrm{cs}^2+k'^2\,\mathrm{sc}^2 & =\mathrm{ds}^2+\mathrm{dc}^2 & =\mathrm{ns}^2+k'^2\,\mathrm{nc}^2,\\
\overline{\mathrm{ds}}^2=\overline{\mathrm{sd}}^2=e_2+\wp_1+\wp_3=2e_2+\wp_5\,(\zeta,\varkappa) & =3e_2+\mathrm{ds}^2-k^2k'^2\,\mathrm{sd}^2 & =\mathrm{cs}^2+k^2\,\mathrm{cd}^2 & =\mathrm{ns}^2-k'^2\,\mathrm{nd}^2,\\
\overline{\mathrm{ns}}^2=\overline{\mathrm{sn}}^2=e_3+\wp_1+\wp_4=2e_3+(1+k)^2\,\wp_1\left(\zeta,\,\frac{\varkappa}{2}\right) & =3e_3+\mathrm{ns}^2+k^2\,\mathrm{sn}^2 & =\mathrm{cs}^2-k^2\,\mathrm{cn}^2 & =\mathrm{ds}^2-\mathrm{dn}^2,\\
\overline{\mathrm{nc}}^2=\overline{\mathrm{cn}}^2=e_2+\wp_2+\wp_4=2e_2+\wp_6(\zeta,\varkappa) & =3e_2+k'^2\,\mathrm{nc}^2-k^2\,\mathrm{cn}^2 & =k'^2\,\mathrm{sc}^2+k^2\,\mathrm{sn}^2 & =\mathrm{dc}^2-\mathrm{dn}^2,\\
\overline{\mathrm{dc}}^2=\overline{\mathrm{cd}}^2=e_3+\wp_2+\wp_3=2e_3+(1+k)^2\,\wp_2\left(\zeta,\,\frac{\varkappa}{2}\right) & =3e_3+\mathrm{dc}^2+k^2\,\mathrm{cd}^2 & =k'^2\,\mathrm{sc}^2-k^2k'^2\,\mathrm{sd}^2 & =k'^2\,\mathrm{nc}^2-k'^2\,\mathrm{nd}^2,\\
\overline{\mathrm{nd}}^2=\overline{\mathrm{dn}}^2=e_1+\wp_3+\wp_4=2e_1+(1+k')^2\,\wp_4(2\zeta,2\varkappa) & =3e_1-k'^2\,\mathrm{nd}^2-\mathrm{dn}^2 & =k^2\,\mathrm{sn}^2-k^2k'^2\,\mathrm{sd}^2 & =k^2\,\mathrm{cd}^2-k^2\,\mathrm{cn}^2.
\end{array}\right\}(771)$$

Wird auf den rechten Seiten von (769) ausgeklammert und beachtet man dabei die Gln. (767), so ergeben sich die linearen Beziehungen zwischen den logarithmischen Ableitungen der JACOBIschen elliptischen Funktionen

$$\left.\begin{array}{l}
\overline{\mathrm{cs}}=-\overline{\mathrm{sc}}=\overline{\mathrm{cn}}-\overline{\mathrm{sn}}=-\overline{\mathrm{nc}}-\overline{\mathrm{sn}}=\overline{\mathrm{cn}}+\overline{\mathrm{ns}}=-\overline{\mathrm{nc}}+\overline{\mathrm{ns}}=\overline{\mathrm{cd}}+\overline{\mathrm{ds}}=-\overline{\mathrm{dc}}+\overline{\mathrm{ds}}=\overline{\mathrm{cd}}-\overline{\mathrm{sd}}=-\overline{\mathrm{dc}}-\overline{\mathrm{sd}},\\
\overline{\mathrm{ds}}=-\overline{\mathrm{sd}}=\overline{\mathrm{dn}}-\overline{\mathrm{sn}}=-\overline{\mathrm{nd}}-\overline{\mathrm{sn}}=\overline{\mathrm{dn}}+\overline{\mathrm{ns}}=-\overline{\mathrm{nd}}+\overline{\mathrm{ns}}=\overline{\mathrm{dc}}+\overline{\mathrm{cs}}=-\overline{\mathrm{cd}}+\overline{\mathrm{cs}}=\overline{\mathrm{dc}}-\overline{\mathrm{sc}}=-\overline{\mathrm{cd}}-\overline{\mathrm{sc}},\\
\overline{\mathrm{ns}}=-\overline{\mathrm{sn}}=\overline{\mathrm{cs}}+\overline{\mathrm{nc}}=-\overline{\mathrm{sc}}+\overline{\mathrm{nc}}=\overline{\mathrm{cs}}-\overline{\mathrm{cn}}=-\overline{\mathrm{sc}}-\overline{\mathrm{cn}}=\overline{\mathrm{ds}}+\overline{\mathrm{nd}}=-\overline{\mathrm{sd}}+\overline{\mathrm{nd}}=\overline{\mathrm{ds}}-\overline{\mathrm{dn}}=-\overline{\mathrm{sd}}-\overline{\mathrm{dn}},\\
\overline{\mathrm{nc}}=-\overline{\mathrm{cn}}=\overline{\mathrm{dc}}+\overline{\mathrm{nd}}=-\overline{\mathrm{cd}}+\overline{\mathrm{nd}}=\overline{\mathrm{dc}}-\overline{\mathrm{dn}}=-\overline{\mathrm{cd}}-\overline{\mathrm{dn}}=\overline{\mathrm{sc}}+\overline{\mathrm{ns}}=-\overline{\mathrm{cs}}+\overline{\mathrm{ns}}=\overline{\mathrm{sc}}-\overline{\mathrm{sn}}=-\overline{\mathrm{cs}}-\overline{\mathrm{sn}},\\
\overline{\mathrm{dc}}=-\overline{\mathrm{cd}}=\overline{\mathrm{dn}}-\overline{\mathrm{cn}}=-\overline{\mathrm{nd}}-\overline{\mathrm{cn}}=\overline{\mathrm{dn}}+\overline{\mathrm{nc}}=-\overline{\mathrm{nd}}+\overline{\mathrm{nc}}=\overline{\mathrm{ds}}+\overline{\mathrm{sc}}=-\overline{\mathrm{sd}}+\overline{\mathrm{sc}}=\overline{\mathrm{ds}}-\overline{\mathrm{cs}}=-\overline{\mathrm{sd}}-\overline{\mathrm{cs}},\\
\overline{\mathrm{nd}}=-\overline{\mathrm{dn}}=\overline{\mathrm{sd}}+\overline{\mathrm{ns}}=-\overline{\mathrm{ds}}+\overline{\mathrm{ns}}=\overline{\mathrm{sd}}-\overline{\mathrm{sn}}=-\overline{\mathrm{ds}}-\overline{\mathrm{sn}}=\overline{\mathrm{cd}}+\overline{\mathrm{nc}}=-\overline{\mathrm{dc}}+\overline{\mathrm{nc}}=\overline{\mathrm{cd}}-\overline{\mathrm{cn}}=-\overline{\mathrm{dc}}-\overline{\mathrm{cn}}.
\end{array}\right\}\quad(772)$$

Werden die Gln. (738) mit den Gln. (766) und (767) in Verbindung gebracht, so können die Produkte der logarithmischen Ableitungen der JACOBIschen elliptischen Funktionen durch deren Quadrate ausgedrückt werden. Die Formeln lauten:

$$\left.\begin{array}{ll}
\overline{\mathrm{ds}}\,\overline{\mathrm{ns}}=-\overline{\mathrm{sd}}\,\overline{\mathrm{ns}}=-\overline{\mathrm{ds}}\,\overline{\mathrm{sn}}=\overline{\mathrm{sd}}\,\overline{\mathrm{sn}}=\mathrm{cs}^2, & \overline{\mathrm{ds}}\,\overline{\mathrm{cd}}=-\overline{\mathrm{sd}}\,\overline{\mathrm{cd}}=-\overline{\mathrm{ds}}\,\overline{\mathrm{dc}}=\overline{\mathrm{sd}}\,\overline{\mathrm{dc}}=k'^2\,\mathrm{nd}^2,\\
\overline{\mathrm{ns}}\,\overline{\mathrm{cs}}=-\overline{\mathrm{sn}}\,\overline{\mathrm{cs}}=-\overline{\mathrm{ns}}\,\overline{\mathrm{sc}}=\overline{\mathrm{sn}}\,\overline{\mathrm{sc}}=\mathrm{ds}^2, & \overline{\mathrm{dc}}\,\overline{\mathrm{nd}}=-\overline{\mathrm{cd}}\,\overline{\mathrm{nd}}=-\overline{\mathrm{dc}}\,\overline{\mathrm{dn}}=\overline{\mathrm{cd}}\,\overline{\mathrm{dn}}=k^2k'^2\,\mathrm{sd}^2,\\
\overline{\mathrm{cs}}\,\overline{\mathrm{ds}}=-\overline{\mathrm{sc}}\,\overline{\mathrm{ds}}=-\overline{\mathrm{cs}}\,\overline{\mathrm{sd}}=\overline{\mathrm{sc}}\,\overline{\mathrm{sd}}=\mathrm{ns}^2, & \overline{\mathrm{nd}}\,\overline{\mathrm{sd}}=-\overline{\mathrm{dn}}\,\overline{\mathrm{sd}}=-\overline{\mathrm{nd}}\,\overline{\mathrm{ds}}=\overline{\mathrm{dn}}\,\overline{\mathrm{ds}}=k^2\,\mathrm{cd}^2,\\
\overline{\mathrm{nc}}\,\overline{\mathrm{dc}}=-\overline{\mathrm{cn}}\,\overline{\mathrm{dc}}=-\overline{\mathrm{nc}}\,\overline{\mathrm{cd}}=\overline{\mathrm{cn}}\,\overline{\mathrm{cd}}=k'^2\,\mathrm{sc}^2, & \overline{\mathrm{ns}}\,\overline{\mathrm{cn}}=-\overline{\mathrm{sn}}\,\overline{\mathrm{cn}}=-\overline{\mathrm{ns}}\,\overline{\mathrm{nc}}=\overline{\mathrm{sn}}\,\overline{\mathrm{nc}}=\mathrm{dn}^2,\\
\overline{\mathrm{dc}}\,\overline{\mathrm{sc}}=-\overline{\mathrm{cd}}\,\overline{\mathrm{sc}}=-\overline{\mathrm{dc}}\,\overline{\mathrm{cs}}=\overline{\mathrm{cd}}\,\overline{\mathrm{cs}}=k'^2\,\mathrm{nc}^2, & \overline{\mathrm{nd}}\,\overline{\mathrm{sn}}=-\overline{\mathrm{dn}}\,\overline{\mathrm{sn}}=-\overline{\mathrm{nd}}\,\overline{\mathrm{ns}}=\overline{\mathrm{dn}}\,\overline{\mathrm{ns}}=k^2\,\mathrm{cn}^2,\\
\overline{\mathrm{sc}}\,\overline{\mathrm{nc}}=-\overline{\mathrm{cs}}\,\overline{\mathrm{nc}}=-\overline{\mathrm{sc}}\,\overline{\mathrm{cn}}=\overline{\mathrm{cs}}\,\overline{\mathrm{cn}}=\mathrm{dc}^2, & \overline{\mathrm{cn}}\,\overline{\mathrm{dn}}=-\overline{\mathrm{nc}}\,\overline{\mathrm{dn}}=-\overline{\mathrm{cn}}\,\overline{\mathrm{nd}}=\overline{\mathrm{nc}}\,\overline{\mathrm{nd}}=k^2\,\mathrm{sn}^2.
\end{array}\right\}\quad(773)$$

Die zwölf in (773) fehlenden Produkte sind in bezug auf das Argument konstant. Die Umschreibung von (740) mit Hilfe von (767) liefert

$$\left.\begin{aligned}
\overline{\mathrm{cs}}\,\overline{\mathrm{nd}} &= -\overline{\mathrm{sc}}\,\overline{\mathrm{nd}} = -\overline{\mathrm{cs}}\,\overline{\mathrm{dn}} = \overline{\mathrm{sc}}\,\overline{\mathrm{dn}} = -k^2,\\
\overline{\mathrm{ds}}\,\overline{\mathrm{nc}} &= -\overline{\mathrm{sd}}\,\overline{\mathrm{nc}} = -\overline{\mathrm{ds}}\,\overline{\mathrm{cn}} = \overline{\mathrm{sd}}\,\overline{\mathrm{cn}} = -1,\\
\overline{\mathrm{ns}}\,\overline{\mathrm{dc}} &= -\overline{\mathrm{sn}}\,\overline{\mathrm{dc}} = -\overline{\mathrm{ns}}\,\overline{\mathrm{cd}} = \overline{\mathrm{sn}}\,\overline{\mathrm{cd}} = -k'^2.
\end{aligned}\right\} \tag{774}$$

Die Verbindung von (773) und (774) ergibt

$$\left.\begin{aligned}
&\mathrm{cs}^2 = -k'^2\frac{\overline{\mathrm{ds}}}{\overline{\mathrm{dc}}} = -\frac{\overline{\mathrm{ns}}}{\overline{\mathrm{nc}}}, && \mathrm{ds}^2 = -k'^2\frac{\overline{\mathrm{cs}}}{\overline{\mathrm{dc}}} = -k^2\frac{\overline{\mathrm{ns}}}{\overline{\mathrm{nd}}}, && \mathrm{ns}^2 = -\frac{\overline{\mathrm{cs}}}{\overline{\mathrm{nc}}} = -k^2\frac{\overline{\mathrm{ds}}}{\overline{\mathrm{nd}}},\\
&\mathrm{sc}^2 = -\frac{1}{k'^2}\frac{\overline{\mathrm{dc}}}{\overline{\mathrm{ds}}} = -\frac{\overline{\mathrm{nc}}}{\overline{\mathrm{ns}}}, && \mathrm{nc}^2 = +\frac{\overline{\mathrm{cs}}}{\overline{\mathrm{ns}}} = +\frac{k^2}{k'^2}\frac{\overline{\mathrm{dc}}}{\overline{\mathrm{nd}}}, && \mathrm{dc}^2 = +\frac{\overline{\mathrm{cs}}}{\overline{\mathrm{ds}}} = +k^2\frac{\overline{\mathrm{nc}}}{\overline{\mathrm{nd}}},\\
&\mathrm{nd}^2 = +\frac{\overline{\mathrm{ds}}}{\overline{\mathrm{ns}}} = +\frac{1}{k'^2}\frac{\overline{\mathrm{dc}}}{\overline{\mathrm{nc}}}, && \mathrm{sd}^2 = -\frac{1}{k'^2}\frac{\overline{\mathrm{dc}}}{\overline{\mathrm{cs}}} = -\frac{1}{k^2}\frac{\overline{\mathrm{nd}}}{\overline{\mathrm{ns}}}, && \mathrm{cd}^2 = +\frac{\overline{\mathrm{ds}}}{\overline{\mathrm{cs}}} = +\frac{1}{k^2}\frac{\overline{\mathrm{nd}}}{\overline{\mathrm{nc}}},\\
&\mathrm{dn}^2 = +\frac{\overline{\mathrm{ns}}}{\overline{\mathrm{ds}}} = +k'^2\frac{\overline{\mathrm{nc}}}{\overline{\mathrm{dc}}}, && \mathrm{cn}^2 = +\frac{\overline{\mathrm{ns}}}{\overline{\mathrm{cs}}} = +\frac{k'^2}{k^2}\frac{\overline{\mathrm{nd}}}{\overline{\mathrm{dc}}}, && \mathrm{sn}^2 = -\frac{\overline{\mathrm{nc}}}{\overline{\mathrm{cs}}} = -\frac{1}{k^2}\frac{\overline{\mathrm{nd}}}{\overline{\mathrm{ds}}}.
\end{aligned}\right\} \tag{775}$$

Bildet man die dreifachen Produkte der logarithmischen Ableitungen der JACOBIschen elliptischen Funktionen, so zeigt sich, daß es bei Beachtung von (774) acht echte Produkte gibt. Für diese erhält man durch Multiplikation einer der Gln. (773) mit der entsprechenden der Gln. (767) sowie in Verbindung mit (773) und (766) und (767)

$$\left.\begin{aligned}
\overline{\mathrm{cs}}\,\overline{\mathrm{ds}}\,\overline{\mathrm{ns}} &= -\mathrm{cs}\,\mathrm{ds}\,\mathrm{ns} = +\overline{\mathrm{cs}}\,\mathrm{cs}^2 = +\overline{\mathrm{ds}}\,\mathrm{ds}^2 = \overline{\mathrm{ns}}\,\mathrm{ns}^2 = -\frac{\overline{\mathrm{sc}}}{\mathrm{sc}^2} = -\frac{\overline{\mathrm{sd}}}{\mathrm{sd}^2} = -\frac{\overline{\mathrm{sn}}}{\mathrm{sn}^2},\\
\overline{\mathrm{sc}}\,\overline{\mathrm{nc}}\,\overline{\mathrm{dc}} &= +k'^2\,\mathrm{sc}\,\mathrm{nc}\,\mathrm{dc} = +k'^2\,\overline{\mathrm{sc}}\,\mathrm{sc}^2 = +k'^2\,\overline{\mathrm{nc}}\,\mathrm{nc}^2 = \overline{\mathrm{dc}}\,\mathrm{dc}^2 = -k'^2\frac{\overline{\mathrm{cs}}}{\mathrm{cs}^2} = -k'^2\frac{\overline{\mathrm{cn}}}{\mathrm{cn}^2} = -\frac{\overline{\mathrm{cd}}}{\mathrm{cd}^2},\\
\overline{\mathrm{nd}}\,\overline{\mathrm{sd}}\,\overline{\mathrm{cd}} &= -k^2k'^2\,\mathrm{nd}\,\mathrm{sd}\,\mathrm{cd} = -k'^2\,\overline{\mathrm{nd}}\,\mathrm{nd}^2 = -k^2k'^2\,\overline{\mathrm{sd}}\,\mathrm{sd}^2 = k^2\,\overline{\mathrm{cd}}\,\mathrm{cd}^2 = +k'^2\frac{\overline{\mathrm{dn}}}{\mathrm{dn}^2} = k^2k'^2\frac{\overline{\mathrm{ds}}}{\mathrm{ds}^2} = -k^2\frac{\overline{\mathrm{dc}}}{\mathrm{dc}^2},\\
\overline{\mathrm{dn}}\,\overline{\mathrm{cn}}\,\overline{\mathrm{sn}} &= +k^2\,\mathrm{dn}\,\mathrm{cn}\,\mathrm{sn} = -\overline{\mathrm{dn}}\,\mathrm{dn}^2 = -k^2\,\overline{\mathrm{cn}}\,\mathrm{cn}^2 = k^2\,\overline{\mathrm{sn}}\,\mathrm{sn}^2 = +\frac{\overline{\mathrm{nd}}}{\mathrm{nd}^2} = +k^2\frac{\overline{\mathrm{nc}}}{\mathrm{nc}^2} = -k^2\frac{\overline{\mathrm{ns}}}{\mathrm{ns}^2}.
\end{aligned}\right\} \tag{776}$$

$$\left.\begin{aligned}
\overline{\mathrm{nd}}\,\overline{\mathrm{nc}}\,\overline{\mathrm{cd}} &= -k^2k'^2\,\mathrm{sc}\,\mathrm{sd}\,\mathrm{sn} = +k'^2\,\overline{\mathrm{dn}}\,\mathrm{sc}^2 = +k^2k'^2\,\overline{\mathrm{cn}}\,\mathrm{sd}^2 = k^2\,\overline{\mathrm{cd}}\,\mathrm{sn}^2 = -k'^2\frac{\overline{\mathrm{nd}}}{\mathrm{cs}^2} = -k^2k'^2\frac{\overline{\mathrm{nc}}}{\mathrm{ds}^2} = -k^2\frac{\overline{\mathrm{dc}}}{\mathrm{ns}^2},\\
\overline{\mathrm{nd}}\,\overline{\mathrm{ns}}\,\overline{\mathrm{ds}} &= +k^2\,\mathrm{cs}\,\mathrm{cn}\,\mathrm{cd} = +\overline{\mathrm{nd}}\,\mathrm{cs}^2 = +k^2\,\overline{\mathrm{sd}}\,\mathrm{cn}^2 = k^2\,\overline{\mathrm{sn}}\,\mathrm{cd}^2 = -\frac{\overline{\mathrm{dn}}}{\mathrm{sc}^2} = -k^2\frac{\overline{\mathrm{ds}}}{\mathrm{nc}^2} = -k^2\frac{\overline{\mathrm{ns}}}{\mathrm{dc}^2},\\
\overline{\mathrm{sc}}\,\overline{\mathrm{nc}}\,\overline{\mathrm{ns}} &= -\mathrm{dn}\,\mathrm{ds}\,\mathrm{dc} = -\overline{\mathrm{sc}}\,\mathrm{dn}^2 = -\overline{\mathrm{nc}}\,\mathrm{ds}^2 = \overline{\mathrm{ns}}\,\mathrm{dc}^2 = +\frac{\overline{\mathrm{cs}}}{\mathrm{nd}^2} = +\frac{\overline{\mathrm{cn}}}{\mathrm{sd}^2} = -\frac{\overline{\mathrm{sn}}}{\mathrm{cd}^2},\\
\overline{\mathrm{cs}}\,\overline{\mathrm{ds}}\,\overline{\mathrm{dc}} &= +k'^2\,\mathrm{nd}\,\mathrm{nc}\,\mathrm{ns} = -k'^2\,\overline{\mathrm{cs}}\,\mathrm{nd}^2 = -k'^2\,\overline{\mathrm{ds}}\,\mathrm{nc}^2 = \overline{\mathrm{dc}}\,\mathrm{ns}^2 = +k'^2\frac{\overline{\mathrm{sc}}}{\mathrm{dn}^2} = +k'^2\frac{\overline{\mathrm{sd}}}{\mathrm{cn}^2} = -\frac{\overline{\mathrm{cd}}}{\mathrm{sn}^2}.
\end{aligned}\right\} \tag{777}$$

Die Ableitungen der WEIERSTRASSschen $\wp$-Funktionen lassen sich durch JACOBIsche elliptische Funktionen bzw. deren logarithmische Ableitungen ausdrücken, wenn die Gln. (766) bzw. die zweite und vierte der Gln. (771) in (502) eingeführt werden. Dies ergibt unter Beachtung von (776) und (442)

$$\left.\begin{aligned}
\wp_1' &= -2\,\mathrm{cs}\,\mathrm{ds}\,\mathrm{ns} = 2\,\overline{\mathrm{cs}}\,\overline{\mathrm{ds}}\,\overline{\mathrm{ns}},\\
\wp_2' &= +2k'^2\,\mathrm{sc}\,\mathrm{nc}\,\mathrm{dc} = 2\,\overline{\mathrm{sc}}\,\overline{\mathrm{nc}}\,\overline{\mathrm{dc}},\\
\wp_3' &= -2k^2k'^2\,\mathrm{nd}\,\mathrm{sd}\,\mathrm{cd} = 2\,\overline{\mathrm{nd}}\,\overline{\mathrm{sd}}\,\overline{\mathrm{cd}},\\
\wp_4' &= +2k^2\,\mathrm{dn}\,\mathrm{cn}\,\mathrm{sn} = 2\,\overline{\mathrm{dn}}\,\overline{\mathrm{cn}}\,\overline{\mathrm{sn}},\\
\wp_5' &= \frac{\partial\,\overline{\mathrm{ds}}^2}{\partial z} = 2\,\overline{\mathrm{ds}}\sqrt{[\overline{\mathrm{ds}}^2-(k+i\,k')^2]\,[\overline{\mathrm{ds}}^2-(k-i\,k')^2]} = 2\,\overline{\mathrm{cs}}\,\overline{\mathrm{ds}}\,\overline{\mathrm{ns}} + 2\,\overline{\mathrm{nd}}\,\overline{\mathrm{sd}}\,\overline{\mathrm{cd}} = \wp_1' + \wp_3',\\
\wp_6' &= \frac{\partial\,\overline{\mathrm{nc}}^2}{\partial z} = 2\,\overline{\mathrm{nc}}\sqrt{[\overline{\mathrm{nc}}^2-(k+i\,k')^2]\,[\overline{\mathrm{nc}}^2-(k-i\,k')^2]} = 2\,\overline{\mathrm{sc}}\,\overline{\mathrm{nc}}\,\overline{\mathrm{dc}} + 2\,\overline{\mathrm{dn}}\,\overline{\mathrm{cn}}\,\overline{\mathrm{sn}} = \wp_2' + \wp_4'.
\end{aligned}\right\} \tag{778}$$

Durch sukzessive Multiplikation der Gln. (778) folgt in Verbindung mit (776) und (771)

$$\left.\begin{aligned}
&\wp_1'\wp_2' = -4k'^2\,\overline{\mathrm{cs}}^2 = -4k'^2(e_1+\wp_1+\wp_2), \qquad \wp_3'\wp_4' = -4k'^2\,\overline{\mathrm{nd}}^2 = -4k'^2(e_1+\wp_3+\wp_4),\\
&\wp_1'\wp_4' = -4k^2\,\overline{\mathrm{ns}}^2 = -4k^2(e_3+\wp_1+\wp_4), \qquad \wp_2'\wp_3' = -4k^2\,\overline{\mathrm{dc}}^2 = -4k^2(e_3+\wp_2+\wp_3),\\
&\wp_1'\wp_3' = +4k^2k'^2\,\overline{\mathrm{ds}}^2 = +4k^2k'^2(e_2+\wp_1+\wp_3) = +4k^2k'^2(2e_2+\wp_5),\\
&\wp_2'\wp_4' = +4k^2k'^2\,\overline{\mathrm{nc}}^2 = +4k^2k'^2(e_2+\wp_2+\wp_4) = +4k^2k'^2(2e_2+\wp_6),\\
&\wp_5'\wp_6' = -4(\mathrm{ds}^2+k^2k'^2\,\mathrm{sd}^2)(k'^2\,\mathrm{nc}^2+k^2\,\mathrm{cn}^2).
\end{aligned}\right\} \tag{779}$$

Aus (779) ergibt sich bei Beachtung von (774)

$$\wp_1'\wp_2'\wp_3'\wp_4' = 16k^4k'^4. \tag{780}$$

Die Verbindung von (776) und (778) liefert

$$\left.\begin{aligned}
&\frac{\overline{\mathrm{sc}}}{\wp_1'} = -\frac{1}{2}\mathrm{sc}^2, &&\frac{\overline{\mathrm{sd}}}{\wp_1'} = -\frac{1}{2}\mathrm{sd}^2, &&\frac{\overline{\mathrm{sn}}}{\wp_1'} = -\frac{1}{2}\mathrm{sn}^2,\\
&\frac{\overline{\mathrm{cs}}}{\wp_2'} = -\frac{1}{2k'^2}\mathrm{cs}^2, &&\frac{\overline{\mathrm{cn}}}{\wp_2'} = -\frac{1}{2k'^2}\mathrm{cn}^2, &&\frac{\overline{\mathrm{cd}}}{\wp_2'} = -\frac{1}{2}\mathrm{cd}^2,\\
&\frac{\overline{\mathrm{dn}}}{\wp_3'} = +\frac{1}{2k'^2}\mathrm{dn}^2, &&\frac{\overline{\mathrm{ds}}}{\wp_3'} = \frac{1}{2k^2k'^2}\mathrm{ds}^2, &&\frac{\overline{\mathrm{dc}}}{\wp_3'} = -\frac{1}{2k^2}\mathrm{dc}^2,\\
&\frac{\overline{\mathrm{nd}}}{\wp_4'} = +\frac{1}{2}\mathrm{nd}^2, &&\frac{\overline{\mathrm{nc}}}{\wp_4'} = +\frac{1}{2k^2}\mathrm{nc}^2, &&\frac{\overline{\mathrm{ns}}}{\wp_4'} = -\frac{1}{2k^2}\mathrm{ns}^2.
\end{aligned}\right\} \tag{781}$$

Für die WEIERSTRASSschen $\wp$-Funktionen gilt nach (766), (771) und (779)

$$\left.\begin{aligned}
\wp_1 &= e_1+\mathrm{cs}^2 &&= e_2+\mathrm{ds}^2 &&= e_3+\mathrm{ns}^2,\\
\wp_2 &= e_1+k'^2\,\mathrm{sc}^2 &&= e_2+k'^2\,\mathrm{nc}^2 &&= e_3+\mathrm{dc}^2,\\
\wp_3 &= e_1-k'^2\,\mathrm{nd}^2 &&= e_2-k^2k'^2\,\mathrm{sd}^2 &&= e_3+k^2\,\mathrm{cd}^2,\\
\wp_4 &= e_1-\mathrm{dn}^2 &&= e_2-k^2\,\mathrm{cn}^2 &&= e_3+k^2\,\mathrm{sn}^2.
\end{aligned}\right\} \tag{782}$$

$$\left.\begin{aligned}
\wp_5 &= -e_2+\wp_1+\wp_3 = -2e_2+\frac{\wp_1'\wp_3'}{4k^2k'^2} = -2e_2+\overline{\mathrm{ds}}^2 = -2e_2+\mathrm{sd}^2,\\
\wp_6 &= -e_2+\wp_2+\wp_4 = -2e_2+\frac{\wp_2'\wp_4'}{4k^2k'^2} = -2e_2+\overline{\mathrm{nc}}^2 = -2e_2+\overline{\mathrm{cn}}^2.
\end{aligned}\right\} \tag{783}$$

Mit Hilfe von (766) und (770) lassen sich die Quadrate der JACOBIschen elliptischen Funktionen durcheinander ausdrücken. Die Transformationsgleichungen lauten:

$$\begin{aligned}
\mathrm{cs}^2 &= \mathrm{ds}^2-k'^2 = \mathrm{ns}^2-1 = \frac{1}{\mathrm{sc}^2} = \frac{1}{\mathrm{nc}^2-1} = \frac{k'^2}{\mathrm{dc}^2-1} = \frac{1-k'^2\,\mathrm{nd}^2}{\mathrm{nd}^2-1} = \frac{1-k'^2\,\mathrm{sd}^2}{\mathrm{sd}^2} = \frac{k'^2\,\mathrm{cd}^2}{1-\mathrm{cd}^2}\\
&= \frac{\mathrm{dn}^2-k'^2}{1-\mathrm{dn}^2} = \frac{\mathrm{cn}^2}{1-\mathrm{cn}^2} = \frac{1-\mathrm{sn}^2}{\mathrm{sn}^2},\\
\mathrm{ds}^2 &= \mathrm{cs}^2+k'^2 = \mathrm{ns}^2-k^2 = \frac{1+k'^2\,\mathrm{sc}^2}{\mathrm{sc}^2} = \frac{k^2+k'^2\,\mathrm{nc}^2}{\mathrm{nc}^2-1} = \frac{k'^2\,\mathrm{dc}^2}{\mathrm{dc}^2-1} = \frac{k^2}{\mathrm{nd}^2-1} = \frac{1}{\mathrm{sd}^2} = \frac{k'^2}{1-\mathrm{cd}^2}\\
&= \frac{k^2\,\mathrm{dn}^2}{1-\mathrm{dn}^2} = \frac{k'^2+k^2\,\mathrm{cn}^2}{1-\mathrm{cn}^2} = \frac{1-k^2\,\mathrm{sn}^2}{\mathrm{sn}^2},\\
\mathrm{ns}^2 &= \mathrm{cs}^2+1 = \mathrm{ds}^2+k^2 = \frac{1+\mathrm{sc}^2}{\mathrm{sc}^2} = \frac{\mathrm{nc}^2}{\mathrm{nc}^2-1} = \frac{\mathrm{dc}^2-k^2}{\mathrm{dc}^2-1} = \frac{k^2\,\mathrm{nd}^2}{\mathrm{nd}^2-1} = \frac{1+k^2\,\mathrm{sd}^2}{\mathrm{sd}^2} = \frac{1-k^2\,\mathrm{cd}^2}{1-\mathrm{cd}^2}\\
&= \frac{k^2}{1-\mathrm{dn}^2} = \frac{1}{1-\mathrm{cn}^2} = \frac{1}{\mathrm{sn}^2},\\
\mathrm{sc}^2 &= \frac{1}{\mathrm{cs}^2} = \frac{1}{\mathrm{ds}^2-k'^2} = \frac{1}{\mathrm{ns}^2-1} = \mathrm{nc}^2-1 = \frac{\mathrm{dc}^2-1}{k'^2} = \frac{\mathrm{nd}^2-1}{1-k'^2\,\mathrm{nd}^2} = \frac{\mathrm{sd}^2}{1-k'^2\,\mathrm{sd}^2} = \frac{1-\mathrm{cd}^2}{k'^2\,\mathrm{cd}^2}\\
&= \frac{1-\mathrm{dn}^2}{\mathrm{dn}^2-k'^2} = \frac{1-\mathrm{cn}^2}{\mathrm{cn}^2} = \frac{\mathrm{sn}^2}{1-\mathrm{sn}^2},\\
\mathrm{nc}^2 &= \frac{\mathrm{cs}^2+1}{\mathrm{cs}^2} = \frac{\mathrm{ds}^2+k^2}{\mathrm{ds}^2-k'^2} = \frac{\mathrm{ns}^2}{\mathrm{ns}^2-1} = 1+\mathrm{sc}^2 = \frac{\mathrm{dc}^2-k^2}{k'^2} = \frac{k^2\,\mathrm{nd}^2}{1-k'^2\,\mathrm{nd}^2} = \frac{1+k^2\,\mathrm{sd}^2}{1-k'^2\,\mathrm{sd}^2} = \frac{1-k^2\,\mathrm{cd}^2}{k'^2\,\mathrm{cd}^2}\\
&= \frac{k^2}{\mathrm{dn}^2-k'^2} = \frac{1}{\mathrm{cn}^2} = \frac{1}{1-\mathrm{sn}^2},
\end{aligned}$$

$$
\left.
\begin{aligned}
\mathrm{dc}^2 &= \frac{\mathrm{cs}^2 + k'^2}{\mathrm{cs}^2} = \frac{\mathrm{ds}^2}{\mathrm{ds}^2 - k'^2} = \frac{\mathrm{ns}^2 - k^2}{\mathrm{ns}^2 - 1} = 1 + k'^2\,\mathrm{sc}^2 = k^2 + k'^2\,\mathrm{nc}^2 = \frac{k^2}{1 - k'^2\,\mathrm{nd}^2} = \frac{1}{1 - k'^2\,\mathrm{sd}^2}\\
&= \frac{1}{\mathrm{cd}^2} = \frac{k^2\,\mathrm{dn}^2}{\mathrm{dn}^2 - k'^2} = \frac{k'^2 + k^2\,\mathrm{cn}^2}{\mathrm{cn}^2} = \frac{1 - k^2\,\mathrm{sn}^2}{1 - \mathrm{sn}^2},\\
\mathrm{nd}^2 &= \frac{\mathrm{cs}^2 + 1}{\mathrm{cs}^2 + k'^2} = \frac{\mathrm{ds}^2 + k^2}{\mathrm{ds}^2} = \frac{\mathrm{ns}^2}{\mathrm{ns}^2 - k^2} = \frac{1 + \mathrm{sc}^2}{1 + k'^2\,\mathrm{sc}^2} = \frac{\mathrm{nc}^2}{k^2 + k'^2\,\mathrm{nc}^2} = \frac{\mathrm{dc}^2 - k^2}{k'^2\,\mathrm{dc}^2} = 1 + k^2\,\mathrm{sd}^2\\
&= \frac{1 - k^2\,\mathrm{cd}^2}{k'^2} = \frac{1}{\mathrm{dn}^2} = \frac{1}{k'^2 + k^2\,\mathrm{cn}^2} = \frac{1}{1 - k^2\,\mathrm{sn}^2},\\
\mathrm{sd}^2 &= \frac{1}{\mathrm{cs}^2 + k'^2} = \frac{1}{\mathrm{ds}^2} = \frac{1}{\mathrm{ns}^2 - k^2} = \frac{\mathrm{sc}^2}{1 + k'^2\,\mathrm{sc}^2} = \frac{\mathrm{nc}^2 - 1}{k^2 + k'^2\,\mathrm{nc}^2} = \frac{\mathrm{dc}^2 - 1}{k'^2\,\mathrm{dc}^2} = \frac{\mathrm{nd}^2 - 1}{k^2} = \frac{1 - \mathrm{cd}^2}{k'^2}\\
&= \frac{1 - \mathrm{dn}^2}{k^2\,\mathrm{dn}^2} = \frac{1 - \mathrm{cn}^2}{k'^2 + k^2\,\mathrm{cn}^2} = \frac{\mathrm{sn}^2}{1 - k^2\,\mathrm{sn}^2},\\
\mathrm{cd}^2 &= \frac{\mathrm{cs}^2}{\mathrm{cs}^2 + k'^2} = \frac{\mathrm{ds}^2 - k'^2}{\mathrm{ds}^2} = \frac{\mathrm{ns}^2 - 1}{\mathrm{ns}^2 - k^2} = \frac{1}{1 + k'^2\,\mathrm{sc}^2} = \frac{1}{k^2 + k'^2\,\mathrm{nc}^2} = \frac{1}{\mathrm{dc}^2} = \frac{1 - k'^2\,\mathrm{nd}^2}{k^2} = 1 - k'^2\,\mathrm{sd}^2\\
&= \frac{\mathrm{dn}^2 - k'^2}{k^2\,\mathrm{dn}^2} = \frac{\mathrm{cn}^2}{k'^2 + k^2\,\mathrm{cn}^2} = \frac{1 - \mathrm{sn}^2}{1 - k^2\,\mathrm{sn}^2},\\
\mathrm{dn}^2 &= \frac{\mathrm{cs}^2 + k'^2}{\mathrm{cs}^2 + 1} = \frac{\mathrm{ds}^2}{\mathrm{ds}^2 + k^2} = \frac{\mathrm{ns}^2 - k^2}{\mathrm{ns}^2} = \frac{1 + k'^2\,\mathrm{sc}^2}{1 + \mathrm{sc}^2} = \frac{k^2 + k'^2\,\mathrm{nc}^2}{\mathrm{nc}^2} = \frac{k'^2\,\mathrm{dc}^2}{\mathrm{dc}^2 - k^2} = \frac{1}{\mathrm{nd}^2} = \frac{1}{1 + k^2\,\mathrm{sd}^2}\\
&= \frac{k'^2}{1 - k^2\,\mathrm{cd}^2} = k'^2 + k^2\,\mathrm{cn}^2 = 1 - k^2\,\mathrm{sn}^2,\\
\mathrm{cn}^2 &= \frac{\mathrm{cs}^2}{\mathrm{cs}^2 + 1} = \frac{\mathrm{ds}^2 - k'^2}{\mathrm{ds}^2 + k^2} = \frac{\mathrm{ns}^2 - 1}{\mathrm{ns}^2} = \frac{1}{1 + \mathrm{sc}^2} = \frac{1}{\mathrm{nc}^2} = \frac{k'^2}{\mathrm{dc}^2 - k^2} = \frac{1 - k'^2\,\mathrm{nd}^2}{k^2\,\mathrm{nd}^2} = \frac{1 - k'^2\,\mathrm{sd}^2}{1 + k^2\,\mathrm{sd}^2}\\
&= \frac{k'^2\,\mathrm{cd}^2}{1 - k^2\,\mathrm{cd}^2} = \frac{\mathrm{dn}^2 - k'^2}{k^2} = 1 - \mathrm{sn}^2,\\
\mathrm{sn}^2 &= \frac{1}{\mathrm{cs}^2 + 1} = \frac{1}{\mathrm{ds}^2 + k^2} = \frac{1}{\mathrm{ns}^2} = \frac{\mathrm{sc}^2}{1 + \mathrm{sc}^2} = \frac{\mathrm{nc}^2 - 1}{\mathrm{nc}^2} = \frac{\mathrm{dc}^2 - 1}{\mathrm{dc}^2 - k^2} = \frac{\mathrm{nd}^2 - 1}{k^2\,\mathrm{nd}^2} = \frac{\mathrm{sd}^2}{1 + k^2\,\mathrm{sd}^2}\\
&= \frac{1 - \mathrm{cd}^2}{1 - k^2\,\mathrm{cd}^2} = \frac{1 - \mathrm{dn}^2}{k^2} = 1 - \mathrm{cn}^2.
\end{aligned}
\right\}\quad(784)
$$

Für die logarithmischen Ableitungen der JACOBIschen elliptischen Funktionen liefert die Berücksichtigung von (784) in (767)

$$
\left.
\begin{aligned}
\overline{\mathrm{sc}} = -\overline{\mathrm{cs}} &= \frac{\sqrt{(\mathrm{cs}^2 + 1)(\mathrm{cs}^2 + k'^2)}}{\mathrm{cs}} = \mathrm{ds}\sqrt{\frac{\mathrm{ds}^2 + k^2}{\mathrm{ds}^2 - k'^2}} = \mathrm{ns}\sqrt{\frac{\mathrm{ns}^2 - k^2}{\mathrm{ns}^2 - 1}} = \frac{\sqrt{(1 + \mathrm{sc}^2)(1 + k'^2\,\mathrm{sc}^2)}}{\mathrm{sc}}\\
&= \mathrm{nc}\sqrt{\frac{k^2 + k'^2\,\mathrm{nc}^2}{\mathrm{nc}^2 - 1}} = \mathrm{dc}\sqrt{\frac{\mathrm{dc}^2 - k^2}{\mathrm{dc}^2 - 1}} = \frac{k^2\,\mathrm{nd}}{\sqrt{(\mathrm{nd}^2 - 1)(1 - k'^2\,\mathrm{nd}^2)}} = \frac{1}{\mathrm{sd}}\sqrt{\frac{1 + k^2\,\mathrm{sd}^2}{1 - k'^2\,\mathrm{sd}^2}}\\
&= \frac{1}{\mathrm{cd}}\sqrt{\frac{1 - k^2\,\mathrm{cd}^2}{1 - \mathrm{cd}^2}} = \frac{k^2\,\mathrm{dn}}{\sqrt{(1 - \mathrm{dn}^2)(\mathrm{dn}^2 - k'^2)}} = \frac{1}{\mathrm{cn}}\sqrt{\frac{k'^2 + k^2\,\mathrm{cn}^2}{1 - \mathrm{cn}^2}} = \frac{1}{\mathrm{sn}}\sqrt{\frac{1 - k^2\,\mathrm{sn}^2}{1 - \mathrm{sn}^2}},\\
\overline{\mathrm{sd}} = -\overline{\mathrm{ds}} &= \mathrm{cs}\sqrt{\frac{\mathrm{cs}^2 + 1}{\mathrm{cs}^2 + k'^2}} = \frac{\sqrt{(\mathrm{ds}^2 + k^2)(\mathrm{ds}^2 - k'^2)}}{\mathrm{ds}} = \mathrm{ns}\sqrt{\frac{\mathrm{ns}^2 - 1}{\mathrm{ns}^2 - k^2}} = \frac{1}{\mathrm{sc}}\sqrt{\frac{1 + \mathrm{sc}^2}{1 + k'^2\,\mathrm{sc}^2}}\\
&= \frac{\mathrm{nc}}{\sqrt{(\mathrm{nc}^2 - 1)(k^2 + k'^2\,\mathrm{nc}^2)}} = \frac{1}{\mathrm{dc}}\sqrt{\frac{\mathrm{dc}^2 - k^2}{\mathrm{dc}^2 - 1}} = \mathrm{nd}\sqrt{\frac{1 - k'^2\,\mathrm{nd}^2}{\mathrm{nd}^2 - 1}} = \frac{\sqrt{(1 + k^2\,\mathrm{sd}^2)(1 - k'^2\,\mathrm{sd}^2)}}{\mathrm{sd}}\\
&= \mathrm{cd}\sqrt{\frac{1 - k^2\,\mathrm{cd}^2}{1 - \mathrm{cd}^2}} = \frac{1}{\mathrm{dn}}\sqrt{\frac{\mathrm{dn}^2 - k'^2}{1 - \mathrm{dn}^2}} = \frac{\mathrm{cn}}{\sqrt{(1 - \mathrm{cn}^2)(k'^2 + k^2\,\mathrm{cn}^2)}} = \frac{1}{\mathrm{sn}}\sqrt{\frac{1 - \mathrm{sn}^2}{1 - k^2\,\mathrm{sn}^2}},\\
\overline{\mathrm{sn}} = -\overline{\mathrm{ns}} &= \mathrm{cs}\sqrt{\frac{\mathrm{cs}^2 + k'^2}{\mathrm{cs}^2 + 1}} = \mathrm{ds}\sqrt{\frac{\mathrm{ds}^2 - k'^2}{\mathrm{ds}^2 + k^2}} = \frac{\sqrt{(\mathrm{ns}^2 - 1)(\mathrm{ns}^2 - k^2)}}{\mathrm{ns}} = \frac{1}{\mathrm{sc}}\sqrt{\frac{1 + k'^2\,\mathrm{sc}^2}{1 + \mathrm{sc}^2}}\\
&= \frac{1}{\mathrm{nc}}\sqrt{\frac{k^2 + k'^2\,\mathrm{nc}^2}{\mathrm{nc}^2 - 1}} = \frac{k'^2\,\mathrm{dc}}{\sqrt{(\mathrm{dc}^2 - 1)(\mathrm{dc}^2 - k^2)}} = \frac{1}{\mathrm{nd}}\sqrt{\frac{1 - k'^2\,\mathrm{nd}^2}{\mathrm{nd}^2 - 1}} = \frac{1}{\mathrm{sd}}\sqrt{\frac{1 - k'^2\,\mathrm{sd}^2}{1 + k^2\,\mathrm{sd}^2}}\\
&= \frac{k'^2\,\mathrm{cd}}{\sqrt{(1 - \mathrm{cd}^2)(1 - k^2\,\mathrm{cd}^2)}} = \mathrm{dn}\sqrt{\frac{\mathrm{dn}^2 - k'^2}{1 - \mathrm{dn}^2}} = \mathrm{cn}\sqrt{\frac{k'^2 + k^2\,\mathrm{cn}^2}{1 - \mathrm{cn}^2}} = \frac{\sqrt{(1 - \mathrm{sn}^2)(1 - k^2\,\mathrm{sn}^2)}}{\mathrm{sn}},
\end{aligned}
\right\}\quad(785)
$$

$$\left.\begin{aligned}
\overline{\mathrm{nd}} = -\overline{\mathrm{dn}} &= \frac{k^2\,\mathrm{cs}}{\sqrt{(\mathrm{cs}^2+1)(\mathrm{cs}^2+k'^2)}} = \frac{k^2}{\mathrm{ds}}\sqrt{\frac{\mathrm{ds}^2-k'^2}{\mathrm{ds}^2+k^2}} = \frac{k^2}{\mathrm{ns}}\sqrt{\frac{\mathrm{ns}^2-1}{\mathrm{ns}^2-k^2}} = \frac{k^2\,\mathrm{sc}}{\sqrt{(1+\mathrm{sc}^2)(1+k'^2\,\mathrm{sc}^2)}}\\
&= \frac{k^2}{\mathrm{nc}}\sqrt{\frac{\mathrm{nc}^2-1}{k^2+k'^2\,\mathrm{nc}^2}} = \frac{k^2}{\mathrm{dc}}\sqrt{\frac{\mathrm{dc}^2-1}{\mathrm{dc}^2-k^2}} = \frac{\sqrt{(\mathrm{nd}^2-1)(1-k'^2\,\mathrm{nd}^2)}}{\mathrm{nd}} = k^2\,\mathrm{sd}\sqrt{\frac{1-k'^2\,\mathrm{sd}^2}{1+k^2\,\mathrm{sd}^2}}\\
&= k^2\,\mathrm{cd}\sqrt{\frac{1-\mathrm{cd}^2}{1-k^2\,\mathrm{cd}^2}} = \frac{\sqrt{(1-\mathrm{dn}^2)(\mathrm{dn}^2-k'^2)}}{\mathrm{dn}} = k^2\,\mathrm{cn}\sqrt{\frac{1-\mathrm{cn}^2}{k'^2+k^2\,\mathrm{cn}^2}} = k^2\,\mathrm{sn}\sqrt{\frac{1-\mathrm{sn}^2}{1-k^2\,\mathrm{sn}^2}},\\
\overline{\mathrm{nc}} = -\overline{\mathrm{cn}} &= \frac{1}{\mathrm{cs}}\sqrt{\frac{\mathrm{cs}^2+k'^2}{\mathrm{cs}^2+1}} = \frac{\mathrm{ds}}{\sqrt{(\mathrm{ds}^2+k^2)(\mathrm{ds}^2-k'^2)}} = \frac{1}{\mathrm{ns}}\sqrt{\frac{\mathrm{ns}^2-k^2}{\mathrm{ns}^2-1}} = \mathrm{sc}\sqrt{\frac{1+k'^2\,\mathrm{sc}^2}{1+\mathrm{sc}^2}}\\
&= \frac{\sqrt{(\mathrm{nc}^2-1)(k^2+k'^2\,\mathrm{nc}^2)}}{\mathrm{nc}} = \mathrm{dc}\sqrt{\frac{\mathrm{dc}^2-1}{\mathrm{dc}^2-k^2}} = \frac{1}{\mathrm{nd}}\sqrt{\frac{\mathrm{nd}^2-1}{1-k'^2\,\mathrm{nd}^2}} = \frac{\mathrm{sd}}{\sqrt{(1+k^2\,\mathrm{sd}^2)(1-k'^2\,\mathrm{sd}^2)}}\\
&= \frac{1}{\mathrm{cd}}\sqrt{\frac{1-\mathrm{cd}^2}{1-k^2\,\mathrm{cd}^2}} = \mathrm{dn}\sqrt{\frac{1-\mathrm{dn}^2}{\mathrm{dn}^2-k'^2}} = \frac{\sqrt{(1-\mathrm{cn}^2)(k'^2+k^2\,\mathrm{cn}^2)}}{\mathrm{cn}} = \mathrm{sn}\sqrt{\frac{1-k^2\,\mathrm{sn}^2}{1-\mathrm{sn}^2}},\\
\overline{\mathrm{dc}} = -\overline{\mathrm{cd}} &= \frac{k'^2}{\mathrm{cs}}\sqrt{\frac{\mathrm{cs}^2+1}{\mathrm{cs}^2+k'^2}} = \frac{k'^2}{\mathrm{ds}}\sqrt{\frac{\mathrm{ds}^2+k^2}{\mathrm{ds}^2-k'^2}} = \frac{k'^2\,\mathrm{ns}}{\sqrt{(\mathrm{ns}^2-1)(\mathrm{ns}^2-k^2)}} = k'^2\,\mathrm{sc}\sqrt{\frac{1+\mathrm{sc}^2}{1+k'^2\,\mathrm{sc}^2}}\\
&= k'^2\,\mathrm{nc}\sqrt{\frac{\mathrm{nc}^2-1}{k^2+k'^2\,\mathrm{nc}^2}} = \frac{\sqrt{(\mathrm{dc}^2-1)(\mathrm{dc}^2-k^2)}}{\mathrm{dc}} = k'^2\,\mathrm{nd}\sqrt{\frac{\mathrm{nd}^2-1}{1-k'^2\,\mathrm{nd}^2}} = k'^2\,\mathrm{sd}\sqrt{\frac{1+k^2\,\mathrm{sd}^2}{1-k'^2\,\mathrm{sd}^2}}\\
&= \frac{\sqrt{(1-\mathrm{cd}^2)(1-k^2\,\mathrm{cd}^2)}}{\mathrm{cd}} = \frac{k'^2}{\mathrm{dn}}\sqrt{\frac{1-\mathrm{dn}^2}{\mathrm{dn}^2-k'^2}} = \frac{k'^2}{\mathrm{cn}}\sqrt{\frac{1-\mathrm{cn}^2}{k'^2+k^2\,\mathrm{cn}^2}} = \frac{k'^2\,\mathrm{sn}}{\sqrt{(1-\mathrm{sn}^2)(1-k^2\,\mathrm{sn}^2)}}.
\end{aligned}\right\}$$

Da die WEIERSTRASSschen $\wp$-Funktionen nach (782) und (783) bis auf eine additive Parameterfunktion den Quadraten der JACOBIschen elliptischen Funktionen proportional sind, lassen sich die Gln. (784) und (785) leicht auf $\wp$-Funktionen umschreiben. Für die $\wp'$-Funktionen ergibt (785) in Verbindung mit (778)

$$\left.\begin{aligned}
\wp_1' &= -2\,\mathrm{cs}\sqrt{(\mathrm{cs}^2+1)(\mathrm{cs}^2+k'^2)} = -2\,\mathrm{ds}\sqrt{(\mathrm{ds}^2+k^2)(\mathrm{ds}^2-k'^2)} = -2\,\mathrm{ns}\sqrt{(\mathrm{ns}^2-1)(\mathrm{ns}^2-k^2)}\\
&= -\frac{2}{\mathrm{sc}^3}\sqrt{(1+\mathrm{sc}^2)(1+k'^2\,\mathrm{sc}^2)} = -\frac{2\,\mathrm{nc}}{\mathrm{nc}^2-1}\sqrt{\frac{k^2+k'^2\,\mathrm{nc}^2}{\mathrm{nc}^2-1}} = -\frac{2k'^2\,\mathrm{dc}}{\mathrm{dc}^2-1}\sqrt{\frac{\mathrm{dc}^2-k^2}{\mathrm{dc}^2-1}}\\
&= -\frac{2k^2\,\mathrm{nd}}{\mathrm{nd}^2-1}\sqrt{\frac{1-k'^2\,\mathrm{nd}^2}{\mathrm{nd}^2-1}} = -\frac{2}{\mathrm{sd}^3}\sqrt{(1+k^2\,\mathrm{sd}^2)(1-k'^2\,\mathrm{sd}^2)} = -\frac{2k'^2\,\mathrm{cd}}{1-\mathrm{cd}^2}\sqrt{\frac{1-k^2\,\mathrm{cd}^2}{1-\mathrm{cd}^2}}\\
&= -\frac{2k^2\,\mathrm{dn}}{1-\mathrm{dn}^2}\sqrt{\frac{\mathrm{dn}^2-k'^2}{1-\mathrm{dn}^2}} = -\frac{2\,\mathrm{cn}}{1-\mathrm{cn}^2}\sqrt{\frac{k'^2+k^2\,\mathrm{cn}^2}{1-\mathrm{cn}^2}} = -\frac{2}{\mathrm{sn}^3}\sqrt{(1-\mathrm{sn}^2)(1-k^2\,\mathrm{sn}^2)},\\
\wp_2' &= \frac{2k'^2}{\mathrm{cs}^3}\sqrt{(\mathrm{cs}^2+1)(\mathrm{cs}^2+k'^2)} = \frac{2k'^2\,\mathrm{ds}}{\mathrm{ds}^2-k'^2}\sqrt{\frac{\mathrm{ds}^2+k^2}{\mathrm{ds}^2-k'^2}} = \frac{2k'^2\,\mathrm{ns}}{\mathrm{ns}^2-1}\sqrt{\frac{\mathrm{ns}^2-k^2}{\mathrm{ns}^2-1}}\\
&= 2k'^2\,\mathrm{sc}\sqrt{(1+\mathrm{sc}^2)(1+k'^2\,\mathrm{sc}^2)} = 2k'^2\,\mathrm{nc}\sqrt{(\mathrm{nc}^2-1)(k^2+k'^2\,\mathrm{nc}^2)} = 2\,\mathrm{dc}\sqrt{(\mathrm{dc}^2-1)(\mathrm{dc}^2-k^2)}\\
&= \frac{2k^2k'^2\,\mathrm{nd}}{1-k'^2\,\mathrm{nd}^2}\sqrt{\frac{\mathrm{nd}^2-1}{1-k'^2\,\mathrm{nd}^2}} = \frac{2k'^2\,\mathrm{sd}}{1-k'^2\,\mathrm{sd}^2}\sqrt{\frac{1+k^2\,\mathrm{sd}^2}{1-k'^2\,\mathrm{sd}^2}} = \frac{2}{\mathrm{cd}^3}\sqrt{(1-\mathrm{cd}^2)(1-k^2\,\mathrm{cd}^2)}\\
&= \frac{2k^2k'^2\,\mathrm{dn}}{\mathrm{dn}^2-k'^2}\sqrt{\frac{1-\mathrm{dn}^2}{\mathrm{dn}^2-k'^2}} = \frac{2k'^2}{\mathrm{cn}^3}\sqrt{(1-\mathrm{cn}^2)(k'^2+k^2\,\mathrm{cn}^2)} = \frac{2k'^2\,\mathrm{sn}}{1-\mathrm{sn}^2}\sqrt{\frac{1-k^2\,\mathrm{sn}^2}{1-\mathrm{sn}^2}},\\
\wp_3' &= -\frac{2k^2k'^2\,\mathrm{cs}}{\mathrm{cs}^2+k'^2}\sqrt{\frac{\mathrm{cs}^2+1}{\mathrm{cs}^2+k'^2}} = -\frac{2k^2k'^2}{\mathrm{ds}^3}\sqrt{(\mathrm{ds}^2+k^2)(\mathrm{ds}^2-k'^2)} = -\frac{2k^2k'^2\,\mathrm{ns}}{\mathrm{ns}^2-k^2}\sqrt{\frac{\mathrm{ns}^2-1}{\mathrm{ns}^2-k^2}}\\
&= -\frac{2k^2k'^2\,\mathrm{sc}}{1+k'^2\,\mathrm{sc}^2}\sqrt{\frac{1+\mathrm{sc}^2}{1+k'^2\,\mathrm{sc}^2}} = -\frac{2k^2k'^2\,\mathrm{nc}}{k^2+k'^2\,\mathrm{nc}^2}\sqrt{\frac{\mathrm{nc}^2-1}{k^2+k'^2\,\mathrm{nc}^2}} = -\frac{2k^2}{\mathrm{dc}^3}\sqrt{(\mathrm{dc}^2-1)(\mathrm{dc}^2-k^2)}\\
&= -2k'^2\,\mathrm{nd}\sqrt{(\mathrm{nd}^2-1)(1-k'^2\,\mathrm{nd}^2)} = -2k^2k'^2\,\mathrm{sd}\sqrt{(1+k^2\,\mathrm{sd}^2)(1-k'^2\,\mathrm{sd}^2)} = -2k^2\,\mathrm{cd}\sqrt{(1-\mathrm{cd}^2)(1-k^2\,\mathrm{cd}^2)}\\
&= -\frac{2k'^2}{\mathrm{dn}^3}\sqrt{(1-\mathrm{dn}^2)(\mathrm{dn}^2-k'^2)} = -\frac{2k^2k'^2\,\mathrm{cn}}{k'^2+k^2\,\mathrm{cn}^2}\sqrt{\frac{1-\mathrm{cn}^2}{k'^2+k^2\,\mathrm{cn}^2}} = -\frac{2k^2k'^2\,\mathrm{sn}}{1-k^2\,\mathrm{sn}^2}\sqrt{\frac{1-\mathrm{sn}^2}{1-k^2\,\mathrm{sn}^2}},\\
\wp_4' &= \frac{2k^2\,\mathrm{cs}}{\mathrm{cs}^2+1}\sqrt{\frac{\mathrm{cs}^2+k'^2}{\mathrm{cs}^2+1}} = \frac{2k^2\,\mathrm{ds}}{\mathrm{ds}^2+k^2}\sqrt{\frac{\mathrm{ds}^2-k'^2}{\mathrm{ds}^2+k^2}} = \frac{2k^2}{\mathrm{ns}^3}\sqrt{(\mathrm{ns}^2-1)(\mathrm{ns}^2-k^2)} = \frac{2k^2\,\mathrm{sc}}{1+\mathrm{sc}^2}\sqrt{\frac{1+k'^2\,\mathrm{sc}^2}{1+\mathrm{sc}^2}}\\
&= \frac{2k^2}{\mathrm{nc}^3}\sqrt{(\mathrm{nc}^2-1)(k^2+k'^2\,\mathrm{nc}^2)} = \frac{2k^2k'^2\,\mathrm{dc}}{\mathrm{dc}^2-k^2}\sqrt{\frac{\mathrm{dc}^2-1}{\mathrm{dc}^2-k^2}} = \frac{2}{\mathrm{nd}^3}\sqrt{(\mathrm{nd}^2-1)(1-k'^2\,\mathrm{nd}^2)}\\
&= \frac{2k^2\,\mathrm{sd}}{1+k^2\,\mathrm{sd}^2}\sqrt{\frac{1-k'^2\,\mathrm{sd}^2}{1+k^2\,\mathrm{sd}^2}} = \frac{2k^2k'^2\,\mathrm{cd}}{1-k^2\,\mathrm{cd}^2}\sqrt{\frac{1-\mathrm{cd}^2}{1-k^2\,\mathrm{cd}^2}} = 2\,\mathrm{dn}\sqrt{(1-\mathrm{dn}^2)(\mathrm{dn}^2-k'^2)}\\
&= 2k^2\,\mathrm{cn}\sqrt{(1-\mathrm{cn}^2)(k'^2+k^2\,\mathrm{cn}^2)} = 2k^2\,\mathrm{sn}\sqrt{(1-\mathrm{sn}^2)(1-k^2\,\mathrm{sn}^2)}.
\end{aligned}\right\}\tag{786}$$

Eine Darstellung der Transformationsgleichungen für $\wp_5'$ und $\wp_6'$ erübrigt sich, da nach (778) hierfür die Funktionswerte von $\wp_1'$ und $\wp_3'$ bzw. $\wp_2'$ und $\wp_4'$ zu addieren sind.

Die Gln. (771) der drittletzten Gruppe lassen sich bei Berücksichtigung der Gleichungen

$$\mathrm{sc}^2 = \frac{1}{\mathrm{cs}^2}, \quad \mathrm{sd}^2 = \frac{1}{\mathrm{ds}^2}, \quad \mathrm{sn}^2 = \frac{1}{\mathrm{ns}^2}, \quad \mathrm{cn}^2 = \frac{1}{\mathrm{nc}^2}, \quad \mathrm{cd}^2 = \frac{1}{\mathrm{dc}^2}, \quad \mathrm{dn}^2 = \frac{1}{\mathrm{nd}^2}$$

nach den Quadraten der Jacobischen elliptischen Funktionen auflösen. Das Ergebnis lautet:

$$\left.\begin{aligned}
\mathrm{cs}^2 &= \tfrac{1}{2}\overline{\mathrm{cs}}^2 - \tfrac{3}{2}e_1 + \sqrt{(\tfrac{1}{2}\overline{\mathrm{cs}}^2 - \tfrac{3}{2}e_1)^2 - k'^2}, & \mathrm{cs}^2 &= \tfrac{1}{2}\overline{\mathrm{sc}}^2 - \tfrac{3}{2}e_1 + \sqrt{(\tfrac{1}{2}\overline{\mathrm{sc}}^2 - \tfrac{3}{2}e_1)^2 - k'^2},\\
\mathrm{ds}^2 &= \tfrac{1}{2}\overline{\mathrm{ds}}^2 - \tfrac{3}{2}e_2 + \sqrt{(\tfrac{1}{2}\overline{\mathrm{ds}}^2 - \tfrac{3}{2}e_2)^2 + k^2 k'^2}, & \mathrm{ds}^2 &= \tfrac{1}{2}\overline{\mathrm{sd}}^2 - \tfrac{3}{2}e_2 + \sqrt{(\tfrac{1}{2}\overline{\mathrm{sd}}^2 - \tfrac{3}{2}e_2)^2 + k^2 k'^2},\\
\mathrm{ns}^2 &= \tfrac{1}{2}\overline{\mathrm{ns}}^2 - \tfrac{3}{2}e_3 + \sqrt{(\tfrac{1}{2}\overline{\mathrm{ns}}^2 - \tfrac{3}{2}e_3)^2 - k^2}, & \mathrm{ns}^2 &= \tfrac{1}{2}\overline{\mathrm{sn}}^2 - \tfrac{3}{2}e_3 + \sqrt{(\tfrac{1}{2}\overline{\mathrm{sn}}^2 - \tfrac{3}{2}e_3)^2 - k^2},\\
\mathrm{sc}^2 &= \frac{1}{k'^2}\left[\frac{1}{2}\overline{\mathrm{cs}}^2 - \frac{3}{2}e_1 - \sqrt{\left(\frac{1}{2}\overline{\mathrm{cs}}^2 - \frac{3}{2}e_1\right)^2 - k'^2}\right], & \mathrm{sc}^2 &= \frac{1}{k'^2}\left[\frac{1}{2}\overline{\mathrm{sc}}^2 - \frac{3}{2}e_1 - \sqrt{\left(\frac{1}{2}\overline{\mathrm{sc}}^2 - \frac{3}{2}e_1\right)^2 - k'^2}\right],\\
\mathrm{nc}^2 &= \frac{1}{k'^2}\left[\frac{1}{2}\overline{\mathrm{nc}}^2 - \frac{3}{2}e_2 + \sqrt{\left(\frac{1}{2}\overline{\mathrm{nc}}^2 - \frac{3}{2}e_2\right)^2 + k^2 k'^2}\right], & \mathrm{nc}^2 &= \frac{1}{k'^2}\left[\frac{1}{2}\overline{\mathrm{cn}}^2 - \frac{3}{2}e_2 + \sqrt{\left(\frac{1}{2}\overline{\mathrm{cn}}^2 - \frac{3}{2}e_2\right)^2 + k^2 k'^2}\right],\\
\mathrm{dc}^2 &= \frac{1}{2}\overline{\mathrm{dc}}^2 - \frac{3}{2}e_3 + \sqrt{\left(\frac{1}{2}\overline{\mathrm{dc}}^2 - \frac{3}{2}e_3\right)^2 - k^2}, & \mathrm{dc}^2 &= \frac{1}{2}\overline{\mathrm{cd}}^2 - \frac{3}{2}e_3 + \sqrt{\left(\frac{1}{2}\overline{\mathrm{cd}}^2 - \frac{3}{2}e_3\right)^2 - k^2},\\
\mathrm{nd}^2 &= \frac{1}{k'^2}\left[-\frac{1}{2}\overline{\mathrm{nd}}^2 + \frac{3}{2}e_1 - \sqrt{\left(\frac{1}{2}\overline{\mathrm{nd}}^2 - \frac{3}{2}e_1\right)^2 - k'^2}\right], & \mathrm{nd}^2 &= \frac{1}{k'^2}\left[-\frac{1}{2}\overline{\mathrm{dn}}^2 + \frac{3}{2}e_1 - \sqrt{\left(\frac{1}{2}\overline{\mathrm{dn}}^2 - \frac{3}{2}e_1\right)^2 - k'^2}\right],\\
\mathrm{sd}^2 &= \frac{1}{k^2 k'^2}\left[-\frac{1}{2}\overline{\mathrm{ds}}^2 + \frac{3}{2}e_2 + \sqrt{\left(\frac{1}{2}\overline{\mathrm{ds}}^2 - \frac{3}{2}e_2\right)^2 + k^2 k'^2}\right], & \mathrm{sd}^2 &= \frac{1}{k^2 k'^2}\left[-\frac{1}{2}\overline{\mathrm{sd}}^2 + \frac{3}{2}e_2 + \sqrt{\left(\frac{1}{2}\overline{\mathrm{sd}}^2 - \frac{3}{2}e_2\right)^2 + k^2 k'^2}\right],\\
\mathrm{cd}^2 &= \frac{1}{k^2}\left[\frac{1}{2}\overline{\mathrm{dc}}^2 - \frac{3}{2}e_3 - \sqrt{\left(\frac{1}{2}\overline{\mathrm{dc}}^2 - \frac{3}{2}e_3\right)^2 - k^2}\right], & \mathrm{cd}^2 &= \frac{1}{k^2}\left[\frac{1}{2}\overline{\mathrm{cd}}^2 - \frac{3}{2}e_3 - \sqrt{\left(\frac{1}{2}\overline{\mathrm{cd}}^2 - \frac{3}{2}e_3\right)^2 - k^2}\right],\\
\mathrm{dn}^2 &= -\frac{1}{2}\overline{\mathrm{nd}}^2 + \frac{3}{2}e_1 + \sqrt{\left(\frac{1}{2}\overline{\mathrm{nd}}^2 - \frac{3}{2}e_1\right)^2 - k'^2}, & \mathrm{dn}^2 &= -\frac{1}{2}\overline{\mathrm{dn}}^2 + \frac{3}{2}e_1 + \sqrt{\left(\frac{1}{2}\overline{\mathrm{dn}}^2 - \frac{3}{2}e_1\right)^2 - k'^2},\\
\mathrm{cn}^2 &= \frac{1}{k^2}\left[-\frac{1}{2}\overline{\mathrm{nc}}^2 + \frac{3}{2}e_2 + \sqrt{\left(\frac{1}{2}\overline{\mathrm{nc}}^2 - \frac{3}{2}e_2\right)^2 + k^2 k'^2}\right], & \mathrm{cn}^2 &= \frac{1}{k^2}\left[-\frac{1}{2}\overline{\mathrm{cn}}^2 + \frac{3}{2}e_2 + \sqrt{\left(\frac{1}{2}\overline{\mathrm{cn}}^2 - \frac{3}{2}e_2\right)^2 + k^2 k'^2}\right],\\
\mathrm{sn}^2 &= \frac{1}{k^2}\left[\frac{1}{2}\overline{\mathrm{ns}}^2 - \frac{3}{2}e_3 - \sqrt{\left(\frac{1}{2}\overline{\mathrm{ns}}^2 - \frac{3}{2}e_3\right)^2 - k^2}\right], & \mathrm{sn}^2 &= \frac{1}{k^2}\left[\frac{1}{2}\overline{\mathrm{sn}}^2 - \frac{3}{2}e_3 - \sqrt{\left(\frac{1}{2}\overline{\mathrm{sn}}^2 - \frac{3}{2}e_3\right)^2 - k^2}\right].
\end{aligned}\right\} \quad (787)$$

Werden die Gln. (787) in (784) und (785) eingeführt, so lassen sich die Gln. (787) auf 144 Gleichungen ausweiten. Dabei ergibt sich beispielsweise für die sn^2-Funktion die nachfolgende Gleichungsgruppe:

$$\left.\begin{aligned}
\mathrm{sn}^2 &= \frac{1}{\overline{\mathrm{cs}}^2}\left[\frac{1}{2}\overline{\mathrm{cs}}^2 + 1 - \frac{3}{2}e_1 - \sqrt{\left(\frac{1}{2}\overline{\mathrm{cs}}^2 - \frac{3}{2}e_1\right)^2 - k'^2}\right],\\
\mathrm{sn}^2 &= \frac{1}{\overline{\mathrm{sc}}^2}\left[\frac{1}{2}\overline{\mathrm{sc}}^2 + 1 - \frac{3}{2}e_1 - \sqrt{\left(\frac{1}{2}\overline{\mathrm{sc}}^2 - \frac{3}{2}e_1\right)^2 - k'^2}\right],\\
\mathrm{sn}^2 &= \frac{1}{k^2\,\overline{\mathrm{ds}}^2}\left[\frac{1}{2}\overline{\mathrm{ds}}^2 + k^2 - \frac{3}{2}e_2 - \sqrt{\left(\frac{1}{2}\overline{\mathrm{ds}}^2 - \frac{3}{2}e_2\right)^2 + k^2 k'^2}\right],\\
\mathrm{sn}^2 &= \frac{1}{k^2\,\overline{\mathrm{sd}}^2}\left[\frac{1}{2}\overline{\mathrm{sd}}^2 + k^2 - \frac{3}{2}e_2 - \sqrt{\left(\frac{1}{2}\overline{\mathrm{sd}}^2 - \frac{3}{2}e_2\right)^2 + k^2 k'^2}\right],\\
\mathrm{sn}^2 &= \frac{1}{k^2}\left[\frac{1}{2}\overline{\mathrm{ns}}^2 - \frac{3}{2}e_3 - \sqrt{\left(\frac{1}{2}\overline{\mathrm{ns}}^2 - \frac{3}{2}e_3\right)^2 - k^2}\right],\\
\mathrm{sn}^2 &= \frac{1}{k^2}\left[\frac{1}{2}\overline{\mathrm{sn}}^2 - \frac{3}{2}e_3 - \sqrt{\left(\frac{1}{2}\overline{\mathrm{sn}}^2 - \frac{3}{2}e_3\right)^2 - k^2}\right],\\
\mathrm{sn}^2 &= \frac{1}{k^2}\left[\frac{1}{2}\overline{\mathrm{nc}}^2 + k^2 - \frac{3}{2}e_2 - \sqrt{\left(\frac{1}{2}\overline{\mathrm{nc}}^2 - \frac{3}{2}e_2\right)^2 + k^2 k'^2}\right],\\
\mathrm{sn}^2 &= \frac{1}{k^2}\left[\frac{1}{2}\overline{\mathrm{cn}}^2 + k^2 - \frac{3}{2}e_2 - \sqrt{\left(\frac{1}{2}\overline{\mathrm{cn}}^2 - \frac{3}{2}e_2\right)^2 + k^2 k'^2}\right],
\end{aligned}\right\} \quad (788)$$

$$\left.\begin{aligned}
\mathrm{sn}^2 &= \frac{1}{k^2\,\overline{\mathrm{dc}}^2}\left[\frac{1}{2}k'^4 - \frac{3}{2}e_3\,\overline{\mathrm{dc}}^2 - \sqrt{\left(\frac{1}{2}k'^4 - \frac{3}{2}e_3\,\overline{\mathrm{dc}}^2\right)^2 - k^2\,\overline{\mathrm{dc}}^4}\right],\\
\mathrm{sn}^2 &= \frac{1}{k^2\,\overline{\mathrm{cd}}^2}\left[\frac{1}{2}k'^4 - \frac{3}{2}e_3\,\overline{\mathrm{cd}}^2 - \sqrt{\left(\frac{1}{2}k'^4 - \frac{3}{2}e_3\,\overline{\mathrm{cd}}^2\right)^2 - k^2\,\overline{\mathrm{cd}}^4}\right],\\
\mathrm{sn}^2 &= \frac{1}{k^2}\left[\frac{1}{2}\overline{\mathrm{nd}}^2 + 1 - \frac{3}{2}e_1 - \sqrt{\left(\frac{1}{2}\overline{\mathrm{nd}}^2 - \frac{3}{2}e_1\right)^2 - k'^2}\right],\\
\mathrm{sn}^2 &= \frac{1}{k^2}\left[\frac{1}{2}\overline{\mathrm{dn}}^2 + 1 - \frac{3}{2}e_1 - \sqrt{\left(\frac{1}{2}\overline{\mathrm{dn}}^2 - \frac{3}{2}e_1\right)^2 - k'^2}\right].
\end{aligned}\right|$$

110. Periodenverhalten und Substitutionen

Das Periodenverhalten der JACOBIschen elliptischen Funktionen und ihrer logarithmischen Ableitungen folgt unmittelbar aus demjenigen der Theta-Funktionen. Aus (36) in Verbindung mit (766) ergibt sich:

$$\left.\begin{aligned}
\mathrm{cs}(\zeta \pm 1, \varkappa) &= +\mathrm{cs}(\zeta, \varkappa), & \mathrm{cs}(z \pm 2K, k) &= +\mathrm{cs}(z, k),\\
\mathrm{cs}(\zeta \pm i\varkappa, \varkappa) &= -\mathrm{cs}(\zeta, \varkappa), & \mathrm{cs}(z \pm 2iK', k) &= -\mathrm{cs}(z, k),\\
\mathrm{ds}(\zeta \pm 1, \varkappa) &= -\mathrm{ds}(\zeta, \varkappa), & \mathrm{ds}(z \pm 2K, k) &= -\mathrm{ds}(z, k),\\
\mathrm{ds}(\zeta \pm i\varkappa, \varkappa) &= -\mathrm{ds}(\zeta, \varkappa), & \mathrm{ds}(z \pm 2iK', k) &= -\mathrm{ds}(z, k),\\
\mathrm{ns}(\zeta \pm 1, \varkappa) &= -\mathrm{ns}(\zeta, \varkappa), & \mathrm{ns}(z \pm 2K, k) &= -\mathrm{ns}(z, k),\\
\mathrm{ns}(\zeta \pm i\varkappa, \varkappa) &= +\mathrm{ns}(\zeta, \varkappa), & \mathrm{ns}(z \pm 2iK', k) &= +\mathrm{ns}(z, k),\\
\mathrm{sc}(\zeta \pm 1, \varkappa) &= +\mathrm{sc}(\zeta, \varkappa), & \mathrm{sc}(z \pm 2K, k) &= +\mathrm{sc}(z, k),\\
\mathrm{sc}(\zeta \pm i\varkappa, \varkappa) &= -\mathrm{sc}(\zeta, \varkappa), & \mathrm{sc}(z \pm 2iK', k) &= -\mathrm{sc}(z, k),\\
\mathrm{nc}(\zeta \pm 1, \varkappa) &= -\mathrm{nc}(\zeta, \varkappa), & \mathrm{nc}(z \pm 2K, k) &= -\mathrm{nc}(z, k),\\
\mathrm{nc}(\zeta \pm i\varkappa, \varkappa) &= -\mathrm{nc}(\zeta, \varkappa), & \mathrm{nc}(z \pm 2iK', k) &= -\mathrm{nc}(z, k),\\
\mathrm{dc}(\zeta \pm 1, \varkappa) &= -\mathrm{dc}(\zeta, \varkappa), & \mathrm{dc}(z \pm 2K, k) &= -\mathrm{dc}(z, k),\\
\mathrm{dc}(\zeta \pm i\varkappa, \varkappa) &= +\mathrm{dc}(\zeta, \varkappa), & \mathrm{dc}(z \pm 2iK', k) &= +\mathrm{dc}(z, k),\\
\mathrm{nd}(\zeta \pm 1, \varkappa) &= +\mathrm{nd}(\zeta, \varkappa), & \mathrm{nd}(z \pm 2K, k) &= +\mathrm{nd}(z, k),\\
\mathrm{nd}(\zeta \pm i\varkappa, \varkappa) &= -\mathrm{nd}(\zeta, \varkappa), & \mathrm{nd}(z \pm 2iK', k) &= -\mathrm{nd}(z, k),\\
\mathrm{sd}(\zeta \pm 1, \varkappa) &= -\mathrm{sd}(\zeta, \varkappa), & \mathrm{sd}(z \pm 2K, k) &= -\mathrm{sd}(z, k),\\
\mathrm{sd}(\zeta \pm i\varkappa, \varkappa) &= -\mathrm{sd}(\zeta, \varkappa), & \mathrm{sd}(z \pm 2iK', k) &= -\mathrm{sd}(z, k),\\
\mathrm{cd}(\zeta \pm 1, \varkappa) &= -\mathrm{cd}(\zeta, \varkappa), & \mathrm{cd}(z \pm 2K, k) &= -\mathrm{cd}(z, k),\\
\mathrm{cd}(\zeta \pm i\varkappa, \varkappa) &= +\mathrm{cd}(\zeta, \varkappa), & \mathrm{cd}(z \pm 2iK', k) &= +\mathrm{cd}(z, k),\\
\mathrm{dn}(\zeta \pm 1, \varkappa) &= +\mathrm{dn}(\zeta, \varkappa), & \mathrm{dn}(z \pm 2K, k) &= +\mathrm{dn}(z, k),\\
\mathrm{dn}(\zeta \pm i\varkappa, \varkappa) &= -\mathrm{dn}(\zeta, \varkappa), & \mathrm{dn}(z \pm 2iK', k) &= -\mathrm{dn}(z, k),\\
\mathrm{cn}(\zeta \pm 1, \varkappa) &= -\mathrm{cn}(\zeta, \varkappa), & \mathrm{cn}(z \pm 2K, k) &= -\mathrm{cn}(z, k),\\
\mathrm{cn}(\zeta \pm i\varkappa, \varkappa) &= -\mathrm{cn}(\zeta, \varkappa), & \mathrm{cn}(z \pm 2iK', k) &= -\mathrm{cn}(z, k),\\
\mathrm{sn}(\zeta \pm 1, \varkappa) &= -\mathrm{sn}(\zeta, \varkappa), & \mathrm{sn}(z \pm 2K, k) &= -\mathrm{sn}(z, k),\\
\mathrm{sn}(\zeta \pm i\varkappa, \varkappa) &= +\mathrm{sn}(\zeta, \varkappa), & \mathrm{sn}(z \pm 2iK', k) &= +\mathrm{sn}(z, k).
\end{aligned}\right\} \quad (789)$$

Da bei der logarithmischen Ableitung von (789) die Vorzeichen herausfallen, zeigen sämtliche logarithmischen Ableitungen der JACOBIschen elliptischen Funktionen das gleiche Periodenverhalten, nämlich

$$\begin{aligned}
f(\zeta \pm 1, \varkappa) &= f(\zeta, \varkappa), & f(z \pm 2K, k) &= f(z, k), & f &= \overline{\mathrm{cs}}, \overline{\mathrm{ds}}, \overline{\mathrm{ns}}, \overline{\mathrm{sc}}, \overline{\mathrm{nc}}, \overline{\mathrm{dc}},\\
f(\zeta \pm i\varkappa, \varkappa) &= f(\zeta, \varkappa), & f(z \pm 2iK', k) &= f(z, k), & & \overline{\mathrm{nd}}, \overline{\mathrm{sd}}, \overline{\mathrm{cd}}, \overline{\mathrm{dn}}, \overline{\mathrm{cn}}, \overline{\mathrm{sn}}.
\end{aligned} \quad (790)$$

Nach (21) ist der Funktionscharakter von ϑ_1 ungerade, derjenige von ϑ_2, ϑ_3, ϑ_4 gerade. Hieraus folgt in Verbindung mit (766) für die JACOBIschen elliptischen Funktionen

$$\left.\begin{aligned}
\mathrm{cs}(-\zeta,\varkappa) &= -\mathrm{cs}(\zeta,\varkappa), & \mathrm{cs}(-z,k) &= -\mathrm{cs}(z,k),\\
\mathrm{ds}(-\zeta,\varkappa) &= -\mathrm{ds}(\zeta,\varkappa), & \mathrm{ds}(-z,k) &= -\mathrm{ds}(z,k),\\
\mathrm{ns}(-\zeta,\varkappa) &= -\mathrm{ns}(\zeta,\varkappa), & \mathrm{ns}(-z,k) &= -\mathrm{ns}(z,k),\\
\mathrm{sc}(-\zeta,\varkappa) &= -\mathrm{sc}(\zeta,\varkappa), & \mathrm{sc}(-z,k) &= -\mathrm{sc}(z,k),\\
\mathrm{nc}(-\zeta,\varkappa) &= +\mathrm{nc}(\zeta,\varkappa), & \mathrm{nc}(-z,k) &= +\mathrm{nc}(z,k),\\
\mathrm{dc}(-\zeta,\varkappa) &= +\mathrm{dc}(\zeta,\varkappa), & \mathrm{dc}(-z,k) &= +\mathrm{dc}(z,k),\\
\mathrm{nd}(-\zeta,\varkappa) &= +\mathrm{nd}(\zeta,\varkappa), & \mathrm{nd}(-z,k) &= +\mathrm{nd}(z,k),\\
\mathrm{sd}(-\zeta,\varkappa) &= -\mathrm{sd}(\zeta,\varkappa), & \mathrm{sd}(-z,k) &= -\mathrm{sd}(z,k),\\
\mathrm{cd}(-\zeta,\varkappa) &= +\mathrm{cd}(\zeta,\varkappa), & \mathrm{cd}(-z,k) &= +\mathrm{cd}(z,k),\\
\mathrm{dn}(-\zeta,\varkappa) &= +\mathrm{dn}(\zeta,\varkappa), & \mathrm{dn}(-z,k) &= +\mathrm{dn}(z,k),\\
\mathrm{cn}(-\zeta,\varkappa) &= +\mathrm{cn}(\zeta,\varkappa), & \mathrm{cn}(-z,k) &= +\mathrm{cn}(z,k),\\
\mathrm{sn}(-\zeta,\varkappa) &= -\mathrm{sn}(\zeta,\varkappa), & \mathrm{sn}(-z,k) &= -\mathrm{sn}(z,k).
\end{aligned}\right\} \tag{791}$$

Da die logarithmische Ableitung den Quotienten aus der Ableitung und der abgeleiteten Funktion darstellt und die Ableitung einer geraden Funktion ungerade, einer ungeraden Funktion gerade ist, sind die logarithmischen Ableitungen der JACOBIschen elliptischen Funktionen sämtlich ungerade Funktionen. Man erhält also

$$f(-\zeta,\varkappa) = -f(\zeta,\varkappa), \quad f(-z,k) = -f(z,k), \quad f = \overline{\mathrm{cs}}, \overline{\mathrm{ds}}, \overline{\mathrm{ns}}, \overline{\mathrm{sc}}, \overline{\mathrm{nc}}, \overline{\mathrm{dc}}, \overline{\mathrm{nd}}, \overline{\mathrm{sd}}, \overline{\mathrm{cd}}, \overline{\mathrm{dn}}, \overline{\mathrm{cn}}, \overline{\mathrm{sn}}. \tag{792}$$

Aus den Substitutionsformeln (22), (23) und (25) der Theta-Funktionen folgen in Verbindung mit (766) entsprechende Substitutionsformeln der JACOBIschen elliptischen Funktionen. Sie lauten:

$$\left.\begin{aligned}
\mathrm{cs}\left(\zeta\pm\tfrac{1}{2},\varkappa\right) &= -k'\,\mathrm{sc}(\zeta,\varkappa), & \mathrm{cs}(z\pm K,k) &= -k'\,\mathrm{sc}(z,k),\\
\mathrm{ds}\left(\zeta\pm\tfrac{1}{2},\varkappa\right) &= \pm k'\,\mathrm{nc}(\zeta,\varkappa), & \mathrm{ds}(z\pm K,k) &= \pm k'\,\mathrm{nc}(z,k),\\
\mathrm{ns}\left(\zeta\pm\tfrac{1}{2},\varkappa\right) &= \pm\mathrm{dc}(\zeta,\varkappa), & \mathrm{ns}(z\pm K,k) &= \pm\mathrm{dc}(z,k),\\
\mathrm{sc}\left(\zeta\pm\tfrac{1}{2},\varkappa\right) &= -\frac{1}{k'}\,\mathrm{cs}(\zeta,\varkappa), & \mathrm{sc}(z\pm K,k) &= -\frac{1}{k'}\,\mathrm{cs}(z,k),\\
\mathrm{nc}\left(\zeta\pm\tfrac{1}{2},\varkappa\right) &= \mp\frac{1}{k'}\,\mathrm{ds}(\zeta,\varkappa), & \mathrm{nc}(z\pm K,k) &= \mp\frac{1}{k'}\,\mathrm{ds}(z,k),\\
\mathrm{dc}\left(\zeta\pm\tfrac{1}{2},\varkappa\right) &= \mp\mathrm{ns}(\zeta,\varkappa), & \mathrm{dc}(z\pm K,k) &= \mp\mathrm{ns}(z,k),\\
\mathrm{nd}\left(\zeta\pm\tfrac{1}{2},\varkappa\right) &= +\frac{1}{k'}\,\mathrm{dn}(\zeta,\varkappa), & \mathrm{nd}(z\pm K,k) &= +\frac{1}{k'}\,\mathrm{dn}(z,k),\\
\mathrm{sd}\left(\zeta\pm\tfrac{1}{2},\varkappa\right) &= \pm\frac{1}{k'}\,\mathrm{cn}(\zeta,\varkappa), & \mathrm{sd}(z\pm K,k) &= \pm\frac{1}{k'}\,\mathrm{cn}(z,k),\\
\mathrm{cd}\left(\zeta\pm\tfrac{1}{2},\varkappa\right) &= \mp\mathrm{sn}(\zeta,\varkappa), & \mathrm{cd}(z\pm K,k) &= \mp\mathrm{sn}(z,k),\\
\mathrm{dn}\left(\zeta\pm\tfrac{1}{2},\varkappa\right) &= +k'\,\mathrm{nd}(\zeta,\varkappa), & \mathrm{dn}(z\pm K,k) &= +k'\,\mathrm{nd}(z,k),\\
\mathrm{cn}\left(\zeta\pm\tfrac{1}{2},\varkappa\right) &= \mp k'\,\mathrm{sd}(\zeta,\varkappa), & \mathrm{cn}(z\pm K,k) &= \mp k'\,\mathrm{sd}(z,k),\\
\mathrm{sn}\left(\zeta\pm\tfrac{1}{2},\varkappa\right) &= \pm\mathrm{cd}(\zeta,\varkappa), & \mathrm{sn}(z\pm K,k) &= \pm\mathrm{cd}(z,k).
\end{aligned}\right\} \tag{793}$$

$$\left.\begin{aligned}
&\operatorname{cs}\left(\zeta \pm \frac{i\varkappa}{2}, \varkappa\right) = \mp i \operatorname{dn}(\zeta, \varkappa), &&\operatorname{cs}(z \pm i K', k) = \mp i \operatorname{dn}(z, k),\\
&\operatorname{ds}\left(\zeta \pm \frac{i\varkappa}{2}, \varkappa\right) = \mp i k \operatorname{cn}(\zeta, \varkappa), &&\operatorname{ds}(z \pm i K', k) = \mp i k \operatorname{cn}(z, k),\\
&\operatorname{ns}\left(\zeta \pm \frac{i\varkappa}{2}, \varkappa\right) = + k \operatorname{sn}(\zeta, \varkappa), &&\operatorname{ns}(z \pm i K', k) = + k \operatorname{sn}(z, k),\\
&\operatorname{sc}\left(\zeta \pm \frac{i\varkappa}{2}, \varkappa\right) = \pm i \operatorname{nd}(\zeta, \varkappa), &&\operatorname{sc}(z \pm i K', k) = \pm i \operatorname{nd}(z, k),\\
&\operatorname{nc}\left(\zeta \pm \frac{i\varkappa}{2}, \varkappa\right) = \pm i k \operatorname{sd}(\zeta, \varkappa), &&\operatorname{nc}(z \pm i K', k) = \pm i k \operatorname{sd}(z, k),\\
&\operatorname{dc}\left(\zeta \pm \frac{i\varkappa}{2}, \varkappa\right) = + k \operatorname{cd}(\zeta, \varkappa), &&\operatorname{dc}(z \pm i K', k) = + k \operatorname{cd}(z, k),\\
&\operatorname{nd}\left(\zeta \pm \frac{i\varkappa}{2}, \varkappa\right) = \pm i \operatorname{sc}(\zeta, \varkappa), &&\operatorname{nd}(z \pm i K', k) = \pm i \operatorname{sc}(z, k),\\
&\operatorname{sd}\left(\zeta \pm \frac{i\varkappa}{2}, \varkappa\right) = \pm \frac{i}{k} \operatorname{nc}(\zeta, \varkappa), &&\operatorname{sd}(z \pm i K', k) = \pm \frac{i}{k} \operatorname{nc}(z, k),\\
&\operatorname{cd}\left(\zeta \pm \frac{i\varkappa}{2}, \varkappa\right) = + \frac{1}{k} \operatorname{dc}(\zeta, \varkappa), &&\operatorname{cd}(z \pm i K', k) = + \frac{1}{k} \operatorname{dc}(z, k),\\
&\operatorname{dn}\left(\zeta \pm \frac{i\varkappa}{2}, \varkappa\right) = \mp i \operatorname{cs}(\zeta, \varkappa), &&\operatorname{dn}(z \pm i K', k) = \mp i \operatorname{cs}(z, k),\\
&\operatorname{cn}\left(\zeta \pm \frac{i\varkappa}{2}, \varkappa\right) = \mp \frac{i}{k} \operatorname{ds}(\zeta, \varkappa), &&\operatorname{cn}(z \pm i K', k) = \mp \frac{i}{k} \operatorname{ds}(z, k),\\
&\operatorname{sn}\left(\zeta \pm \frac{i\varkappa}{2}, \varkappa\right) = + \frac{1}{k} \operatorname{ns}(\zeta, \varkappa), &&\operatorname{sn}(z \pm i K', k) = + \frac{1}{k} \operatorname{ns}(z, k).
\end{aligned}\right\} \tag{794}$$

$$\left.\begin{aligned}
&\operatorname{cs}\left(\zeta \pm \frac{1}{2} + \frac{i\varkappa}{2}, \varkappa\right) = - i k' \operatorname{nd}(\zeta, \varkappa), &&\operatorname{cs}(z \pm K + i K', k) = - i k' \operatorname{nd}(z, k),\\
&\operatorname{ds}\left(\zeta \pm \frac{1}{2} + \frac{i\varkappa}{2}, \varkappa\right) = \pm i k k' \operatorname{sd}(\zeta, \varkappa), &&\operatorname{ds}(z \pm K + i K', k) = \pm i k k' \operatorname{sd}(z, k),\\
&\operatorname{ns}\left(\zeta \pm \frac{1}{2} + \frac{i\varkappa}{2}, \varkappa\right) = \pm k \operatorname{cd}(\zeta, \varkappa), &&\operatorname{ns}(z \pm K + i K', k) = \pm k \operatorname{cd}(z, k),\\
&\operatorname{sc}\left(\zeta \pm \frac{1}{2} + \frac{i\varkappa}{2}, \varkappa\right) = + \frac{i}{k'} \operatorname{dn}(\zeta, \varkappa), &&\operatorname{sc}(z \pm K + i K', k) = + \frac{i}{k'} \operatorname{dn}(z, k),\\
&\operatorname{nc}\left(\zeta \pm \frac{1}{2} + \frac{i\varkappa}{2}, \varkappa\right) = \pm i \frac{k}{k'} \operatorname{cn}(\zeta, \varkappa), &&\operatorname{nc}(z \pm K + i K', k) = \pm i \frac{k}{k'} \operatorname{cn}(z, k),\\
&\operatorname{dc}\left(\zeta \pm \frac{1}{2} + \frac{i\varkappa}{2}, \varkappa\right) = \mp k \operatorname{sn}(\zeta, \varkappa), &&\operatorname{dc}(z \pm K + i K', k) = \mp k \operatorname{sn}(z, k),\\
&\operatorname{nd}\left(\zeta \pm \frac{1}{2} + \frac{i\varkappa}{2}, \varkappa\right) = - \frac{i}{k'} \operatorname{cs}(\zeta, \varkappa), &&\operatorname{nd}(z \pm K + i K', k) = - \frac{i}{k'} \operatorname{cs}(z, k),\\
&\operatorname{sd}\left(\zeta \pm \frac{1}{2} + \frac{i\varkappa}{2}, \varkappa\right) = \mp \frac{i}{k k'} \operatorname{ds}(\zeta, \varkappa), &&\operatorname{sd}(z \pm K + i K', k) = \mp \frac{i}{k k'} \operatorname{ds}(z, k),\\
&\operatorname{cd}\left(\zeta \pm \frac{1}{2} + \frac{i\varkappa}{2}, \varkappa\right) = \mp \frac{1}{k} \operatorname{ns}(\zeta, \varkappa), &&\operatorname{cd}(z \pm K + i K', k) = \mp \frac{1}{k} \operatorname{ns}(z, k),\\
&\operatorname{dn}\left(\zeta \pm \frac{1}{2} + \frac{i\varkappa}{2}, \varkappa\right) = + i k' \operatorname{sc}(\zeta, \varkappa), &&\operatorname{dn}(z \pm K + i K', k) = + i k' \operatorname{sc}(z, k),\\
&\operatorname{cn}\left(\zeta \pm \frac{1}{2} + \frac{i\varkappa}{2}, \varkappa\right) = \mp i \frac{k'}{k} \operatorname{nc}(\zeta, \varkappa), &&\operatorname{cn}(z \pm K + i K', k) = \mp i \frac{k'}{k} \operatorname{nc}(z, k),\\
&\operatorname{sn}\left(\zeta \pm \frac{1}{2} + \frac{i\varkappa}{2}, \varkappa\right) = \pm \frac{1}{k} \operatorname{dc}(\zeta, \varkappa), &&\operatorname{sn}(z \pm K + i K', k) = \pm \frac{1}{k} \operatorname{dc}(z, k);
\end{aligned}\right\} \tag{795}$$

$$\left.\begin{aligned}
&\mathrm{cs}\left(\zeta \pm \frac{1}{2} - \frac{i\varkappa}{2}, \varkappa\right) = +i\,k'\,\mathrm{nd}(\zeta, \varkappa), && \mathrm{cs}(z \pm K - i\,K', k) = +i\,k'\,\mathrm{nd}(z, k),\\
&\mathrm{ds}\left(\zeta \pm \frac{1}{2} - \frac{i\varkappa}{2}, \varkappa\right) = \mp i\,k\,k'\,\mathrm{sd}(\zeta, \varkappa), && \mathrm{ds}(z \pm K - i\,K', k) = \mp i\,k\,k'\,\mathrm{sd}(z, k),\\
&\mathrm{ns}\left(\zeta \pm \frac{1}{2} - \frac{i\varkappa}{2}, \varkappa\right) = \pm k\,\mathrm{cd}(\zeta, \varkappa), && \mathrm{ns}(z \pm K - i\,K', k) = \pm k\,\mathrm{cd}(z, k),\\
&\mathrm{sc}\left(\zeta \pm \frac{1}{2} - \frac{i\varkappa}{2}, \varkappa\right) = -\frac{i}{k'}\,\mathrm{dn}(\zeta, \varkappa), && \mathrm{sc}(z \pm K - i\,K', k) = -\frac{i}{k'}\,\mathrm{dn}(z, k),\\
&\mathrm{nc}\left(\zeta \pm \frac{1}{2} - \frac{i\varkappa}{2}, \varkappa\right) = \mp i\frac{k}{k'}\,\mathrm{cn}(\zeta, \varkappa), && \mathrm{nc}(z \pm K - i\,K', k) = \mp i\frac{k}{k'}\,\mathrm{cn}(z, k),\\
&\mathrm{dc}\left(\zeta \pm \frac{1}{2} - \frac{i\varkappa}{2}, \varkappa\right) = \mp k\,\mathrm{sn}(\zeta, \varkappa), && \mathrm{dc}(z \pm K - i\,K', k) = \mp k\,\mathrm{sn}(z, k),\\
&\mathrm{nd}\left(\zeta \pm \frac{1}{2} - \frac{i\varkappa}{2}, \varkappa\right) = +\frac{i}{k'}\,\mathrm{cs}(\zeta, \varkappa), && \mathrm{nd}(z \pm K - i\,K', k) = +\frac{i}{k'}\,\mathrm{cs}(z, k),\\
&\mathrm{sd}\left(\zeta \pm \frac{1}{2} - \frac{i\varkappa}{2}, \varkappa\right) = \pm\frac{i}{k\,k'}\,\mathrm{ds}(\zeta, \varkappa), && \mathrm{sd}(z \pm K - i\,K', k) = \pm\frac{i}{k\,k'}\,\mathrm{ds}(z, k),\\
&\mathrm{cd}\left(\zeta \pm \frac{1}{2} - \frac{i\varkappa}{2}, \varkappa\right) = \mp\frac{1}{k}\,\mathrm{ns}(\zeta, \varkappa), && \mathrm{cd}(z \pm K - i\,K', k) = \mp\frac{1}{k}\,\mathrm{ns}(z, k),\\
&\mathrm{dn}\left(\zeta \pm \frac{1}{2} - \frac{i\varkappa}{2}, \varkappa\right) = -i\,k'\,\mathrm{sc}(\zeta, \varkappa), && \mathrm{dn}(z \pm K - i\,K', k) = -i\,k'\,\mathrm{sc}(z, k),\\
&\mathrm{cn}\left(\zeta \pm \frac{1}{2} - \frac{i\varkappa}{2}, \varkappa\right) = \pm i\frac{k'}{k}\,\mathrm{nc}(\zeta, \varkappa), && \mathrm{cn}(z \pm K - i\,K', k) = \pm i\frac{k'}{k}\,\mathrm{nc}(z, k),\\
&\mathrm{sn}\left(\zeta \pm \frac{1}{2} - \frac{i\varkappa}{2}, \varkappa\right) = \pm\frac{1}{k}\,\mathrm{dc}(\zeta, \varkappa), && \mathrm{sn}(z \pm K - i\,K', k) = \pm\frac{1}{k}\,\mathrm{dc}(z, k).
\end{aligned}\right\}$$

Werden die entsprechenden Substitutionen gemäß (767) in Verbindung mit (793) bis (795) gebildet, so ergibt sich für die logarithmischen Ableitungen der JACOBIschen elliptischen Funktionen

$$\left.\begin{aligned}
&\overline{\mathrm{cs}}(\zeta \pm \tfrac{1}{2}, \varkappa) = -\,\overline{\mathrm{cs}}(\zeta, \varkappa) = +\,\overline{\mathrm{sc}}(\zeta, \varkappa), && \overline{\mathrm{cs}}(z \pm K, k) = -\,\overline{\mathrm{cs}}(z, k) = +\,\overline{\mathrm{sc}}(z, k),\\
&\overline{\mathrm{ds}}(\zeta \pm \tfrac{1}{2}, \varkappa) = +\,\overline{\mathrm{nc}}(\zeta, \varkappa) = -\,\overline{\mathrm{cn}}(\zeta, \varkappa), && \overline{\mathrm{ds}}(z \pm K, k) = +\,\overline{\mathrm{nc}}(z, k) = -\,\overline{\mathrm{cn}}(z, k),\\
&\overline{\mathrm{ns}}(\zeta \pm \tfrac{1}{2}, \varkappa) = +\,\overline{\mathrm{dc}}(\zeta, \varkappa) = -\,\overline{\mathrm{cd}}(\zeta, \varkappa), && \overline{\mathrm{ns}}(z \pm K, k) = +\,\overline{\mathrm{dc}}(z, k) = -\,\overline{\mathrm{cd}}(z, k),\\
&\overline{\mathrm{sc}}(\zeta \pm \tfrac{1}{2}, \varkappa) = -\,\overline{\mathrm{sc}}(\zeta, \varkappa) = +\,\overline{\mathrm{cs}}(\zeta, \varkappa), && \overline{\mathrm{sc}}(z \pm K, k) = -\,\overline{\mathrm{sc}}(z, k) = +\,\overline{\mathrm{cs}}(z, k),\\
&\overline{\mathrm{nc}}(\zeta \pm \tfrac{1}{2}, \varkappa) = +\,\overline{\mathrm{ds}}(\zeta, \varkappa) = -\,\overline{\mathrm{sd}}(\zeta, \varkappa), && \overline{\mathrm{nc}}(z \pm K, k) = +\,\overline{\mathrm{ds}}(z, k) = -\,\overline{\mathrm{sd}}(z, k),\\
&\overline{\mathrm{dc}}(\zeta \pm \tfrac{1}{2}, \varkappa) = +\,\overline{\mathrm{ns}}(\zeta, \varkappa) = -\,\overline{\mathrm{sn}}(\zeta, \varkappa), && \overline{\mathrm{dc}}(z \pm K, k) = +\,\overline{\mathrm{ns}}(z, k) = -\,\overline{\mathrm{sn}}(z, k),\\
&\overline{\mathrm{nd}}(\zeta \pm \tfrac{1}{2}, \varkappa) = -\,\overline{\mathrm{nd}}(\zeta, \varkappa) = +\,\overline{\mathrm{dn}}(\zeta, \varkappa), && \overline{\mathrm{nd}}(z \pm K, k) = -\,\overline{\mathrm{nd}}(z, k) = +\,\overline{\mathrm{dn}}(z, k),\\
&\overline{\mathrm{sd}}(\zeta \pm \tfrac{1}{2}, \varkappa) = +\,\overline{\mathrm{cn}}(\zeta, \varkappa) = -\,\overline{\mathrm{nc}}(\zeta, \varkappa), && \overline{\mathrm{sd}}(z \pm K, k) = +\,\overline{\mathrm{cn}}(z, k) = -\,\overline{\mathrm{nc}}(z, k),\\
&\overline{\mathrm{cd}}(\zeta \pm \tfrac{1}{2}, \varkappa) = +\,\overline{\mathrm{sn}}(\zeta, \varkappa) = -\,\overline{\mathrm{ns}}(\zeta, \varkappa), && \overline{\mathrm{cd}}(z \pm K, k) = +\,\overline{\mathrm{sn}}(z, k) = -\,\overline{\mathrm{ns}}(z, k),\\
&\overline{\mathrm{dn}}(\zeta \pm \tfrac{1}{2}, \varkappa) = -\,\overline{\mathrm{dn}}(\zeta, \varkappa) = +\,\overline{\mathrm{nd}}(\zeta, \varkappa), && \overline{\mathrm{dn}}(z \pm K, k) = -\,\overline{\mathrm{dn}}(z, k) = +\,\overline{\mathrm{nd}}(z, k),\\
&\overline{\mathrm{cn}}(\zeta \pm \tfrac{1}{2}, \varkappa) = +\,\overline{\mathrm{sd}}(\zeta, \varkappa) = -\,\overline{\mathrm{ds}}(\zeta, \varkappa), && \overline{\mathrm{cn}}(z \pm K, k) = +\,\overline{\mathrm{sd}}(z, k) = -\,\overline{\mathrm{ds}}(z, k),\\
&\overline{\mathrm{sn}}(\zeta \pm \tfrac{1}{2}, \varkappa) = +\,\overline{\mathrm{cd}}(\zeta, \varkappa) = -\,\overline{\mathrm{dc}}(\zeta, \varkappa), && \overline{\mathrm{sn}}(z \pm K, k) = +\,\overline{\mathrm{cd}}(z, k) = -\,\overline{\mathrm{dc}}(z, k).
\end{aligned}\right\} \quad (796)$$

$$\left.\begin{aligned}
&\overline{\mathrm{cs}}\left(\zeta \pm \frac{i\varkappa}{2}, \varkappa\right) = -\,\overline{\mathrm{nd}}(\zeta, \varkappa) = +\,\overline{\mathrm{dn}}(\zeta, \varkappa), && \overline{\mathrm{cs}}(z \pm i\,K', k) = -\,\overline{\mathrm{nd}}(z, k) = +\,\overline{\mathrm{dn}}(z, k),\\
&\overline{\mathrm{ds}}\left(\zeta \pm \frac{i\varkappa}{2}, \varkappa\right) = -\,\overline{\mathrm{nc}}(\zeta, \varkappa) = +\,\overline{\mathrm{cn}}(\zeta, \varkappa), && \overline{\mathrm{ds}}(z \pm i\,K', k) = -\,\overline{\mathrm{nc}}(z, k) = +\,\overline{\mathrm{cn}}(z, k),\\
&\overline{\mathrm{ns}}\left(\zeta \pm \frac{i\varkappa}{2}, \varkappa\right) = -\,\overline{\mathrm{ns}}(\zeta, \varkappa) = +\,\overline{\mathrm{sn}}(\zeta, \varkappa), && \overline{\mathrm{ns}}(z \pm i\,K', k) = -\,\overline{\mathrm{ns}}(z, k) = +\,\overline{\mathrm{sn}}(z, k),\\
&\overline{\mathrm{sc}}\left(\zeta \pm \frac{i\varkappa}{2}, \varkappa\right) = -\,\overline{\mathrm{dn}}(\zeta, \varkappa) = +\,\overline{\mathrm{nd}}(\zeta, \varkappa), && \overline{\mathrm{sc}}(z \pm i\,K', k) = -\,\overline{\mathrm{dn}}(z, k) = +\,\overline{\mathrm{nd}}(z, k),
\end{aligned}\right|$$

$$\left.\begin{aligned}
&\overline{\mathrm{nc}}\left(\zeta \pm \frac{i\varkappa}{2}, \varkappa\right) = -\overline{\mathrm{ds}}(\zeta,\varkappa) = +\overline{\mathrm{sd}}(\zeta,\varkappa), && \overline{\mathrm{nc}}(z \pm i K', k) = -\overline{\mathrm{ds}}(z,k) = +\overline{\mathrm{sd}}(z,k),\\
&\overline{\mathrm{dc}}\left(\zeta \pm \frac{i\varkappa}{2}, \varkappa\right) = -\overline{\mathrm{dc}}(\zeta,\varkappa) = +\overline{\mathrm{cd}}(\zeta,\varkappa), && \overline{\mathrm{dc}}(z \pm i K', k) = -\overline{\mathrm{dc}}(z,k) = +\overline{\mathrm{cd}}(z,k),\\
&\overline{\mathrm{nd}}\left(\zeta \pm \frac{i\varkappa}{2}, \varkappa\right) = -\overline{\mathrm{cs}}(\zeta,\varkappa) = +\overline{\mathrm{sc}}(\zeta,\varkappa), && \overline{\mathrm{nd}}(z \pm i K', k) = -\overline{\mathrm{cs}}(z,k) = +\overline{\mathrm{sc}}(z,k),\\
&\overline{\mathrm{sd}}\left(\zeta \pm \frac{i\varkappa}{2}, \varkappa\right) = -\overline{\mathrm{cn}}(\zeta,\varkappa) = +\overline{\mathrm{nc}}(\zeta,\varkappa), && \overline{\mathrm{sd}}(z \pm i K', k) = -\overline{\mathrm{cn}}(z,k) = +\overline{\mathrm{nc}}(z,k),\\
&\overline{\mathrm{cd}}\left(\zeta \pm \frac{i\varkappa}{2}, \varkappa\right) = -\overline{\mathrm{cd}}(\zeta,\varkappa) = +\overline{\mathrm{dc}}(\zeta,\varkappa), && \overline{\mathrm{cd}}(z \pm i K', k) = -\overline{\mathrm{cd}}(z,k) = +\overline{\mathrm{dc}}(z,k),\\
&\overline{\mathrm{dn}}\left(\zeta \pm \frac{i\varkappa}{2}, \varkappa\right) = -\overline{\mathrm{sc}}(\zeta,\varkappa) = +\overline{\mathrm{cs}}(\zeta,\varkappa), && \overline{\mathrm{dn}}(z \pm i K', k) = -\overline{\mathrm{sc}}(z,k) = +\overline{\mathrm{cs}}(z,k),\\
&\overline{\mathrm{cn}}\left(\zeta \pm \frac{i\varkappa}{2}, \varkappa\right) = -\overline{\mathrm{sd}}(\zeta,\varkappa) = +\overline{\mathrm{ds}}(\zeta,\varkappa), && \overline{\mathrm{cn}}(z \pm i K', k) = -\overline{\mathrm{sd}}(z,k) = +\overline{\mathrm{ds}}(z,k),\\
&\overline{\mathrm{sn}}\left(\zeta \pm \frac{i\varkappa}{2}, \varkappa\right) = -\overline{\mathrm{sn}}(\zeta,\varkappa) = +\overline{\mathrm{ns}}(\zeta,\varkappa), && \overline{\mathrm{sn}}(z \pm i K', k) = -\overline{\mathrm{sn}}(z,k) = +\overline{\mathrm{ns}}(z,k).
\end{aligned}\right\} \tag{797}$$

$$\left.\begin{aligned}
&\overline{\mathrm{cs}}\left(\zeta \pm \frac{1}{2} \pm \frac{i\varkappa}{2}, \varkappa\right) = +\overline{\mathrm{nd}}(\zeta,\varkappa) = -\overline{\mathrm{dn}}(\zeta,\varkappa), && \overline{\mathrm{cs}}(z \pm K \pm i K', k) = +\overline{\mathrm{nd}}(z,k) = -\overline{\mathrm{dn}}(z,k),\\
&\overline{\mathrm{ds}}\left(\zeta \pm \frac{1}{2} \pm \frac{i\varkappa}{2}, \varkappa\right) = -\overline{\mathrm{ds}}(\zeta,\varkappa) = +\overline{\mathrm{sd}}(\zeta,\varkappa), && \overline{\mathrm{ds}}(z \pm K \pm i K', k) = -\overline{\mathrm{ds}}(z,k) = +\overline{\mathrm{sd}}(z,k),\\
&\overline{\mathrm{ns}}\left(\zeta \pm \frac{1}{2} \pm \frac{i\varkappa}{2}, \varkappa\right) = -\overline{\mathrm{dc}}(\zeta,\varkappa) = +\overline{\mathrm{cd}}(\zeta,\varkappa), && \overline{\mathrm{ns}}(z \pm K \pm i K', k) = -\overline{\mathrm{dc}}(z,k) = +\overline{\mathrm{cd}}(z,k),\\
&\overline{\mathrm{sc}}\left(\zeta \pm \frac{1}{2} \pm \frac{i\varkappa}{2}, \varkappa\right) = +\overline{\mathrm{dn}}(\zeta,\varkappa) = -\overline{\mathrm{nd}}(\zeta,\varkappa), && \overline{\mathrm{sc}}(z \pm K \pm i K', k) = +\overline{\mathrm{dn}}(z,k) = -\overline{\mathrm{nd}}(z,k),\\
&\overline{\mathrm{nc}}\left(\zeta \pm \frac{1}{2} \pm \frac{i\varkappa}{2}, \varkappa\right) = -\overline{\mathrm{nc}}(\zeta,\varkappa) = +\overline{\mathrm{cn}}(\zeta,\varkappa), && \overline{\mathrm{nc}}(z \pm K \pm i K', k) = -\overline{\mathrm{nc}}(z,k) = +\overline{\mathrm{cn}}(z,k),\\
&\overline{\mathrm{dc}}\left(\zeta \pm \frac{1}{2} \pm \frac{i\varkappa}{2}, \varkappa\right) = -\overline{\mathrm{ns}}(\zeta,\varkappa) = +\overline{\mathrm{sn}}(\zeta,\varkappa), && \overline{\mathrm{dc}}(z \pm K \pm i K', k) = -\overline{\mathrm{ns}}(z,k) = +\overline{\mathrm{sn}}(z,k),\\
&\overline{\mathrm{nd}}\left(\zeta \pm \frac{1}{2} \pm \frac{i\varkappa}{2}, \varkappa\right) = +\overline{\mathrm{cs}}(\zeta,\varkappa) = -\overline{\mathrm{sc}}(\zeta,\varkappa), && \overline{\mathrm{nd}}(z \pm K \pm i K', k) = +\overline{\mathrm{cs}}(z,k) = -\overline{\mathrm{sc}}(z,k),\\
&\overline{\mathrm{sd}}\left(\zeta \pm \frac{1}{2} \pm \frac{i\varkappa}{2}, \varkappa\right) = -\overline{\mathrm{sd}}(\zeta,\varkappa) = +\overline{\mathrm{ds}}(\zeta,\varkappa), && \overline{\mathrm{sd}}(z \pm K \pm i K', k) = -\overline{\mathrm{sd}}(z,k) = +\overline{\mathrm{ds}}(z,k),\\
&\overline{\mathrm{cd}}\left(\zeta \pm \frac{1}{2} \pm \frac{i\varkappa}{2}, \varkappa\right) = -\overline{\mathrm{sn}}(\zeta,\varkappa) = +\overline{\mathrm{ns}}(\zeta,\varkappa), && \overline{\mathrm{cd}}(z \pm K \pm i K', k) = -\overline{\mathrm{sn}}(z,k) = +\overline{\mathrm{ns}}(z,k),\\
&\overline{\mathrm{dn}}\left(\zeta \pm \frac{1}{2} \pm \frac{i\varkappa}{2}, \varkappa\right) = +\overline{\mathrm{sc}}(\zeta,\varkappa) = -\overline{\mathrm{cs}}(\zeta,\varkappa), && \overline{\mathrm{dn}}(z \pm K \pm i K', k) = +\overline{\mathrm{sc}}(z,k) = -\overline{\mathrm{cs}}(z,k),\\
&\overline{\mathrm{cn}}\left(\zeta \pm \frac{1}{2} \pm \frac{i\varkappa}{2}, \varkappa\right) = -\overline{\mathrm{cn}}(\zeta,\varkappa) = +\overline{\mathrm{nc}}(\zeta,\varkappa), && \overline{\mathrm{cn}}(z \pm K \pm i K', k) = -\overline{\mathrm{cn}}(z,k) = +\overline{\mathrm{nc}}(z,k),\\
&\overline{\mathrm{sn}}\left(\zeta \pm \frac{1}{2} \pm \frac{i\varkappa}{2}, \varkappa\right) = -\overline{\mathrm{cd}}(\zeta,\varkappa) = +\overline{\mathrm{dc}}(\zeta,\varkappa), && \overline{\mathrm{sn}}(z \pm K \pm i K', k) = -\overline{\mathrm{cd}}(z,k) = +\overline{\mathrm{dc}}(z,k).
\end{aligned}\right\} \tag{798}$$

111. Funktionswerte an den Stellen $0, \pm\frac{1}{2}, \pm\frac{i\varkappa}{2}, \pm\frac{1}{2}\pm\frac{i\varkappa}{2}$ bzw. $0, \pm K, \pm i K', \pm K \pm i K'$

Wird in den Substitutionsgleichungen (793) bis (798) $\zeta = 0$ bzw. $z = 0$ gesetzt und werden dabei die Grundwerte der rechten Seiten nach (766) und (767) in Verbindung mit (586) und (442) dargestellt, so erhält man

$$\begin{aligned}
&\mathrm{cs}(0,\varkappa) = \mathrm{cs}(0,k) = \infty, && \mathrm{cs}\left(\pm\frac{1}{2},\varkappa\right) = \mathrm{cs}(\pm K, k) = 0, && \mathrm{cs}\left(\pm\frac{i\varkappa}{2},\varkappa\right) = \mathrm{cs}(\pm i K', k) = \mp i,\\
&\mathrm{ds}(0,\varkappa) = \mathrm{ds}(0,k) = \infty, && \mathrm{ds}\left(\pm\frac{1}{2},\varkappa\right) = \mathrm{ds}(\pm K, k) = \pm k', && \mathrm{ds}\left(\pm\frac{i\varkappa}{2},\varkappa\right) = \mathrm{ds}(\pm i K', k) = \mp i k,\\
&\mathrm{ns}(0,\varkappa) = \mathrm{ns}(0,k) = \infty, && \mathrm{ns}\left(\pm\frac{1}{2},\varkappa\right) = \mathrm{ns}(\pm K, k) = \pm 1, && \mathrm{ns}\left(\pm\frac{i\varkappa}{2},\varkappa\right) = \mathrm{ns}(\pm i K', k) = 0,
\end{aligned}$$

$$\left.\begin{array}{lll}
\operatorname{sc}(0,\varkappa)=\operatorname{sc}(0,k)=0, & \operatorname{sc}\left(\pm\frac{1}{2},\varkappa\right)=\operatorname{sc}(\pm K,k)=\infty, & \operatorname{sc}\left(\pm\frac{i\varkappa}{2},\varkappa\right)=\operatorname{sc}(\pm i K',k)=\pm i,\\
\operatorname{nc}(0,\varkappa)=\operatorname{nc}(0,k)=1, & \operatorname{nc}\left(\pm\frac{1}{2},\varkappa\right)=\operatorname{nc}(\pm K,k)=\infty, & \operatorname{nc}\left(\pm\frac{i\varkappa}{2},\varkappa\right)=\operatorname{nc}(\pm i K',k)=0,\\
\operatorname{dc}(0,\varkappa)=\operatorname{dc}(0,k)=1, & \operatorname{dc}\left(\pm\frac{1}{2},\varkappa\right)=\operatorname{dc}(\pm K,k)=\infty, & \operatorname{dc}\left(\pm\frac{i\varkappa}{2},\varkappa\right)=\operatorname{dc}(\pm i K',k)=k,\\
\operatorname{nd}(0,\varkappa)=\operatorname{nd}(0,k)=1, & \operatorname{nd}\left(\pm\frac{1}{2},\varkappa\right)=\operatorname{nd}(\pm K,k)=\frac{1}{k'}, & \operatorname{nd}\left(\pm\frac{i\varkappa}{2},\varkappa\right)=\operatorname{nd}(\pm i K',k)=0,\\
\operatorname{sd}(0,\varkappa)=\operatorname{sd}(0,k)=0, & \operatorname{sd}\left(\pm\frac{1}{2},\varkappa\right)=\operatorname{sd}(\pm K,k)=\pm\frac{1}{k'}, & \operatorname{sd}\left(\pm\frac{i\varkappa}{2},\varkappa\right)=\operatorname{sd}(\pm i K',k)=\pm\frac{i}{k},\\
\operatorname{cd}(0,\varkappa)=\operatorname{cd}(0,k)=1, & \operatorname{cd}\left(\pm\frac{1}{2},\varkappa\right)=\operatorname{cd}(\pm K,k)=0, & \operatorname{cd}\left(\pm\frac{i\varkappa}{2},\varkappa\right)=\operatorname{cd}(\pm i K',k)=\frac{1}{k},\\
\operatorname{dn}(0,\varkappa)=\operatorname{dn}(0,k)=1, & \operatorname{dn}\left(\pm\frac{1}{2},\varkappa\right)=\operatorname{dn}(\pm K,k)=k', & \operatorname{dn}\left(\pm\frac{i\varkappa}{2},\varkappa\right)=\operatorname{dn}(\pm i K',k)=\infty,\\
\operatorname{cn}(0,\varkappa)=\operatorname{cn}(0,k)=1, & \operatorname{cn}\left(\pm\frac{1}{2},\varkappa\right)=\operatorname{cn}(\pm K,k)=0, & \operatorname{cn}\left(\pm\frac{i\varkappa}{2},\varkappa\right)=\operatorname{cn}(\pm i K',k)=\infty,\\
\operatorname{sn}(0,\varkappa)=\operatorname{sn}(0,k)=0; & \operatorname{sn}\left(\pm\frac{1}{2},\varkappa\right)=\operatorname{sn}(\pm K,k)=\pm 1; & \operatorname{sn}\left(\pm\frac{i\varkappa}{2},\varkappa\right)=\operatorname{sn}(\pm i K',k)=\infty.
\end{array}\right\}\quad(799)$$

$$\left.\begin{array}{ll}
\operatorname{cs}\left(\pm\frac{1}{2}+\frac{i\varkappa}{2},\varkappa\right)=\operatorname{cs}(\pm K+iK',k)=-ik', & \operatorname{cs}\left(\pm\frac{1}{2}-\frac{i\varkappa}{2},\varkappa\right)=\operatorname{cs}(\pm K-iK',k)=+ik',\\
\operatorname{ds}\left(\pm\frac{1}{2}+\frac{i\varkappa}{2},\varkappa\right)=\operatorname{ds}(\pm K+iK',k)=0, & \operatorname{ds}\left(\pm\frac{1}{2}-\frac{i\varkappa}{2},\varkappa\right)=\operatorname{ds}(\pm K-iK',k)=0,\\
\operatorname{ns}\left(\pm\frac{1}{2}+\frac{i\varkappa}{2},\varkappa\right)=\operatorname{ns}(\pm K+iK',k)=\pm k, & \operatorname{ns}\left(\pm\frac{1}{2}-\frac{i\varkappa}{2},\varkappa\right)=\operatorname{ns}(\pm K-iK',k)=\pm k,\\
\operatorname{sc}\left(\pm\frac{1}{2}+\frac{i\varkappa}{2},\varkappa\right)=\operatorname{sc}(\pm K+iK',k)=\frac{i}{k'}, & \operatorname{sc}\left(\pm\frac{1}{2}-\frac{i\varkappa}{2},\varkappa\right)=\operatorname{sc}(\pm K-iK',k)=-\frac{i}{k'},\\
\operatorname{nc}\left(\pm\frac{1}{2}+\frac{i\varkappa}{2},\varkappa\right)=\operatorname{nc}(\pm K+iK',k)=\pm i\frac{k}{k'}, & \operatorname{nc}\left(\pm\frac{1}{2}-\frac{i\varkappa}{2},\varkappa\right)=\operatorname{nc}(\pm K-iK',k)=\mp i\frac{k}{k'},\\
\operatorname{dc}\left(\pm\frac{1}{2}+\frac{i\varkappa}{2},\varkappa\right)=\operatorname{dc}(\pm K+iK',k)=0, & \operatorname{dc}\left(\pm\frac{1}{2}-\frac{i\varkappa}{2},\varkappa\right)=\operatorname{dc}(\pm K-iK',k)=0,\\
\operatorname{nd}\left(\pm\frac{1}{2}+\frac{i\varkappa}{2},\varkappa\right)=\operatorname{nd}(\pm K+iK',k)=\infty, & \operatorname{nd}\left(\pm\frac{1}{2}-\frac{i\varkappa}{2},\varkappa\right)=\operatorname{nd}(\pm K-iK',k)=\infty,\\
\operatorname{sd}\left(\pm\frac{1}{2}+\frac{i\varkappa}{2},\varkappa\right)=\operatorname{sd}(\pm K+iK',k)=\infty, & \operatorname{sd}\left(\pm\frac{1}{2}-\frac{i\varkappa}{2},\varkappa\right)=\operatorname{sd}(\pm K-iK',k)=\infty,\\
\operatorname{cd}\left(\pm\frac{1}{2}+\frac{i\varkappa}{2},\varkappa\right)=\operatorname{cd}(\pm K+iK',k)=\infty, & \operatorname{cd}\left(\pm\frac{1}{2}-\frac{i\varkappa}{2},\varkappa\right)=\operatorname{cd}(\pm K-iK',k)=\infty,\\
\operatorname{dn}\left(\pm\frac{1}{2}+\frac{i\varkappa}{2},\varkappa\right)=\operatorname{dn}(\pm K+iK',k)=0, & \operatorname{dn}\left(\pm\frac{1}{2}-\frac{i\varkappa}{2},\varkappa\right)=\operatorname{dn}(\pm K-iK',k)=0,\\
\operatorname{cn}\left(\pm\frac{1}{2}+\frac{i\varkappa}{2},\varkappa\right)=\operatorname{cn}(\pm K+iK',k)=\mp i\frac{k'}{k}, & \operatorname{cn}\left(\pm\frac{1}{2}-\frac{i\varkappa}{2},\varkappa\right)=\operatorname{cn}(\pm K-iK',k)=\pm i\frac{k'}{k},\\
\operatorname{sn}\left(\pm\frac{1}{2}+\frac{i\varkappa}{2},\varkappa\right)=\operatorname{sn}(\pm K+iK',k)=\pm\frac{1}{k}; & \operatorname{sn}\left(\pm\frac{1}{2}-\frac{i\varkappa}{2},\varkappa\right)=\operatorname{sn}(\pm K-iK',k)=\pm\frac{1}{k}.
\end{array}\right\}\quad(800)$$

$$\left.\begin{array}{l}
\overline{\operatorname{cs}}(0,\varkappa)=\overline{\operatorname{ds}}(0,\varkappa)=\overline{\operatorname{ns}}(0,\varkappa)=-\overline{\operatorname{sc}}(0,\varkappa)=-\overline{\operatorname{sd}}(0,\varkappa)=-\overline{\operatorname{sn}}(0,\varkappa)=-\infty,\\
\overline{\operatorname{dn}}(0,\varkappa)=\overline{\operatorname{cn}}(0,\varkappa)=\overline{\operatorname{dc}}(0,\varkappa)=-\overline{\operatorname{nd}}(0,\varkappa)=-\overline{\operatorname{nc}}(0,\varkappa)=-\overline{\operatorname{cd}}(0,\varkappa)=0;\\
\overline{\operatorname{cs}}(0,k)=\overline{\operatorname{ds}}(0,k)=\overline{\operatorname{ns}}(0,k)=-\overline{\operatorname{sc}}(0,k)=-\overline{\operatorname{sd}}(0,k)=-\overline{\operatorname{sn}}(0,k)=-\infty,\\
\overline{\operatorname{dn}}(0,k)=\overline{\operatorname{cn}}(0,k)=\overline{\operatorname{dc}}(0,k)=-\overline{\operatorname{nd}}(0,k)=-\overline{\operatorname{nc}}(0,k)=-\overline{\operatorname{cd}}(0,k)=0.
\end{array}\right\}\quad(801)$$

$$\left.\begin{array}{l}
\overline{\operatorname{cs}}(\pm\tfrac{1}{2},\varkappa)=\overline{\operatorname{cn}}(\pm\tfrac{1}{2},\varkappa)=\overline{\operatorname{cd}}(\pm\tfrac{1}{2},\varkappa)=-\overline{\operatorname{sc}}(\pm\tfrac{1}{2},\varkappa)=-\overline{\operatorname{nc}}(\pm\tfrac{1}{2},\varkappa)=-\overline{\operatorname{dc}}(\pm\tfrac{1}{2},\varkappa)=-\infty,\\
\overline{\operatorname{ds}}(\pm\tfrac{1}{2},\varkappa)=\overline{\operatorname{dn}}(\pm\tfrac{1}{2},\varkappa)=\overline{\operatorname{sn}}(\pm\tfrac{1}{2},\varkappa)=-\overline{\operatorname{sd}}(\pm\tfrac{1}{2},\varkappa)=-\overline{\operatorname{nd}}(\pm\tfrac{1}{2},\varkappa)=-\overline{\operatorname{ns}}(\pm\tfrac{1}{2},\varkappa)=0;\\
\overline{\operatorname{cs}}(\pm K,k)=\overline{\operatorname{cn}}(\pm K,k)=\overline{\operatorname{cd}}(\pm K,k)=-\overline{\operatorname{sc}}(\pm K,k)=-\overline{\operatorname{nc}}(\pm K,k)=-\overline{\operatorname{dc}}(\pm K,k)=-\infty,\\
\overline{\operatorname{ds}}(\pm K,k)=\overline{\operatorname{dn}}(\pm K,k)=\overline{\operatorname{sn}}(\pm K,k)=-\overline{\operatorname{sd}}(\pm K,k)=-\overline{\operatorname{nd}}(\pm K,k)=-\overline{\operatorname{ns}}(\pm K,k)=0.
\end{array}\right\}\quad(802)$$

$$\left.\begin{aligned}
&\overline{\mathrm{dn}}\left(\pm\frac{i\varkappa}{2},\varkappa\right)=\overline{\mathrm{cn}}\left(\pm\frac{i\varkappa}{2},\varkappa\right)=\overline{\mathrm{sn}}\left(\pm\frac{i\varkappa}{2},\varkappa\right)=-\overline{\mathrm{nd}}\left(\pm\frac{i\varkappa}{2},\varkappa\right)\\
&\qquad=-\overline{\mathrm{nc}}\left(\pm\frac{i\varkappa}{2},\varkappa\right)=-\overline{\mathrm{ns}}\left(\pm\frac{i\varkappa}{2},\varkappa\right)=\infty,\\
&\overline{\mathrm{cs}}\left(\pm i\frac{\varkappa}{2},\varkappa\right)=\overline{\mathrm{ds}}\left(\pm\frac{i\varkappa}{2},\varkappa\right)=\overline{\mathrm{cd}}\left(\pm\frac{i\varkappa}{2},\varkappa\right)=-\overline{\mathrm{sc}}\left(\pm\frac{i\varkappa}{2},\varkappa\right)\\
&\qquad=-\overline{\mathrm{sd}}\left(\pm\frac{i\varkappa}{2},\varkappa\right)=-\overline{\mathrm{dc}}\left(\pm\frac{i\varkappa}{2},\varkappa\right)=0;\\
&\overline{\mathrm{dn}}(\pm iK',k)=\overline{\mathrm{cn}}(\pm iK',k)=\overline{\mathrm{sn}}(\pm iK',k)=-\overline{\mathrm{nd}}(\pm iK',k)\\
&\qquad=-\overline{\mathrm{nc}}(\pm iK',k)=-\overline{\mathrm{ns}}(\pm iK',k)=\infty,\\
&\overline{\mathrm{cs}}(\pm iK',k)=\overline{\mathrm{ds}}(\pm iK',k)=\overline{\mathrm{cd}}(\pm iK',k)=-\overline{\mathrm{sc}}(\pm iK',k)\\
&\qquad=-\overline{\mathrm{sd}}(\pm iK',k)=-\overline{\mathrm{dc}}(\pm iK',k)=0.
\end{aligned}\right\}\quad(803)$$

$$\left.\begin{aligned}
&\overline{\mathrm{ds}}\left(\pm\frac{1}{2}\pm\frac{i\varkappa}{2},\varkappa\right)=\overline{\mathrm{dc}}\left(\pm\frac{1}{2}\pm\frac{i\varkappa}{2},\varkappa\right)=\overline{\mathrm{dn}}\left(\pm\frac{1}{2}\pm\frac{i\varkappa}{2},\varkappa\right)=-\overline{\mathrm{sd}}\left(\pm\frac{1}{2}\pm\frac{i\varkappa}{2},\varkappa\right)\\
&\qquad=-\overline{\mathrm{cd}}\left(\pm\frac{1}{2}\pm\frac{i\varkappa}{2},\varkappa\right)=-\overline{\mathrm{nd}}\left(\pm\frac{1}{2}\pm\frac{i\varkappa}{2},\varkappa\right)=\infty,\\
&\overline{\mathrm{cs}}\left(\pm\frac{1}{2}\pm\frac{i\varkappa}{2},\varkappa\right)=\overline{\mathrm{cn}}\left(\pm\frac{1}{2}\pm\frac{i\varkappa}{2},\varkappa\right)=\overline{\mathrm{sn}}\left(\pm\frac{1}{2}\pm\frac{i\varkappa}{2},\varkappa\right)=-\overline{\mathrm{sc}}\left(\pm\frac{1}{2}\pm\frac{i\varkappa}{2},\varkappa\right)\\
&\qquad=-\overline{\mathrm{nc}}\left(\pm\frac{1}{2}\pm\frac{i\varkappa}{2},\varkappa\right)=-\overline{\mathrm{ns}}\left(\pm\frac{1}{2}\pm\frac{i\varkappa}{2},\varkappa\right)=0;\\
&\overline{\mathrm{ds}}(\pm K\pm iK',k)=\overline{\mathrm{dc}}(\pm K\pm iK',k)=\overline{\mathrm{dn}}(\pm K\pm iK',k)=-\overline{\mathrm{sd}}(\pm K\pm iK',k)\\
&\qquad=-\overline{\mathrm{cd}}(\pm K\pm iK',k)=-\overline{\mathrm{nd}}(\pm K\pm iK',k)=\infty,\\
&\overline{\mathrm{cs}}(\pm K\pm iK',k)=\overline{\mathrm{cn}}(\pm K\pm iK',k)=\overline{\mathrm{sn}}(\pm K\pm iK',k)=-\overline{\mathrm{sc}}(\pm K\pm iK',k)\\
&\qquad=-\overline{\mathrm{nc}}(\pm K\pm iK',k)=-\overline{\mathrm{ns}}(\pm K\pm iK',k)=0.
\end{aligned}\right\}\quad(804)$$

112. Trigonometrische und hyperbolische Reihenentwicklungen

Da die JACOBIschen elliptischen Funktionen durch (766) als Quotienten von Theta-Funktionen definiert sind, lassen sich die trigonometrischen und hyperbolischen Reihenentwicklungen (171) und (172) der Logarithmen der Theta-Funktionen durch sukzessive Differenzenbildung in solche der Logarithmen der JACOBIschen elliptischen Funktionen überführen. Werden hierbei die Gln. (69) und (286) beachtet, so ergibt sich:

$$\left.\begin{aligned}
&\ln\mathrm{cs}(\zeta,\varkappa)=-\ln\mathrm{sc}(\zeta,\varkappa)=\ln\frac{\pi\cot\pi\zeta}{2K}-8\sum_{1}^{\infty}{}_{n}\frac{e^{-2(2n-1)\pi\varkappa}\sin^2(2n-1)\pi\zeta}{(2n-1)\left[1-e^{-2(2n-1)\pi\varkappa}\right]},\\
&\ln\mathrm{ds}(\zeta,\varkappa)=-\ln\mathrm{sd}(\zeta,\varkappa)=\ln\frac{\pi}{2K\sin\pi\zeta}+4\sum_{1}^{\infty}{}_{n}\frac{(-1)^n e^{-n\pi\varkappa}\sin^2 n\pi\zeta}{n\left[1+(-1)^n e^{-n\pi\varkappa}\right]},\\
&\ln\mathrm{ns}(\zeta,\varkappa)=-\ln\mathrm{sn}(\zeta,\varkappa)=\ln\frac{\pi}{2K\sin\pi\zeta}+4\sum_{1}^{\infty}{}_{n}\frac{e^{-n\pi\varkappa}\sin^2 n\pi\zeta}{n\left[1+e^{-n\pi\varkappa}\right]},\\
&\ln\mathrm{nc}(\zeta,\varkappa)=-\ln\mathrm{cn}(\zeta,\varkappa)=\ln\frac{1}{\cos\pi\zeta}+4\sum_{1}^{\infty}{}_{n}\frac{e^{-n\pi\varkappa}\sin^2 n\pi\zeta}{n\left[1+(-1)^n e^{-n\pi\varkappa}\right]},\\
&\ln\mathrm{dc}(\zeta,\varkappa)=-\ln\mathrm{cd}(\zeta,\varkappa)=\ln\frac{1}{\cos\pi\zeta}+4\sum_{1}^{\infty}{}_{n}\frac{(-1)^n e^{-n\pi\varkappa}\sin^2 n\pi\zeta}{n\left[1+e^{-n\pi\varkappa}\right]},\\
&\ln\mathrm{nd}(\zeta,\varkappa)=-\ln\mathrm{dn}(\zeta,\varkappa)=8\sum_{1}^{\infty}{}_{n}\frac{e^{-(2n-1)\pi\varkappa}\sin^2(2n-1)\pi\zeta}{(2n-1)\left[1-e^{-2(2n-1)\pi\varkappa}\right]},\qquad\left[\left|e^{-n\pi\varkappa\pm2\pi i\zeta}\right|<1\right].
\end{aligned}\right\}\quad(805)$$

$$\left.\begin{aligned}
\ln \operatorname{cs}(\zeta,\varkappa) &= -\ln \operatorname{sc}(\zeta,\varkappa) = \ln \frac{\pi}{2K' \sinh \dfrac{\pi\zeta}{\varkappa}} - 4\sum_{1}^{\infty}{}_{n} \frac{e^{-n\pi/\varkappa} \sinh^2 \dfrac{n\pi\zeta}{\varkappa}}{n[1+e^{-n\pi/\varkappa}]},\\
\ln \operatorname{ds}(\zeta,\varkappa) &= -\ln \operatorname{sd}(\zeta,\varkappa) = \ln \frac{\pi}{2K' \sinh \dfrac{\pi\zeta}{\varkappa}} - 4\sum_{1}^{\infty}{}_{n} \frac{(-1)^n e^{-n\pi/\varkappa} \sinh^2 \dfrac{n\pi\zeta}{\varkappa}}{n[1+(-1)^n e^{-n\pi/\varkappa}]},\\
\ln \operatorname{ns}(\zeta,\varkappa) &= -\ln \operatorname{sn}(\zeta,\varkappa) = \ln \frac{\pi \coth \dfrac{\pi\zeta}{\varkappa}}{2K'} + 8\sum_{1}^{\infty}{}_{n} \frac{e^{-2(2n-1)\pi/\varkappa} \sinh^2 \dfrac{(2n-1)\pi\zeta}{\varkappa}}{(2n-1)\,[1-e^{-2(2n-1)\pi/\varkappa}]},\\
\ln \operatorname{nc}(\zeta,\varkappa) &= -\ln \operatorname{cn}(\zeta,\varkappa) = \ln \cosh \frac{\pi\zeta}{\varkappa} + 4\sum_{1}^{\infty}{}_{n} \frac{e^{-n\pi/\varkappa} \sinh^2 \dfrac{n\pi\zeta}{\varkappa}}{n[1+(-1)^n e^{-n\pi/\varkappa}]},\\
\ln \operatorname{dc}(\zeta,\varkappa) &= -\ln \operatorname{cd}(\zeta,\varkappa) = 8\sum_{1}^{\infty}{}_{n} \frac{e^{-(2n-1)\pi/\varkappa} \sinh^2 \dfrac{(2n-1)\pi\zeta}{\varkappa}}{(2n-1)\,[1-e^{-2(2n-1)\pi/\varkappa}]}, \qquad \left[0<|\zeta|<\frac{1}{2},\ 0<\varkappa<\infty\right],\\
\ln \operatorname{nd}(\zeta,\varkappa) &= -\ln \operatorname{dn}(\zeta,\varkappa) = \ln \cosh \frac{\pi\zeta}{\varkappa} + 4\sum_{1}^{\infty}{}_{n} \frac{(-1)^n e^{-n\pi/\varkappa} \sinh^2 \dfrac{n\pi\zeta}{\varkappa}}{1+e^{-n\pi/\varkappa}}.
\end{aligned}\right\} \tag{806}$$

Durch Ableitung der Gln. (805) und (806) nach z folgen trigonometrische und hyperbolische Reihenentwicklungen für die logarithmischen Ableitungen der JACOBIschen elliptischen Funktionen. Sie lauten unter Einführung des doppelten Arguments für $\zeta = z/2K$

$$\left.\begin{aligned}
\overline{\operatorname{cs}}(\zeta,\varkappa) &= -\overline{\operatorname{sc}}(\zeta,\varkappa) = \frac{-\pi}{K \sin 2\pi\zeta} - \frac{4\pi}{K}\sum_{1}^{\infty}{}_{n} \frac{e^{-2(2n-1)\pi\varkappa} \sin 2(2n-1)\pi\zeta}{1-e^{-2(2n-1)\pi\varkappa}},\\
\overline{\operatorname{ds}}(\zeta,\varkappa) &= -\overline{\operatorname{sd}}(\zeta,\varkappa) = \frac{-\pi \cot \pi\zeta}{2K} + \frac{2\pi}{K}\sum_{1}^{\infty}{}_{n} \frac{(-1)^n e^{-n\pi\varkappa} \sin 2n\pi\zeta}{1+(-1)^n e^{-n\pi\varkappa}},\\
\overline{\operatorname{ns}}(\zeta,\varkappa) &= -\overline{\operatorname{sn}}(\zeta,\varkappa) = \frac{-\pi \cot \pi\zeta}{2K} + \frac{2\pi}{K}\sum_{1}^{\infty}{}_{n} \frac{e^{-n\pi\varkappa} \sin 2n\pi\zeta}{1+e^{-n\pi\varkappa}},\\
\overline{\operatorname{nc}}(\zeta,\varkappa) &= -\overline{\operatorname{cn}}(\zeta,\varkappa) = \frac{\pi \tan \pi\zeta}{2K} + \frac{2\pi}{K}\sum_{1}^{\infty}{}_{n} \frac{e^{-n\pi\varkappa} \sin 2n\pi\zeta}{1+(-1)^n e^{-n\pi\varkappa}},\\
\overline{\operatorname{dc}}(\zeta,\varkappa) &= -\overline{\operatorname{cd}}(\zeta,\varkappa) = \frac{\pi \tan \pi\zeta}{2K} + \frac{2\pi}{K}\sum_{1}^{\infty}{}_{n} \frac{(-1)^n e^{-n\pi\varkappa} \sin 2n\pi\zeta}{1+e^{-n\pi\varkappa}},\\
\overline{\operatorname{nd}}(\zeta,\varkappa) &= -\overline{\operatorname{dn}}(\zeta,\varkappa) = \frac{4\pi}{K}\sum_{1}^{\infty}{}_{n} \frac{e^{-(2n-1)\pi\varkappa} \sin 2(2n-1)\pi\zeta}{1-e^{-2(2n-1)\pi\varkappa}}, \qquad [|e^{-n\pi\varkappa \pm 2\pi i\zeta}|<1].
\end{aligned}\right\} \tag{807}$$

$$\left.\begin{aligned}
\overline{\operatorname{cs}}(\zeta,\varkappa) &= -\overline{\operatorname{sc}}(\zeta,\varkappa) = \frac{-\pi \coth \dfrac{\pi\zeta}{\varkappa}}{2K'} - \frac{2\pi}{K'}\sum_{1}^{\infty}{}_{n} \frac{e^{-n\pi/\varkappa} \sinh \dfrac{2n\pi\zeta}{\varkappa}}{1+e^{-n\pi/\varkappa}},\\
\overline{\operatorname{ds}}(\zeta,\varkappa) &= -\overline{\operatorname{sd}}(\zeta.\varkappa) = \frac{-\pi \coth \dfrac{\pi\zeta}{\varkappa}}{2K'} - \frac{2\pi}{K'}\sum_{1}^{\infty}{}_{n} \frac{(-1)^n e^{-n\pi/\varkappa} \sinh \dfrac{2n\pi\zeta}{\varkappa}}{1+(-1)^n e^{-n\pi/\varkappa}},\\
\overline{\operatorname{ns}}(\zeta,\varkappa) &= -\overline{\operatorname{sn}}(\zeta,\varkappa) = \frac{-\pi}{K' \sinh \dfrac{2\pi\zeta}{\varkappa}} + \frac{4\pi}{K'}\sum_{1}^{\infty}{}_{n} \frac{e^{-2(2n-1)\pi/\varkappa} \sinh \dfrac{2(2n-1)\pi\zeta}{\varkappa}}{1-e^{-2(2n-1)\pi/\varkappa}},\\
\overline{\operatorname{nc}}(\zeta,\varkappa) &= -\overline{\operatorname{cn}}(\zeta,\varkappa) = \frac{\pi \tanh \dfrac{\pi\zeta}{\varkappa}}{2K'} + \frac{2\pi}{K'}\sum_{1}^{\infty}{}_{n} \frac{e^{-n\pi/\varkappa} \sinh \dfrac{2n\pi\zeta}{\varkappa}}{1+(-1)^n e^{-n\pi/\varkappa}},
\end{aligned}\right\} \tag{808}$$

$$\overline{\mathrm{dc}}(\zeta,\varkappa) = -\overline{\mathrm{cd}}(\zeta,\varkappa) = \frac{4\pi}{K'}\sum_{1}^{\infty}{}^{n}\frac{e^{-(2n-1)\pi/\varkappa}\sinh\dfrac{2(2n-1)\pi\zeta}{\varkappa}}{1-e^{-2(2n-1)\pi/\varkappa}}, \qquad \left[0<|\zeta|<\frac{1}{2},\ 0<\varkappa<\infty\right],$$

$$\overline{\mathrm{nd}}(\zeta,\varkappa) = -\overline{\mathrm{dn}}(\zeta,\varkappa) = \frac{\pi\tanh\dfrac{\pi\zeta}{\varkappa}}{2K'} + \frac{2\pi}{K'}\sum_{1}^{\infty}{}^{n}\frac{(-1)^n e^{-n\pi/\varkappa}\sinh\dfrac{2n\pi\zeta}{\varkappa}}{1+e^{-n\pi/\varkappa}}.$$

Für die Quadrate der JACOBIschen elliptischen Funktionen, die nach (766) bis auf eine additive Parameterfunktion einer der vier $\wp$-Funktionen $\wp_1$, $\wp_2$, $\wp_3$, $\wp_4$ proportional sind, lassen sich die trigonometrischen und hyperbolischen Reihenentwicklungen in Verbindung mit (516) und (517) sofort hinschreiben, so daß eine explizite Darstellung sich erübrigt.

Für acht der JACOBIschen elliptischen Funktionen lassen sich die trigonometrischen und hyperbolischen Reihenentwicklungen über (768) in Verbindung mit (807) und (808) und den Substitutionsgleichungen von Abschnitt 110 gewinnen. Wird in der ersten und sechsten der Gln. (768) ζ mit $\zeta/2$ und $\varkappa$ mit $\varkappa/2$ und in der dritten und fünften $\varkappa$ mit $2\varkappa$ vertauscht, so folgt zunächst, wenn hierbei die Gln. (284) beachtet werden,

$$\begin{aligned} \mathrm{ns}(\zeta,\varkappa) &= -\frac{1+k}{2}\,\overline{\mathrm{cs}}\left(\frac{\zeta}{2},\frac{\varkappa}{2}\right), & \mathrm{cs}(\zeta,\varkappa) &= -\frac{1+k'}{2}\,\overline{\mathrm{ns}}(\zeta,2\varkappa),\\ \mathrm{sn}(\zeta,\varkappa) &= +\frac{1+k}{2k}\,\overline{\mathrm{nd}}\left(\frac{\zeta}{2},\frac{\varkappa}{2}\right), & \mathrm{sc}(\zeta,\varkappa) &= +\frac{1+k'}{2k'}\,\overline{\mathrm{dc}}(\zeta,2\varkappa). \end{aligned} \tag{809}$$

Wird in der linken Gruppe von (809) ζ mit $\zeta+\frac{1}{2}$, in der rechten ζ mit $\zeta+\frac{i\varkappa}{2}$ vertauscht, so ergibt sich in Verbindung mit (793) bzw. (794)

$$\begin{aligned} \mathrm{dc}(\zeta,\varkappa) &= -\frac{1+k}{2}\,\overline{\mathrm{cs}}\left(\frac{\zeta}{2}+\frac{1}{4},\frac{\varkappa}{2}\right), & \mathrm{dn}(\zeta,\varkappa) &= -i\,\frac{1+k'}{2}\,\overline{\mathrm{ns}}\left(\zeta+\frac{i\varkappa}{2},2\varkappa\right),\\ \mathrm{cd}(\zeta,\varkappa) &= +\frac{1+k}{2k}\,\overline{\mathrm{nd}}\left(\frac{\zeta}{2}+\frac{1}{4},\frac{\varkappa}{2}\right), & \mathrm{nd}(\zeta,\varkappa) &= -i\,\frac{1+k'}{2k'}\,\overline{\mathrm{dc}}\left(\zeta+\frac{i\varkappa}{2},2\varkappa\right). \end{aligned} \tag{810}$$

Bei der Entwicklung der rechten Seiten von (810) in Verbindung mit (807) und (808) ist zu berücksichtigen, daß mit $\varkappa$ sich auch K und K' ändern, wofür im vorliegenden Falle auf die Gln. (357) verwiesen werden kann. Im Falle von dn und nd müssen die trigonometrischen und hyperbolischen Funktionen in Exponentialfunktionen aufgespalten und neu zusammengefaßt werden.

Für die restlichen Funktionen genügt es, auf cn und nc Bezug zu nehmen. Die Entwicklungen für sd und ds können dann mit Hilfe von (793) durch Vertauschen von ζ mit $\zeta+\frac{1}{2}$ gefunden werden.

Ausgehend von dem bekannten Verhalten der zu cn und nc gehörigen $\wp$-Funktionen muß es möglich sein, für cn und nc Entwicklungen in der Form

$$\mathrm{cn}(\zeta,\varkappa) = \frac{\pi}{2kK}\sum_{0}^{\infty}{}^{n} A_n\cos(2n+1)\pi\zeta, \qquad \mathrm{nc}(\zeta,\varkappa) = \frac{\pi}{2k'K}\,\frac{1}{\cos\pi\zeta} + \frac{\pi}{2k'K}\sum_{0}^{\infty}{}^{n} B_n\cos(2n+1)\pi\zeta$$

anzusetzen, die dem Polverhalten von nc an den aus (799) ersichtlichen Stellen $\zeta=\pm\frac{1}{2}$ in Verbindung mit dem durch (789) gekennzeichneten Periodencharakter Rechnung tragen. Um die noch willkürlich gebliebenen Parameterfunktionen zu bestimmen, müssen die beiden Funktionen miteinander in Beziehung gesetzt werden, z. B. durch Bezugnahme auf (795), wonach

$$\mathrm{nc}\left(\zeta+\frac{1}{2}+\frac{i\varkappa}{2},\varkappa\right) = i\,\frac{k}{k'}\,\mathrm{cn}(\zeta,\varkappa)$$

ist. Die zugehörige Identitätsgleichung lautet

$$\frac{1}{\cos\pi\left(\zeta+\dfrac{1}{2}+\dfrac{i\varkappa}{2}\right)} + \sum_{0}^{\infty}{}^{n} B_n\cos(2n+1)\pi\left(\zeta+\frac{1}{2}+\frac{i\varkappa}{2}\right) \equiv i\sum_{0}^{\infty}{}^{n} A_n\cos(2n+1)\pi\zeta.$$

Nun ist

$$\frac{1}{\cos\pi\left(\zeta+\dfrac{1}{2}+\dfrac{i\varkappa}{2}\right)} = -\frac{1}{\sin\pi\left(\zeta+\dfrac{i\varkappa}{2}\right)} = -\frac{2i}{e^{\pi i\zeta}e^{-\frac{1}{2}\pi\varkappa}-e^{-\pi i\zeta}e^{+\frac{1}{2}\pi\varkappa}} = \frac{2i\,e^{\pi i\zeta}e^{-\frac{1}{2}\pi\varkappa}}{1-e^{2\pi i\zeta}e^{-\pi\varkappa}}$$

oder nach Entwicklung des Nenners

$$\frac{1}{\cos\pi\left(\zeta+\frac{1}{2}+\frac{i\varkappa}{2}\right)}=2i\,e^{\pi i\zeta}\,e^{-\frac{1}{2}\pi\varkappa}\sum_{0}^{\infty}{}_{n}\,e^{2n\pi i\zeta}\,e^{-n\pi\varkappa}=2i\sum_{0}^{\infty}{}_{n}\,e^{(2n+1)\pi i\zeta}\,e^{-(2n+1)\pi\varkappa/2}.$$

Ferner ergibt sich

$$\cos(2n+1)\,\pi\left(\zeta+\frac{1}{2}+\frac{i\varkappa}{2}\right)=(-1)^{n+1}\sin(2n+1)\,\pi\left(\zeta+\frac{i\varkappa}{2}\right)=$$

$$=i\,\frac{(-1)^n}{2}\,[e^{(2n+1)\pi i\zeta}\,e^{-(2n+1)\pi\varkappa/2}-e^{-(2n+1)\pi i\zeta}\,e^{(2n+1)\pi\varkappa/2}].$$

Mit diesen exponentiellen Aufspaltungen und nach Kürzung mit i nimmt die Identitätsgleichung die Form

$$\sum_{0}^{\infty}{}_{n}\,[2e^{(2n+1)\pi i\zeta}\,e^{-(2n+1)\pi\varkappa/2}+\tfrac{1}{2}(-1)^n B_n\,e^{(2n+1)\pi i\zeta}\,e^{-(2n+1)\pi\varkappa/2}-\tfrac{1}{2}(-1)^n B_n\,e^{-(2n+1)\pi i\zeta}\,e^{(2n+1)\pi\varkappa/2}-$$

$$-\tfrac{1}{2}A_n\,e^{(2n+1)\pi i\zeta}-\tfrac{1}{2}A_n\,e^{-(2n+1)\pi i\zeta}]=0$$

an, deren Erfüllung das Verschwinden der Faktoren von $e^{(2n+1)\pi i\zeta}$ und $e^{-(2n+1)\pi i\zeta}$ bedingt. So erhält man

$$A_n=\frac{4e^{-(n+\frac{1}{2})\pi\varkappa}}{1+e^{-(2n+1)\pi\varkappa}},\qquad B_n=(-1)^{n+1}\,\frac{4e^{-(2n+1)\pi\varkappa}}{1+e^{-(2n+1)\pi\varkappa}}.$$

Damit liegen die trigonometrischen Reihenentwicklungen für cn und nc und mit (793) auch diejenigen für sd und ds fest.

Die trigonometrischen Entwicklungen der 12 JACOBIschen elliptischen Funktionen lauten

$$\left.\begin{aligned}
\operatorname{cs}(\zeta,\varkappa)&=\frac{\pi}{2K}\cot\pi\zeta-\frac{2\pi}{K}\sum_{1}^{\infty}{}_{n}\,\frac{e^{-2n\pi\varkappa}\sin2n\pi\zeta}{1+e^{-2n\pi\varkappa}},\\
\operatorname{ds}(\zeta,\varkappa)&=\frac{\pi}{2K}\,\frac{1}{\sin\pi\zeta}-\frac{2\pi}{K}\sum_{1}^{\infty}{}_{n}\,\frac{e^{-(2n-1)\pi\varkappa}\sin(2n-1)\,\pi\zeta}{1+e^{-(2n-1)\pi\varkappa}},\\
\operatorname{ns}(\zeta,\varkappa)&=\frac{\pi}{2K}\,\frac{1}{\sin\pi\zeta}+\frac{2\pi}{K}\sum_{1}^{\infty}{}_{n}\,\frac{e^{-(2n-1)\pi\varkappa}\sin(2n-1)\,\pi\zeta}{1-e^{-(2n-1)\pi\varkappa}},\\
\operatorname{sc}(\zeta,\varkappa)&=\frac{\pi}{2Kk'}\tan\pi\zeta+\frac{2\pi}{Kk'}\sum_{1}^{\infty}{}_{n}(-1)^n\,\frac{e^{-2n\pi\varkappa}\sin2n\pi\zeta}{1+e^{-2n\pi\varkappa}},\\
\operatorname{nc}(\zeta,\varkappa)&=\frac{\pi}{2Kk'}\,\frac{1}{\cos\pi\zeta}+\frac{2\pi}{Kk'}\sum_{1}^{\infty}{}_{n}(-1)^n\,\frac{e^{-(2n-1)\pi\varkappa}\cos(2n-1)\,\pi\zeta}{1+e^{-(2n-1)\pi\varkappa}},\\
\operatorname{dc}(\zeta,\varkappa)&=\frac{\pi}{2K}\,\frac{1}{\cos\pi\zeta}-\frac{2\pi}{K}\sum_{1}^{\infty}{}_{n}(-1)^n\,\frac{e^{-(2n-1)\pi\varkappa}\cos(2n-1)\,\pi\zeta}{1-e^{-(2n-1)\pi\varkappa}},\\
\operatorname{nd}(\zeta,\varkappa)&=\frac{\pi}{2Kk'}+\frac{2\pi}{Kk'}\sum_{1}^{\infty}{}_{n}(-1)^n\,\frac{e^{-n\pi\varkappa}\cos2n\pi\zeta}{1+e^{-2n\pi\varkappa}},\\
\operatorname{sd}(\zeta,\varkappa)&=\frac{-2\pi}{Kkk'}\sum_{1}^{\infty}{}_{n}(-1)^n\,\frac{e^{-(n-\frac{1}{2})\pi\varkappa}\sin(2n-1)\,\pi\zeta}{1+e^{-(2n-1)\pi\varkappa}},\\
\operatorname{cd}(\zeta,\varkappa)&=\frac{-2\pi}{Kk}\sum_{1}^{\infty}{}_{n}(-1)^n\,\frac{e^{-(n-\frac{1}{2})\pi\varkappa}\cos(2n-1)\,\pi\zeta}{1-e^{-(2n-1)\pi\varkappa}},\\
\operatorname{dn}(\zeta,\varkappa)&=\frac{\pi}{2K}+\frac{2\pi}{K}\sum_{1}^{\infty}{}_{n}\,\frac{e^{-n\pi\varkappa}\cos2n\pi\zeta}{1+e^{-2n\pi\varkappa}},\qquad[|e^{-(n-\frac{1}{2})\pi\varkappa\pm\pi i\zeta}|<1],\\
\operatorname{cn}(\zeta,\varkappa)&=\frac{2\pi}{Kk}\sum_{1}^{\infty}{}_{n}\,\frac{e^{-(n-\frac{1}{2})\pi\varkappa}\cos(2n-1)\,\pi\zeta}{1+e^{-(2n-1)\pi\varkappa}},\\
\operatorname{sn}(\zeta,\varkappa)&=\frac{2\pi}{Kk}\sum_{1}^{\infty}{}_{n}\,\frac{e^{-(n-\frac{1}{2})\pi\varkappa}\sin(2n-1)\,\pi\zeta}{1-e^{-(2n-1)\pi\varkappa}}.
\end{aligned}\right\}\qquad(811)$$

Für die entsprechenden hyperbolischen Entwicklungen erhält man

$$\left.\begin{aligned}
\operatorname{cs}(\zeta,\varkappa) &= \frac{\pi}{2K'}\,\frac{1}{\sinh\dfrac{\pi\zeta}{\varkappa}} - \frac{2\pi}{K'}\sum_{1}^{\infty}{}_{n}\,\frac{e^{-(2n-1)\pi/\varkappa}\sinh\dfrac{(2n-1)\pi\zeta}{\varkappa}}{1-e^{-(2n-1)\pi/\varkappa}},\\
\operatorname{ds}(\zeta,\varkappa) &= \frac{\pi}{2K'}\,\frac{1}{\sinh\dfrac{\pi\zeta}{\varkappa}} + \frac{2\pi}{K'}\sum_{1}^{\infty}{}_{n}\,\frac{e^{-(2n-1)\pi/\varkappa}\sinh\dfrac{(2n-1)\pi\zeta}{\varkappa}}{1+e^{-(2n-1)\pi/\varkappa}},\\
\operatorname{ns}(\zeta,\varkappa) &= \frac{\pi}{2K'}\coth\frac{\pi\zeta}{\varkappa} + \frac{2\pi}{K'}\sum_{1}^{\infty}{}_{n}\,\frac{e^{-2n\pi/\varkappa}\sinh\dfrac{2n\pi\zeta}{\varkappa}}{1+e^{-2n\pi/\varkappa}},\\
\operatorname{sc}(\zeta,\varkappa) &= \frac{2\pi}{K'k'}\sum_{1}^{\infty}{}_{n}\,\frac{e^{-(n-\frac{1}{2})\pi/\varkappa}\sinh\dfrac{(2n-1)\pi\zeta}{\varkappa}}{1-e^{-(2n-1)\pi/\varkappa}}, \quad \left[0<|\zeta|<\frac{1}{2},\ 0<\varkappa<\infty\right],\\
\operatorname{nc}(\zeta,\varkappa) &= \frac{2\pi}{K'k'}\sum_{1}^{\infty}{}_{n}\,\frac{e^{-(n-\frac{1}{2})\pi/\varkappa}\cosh\dfrac{(2n-1)\pi\zeta}{\varkappa}}{1+e^{-(2n-1)\pi/\varkappa}},\\
\operatorname{dc}(\zeta,\varkappa) &= \frac{\pi}{2K'} + \frac{2\pi}{K'}\sum_{1}^{\infty}{}_{n}\,\frac{e^{-n\pi/\varkappa}\cosh\dfrac{2n\pi\zeta}{\varkappa}}{1+e^{-2n\pi/\varkappa}},\\
\operatorname{nd}(\zeta,\varkappa) &= \frac{-2\pi}{K'k'}\sum_{1}^{\infty}{}_{n}(-1)^{n}\frac{e^{-(n-\frac{1}{2})\pi/\varkappa}\cosh\dfrac{(2n-1)\pi\zeta}{\varkappa}}{1-e^{-(2n-1)\pi/\varkappa}},\\
\operatorname{sd}(\zeta,\varkappa) &= \frac{-2\pi}{K'kk'}\sum_{1}^{\infty}{}_{n}(-1)^{n}\frac{e^{-(n-\frac{1}{2})\pi/\varkappa}\sinh\dfrac{(2n-1)\pi\zeta}{\varkappa}}{1+e^{-(2n-1)\pi/\varkappa}},\\
\operatorname{cd}(\zeta,\varkappa) &= \frac{\pi}{2K'k} + \frac{2\pi}{K'k}\sum_{1}^{\infty}{}_{n}(-1)^{n}\frac{e^{-n\pi/\varkappa}\cosh\dfrac{2n\pi\zeta}{\varkappa}}{1+e^{-2n\pi/\varkappa}},\\
\operatorname{dn}(\zeta,\varkappa) &= \frac{\pi}{2K'}\,\frac{1}{\cosh\dfrac{\pi\zeta}{\varkappa}} - \frac{2\pi}{K'}\sum_{1}^{\infty}{}_{n}(-1)^{n}\frac{e^{-(2n-1)\pi/\varkappa}\cosh\dfrac{(2n-1)\pi\zeta}{\varkappa}}{1-e^{-(2n-1)\pi/\varkappa}},\\
\operatorname{cn}(\zeta,\varkappa) &= \frac{\pi}{2K'k}\,\frac{1}{\cosh\dfrac{\pi\zeta}{\varkappa}} + \frac{2\pi}{K'k}\sum_{1}^{\infty}{}_{n}(-1)^{n}\frac{e^{-(2n-1)\pi/\varkappa}\cosh\dfrac{(2n-1)\pi\zeta}{\varkappa}}{1+e^{-(2n-1)\pi/\varkappa}},\\
\operatorname{sn}(\zeta,\varkappa) &= \frac{\pi}{2K'k}\tanh\frac{\pi\zeta}{\varkappa} + \frac{2\pi}{K'k}\sum_{1}^{\infty}{}_{n}(-1)^{n}\frac{e^{-2n\pi/\varkappa}\sinh\dfrac{2n\pi\zeta}{\varkappa}}{1+e^{-2n\pi/\varkappa}}.
\end{aligned}\right\}\quad(812)$$

Durch Einführung von (6) in (766) ergeben sich die sehr gut konvergierenden Quotientenentwicklungen

$$\begin{aligned}
\operatorname{cs}(\zeta,\varkappa) &= \sqrt{k'}\,\frac{\displaystyle\sum_{0}^{\infty}{}_{n}\,e^{-(n+\frac{1}{2})^{2}\pi\varkappa}\cos(2n+1)\pi\zeta}{\displaystyle\sum_{0}^{\infty}{}_{n}\,(-1)^{n}e^{-(n+\frac{1}{2})^{2}\pi\varkappa}\sin(2n+1)\pi\zeta} = \sqrt{k'}\,\frac{\cos\pi\zeta+e^{-2\pi\varkappa}\cos3\pi\zeta+\cdots}{\sin\pi\zeta-e^{-2\pi\varkappa}\sin3\pi\zeta+\cdots},\\
\operatorname{ds}(\zeta,\varkappa) &= \sqrt{kk'}\,\frac{\displaystyle\frac{1}{2}+\sum_{1}^{\infty}{}_{n}\,e^{-n^{2}\pi\varkappa}\cos2n\pi\zeta}{\displaystyle\sum_{0}^{\infty}{}_{n}\,(-1)^{n}e^{-(n+\frac{1}{2})^{2}\pi\varkappa}\sin(2n+1)\pi\zeta} = \frac{\sqrt{kk'}}{e^{-\frac{1}{4}\pi\varkappa}}\,\frac{\frac{1}{2}+e^{-\pi\varkappa}\cos2\pi\zeta+e^{-4\pi\varkappa}\cos4\pi\zeta+\cdots}{\sin\pi\zeta-e^{-2\pi\varkappa}\sin3\pi\zeta+\cdots},
\end{aligned}$$

$$\left.\begin{aligned}
\operatorname{ns}(\zeta,\varkappa) &= \sqrt{k}\,\frac{\frac{1}{2}+\sum_{1}^{\infty}{}_{n}(-1)^n e^{-n^2\pi\varkappa}\cos 2n\pi\zeta}{\sum_{0}^{\infty}{}_{n}(-1)^n e^{-(n+\frac{1}{2})^2\pi\varkappa}\sin(2n+1)\pi\zeta} = \frac{\sqrt{k}}{e^{-\frac{1}{4}\pi\varkappa}}\,\frac{\frac{1}{2}-e^{-\pi\varkappa}\cos 2\pi\zeta+e^{-4\pi\varkappa}\cos 4\pi\zeta+\cdots}{\sin\pi\zeta-e^{-2\pi\varkappa}\sin 3\pi\zeta+\cdots},\\
\operatorname{sc}(\zeta,\varkappa) &= \frac{1}{\sqrt{k'}}\,\frac{\sum_{0}^{\infty}{}_{n}(-1)^n e^{-(n+\frac{1}{2})^2\pi\varkappa}\sin(2n+1)\pi\zeta}{\sum_{0}^{\infty}{}_{n}e^{-(n+\frac{1}{2})^2\pi\varkappa}\cos(2n+1)\pi\zeta} = \frac{1}{\sqrt{k'}}\,\frac{\sin\pi\zeta-e^{-2\pi\varkappa}\sin 3\pi\zeta+\cdots}{\cos\pi\zeta+e^{-2\pi\varkappa}\cos 3\pi\zeta+\cdots},\\
\operatorname{nc}(\zeta,\varkappa) &= \frac{\sqrt{k}}{\sqrt{k'}}\,\frac{\frac{1}{2}+\sum_{1}^{\infty}{}_{n}(-1)^n e^{-n^2\pi\varkappa}\cos 2n\pi\zeta}{\sum_{0}^{\infty}{}_{n}e^{-(n+\frac{1}{2})^2\pi\varkappa}\cos(2n+1)\pi\zeta} = \frac{\sqrt{k}}{\sqrt{k'}\,e^{-\frac{1}{4}\pi\varkappa}}\,\frac{\frac{1}{2}-e^{-\pi\varkappa}\cos 2\pi\zeta+e^{-4\pi\varkappa}\cos 4\pi\zeta-\cdots}{\cos\pi\zeta+e^{-2\pi\varkappa}\cos 3\pi\zeta+\cdots},\\
\operatorname{dc}(\zeta,\varkappa) &= \sqrt{k}\,\frac{\frac{1}{2}+\sum_{1}^{\infty}{}_{n}e^{-n^2\pi\varkappa}\cos 2n\pi\zeta}{\sum_{0}^{\infty}{}_{n}e^{-(n+\frac{1}{2})^2\pi\varkappa}\cos(2n+1)\pi\zeta} = \frac{\sqrt{k}}{e^{-\frac{1}{4}\pi\varkappa}}\,\frac{\frac{1}{2}+e^{-\pi\varkappa}\cos 2\pi\zeta+e^{-4\pi\varkappa}\cos 4\pi\zeta+\cdots}{\cos\pi\zeta+e^{-2\pi\varkappa}\cos 3\pi\zeta+\cdots},\\
\operatorname{nd}(\zeta,\varkappa) &= \frac{1}{\sqrt{k'}}\,\frac{\frac{1}{2}+\sum_{1}^{\infty}{}_{n}(-1)^n e^{-n^2\pi\varkappa}\cos 2n\pi\zeta}{\frac{1}{2}+\sum_{1}^{\infty}{}_{n}e^{-n^2\pi\varkappa}\cos 2n\pi\zeta} = \frac{1}{\sqrt{k'}}\,\frac{\frac{1}{2}-e^{-\pi\varkappa}\cos 2\pi\zeta+e^{-4\pi\varkappa}\cos 4\pi\zeta-\cdots}{\frac{1}{2}+e^{-\pi\varkappa}\cos 2\pi\zeta+e^{-4\pi\varkappa}\cos 4\pi\zeta+\cdots},\\
\operatorname{sd}(\zeta,\varkappa) &= \frac{1}{\sqrt{k\,k'}}\,\frac{\sum_{0}^{\infty}{}_{n}(-1)^n e^{-(n+\frac{1}{2})^2\pi\varkappa}\sin(2n+1)\pi\zeta}{\frac{1}{2}+\sum_{1}^{\infty}{}_{n}e^{-n^2\pi\varkappa}\cos 2n\pi\zeta} = \frac{e^{-\frac{1}{4}\pi\varkappa}}{\sqrt{k\,k'}}\,\frac{\sin\pi\zeta-e^{-2\pi\varkappa}\sin 3\pi\zeta+\cdots}{\frac{1}{2}+e^{-\pi\varkappa}\cos 2\pi\zeta+e^{-4\pi\varkappa}\cos 4\pi\zeta+\cdots},\\
\operatorname{cd}(\zeta,\varkappa) &= \frac{1}{\sqrt{k}}\,\frac{\sum_{0}^{\infty}{}_{n}e^{-(n+\frac{1}{2})^2\pi\varkappa}\cos(2n+1)\pi\zeta}{\frac{1}{2}+\sum_{1}^{\infty}{}_{n}e^{-n^2\pi\varkappa}\cos 2n\pi\zeta} = \frac{e^{-\frac{1}{4}\pi\varkappa}}{\sqrt{k}}\,\frac{\cos\pi\zeta+e^{-2\pi\varkappa}\cos 3\pi\zeta+\cdots}{\frac{1}{2}+e^{-\pi\varkappa}\cos 2\pi\zeta+e^{-4\pi\varkappa}\cos 4\pi\zeta+\cdots},\\
\operatorname{dn}(\zeta,\varkappa) &= \sqrt{k'}\,\frac{\frac{1}{2}+\sum_{1}^{\infty}{}_{n}e^{-n^2\pi\varkappa}\cos 2n\pi\zeta}{\frac{1}{2}+\sum_{1}^{\infty}{}_{n}(-1)^n e^{-n^2\pi\varkappa}\cos 2n\pi\zeta} = \sqrt{k'}\,\frac{\frac{1}{2}+e^{-\pi\varkappa}\cos 2\pi\zeta+e^{-4\pi\varkappa}\cos 4\pi\zeta+\cdots}{\frac{1}{2}-e^{-\pi\varkappa}\cos 2\pi\zeta+e^{-4\pi\varkappa}\cos 4\pi\zeta-\cdots},\\
\operatorname{cn}(\zeta,\varkappa) &= \frac{\sqrt{k'}}{\sqrt{k}}\,\frac{\sum_{0}^{\infty}{}_{n}e^{-(n+\frac{1}{2})^2\pi\varkappa}\cos(2n+1)\pi\zeta}{\frac{1}{2}+\sum_{1}^{\infty}{}_{n}(-1)^n e^{-n^2\pi\varkappa}\cos 2n\pi\zeta} = \frac{\sqrt{k'}\,e^{-\frac{1}{4}\pi\varkappa}}{\sqrt{k}}\,\frac{\cos\pi\zeta+e^{-2\pi\varkappa}\cos 3\pi\zeta+\cdots}{\frac{1}{2}-e^{-\pi\varkappa}\cos 2\pi\zeta+e^{-4\pi\varkappa}\cos 4\pi\zeta-\cdots},\\
\operatorname{sn}(\zeta,\varkappa) &= \frac{1}{\sqrt{k}}\,\frac{\sum_{0}^{\infty}{}_{n}(-1)^n e^{-(n+\frac{1}{2})^2\pi\varkappa}\sin(2n+1)\pi\zeta}{\frac{1}{2}+\sum_{1}^{\infty}{}_{n}(-1)^n e^{-n^2\pi\varkappa}\cos 2n\pi\zeta} = \frac{e^{-\frac{1}{4}\pi\varkappa}}{\sqrt{k}}\,\frac{\sin\pi\zeta-e^{-2\pi\varkappa}\sin 3\pi\zeta+\cdots}{\frac{1}{2}-e^{-\pi\varkappa}\cos 2\pi\zeta+e^{-4\pi\varkappa}\cos 4\pi\zeta-\cdots}.
\end{aligned}\right\}\quad(813)$$

Die Quotienten-Entwicklungen (813) konvergieren um so besser, je größere Werte der Parameter $\varkappa$ annimmt. Quotienten-Entwicklungen mit umgekehrtem Konvergenzverhalten, die also um so besser konvergieren, je kleiner der Parameter $\varkappa$ wird, ergeben sich durch Einführen von (18) in (766). Diese Entwicklungen sind vom hyperbolischen Typus und lauten:

$$\mathrm{cs}(\zeta,\varkappa)=\sqrt{k'}\,\frac{\frac12+\sum_{n=1}^{\infty}(-1)^n e^{-\frac{\pi}{\varkappa}n^2}\cosh\frac{2n\pi\zeta}{\varkappa}}{\sum_{n=0}^{\infty}(-1)^n e^{-\frac{\pi}{\varkappa}\left(n+\frac12\right)^2}\sinh\frac{(2n+1)\pi\zeta}{\varkappa}}=\sqrt{k'}\,e^{\frac14\frac{\pi}{\varkappa}}\,\frac{\frac12-e^{-\frac{\pi}{\varkappa}}\cosh\frac{2\pi\zeta}{\varkappa}+e^{-\frac{4\pi}{\varkappa}}\cosh\frac{4\pi\zeta}{\varkappa}-\cdots}{\sinh\frac{\pi\zeta}{\varkappa}-e^{-\frac{2\pi}{\varkappa}}\sinh\frac{3\pi\zeta}{\varkappa}+\cdots},$$

$$\mathrm{ds}(\zeta,\varkappa)=\sqrt{k\,k'}\,\frac{\frac12+\sum_{n=1}^{\infty}e^{-\frac{\pi}{\varkappa}n^2}\cosh\frac{2n\pi\zeta}{\varkappa}}{\sum_{n=0}^{\infty}(-1)^n e^{-\frac{\pi}{\varkappa}\left(n+\frac12\right)^2}\sinh\frac{(2n+1)\pi\zeta}{\varkappa}}=\sqrt{k\,k'}\,e^{\frac14\frac{\pi}{\varkappa}}\,\frac{\frac12+e^{-\frac{\pi}{\varkappa}}\cosh\frac{2\pi\zeta}{\varkappa}+e^{-\frac{4\pi}{\varkappa}}\cosh\frac{4\pi\zeta}{\varkappa}+\cdots}{\sinh\frac{\pi\zeta}{\varkappa}-e^{-\frac{2\pi}{\varkappa}}\sinh\frac{3\pi\zeta}{\varkappa}+\cdots},$$

$$\mathrm{ns}(\zeta,\varkappa)=\sqrt{k}\,\frac{\sum_{n=0}^{\infty}e^{-\frac{\pi}{\varkappa}\left(n+\frac12\right)^2}\cosh\frac{(2n+1)\pi\zeta}{\varkappa}}{\sum_{n=0}^{\infty}(-1)^n e^{-\frac{\pi}{\varkappa}\left(n+\frac12\right)^2}\sinh\frac{(2n+1)\pi\zeta}{\varkappa}}=\sqrt{k}\,\frac{\cosh\frac{\pi\zeta}{\varkappa}+e^{-\frac{2\pi}{\varkappa}}\cosh\frac{3\pi\zeta}{\varkappa}+\cdots}{\sinh\frac{\pi\zeta}{\varkappa}-e^{-\frac{2\pi}{\varkappa}}\sinh\frac{3\pi\zeta}{\varkappa}+\cdots},$$

$$\mathrm{sc}(\zeta,\varkappa)=\frac{1}{\sqrt{k'}}\,\frac{\sum_{n=0}^{\infty}(-1)^n e^{-\frac{\pi}{\varkappa}\left(n+\frac12\right)^2}\sinh\frac{(2n+1)\pi\zeta}{\varkappa}}{\frac12+\sum_{n=1}^{\infty}(-1)^n e^{-\frac{\pi}{\varkappa}n^2}\cosh\frac{2n\pi\zeta}{\varkappa}}=\frac{e^{-\frac14\frac{\pi}{\varkappa}}}{\sqrt{k'}}\,\frac{\sinh\frac{\pi\zeta}{\varkappa}-e^{-\frac{2\pi}{\varkappa}}\sinh\frac{3\pi\zeta}{\varkappa}+\cdots}{\frac12-e^{-\frac{\pi}{\varkappa}}\cosh\frac{2\pi\zeta}{\varkappa}+e^{-\frac{4\pi}{\varkappa}}\cosh\frac{4\pi\zeta}{\varkappa}-\cdots},$$

$$\mathrm{nc}(\zeta,\varkappa)=\frac{\sqrt{k}}{\sqrt{k'}}\,\frac{\sum_{n=0}^{\infty}e^{-\frac{\pi}{\varkappa}\left(n+\frac12\right)^2}\cosh\frac{(2n+1)\pi\zeta}{\varkappa}}{\frac12+\sum_{n=1}^{\infty}(-1)^n e^{-\frac{\pi}{\varkappa}n^2}\cosh\frac{2n\pi\zeta}{\varkappa}}=\frac{\sqrt{k}\,e^{-\frac14\frac{\pi}{\varkappa}}}{\sqrt{k'}}\,\frac{\cosh\frac{\pi\zeta}{\varkappa}+e^{-\frac{2\pi}{\varkappa}}\cosh\frac{3\pi\zeta}{\varkappa}+\cdots}{\frac12-e^{-\frac{\pi}{\varkappa}}\cosh\frac{2\pi\zeta}{\varkappa}+e^{-\frac{4\pi}{\varkappa}}\cosh\frac{4\pi\zeta}{\varkappa}-\cdots},$$

$$\mathrm{dc}(\zeta,\varkappa)=\sqrt{k}\,\frac{\frac12+\sum_{n=1}^{\infty}e^{-\frac{\pi}{\varkappa}n^2}\cosh\frac{2n\pi\zeta}{\varkappa}}{\frac12+\sum_{n=1}^{\infty}(-1)^n e^{-\frac{\pi}{\varkappa}n^2}\cosh\frac{2n\pi\zeta}{\varkappa}}=\sqrt{k}\,\frac{\frac12+e^{-\frac{\pi}{\varkappa}}\cosh\frac{2\pi\zeta}{\varkappa}+e^{-\frac{4\pi}{\varkappa}}\cosh\frac{4\pi\zeta}{\varkappa}+\cdots}{\frac12-e^{-\frac{\pi}{\varkappa}}\cosh\frac{2\pi\zeta}{\varkappa}+e^{-\frac{4\pi}{\varkappa}}\cosh\frac{4\pi\zeta}{\varkappa}-\cdots},$$

$$\mathrm{nd}(\zeta,\varkappa)=\frac{1}{\sqrt{k'}}\,\frac{\sum_{n=0}^{\infty}e^{-\frac{\pi}{\varkappa}\left(n+\frac12\right)^2}\cosh\frac{(2n+1)\pi\zeta}{\varkappa}}{\frac12+\sum_{n=1}^{\infty}e^{-\frac{\pi}{\varkappa}n^2}\cosh\frac{2n\pi\zeta}{\varkappa}}=\frac{e^{-\frac14\frac{\pi}{\varkappa}}}{\sqrt{k'}}\,\frac{\cosh\frac{\pi\zeta}{\varkappa}+e^{-\frac{2\pi}{\varkappa}}\cosh\frac{3\pi\zeta}{\varkappa}+\cdots}{\frac12+e^{-\frac{\pi}{\varkappa}}\cosh\frac{2\pi\zeta}{\varkappa}+e^{-\frac{4\pi}{\varkappa}}\cosh\frac{4\pi\zeta}{\varkappa}+\cdots},\tag{814}$$

$$\mathrm{sd}(\zeta,\varkappa)=\frac{1}{\sqrt{k\,k'}}\,\frac{\sum_{n=0}^{\infty}(-1)^n e^{-\frac{\pi}{\varkappa}\left(n+\frac12\right)^2}\sinh\frac{(2n+1)\pi\zeta}{\varkappa}}{\frac12+\sum_{n=1}^{\infty}e^{-\frac{\pi}{\varkappa}n^2}\cosh\frac{2n\pi\zeta}{\varkappa}}=\frac{e^{-\frac14\frac{\pi}{\varkappa}}}{\sqrt{k\,k'}}\,\frac{\sinh\frac{\pi\zeta}{\varkappa}-e^{-\frac{2\pi}{\varkappa}}\sinh\frac{3\pi\zeta}{\varkappa}+\cdots}{\frac12+e^{-\frac{\pi}{\varkappa}}\cosh\frac{2\pi\zeta}{\varkappa}+e^{-\frac{4\pi}{\varkappa}}\cosh\frac{4\pi\zeta}{\varkappa}+\cdots},$$

$$\mathrm{cd}(\zeta,\varkappa)=\frac{1}{\sqrt{k}}\,\frac{\frac12+\sum_{n=1}^{\infty}(-1)^n e^{-\frac{\pi}{\varkappa}n^2}\cosh\frac{2n\pi\zeta}{\varkappa}}{\frac12+\sum_{n=1}^{\infty}e^{-\frac{\pi}{\varkappa}n^2}\cosh\frac{2n\pi\zeta}{\varkappa}}=\frac{1}{\sqrt{k}}\,\frac{\frac12-e^{-\frac{\pi}{\varkappa}}\cosh\frac{2\pi\zeta}{\varkappa}+e^{-\frac{4\pi}{\varkappa}}\cosh\frac{4\pi\zeta}{\varkappa}-\cdots}{\frac12+e^{-\frac{\pi}{\varkappa}}\cosh\frac{2\pi\zeta}{\varkappa}+e^{-\frac{4\pi}{\varkappa}}\cosh\frac{4\pi\zeta}{\varkappa}+\cdots},$$

$$\mathrm{dn}(\zeta,\varkappa)=\sqrt{k'}\,\frac{\frac12+\sum_{n=1}^{\infty}e^{-\frac{\pi}{\varkappa}n^2}\cosh\frac{2n\pi\zeta}{\varkappa}}{\sum_{n=0}^{\infty}e^{-\frac{\pi}{\varkappa}\left(n+\frac12\right)^2}\cosh\frac{(2n+1)\pi\zeta}{\varkappa}}=\sqrt{k'}\,e^{\frac14\frac{\pi}{\varkappa}}\,\frac{\frac12+e^{-\frac{\pi}{\varkappa}}\cosh\frac{2\pi\zeta}{\varkappa}+e^{-\frac{4\pi}{\varkappa}}\cosh\frac{4\pi\zeta}{\varkappa}+\cdots}{\cosh\frac{\pi\zeta}{\varkappa}+e^{-\frac{2\pi}{\varkappa}}\cosh\frac{3\pi\zeta}{\varkappa}+\cdots},$$

$$\operatorname{cn}(\zeta,\varkappa)=\frac{\sqrt{k'}}{\sqrt{k}}\,\frac{\frac{1}{2}+\sum_{1}^{\infty}{}_n(-1)^n e^{-\frac{\pi}{\varkappa}n^2}\cosh\frac{2n\pi\zeta}{\varkappa}}{\sum_{0}^{\infty}{}_n e^{-\frac{\pi}{\varkappa}\left(n+\frac{1}{2}\right)^2}\cosh\frac{(2n+1)\pi\zeta}{\varkappa}}=\frac{\sqrt{k'}\,e^{\frac{1}{4}\frac{\pi}{\varkappa}}}{\sqrt{k}}\,\frac{\frac{1}{2}-e^{-\frac{\pi}{\varkappa}}\cosh\frac{2\pi\zeta}{\varkappa}+e^{-\frac{4\pi}{\varkappa}}\cosh\frac{4\pi\zeta}{\varkappa}-\cdots}{\cosh\frac{\pi\zeta}{\varkappa}+e^{-\frac{2\pi}{\varkappa}}\cosh\frac{3\pi\zeta}{\varkappa}+\cdots},$$

$$\operatorname{sn}(\zeta,\varkappa)=\frac{1}{\sqrt{k}}\,\frac{\sum_{0}^{\infty}{}_n(-1)^n e^{-\frac{\pi}{\varkappa}\left(n+\frac{1}{2}\right)^2}\sinh\frac{(2n+1)\pi\zeta}{\varkappa}}{\sum_{0}^{\infty}{}_n e^{-\frac{\pi}{\varkappa}\left(n+\frac{1}{2}\right)^2}\cosh\frac{(2n+1)\pi\zeta}{\varkappa}}=\frac{1}{\sqrt{k}}\,\frac{\sinh\frac{\pi\zeta}{\varkappa}-e^{-\frac{2\pi}{\varkappa}}\sinh\frac{3\pi\zeta}{\varkappa}+\cdots}{\cosh\frac{\pi\zeta}{\varkappa}+e^{-\frac{2\pi}{\varkappa}}\cosh\frac{3\pi\zeta}{\varkappa}+\cdots}.$$

113. Potenzreihen-Entwicklungen

Nach (766) und (771) bauen sich die Quadrate der Jacobischen elliptischen Funktionen und ihrer logarithmischen Ableitungen linear aus $\wp$-Funktionen auf. Ihre Potenzreihen-Entwicklungen sind daher mit den in (520), (521), (522) und (523) vorliegenden Potenzreihen-Entwicklungen der $\wp$-Funktionen bekannt, wenn die Sätze über das Wurzelziehen von Potenzreihen beachtet werden. Es handelt sich bei den in Frage stehenden 18 Funktionen um Potenzreihen-Entwicklungen, welche entsprechend dem aus (791) und (792) ersichtlichen geraden bzw. ungeraden Charakter der Funktionen nur gerade bzw. ungerade Potenzen von z aufweisen können. An der Stelle $z=0$ auftretende Pole sind aus (799) und (801) ersichtlich. Da im Hinblick auf die Doppelpole der $\wp$-Funktionen nach der Wurzelziehung nur noch Pole erster Ordnung vorhanden sein können, treten an der Stelle $z=0$ nur in der ungeraden Gruppe Pole auf.

Werden die Potenzreihen-Entwicklungen ihrem Aufbau entsprechend als gerade oder ungerade Funktionen, im letzteren Falle mit a_{-1}/z oder $a_1 z$ beginnend, allgemein angesetzt und quadriert, so können die unbestimmten Koeffizienten durch Vergleich mit den bekannten Potenzreihen-Entwicklungen der Quadrate sukzessive bestimmt werden. Hierfür empfiehlt es sich, die Parameterfunktionen e_1, e_2, e_3, g_2, g_3, $\bar{g}_2$, $\bar{g}_3$ gemäß (442) und (446) durch k^2 oder k'^2 auszudrücken.

Die Konvergenzbereiche sind, da eine Wurzelziehung hierauf ohne Einfluß ist, mit den aus (585) ersichtlichen Konvergenzbereichen der Potenzreihen-Entwicklungen der Quadrate bekannt. In den Fällen von $\overline{\mathrm{cs}}$, $\overline{\mathrm{ns}}$, $\overline{\mathrm{dc}}$ und $\overline{\mathrm{nd}}$ werden die Konvergenzbereiche zweckmäßig durch Bezugnahme auf die erste, dritte, fünfte und sechste der Gln. (768) bestimmt.

Auf dem vorstehend beschriebenen Wege erhält man, wenn die Koeffizienten einmal als Funktionen von k^2 und einmal als solche von k'^2 dargestellt werden,

$$\operatorname{cs}(z,k)\begin{cases}=\frac{1}{z}-(2-k^2)\frac{z}{3!}-\frac{1}{3}(8-8k^2-7k^4)\frac{z^3}{5!}-\frac{1}{3}(32-48k^2+78k^4-31k^6)\frac{z^5}{7!}-\cdots,\\[4pt]=\frac{1}{z}-(1+k'^2)\frac{z}{3!}+\frac{1}{3}(7-22k'^2+7k'^4)\frac{z^3}{5!}-\frac{1}{3}(31-15k'^2-15k'^4+31k'^6)\frac{z^5}{7!}+\cdots;\end{cases}$$

$$\operatorname{ds}(z,k)\begin{cases}=\frac{1}{z}+(1-2k^2)\frac{z}{3!}+\frac{1}{3}(7+8k^2-8k^4)\frac{z^3}{5!}+\frac{1}{3}(31-78k^2+48k^4-32k^6)\frac{z^5}{7!}+\cdots,\\[4pt]=\frac{1}{z}-(1-2k'^2)\frac{z}{3!}+\frac{1}{3}(7+8k'^2-8k'^4)\frac{z^3}{5!}-\frac{1}{3}(31-78k'^2+48k'^4-32k'^6)\frac{z^5}{7!}+\cdots;\end{cases}$$

$$\operatorname{ns}(z,k)\begin{cases}=\frac{1}{z}+(1+k^2)\frac{z}{3!}+\frac{1}{3}(7-22k^2+7k^4)\frac{z^3}{5!}+\frac{1}{3}(31-15k^2-15k^4+31k^6)\frac{z^5}{7!}+\cdots,\\[4pt]=\frac{1}{z}+(2-k'^2)\frac{z}{3!}-\frac{1}{3}(8-8k'^2-7k'^4)\frac{z^3}{5!}+\frac{1}{3}(32-48k'^2+78k'^4-31k'^6)\frac{z^5}{7!}-\cdots;\end{cases}$$

$\varkappa \geqq 1$ bzw. $k^2 \leqq \frac{1}{2}$; $0<|\zeta|<1$ bzw. $0<|z|<2K$; $\varkappa \leqq 1$ bzw. $k^2 \geqq \frac{1}{2}$; $0<|\zeta|<\varkappa$ bzw. $0<|z|<2K'$ (815)

$$\operatorname{sc}(z,k)\begin{cases} = z + (2-k^2)\dfrac{z^3}{3!} + (16-16k^2+k^4)\dfrac{z^5}{5!} + (272-408k^2+138k^4-k^6)\dfrac{z^7}{7!} + \cdots, \\ = z + (1+k'^2)\dfrac{z^3}{3!} + (1+14k'^2+k'^4)\dfrac{z^5}{5!} + (1+135k'^2+135k'^4+k'^6)\dfrac{z^7}{7!} + \cdots; \end{cases}$$

$$\operatorname{nc}(z,k)\begin{cases} = 1 + \dfrac{z^2}{2!} + (5-4k^2)\dfrac{z^4}{4!} + (61-76k^2+16k^4)\dfrac{z^6}{6!} + \cdots, \\ = 1 + \dfrac{z^2}{2!} + (1+4k'^2)\dfrac{z^4}{4!} + (1+44k'^2+16k'^4)\dfrac{z^6}{6!} + \cdots; \end{cases}$$

$$\operatorname{dc}(z,k)\begin{cases} = 1 + (1-k^2)\left[\dfrac{z^2}{2!} + (5-k^2)\dfrac{z^4}{4!} + (61-46k^2+k^4)\dfrac{z^6}{6!} + \cdots\right], \\ = 1 + k'^2\left[\dfrac{z^2}{2!} + (4+k'^2)\dfrac{z^4}{4!} + (16+44k'^2+k'^4)\dfrac{z^6}{6!} + \cdots\right]; \end{cases}$$

$$\left.\begin{array}{c} 0<\varkappa<\infty \\ \text{bzw.} \\ 1>k^2>0 \\ 0\leqq|\zeta|<\tfrac{1}{2} \\ \text{bzw.} \\ 0\leqq|z|<K \end{array}\right\} \tag{816}$$

$$\operatorname{nd}(z,k)\begin{cases} = 1 + k^2\left[\dfrac{z^2}{2!} - (4-5k^2)\dfrac{z^4}{4!} + (16-76k^2+61k^4)\dfrac{z^6}{6!} - \cdots\right], \\ = 1 + (1-k'^2)\left[\dfrac{z^2}{2!} + (1-5k'^2)\dfrac{z^4}{4!} + (1-46k'^2+61k'^4)\dfrac{z^6}{6!} + \cdots\right]; \end{cases}$$

$$\operatorname{sd}(z,k)\begin{cases} = z - (1-2k^2)\dfrac{z^3}{3!} + (1-16k^2+16k^4)\dfrac{z^5}{5!} - (1-138k^2+408k^4-272k^6)\dfrac{z^7}{7!} + \cdots, \\ = z + (1-2k'^2)\dfrac{z^3}{3!} + (1-16k'^2+16k'^4)\dfrac{z^5}{5!} + (1-138k'^2+408k'^4-272k'^6)\dfrac{z^7}{7!} + \cdots; \end{cases}$$

$$\operatorname{cd}(z,k)\begin{cases} = 1 - (1-k^2)\left[\dfrac{z^2}{2!} - (1-5k^2)\dfrac{z^4}{4!} + (1-46k^2+61k^4)\dfrac{z^6}{6!} - \cdots\right], \\ = 1 - k'^2\left[\dfrac{z^2}{2!} + (4-5k'^2)\dfrac{z^4}{4!} + (16-76k'^2+61k'^4)\dfrac{z^6}{6!} + \cdots\right]; \end{cases}$$

$$\left.\begin{array}{c} 0<\varkappa<\infty \\ \text{bzw.} \\ 1>k^2>0 \\ 0\leqq|\zeta|<\tfrac{1}{2}\sqrt{1+\varkappa^2} \\ \text{bzw.} \\ 0\leqq|z|<\sqrt{K^2+K'^2} \end{array}\right\} \tag{817}$$

$$\operatorname{dn}(z,k)\begin{cases} = 1 - k^2\left[\dfrac{z^2}{2!} - (4+k^2)\dfrac{z^4}{4!} + (16+44k^2+k^4)\dfrac{z^6}{6!} - \cdots\right], \\ = 1 - (1-k'^2)\left[\dfrac{z^2}{2!} - (5-k'^2)\dfrac{z^4}{4!} + (61-46k'^2+k'^4)\dfrac{z^6}{6!} - \cdots\right]; \end{cases}$$

$$\operatorname{cn}(z,k)\begin{cases} = 1 - \dfrac{z^2}{2!} + (1+4k^2)\dfrac{z^4}{4!} - (1+44k^2+16k^4)\dfrac{z^6}{6!} + \cdots, \\ = 1 - \dfrac{z^2}{2!} + (5-4k'^2)\dfrac{z^4}{4!} - (61-76k'^2+16k'^4)\dfrac{z^6}{6!} + \cdots; \end{cases}$$

$$\operatorname{sn}(z,k)\begin{cases} = z - (1+k^2)\dfrac{z^3}{3!} + (1+14k^2+k^4)\dfrac{z^5}{5!} - (1+135k^2+135k^4+k^6)\dfrac{z^7}{7!} + \cdots, \\ = z - (2-k'^2)\dfrac{z^3}{3!} + (16-16k'^2+k'^4)\dfrac{z^5}{5!} - (272-408k'^2+138k'^4-k'^6)\dfrac{z^7}{7!} + \cdots. \end{cases}$$

$$\left.\begin{array}{c} 0<\varkappa<\infty \\ \text{bzw.} \\ 1>k^2>0 \\ 0\leqq|\zeta|<\dfrac{\varkappa}{2} \\ \text{bzw.} \\ 0\leqq|z|<K' \end{array}\right\} \tag{818}$$

$$\overline{\operatorname{cs}}(z,k) = -\overline{\operatorname{sc}}(z,k)\begin{cases} = -\dfrac{1}{z} - 2(2-k^2)\dfrac{z}{3!} - \dfrac{8}{3}(14-14k^2-k^4)\dfrac{z^3}{5!} - \dfrac{32}{3}(62-93k^2+33k^4-k^6)\dfrac{z^5}{7!} - \cdots, \\ = -\dfrac{1}{z} - 2(1+k'^2)\dfrac{z}{3!} + \dfrac{8}{3}(1-16k'^2+k'^4)\dfrac{z^3}{5!} - \dfrac{32}{3}(1+30k'^2+30k'^4+k'^6)\dfrac{z^5}{7!} + \cdots; \end{cases}$$

$(\varkappa \geqq \tfrac{1}{2}$ bzw. $k^2 < 0{,}97$: $0<|\zeta|<\tfrac{1}{2}$ bzw. $0<|z|<K$

$\varkappa \leqq \tfrac{1}{2}$ bzw. $k^2 > 0{,}97$: $0<|\zeta|<\varkappa$ bzw. $0<|z|<2K')$

$$\overline{\operatorname{ds}}(z,k) = -\overline{\operatorname{sd}}(z,k)\begin{cases} = -\dfrac{1}{z} + 2(1-2k^2)\dfrac{z}{3!} + \dfrac{8}{3}(1+14k^2-14k^4)\dfrac{z^3}{5!} + \dfrac{32}{3}(1-33k^2+93k^4-62k^6)\dfrac{z^5}{7!} + \cdots, \\ = -\dfrac{1}{z} - 2(1-2k'^2)\dfrac{z}{3!} + \dfrac{8}{3}(1+14k'^2-14k'^4)\dfrac{z^3}{5!} - \dfrac{32}{3}(1-33k'^2+93k'^4-62k'^6)\dfrac{z^5}{7!} + \cdots; \end{cases}$$

$(\varkappa \geqq \sqrt{3}$ bzw. $k^2 < 0{,}07$: $0<|\zeta|<1$ bzw. $0<|z|<2K$

$\sqrt{3} \geqq \varkappa \geqq 1/\sqrt{3}$ bzw. $0{,}07 < k^2 < 0{,}93$: $0<|\zeta|<\tfrac{1}{2}\sqrt{1+\varkappa^2}$ bzw. $0<|z|<\sqrt{K^2+K'^2}$

$\varkappa \leqq 1/\sqrt{3}$ bzw. $k^2 > 0{,}93$: $0<|\zeta|<\varkappa$ bzw. $0<|z|<2K')$

$$\left.\begin{aligned}
&\overline{\mathrm{ns}}(z,k) = -\overline{\mathrm{sn}}(z,k) \begin{cases} = -\dfrac{1}{z} + 2(1+k^2)\dfrac{z}{3!} + \dfrac{8}{3}(1-16k^2+k^4)\dfrac{z^3}{5!} + \dfrac{32}{3}(1+30k^2+30k^4+k^6)\dfrac{z^5}{7!} + \cdots, \\ = -\dfrac{1}{z} + 2(2-k'^2)\dfrac{z}{3!} - \dfrac{8}{3}(14-14k'^2-k'^4)\dfrac{z^3}{5!} + \dfrac{32}{3}(62-93k'^2+33k'^4-k'^6)\dfrac{z^5}{7!} - \cdots; \end{cases} \\
&\qquad (\varkappa \geqq 2 \quad \text{bzw.} \quad k^2 < 0{,}03: \quad 0 < |\zeta| < 1 \quad \text{bzw.} \quad 0 < |z| < 2K \\
&\qquad \varkappa \leqq 2 \quad \text{bzw.} \quad k^2 > 0{,}03: \quad 0 < |\zeta| < \frac{\varkappa}{2} \quad \text{bzw.} \quad 0 < |z| < K') \\
&\overline{\mathrm{nc}}(z,k) = -\overline{\mathrm{cn}}(z,k) \begin{cases} = z + 2(1-2k^2)\dfrac{z^3}{3!} + 16(1-k^2+k^4)\dfrac{z^5}{5!} + 16(17-36k^2+6k^4-4k^6)\dfrac{z^7}{7!} + \cdots, \\ = z - 2(1-2k'^2)\dfrac{z^3}{3!} + 16(1-k'^2+k'^4)\dfrac{z^5}{5!} - 16(17-36k'^2+6k'^4-4k'^6)\dfrac{z^7}{7!} + \cdots; \end{cases} \\
&\qquad (\varkappa \geqq 1 \quad \text{bzw.} \quad k^2 \leqq \tfrac{1}{2}: \quad 0 \leqq |\zeta| < \tfrac{1}{2} \quad \text{bzw.} \quad 0 \leqq |z| < K \\
&\qquad \varkappa \leqq 1 \quad \text{bzw.} \quad k^2 \geqq \tfrac{1}{2}: \quad 0 \leqq |\zeta| < \frac{\varkappa}{2} \quad \text{bzw.} \quad 0 \leqq |z| < K') \\
&\overline{\mathrm{dc}}(z,k) = -\overline{\mathrm{cd}}(z,k) \begin{cases} = (1-k^2)\left[z + 2(1+k^2)\dfrac{z^3}{3!} + 16(1-k^2+k^4)\dfrac{z^5}{5!} + 16(17-15k^2-15k^4+17k^6)\dfrac{z^7}{7!} + \cdots\right], \\ = k'^2\left[z + 2(2-k'^2)\dfrac{z^3}{3!} + 16(1-k'^2+k'^4)\dfrac{z^5}{5!} + 16(4-6k'^2+36k'^4-17k'^6)\dfrac{z^7}{7!} + \cdots\right]; \end{cases} \\
&\qquad (0 < \varkappa < \infty \quad \text{bzw.} \quad 1 > k^2 > 0: \quad 0 \leqq |\zeta| < \tfrac{1}{2} \quad \text{bzw.} \quad 0 \leqq |z| < K) \\
&\overline{\mathrm{nd}}(z,k) = -\overline{\mathrm{dn}}(z,k) \begin{cases} = k^2\left[z - 2(2-k^2)\dfrac{z^3}{3!} + 16(1-k^2+k^4)\dfrac{z^5}{5!} - 16(4-6k^2+36k^4-17k^6)\dfrac{z^7}{7!} + \cdots\right], \\ = (1-k'^2)\left[z - 2(1+k'^2)\dfrac{z^3}{3!} + 16(1-k'^2+k'^4)\dfrac{z^5}{5!} - 16(17-15k'^2-15k'^4+17k'^6)\dfrac{z^7}{7!} + \cdots\right]. \end{cases} \\
&\qquad (0 < \varkappa < \infty \quad \text{bzw.} \quad 1 > k^2 > 0: \quad 0 \leqq |\zeta| < \frac{\varkappa}{2} \quad \text{bzw.} \quad 0 \leqq |z| < K')
\end{aligned}\right\} \quad (819)$$

In den Gln. (815) bis (818) läßt sich k^2 auch durch die Invarianten g_2 und g_3 bzw. in den Gln. (819) durch die Invarianten $\bar{g}_2$ und $\bar{g}_3$ ausdrücken, denn aus (446) folgt

$$-(k^2 - k'^2) = 1 - 2k^2 = \frac{27}{8}\,\frac{g_3}{1 + \frac{1}{2}k^2 k'^2} = \frac{27}{8},\frac{g_3}{\frac{3}{2} - \frac{1}{2}(1 - k^2 k'^2)} = \frac{27}{8}\,\frac{g_3}{\frac{3}{2} - \frac{3}{8}g_2} = \frac{9g_3}{4 - g_2}$$

bzw.

$$-(k^2 - k'^2) = 1 - 2k^2 = \frac{27}{8}\,\frac{\bar{g}_3}{1 + 32k^2 k'^2} = \frac{27}{8}\,\frac{\bar{g}_3}{3 - 2(1 - 16k^2 k'^2)} = \frac{27}{8}\,\frac{\bar{g}_3}{3 - \frac{3}{2}\bar{g}_2} = \frac{\frac{9}{4}\bar{g}_3}{2 - \bar{g}_2}$$

und damit

$$k^2 = \frac{1}{2}\left(1 - \frac{9g_3}{4 - g_2}\right) \quad \text{bzw.} \quad k^2 = \frac{1}{2}\left(1 - \frac{\frac{9}{4}\bar{g}_3}{2 - \bar{g}_2}\right) \tag{820}$$

und

$$k'^2 = \frac{1}{2}\left(1 + \frac{9g_3}{4 - g_2}\right) \quad \text{bzw.} \quad k'^2 = \frac{1}{2}\left(1 + \frac{\frac{9}{4}\bar{g}_3}{2 - \bar{g}_2}\right). \tag{821}$$

Die Potenzreihen-Entwicklungen in Invariantenschreibweise werden im allgemeinen sehr umständlich. Eine Ausnahme bilden die Funktionen $\overline{\mathrm{ds}} = -\overline{\mathrm{sd}}$ und $\overline{\mathrm{nc}} = -\overline{\mathrm{cn}}$. Hierfür ergibt sich

$$\left.\begin{aligned}
\overline{\mathrm{ds}}(z,\bar{g}_2,\bar{g}_3) &= -\overline{\mathrm{sd}}(z,\bar{g}_2,\bar{g}_3) = -\frac{1}{z} + \frac{\frac{3}{4}\bar{g}_3}{2 - \bar{g}_2}\,z + \frac{1}{24}\left(1 - \frac{7}{20}\bar{g}_2\right)z^3 - \frac{\bar{g}_3}{224}\,\frac{1 - \frac{31}{20}\bar{g}_2}{2 - \bar{g}_2}\,z^5 + \cdots, \\
\overline{\mathrm{nc}}(z,\bar{g}_2,\bar{g}_3) &= -\overline{\mathrm{cn}}(z,\bar{g}_2,\bar{g}_3) = +z + \frac{\frac{3}{4}\bar{g}_3}{2 - \bar{g}_2}\,z^3 + \frac{1}{8}\left(1 + \frac{1}{20}\bar{g}_2\right)z^5 + \frac{27\bar{g}_3}{224}\,\frac{1 + \frac{1}{180}\bar{g}_2}{2 - \bar{g}_2}\,z^7 + \cdots.
\end{aligned}\right\} \quad (822)$$

Die Quadrierung dieser Entwicklungen liefert

$$\left.\begin{aligned}\overline{\mathrm{ds}}^2(z,\bar g_2,\bar g_3)=\overline{\mathrm{sd}}^2(z,\bar g_2,\bar g_3)&=\frac{1}{z^2}-\frac{\frac{3}{2}\bar g_3}{2-\bar g_2}+\frac{\bar g_2}{20}z^2+\frac{\bar g_3}{28}z^4+\frac{\bar g_2^2}{1200}z^6+\frac{3\bar g_2\bar g_3}{6160}z^8+\cdots,\\ \overline{\mathrm{nc}}^2(z,\bar g_2,\bar g_3)=\overline{\mathrm{cn}}^2(z,\bar g_2,\bar g_3)&=z^2+\frac{\frac{3}{2}\bar g_3}{2-\bar g_2}z^4+\frac{1}{3}\left(1+\frac{1}{10}\bar g_2\right)z^6+\frac{3\bar g_3}{7}\,\frac{1+\frac{1}{40}\bar g_2}{2-\bar g_2}z^8+\cdots.\end{aligned}\right\}\quad(823)$$

114. Imaginäre Argumenttransformation, reziproke Modultransformation und imaginäre Modultransformation

Aus den Potenzreihen-Entwicklungen der Jacobischen elliptischen Funktionen und ihrer logarithmischen Ableitungen lassen sich mehrere Gruppen linearer Transformationen ablesen.

Wird in (815) bis (818) in einer Gleichung der k'^2-Gruppe z mit $i\,z$ vertauscht, was in jedem zweiten Glied eine Vorzeichenänderung nach sich zieht, so findet man in der k^2-Gruppe stets eine Gegengleichung, die unmittelbar oder nach Multiplikation mit i und nach Vertauschen von k^2 mit k'^2 der modifizierten Ausgangsgleichung identisch gleich wird. Der Vergleich liefert, einmal für das (z, k)-System, und wenn beachtet wird, daß die Modultransformation

$$k \to k'$$

die Parameter- und Argumenttransformationen

$$\varkappa \to \frac{1}{\varkappa}, \qquad \frac{z}{2K} \to \frac{z}{2K'}, \qquad \zeta \to \zeta\frac{K}{K'} = \frac{\zeta}{\varkappa}$$

auslöst, entsprechend für das $(\zeta, \varkappa)$-System

$$\left.\begin{aligned}
\mathrm{cs}(i\,z,k)&=-i\,\mathrm{ns}(z,k'), & \mathrm{cs}(i\,\zeta,\varkappa)&=-i\,\mathrm{ns}\left(\frac{\zeta}{\varkappa},\frac{1}{\varkappa}\right),\\
\mathrm{ds}(i\,z,k)&=-i\,\mathrm{ds}(z,k'), & \mathrm{ds}(i\,\zeta,\varkappa)&=-i\,\mathrm{ds}\left(\frac{\zeta}{\varkappa},\frac{1}{\varkappa}\right),\\
\mathrm{ns}(i\,z,k)&=-i\,\mathrm{cs}(z,k'), & \mathrm{ns}(i\,\zeta,\varkappa)&=-i\,\mathrm{cs}\left(\frac{\zeta}{\varkappa},\frac{1}{\varkappa}\right),\\
\mathrm{sc}(i\,z,k)&=i\,\mathrm{sn}(z,k'), & \mathrm{sc}(i\,\zeta,\varkappa)&=i\,\mathrm{sn}\left(\frac{\zeta}{\varkappa},\frac{1}{\varkappa}\right),\\
\mathrm{nc}(i\,z,k)&=\mathrm{cn}(z,k'), & \mathrm{nc}(i\,\zeta,\varkappa)&=\mathrm{cn}\left(\frac{\zeta}{\varkappa},\frac{1}{\varkappa}\right),\\
\mathrm{dc}(i\,z,k)&=\mathrm{dn}(z,k'), & \mathrm{dc}(i\,\zeta,\varkappa)&=\mathrm{dn}\left(\frac{\zeta}{\varkappa},\frac{1}{\varkappa}\right),\\
\mathrm{nd}(i\,z,k)&=\mathrm{cd}(z,k'), & \mathrm{nd}(i\,\zeta,\varkappa)&=\mathrm{cd}\left(\frac{\zeta}{\varkappa},\frac{1}{\varkappa}\right),\\
\mathrm{sd}(i\,z,k)&=i\,\mathrm{sd}(z,k'), & \mathrm{sd}(i\,\zeta,\varkappa)&=i\,\mathrm{sd}\left(\frac{\zeta}{\varkappa},\frac{1}{\varkappa}\right),\\
\mathrm{cd}(i\,z,k)&=\mathrm{nd}(z,k'), & \mathrm{cd}(i\,\zeta,\varkappa)&=\mathrm{nd}\left(\frac{\zeta}{\varkappa},\frac{1}{\varkappa}\right),\\
\mathrm{dn}(i\,z,k)&=\mathrm{dc}(z,k'), & \mathrm{dn}(i\,\zeta,\varkappa)&=\mathrm{dc}\left(\frac{\zeta}{\varkappa},\frac{1}{\varkappa}\right),\\
\mathrm{cn}(i\,z,k)&=\mathrm{nc}(z,k'), & \mathrm{cn}(i\,\zeta,\varkappa)&=\mathrm{nc}\left(\frac{\zeta}{\varkappa},\frac{1}{\varkappa}\right),\\
\mathrm{sn}(i\,z,k)&=i\,\mathrm{sc}(z,k'), & \mathrm{sn}(i\,\zeta,\varkappa)&=i\,\mathrm{sc}\left(\frac{\zeta}{\varkappa},\frac{1}{\varkappa}\right).
\end{aligned}\right\}\quad(824)$$

Die Anwendung des gleichen Verfahrens auf (819) ergibt

$$\left.\begin{aligned}
\overline{\mathrm{cs}}(i\,z,k) &= -i\,\overline{\mathrm{ns}}(z,k') = +i\,\overline{\mathrm{sn}}(z,k'), & \overline{\mathrm{cs}}(i\,\zeta,\varkappa) &= -i\,\overline{\mathrm{ns}}\left(\frac{\zeta}{\varkappa},\frac{1}{\varkappa}\right) = +i\,\overline{\mathrm{sn}}\left(\frac{\zeta}{\varkappa},\frac{1}{\varkappa}\right),\\
\overline{\mathrm{ds}}(i\,z,k) &= -i\,\overline{\mathrm{ds}}(z,k') = +i\,\overline{\mathrm{sd}}(z,k'), & \overline{\mathrm{ds}}(i\,\zeta,\varkappa) &= -i\,\overline{\mathrm{ds}}\left(\frac{\zeta}{\varkappa},\frac{1}{\varkappa}\right) = +i\,\overline{\mathrm{sd}}\left(\frac{\zeta}{\varkappa},\frac{1}{\varkappa}\right),\\
\overline{\mathrm{ns}}(i\,z,k) &= -i\,\overline{\mathrm{cs}}(z,k') = +i\,\overline{\mathrm{sc}}(z,k'), & \overline{\mathrm{ns}}(i\,\zeta,\varkappa) &= -i\,\overline{\mathrm{cs}}\left(\frac{\zeta}{\varkappa},\frac{1}{\varkappa}\right) = +i\,\overline{\mathrm{sc}}\left(\frac{\zeta}{\varkappa},\frac{1}{\varkappa}\right),\\
\overline{\mathrm{sc}}(i\,z,k) &= -i\,\overline{\mathrm{sn}}(z,k') = +i\,\overline{\mathrm{ns}}(z,k'), & \overline{\mathrm{sc}}(i\,\zeta,\varkappa) &= -i\,\overline{\mathrm{sn}}\left(\frac{\zeta}{\varkappa},\frac{1}{\varkappa}\right) = +i\,\overline{\mathrm{ns}}\left(\frac{\zeta}{\varkappa},\frac{1}{\varkappa}\right),\\
\overline{\mathrm{nc}}(i\,z,k) &= -i\,\overline{\mathrm{cn}}(z,k') = +i\,\overline{\mathrm{nc}}(z,k'), & \overline{\mathrm{nc}}(i\,\zeta,\varkappa) &= -i\,\overline{\mathrm{cn}}\left(\frac{\zeta}{\varkappa},\frac{1}{\varkappa}\right) = +i\,\overline{\mathrm{nc}}\left(\frac{\zeta}{\varkappa},\frac{1}{\varkappa}\right),\\
\overline{\mathrm{dc}}(i\,z,k) &= -i\,\overline{\mathrm{dn}}(z,k') = +i\,\overline{\mathrm{nd}}(z,k'), & \overline{\mathrm{dc}}(i\,\zeta,\varkappa) &= -i\,\overline{\mathrm{dn}}\left(\frac{\zeta}{\varkappa},\frac{1}{\varkappa}\right) = +i\,\overline{\mathrm{nd}}\left(\frac{\zeta}{\varkappa},\frac{1}{\varkappa}\right),\\
\overline{\mathrm{nd}}(i\,z,k) &= -i\,\overline{\mathrm{cd}}(z,k') = +i\,\overline{\mathrm{dc}}(z,k'), & \overline{\mathrm{nd}}(i\,\zeta,\varkappa) &= -i\,\overline{\mathrm{cd}}\left(\frac{\zeta}{\varkappa},\frac{1}{\varkappa}\right) = +i\,\overline{\mathrm{dc}}\left(\frac{\zeta}{\varkappa},\frac{1}{\varkappa}\right),\\
\overline{\mathrm{sd}}(i\,z,k) &= -i\,\overline{\mathrm{sd}}(z,k') = +i\,\overline{\mathrm{ds}}(z,k'), & \overline{\mathrm{sd}}(i\,\zeta,\varkappa) &= -i\,\overline{\mathrm{sd}}\left(\frac{\zeta}{\varkappa},\frac{1}{\varkappa}\right) = +i\,\overline{\mathrm{ds}}\left(\frac{\zeta}{\varkappa},\frac{1}{\varkappa}\right),\\
\overline{\mathrm{cd}}(i\,z,k) &= -i\,\overline{\mathrm{nd}}(z,k') = +i\,\overline{\mathrm{dn}}(z,k'), & \overline{\mathrm{cd}}(i\,\zeta,\varkappa) &= -i\,\overline{\mathrm{nd}}\left(\frac{\zeta}{\varkappa},\frac{1}{\varkappa}\right) = +i\,\overline{\mathrm{dn}}\left(\frac{\zeta}{\varkappa},\frac{1}{\varkappa}\right),\\
\overline{\mathrm{dn}}(i\,z,k) &= -i\,\overline{\mathrm{dc}}(z,k') = +i\,\overline{\mathrm{cd}}(z,k'), & \overline{\mathrm{dn}}(i\,\zeta,\varkappa) &= -i\,\overline{\mathrm{dc}}\left(\frac{\zeta}{\varkappa},\frac{1}{\varkappa}\right) = +i\,\overline{\mathrm{cd}}\left(\frac{\zeta}{\varkappa},\frac{1}{\varkappa}\right),\\
\overline{\mathrm{cn}}(i\,z,k) &= -i\,\overline{\mathrm{nc}}(z,k') = +i\,\overline{\mathrm{cn}}(z,k'), & \overline{\mathrm{cn}}(i\,\zeta,\varkappa) &= -i\,\overline{\mathrm{nc}}\left(\frac{\zeta}{\varkappa},\frac{1}{\varkappa}\right) = +i\,\overline{\mathrm{cn}}\left(\frac{\zeta}{\varkappa},\frac{1}{\varkappa}\right),\\
\overline{\mathrm{sn}}(i\,z,k) &= -i\,\overline{\mathrm{sc}}(z,k') = +i\,\overline{\mathrm{cs}}(z,k'), & \overline{\mathrm{sn}}(i\,\zeta,\varkappa) &= -i\,\overline{\mathrm{sc}}\left(\frac{\zeta}{\varkappa},\frac{1}{\varkappa}\right) = +i\,\overline{\mathrm{cs}}\left(\frac{\zeta}{\varkappa},\frac{1}{\varkappa}\right).
\end{aligned}\right\} \tag{825}$$

Die Gln. (824) und (825), die auch aus den Transformationsgleichungen (20) der Theta-Funktionen hätten entwickelt werden können, lassen erkennen, daß die JACOBIschen elliptischen Funktionen und ihre logarithmischen Ableitungen für imaginäres Argument auf entsprechende Funktionen reellen Arguments zurückzuführen sind.

Während bei der imaginären Argumenttransformation die k^2-Gruppe der Gln. (815) bis (819) zu der k'^2-Gruppe in Beziehung gesetzt wurde, stellt die reziproke Modultransformation Beziehungen innerhalb der k^2-Gruppe oder innerhalb der k'^2-Gruppe her, die bei Vertauschen von k mit k' ineinander übergehen. Man kann sich daher auf eine der Gruppen, z. B. auf die k^2-Gruppe, beschränken. Wird in einer Gleichung derselben z mit $k\,z$ und k mit $1/k$ vertauscht, so läßt sich immer eine Gegengleichung finden, die entweder unmittelbar oder nach Multiplikation mit k oder $1/k$ jener identisch gleich wird. Der Vergleich der linken Seiten der so modifizierten Potenzreihen-Entwicklungen liefert

$$\left.\begin{aligned}
\mathrm{cs}\left(k\,z,\frac{1}{k}\right) &= \frac{1}{k}\,\mathrm{ds}(z,k), & \overline{\mathrm{cs}}\left(k\,z,\frac{1}{k}\right) &= \frac{1}{k}\,\overline{\mathrm{ds}}(z,k) = -\frac{1}{k}\,\overline{\mathrm{sd}}(z,k),\\
\mathrm{ds}\left(k\,z,\frac{1}{k}\right) &= \frac{1}{k}\,\mathrm{cs}(z,k), & \overline{\mathrm{ds}}\left(k\,z,\frac{1}{k}\right) &= \frac{1}{k}\,\overline{\mathrm{cs}}(z,k) = -\frac{1}{k}\,\overline{\mathrm{sc}}(z,k),\\
\mathrm{ns}\left(k\,z,\frac{1}{k}\right) &= \frac{1}{k}\,\mathrm{ns}(z,k), & \overline{\mathrm{ns}}\left(k\,z,\frac{1}{k}\right) &= \frac{1}{k}\,\overline{\mathrm{ns}}(z,k) = -\frac{1}{k}\,\overline{\mathrm{sn}}(z,k),\\
\mathrm{sc}\left(k\,z,\frac{1}{k}\right) &= k\;\mathrm{sd}(z,k), & \overline{\mathrm{sc}}\left(k\,z,\frac{1}{k}\right) &= \frac{1}{k}\,\overline{\mathrm{sd}}(z,k) = -\frac{1}{k}\,\overline{\mathrm{ds}}(z,k),\\
\mathrm{nc}\left(k\,z,\frac{1}{k}\right) &= \mathrm{nd}(z,k), & \overline{\mathrm{nc}}\left(k\,z,\frac{1}{k}\right) &= \frac{1}{k}\,\overline{\mathrm{nd}}(z,k) = -\frac{1}{k}\,\overline{\mathrm{dn}}(z,k),\\
\mathrm{dc}\left(k\,z,\frac{1}{k}\right) &= \mathrm{cd}(z,k), & \overline{\mathrm{dc}}\left(k\,z,\frac{1}{k}\right) &= \frac{1}{k}\,\overline{\mathrm{cd}}(z,k) = -\frac{1}{k}\,\overline{\mathrm{dc}}(z,k),\\
\mathrm{nd}\left(k\,z,\frac{1}{k}\right) &= \mathrm{nc}(z,k), & \overline{\mathrm{nd}}\left(k\,z,\frac{1}{k}\right) &= \frac{1}{k}\,\overline{\mathrm{nc}}(z,k) = -\frac{1}{k}\,\overline{\mathrm{cn}}(z,k),
\end{aligned}\right\} \tag{826}$$

$$\left.\begin{aligned}
\operatorname{sd}\left(k z, \frac{1}{k}\right) &= k \operatorname{sc}(z, k), & \overline{\operatorname{sd}}\left(k z, \frac{1}{k}\right) &= \frac{1}{k}\overline{\operatorname{sc}}(z, k) = -\frac{1}{k}\overline{\operatorname{cs}}(z, k),\\
\operatorname{cd}\left(k z, \frac{1}{k}\right) &= \operatorname{dc}(z, k), & \overline{\operatorname{cd}}\left(k z, \frac{1}{k}\right) &= \frac{1}{k}\overline{\operatorname{dc}}(z, k) = -\frac{1}{k}\overline{\operatorname{cd}}(z, k),\\
\operatorname{dn}\left(k z, \frac{1}{k}\right) &= \operatorname{cn}(z, k), & \overline{\operatorname{dn}}\left(k z, \frac{1}{k}\right) &= \frac{1}{k}\overline{\operatorname{cn}}(z, k) = -\frac{1}{k}\overline{\operatorname{nc}}(z, k),\\
\operatorname{cn}\left(k z, \frac{1}{k}\right) &= \operatorname{dn}(z, k), & \overline{\operatorname{cn}}\left(k z, \frac{1}{k}\right) &= \frac{1}{k}\overline{\operatorname{dn}}(z, k) = -\frac{1}{k}\overline{\operatorname{nd}}(z, k),\\
\operatorname{sn}\left(k z, \frac{1}{k}\right) &= k \operatorname{sn}(z, k), & \overline{\operatorname{sn}}\left(k z, \frac{1}{k}\right) &= \frac{1}{k}\overline{\operatorname{sn}}(z, k) = -\frac{1}{k}\overline{\operatorname{ns}}(z, k).
\end{aligned}\right\}$$

Wird in einer Gleichung der k^2-Gruppe von (815) bis (819) z mit $k' z$ und k mit $i\frac{k}{k'}$ vertauscht und anschließend noch $k^2 = 1 - k'^2$ gesetzt, so entspricht ihr in der k'^2-Gruppe eine Gegengleichung, deren rechte Seite unmittelbar oder nach Multiplikation mit k' oder $1/k'$ dieselbe wird. Hieraus folgt die imaginäre Modultransformation:

$$\left.\begin{aligned}
\operatorname{cs}\left(k' z, i\frac{k}{k'}\right) &= \frac{1}{k'}\operatorname{cs}(z, k), & \overline{\operatorname{cs}}\left(k' z, i\frac{k}{k'}\right) &= \frac{1}{k'}\overline{\operatorname{cs}}(z, k) = -\frac{1}{k'}\overline{\operatorname{sc}}(z, k),\\
\operatorname{ds}\left(k' z, i\frac{k}{k'}\right) &= \frac{1}{k'}\operatorname{ns}(z, k), & \overline{\operatorname{ds}}\left(k' z, i\frac{k}{k'}\right) &= \frac{1}{k'}\overline{\operatorname{ns}}(z, k) = -\frac{1}{k'}\overline{\operatorname{sn}}(z, k),\\
\operatorname{ns}\left(k' z, i\frac{k}{k'}\right) &= \frac{1}{k'}\operatorname{ds}(z, k), & \overline{\operatorname{ns}}\left(k' z, i\frac{k}{k'}\right) &= \frac{1}{k'}\overline{\operatorname{ds}}(z, k) = -\frac{1}{k'}\overline{\operatorname{sd}}(z, k),\\
\operatorname{sc}\left(k' z, i\frac{k}{k'}\right) &= k' \operatorname{sc}(z, k), & \overline{\operatorname{sc}}\left(k' z, i\frac{k}{k'}\right) &= \frac{1}{k'}\overline{\operatorname{sc}}(z, k) = -\frac{1}{k'}\overline{\operatorname{cs}}(z, k),\\
\operatorname{nc}\left(k' z, i\frac{k}{k'}\right) &= \operatorname{dc}(z, k), & \overline{\operatorname{nc}}\left(k' z, i\frac{k}{k'}\right) &= \frac{1}{k'}\overline{\operatorname{dc}}(z, k) = -\frac{1}{k'}\overline{\operatorname{cd}}(z, k),\\
\operatorname{dc}\left(k' z, i\frac{k}{k'}\right) &= \operatorname{nc}(z, k), & \overline{\operatorname{dc}}\left(k' z, i\frac{k}{k'}\right) &= \frac{1}{k'}\overline{\operatorname{nc}}(z, k) = -\frac{1}{k'}\overline{\operatorname{cn}}(z, k),\\
\operatorname{nd}\left(k' z, i\frac{k}{k'}\right) &= \operatorname{dn}(z, k), & \overline{\operatorname{nd}}\left(k' z, i\frac{k}{k'}\right) &= \frac{1}{k'}\overline{\operatorname{dn}}(z, k) = -\frac{1}{k'}\overline{\operatorname{nd}}(z, k),\\
\operatorname{sd}\left(k' z, i\frac{k}{k'}\right) &= k' \operatorname{sn}(z, k), & \overline{\operatorname{sd}}\left(k' z, i\frac{k}{k'}\right) &= \frac{1}{k'}\overline{\operatorname{sn}}(z, k) = -\frac{1}{k'}\overline{\operatorname{ns}}(z, k),\\
\operatorname{cd}\left(k' z, i\frac{k}{k'}\right) &= \operatorname{cn}(z, k), & \overline{\operatorname{cd}}\left(k' z, i\frac{k}{k'}\right) &= \frac{1}{k'}\overline{\operatorname{cn}}(z, k) = -\frac{1}{k'}\overline{\operatorname{nc}}(z, k),\\
\operatorname{dn}\left(k' z, i\frac{k}{k'}\right) &= \operatorname{nd}(z, k), & \overline{\operatorname{dn}}\left(k' z, i\frac{k}{k'}\right) &= \frac{1}{k'}\overline{\operatorname{nd}}(z, k) = -\frac{1}{k'}\overline{\operatorname{dn}}(z, k),\\
\operatorname{cn}\left(k' z, i\frac{k}{k'}\right) &= \operatorname{cd}(z, k), & \overline{\operatorname{cn}}\left(k' z, i\frac{k}{k'}\right) &= \frac{1}{k'}\overline{\operatorname{cd}}(z, k) = -\frac{1}{k'}\overline{\operatorname{dc}}(z, k),\\
\operatorname{sn}\left(k' z, i\frac{k}{k'}\right) &= k' \operatorname{sd}(z, k), & \overline{\operatorname{sn}}\left(k' z, i\frac{k}{k'}\right) &= \frac{1}{k'}\overline{\operatorname{sd}}(z, k) = -\frac{1}{k'}\overline{\operatorname{ds}}(z, k).
\end{aligned}\right\} \quad (827)$$

Durch (826) und (827) wird der Definitionsbereich der JACOBIschen elliptischen Funktionen und ihrer logarithmischen Ableitungen hinsichtlich des Moduls auf den positiven Gesamtbereich der reellen Zahlenachse und auf den Gesamtbereich der imaginären Zahlenachse ausgedehnt.

115. Ableitungen

Die Ableitungen der JACOBIschen elliptischen Funktionen sind bereits in (706) zusammengestellt. Werden die Wurzeln gemäß (766) ausgedrückt, so folgt

$$\left.\begin{aligned}
\frac{\partial \operatorname{cs}}{\partial z} &= -\operatorname{ds}\operatorname{ns}, & \frac{\partial \operatorname{sc}}{\partial z} &= \operatorname{dc}\operatorname{nc}, & \frac{\partial \operatorname{nd}}{\partial z} &= k^2 \operatorname{sd}\operatorname{cd}, & \frac{\partial \operatorname{dn}}{\partial z} &= -k^2 \operatorname{sn}\operatorname{cn},\\
\frac{\partial \operatorname{ds}}{\partial z} &= -\operatorname{ns}\operatorname{cs}, & \frac{\partial \operatorname{nc}}{\partial z} &= \operatorname{sc}\operatorname{dc}, & \frac{\partial \operatorname{sd}}{\partial z} &= \operatorname{cd}\operatorname{nd}, & \frac{\partial \operatorname{cn}}{\partial z} &= -\operatorname{dn}\operatorname{sn},\\
\frac{\partial \operatorname{ns}}{\partial z} &= -\operatorname{cs}\operatorname{ds}, & \frac{\partial \operatorname{dc}}{\partial z} &= k'^2 \operatorname{nc}\operatorname{sc}, & \frac{\partial \operatorname{cd}}{\partial z} &= -k'^2 \operatorname{nd}\operatorname{sd}, & \frac{\partial \operatorname{sn}}{\partial z} &= \operatorname{cn}\operatorname{dn}.
\end{aligned}\right\} \quad (828)$$

Die Ableitungen der logarithmischen Ableitungen der JACOBIschen elliptischen Funktionen sind durch (737) auf dreifache Weise dargestellt. Die Umschreibung in Verbindung mit (766) und (767) liefert [man vgl. hierzu auch noch (1045)]:

$$\left.\begin{aligned}
\frac{\partial\overline{\mathrm{cs}}}{\partial z} &= \mathrm{cs}^2 - k'^2\,\mathrm{sc}^2 = \mathrm{ds}^2 - k'^2\,\mathrm{nc}^2 = \mathrm{ns}^2 - \mathrm{dc}^2,\\
\frac{\partial\overline{\mathrm{ds}}}{\partial z} &= \mathrm{cs}^2 + k'^2\,\mathrm{nd}^2 = \mathrm{ds}^2 + k^2 k'^2\,\mathrm{sd}^2 = \mathrm{ns}^2 - k^2\,\mathrm{cd}^2,\\
\frac{\partial\overline{\mathrm{ns}}}{\partial z} &= \mathrm{cs}^2 + \mathrm{dn}^2 = \mathrm{ds}^2 + k^2\,\mathrm{cn}^2 = \mathrm{ns}^2 - k^2\,\mathrm{sn}^2,\\
\frac{\partial\overline{\mathrm{sc}}}{\partial z} &= k'^2\,\mathrm{sc}^2 - \mathrm{cs}^2 = k'^2\,\mathrm{nc}^2 - \mathrm{ds}^2 = \mathrm{dc}^2 - \mathrm{ns}^2,\\
\frac{\partial\overline{\mathrm{nc}}}{\partial z} &= k'^2\,\mathrm{sc}^2 + \mathrm{dn}^2 = k'^2\,\mathrm{nc}^2 + k^2\,\mathrm{cn}^2 = \mathrm{dc}^2 - k^2\,\mathrm{sn}^2,\\
\frac{\partial\overline{\mathrm{dc}}}{\partial z} &= k'^2\,\mathrm{sc}^2 + k'^2\,\mathrm{nd}^2 = k'^2\,\mathrm{nc}^2 + k^2 k'^2\,\mathrm{sd}^2 = \mathrm{dc}^2 - k^2\,\mathrm{cd}^2,\\
\frac{\partial\overline{\mathrm{nd}}}{\partial z} &= -k'^2\,\mathrm{nd}^2 + \mathrm{dn}^2 = -k^2 k'^2\,\mathrm{sd}^2 + k^2\,\mathrm{cn}^2 = k^2\,\mathrm{cd}^2 - k^2\,\mathrm{sn}^2,\\
\frac{\partial\overline{\mathrm{sd}}}{\partial z} &= -k'^2\,\mathrm{nd}^2 - \mathrm{cs}^2 = -k^2 k'^2\,\mathrm{sd}^2 - \mathrm{ds}^2 = k^2\,\mathrm{cd}^2 - \mathrm{ns}^2,\\
\frac{\partial\overline{\mathrm{cd}}}{\partial z} &= -k'^2\,\mathrm{nd}^2 - k'^2\,\mathrm{sc}^2 = -k^2 k'^2\,\mathrm{sd}^2 - k'^2\,\mathrm{nc}^2 = k^2\,\mathrm{cd}^2 - \mathrm{dc}^2,\\
\frac{\partial\overline{\mathrm{dn}}}{\partial z} &= -\mathrm{dn}^2 + k'^2\,\mathrm{nd}^2 = -k^2\,\mathrm{cn}^2 + k^2 k'^2\,\mathrm{sd}^2 = k^2\,\mathrm{sn}^2 - k^2\,\mathrm{cd}^2,\\
\frac{\partial\overline{\mathrm{cn}}}{\partial z} &= -\mathrm{dn}^2 - k'^2\,\mathrm{sc}^2 = -k^2\,\mathrm{cn}^2 - k'^2\,\mathrm{nc}^2 = k^2\,\mathrm{sn}^2 - \mathrm{dc}^2,\\
\frac{\partial\overline{\mathrm{sn}}}{\partial z} &= -\mathrm{dn}^2 - \mathrm{cs}^2 = -k^2\,\mathrm{cn}^2 - \mathrm{ds}^2 = k^2\,\mathrm{sn}^2 - \mathrm{ns}^2.
\end{aligned}\right\} \quad (829)$$

Werden in (737) die rechten Seiten mit Hilfe von (738) durch Produkte logarithmischer Ableitungen ausgedrückt, so ergeben sich in Verbindung mit (766) und (767) die Ableitungen der logarithmischen Ableitungen der JACOBIschen elliptischen Funktionen auch in der Form

$$\left.\begin{aligned}
\frac{\partial\overline{\mathrm{cs}}}{\partial z} &\left\langle\begin{matrix} =\overline{\mathrm{sd}}\,\overline{\mathrm{sn}}-\overline{\mathrm{cd}}\,\overline{\mathrm{cn}}=\overline{\mathrm{sn}}\,\overline{\mathrm{sc}}-\overline{\mathrm{cs}}\,\overline{\mathrm{cd}}=\overline{\mathrm{sc}}\,\overline{\mathrm{sd}}-\overline{\mathrm{cn}}\,\overline{\mathrm{cs}}=-\overline{\mathrm{ds}}\,\overline{\mathrm{sn}}+\overline{\mathrm{dc}}\,\overline{\mathrm{cn}}=-\overline{\mathrm{ns}}\,\overline{\mathrm{sc}}+\overline{\mathrm{sc}}\,\overline{\mathrm{cd}}=-\overline{\mathrm{cs}}\,\overline{\mathrm{sd}}+\overline{\mathrm{nc}}\,\overline{\mathrm{cs}}= \\ =\overline{\mathrm{ds}}\,\overline{\mathrm{ns}}-\overline{\mathrm{dc}}\,\overline{\mathrm{nc}}=\overline{\mathrm{ns}}\,\overline{\mathrm{cs}}-\overline{\mathrm{sc}}\,\overline{\mathrm{dc}}=\overline{\mathrm{cs}}\,\overline{\mathrm{ds}}-\overline{\mathrm{nc}}\,\overline{\mathrm{sc}}=-\overline{\mathrm{sd}}\,\overline{\mathrm{ns}}+\overline{\mathrm{cd}}\,\overline{\mathrm{nc}}=-\overline{\mathrm{sn}}\,\overline{\mathrm{cs}}+\overline{\mathrm{cs}}\,\overline{\mathrm{dc}}=-\overline{\mathrm{sc}}\,\overline{\mathrm{ds}}+\overline{\mathrm{cn}}\,\overline{\mathrm{sc}}= \end{matrix}\right\rangle -\frac{\partial\overline{\mathrm{sc}}}{\partial z}\\
\frac{\partial\overline{\mathrm{ds}}}{\partial z} &\left\langle\begin{matrix} =\overline{\mathrm{sd}}\,\overline{\mathrm{sn}}-\overline{\mathrm{ds}}\,\overline{\mathrm{dc}}=\overline{\mathrm{sn}}\,\overline{\mathrm{sc}}-\overline{\mathrm{dc}}\,\overline{\mathrm{dn}}=\overline{\mathrm{sc}}\,\overline{\mathrm{sd}}-\overline{\mathrm{dn}}\,\overline{\mathrm{ds}}=-\overline{\mathrm{ds}}\,\overline{\mathrm{sn}}+\overline{\mathrm{sd}}\,\overline{\mathrm{dc}}=-\overline{\mathrm{ns}}\,\overline{\mathrm{sc}}+\overline{\mathrm{cd}}\,\overline{\mathrm{dn}}=-\overline{\mathrm{cs}}\,\overline{\mathrm{sd}}+\overline{\mathrm{nd}}\,\overline{\mathrm{ds}}= \\ =\overline{\mathrm{ds}}\,\overline{\mathrm{ns}}-\overline{\mathrm{sd}}\,\overline{\mathrm{cd}}=\overline{\mathrm{ns}}\,\overline{\mathrm{cs}}-\overline{\mathrm{cd}}\,\overline{\mathrm{nd}}=\overline{\mathrm{cs}}\,\overline{\mathrm{ds}}-\overline{\mathrm{nd}}\,\overline{\mathrm{sd}}=-\overline{\mathrm{sd}}\,\overline{\mathrm{ns}}+\overline{\mathrm{ds}}\,\overline{\mathrm{cd}}=-\overline{\mathrm{sn}}\,\overline{\mathrm{cs}}+\overline{\mathrm{dc}}\,\overline{\mathrm{nd}}=-\overline{\mathrm{sc}}\,\overline{\mathrm{ds}}+\overline{\mathrm{dn}}\,\overline{\mathrm{sd}}= \end{matrix}\right\rangle -\frac{\partial\overline{\mathrm{sd}}}{\partial z}\\
\frac{\partial\overline{\mathrm{ns}}}{\partial z} &\left\langle\begin{matrix} =\overline{\mathrm{sd}}\,\overline{\mathrm{sn}}-\overline{\mathrm{nc}}\,\overline{\mathrm{ns}}=\overline{\mathrm{sn}}\,\overline{\mathrm{sc}}-\overline{\mathrm{ns}}\,\overline{\mathrm{nd}}=\overline{\mathrm{sc}}\,\overline{\mathrm{sd}}-\overline{\mathrm{nd}}\,\overline{\mathrm{nc}}=-\overline{\mathrm{ds}}\,\overline{\mathrm{sn}}+\overline{\mathrm{cn}}\,\overline{\mathrm{ns}}=-\overline{\mathrm{ns}}\,\overline{\mathrm{sc}}+\overline{\mathrm{sn}}\,\overline{\mathrm{nd}}=-\overline{\mathrm{cs}}\,\overline{\mathrm{sd}}+\overline{\mathrm{dn}}\,\overline{\mathrm{nc}}= \\ =\overline{\mathrm{ds}}\,\overline{\mathrm{ns}}-\overline{\mathrm{cn}}\,\overline{\mathrm{sn}}=\overline{\mathrm{ns}}\,\overline{\mathrm{cs}}-\overline{\mathrm{sn}}\,\overline{\mathrm{dn}}=\overline{\mathrm{cs}}\,\overline{\mathrm{ds}}-\overline{\mathrm{dn}}\,\overline{\mathrm{cn}}=-\overline{\mathrm{sd}}\,\overline{\mathrm{ns}}+\overline{\mathrm{nc}}\,\overline{\mathrm{sn}}=-\overline{\mathrm{sn}}\,\overline{\mathrm{cs}}+\overline{\mathrm{ns}}\,\overline{\mathrm{dn}}=-\overline{\mathrm{sc}}\,\overline{\mathrm{ds}}+\overline{\mathrm{nd}}\,\overline{\mathrm{cn}}= \end{matrix}\right\rangle -\frac{\partial\overline{\mathrm{sn}}}{\partial z}\\
\frac{\partial\overline{\mathrm{nc}}}{\partial z} &\left\langle\begin{matrix} =\overline{\mathrm{cd}}\,\overline{\mathrm{dn}}-\overline{\mathrm{nc}}\,\overline{\mathrm{ns}}=\overline{\mathrm{cs}}\,\overline{\mathrm{cd}}-\overline{\mathrm{ns}}\,\overline{\mathrm{nd}}=\overline{\mathrm{cn}}\,\overline{\mathrm{cs}}-\overline{\mathrm{nd}}\,\overline{\mathrm{nc}}=-\overline{\mathrm{dc}}\,\overline{\mathrm{dn}}+\overline{\mathrm{cn}}\,\overline{\mathrm{ns}}=-\overline{\mathrm{sc}}\,\overline{\mathrm{cd}}+\overline{\mathrm{sn}}\,\overline{\mathrm{nd}}=-\overline{\mathrm{nc}}\,\overline{\mathrm{cs}}+\overline{\mathrm{dn}}\,\overline{\mathrm{nc}}= \\ =\overline{\mathrm{dc}}\,\overline{\mathrm{nd}}-\overline{\mathrm{cn}}\,\overline{\mathrm{sn}}=\overline{\mathrm{sc}}\,\overline{\mathrm{dc}}-\overline{\mathrm{sn}}\,\overline{\mathrm{dn}}=\overline{\mathrm{nc}}\,\overline{\mathrm{sc}}-\overline{\mathrm{dn}}\,\overline{\mathrm{cn}}=-\overline{\mathrm{cd}}\,\overline{\mathrm{nd}}+\overline{\mathrm{nc}}\,\overline{\mathrm{sn}}=-\overline{\mathrm{cs}}\,\overline{\mathrm{dc}}+\overline{\mathrm{ns}}\,\overline{\mathrm{dn}}=-\overline{\mathrm{cn}}\,\overline{\mathrm{sc}}+\overline{\mathrm{nd}}\,\overline{\mathrm{cn}}= \end{matrix}\right\rangle -\frac{\partial\overline{\mathrm{cn}}}{\partial z}\\
\frac{\partial\overline{\mathrm{dc}}}{\partial z} &\left\langle\begin{matrix} =\overline{\mathrm{cd}}\,\overline{\mathrm{cn}}-\overline{\mathrm{ds}}\,\overline{\mathrm{dc}}=\overline{\mathrm{cs}}\,\overline{\mathrm{cd}}-\overline{\mathrm{dc}}\,\overline{\mathrm{dn}}=\overline{\mathrm{cn}}\,\overline{\mathrm{cs}}-\overline{\mathrm{dn}}\,\overline{\mathrm{ds}}=-\overline{\mathrm{dc}}\,\overline{\mathrm{cn}}+\overline{\mathrm{sd}}\,\overline{\mathrm{dc}}=-\overline{\mathrm{sc}}\,\overline{\mathrm{cd}}+\overline{\mathrm{cd}}\,\overline{\mathrm{dn}}=-\overline{\mathrm{nc}}\,\overline{\mathrm{cs}}+\overline{\mathrm{nd}}\,\overline{\mathrm{ds}}= \\ =\overline{\mathrm{dc}}\,\overline{\mathrm{nc}}-\overline{\mathrm{sd}}\,\overline{\mathrm{cd}}=\overline{\mathrm{sc}}\,\overline{\mathrm{dc}}-\overline{\mathrm{cd}}\,\overline{\mathrm{nd}}=\overline{\mathrm{nc}}\,\overline{\mathrm{sc}}-\overline{\mathrm{nd}}\,\overline{\mathrm{sd}}=-\overline{\mathrm{cd}}\,\overline{\mathrm{nc}}+\overline{\mathrm{ds}}\,\overline{\mathrm{cd}}=-\overline{\mathrm{cs}}\,\overline{\mathrm{dc}}+\overline{\mathrm{dc}}\,\overline{\mathrm{nd}}=-\overline{\mathrm{cn}}\,\overline{\mathrm{sc}}+\overline{\mathrm{dn}}\,\overline{\mathrm{sd}}= \end{matrix}\right\rangle -\frac{\partial\overline{\mathrm{cd}}}{\partial z}\\
\frac{\partial\overline{\mathrm{nd}}}{\partial z} &\left\langle\begin{matrix} =\overline{\mathrm{ds}}\,\overline{\mathrm{dc}}-\overline{\mathrm{nc}}\,\overline{\mathrm{ns}}=\overline{\mathrm{dc}}\,\overline{\mathrm{dn}}-\overline{\mathrm{ns}}\,\overline{\mathrm{nd}}=\overline{\mathrm{dn}}\,\overline{\mathrm{ds}}-\overline{\mathrm{nd}}\,\overline{\mathrm{nc}}=-\overline{\mathrm{sd}}\,\overline{\mathrm{dc}}+\overline{\mathrm{cn}}\,\overline{\mathrm{ns}}=-\overline{\mathrm{cd}}\,\overline{\mathrm{dn}}+\overline{\mathrm{sn}}\,\overline{\mathrm{nd}}=-\overline{\mathrm{nd}}\,\overline{\mathrm{ds}}+\overline{\mathrm{dn}}\,\overline{\mathrm{nc}}= \\ =\overline{\mathrm{sd}}\,\overline{\mathrm{cd}}-\overline{\mathrm{cn}}\,\overline{\mathrm{sn}}=\overline{\mathrm{cd}}\,\overline{\mathrm{nd}}-\overline{\mathrm{sn}}\,\overline{\mathrm{dn}}=\overline{\mathrm{nd}}\,\overline{\mathrm{sd}}-\overline{\mathrm{dn}}\,\overline{\mathrm{cn}}=-\overline{\mathrm{ds}}\,\overline{\mathrm{cd}}+\overline{\mathrm{nc}}\,\overline{\mathrm{sn}}=-\overline{\mathrm{dc}}\,\overline{\mathrm{nd}}+\overline{\mathrm{ns}}\,\overline{\mathrm{dn}}=-\overline{\mathrm{dn}}\,\overline{\mathrm{sd}}+\overline{\mathrm{nd}}\,\overline{\mathrm{cn}}= \end{matrix}\right\rangle -\frac{\partial\overline{\mathrm{dn}}}{\partial z}
\end{aligned}\right\} \quad (830)$$

In jeder Gruppe von (830) befinden sich Gleichungen, in welchen die abgeleitete Funktion auf der rechten Seite als Faktor auftritt. Nach Division durch diesen folgt in Verbindung mit (772)

$$\left.\begin{aligned}
\frac{\partial \ln \overline{\mathrm{cs}}}{\partial z} = \frac{\partial \ln \overline{\mathrm{dn}}}{\partial z} = -\frac{\partial \ln \overline{\mathrm{sc}}}{\partial z} = -\frac{\partial \ln \overline{\mathrm{nd}}}{\partial z} &\left\langle\begin{aligned}&= \overline{\mathrm{ns}} + \overline{\mathrm{dc}} = -\overline{\mathrm{sn}} + \overline{\mathrm{dc}} = \overline{\mathrm{ns}} - \overline{\mathrm{cd}} = -\overline{\mathrm{sn}} - \overline{\mathrm{cd}},\\ &= \overline{\mathrm{ds}} + \overline{\mathrm{nc}} = -\overline{\mathrm{sd}} + \overline{\mathrm{nc}} = \overline{\mathrm{ds}} - \overline{\mathrm{cn}} = -\overline{\mathrm{sd}} - \overline{\mathrm{cn}};\end{aligned}\right.\\
\frac{\partial \ln \overline{\mathrm{ds}}}{\partial z} = \frac{\partial \ln \overline{\mathrm{cn}}}{\partial z} = -\frac{\partial \ln \overline{\mathrm{sd}}}{\partial z} = -\frac{\partial \ln \overline{\mathrm{nc}}}{\partial z} &\left\langle\begin{aligned}&= \overline{\mathrm{ns}} + \overline{\mathrm{cd}} = -\overline{\mathrm{sn}} + \overline{\mathrm{cd}} = \overline{\mathrm{ns}} - \overline{\mathrm{dc}} = -\overline{\mathrm{sn}} - \overline{\mathrm{dc}},\\ &= \overline{\mathrm{cs}} + \overline{\mathrm{nd}} = -\overline{\mathrm{sc}} + \overline{\mathrm{nd}} = \overline{\mathrm{cs}} - \overline{\mathrm{dn}} = -\overline{\mathrm{sc}} - \overline{\mathrm{dn}};\end{aligned}\right.\\
\frac{\partial \ln \overline{\mathrm{ns}}}{\partial z} = \frac{\partial \ln \overline{\mathrm{cd}}}{\partial z} = -\frac{\partial \ln \overline{\mathrm{sn}}}{\partial z} = -\frac{\partial \ln \overline{\mathrm{dc}}}{\partial z} &\left\langle\begin{aligned}&= \overline{\mathrm{ds}} + \overline{\mathrm{cn}} = -\overline{\mathrm{sd}} + \overline{\mathrm{cn}} = \overline{\mathrm{ds}} - \overline{\mathrm{nc}} = -\overline{\mathrm{sd}} - \overline{\mathrm{nc}},\\ &= \overline{\mathrm{cs}} + \overline{\mathrm{dn}} = -\overline{\mathrm{sc}} + \overline{\mathrm{dn}} = \overline{\mathrm{cs}} - \overline{\mathrm{nd}} = -\overline{\mathrm{sc}} - \overline{\mathrm{nd}}.\end{aligned}\right.
\end{aligned}\right\} \quad (831)$$

116. Gaußsche und Landensche Transformation. Substitutionen für $\zeta \pm \frac{1}{4}$ und $\zeta \pm \frac{i\varkappa}{4}$

Aus der in Abschnitt 14 behandelten GAUSSschen und LANDENschen Transformation der Theta-Funktionen ergeben sich in Verbindung mit (766) und (767) die entsprechenden Transformationen der JACOBIschen elliptischen Funktionen und ihrer logarithmischen Ableitungen.

Für die GAUSSsche Transformation der JACOBIschen elliptischen Funktionen folgt aus (766), wenn die Theta-Funktionen gemäß (117) eingesetzt und die Gln. (284) beachtet werden,

$$\left.\begin{aligned}
&\mathrm{cs}\left(\zeta, \frac{\varkappa}{2}\right) = \frac{1}{1+k}\,\mathrm{cs}(\zeta,\varkappa)\,\mathrm{dn}(\zeta,\varkappa), &&\mathrm{nd}\left(\zeta, \frac{\varkappa}{2}\right) = \frac{1 + k\,\mathrm{sn}^2(\zeta,\varkappa)}{1 - k\,\mathrm{sn}^2(\zeta,\varkappa)} = \frac{1+k}{1-k}\,\frac{1 - k\,\mathrm{cd}^2(\zeta,\varkappa)}{1 + k\,\mathrm{cd}^2(\zeta,\varkappa)},\\
&\mathrm{ds}\left(\zeta, \frac{\varkappa}{2}\right) = \frac{1}{1+k}\,(\mathrm{ns}(\zeta,\varkappa) - k\,\mathrm{sn}(\zeta,\varkappa)), &&\mathrm{sd}\left(\zeta, \frac{\varkappa}{2}\right) = \frac{1+k}{\mathrm{ns}(\zeta,\varkappa) - k\,\mathrm{sn}(\zeta,\varkappa)},\\
&\mathrm{ns}\left(\zeta, \frac{\varkappa}{2}\right) = \frac{1}{1+k}\,(\mathrm{ns}(\zeta,\varkappa) + k\,\mathrm{sn}(\zeta,\varkappa)), &&\mathrm{cd}\left(\zeta, \frac{\varkappa}{2}\right) = \frac{1+k}{\mathrm{dc}(\zeta,\varkappa) + k\,\mathrm{cd}(\zeta,\varkappa)},\\
&\mathrm{sc}\left(\zeta, \frac{\varkappa}{2}\right) = (1+k)\,\mathrm{sc}(\zeta,\varkappa)\,\mathrm{nd}(\zeta,\varkappa), &&\mathrm{dn}\left(\zeta, \frac{\varkappa}{2}\right) = \frac{1 - k\,\mathrm{sn}^2(\zeta,\varkappa)}{1 + k\,\mathrm{sn}^2(\zeta,\varkappa)} = \frac{1-k}{1+k}\,\frac{1 + k\,\mathrm{cd}^2(\zeta,\varkappa)}{1 - k\,\mathrm{cd}^2(\zeta,\varkappa)},\\
&\mathrm{nc}\left(\zeta, \frac{\varkappa}{2}\right) = \frac{1}{1-k}\,(\mathrm{dc}(\zeta,\varkappa) - k\,\mathrm{cd}(\zeta,\varkappa)), &&\mathrm{cn}\left(\zeta, \frac{\varkappa}{2}\right) = \frac{1-k}{\mathrm{dc}(\zeta,\varkappa) - k\,\mathrm{cd}(\zeta,\varkappa)},\\
&\mathrm{dc}\left(\zeta, \frac{\varkappa}{2}\right) = \frac{1}{1+k}\,(\mathrm{dc}(\zeta,\varkappa) + k\,\mathrm{cd}(\zeta,\varkappa)), &&\mathrm{sn}\left(\zeta, \frac{\varkappa}{2}\right) = \frac{1+k}{\mathrm{ns}(\zeta,\varkappa) + k\,\mathrm{sn}(\zeta,\varkappa)}.
\end{aligned}\right\} \quad (832)$$

Der Vergleich der ersten und vierten der Gln. (832) mit (767) liefert im Einklang mit (768)

$$\mathrm{sc}\left(\zeta, \frac{\varkappa}{2}\right) = \frac{1}{1-k}\,\overline{\mathrm{dc}}(\zeta,\varkappa) = \frac{-1}{1-k}\,\overline{\mathrm{cd}}(\zeta,\varkappa), \qquad \mathrm{cs}\left(\zeta, \frac{\varkappa}{2}\right) = \frac{1}{1+k}\,\overline{\mathrm{sn}}(\zeta,\varkappa) = \frac{-1}{1+k}\,\overline{\mathrm{ns}}(\zeta,\varkappa). \quad (833)$$

Die GAUSSsche Transformation für die logarithmischen Ableitungen der JACOBIschen elliptischen Funktionen läßt sich bei Bezugnahme auf (767) durch Produktbildung in Verbindung mit (832) darstellen. Werden hierbei die auftretenden Produkte und Quadrate JACOBIscher elliptischer Funktionen gemäß (767) und (784) ausgedrückt, so erhält man

$$\left.\begin{aligned}
\overline{\mathrm{cs}}\left(\zeta, \frac{\varkappa}{2}\right) &= -\overline{\mathrm{sc}}\left(\zeta, \frac{\varkappa}{2}\right) = +\frac{1}{1+k}\,\frac{\partial}{\partial z}\ln\overline{\mathrm{sn}}(\zeta,\varkappa),\\
\overline{\mathrm{ds}}\left(\zeta, \frac{\varkappa}{2}\right) &= -\overline{\mathrm{sd}}\left(\zeta, \frac{\varkappa}{2}\right) = -\frac{\overline{\mathrm{sn}}(\zeta,\varkappa)}{1+k}\,\frac{k + \overline{\mathrm{cn}}(\zeta,\varkappa)\,\overline{\mathrm{dn}}(\zeta,\varkappa)}{k - \overline{\mathrm{cn}}(\zeta,\varkappa)\,\overline{\mathrm{dn}}(\zeta,\varkappa)},\\
\overline{\mathrm{ns}}\left(\zeta, \frac{\varkappa}{2}\right) &= -\overline{\mathrm{sn}}\left(\zeta, \frac{\varkappa}{2}\right) = -\frac{\overline{\mathrm{sn}}(\zeta,\varkappa)}{1+k}\,\frac{k - \overline{\mathrm{cn}}(\zeta,\varkappa)\,\overline{\mathrm{dn}}(\zeta,\varkappa)}{k + \overline{\mathrm{cn}}(\zeta,\varkappa)\,\overline{\mathrm{dn}}(\zeta,\varkappa)},\\
\overline{\mathrm{nc}}\left(\zeta, \frac{\varkappa}{2}\right) &= -\overline{\mathrm{cn}}\left(\zeta, \frac{\varkappa}{2}\right) = -\frac{\overline{\mathrm{cd}}(\zeta,\varkappa)}{1-k}\,\frac{k - \overline{\mathrm{cn}}(\zeta,\varkappa)\,\overline{\mathrm{dn}}(\zeta,\varkappa)}{k + \overline{\mathrm{cn}}(\zeta,\varkappa)\,\overline{\mathrm{dn}}(\zeta,\varkappa)},\\
\overline{\mathrm{dc}}\left(\zeta, \frac{\varkappa}{2}\right) &= -\overline{\mathrm{cd}}\left(\zeta, \frac{\varkappa}{2}\right) = -\frac{k'^2\,\overline{\mathrm{cd}}(\zeta,\varkappa)}{(1+k)^3}\,\frac{k + \overline{\mathrm{cn}}(\zeta,\varkappa)\,\overline{\mathrm{dn}}(\zeta,\varkappa)}{k - \overline{\mathrm{cn}}(\zeta,\varkappa)\,\overline{\mathrm{dn}}(\zeta,\varkappa)},\\
\overline{\mathrm{nd}}\left(\zeta, \frac{\varkappa}{2}\right) &= -\overline{\mathrm{dn}}\left(\zeta, \frac{\varkappa}{2}\right) = -\frac{4k}{1+k}\left(\frac{\partial}{\partial z}\ln\overline{\mathrm{sn}}(\zeta,\varkappa)\right)^{-1}.
\end{aligned}\right\} \quad (834)$$

Für die LANDENsche Transformation der JACOBIschen elliptischen Funktionen liefert (766) in Verbindung mit (118) und (284)

$$\left.\begin{aligned}
&\operatorname{cs}(2\zeta,2\varkappa)=\frac{1}{1+k'}\left(\operatorname{cs}(\zeta,\varkappa)-k'\operatorname{sc}(\zeta,\varkappa)\right), &&\operatorname{nd}(2\zeta,2\varkappa)=\frac{1+k'}{\operatorname{dn}(\zeta,\varkappa)+k'\operatorname{nd}(\zeta,\varkappa)},\\
&\operatorname{ds}(2\zeta,2\varkappa)=\frac{1}{1+k'}\left(\operatorname{cs}(\zeta,\varkappa)+k'\operatorname{sc}(\zeta,\varkappa)\right), &&\operatorname{sd}(2\zeta,2\varkappa)=\frac{1+k'}{\operatorname{cs}(\zeta,\varkappa)+k'\operatorname{sc}(\zeta,\varkappa)},\\
&\operatorname{ns}(2\zeta,2\varkappa)=\frac{1}{1+k'}\operatorname{ns}(\zeta,\varkappa)\operatorname{dc}(\zeta,\varkappa), &&\operatorname{cd}(2\zeta,2\varkappa)=\frac{1-k'\operatorname{sc}^2(\zeta,\varkappa)}{1+k'\operatorname{sc}^2(\zeta,\varkappa)}=\frac{1+k'}{1-k'}\,\frac{1-k'\operatorname{nd}^2(\zeta,\varkappa)}{1+k'\operatorname{nd}^2(\zeta,\varkappa)},\\
&\operatorname{sc}(2\zeta,2\varkappa)=\frac{1+k'}{\operatorname{cs}(\zeta,\varkappa)-k'\operatorname{sc}(\zeta,\varkappa)}, &&\operatorname{dn}(2\zeta,2\varkappa)=\frac{1}{1+k'}\left(\operatorname{dn}(\zeta,\varkappa)+k'\operatorname{nd}(\zeta,\varkappa)\right),\\
&\operatorname{nc}(2\zeta,2\varkappa)=\frac{1-k'}{\operatorname{dn}(\zeta,\varkappa)-k'\operatorname{nd}(\zeta,\varkappa)}, &&\operatorname{cn}(2\zeta,2\varkappa)=\frac{1}{1-k'}\left(\operatorname{dn}(\zeta,\varkappa)-k'\operatorname{nd}(\zeta,\varkappa)\right),\\
&\operatorname{dc}(2\zeta,2\varkappa)=\frac{1+k'\operatorname{sc}^2(\zeta,\varkappa)}{1-k'\operatorname{sc}^2(\zeta,\varkappa)}=\frac{1-k'}{1+k'}\,\frac{1+k'\operatorname{nd}^2(\zeta,\varkappa)}{1-k'\operatorname{nd}^2(\zeta,\varkappa)}, &&\operatorname{sn}(2\zeta,2\varkappa)=(1+k')\operatorname{sn}(\zeta,\varkappa)\operatorname{cd}(\zeta,\varkappa).
\end{aligned}\right\}\quad(835)$$

Für nc, nd und cn, dn ergeben sich die Alternativ-Darstellungen

$$\begin{aligned}
\operatorname{cn}(2\zeta,2\varkappa)&=\frac{1}{\operatorname{nc}(2\zeta,2\varkappa)}=\operatorname{cn}(\zeta,\varkappa)\operatorname{cd}(\zeta,\varkappa)-k'\operatorname{sn}(\zeta,\varkappa)\operatorname{sd}(\zeta,\varkappa),\\
\operatorname{dn}(2\zeta,2\varkappa)&=\frac{1}{\operatorname{nd}(2\zeta,2\varkappa)}=\operatorname{cn}(\zeta,\varkappa)\operatorname{cd}(\zeta,\varkappa)+k'\operatorname{sn}(\zeta,\varkappa)\operatorname{sd}(\zeta,\varkappa).
\end{aligned}\qquad(836)$$

Ferner erhält man durch Vergleich der dritten und zwölften der Gln. (835) mit (767) in Einklang mit (768)

$$\operatorname{ns}(2\zeta,2\varkappa)=\frac{1}{1+k'}\,\overline{\operatorname{sc}}(\zeta,\varkappa)=-\frac{1}{1+k'}\,\overline{\operatorname{cs}}(\zeta,\varkappa),\quad \operatorname{sn}(2\zeta,2\varkappa)=\frac{1}{1-k'}\,\overline{\operatorname{nd}}(\zeta,\varkappa)=-\frac{1}{1-k'}\,\overline{\operatorname{dn}}(\zeta,\varkappa).\qquad(837)$$

Auf dem gleichen Wege wie bei der GAUSSschen Transformation folgt für die logarithmischen Ableitungen der JACOBIschen elliptischen Funktionen

$$\left.\begin{aligned}
\overline{\operatorname{cs}}(2\zeta,2\varkappa)&=-\overline{\operatorname{sc}}(2\zeta,2\varkappa)=-\frac{1-k'}{1+k'}\,\overline{\operatorname{cn}}(\zeta,\varkappa)\,\frac{k'+\overline{\operatorname{sn}}(\zeta,\varkappa)\,\overline{\operatorname{sd}}(\zeta,\varkappa)}{k'+\overline{\operatorname{sn}}(\zeta,\varkappa)\,\overline{\operatorname{cn}}(\zeta,\varkappa)},\\
\overline{\operatorname{ds}}(2\zeta,2\varkappa)&=-\overline{\operatorname{sd}}(2\zeta,2\varkappa)=-\frac{1}{1+k'}\,\overline{\operatorname{sc}}(\zeta,\varkappa)\,\frac{k'-\overline{\operatorname{cn}}(\zeta,\varkappa)\,\overline{\operatorname{cd}}(\zeta,\varkappa)}{k'+\overline{\operatorname{cn}}(\zeta,\varkappa)\,\overline{\operatorname{cd}}(\zeta,\varkappa)},\\
\overline{\operatorname{ns}}(2\zeta,2\varkappa)&=-\overline{\operatorname{sn}}(2\zeta,2\varkappa)=-\frac{1}{1+k'}\,\frac{\partial}{\partial z}\ln\overline{\operatorname{dn}}(\zeta,\varkappa),\\
\overline{\operatorname{nc}}(2\zeta,2\varkappa)&=-\overline{\operatorname{cn}}(2\zeta,2\varkappa)=-\frac{1}{1-k'}\,\overline{\operatorname{dn}}(\zeta,\varkappa)\,\frac{k'+\overline{\operatorname{cn}}(\zeta,\varkappa)\,\overline{\operatorname{cd}}(\zeta,\varkappa)}{k'-\overline{\operatorname{cn}}(\zeta,\varkappa)\,\overline{\operatorname{cd}}(\zeta,\varkappa)},\\
\overline{\operatorname{dc}}(2\zeta,2\varkappa)&=-\overline{\operatorname{cd}}(2\zeta,2\varkappa)=+\frac{4k'}{1+k'}\left(\frac{\partial}{\partial z}\ln\overline{\operatorname{dn}}(\zeta,\varkappa)\right)^{-1},\\
\overline{\operatorname{nd}}(2\zeta,2\varkappa)&=-\overline{\operatorname{dn}}(2\zeta,2\varkappa)=-\frac{1-k'}{1+k'}\,\overline{\operatorname{sd}}(\zeta,\varkappa)\,\frac{k'+\overline{\operatorname{sn}}(\zeta,\varkappa)\,\overline{\operatorname{cn}}(\zeta,\varkappa)}{k'+\overline{\operatorname{sn}}(\zeta,\varkappa)\,\overline{\operatorname{sd}}(\zeta,\varkappa)}.
\end{aligned}\right\}\quad(837)$$

Die siebte der GAUSSschen Transformationsgleichungen (832) läßt sich nach $\operatorname{sn}^2(\zeta,\varkappa)$ auflösen. Wird der für $\operatorname{sn}^2(\zeta,\varkappa)$ gefundene Wert in die betreffende Gleichung der Gruppe (784) eingeführt, so ergeben sich entsprechende Beziehungen für die übrigen JACOBIschen elliptischen Funktionen.

Der Formelsatz lautet

$$\left.\begin{aligned}
\operatorname{cs}^2(\zeta,\varkappa) &= \frac{1}{\operatorname{sc}^2(\zeta,\varkappa)} = \frac{-(1-k)+(1+k)\operatorname{dn}\left(\zeta,\frac{\varkappa}{2}\right)}{1-\operatorname{dn}\left(\zeta,\frac{\varkappa}{2}\right)}, & \operatorname{nc}^2(\zeta,\varkappa) &= \frac{1}{\operatorname{cn}^2(\zeta,\varkappa)} = k\frac{1+\operatorname{dn}\left(\zeta,\frac{\varkappa}{2}\right)}{-(1-k)+(1+k)\operatorname{dn}\left(\zeta,\frac{\varkappa}{2}\right)},\\
\operatorname{ds}^2(\zeta,\varkappa) &= \frac{1}{\operatorname{sd}^2(\zeta,\varkappa)} = k\frac{(1-k)+(1+k)\operatorname{dn}\left(\zeta,\frac{\varkappa}{2}\right)}{1-\operatorname{dn}\left(\zeta,\frac{\varkappa}{2}\right)}, & \operatorname{dc}^2(\zeta,\varkappa) &= \frac{1}{\operatorname{cd}^2(\zeta,\varkappa)} = k\frac{+(1-k)+(1+k)\operatorname{dn}\left(\zeta,\frac{\varkappa}{2}\right)}{-(1-k)+(1+k)\operatorname{dn}\left(\zeta,\frac{\varkappa}{2}\right)},\\
\operatorname{ns}^2(\zeta,\varkappa) &= \frac{1}{\operatorname{sn}^2(\zeta,\varkappa)} = k\frac{1+\operatorname{dn}\left(\zeta,\frac{\varkappa}{2}\right)}{1-\operatorname{dn}\left(\zeta,\frac{\varkappa}{2}\right)}, & \operatorname{nd}^2(\zeta,\varkappa) &= \frac{1}{\operatorname{dn}^2(\zeta,\varkappa)} = \frac{1+\operatorname{dn}\left(\zeta,\frac{\varkappa}{2}\right)}{(1-k)+(1+k)\operatorname{dn}\left(\zeta,\frac{\varkappa}{2}\right)}.
\end{aligned}\right\} \quad (838)$$

Nach dem gleichen Verfahren liefern die LANDENschen Transformationsgleichungen (835), wenn man von der rechten Seite der sechsten Gleichung ausgeht,

$$\left.\begin{aligned}
\operatorname{cs}^2(\zeta,\varkappa) &= \frac{1}{\operatorname{sc}^2(\zeta,\varkappa)} = k'\frac{1+\operatorname{cd}(2\zeta,2\varkappa)}{1-\operatorname{cd}(2\zeta,2\varkappa)}, & \operatorname{nc}^2(\zeta,\varkappa) &= \frac{1}{\operatorname{cn}^2(\zeta,\varkappa)} = \frac{1}{k'}\,\frac{(1+k')-(1-k')\operatorname{cd}(2\zeta,2\varkappa)}{1+\operatorname{cd}(2\zeta,2\varkappa)},\\
\operatorname{ds}^2(\zeta,\varkappa) &= \frac{1}{\operatorname{sd}^2(\zeta,\varkappa)} = k'\frac{(1+k')+(1-k')\operatorname{cd}(2\zeta,2\varkappa)}{1-\operatorname{cd}(2\zeta,2\varkappa)}, & \operatorname{dc}^2(\zeta,\varkappa) &= \frac{1}{\operatorname{cd}^2(\zeta,\varkappa)} = \frac{(1+k')+(1-k')\operatorname{cd}(2\zeta,2\varkappa)}{1+\operatorname{cd}(2\zeta,2\varkappa)},\\
\operatorname{ns}^2(\zeta,\varkappa) &= \frac{1}{\operatorname{sn}^2(\zeta,\varkappa)} = \frac{(1+k')-(1-k')\operatorname{cd}(2\zeta,2\varkappa)}{1-\operatorname{cd}(2\zeta,2\varkappa)}, & \operatorname{nd}^2(\zeta,\varkappa) &= \frac{1}{\operatorname{dn}^2(\zeta,\varkappa)} = \frac{1}{k'}\,\frac{(1+k')-(1-k')\operatorname{cd}(2\zeta,2\varkappa)}{(1+k')+(1-k')\operatorname{cd}(2\zeta,2\varkappa)}.
\end{aligned}\right\} \quad (839)$$

Wird in (838) $\varkappa$ mit $2\varkappa$ vertauscht, so folgt bei Beachtung von (284)

$$\left.\begin{aligned}
\operatorname{cs}^2(\zeta,2\varkappa) &= \frac{1}{\operatorname{sc}^2(\zeta,2\varkappa)} = \frac{2}{1+k'}\,\frac{-k'+\operatorname{dn}(\zeta,\varkappa)}{1-\operatorname{dn}(\zeta,\varkappa)}, & \operatorname{nc}^2(\zeta,2\varkappa) &= \frac{1}{\operatorname{cn}^2(\zeta,2\varkappa)} = \frac{1-k'}{2}\,\frac{1+\operatorname{dn}(\zeta\,\varkappa)}{-k'+\operatorname{dn}(\zeta,\varkappa)},\\
\operatorname{ds}^2(\zeta,2\varkappa) &= \frac{1}{\operatorname{sd}^2(\zeta,2\varkappa)} = \frac{2(1-k')}{(1+k')^2}\,\frac{k'+\operatorname{dn}(\zeta,\varkappa)}{1-\operatorname{dn}(\zeta,\varkappa)}, & \operatorname{dc}^2(\zeta,2\varkappa) &= \frac{1}{\operatorname{cd}^2(\zeta,2\varkappa)} = \frac{1-k'}{1+k'}\,\frac{k'+\operatorname{dn}(\zeta,\varkappa)}{-k'+\operatorname{dn}(\zeta,\varkappa)},\\
\operatorname{ns}^2(\zeta,2\varkappa) &= \frac{1}{\operatorname{sn}^2(\zeta,2\varkappa)} = \frac{1-k'}{1+k'}\,\frac{1+\operatorname{dn}(\zeta,\varkappa)}{1-\operatorname{dn}(\zeta,\varkappa)}, & \operatorname{nd}^2(\zeta,2\varkappa) &= \frac{1}{\operatorname{dn}^2(\zeta,2\varkappa)} = \frac{1+k'}{2}\,\frac{1+\operatorname{dn}(\zeta,\varkappa)}{k'+\operatorname{dn}(\zeta,\varkappa)}.
\end{aligned}\right\} \quad (840)$$

Entsprechend erhält man aus (839), wenn ζ mit $\zeta/2$ und $\varkappa$ mit $\varkappa/2$ vertauscht und (284) beachtet wird,

$$\left.\begin{aligned}
\operatorname{cs}^2\left(\frac{\zeta}{2},\frac{\varkappa}{2}\right) &= \frac{1}{\operatorname{sc}^2\left(\frac{\zeta}{2},\frac{\varkappa}{2}\right)} = \frac{1-k}{1+k}\,\frac{1+\operatorname{cd}(\zeta,\varkappa)}{1-\operatorname{cd}(\zeta,\varkappa)}, & \operatorname{nc}^2\left(\frac{\zeta}{2},\frac{\varkappa}{2}\right) &= \frac{1}{\operatorname{cn}^2\left(\frac{\zeta}{2},\frac{\varkappa}{2}\right)} = \frac{2}{1-k}\,\frac{1-k\operatorname{cd}(\zeta,\varkappa)}{1+\operatorname{cd}(\zeta,\varkappa)},\\
\operatorname{ds}^2\left(\frac{\zeta}{2},\frac{\varkappa}{2}\right) &= \frac{1}{\operatorname{sd}^2\left(\frac{\zeta}{2},\frac{\varkappa}{2}\right)} = \frac{2(1-k)}{(1+k)^2}\,\frac{1+k\operatorname{cd}(\zeta,\varkappa)}{1-\operatorname{cd}(\zeta,\varkappa)}, & \operatorname{dc}^2\left(\frac{\zeta}{2},\frac{\varkappa}{2}\right) &= \frac{1}{\operatorname{cd}^2\left(\frac{\zeta}{2},\frac{\varkappa}{2}\right)} = \frac{2}{1+k}\,\frac{1+k\operatorname{cd}(\zeta,\varkappa)}{1+\operatorname{cd}(\zeta,\varkappa)},\\
\operatorname{ns}^2\left(\frac{\zeta}{2},\frac{\varkappa}{2}\right) &= \frac{1}{\operatorname{sn}^2\left(\frac{\zeta}{2},\frac{\varkappa}{2}\right)} = \frac{2}{1+k}\,\frac{1-k\operatorname{cd}(\zeta,\varkappa)}{1-\operatorname{cd}(\zeta,\varkappa)}, & \operatorname{nd}^2\left(\frac{\zeta}{2},\frac{\varkappa}{2}\right) &= \frac{1}{\operatorname{dn}^2\left(\frac{\zeta}{2},\frac{\varkappa}{2}\right)} = \frac{1+k}{1-k}\,\frac{1-k\operatorname{cd}(\zeta,\varkappa)}{1+k\operatorname{cd}(\zeta,\varkappa)}.
\end{aligned}\right\} \quad (841)$$

Die vorstehenden Transformationsgleichungen sind sämtlich quadratisch. Es bestehen aber auch lineare Transformationsgleichungen, bezüglich deren auf den nächsten Abschnitt verwiesen sei.

Wird in den Gln. (839) ζ mit $\zeta \pm \frac{1}{4}$ und in den Gln. (838) ζ mit $\zeta \pm i\,\varkappa/4$ vertauscht, so treten auf den rechten Seiten der so entstehenden Gleichungen JACOBIsche elliptische Funktionen von $2\zeta \pm \frac{1}{2}$, $2\varkappa$ bzw. von $\zeta \pm i\,\varkappa/4$, $\varkappa/2$ auf, die mit Hilfe der Substitutionsgleichungen (793) bzw. (794) auf entsprechende Funktionen der Argumente 2ζ, $2\varkappa$ bzw. ζ, $\varkappa/2$ zurückgeführt werden können. Wird bei der zweiten Gleichungsgruppe noch

$$\operatorname{cs}\left(\zeta,\frac{\varkappa}{2}\right) = \frac{1}{\operatorname{sc}\left(\zeta,\frac{\varkappa}{2}\right)}$$

gesetzt, so lauten die entsprechenden Substitutionsgleichungen:

$$\left.\begin{aligned}
\mathrm{cs}^2\left(\zeta \pm \frac{1}{4}, \varkappa\right) &= \frac{1}{\mathrm{sc}^2(\zeta \pm \frac{1}{4}, \varkappa)} = k' \frac{1 \mp \mathrm{sn}(2\zeta, 2\varkappa)}{1 \pm \mathrm{sn}(2\zeta, 2\varkappa)},\\
\mathrm{ds}^2\left(\zeta \pm \frac{1}{4}, \varkappa\right) &= \frac{1}{\mathrm{sd}^2(\zeta \pm \frac{1}{4}, \varkappa)} = k' \frac{(1+k') \mp (1-k')\,\mathrm{sn}(2\zeta, 2\varkappa)}{1 \pm \mathrm{sn}(2\zeta, 2\varkappa)},\\
\mathrm{ns}^2\left(\zeta \pm \frac{1}{4}, \varkappa\right) &= \frac{1}{\mathrm{sn}^2(\zeta \pm \frac{1}{4}, \varkappa)} = \frac{(1+k') \pm (1-k')\,\mathrm{sn}(2\zeta, 2\varkappa)}{1 \pm \mathrm{sn}(2\zeta, 2\varkappa)},\\
\mathrm{nc}^2\left(\zeta \pm \frac{1}{4}, \varkappa\right) &= \frac{1}{\mathrm{cn}^2(\zeta \pm \frac{1}{4}, \varkappa)} = \frac{1}{k'} \frac{(1+k') \pm (1-k')\,\mathrm{sn}(2\zeta, 2\varkappa)}{1 \mp \mathrm{sn}(2\zeta, 2\varkappa)},\\
\mathrm{dc}^2\left(\zeta \pm \frac{1}{4}, \varkappa\right) &= \frac{1}{\mathrm{cd}^2(\zeta \pm \frac{1}{4}, \varkappa)} = \frac{(1+k') \mp (1-k')\,\mathrm{sn}(2\zeta, 2\varkappa)}{1 \mp \mathrm{sn}(2\zeta, 2\varkappa)},\\
\mathrm{nd}^2\left(\zeta \pm \frac{1}{4}, \varkappa\right) &= \frac{1}{\mathrm{dn}^2(\zeta \pm \frac{1}{4}, \varkappa)} = \frac{1}{k'} \frac{(1+k') \pm (1-k')\,\mathrm{sn}(2\zeta, 2\varkappa)}{(1+k') \mp (1-k')\,\mathrm{sn}(2\zeta, 2\varkappa)}.\\
\mathrm{cs}^2\left(\zeta \pm \frac{i\varkappa}{4}, \varkappa\right) &= \frac{1}{\mathrm{sc}^2\left(\zeta \pm \frac{i\varkappa}{4}, \varkappa\right)} = \frac{(1+k) \mp i(1-k)\,\mathrm{sc}\left(\zeta, \frac{\varkappa}{2}\right)}{-1 \pm i\,\mathrm{sc}\left(\zeta, \frac{\varkappa}{2}\right)},\\
\mathrm{ds}^2\left(\zeta \pm \frac{i\varkappa}{4}, \varkappa\right) &= \frac{1}{\mathrm{sd}^2\left(\zeta \pm \frac{i\varkappa}{4}, \varkappa\right)} = k \frac{(1+k) \pm i(1-k)\,\mathrm{sc}\left(\zeta, \frac{\varkappa}{2}\right)}{-1 \pm i\,\mathrm{sc}\left(\zeta, \frac{\varkappa}{2}\right)},\\
\mathrm{ns}^2\left(\zeta \pm \frac{i\varkappa}{4}, \varkappa\right) &= \frac{1}{\mathrm{sn}^2\left(\zeta \pm \frac{i\varkappa}{4}, \varkappa\right)} = k \frac{1 \pm i\,\mathrm{sc}\left(\zeta, \frac{\varkappa}{2}\right)}{-1 \pm i\,\mathrm{sc}\left(\zeta, \frac{\varkappa}{2}\right)},\\
\mathrm{nc}^2\left(\zeta \pm \frac{i\varkappa}{4}, \varkappa\right) &= \frac{1}{\mathrm{cn}^2\left(\zeta \pm \frac{i\varkappa}{4}, \varkappa\right)} = k \frac{1 \pm i\,\mathrm{sc}\left(\zeta, \frac{\varkappa}{2}\right)}{(1+k) \mp i(1-k)\,\mathrm{sc}\left(\zeta, \frac{\varkappa}{2}\right)},\\
\mathrm{dc}^2\left(\zeta \pm \frac{i\varkappa}{4}, \varkappa\right) &= \frac{1}{\mathrm{cd}^2\left(\zeta \pm \frac{i\varkappa}{4}, \varkappa\right)} = k \frac{(1+k) \pm i(1-k)\,\mathrm{sc}\left(\zeta, \frac{\varkappa}{2}\right)}{(1+k) \mp i(1-k)\,\mathrm{sc}\left(\zeta, \frac{\varkappa}{2}\right)},\\
\mathrm{nd}^2\left(\zeta \pm \frac{i\varkappa}{4}, \varkappa\right) &= \frac{1}{\mathrm{dn}^2\left(\zeta \pm \frac{i\varkappa}{4}, \varkappa\right)} = \frac{1 \pm i\,\mathrm{sc}\left(\zeta, \frac{\varkappa}{2}\right)}{(1+k) \pm i(1-k)\,\mathrm{sc}\left(\zeta, \frac{\varkappa}{2}\right)}.
\end{aligned}\right\} \quad (842)$$

Für die logarithmischen Ableitungen der Jacobischen elliptischen Funktionen ergeben sich die entsprechenden Formeln durch Produktbildung gemäß (767) unter Einsetzen der durch (842) transformierten Quadrate. Für

$$\overline{\mathrm{cs}}\left(\zeta \pm \frac{1}{4}, \varkappa\right) \text{ und } \overline{\mathrm{nd}}\left(\zeta \pm \frac{1}{4}, \varkappa\right) \text{ bzw. } \overline{\mathrm{ns}}\left(\zeta \pm \frac{i\varkappa}{4}, \varkappa\right) \text{ und } \overline{\mathrm{dc}}\left(\zeta \pm i\,\frac{\varkappa}{4}, \varkappa\right)$$

können die Transformationsgleichungen unmittelbar durch Umschreibung der ersten und sechsten bzw. der dritten und fünften der Gln. (768) gewonnen werden. Man erhält:

$$\begin{aligned}
\overline{\mathrm{cs}}^2\left(\zeta \pm \frac{1}{4}, \varkappa\right) &= \overline{\mathrm{sc}}^2\left(\zeta \pm \frac{1}{4}, \varkappa\right) = (1+k')^2\,\mathrm{dc}^2(2\zeta, 2\varkappa),\\
\overline{\mathrm{ds}}^2\left(\zeta \pm \frac{1}{4}, \varkappa\right) &= \overline{\mathrm{sd}}^2\left(\zeta \pm \frac{1}{4}, \varkappa\right) = \frac{1 \mp \mathrm{sn}(2\zeta, 2\varkappa)}{1 \pm \mathrm{sn}(2\zeta, 2\varkappa)}\,\frac{(1+k') \pm (1-k')\,\mathrm{sn}(2\zeta, 2\varkappa)}{(1+k') \mp (1-k')\,\mathrm{sn}(2\zeta, 2\varkappa)},\\
\overline{\mathrm{ns}}^2\left(\zeta \pm \frac{1}{4}, \varkappa\right) &= \overline{\mathrm{sn}}^2\left(\zeta \pm \frac{1}{4}, \varkappa\right) = k'^2\,\frac{1 \mp \mathrm{sn}(2\zeta, 2\varkappa)}{1 \pm \mathrm{sn}(2\zeta, 2\varkappa)}\,\frac{(1+k') \mp (1-k')\,\mathrm{sn}(2\zeta, 2\varkappa)}{(1+k') \pm (1-k')\,\mathrm{sn}(2\zeta, 2\varkappa)},\\
\overline{\mathrm{nc}}^2\left(\zeta \pm \frac{1}{4}, \varkappa\right) &= \overline{\mathrm{cn}}^2\left(\zeta \pm \frac{1}{4}, \varkappa\right) = \frac{1 \pm \mathrm{sn}(2\zeta, 2\varkappa)}{1 \mp \mathrm{sn}(2\zeta, 2\varkappa)}\,\frac{(1+k') \mp (1-k')\,\mathrm{sn}(2\zeta, 2\varkappa)}{(1+k') \pm (1-k')\,\mathrm{sn}(2\zeta, 2\varkappa)},
\end{aligned}$$

$$\left.\begin{aligned}
&\overline{\mathrm{dc}}^2\left(\zeta \pm \frac{1}{4}, \varkappa\right) = \overline{\mathrm{cd}}^2\left(\zeta \pm \frac{1}{4}, \varkappa\right) = k'^2 \frac{1 \pm \mathrm{sn}(2\zeta, 2\varkappa)}{1 \mp \mathrm{sn}(2\zeta, 2\varkappa)} \frac{(1+k') \pm (1-k')\,\mathrm{sn}(2\zeta, 2\varkappa)}{(1+k') \mp (1-k')\,\mathrm{sn}(2\zeta, 2\varkappa)},\\
&\overline{\mathrm{nd}}^2\left(\zeta \pm \frac{1}{4}, \varkappa\right) = \overline{\mathrm{dn}}^2\left(\zeta \pm \frac{1}{4}, \varkappa\right) = (1-k')^2\,\mathrm{cd}^2(2\zeta, 2\varkappa).\\
&\overline{\mathrm{cs}}^2\left(\zeta \pm \frac{i\varkappa}{4}, \varkappa\right) = \overline{\mathrm{sc}}^2\left(\zeta \pm \frac{i\varkappa}{4}, \varkappa\right) = k^2 \frac{1 \pm i\,\mathrm{sc}\left(\zeta, \frac{\varkappa}{2}\right)}{-1 \pm i\,\mathrm{sc}\left(\zeta, \frac{\varkappa}{2}\right)} \frac{(1+k) \pm i(1-k)\,\mathrm{sc}\left(\zeta, \frac{\varkappa}{2}\right)}{(1+k) \mp i(1-k)\,\mathrm{sc}\left(\zeta, \frac{\varkappa}{2}\right)},\\
&\overline{\mathrm{ds}}^2\left(\zeta \pm \frac{i\varkappa}{4}, \varkappa\right) = \overline{\mathrm{sd}}^2\left(\zeta \pm \frac{i\varkappa}{4}, \varkappa\right) = \frac{1 \pm i\,\mathrm{sc}\left(\zeta, \frac{\varkappa}{2}\right)}{-1 \pm i\,\mathrm{sc}\left(\zeta, \frac{\varkappa}{2}\right)} \frac{(1+k) \mp i(1-k)\,\mathrm{sc}\left(\zeta, \frac{\varkappa}{2}\right)}{(1+k) \pm i(1-k)\,\mathrm{sc}\left(\zeta, \frac{\varkappa}{2}\right)},\\
&\overline{\mathrm{ns}}^2\left(\zeta \pm \frac{i\varkappa}{4}, \varkappa\right) = \overline{\mathrm{sn}}^2\left(\zeta \pm \frac{i\varkappa}{4}, \varkappa\right) = -(1+k)^2\,\mathrm{dn}^2\left(\zeta, \frac{\varkappa}{2}\right),\\
&\overline{\mathrm{nc}}^2\left(\zeta \pm \frac{i\varkappa}{4}, \varkappa\right) = \overline{\mathrm{cn}}^2\left(\zeta \pm \frac{i\varkappa}{4}, \varkappa\right) = \frac{-1 \pm i\,\mathrm{sc}\left(\zeta, \frac{\varkappa}{2}\right)}{1 \pm i\,\mathrm{sc}\left(\zeta, \frac{\varkappa}{2}\right)} \frac{(1+k) \pm i(1-k)\,\mathrm{sc}\left(\zeta, \frac{\varkappa}{2}\right)}{(1+k) \mp i(1-k)\,\mathrm{sc}\left(\zeta, \frac{\varkappa}{2}\right)},\\
&\overline{\mathrm{dc}}^2\left(\zeta \pm \frac{i\varkappa}{4}, \varkappa\right) = \overline{\mathrm{cd}}^2\left(\zeta \pm \frac{i\varkappa}{4}, \varkappa\right) = -(1-k)^2\,\mathrm{nd}^2\left(\zeta, \frac{\varkappa}{2}\right),\\
&\overline{\mathrm{nd}}^2\left(\zeta \pm \frac{i\varkappa}{4}, \varkappa\right) = \overline{\mathrm{dn}}^2\left(\zeta \pm \frac{i\varkappa}{4}, \varkappa\right) = k^2 \frac{-1 \pm i\,\mathrm{sc}\left(\zeta, \frac{\varkappa}{2}\right)}{1 \pm i\,\mathrm{sc}\left(\zeta, \frac{\varkappa}{2}\right)} \frac{(1+k) \mp i(1-k)\,\mathrm{sc}\left(\zeta, \frac{\varkappa}{2}\right)}{(1+k) \pm i(1-k)\,\mathrm{sc}\left(\zeta, \frac{\varkappa}{2}\right)}.
\end{aligned}\right\} \quad (843)$$

117. Additionstheoreme. Transformationsgleichungen für doppeltes und halbes Argument. Weitere Substitutionen für $\zeta \pm \frac{1}{4}$ und $\zeta \pm \frac{i\varkappa}{4}$ sowie für $\zeta \pm \frac{1}{4} \pm \frac{i\varkappa}{4}$

Die Jacobischen elliptischen Funktionen besitzen zahlreiche Additionstheoreme, die sich dadurch ergeben, daß die Gln. (124) durcheinander dividiert werden. Hierbei ist zu beachten, daß sich die Gl. (124) durch Vertauschen von $+\zeta_0$ mit $-\zeta_0$ noch verdoppeln. Für das am häufigsten verwendete Additionstheorem erhält man

$$\left.\begin{aligned}
\mathrm{cs}(\zeta+\zeta_0, \varkappa) &= \frac{\mathrm{cs}(\zeta, \varkappa)\,\mathrm{dn}(\zeta_0, \varkappa) - \mathrm{ds}(\zeta, \varkappa)\,\mathrm{ns}(\zeta, \varkappa)\,\mathrm{sn}(\zeta_0, \varkappa)\,\mathrm{cn}(\zeta_0, \varkappa)}{1 - \mathrm{ns}^2(\zeta, \varkappa)\,\mathrm{sn}^2(\zeta_0, \varkappa)},\\
\mathrm{ds}(\zeta+\zeta_0, \varkappa) &= \frac{\mathrm{ds}(\zeta, \varkappa)\,\mathrm{cn}(\zeta_0, \varkappa) - \mathrm{ns}(\zeta, \varkappa)\,\mathrm{cs}(\zeta, \varkappa)\,\mathrm{dn}(\zeta_0, \varkappa)\,\mathrm{sn}(\zeta_0, \varkappa)}{1 - \mathrm{ns}^2(\zeta, \varkappa)\,\mathrm{sn}^2(\zeta_0, \varkappa)},\\
\mathrm{ns}(\zeta+\zeta_0, \varkappa) &= \frac{\mathrm{ns}(\zeta, \varkappa)\,\mathrm{dn}(\zeta_0, \varkappa)\,\mathrm{cn}(\zeta_0, \varkappa) - \mathrm{cs}(\zeta, \varkappa)\,\mathrm{ds}(\zeta, \varkappa)\,\mathrm{sn}(\zeta_0, \varkappa)}{1 - \mathrm{ns}^2(\zeta, \varkappa)\,\mathrm{sn}^2(\zeta_0, \varkappa)},\\
\mathrm{sc}(\zeta+\zeta_0, \varkappa) &= \frac{\mathrm{sc}(\zeta, \varkappa)\,\mathrm{dn}(\zeta_0, \varkappa) + \mathrm{nc}(\zeta, \varkappa)\,\mathrm{dc}(\zeta, \varkappa)\,\mathrm{sn}(\zeta_0, \varkappa)\,\mathrm{cn}(\zeta_0, \varkappa)}{1 - \mathrm{dc}^2(\zeta, \varkappa)\,\mathrm{sn}^2(\zeta_0, \varkappa)},\\
\mathrm{nc}(\zeta+\zeta_0, \varkappa) &= \frac{\mathrm{nc}(\zeta, \varkappa)\,\mathrm{cn}(\zeta_0, \varkappa) + \mathrm{dc}(\zeta, \varkappa)\,\mathrm{sc}(\zeta, \varkappa)\,\mathrm{dn}(\zeta_0, \varkappa)\,\mathrm{sn}(\zeta_0, \varkappa)}{1 - \mathrm{dc}^2(\zeta, \varkappa)\,\mathrm{sn}^2(\zeta_0, \varkappa)},\\
\mathrm{dc}(\zeta+\zeta_0, \varkappa) &= \frac{\mathrm{dc}(\zeta, \varkappa)\,\mathrm{dn}(\zeta_0, \varkappa)\,\mathrm{cn}(\zeta_0, \varkappa) + k'^2\,\mathrm{sc}(\zeta, \varkappa)\,\mathrm{nc}(\zeta, \varkappa)\,\mathrm{sn}(\zeta_0, \varkappa)}{1 - \mathrm{dc}^2(\zeta, \varkappa)\,\mathrm{sn}^2(\zeta_0, \varkappa)},\\
\mathrm{nd}(\zeta+\zeta_0, \varkappa) &= \frac{\mathrm{nd}(\zeta, \varkappa)\,\mathrm{dn}(\zeta_0, \varkappa) + k^2\,\mathrm{sd}(\zeta, \varkappa)\,\mathrm{cd}(\zeta, \varkappa)\,\mathrm{sn}(\zeta_0, \varkappa)\,\mathrm{cn}(\zeta_0, \varkappa)}{1 - k^2\,\mathrm{cd}^2(\zeta, \varkappa)\,\mathrm{sn}^2(\zeta_0, \varkappa)},\\
\mathrm{sd}(\zeta+\zeta_0, \varkappa) &= \frac{\mathrm{sd}(\zeta, \varkappa)\,\mathrm{cn}(\zeta_0, \varkappa) + \mathrm{cd}(\zeta, \varkappa)\,\mathrm{nd}(\zeta, \varkappa)\,\mathrm{dn}(\zeta_0, \varkappa)\,\mathrm{sn}(\zeta_0, \varkappa)}{1 - k^2\,\mathrm{cd}^2(\zeta, \varkappa)\,\mathrm{sn}^2(\zeta_0, \varkappa)},\\
\mathrm{cd}(\zeta+\zeta_0, \varkappa) &= \frac{\mathrm{cd}(\zeta, \varkappa)\,\mathrm{dn}(\zeta_0, \varkappa)\,\mathrm{cn}(\zeta_0, \varkappa) - k'^2\,\mathrm{nd}(\zeta, \varkappa)\,\mathrm{sd}(\zeta, \varkappa)\,\mathrm{sn}(\zeta_0, \varkappa)}{1 - k^2\,\mathrm{cd}^2(\zeta, \varkappa)\,\mathrm{sn}^2(\zeta_0, \varkappa)},
\end{aligned}\right\} \quad (844)$$

$$\left.\begin{aligned}
\mathrm{dn}(\zeta+\zeta_0,\varkappa)&=\frac{\mathrm{dn}(\zeta,\varkappa)\,\mathrm{dn}(\zeta_0,\varkappa)-k^2\,\mathrm{sn}(\zeta,\varkappa)\,\mathrm{cn}(\zeta,\varkappa)\,\mathrm{sn}(\zeta_0,\varkappa)\,\mathrm{cn}(\zeta_0,\varkappa)}{1-k^2\,\mathrm{sn}^2(\zeta,\varkappa)\,\mathrm{sn}^2(\zeta_0,\varkappa)},\\
\mathrm{cn}(\zeta+\zeta_0,\varkappa)&=\frac{\mathrm{cn}(\zeta,\varkappa)\,\mathrm{cn}(\zeta_0,\varkappa)-\mathrm{dn}(\zeta,\varkappa)\,\mathrm{sn}(\zeta,\varkappa)\,\mathrm{dn}(\zeta_0,\varkappa)\,\mathrm{sn}(\zeta_0,\varkappa)}{1-k^2\,\mathrm{sn}^2(\zeta,\varkappa)\,\mathrm{sn}^2(\zeta_0,\varkappa)},\\
\mathrm{sn}(\zeta+\zeta_0,\varkappa)&=\frac{\mathrm{sn}(\zeta,\varkappa)\,\mathrm{dn}(\zeta_0,\varkappa)\,\mathrm{cn}(\zeta_0,\varkappa)+\mathrm{cn}(\zeta,\varkappa)\,\mathrm{dn}(\zeta,\varkappa)\,\mathrm{sn}(\zeta_0,\varkappa)}{1-k^2\,\mathrm{sn}^2(\zeta,\varkappa)\,\mathrm{sn}^2(\zeta_0,\varkappa)}.
\end{aligned}\right|$$

Das entsprechende Additionstheorem der logarithmischen Ableitungen der JACOBIschen elliptischen Funktionen lautet bei Einführung von (844) in die auf $\zeta+\zeta_0$ umgeschriebenen Gln. (768)

$$\left.\begin{aligned}
\overline{\mathrm{cs}}(\zeta+\zeta_0,\varkappa)&=-\overline{\mathrm{sc}}(\zeta+\zeta_0,\varkappa)=-(1+k')\frac{\mathrm{ns}(2\zeta,2\varkappa)\,\mathrm{dn}(2\zeta_0,2\varkappa)\,\mathrm{cn}(2\zeta_0,2\varkappa)-\mathrm{cs}(2\zeta,2\varkappa)\,\mathrm{ds}(2\zeta,2\varkappa)\,\mathrm{sn}(2\zeta_0,2\varkappa)}{1-\mathrm{ns}^2(2\zeta,2\varkappa)\,\mathrm{sn}^2(2\zeta_0,2\varkappa)},\\
\overline{\mathrm{ds}}(\zeta+\zeta_0,\varkappa)&=-\overline{\mathrm{sd}}(\zeta+\zeta_0,\varkappa)=\overline{\mathrm{cs}}(\zeta+\zeta_0,\varkappa)+\overline{\mathrm{dc}}(\zeta+\zeta_0,\varkappa),\\
\overline{\mathrm{ns}}(\zeta+\zeta_0,\varkappa)&=-\overline{\mathrm{sn}}(\zeta+\zeta_0,\varkappa)=-(1+k)\frac{\mathrm{cs}\left(\zeta,\frac{\varkappa}{2}\right)\mathrm{dn}\left(\zeta_0,\frac{\varkappa}{2}\right)-\mathrm{ds}\left(\zeta,\frac{\varkappa}{2}\right)\mathrm{ns}\left(\zeta,\frac{\varkappa}{2}\right)\mathrm{sn}\left(\zeta_0,\frac{\varkappa}{2}\right)\mathrm{cn}\left(\zeta_0,\frac{\varkappa}{2}\right)}{1-\mathrm{ns}^2\left(\zeta,\frac{\varkappa}{2}\right)\mathrm{sn}^2\left(\zeta_0,\frac{\varkappa}{2}\right)},\\
\overline{\mathrm{nc}}(\zeta+\zeta_0,\varkappa)&=-\overline{\mathrm{cn}}(\zeta+\zeta_0,\varkappa)=\overline{\mathrm{dc}}(\zeta+\zeta_0,\varkappa)+\overline{\mathrm{nd}}(\zeta+\zeta_0,\varkappa),\\
\overline{\mathrm{dc}}(\zeta+\zeta_0,\varkappa)&=-\overline{\mathrm{cd}}(\zeta+\zeta_0,\varkappa)=+(1-k)\frac{\mathrm{sc}\left(\zeta,\frac{\varkappa}{2}\right)\mathrm{dn}\left(\zeta_0,\frac{\varkappa}{2}\right)+\mathrm{nc}\left(\zeta,\frac{\varkappa}{2}\right)\mathrm{dc}\left(\zeta,\frac{\varkappa}{2}\right)\mathrm{cn}\left(\zeta_0,\frac{\varkappa}{2}\right)\mathrm{sn}\left(\zeta_0,\frac{\varkappa}{2}\right)}{1-\mathrm{dc}^2\left(\zeta,\frac{\varkappa}{2}\right)\mathrm{sn}^2\left(\zeta_0,\frac{\varkappa}{2}\right)},\\
\overline{\mathrm{nd}}(\zeta+\zeta_0,\varkappa)&=-\overline{\mathrm{dn}}(\zeta+\zeta_0,\varkappa)=+(1-k')\frac{\mathrm{sn}(2\zeta,2\varkappa)\,\mathrm{dn}(2\zeta_0,2\varkappa)\,\mathrm{cn}(2\zeta_0,2\varkappa)+\mathrm{cn}(2\zeta,2\varkappa)\,\mathrm{dn}(2\zeta,2\varkappa)\,\mathrm{sn}(2\zeta_0,2\varkappa)}{1-k^2\,\mathrm{sn}^2(2\zeta,2\varkappa)\,\mathrm{sn}^2(2\zeta_0,2\varkappa)}.
\end{aligned}\right\}\quad(845)$$

Die Gln. (844) und (845) sind so aufgebaut, daß sich die zu $+\zeta_0$ und $-\zeta_0$ gehörigen Funktionen lediglich durch die Vorzeichen der rechten Zählerglieder unterscheiden. Der Mittelwert der zu $+\zeta_0$ und $-\zeta_0$ gehörigen Funktionen enthält daher nur das linke Zählerglied.

Für $\zeta_0=\zeta$ liefert (844) Transformationsgleichungen für das doppelte Argument. Beschränkt man sich auf die letzten neun der Gl. (844), so folgt in Verbindung mit (770)

$$\left.\begin{aligned}
\mathrm{cs}(2\zeta,\varkappa)&=\frac{1}{\mathrm{sc}(2\zeta,\varkappa)}=\frac{\mathrm{cn}^2(\zeta,\varkappa)-\mathrm{sn}^2(\zeta,\varkappa)\,\mathrm{dn}^2(\zeta,\varkappa)}{2\,\mathrm{sn}(\zeta,\varkappa)\,\mathrm{cn}(\zeta,\varkappa)\,\mathrm{dn}(\zeta,\varkappa)}=\frac{-k'^2\,\mathrm{sn}^2(\zeta,\varkappa)+\mathrm{cn}^2(\zeta,\varkappa)\,\mathrm{dn}^2(\zeta,\varkappa)}{2\,\mathrm{sn}(\zeta,\varkappa)\,\mathrm{cn}(\zeta,\varkappa)\,\mathrm{dn}(\zeta,\varkappa)},\\
\mathrm{ds}(2\zeta,\varkappa)&=\frac{1}{\mathrm{sd}(2\zeta,\varkappa)}=\frac{\mathrm{dn}^2(\zeta,\varkappa)-k^2\,\mathrm{sn}^2(\zeta,\varkappa)\,\mathrm{cn}^2(\zeta,\varkappa)}{2\,\mathrm{sn}(\zeta,\varkappa)\,\mathrm{cn}(\zeta,\varkappa)\,\mathrm{dn}(\zeta,\varkappa)}=\frac{+k'^2\,\mathrm{sn}^2(\zeta,\varkappa)+\mathrm{cn}^2(\zeta,\varkappa)\,\mathrm{dn}^2(\zeta,\varkappa)}{2\,\mathrm{sn}(\zeta,\varkappa)\,\mathrm{cn}(\zeta,\varkappa)\,\mathrm{dn}(\zeta,\varkappa)},\\
\mathrm{ns}(2\zeta,\varkappa)&=\frac{1}{\mathrm{sn}(2\zeta,\varkappa)}=\frac{\mathrm{dn}^2(\zeta,\varkappa)+k^2\,\mathrm{sn}^2(\zeta,\varkappa)\,\mathrm{cn}^2(\zeta,\varkappa)}{2\,\mathrm{sn}(\zeta,\varkappa)\,\mathrm{cn}(\zeta,\varkappa)\,\mathrm{dn}(\zeta,\varkappa)}=\frac{\mathrm{cn}^2(\zeta,\varkappa)+\mathrm{sn}^2(\zeta,\varkappa)\,\mathrm{dn}^2(\zeta,\varkappa)}{2\,\mathrm{sn}(\zeta,\varkappa)\,\mathrm{cn}(\zeta,\varkappa)\,\mathrm{dn}(\zeta,\varkappa)},\\
\mathrm{nc}(2\zeta,\varkappa)&=\frac{1}{\mathrm{cn}(2\zeta,\varkappa)}=\frac{\mathrm{cn}^2(\zeta,\varkappa)+\mathrm{sn}^2(\zeta,\varkappa)\,\mathrm{dn}^2(\zeta,\varkappa)}{\mathrm{cn}^2(\zeta,\varkappa)-\mathrm{sn}^2(\zeta,\varkappa)\,\mathrm{dn}^2(\zeta,\varkappa)}=\frac{\mathrm{dn}^2(\zeta,\varkappa)+k^2\,\mathrm{sn}^2(\zeta,\varkappa)\,\mathrm{cn}^2(\zeta,\varkappa)}{-k'^2\,\mathrm{sn}^2(\zeta,\varkappa)+\mathrm{cn}^2(\zeta,\varkappa)\,\mathrm{dn}^2(\zeta,\varkappa)},\\
\mathrm{dc}(2\zeta,\varkappa)&=\frac{1}{\mathrm{cd}(2\zeta,\varkappa)}=\frac{\mathrm{dn}^2(\zeta,\varkappa)-k^2\,\mathrm{sn}^2(\zeta,\varkappa)\,\mathrm{cn}^2(\zeta,\varkappa)}{\mathrm{cn}^2(\zeta,\varkappa)-\mathrm{sn}^2(\zeta,\varkappa)\,\mathrm{dn}^2(\zeta,\varkappa)}=\frac{+k'^2\,\mathrm{sn}^2(\zeta,\varkappa)+\mathrm{cn}^2(\zeta,\varkappa)\,\mathrm{dn}^2(\zeta,\varkappa)}{-k'^2\,\mathrm{sn}^2(\zeta,\varkappa)+\mathrm{cn}^2(\zeta,\varkappa)\,\mathrm{dn}^2(\zeta,\varkappa)},\\
\mathrm{nd}(2\zeta,\varkappa)&=\frac{1}{\mathrm{dn}(2\zeta,\varkappa)}=\frac{\mathrm{dn}^2(\zeta,\varkappa)+k^2\,\mathrm{sn}^2(\zeta,\varkappa)\,\mathrm{cn}^2(\zeta,\varkappa)}{\mathrm{dn}^2(\zeta,\varkappa)-k^2\,\mathrm{sn}^2(\zeta,\varkappa)\,\mathrm{cn}^2(\zeta,\varkappa)}=\frac{\mathrm{cn}^2(\zeta,\varkappa)+\mathrm{sn}^2(\zeta,\varkappa)\,\mathrm{dn}^2(\zeta,\varkappa)}{k'^2\,\mathrm{sn}^2(\zeta,\varkappa)+\mathrm{cn}^2(\zeta,\varkappa)\,\mathrm{dn}^2(\zeta,\varkappa)}.
\end{aligned}\right\}\quad(846)$$

Die Gln. (846) nehmen sehr einfache und als Gleichungsketten darstellbare Formen an, wenn die rechten Seiten durch die im Zähler oder Nenner stehenden Einzelquadrate in Verbindung mit (766) und (767) gekürzt und die JACOBIschen elliptischen Funktionen gemäß (773) unter Beachtung von (772) und (774) durch ihre logarithmischen Ableitungen ausgedrückt werden. Das Ergebnis lautet:

$$\begin{aligned}
\mathrm{cs}(2\zeta,\varkappa)&=\frac{1}{\mathrm{sc}(2\zeta,\varkappa)}=\frac{1-\overline{\mathrm{nc}}^2(\zeta,\varkappa)}{2\,\overline{\mathrm{nc}}(\zeta,\varkappa)}=\frac{1-\overline{\mathrm{ds}}^2(\zeta,\varkappa)}{2\,\overline{\mathrm{ds}}(\zeta,\varkappa)}=\frac{k'^2-\overline{\mathrm{ns}}^2(\zeta,\varkappa)}{2\,\overline{\mathrm{ns}}(\zeta,\varkappa)}=\frac{k'^2-\overline{\mathrm{dc}}^2(\zeta,\varkappa)}{2\,\overline{\mathrm{dc}}(\zeta,\varkappa)},\\
\mathrm{ds}(2\zeta,\varkappa)&=\frac{1}{\mathrm{sd}(2\zeta,\varkappa)}=\frac{k^2-\overline{\mathrm{nd}}^2(\zeta,\varkappa)}{2\,\overline{\mathrm{nd}}(\zeta,\varkappa)}=\frac{k^2-\overline{\mathrm{cs}}^2(\zeta,\varkappa)}{2\,\overline{\mathrm{cs}}(\zeta,\varkappa)}=-\frac{k'^2+\overline{\mathrm{ns}}^2(\zeta,\varkappa)}{2\,\overline{\mathrm{ns}}(\zeta,\varkappa)}=\frac{k'^2+\overline{\mathrm{dc}}^2(\zeta,\varkappa)}{2\,\overline{\mathrm{dc}}(\zeta,\varkappa)},\\
\mathrm{ns}(2\zeta,\varkappa)&=\frac{1}{\mathrm{sn}(2\zeta,\varkappa)}=\frac{k^2+\overline{\mathrm{nd}}^2(\zeta,\varkappa)}{2\,\overline{\mathrm{nd}}(\zeta,\varkappa)}=-\frac{k^2+\overline{\mathrm{cs}}^2(\zeta,\varkappa)}{2\,\overline{\mathrm{cs}}(\zeta,\varkappa)}=-\frac{1+\overline{\mathrm{ds}}^2(\zeta,\varkappa)}{2\,\overline{\mathrm{ds}}(\zeta,\varkappa)}=\frac{1+\overline{\mathrm{nc}}^2(\zeta,\varkappa)}{2\,\overline{\mathrm{nc}}(\zeta,\varkappa)},
\end{aligned}$$

$$\left.\begin{aligned}
\mathrm{nc}(2\zeta,\varkappa)&=\frac{1}{\mathrm{cn}(2\zeta,\varkappa)}=-\frac{1+\overline{\mathrm{ds}}^2(\zeta,\varkappa)}{1-\overline{\mathrm{ds}}^2(\zeta,\varkappa)}=\frac{1+\overline{\mathrm{nc}}^2(\zeta,\varkappa)}{1-\overline{\mathrm{nc}}^2(\zeta,\varkappa)}=\frac{\overline{\mathrm{cs}}(\zeta,\varkappa)-\overline{\mathrm{nd}}(\zeta,\varkappa)}{\overline{\mathrm{ns}}(\zeta,\varkappa)+\overline{\mathrm{dc}}(\zeta,\varkappa)}=\frac{\overline{\mathrm{ds}}(\zeta,\varkappa)-\overline{\mathrm{nc}}(\zeta,\varkappa)}{\overline{\mathrm{ds}}(\zeta,\varkappa)+\overline{\mathrm{nc}}(\zeta,\varkappa)},\\
\mathrm{dc}(2\zeta,\varkappa)&=\frac{1}{\mathrm{cd}(2\zeta,\varkappa)}=-\frac{k'^2+\overline{\mathrm{ns}}^2(\zeta,\varkappa)}{k'^2-\overline{\mathrm{ns}}^2(\zeta,\varkappa)}=\frac{k'^2+\overline{\mathrm{dc}}^2(\zeta,\varkappa)}{k'^2-\overline{\mathrm{dc}}^2(\zeta,\varkappa)}=\frac{\overline{\mathrm{ns}}(\zeta,\varkappa)-\overline{\mathrm{dc}}(\zeta,\varkappa)}{\overline{\mathrm{ds}}(\zeta,\varkappa)+\overline{\mathrm{nc}}(\zeta,\varkappa)}=\frac{\overline{\mathrm{cs}}(\zeta,\varkappa)+\overline{\mathrm{nd}}(\zeta,\varkappa)}{\overline{\mathrm{ns}}(\zeta,\varkappa)+\overline{\mathrm{dc}}(\zeta,\varkappa)},\\
\mathrm{nd}(2\zeta,\varkappa)&=\frac{1}{\mathrm{dn}(2\zeta,\varkappa)}=-\frac{k^2+\overline{\mathrm{cs}}^2(\zeta,\varkappa)}{k^2-\overline{\mathrm{cs}}^2(\zeta,\varkappa)}=\frac{k^2+\overline{\mathrm{nd}}^2(\zeta,\varkappa)}{k^2-\overline{\mathrm{nd}}^2(\zeta,\varkappa)}=\frac{\overline{\mathrm{ds}}(\zeta,\varkappa)-\overline{\mathrm{nc}}(\zeta,\varkappa)}{\overline{\mathrm{ns}}(\zeta,\varkappa)-\overline{\mathrm{dc}}(\zeta,\varkappa)}=\frac{\overline{\mathrm{cs}}(\zeta,\varkappa)-\overline{\mathrm{nd}}(\zeta,\varkappa)}{\overline{\mathrm{cs}}(\zeta,\varkappa)+\overline{\mathrm{nd}}(\zeta,\varkappa)}.
\end{aligned}\right\}\quad(847)$$

Aus den Gln. $(847)^{3-6}$ und den Gln. (798) folgt unmittelbar und nach Vertauschen von ζ mit $\zeta+\frac{1}{4}$

$$\left.\begin{aligned}
&1-\mathrm{nc}(2\zeta,\varkappa)=\frac{2}{1-\overline{\mathrm{ds}}^2(\zeta,\varkappa)},\quad 1-\mathrm{dc}(2\zeta,\varkappa)=\frac{2k'^2}{k'^2-\overline{\mathrm{ns}}^2(\zeta,\varkappa)},\quad 1-\mathrm{nd}(2\zeta,\varkappa)=\frac{2k^2}{k^2-\overline{\mathrm{cs}}^2(\zeta,\varkappa)},\\
&1-\mathrm{cn}(2\zeta,\varkappa)=\frac{2}{1+\overline{\mathrm{ds}}^2(\zeta,\varkappa)},\quad 1-\mathrm{cd}(2\zeta,\varkappa)=\frac{2k'^2}{k'^2+\overline{\mathrm{ns}}^2(\zeta,\varkappa)},\quad 1-\mathrm{dn}(2\zeta,\varkappa)=\frac{2k^2}{k^2+\overline{\mathrm{cs}}^2(\zeta,\varkappa)},\\
&1+\mathrm{nc}(2\zeta,\varkappa)=\frac{2}{1-\overline{\mathrm{nc}}^2(\zeta,\varkappa)},\quad 1+\mathrm{dc}(2\zeta,\varkappa)=\frac{2k'^2}{k'^2-\overline{\mathrm{dc}}^2(\zeta,\varkappa)},\quad 1+\mathrm{nd}(2\zeta,\varkappa)=\frac{2k^2}{k^2-\overline{\mathrm{nd}}^2(\zeta,\varkappa)},\\
&1+\mathrm{cn}(2\zeta,\varkappa)=\frac{2}{1+\overline{\mathrm{nc}}^2(\zeta,\varkappa)},\quad 1+\mathrm{cd}(2\zeta,\varkappa)=\frac{2k'^2}{k'^2+\overline{\mathrm{dc}}^2(\zeta,\varkappa)},\quad 1+\mathrm{dn}(2\zeta,\varkappa)=\frac{2k^2}{k^2+\overline{\mathrm{nd}}^2(\zeta,\varkappa)};\\
&1+\frac{1}{k'}\mathrm{ds}(2\zeta,\varkappa)=\frac{2}{1-\overline{\mathrm{ds}}^2(\zeta+\frac{1}{4},\varkappa)},\quad 1-\frac{1}{k'}\mathrm{ds}(2\zeta,\varkappa)=\frac{2}{1-\overline{\mathrm{nc}}^2(\zeta+\frac{1}{4},\varkappa)},\\
&1+k'\,\mathrm{sd}(2\zeta,\varkappa)=\frac{2}{1+\overline{\mathrm{ds}}^2(\zeta+\frac{1}{4},\varkappa)},\quad 1-k'\,\mathrm{sd}(2\zeta,\varkappa)=\frac{2}{1+\overline{\mathrm{nc}}^2(\zeta+\frac{1}{4},\varkappa)},\\
&1+\mathrm{ns}(2\zeta,\varkappa)=\frac{2k'^2}{k'^2-\overline{\mathrm{ns}}^2(\zeta+\frac{1}{4},\varkappa)},\quad 1-\mathrm{ns}(2\zeta,\varkappa)=\frac{2k'^2}{k'^2-\overline{\mathrm{dc}}^2(\zeta+\frac{1}{4},\varkappa)},\\
&1+\mathrm{sn}(2\zeta,\varkappa)=\frac{2k'^2}{k'^2+\overline{\mathrm{ns}}^2(\zeta+\frac{1}{4},\varkappa)},\quad 1-\mathrm{sn}(2\zeta,\varkappa)=\frac{2k'^2}{k'^2+\overline{\mathrm{dc}}^2(\zeta+\frac{1}{4},\varkappa)}.
\end{aligned}\right\}\quad(848)$$

Die sukzessive Addition und Subtraktion der drei oberen der Gln. (847) liefert

$$\left.\begin{aligned}
&\overline{\mathrm{cs}}(\zeta,\varkappa)=-\overline{\mathrm{sc}}(\zeta,\varkappa)=\mathrm{ds}(2\zeta,\varkappa)-\mathrm{ns}(2\zeta,\varkappa),\quad \overline{\mathrm{cs}}\left(\frac{\zeta}{2},\varkappa\right)=-\overline{\mathrm{sc}}\left(\frac{\zeta}{2},\varkappa\right)=-\mathrm{ds}(\zeta,\varkappa)-\mathrm{ns}(\zeta,\varkappa),\\
&\overline{\mathrm{ds}}(\zeta,\varkappa)=-\overline{\mathrm{sd}}(\zeta,\varkappa)=\mathrm{ns}(2\zeta,\varkappa)-\mathrm{cs}(2\zeta,\varkappa),\quad \overline{\mathrm{ds}}\left(\frac{\zeta}{2},\varkappa\right)=-\overline{\mathrm{sd}}\left(\frac{\zeta}{2},\varkappa\right)=-\mathrm{ns}(\zeta,\varkappa)-\mathrm{cs}(\zeta,\varkappa),\\
&\overline{\mathrm{ns}}(\zeta,\varkappa)=-\overline{\mathrm{sn}}(\zeta,\varkappa)=-\mathrm{cs}(2\zeta,\varkappa)-\mathrm{ds}(2\zeta,\varkappa),\quad \overline{\mathrm{ns}}\left(\frac{\zeta}{2},\varkappa\right)=-\overline{\mathrm{sn}}\left(\frac{\zeta}{2},\varkappa\right)=-\mathrm{cs}(\zeta,\varkappa)-\mathrm{ds}(\zeta,\varkappa),\\
&\overline{\mathrm{nc}}(\zeta,\varkappa)=-\overline{\mathrm{cn}}(\zeta,\varkappa)=+\mathrm{ns}(2\zeta,\varkappa)-\mathrm{cs}(2\zeta,\varkappa),\quad \overline{\mathrm{nc}}\left(\frac{\zeta}{2},\varkappa\right)=-\overline{\mathrm{cn}}\left(\frac{\zeta}{2},\varkappa\right)=+\mathrm{ns}(\zeta,\varkappa)-\mathrm{cs}(\zeta,\varkappa),\\
&\overline{\mathrm{dc}}(\zeta,\varkappa)=-\overline{\mathrm{cd}}(\zeta,\varkappa)=-\mathrm{cs}(2\zeta,\varkappa)+\mathrm{ds}(2\zeta,\varkappa),\quad \overline{\mathrm{dc}}\left(\frac{\zeta}{2},\varkappa\right)=-\overline{\mathrm{cd}}\left(\frac{\zeta}{2},\varkappa\right)=-\mathrm{cs}(\zeta,\varkappa)+\mathrm{ds}(\zeta,\varkappa),\\
&\overline{\mathrm{nd}}(\zeta,\varkappa)=-\overline{\mathrm{dn}}(\zeta,\varkappa)=-\mathrm{ds}(2\zeta,\varkappa)+\mathrm{ns}(2\zeta,\varkappa),\quad \overline{\mathrm{nd}}\left(\frac{\zeta}{2},\varkappa\right)=-\overline{\mathrm{dn}}\left(\frac{\zeta}{2},\varkappa\right)=-\mathrm{ds}(\zeta,\varkappa)+\mathrm{ns}(\zeta,\varkappa),\\
&\overline{\mathrm{cs}}(\zeta,\varkappa)+\overline{\mathrm{ds}}(\zeta,\varkappa)+\overline{\mathrm{ns}}(\zeta,\varkappa)=-2[\mathrm{cs}(2\zeta,\varkappa)+\mathrm{ds}(2\zeta,\varkappa)+\mathrm{ns}(2\zeta,\varkappa)],\\
&\mathrm{cs}(2\zeta,\varkappa)+\mathrm{ds}(2\zeta,\varkappa)+\mathrm{ns}(2\zeta,\varkappa)=-\frac{1}{2}[\overline{\mathrm{cs}}(\zeta,\varkappa)+\overline{\mathrm{ds}}(\zeta,\varkappa)+\overline{\mathrm{ns}}(\zeta,\varkappa)].
\end{aligned}\right\}\quad(849)$$

Die Auflösung von (849) nach den Funktionen der rechten Seiten ergibt mit (772)

$$\left.\begin{aligned}
\mathrm{cs}(2\zeta,\varkappa)&=-\frac{1}{2}(\overline{\mathrm{ns}}(\zeta,\varkappa)+\overline{\mathrm{dc}}(\zeta,\varkappa))=-\frac{1}{2}(\overline{\mathrm{ds}}(\zeta,\varkappa)+\overline{\mathrm{nc}}(\zeta,\varkappa))=\frac{1}{\mathrm{sc}(2\zeta,\varkappa)},\\
\mathrm{ds}(2\zeta,\varkappa)&=-\frac{1}{2}(\overline{\mathrm{cs}}(\zeta,\varkappa)+\overline{\mathrm{nd}}(\zeta,\varkappa))=-\frac{1}{2}(\overline{\mathrm{ns}}(\zeta,\varkappa)+\overline{\mathrm{cd}}(\zeta,\varkappa))=\frac{1}{\mathrm{sd}(2\zeta,\varkappa)},\\
\mathrm{ns}(2\zeta,\varkappa)&=-\frac{1}{2}(\overline{\mathrm{ds}}(\zeta,\varkappa)+\overline{\mathrm{cn}}(\zeta,\varkappa))=-\frac{1}{2}(\overline{\mathrm{cs}}(\zeta,\varkappa)+\overline{\mathrm{dn}}(\zeta,\varkappa))=\frac{1}{\mathrm{sn}(2\zeta,\varkappa)}.
\end{aligned}\right\}\quad(850)$$

Die Doppelargument-Transformation der logarithmischen Ableitungen der JACOBIschen elliptischen Funktionen folgt aus (768) durch Vertauschen von ζ mit 2ζ, wobei

$$\mathrm{ns}(4\zeta, 2\varkappa), \quad \mathrm{sn}(4\zeta, 2\varkappa), \quad \mathrm{cs}\left(2\zeta, \frac{\varkappa}{2}\right), \quad \mathrm{sc}\left(2\zeta, \frac{\varkappa}{2}\right)$$

durch (850) unter entsprechender Argument- und Parametervertauschung gegeben sind. Die Gleichungen lauten

$$\left.\begin{aligned}
&\overline{\mathrm{cs}}(2\zeta,\varkappa) = -\overline{\mathrm{sc}}(2\zeta,\varkappa) = \frac{1+k'}{2}\left(\overline{\mathrm{ds}}(2\zeta,2\varkappa)+\overline{\mathrm{cn}}(2\zeta,2\varkappa)\right) = \frac{1+k'}{2}\left(\overline{\mathrm{cs}}(2\zeta,2\varkappa)+\overline{\mathrm{dn}}(2\zeta,2\varkappa)\right),\\
&\overline{\mathrm{ds}}(2\zeta,\varkappa) = -\overline{\mathrm{sd}}(2\zeta,\varkappa) = \overline{\mathrm{cs}}(2\zeta,\varkappa)+\overline{\mathrm{dc}}(2\zeta,\varkappa),\\
&\overline{\mathrm{ns}}(2\zeta,\varkappa) = -\overline{\mathrm{sn}}(2\zeta,\varkappa) = \frac{1+k}{2}\left(\overline{\mathrm{ns}}\left(\zeta,\frac{\varkappa}{2}\right)+\overline{\mathrm{dc}}\left(\zeta,\frac{\varkappa}{2}\right)\right) = \frac{1+k}{2}\left(\overline{\mathrm{ds}}\left(\zeta,\frac{\varkappa}{2}\right)+\overline{\mathrm{nc}}\left(\zeta,\frac{\varkappa}{2}\right)\right),\\
&\overline{\mathrm{nc}}(2\zeta,\varkappa) = -\overline{\mathrm{cn}}(2\zeta,\varkappa) = \overline{\mathrm{dc}}(2\zeta,\varkappa)+\overline{\mathrm{nd}}(2\zeta,\varkappa),\\
&\overline{\mathrm{dc}}(2\zeta,\varkappa) = -\overline{\mathrm{cd}}(2\zeta,\varkappa) = -\frac{2(1-k)}{\overline{\mathrm{ns}}\left(\zeta,\frac{\varkappa}{2}\right)+\overline{\mathrm{dc}}\left(\zeta,\frac{\varkappa}{2}\right)} = -\frac{2(1-k)}{\overline{\mathrm{ds}}\left(\zeta,\frac{\varkappa}{2}\right)+\overline{\mathrm{nc}}\left(\zeta,\frac{\varkappa}{2}\right)},\\
&\overline{\mathrm{nd}}(2\zeta,\varkappa) = -\overline{\mathrm{dn}}(2\zeta,\varkappa) = -\frac{2(1-k')}{\overline{\mathrm{ds}}(2\zeta,2\varkappa)+\overline{\mathrm{cn}}(2\zeta,2\varkappa)} = -\frac{2(1-k')}{\overline{\mathrm{cs}}(2\zeta,2\varkappa)+\overline{\mathrm{dn}}(2\zeta,2\varkappa)}.
\end{aligned}\right\} \quad (851)$$

Mit (770) und (771) folgt aus (847) und (848) durch Auflösen

$$\left.\begin{aligned}
&\mathrm{cs}^2(\zeta,\varkappa) = \frac{1}{\mathrm{sc}^2(\zeta,\varkappa)} = \frac{\mathrm{dc}(2\zeta,\varkappa)+1}{\mathrm{nc}(2\zeta,\varkappa)-1}, &&\overline{\mathrm{cs}}^2(\zeta,\varkappa) = \frac{1+\mathrm{nd}(2\zeta,\varkappa)}{1-\mathrm{cd}(2\zeta,\varkappa)}k'^2 + \frac{1+\mathrm{dn}(2\zeta,\varkappa)}{1+\mathrm{cn}(2\zeta,\varkappa)},\\
&\mathrm{ds}^2(\zeta,\varkappa) = \frac{1}{\mathrm{sd}^2(\zeta,\varkappa)} = \frac{1+\mathrm{nd}(2\zeta,\varkappa)}{1-\mathrm{cd}(2\zeta,\varkappa)}k'^2, &&\overline{\mathrm{ds}}^2(\zeta,\varkappa) = \frac{1+\mathrm{cn}(2\zeta,\varkappa)}{1-\mathrm{cn}(2\zeta,\varkappa)} = -\frac{1+\mathrm{nc}(2\zeta,\varkappa)}{1-\mathrm{nc}(2\zeta,\varkappa)},\\
&\mathrm{ns}^2(\zeta,\varkappa) = \frac{1}{\mathrm{sn}^2(\zeta,\varkappa)} = \frac{1+\mathrm{dn}(2\zeta,\varkappa)}{1-\mathrm{cn}(2\zeta,\varkappa)}, &&\overline{\mathrm{ns}}^2(\zeta,\varkappa) = \frac{1+\mathrm{nd}(2\zeta,\varkappa)}{1-\mathrm{cd}(2\zeta,\varkappa)}k'^2 - \frac{1+\mathrm{dc}(2\zeta,\varkappa)}{1+\mathrm{nc}(2\zeta,\varkappa)},\\
&\mathrm{nc}^2(\zeta,\varkappa) = \frac{1}{\mathrm{cn}^2(\zeta,\varkappa)} = \frac{1+\mathrm{nd}(2\zeta,\varkappa)}{1+\mathrm{cd}(2\zeta,\varkappa)}, &&\overline{\mathrm{nc}}^2(\zeta,\varkappa) = \frac{1-\mathrm{cn}(2\zeta,\varkappa)}{1+\mathrm{cn}(2\zeta,\varkappa)} = -\frac{1-\mathrm{nc}(2\zeta,\varkappa)}{1+\mathrm{nc}(2\zeta,\varkappa)},\\
&\mathrm{dc}^2(\zeta,\varkappa) = \frac{1}{\mathrm{cd}^2(\zeta,\varkappa)} = \frac{1+\mathrm{dn}(2\zeta,\varkappa)}{1+\mathrm{cn}(2\zeta,\varkappa)}, &&\overline{\mathrm{dc}}^2(\zeta,\varkappa) = \frac{1-\mathrm{cd}(2\zeta,\varkappa)}{1+\mathrm{cd}(2\zeta,\varkappa)}k'^2 = -\frac{1-\mathrm{dc}(2\zeta,\varkappa)}{1+\mathrm{dc}(2\zeta,\varkappa)}k'^2,\\
&\mathrm{nd}^2(\zeta,\varkappa) = \frac{1}{\mathrm{dn}^2(\zeta,\varkappa)} = \frac{1+\mathrm{nc}(2\zeta,\varkappa)}{1+\mathrm{dc}(2\zeta,\varkappa)}, &&\overline{\mathrm{nd}}^2(\zeta,\varkappa) = \frac{1-\mathrm{dn}(2\zeta,\varkappa)}{1+\mathrm{dn}(2\zeta,\varkappa)}k^2 = -\frac{1-\mathrm{nd}(2\zeta,\varkappa)}{1+\mathrm{nd}(2\zeta,\varkappa)}k^2.
\end{aligned}\right\} \quad (852)$$

Wird in (852) ζ mit $\zeta \pm \frac{1}{4}$, $\zeta \pm \frac{i\varkappa}{4}$, $\zeta + \frac{1}{4} \pm \frac{i\varkappa}{4}$, $\zeta - \frac{1}{4} \pm \frac{i\varkappa}{4}$ vertauscht, so ergeben sich unter Beachtung von (770) und (793) bis (795) die weiteren Transformationsgleichungen

$$\begin{aligned}
&\mathrm{cs}^2\left(\zeta\pm\frac{1}{4},\varkappa\right) = \frac{1}{\mathrm{sc}^2(\zeta\pm\frac{1}{4},\varkappa)} = k'\frac{\mathrm{ns}(2\zeta,\varkappa)\mp 1}{\mathrm{ds}(2\zeta,\varkappa)\pm k'}, &&\overline{\mathrm{cs}}^2\left(\zeta\pm\frac{1}{4},\varkappa\right) = \frac{k'+\mathrm{dn}(2\zeta,\varkappa)}{1\pm\mathrm{sn}(2\zeta,\varkappa)}k' + \frac{1+k'\,\mathrm{nd}(2\zeta,\varkappa)}{1\mp k'\,\mathrm{sd}(2\zeta,\varkappa)},\\
&\mathrm{ds}^2\left(\zeta\pm\frac{1}{4},\varkappa\right) = \frac{1}{\mathrm{sd}^2(\zeta\pm\frac{1}{4},\varkappa)} = k'\frac{k'+\mathrm{dn}(2\zeta,\varkappa)}{1\pm\mathrm{sn}(2\zeta,\varkappa)}, &&\overline{\mathrm{ds}}^2\left(\zeta\pm\frac{1}{4},\varkappa\right) = \frac{1\mp k'\,\mathrm{sd}(2\zeta,\varkappa)}{1\pm k'\,\mathrm{sd}(2\zeta,\varkappa)} = -\frac{k'\mp\mathrm{ds}(2\zeta,\varkappa)}{k'\pm\mathrm{ds}(2\zeta,\varkappa)},\\
&\mathrm{ns}^2\left(\zeta\pm\frac{1}{4},\varkappa\right) = \frac{1}{\mathrm{sn}^2(\zeta\pm\frac{1}{4},\varkappa)} = \frac{1+k'\,\mathrm{nd}(2\zeta,\varkappa)}{1\pm k'\,\mathrm{sd}(2\zeta,\varkappa)}, &&\overline{\mathrm{ns}}^2\left(\zeta\pm\frac{1}{4},\varkappa\right) = \frac{k'+\mathrm{dn}(2\zeta,\varkappa)}{1\pm\mathrm{sn}(2\zeta,\varkappa)}k' - \frac{1\mp\mathrm{ns}(2\zeta,\varkappa)}{k'\mp\mathrm{ds}(2\zeta,\varkappa)}k',\\
&\mathrm{nc}^2\left(\zeta\pm\frac{1}{4},\varkappa\right) = \frac{1}{\mathrm{cn}^2(\zeta\pm\frac{1}{4},\varkappa)} = \frac{1}{k'}\frac{k'+\mathrm{dn}(2\zeta,\varkappa)}{1\mp\mathrm{sn}(2\zeta,\varkappa)}, &&\overline{\mathrm{nc}}^2\left(\zeta\pm\frac{1}{4},\varkappa\right) = \frac{1\pm k'\,\mathrm{sd}(2\zeta,\varkappa)}{1\mp k'\,\mathrm{sd}(2\zeta,\varkappa)} = -\frac{k'\pm\mathrm{ds}(2\zeta,\varkappa)}{k'\mp\mathrm{ds}(2\zeta,\varkappa)},\\
&\mathrm{dc}^2\left(\zeta\pm\frac{1}{4},\varkappa\right) = \frac{1}{\mathrm{cd}^2(\zeta\pm\frac{1}{4},\varkappa)} = \frac{1+k'\,\mathrm{nd}(2\zeta,\varkappa)}{1\mp k'\,\mathrm{sd}(2\zeta,\varkappa)}, &&\overline{\mathrm{dc}}^2\left(\zeta\pm\frac{1}{4},\varkappa\right) = \frac{1\pm\mathrm{sn}(2\zeta,\varkappa)}{1\mp\mathrm{sn}(2\zeta,\varkappa)}k'^2 = -\frac{1\pm\mathrm{ns}(2\zeta,\varkappa)}{1\mp\mathrm{ns}(2\zeta,\varkappa)}k'^2,\\
&\mathrm{nd}^2\left(\zeta\pm\frac{1}{4},\varkappa\right) = \frac{1}{\mathrm{dn}^2(\zeta\pm\frac{1}{4},\varkappa)} = \frac{1}{k'}\frac{k'\mp\mathrm{ds}(2\zeta,\varkappa)}{1\mp\mathrm{ns}(2\zeta,\varkappa)}, &&\overline{\mathrm{nd}}^2\left(\zeta\pm\frac{1}{4},\varkappa\right) = \frac{1-k'\,\mathrm{nd}(2\zeta,\varkappa)}{1+k'\,\mathrm{nd}(2\zeta,\varkappa)}k^2 = -\frac{k'-\mathrm{dn}(2\zeta,\varkappa)}{k'+\mathrm{dn}(2\zeta,\varkappa)}k^2;\\
&\mathrm{cs}^2\left(\zeta\pm\frac{i\varkappa}{4},\varkappa\right) = \frac{1}{\mathrm{sc}^2\left(\zeta\pm\frac{i\varkappa}{4},\varkappa\right)} = -k'^2\frac{1\pm i\,k\,\mathrm{sd}(2\zeta,\varkappa)}{1-k\,\mathrm{cd}(2\zeta,\varkappa)} = -\frac{1+k\,\mathrm{cd}(2\zeta,\varkappa)}{1\mp i\,k\,\mathrm{sd}(2\zeta,\varkappa)},
\end{aligned}$$

$$\operatorname{ds}^2\left(\zeta \pm \frac{i\varkappa}{4}, \varkappa\right) = \frac{1}{\operatorname{sd}^2\left(\zeta \pm \frac{i\varkappa}{4}, \varkappa\right)} = k\,k'^2 \frac{1 \pm i \operatorname{sc}(2\zeta, \varkappa)}{k - \operatorname{dc}(2\zeta, \varkappa)} = -k \frac{k + \operatorname{dc}(2\zeta, \varkappa)}{1 \mp i \operatorname{sc}(2\zeta, \varkappa)},$$

$$\operatorname{ns}^2\left(\zeta \pm \frac{i\varkappa}{4}, \varkappa\right) = \frac{1}{\operatorname{sn}^2\left(\zeta \pm \frac{i\varkappa}{4}, \varkappa\right)} = k \frac{k - \operatorname{cd}(2\zeta, \varkappa) \mp i k'^2 \operatorname{sd}(2\zeta, \varkappa)}{1 - k \operatorname{cd}(2\zeta, \varkappa)} = k \frac{1 - k \operatorname{cd}(2\zeta, \varkappa)}{k - \operatorname{cd}(2\zeta, \varkappa) \pm i k'^2 \operatorname{sd}(2\zeta, \varkappa)},$$

$$\operatorname{nc}^2\left(\zeta \pm \frac{i\varkappa}{4}, \varkappa\right) = \frac{1}{\operatorname{cn}^2\left(\zeta \pm \frac{i\varkappa}{4}, \varkappa\right)} = k \frac{1 \pm i \operatorname{sc}(2\zeta, \varkappa)}{k + \operatorname{dc}(2\zeta, \varkappa)} = -\frac{k}{k'^2} \frac{k - \operatorname{dc}(2\zeta, \varkappa)}{1 \mp i \operatorname{sc}(2\zeta, \varkappa)},$$

$$\operatorname{dc}^2\left(\zeta \pm \frac{i\varkappa}{4}, \varkappa\right) = \frac{1}{\operatorname{cd}^2\left(\zeta \pm \frac{i\varkappa}{4}, \varkappa\right)} = k \frac{k + \operatorname{cd}(2\zeta, \varkappa) \pm i k'^2 \operatorname{sd}(2\zeta, \varkappa)}{1 + k \operatorname{cd}(2\zeta, \varkappa)} = k \frac{1 + k \operatorname{cd}(2\zeta, \varkappa)}{k + \operatorname{cd}(2\zeta, \varkappa) \mp i k'^2 \operatorname{sd}(2\zeta, \varkappa)},$$

$$\operatorname{nd}^2\left(\zeta \pm \frac{i\varkappa}{4}, \varkappa\right) = \frac{1}{\operatorname{dn}^2\left(\zeta \pm \frac{i\varkappa}{4}, \varkappa\right)} = \frac{1 \pm i k \operatorname{sd}(2\zeta, \varkappa)}{1 + k \operatorname{cd}(2\zeta, \varkappa)} = \frac{1}{k'^2} \frac{1 - k \operatorname{cd}(2\zeta, \varkappa)}{1 \mp i k \operatorname{sd}(2\zeta, \varkappa)};$$

$$\operatorname{cs}^2\left(\zeta + \frac{1}{4} \pm \frac{i\varkappa}{4}, \varkappa\right) = \frac{1}{\operatorname{sc}^2\left(\zeta + \frac{1}{4} \pm \frac{i\varkappa}{4}, \varkappa\right)} = -k' \frac{k' \pm i k \operatorname{cn}(2\zeta, k)}{1 + k \operatorname{sn}(2\zeta, \varkappa)} = -k' \frac{1 - k \operatorname{sn}(2\zeta, \varkappa)}{k' \mp i k \operatorname{cn}(2\zeta, \varkappa)},$$

$$\operatorname{ds}^2\left(\zeta + \frac{1}{4} \pm \frac{i\varkappa}{4}, \varkappa\right) = \frac{1}{\operatorname{sd}^2\left(\zeta + \frac{1}{4} \pm \frac{i\varkappa}{4}, \varkappa\right)} = k\,k' \frac{k' \mp i \operatorname{cs}(2\zeta, \varkappa)}{k + \operatorname{ns}(2\zeta, \varkappa)} = -k\,k' \frac{k - \operatorname{ns}(2\zeta, \varkappa)}{k' \pm i \operatorname{cs}(2\zeta, \varkappa)},$$

$$\operatorname{ns}^2\left(\zeta + \frac{1}{4} \pm \frac{i\varkappa}{4}, \varkappa\right) = \frac{1}{\operatorname{sn}^2\left(\zeta + \frac{1}{4} \pm \frac{i\varkappa}{4}, \varkappa\right)} = k \frac{k + \operatorname{sn}(2\zeta, \varkappa) \mp i k' \operatorname{cn}(2\zeta, \varkappa)}{1 + k \operatorname{sn}(2\zeta, \varkappa)},$$

$$\operatorname{nc}^2\left(\zeta + \frac{1}{4} \pm \frac{i\varkappa}{4}, \varkappa\right) = \frac{1}{\operatorname{cn}^2\left(\zeta + \frac{1}{4} \pm \frac{i\varkappa}{4}, \varkappa\right)} = \frac{k}{k'} \frac{k' \mp i \operatorname{cs}(2\zeta, \varkappa)}{k - \operatorname{ns}(2\zeta, \varkappa)} = -\frac{k}{k'} \frac{k + \operatorname{ns}(2\zeta, \varkappa)}{k' \pm i \operatorname{cs}(2\zeta, \varkappa)},$$

$$\operatorname{dc}^2\left(\zeta + \frac{1}{4} \pm \frac{i\varkappa}{4}, \varkappa\right) = \frac{1}{\operatorname{cd}^2\left(\zeta + \frac{1}{4} \pm \frac{i\varkappa}{4}, \varkappa\right)} = k \frac{k - \operatorname{sn}(2\zeta, \varkappa) \pm i k' \operatorname{cn}(2\zeta, \varkappa)}{1 - k \operatorname{sn}(2\zeta, \varkappa)},$$

$$\operatorname{nd}^2\left(\zeta + \frac{1}{4} \pm \frac{i\varkappa}{4}, \varkappa\right) = \frac{1}{\operatorname{dn}^2\left(\zeta + \frac{1}{4} \pm \frac{i\varkappa}{4}, \varkappa\right)} = \frac{1}{k'} \frac{k' \pm i k \operatorname{cn}(2\zeta, \varkappa)}{1 - k \operatorname{sn}(2\zeta, \varkappa)} = \frac{1}{k'} \frac{1 + k \operatorname{sn}(2\zeta, \varkappa)}{k' \mp i k \operatorname{cn}(2\zeta, \varkappa)};$$

$$\operatorname{cs}^2\left(\zeta - \frac{1}{4} \pm \frac{i\varkappa}{4}, \varkappa\right) = \frac{1}{\operatorname{sc}^2\left(\zeta - \frac{1}{4} \pm \frac{i\varkappa}{4}, \varkappa\right)} = -k' \frac{k' \mp i k \operatorname{cn}(2\zeta, \varkappa)}{1 - k \operatorname{sn}(2\zeta, \varkappa)} = -k' \frac{1 + k \operatorname{sn}(2\zeta, \varkappa)}{k' \pm i k \operatorname{cn}(2\zeta, \varkappa)},$$

$$\operatorname{ds}^2\left(\zeta - \frac{1}{4} \pm \frac{i\varkappa}{4}, \varkappa\right) = \frac{1}{\operatorname{sd}^2\left(\zeta - \frac{1}{4} \pm \frac{i\varkappa}{4}, \varkappa\right)} = k\,k' \frac{k' \mp i \operatorname{cs}(2\zeta, \varkappa)}{k - \operatorname{ns}(2\zeta, \varkappa)},$$

$$\operatorname{ns}^2\left(\zeta - \frac{1}{4} \pm \frac{i\varkappa}{4}, \varkappa\right) = \frac{1}{\operatorname{sn}^2\left(\zeta - \frac{1}{4} \pm \frac{i\varkappa}{4}, \varkappa\right)} = k \frac{k - \operatorname{sn}(2\zeta, \varkappa) \pm i k' \operatorname{cn}(2\zeta, \varkappa)}{1 - k \operatorname{sn}(2\zeta, \varkappa)},$$

$$\operatorname{nc}^2\left(\zeta - \frac{1}{4} \pm \frac{i\varkappa}{4}, \varkappa\right) = \frac{1}{\operatorname{cn}^2\left(\zeta - \frac{1}{4} \pm \frac{i\varkappa}{4}, \varkappa\right)} = \frac{k}{k'} \frac{k' \mp i \operatorname{cs}(2\zeta, \varkappa)}{k + \operatorname{ns}(2\zeta, \varkappa)},$$

$$\operatorname{dc}^2\left(\zeta - \frac{1}{4} \pm \frac{i\varkappa}{4}, \varkappa\right) = \frac{1}{\operatorname{cd}^2\left(\zeta - \frac{1}{4} \pm \frac{i\varkappa}{4}, \varkappa\right)} = k \frac{k + \operatorname{sn}(2\zeta, \varkappa) \mp i k' \operatorname{cn}(2\zeta, \varkappa)}{1 + k \operatorname{sn}(2\zeta, \varkappa)},$$

$$\operatorname{nd}^2\left(\zeta - \frac{1}{4} \pm \frac{i\varkappa}{4}, \varkappa\right) = \frac{1}{\operatorname{dn}^2\left(\zeta - \frac{1}{4} \pm \frac{i\varkappa}{4}, \varkappa\right)} = \frac{1}{k'} \frac{k' \mp i k \operatorname{cn}(2\zeta, \varkappa)}{1 + k \operatorname{sn}(2\zeta, \varkappa)} = \frac{1}{k'} \frac{1 - k \operatorname{sn}(2\zeta, \varkappa)}{k' \pm i k \operatorname{cn}(2\zeta, \varkappa)}.$$

(853)

Da die speziellen WEIERSTRASSschen $\wp$-Funktionen sich gemäß (766) durch Quadrate JACOBIscher elliptischer Funktionen ausdrücken lassen, sind durch (853) auch die $\wp$-Funktionen für die Argumente $\zeta \pm \frac{1}{4}$, $\zeta \pm \frac{i\varkappa}{4}$, $\zeta \pm \frac{1}{4} \pm \frac{i\varkappa}{4}$ auf lineare Funktionen JACOBIscher elliptischer Funktionen vom Argument 2ζ zurückgeführt.

Die Funktionen sn, ns, cd, dc lassen sich bezüglich der Argumente ζ, $\zeta \pm \frac{1}{4}$, $\zeta \pm \frac{i\varkappa}{4}$, $\zeta \pm \frac{1}{4} \pm \frac{i\varkappa}{4}$ linear durch JACOBIsche elliptische Funktionen vom Argument $\zeta/2$ und Parameter $\varkappa/4$ darstellen. Wird in (27) und (29) je die untere Gleichung durch die obere dividiert und werden hierbei die durch Anwendung von (284) auf sich selbst entstehenden Modultransformationen

$$\left.\begin{aligned} k(4\varkappa) &= \frac{1-k'(2\varkappa)}{1+k'(2\varkappa)} = \left(\frac{1-\sqrt{k'}}{1+\sqrt{k'}}\right)^2, \quad k'(4\varkappa) = \frac{2\sqrt{k'(2\varkappa)}}{1+k'(2\varkappa)} = 2\sqrt{2}\cdot\sqrt[4]{k'}\,\frac{\sqrt{1+k'}}{(1+\sqrt{k'})^2},\\ k\left(\frac{\varkappa}{4}\right) &= \frac{2\sqrt{k\left(\frac{\varkappa}{2}\right)}}{1+k\left(\frac{\varkappa}{2}\right)} = 2\sqrt{2}\cdot\sqrt[4]{k}\,\frac{\sqrt{1+k}}{(1+\sqrt{k})^2}, \quad k'\left(\frac{\varkappa}{4}\right) = \frac{1-k\left(\frac{\varkappa}{2}\right)}{1+k\left(\frac{\varkappa}{2}\right)} = \left(\frac{1-\sqrt{k}}{1+\sqrt{k}}\right)^2 \end{aligned}\right\} \quad (854)$$

beachtet, so folgt bei Vertauschung von $\zeta/2$ mit ζ gemäß (766) zunächst

$$\operatorname{nd}(\zeta,\varkappa) = \frac{1}{\sqrt{k'}}\,\frac{1-\sqrt{k(4\varkappa)}\,\operatorname{cd}(2\zeta,4\varkappa)}{1+\sqrt{k(4\varkappa)}\,\operatorname{cd}(2\zeta,4\varkappa)}, \quad \operatorname{nd}\left(\zeta-\frac{1}{4},\varkappa\right) = \frac{1}{\sqrt{k'}}\,\frac{1-\sqrt{k(4\varkappa)}\,\operatorname{sn}(2\zeta,4\varkappa)}{1+\sqrt{k(4\varkappa)}\,\operatorname{sn}(2\zeta,4\varkappa)}.$$

Diese Gleichungen lassen sich nun nach $\operatorname{cd}(2\zeta, 4\varkappa)$ und $\operatorname{sn}(2\zeta, 4\varkappa)$ auflösen. Wird anschließend $\varkappa$ mit $\frac{\varkappa}{4}$ und dann ζ mit $\frac{\zeta}{2}$, $\frac{\zeta}{2}+\frac{1}{8}$, $\frac{\zeta}{2}\pm\frac{i\varkappa}{8}$, $\frac{\zeta}{2}\pm\frac{1}{8}\pm\frac{i\varkappa}{8}$ vertauscht, so erhält man in Verbindung mit (793) bis (795)

$$\left.\begin{aligned} \operatorname{sn}(\zeta,\varkappa) &= \frac{1}{\sqrt{k}}\,\frac{1-\sqrt{k'\left(\frac{\varkappa}{4}\right)}\operatorname{nd}\left(\frac{\zeta}{2}-\frac{1}{4},\frac{\varkappa}{4}\right)}{1+\sqrt{k'\left(\frac{\varkappa}{4}\right)}\operatorname{nd}\left(\frac{\zeta}{2}-\frac{1}{4},\frac{\varkappa}{4}\right)} = \frac{1}{\operatorname{ns}(\zeta,\varkappa)},\\ \operatorname{cd}(\zeta,\varkappa) &= \frac{1}{\sqrt{k}}\,\frac{1-\sqrt{k'\left(\frac{\varkappa}{4}\right)}\operatorname{nd}\left(\frac{\zeta}{2},\frac{\varkappa}{4}\right)}{1+\sqrt{k'\left(\frac{\varkappa}{4}\right)}\operatorname{nd}\left(\frac{\zeta}{2},\frac{\varkappa}{4}\right)} = \frac{1}{\operatorname{dc}(\zeta,\varkappa)},\\ \operatorname{sn}\left(\zeta+\frac{1}{4},\varkappa\right) &= \frac{1}{\sqrt{k}}\,\frac{1-\sqrt{k'\left(\frac{\varkappa}{4}\right)}\operatorname{nd}\left(\frac{\zeta}{2}-\frac{1}{8},\frac{\varkappa}{4}\right)}{1+\sqrt{k'\left(\frac{\varkappa}{4}\right)}\operatorname{nd}\left(\frac{\zeta}{2}-\frac{1}{8},\frac{\varkappa}{4}\right)} = \frac{1}{\operatorname{ns}\left(\zeta+\frac{1}{4},\varkappa\right)},\\ \operatorname{cd}\left(\zeta+\frac{1}{4},\varkappa\right) &= \frac{1}{\sqrt{k}}\,\frac{1-\sqrt{k'\left(\frac{\varkappa}{4}\right)}\operatorname{nd}\left(\frac{\zeta}{2}+\frac{1}{8},\frac{\varkappa}{4}\right)}{1+\sqrt{k'\left(\frac{\varkappa}{4}\right)}\operatorname{nd}\left(\frac{\zeta}{2}+\frac{1}{8},\frac{\varkappa}{4}\right)} = \frac{1}{\operatorname{dc}\left(\zeta+\frac{1}{4},\varkappa\right)},\\ \operatorname{sn}\left(\zeta\pm\frac{i\varkappa}{4},\varkappa\right) &= \frac{1}{\sqrt{k}}\,\frac{1\mp i\sqrt{k'\left(\frac{\varkappa}{4}\right)}\operatorname{sc}\left(\frac{\zeta}{2}-\frac{1}{4},\frac{\varkappa}{4}\right)}{1\pm i\sqrt{k'\left(\frac{\varkappa}{4}\right)}\operatorname{sc}\left(\frac{\zeta}{2}-\frac{1}{4},\frac{\varkappa}{4}\right)} = \frac{1}{\operatorname{ns}\left(\zeta\pm\frac{i\varkappa}{4},\varkappa\right)},\\ \operatorname{cd}\left(\zeta\pm\frac{i\varkappa}{4},\varkappa\right) &= \frac{1}{\sqrt{k}}\,\frac{1\mp i\sqrt{k'\left(\frac{\varkappa}{4}\right)}\operatorname{sc}\left(\frac{\zeta}{2},\frac{\varkappa}{4}\right)}{1\pm i\sqrt{k'\left(\frac{\varkappa}{4}\right)}\operatorname{sc}\left(\frac{\zeta}{2},\frac{\varkappa}{4}\right)} = \frac{1}{\operatorname{dc}\left(\zeta\pm\frac{i\varkappa}{4},\varkappa\right)},\\ \operatorname{sn}\left(\zeta+\frac{1}{4}\pm\frac{i\varkappa}{4},\varkappa\right) &= \frac{1}{\sqrt{k}}\,\frac{1\mp i\sqrt{k'\left(\frac{\varkappa}{4}\right)}\operatorname{sc}\left(\frac{\zeta}{2}-\frac{1}{8},\frac{\varkappa}{4}\right)}{1\pm i\sqrt{k'\left(\frac{\varkappa}{4}\right)}\operatorname{sc}\left(\frac{\zeta}{2}-\frac{1}{8},\frac{\varkappa}{4}\right)} = \frac{1}{\operatorname{ns}\left(\zeta+\frac{1}{4}\pm\frac{i\varkappa}{4},\varkappa\right)}, \end{aligned}\right\} \quad (855)$$

$$\mathrm{cd}\left(\zeta+\frac{1}{4}\pm\frac{i\varkappa}{4},\varkappa\right)=\frac{1}{\sqrt{k}}\,\frac{1\mp i\sqrt{k'\left(\frac{\varkappa}{4}\right)}\,\mathrm{sc}\left(\frac{\zeta}{2}+\frac{1}{8},\frac{\varkappa}{4}\right)}{1\pm i\sqrt{k'\left(\frac{\varkappa}{4}\right)}\,\mathrm{sc}\left(\frac{\zeta}{2}+\frac{1}{8},\frac{\varkappa}{4}\right)}=\frac{1}{\mathrm{dc}\left(\zeta+\frac{1}{4}\pm\frac{i\varkappa}{4},\varkappa\right)},$$

$$\mathrm{sn}\left(\zeta-\frac{1}{4}\pm\frac{i\varkappa}{4},\varkappa\right)=\frac{1}{\sqrt{k}}\,\frac{\sqrt{k'\left(\frac{\varkappa}{4}\right)}\pm i\,\mathrm{cs}\left(\frac{\zeta}{2}+\frac{1}{8},\frac{\varkappa}{4}\right)}{\sqrt{k'\left(\frac{\varkappa}{4}\right)}\mp i\,\mathrm{cs}\left(\frac{\zeta}{2}+\frac{1}{8},\frac{\varkappa}{4}\right)}=\frac{1}{\mathrm{ns}\left(\zeta-\frac{1}{4}\pm\frac{i\varkappa}{4},\varkappa\right)},$$

$$\mathrm{cd}\left(\zeta-\frac{1}{4}\pm\frac{i\varkappa}{4},\varkappa\right)=\frac{1}{\sqrt{k}}\,\frac{1\mp i\sqrt{k'\left(\frac{\varkappa}{4}\right)}\,\mathrm{sc}\left(\frac{\zeta}{2}-\frac{1}{8},\frac{\varkappa}{4}\right)}{1\pm i\sqrt{k'\left(\frac{\varkappa}{4}\right)}\,\mathrm{sc}\left(\frac{\zeta}{2}-\frac{1}{8},\frac{\varkappa}{4}\right)}=\frac{1}{\mathrm{dc}\left(\zeta-\frac{1}{4}\pm\frac{i\varkappa}{4},\varkappa\right)}.$$

Entsprechende Substitutionsformeln der logarithmischen Ableitungen der JACOBIschen elliptischen Funktionen liefern die Gln. (849), wenn ζ mit $\zeta\pm\frac{1}{4}$, $\zeta\pm\frac{i\varkappa}{4}$, $\zeta\pm\frac{1}{4}\pm\frac{i\varkappa}{4}$ vertauscht wird und die Gln. (793) bis (795) beachtet werden. Unter Einflechtung der ersten, sechsten, neunten und elften der Gln. (843) folgt:

$$\begin{aligned}
&\overline{\mathrm{cs}}\left(\zeta\pm\frac{1}{4},\varkappa\right)=\mp k'\,\mathrm{nc}(2\zeta,\varkappa)\mp\mathrm{dc}(2\zeta,\varkappa)=\mp(1+k')\,\mathrm{dc}\,(2\zeta,2\varkappa),\\
&\overline{\mathrm{ds}}\left(\zeta\pm\frac{1}{4},\varkappa\right)=+k'\,\mathrm{sc}(2\zeta,\varkappa)\mp\mathrm{dc}(2\zeta,\varkappa),\\
&\overline{\mathrm{ns}}\left(\zeta\pm\frac{1}{4},\varkappa\right)=\mp k'\,\mathrm{nc}(2\zeta,\varkappa)+k'\,\mathrm{sc}(2\zeta,\varkappa),\\
&\overline{\mathrm{nc}}\left(\zeta\pm\frac{1}{4},\varkappa\right)=+k'\,\mathrm{sc}(2\zeta,\varkappa)\pm\mathrm{dc}(2\zeta,\varkappa),\\
&\overline{\mathrm{dc}}\left(\zeta\pm\frac{1}{4},\varkappa\right)=+k'\,\mathrm{sc}(2\zeta,\varkappa)\pm k'\,\mathrm{nc}(2\zeta,\varkappa),\\
&\overline{\mathrm{nd}}\left(\zeta\pm\frac{1}{4},\varkappa\right)=\mp k'\,\mathrm{nc}(2\zeta,\varkappa)\pm\mathrm{dc}(2\zeta,\varkappa)=\pm(1-k')\,\mathrm{cd}(2\zeta,2\varkappa);\\
&\overline{\mathrm{cs}}\left(\zeta\pm\frac{i\varkappa}{4},\varkappa\right)=-k\,\mathrm{sn}(2\zeta,\varkappa)\pm i\,k\,\mathrm{cn}(2\zeta,\varkappa),\\
&\overline{\mathrm{ds}}\left(\zeta\pm\frac{i\varkappa}{4},\varkappa\right)=-k\,\mathrm{sn}(2\zeta,\varkappa)\pm i\,\mathrm{dn}(2\zeta,\varkappa),\\
&\overline{\mathrm{ns}}\left(\zeta\pm\frac{i\varkappa}{4},\varkappa\right)=\pm i\,k\,\mathrm{cn}(2\zeta,\varkappa)\pm i\,\mathrm{dn}(2\zeta,\varkappa)=\pm i(1+k)\,\mathrm{dn}\left(\zeta,\frac{\varkappa}{2}\right),\\
&\overline{\mathrm{nc}}\left(\zeta\pm\frac{i\varkappa}{4},\varkappa\right)=+k\,\mathrm{sn}(2\zeta,\varkappa)\pm i\,\mathrm{dn}(2\zeta,\varkappa),\\
&\overline{\mathrm{dc}}\left(\zeta\pm\frac{i\varkappa}{4},\varkappa\right)=\mp i\,k\,\mathrm{cn}(2\zeta,\varkappa)\pm i\,\mathrm{dn}(2\zeta,\varkappa)=\pm i(1-k)\,\mathrm{nd}\left(\zeta,\frac{\varkappa}{2}\right),\\
&\overline{\mathrm{nd}}\left(\zeta\pm\frac{i\varkappa}{4},\varkappa\right)=+k\,\mathrm{sn}(2\zeta,\varkappa)\pm i\,k\,\mathrm{cn}(2\zeta,\varkappa);\\
&\overline{\mathrm{cs}}\left(\zeta+\frac{1}{4}\pm\frac{i\varkappa}{4},\varkappa\right)=-k\,\mathrm{cd}(2\zeta,\varkappa)\mp i\,k\,k'\,\mathrm{sd}(2\zeta,\varkappa),\\
&\overline{\mathrm{ds}}\left(\zeta+\frac{1}{4}\pm\frac{i\varkappa}{4},\varkappa\right)=-k\,\mathrm{cd}(2\zeta,\varkappa)\pm i\,k'\,\mathrm{nd}(2\zeta,\varkappa),\\
&\overline{\mathrm{ns}}\left(\zeta+\frac{1}{4}\pm\frac{i\varkappa}{4},\varkappa\right)=\mp i\,k\,k'\,\mathrm{sd}(2\zeta,\varkappa)\pm i\,k'\,\mathrm{nd}(2\zeta,\varkappa)=\pm i(1+k)\,\mathrm{dn}\left(\zeta+\frac{1}{4},\frac{\varkappa}{2}\right),\\
&\overline{\mathrm{nc}}\left(\zeta+\frac{1}{4}\pm\frac{i\varkappa}{4},\varkappa\right)=+k\,\mathrm{cd}(2\zeta,\varkappa)\pm i\,k'\,\mathrm{nd}(2\zeta,\varkappa),\\
&\overline{\mathrm{dc}}\left(\zeta+\frac{1}{4}\pm\frac{i\varkappa}{4},\varkappa\right)=\pm i\,k\,k'\,\mathrm{sd}(2\zeta,\varkappa)\pm i\,k'\,\mathrm{nd}(2\zeta,\varkappa)=\pm i(1-k)\,\mathrm{nd}\left(\zeta+\frac{1}{4},\frac{\varkappa}{2}\right),
\end{aligned}\qquad(856)$$

$$\left.\begin{aligned}
\overline{\mathrm{nd}}\left(\zeta+\frac{1}{4}\pm\frac{i\varkappa}{4},\varkappa\right)&=+k\,\mathrm{cd}(2\zeta,\varkappa)\mp i\,k\,k'\,\mathrm{sd}(2\zeta,\varkappa);\\
\overline{\mathrm{cs}}\left(\zeta-\frac{1}{4}\pm\frac{i\varkappa}{4},\varkappa\right)&=+k\,\mathrm{cd}(2\zeta,\varkappa)\pm i\,k\,k'\,\mathrm{sd}(2\zeta,\varkappa),\\
\overline{\mathrm{ds}}\left(\zeta-\frac{1}{4}\pm\frac{i\varkappa}{4},\varkappa\right)&=+k\,\mathrm{cd}(2\zeta,\varkappa)\pm i\,k'\,\mathrm{nd}(2\zeta,\varkappa),\\
\overline{\mathrm{ns}}\left(\zeta-\frac{1}{4}\pm\frac{i\varkappa}{4},\varkappa\right)&=\pm i\,k\,k'\,\mathrm{sd}(2\zeta,\varkappa)\pm i\,k'\,\mathrm{nd}(2\zeta,\varkappa)=\pm i(1+k)\,\mathrm{dn}\left(\zeta-\frac{1}{4},\frac{\varkappa}{2}\right),\\
\overline{\mathrm{nc}}\left(\zeta-\frac{1}{4}\pm\frac{i\varkappa}{4},\varkappa\right)&=-k\,\mathrm{cd}(2\zeta,\varkappa)\pm i\,k'\,\mathrm{nd}(2\zeta,\varkappa),\\
\overline{\mathrm{dc}}\left(\zeta-\frac{1}{4}\pm\frac{i\varkappa}{4},\varkappa\right)&=\mp i\,k\,k'\,\mathrm{sd}(2\zeta,\varkappa)\pm i\,k'\,\mathrm{nd}(2\zeta,\varkappa)=\pm i(1-k)\,\mathrm{nd}\left(\zeta-\frac{1}{4},\frac{\varkappa}{2}\right),\\
\overline{\mathrm{nd}}\left(\zeta-\frac{1}{4}\pm\frac{i\varkappa}{4},\varkappa\right)&=-k\,\mathrm{cd}(2\zeta,\varkappa)\pm i\,k\,k'\,\mathrm{sd}(2\zeta,\varkappa).
\end{aligned}\right|$$

Wird in (853) und (856) $\zeta = 0$ gesetzt sowie, wo erforderlich, die Wurzel gezogen und beachtet man bezüglich der Vorzeichenfestsetzung den geraden oder ungeraden Funktionscharakter sowie die Gln. (824) und die Potenzreihen-Entwicklungen (815) und (816), so ergibt sich:

$$\left.\begin{aligned}
&\mathrm{cs}\left(\pm\frac{1}{4},\varkappa\right)=\mathrm{cs}\left(\pm\frac{K}{2},k\right)=\pm\sqrt{k'}, && \mathrm{cs}\left(\pm\frac{i\varkappa}{4},\varkappa\right)=\mathrm{cs}\left(\pm\frac{iK'}{2},k\right)=\mp i\sqrt{1+k},\\
&\mathrm{ds}\left(\pm\frac{1}{4},\varkappa\right)=\mathrm{ds}\left(\pm\frac{K}{2},k\right)=\pm\sqrt{k'(1+k')}, && \mathrm{ds}\left(\pm\frac{i\varkappa}{4},\varkappa\right)=\mathrm{ds}\left(\pm\frac{iK'}{2},k\right)=\mp i\sqrt{k(1+k)},\\
&\mathrm{ns}\left(\pm\frac{1}{4},\varkappa\right)=\mathrm{ns}\left(\pm\frac{K}{2},k\right)=\pm\sqrt{1+k'}, && \mathrm{ns}\left(\pm\frac{i\varkappa}{4},\varkappa\right)=\mathrm{ns}\left(\pm\frac{iK'}{2},k\right)=\mp i\sqrt{k},\\
&\mathrm{sc}\left(\pm\frac{1}{4},\varkappa\right)=\mathrm{sc}\left(\pm\frac{K}{2},k\right)=\pm\frac{1}{\sqrt{k'}}, && \mathrm{sc}\left(\pm\frac{i\varkappa}{4},\varkappa\right)=\mathrm{sc}\left(\pm\frac{iK'}{2},k\right)=\pm\frac{i}{\sqrt{1+k}},\\
&\mathrm{nc}\left(\pm\frac{1}{4},\varkappa\right)=\mathrm{nc}\left(\pm\frac{K}{2},k\right)=\sqrt{1+\frac{1}{k'}}, && \mathrm{nc}\left(\pm\frac{i\varkappa}{4},\varkappa\right)=\mathrm{nc}\left(\pm\frac{iK'}{2},k\right)=\sqrt{\frac{k}{1+k}},\\
&\mathrm{dc}\left(\pm\frac{1}{4},\varkappa\right)=\mathrm{dc}\left(\pm\frac{K}{2},k\right)=\sqrt{1+k'}, && \mathrm{dc}\left(\pm\frac{i\varkappa}{4},\varkappa\right)=\mathrm{dc}\left(\pm\frac{iK'}{2},k\right)=\sqrt{k},\\
&\mathrm{nd}\left(\pm\frac{1}{4},\varkappa\right)=\mathrm{nd}\left(\pm\frac{K}{2},k\right)=\frac{1}{\sqrt{k'}}, && \mathrm{nd}\left(\pm\frac{i\varkappa}{4},\varkappa\right)=\mathrm{nd}\left(\pm\frac{iK'}{2},k\right)=\frac{1}{\sqrt{1+k}},\\
&\mathrm{sd}\left(\pm\frac{1}{4},\varkappa\right)=\mathrm{sd}\left(\pm\frac{K}{2},k\right)=\pm\frac{1}{\sqrt{k'(1+k')}}, && \mathrm{sd}\left(\pm\frac{i\varkappa}{4},\varkappa\right)=\mathrm{sd}\left(\pm\frac{iK'}{2},k\right)=\pm\frac{i}{\sqrt{k(1+k)}},\\
&\mathrm{cd}\left(\pm\frac{1}{4},\varkappa\right)=\mathrm{cd}\left(\pm\frac{K}{2},k\right)=\frac{1}{\sqrt{1+k'}}, && \mathrm{cd}\left(\pm\frac{i\varkappa}{4},\varkappa\right)=\mathrm{cd}\left(\pm\frac{iK'}{2},k\right)=\frac{1}{\sqrt{k}},\\
&\mathrm{dn}\left(\pm\frac{1}{4},\varkappa\right)=\mathrm{dn}\left(\pm\frac{K}{2},k\right)=\sqrt{k'}, && \mathrm{dn}\left(\pm\frac{i\varkappa}{4},\varkappa\right)=\mathrm{dn}\left(\pm\frac{iK'}{2},k\right)=\sqrt{1+k},\\
&\mathrm{cn}\left(\pm\frac{1}{4},\varkappa\right)=\mathrm{cn}\left(\pm\frac{K}{2},k\right)=\sqrt{\frac{k'}{1+k'}}, && \mathrm{cn}\left(\pm\frac{i\varkappa}{4},\varkappa\right)=\mathrm{cn}\left(\pm\frac{iK'}{2},k\right)=\sqrt{1+\frac{1}{k}},\\
&\mathrm{sn}\left(\pm\frac{1}{4},\varkappa\right)=\mathrm{sn}\left(\pm\frac{K}{2},k\right)=\pm\frac{1}{\sqrt{1+k'}}; && \mathrm{sn}\left(\pm\frac{i\varkappa}{4},\varkappa\right)=\mathrm{sn}\left(\pm\frac{iK'}{2},k\right)=\pm\frac{i}{\sqrt{k}};\\
&\mathrm{cs}\left(\frac{1}{4}\pm\frac{i\varkappa}{4},\varkappa\right)=\sqrt{\frac{k'}{2}(1-k')}\mp i\sqrt{\frac{k'}{2}(1+k')}, && \mathrm{cs}\left(-\frac{1}{4}\pm\frac{i\varkappa}{4},\varkappa\right)=-\sqrt{\frac{k'}{2}(1-k')}\mp i\sqrt{\frac{k'}{2}(1+k')},\\
&\mathrm{ds}\left(\frac{1}{4}\pm\frac{i\varkappa}{4},\varkappa\right)=(1\mp i)\sqrt{\frac{k\,k'}{2}}, && \mathrm{ds}\left(-\frac{1}{4}\pm\frac{i\varkappa}{4},\varkappa\right)=-(1\pm i)\sqrt{\frac{k\,k'}{2}},\\
&\mathrm{ns}\left(\frac{1}{4}\pm\frac{i\varkappa}{4},\varkappa\right)=\sqrt{\frac{k}{2}(1+k)}\mp i\sqrt{\frac{k}{2}(1-k)}, && \mathrm{ns}\left(-\frac{1}{4}\pm\frac{i\varkappa}{4},\varkappa\right)=-\sqrt{\frac{k}{2}(1+k)}\mp i\sqrt{\frac{k}{2}(1-k)},\\
&\mathrm{sc}\left(\frac{1}{4}\pm\frac{i\varkappa}{4},\varkappa\right)=\sqrt{\frac{1}{2}\left(\frac{1}{k'}-1\right)}\pm i\sqrt{\frac{1}{2}\left(\frac{1}{k'}+1\right)}, && \mathrm{sc}\left(-\frac{1}{4}\pm\frac{i\varkappa}{4},\varkappa\right)=-\sqrt{\frac{1}{2}\left(\frac{1}{k'}-1\right)}\pm i\sqrt{\frac{1}{2}\left(\frac{1}{k'}+1\right)},
\end{aligned}\right\}\quad(857)$$

$$
\left.
\begin{aligned}
&\mathrm{nc}\left(\frac{1}{4} \pm \frac{i\varkappa}{4}, \varkappa\right) = (1 \pm i)\sqrt{\frac{k}{2k'}}, &&\mathrm{nc}\left(-\frac{1}{4} \pm \frac{i\varkappa}{4}, \varkappa\right) = (1 \mp i)\sqrt{\frac{k}{2k'}},\\
&\mathrm{dc}\left(\frac{1}{4} \pm \frac{i\varkappa}{4}, \varkappa\right) = \sqrt{\frac{k}{2}(1+k)} \pm i\sqrt{\frac{k}{2}(1-k)}, &&\mathrm{dc}\left(-\frac{1}{4} \pm \frac{i\varkappa}{4}, \varkappa\right) = \sqrt{\frac{k}{2}(1+k)} \mp i\sqrt{\frac{k}{2}(1-k)},\\
&\mathrm{nd}\left(\frac{1}{4} \pm \frac{i\varkappa}{4}, \varkappa\right) = \sqrt{\frac{1}{2}\left(\frac{1}{k'}+1\right)} \pm i\sqrt{\frac{1}{2}\left(\frac{1}{k'}-1\right)}, &&\mathrm{nd}\left(-\frac{1}{4} \pm \frac{i\varkappa}{4}, \varkappa\right) = \sqrt{\frac{1}{2}\left(\frac{1}{k'}+1\right)} \mp i\sqrt{\frac{1}{2}\left(\frac{1}{k'}-1\right)},\\
&\mathrm{sd}\left(\frac{1}{4} \pm \frac{i\varkappa}{4}, \varkappa\right) = (1 \pm i)\frac{1}{\sqrt{2kk'}}, &&\mathrm{sd}\left(-\frac{1}{4} \pm \frac{i\varkappa}{4}, \varkappa\right) = -(1 \mp i)\frac{1}{\sqrt{2kk'}},\\
&\mathrm{cd}\left(\frac{1}{4} \pm \frac{i\varkappa}{4}, \varkappa\right) = \sqrt{\frac{1}{2}\left(\frac{1}{k}+1\right)} \mp i\sqrt{\frac{1}{2}\left(\frac{1}{k}-1\right)}, &&\mathrm{cd}\left(-\frac{1}{4} \pm \frac{i\varkappa}{4}, \varkappa\right) = \sqrt{\frac{1}{2}\left(\frac{1}{k}+1\right)} \pm i\sqrt{\frac{1}{2}\left(\frac{1}{k}-1\right)},\\
&\mathrm{dn}\left(\frac{1}{4} \pm \frac{i\varkappa}{4}, \varkappa\right) = \sqrt{\frac{k'}{2}(1+k')} \mp i\sqrt{\frac{k'}{2}(1-k')}, &&\mathrm{dn}\left(-\frac{1}{4} \pm \frac{i\varkappa}{4}, \varkappa\right) = \sqrt{\frac{k'}{2}(1+k')} \pm i\sqrt{\frac{k'}{2}(1-k')},\\
&\mathrm{cn}\left(\frac{1}{4} \pm \frac{i\varkappa}{4}, \varkappa\right) = (1 \mp i)\sqrt{\frac{k'}{2k}}, &&\mathrm{cn}\left(-\frac{1}{4} \pm \frac{i\varkappa}{4}, \varkappa\right) = (1 \pm i)\sqrt{\frac{k'}{2k}},\\
&\mathrm{sn}\left(\frac{1}{4} \pm \frac{i\varkappa}{4}, \varkappa\right) = \sqrt{\frac{1}{2}\left(\frac{1}{k}+1\right)} \pm i\sqrt{\frac{1}{2}\left(\frac{1}{k}-1\right)}; &&\mathrm{sn}\left(-\frac{1}{4} \pm \frac{i\varkappa}{4}, \varkappa\right) = -\sqrt{\frac{1}{2}\left(\frac{1}{k}+1\right)} \pm i\sqrt{\frac{1}{2}\left(\frac{1}{k}-1\right)}.
\end{aligned}
\right\}
$$

$$
\left.
\begin{aligned}
&\overline{\mathrm{cs}}\left(\pm\frac{1}{4}, \varkappa\right) = \overline{\mathrm{cs}}\left(\pm\frac{K}{2}, k\right) = \mp(1+k'), &&\overline{\mathrm{cs}}\left(\pm\frac{i\varkappa}{4}, \varkappa\right) = \overline{\mathrm{cs}}\left(\pm\frac{iK'}{2}, k\right) = \pm i\,k,\\
&\overline{\mathrm{ds}}\left(\pm\frac{1}{4}, \varkappa\right) = \overline{\mathrm{ds}}\left(\pm\frac{K}{2}, k\right) = \mp 1, &&\overline{\mathrm{ds}}\left(\pm\frac{i\varkappa}{4}, \varkappa\right) = \overline{\mathrm{ds}}\left(\pm\frac{iK'}{2}, k\right) = \pm i,\\
&\overline{\mathrm{ns}}\left(\pm\frac{1}{4}, \varkappa\right) = \overline{\mathrm{ns}}\left(\pm\frac{K}{2}, k\right) = \mp k', &&\overline{\mathrm{ns}}\left(\pm\frac{i\varkappa}{4}, \varkappa\right) = \overline{\mathrm{ns}}\left(\pm\frac{iK'}{2}, k\right) = \pm i(1+k),\\
&\overline{\mathrm{nc}}\left(\pm\frac{1}{4}, \varkappa\right) = \overline{\mathrm{nc}}\left(\pm\frac{K}{2}, k\right) = \pm 1, &&\overline{\mathrm{nc}}\left(\pm\frac{i\varkappa}{4}, \varkappa\right) = \overline{\mathrm{nc}}\left(\pm\frac{iK'}{2}, k\right) = \pm i,\\
&\overline{\mathrm{dc}}\left(\pm\frac{1}{4}, \varkappa\right) = \overline{\mathrm{dc}}\left(\pm\frac{K}{2}, k\right) = \pm k', &&\overline{\mathrm{dc}}\left(\pm\frac{i\varkappa}{4}, \varkappa\right) = \overline{\mathrm{dc}}\left(\pm\frac{iK'}{2}, k\right) = \pm i(1-k),\\
&\overline{\mathrm{nd}}\left(\pm\frac{1}{4}, \varkappa\right) = \overline{\mathrm{nd}}\left(\pm\frac{K}{2}, k\right) = \pm(1-k'); &&\overline{\mathrm{nd}}\left(\pm\frac{i\varkappa}{4}, \varkappa\right) = \overline{\mathrm{nd}}\left(\pm\frac{iK'}{2}, k\right) = \pm i\,k;\\
&\overline{\mathrm{cs}}\left(\frac{1}{4} \pm \frac{i\varkappa}{4}, \varkappa\right) = -k, &&\overline{\mathrm{cs}}\left(-\frac{1}{4} \pm \frac{i\varkappa}{4}, \varkappa\right) = +k,\\
&\overline{\mathrm{ds}}\left(\frac{1}{4} \pm \frac{i\varkappa}{4}, \varkappa\right) = -k \pm i\,k', &&\overline{\mathrm{ds}}\left(-\frac{1}{4} \pm \frac{i\varkappa}{4}, \varkappa\right) = +k \pm i\,k',\\
&\overline{\mathrm{ns}}\left(\frac{1}{4} \pm \frac{i\varkappa}{4}, \varkappa\right) = \pm i\,k', &&\overline{\mathrm{ns}}\left(-\frac{1}{4} \pm \frac{i\varkappa}{4}, \varkappa\right) = \ i\,k',\\
&\overline{\mathrm{nc}}\left(\frac{1}{4} \pm \frac{i\varkappa}{4}, \varkappa\right) = +k \pm i\,k', &&\overline{\mathrm{nc}}\left(-\frac{1}{4} \pm \frac{i\varkappa}{4}, \varkappa\right) = -k \pm i\,k',\\
&\overline{\mathrm{dc}}\left(\frac{1}{4} \pm \frac{i\varkappa}{4}, \varkappa\right) = \pm i\,k', &&\overline{\mathrm{dc}}\left(-\frac{1}{4} \pm \frac{i\varkappa}{4}, \varkappa\right) = \pm i\,k',\\
&\overline{\mathrm{nd}}\left(\frac{1}{4} \pm \frac{i\varkappa}{4}, \varkappa\right) = +k; &&\overline{\mathrm{nd}}\left(-\frac{1}{4} \pm \frac{i\lambda}{4}, \varkappa\right) = -k.
\end{aligned}
\right\} \quad (858)
$$

Die erste, sechste, neunte und elfte der Gln. (856) stellen eine teilweise Neuformulierung der Landenschen und Gaussschen Transformationsgleichungen dar. Die Gln. (844) und (849) gestatten eine einfachere Formulierung des Additionstheorems der logarithmischen Ableitungen der Jacobischen elliptischen Funktionen. Sie lautet:

$$
\begin{aligned}
&\overline{\mathrm{cs}}\left(\frac{\zeta+\zeta_0}{2}, \varkappa\right) = -\overline{\mathrm{sc}}\left(\frac{\zeta+\zeta_0}{2}, \varkappa\right) = \frac{[\mathrm{ns}(\zeta,\varkappa)\,\mathrm{dn}(\zeta_0,\varkappa) + \mathrm{ds}(\zeta,\varkappa)]\,[\mathrm{cs}(\zeta,\varkappa)\,\mathrm{sn}(\zeta_0,\varkappa) - \mathrm{cn}(\zeta_0,\varkappa)]}{1 - \mathrm{ns}^2(\zeta,\varkappa)\,\mathrm{sn}^2(\zeta_0,\varkappa)},\\
&\overline{\mathrm{ds}}\left(\frac{\zeta+\zeta_0}{2}, \varkappa\right) = -\overline{\mathrm{sd}}\left(\frac{\zeta+\zeta_0}{2}, \varkappa\right) = \frac{[\mathrm{ns}(\zeta,\varkappa)\,\mathrm{cn}(\zeta_0,\varkappa) + \mathrm{cs}(\zeta,\varkappa)]\,[\mathrm{ds}(\zeta,\varkappa)\,\mathrm{sn}(\zeta_0,\varkappa) - \mathrm{dn}(\zeta_0,\varkappa)]}{1 - \mathrm{ns}^2(\zeta,\varkappa)\,\mathrm{sn}^2(\zeta_0,\varkappa)},\\
&\overline{\mathrm{ns}}\left(\frac{\zeta+\zeta_0}{2}, \varkappa\right) = -\overline{\mathrm{sn}}\left(\frac{\zeta+\zeta_0}{2}, \varkappa\right) = \frac{[\mathrm{ds}(\zeta,\varkappa)\,\mathrm{cn}(\zeta_0,\varkappa) + \mathrm{cs}(\zeta,\varkappa)\,\mathrm{dn}(\zeta_0,\varkappa)]\,[\mathrm{ns}(\zeta,\varkappa)\,\mathrm{sn}(\zeta_0,\varkappa) - 1]}{1 - \mathrm{ns}^2(\zeta,\varkappa)\,\mathrm{sn}^2(\zeta_0,\varkappa)},
\end{aligned}
$$

$$\left.\begin{aligned}
\overline{\mathrm{nc}}\left(\frac{\zeta+\zeta_0}{2},\varkappa\right) &= -\overline{\mathrm{cn}}\left(\frac{\zeta+\zeta_0}{2},\varkappa\right) = \frac{[\mathrm{ns}(\zeta,\varkappa)\,\mathrm{cn}(\zeta_0,\varkappa)-\mathrm{cs}(\zeta,\varkappa)]\,[\mathrm{ds}(\zeta,\varkappa)\,\mathrm{sn}(\zeta_0,\varkappa)+\mathrm{dn}(\zeta_0,\varkappa)]}{1-\mathrm{ns}^2(\zeta,\varkappa)\,\mathrm{sn}^2(\zeta_0,\varkappa)},\\
\overline{\mathrm{dc}}\left(\frac{\zeta+\zeta_0}{2},\varkappa\right) &= -\overline{\mathrm{cd}}\left(\frac{\zeta+\zeta_0}{2},\varkappa\right) = \frac{[\mathrm{ds}(\zeta,\varkappa)\,\mathrm{cn}(\zeta_0,\varkappa)-\mathrm{cs}(\zeta,\varkappa)\,\mathrm{dn}(\zeta_0,\varkappa)]\,[\mathrm{ns}(\zeta,\varkappa)\,\mathrm{sn}(\zeta_0,\varkappa)+1]}{1-\mathrm{ns}^2(\zeta,\varkappa)\,\mathrm{sn}^2(\zeta_0,\varkappa)},\\
\overline{\mathrm{nd}}\left(\frac{\zeta+\zeta_0}{2},\varkappa\right) &= -\overline{\mathrm{dn}}\left(\frac{\zeta+\zeta_0}{2},\varkappa\right) = \frac{[\mathrm{ns}(\zeta,\varkappa)\,\mathrm{dn}(\zeta_0,\varkappa)-\mathrm{ds}(\zeta,\varkappa)]\,[\mathrm{cs}(\zeta,\varkappa)\,\mathrm{sn}(\zeta_0,\varkappa)+\mathrm{cn}(\zeta_0,\varkappa)]}{1-\mathrm{ns}^2(\zeta,\varkappa)\,\mathrm{sn}^2(\zeta_0,\varkappa)}.
\end{aligned}\right\}\qquad(859)$$

118. Die Logarithmen der logarithmischen Ableitungen der Jacobischen elliptischen Funktionen

Wird nach Vertauschen von z mit $2z$ in der oberen der Gln. (604) auf den linken Seiten

$$\underset{\substack{1\\1}}{\wp_1}-\underset{\substack{3\\4}}{\wp_2}=(\underset{\substack{1\\1}}{\wp_1}-\underset{\substack{2\\3}}{e_1})-(\underset{\substack{3\\4}}{\wp_2}-\underset{\substack{2\\3}}{e_1})$$

gesetzt und werden dann nach (766) JACOBIsche elliptische Funktionen anstelle der $\wp$-Funktionen eingeführt, so lassen sich die linken Seiten bei Bezugnahme auf die drei oberen der Gln. (829) als Ableitungen nach z und die rechten Seiten in Verbindung mit den drei oberen der Gln. (849) als Produkte darstellen, womit die Gln. (604) die Form

$$\left.\begin{aligned}
\frac{\partial}{\partial z}\overline{\mathrm{cs}}(z,k) &= -2\,\overline{\mathrm{cs}}(z,k)\,\mathrm{cs}(2z,k),\\
\frac{\partial}{\partial z}\overline{\mathrm{ds}}(z,k) &= -2\,\overline{\mathrm{ds}}(z,k)\,\mathrm{ds}(2z,k),\\
\frac{\partial}{\partial z}\overline{\mathrm{ns}}(z,k) &= -2\,\overline{\mathrm{ns}}(z,k)\,\mathrm{ns}(2z,k)
\end{aligned}\right\}\qquad(860)$$

annehmen. Hierfür kann auch

$$\left.\begin{aligned}
\frac{\partial}{\partial z}\ln\overline{\mathrm{cs}}(z,k) &= -2\,\mathrm{cs}(2z,k) & & \frac{\partial}{\partial z}\ln\frac{\partial}{\partial z}\ln\mathrm{cs}(z,k) = -2\,\mathrm{cs}(2z,k),\\
\frac{\partial}{\partial z}\ln\overline{\mathrm{ds}}(z,k) &= -2\,\mathrm{ds}(2z,k) &\quad\text{oder}\quad & \frac{\partial}{\partial z}\ln\frac{\partial}{\partial z}\ln\mathrm{ds}(z,k) = -2\,\mathrm{ds}(2z,k),\\
\frac{\partial}{\partial z}\ln\overline{\mathrm{ns}}(z,k) &= -2\,\mathrm{ns}(2z,k) & & \frac{\partial}{\partial z}\ln\frac{\partial}{\partial z}\ln\mathrm{ns}(z,k) = -2\,\mathrm{ns}(2z,k)
\end{aligned}\right\}\qquad(861)$$

geschrieben werden. Wird dabei ausnahmsweise ein Vorgriff auf die Integralformeln (878) gemacht, so lassen sich die Gln. (861) integrieren. Für die Integrale zwischen $\zeta = \frac{1}{4}$ und ζ bzw. $z = K/2$ und z folgt, wenn beachtet wird, daß nach (858) und (799)

$$\ln\overline{\mathrm{cs}}\left(\frac{K}{2},k\right)=\ln(1+k'),\qquad \ln\overline{\mathrm{ds}}\left(\frac{K}{2},k\right)=0,\qquad \ln\overline{\mathrm{ns}}\left(\frac{K}{2},k\right)=\ln k',$$

$$\mathrm{dn}(K,k)=k',\qquad\qquad \mathrm{cn}(K,k)=0,\qquad\qquad \mathrm{cd}(K,k)=0$$

gesetzt werden kann,

$$\ln\overline{\mathrm{cs}}(z,k)-\ln(1+k') = -\int\limits_K^{2z}\mathrm{cs}(2\bar z,k)\,d(2\bar z) = \operatorname{ar\,tanh}\frac{\mathrm{dn}(2z,k)-k'}{1-k'\,\mathrm{dn}(2z,k)},$$

$$\ln\overline{\mathrm{ds}}(z,k) = -\int\limits_K^{2z}\mathrm{ds}(2\bar z,k)\,d(2\bar z) = \operatorname{ar\,tanh}\mathrm{cn}(2z,k),$$

$$\ln\overline{\mathrm{ns}}(z,k)-\ln k' = -\int\limits_K^{2z}\mathrm{ns}(2\bar z,k)\,d(2\bar z) = \operatorname{ar\,tanh}\mathrm{cd}(2z,k).$$

In Verbindung mit (774) ergeben sich hieraus die entsprechenden Beziehungen für $\ln \overline{\mathrm{dn}}$, $\ln \overline{\mathrm{cn}}$ und $\ln \overline{\mathrm{cd}}$. Der vollständige Gleichungssatz lautet, wenn noch $k^2 = (1 + k')(1 - k')$ gesetzt wird,

$$\left.\begin{aligned} \ln \frac{\overline{\mathrm{cs}}(z,k)}{1+k'} &= +\operatorname{ar\,tanh} \frac{\mathrm{dn}(2z,k)-k'}{1-k'\,\mathrm{dn}(2z,k)}, \\ \ln \overline{\mathrm{ds}}(z,k) &= +\operatorname{ar\,tanh} \mathrm{cn}(2z,k), \\ \ln \frac{\overline{\mathrm{ns}}(z,k)}{k'} &= +\operatorname{ar\,tanh} \mathrm{cd}(2z,k), \\ \ln \frac{\overline{\mathrm{cd}}(z,k)}{k'} &= -\operatorname{ar\,tanh} \mathrm{cd}(2z,k), \\ \ln \overline{\mathrm{cn}}(z,k) &= -\operatorname{ar\,tanh} \mathrm{cn}(2z,k), \\ \ln \frac{\overline{\mathrm{dn}}(z,k)}{1-k'} &= -\operatorname{ar\,tanh} \frac{\mathrm{dn}(2z,k)-k'}{1-k'\,\mathrm{dn}(2z,k)}. \end{aligned}\right\} \tag{862}$$

119. Übergänge vom $(\zeta, \varkappa)$-System auf das (z, k)-System

In den vorangehenden Abschnitten wurden viele Transformationen in dem zu einfacheren Darstellungen führenden $(\zeta, \varkappa)$-System durchgeführt. Bei Bezugnahme auf das (z, k)-System sind die nachfolgenden, aus (284) und (357) sich ergebenden Transformationsgleichungen zu berücksichtigen:

$$\left.\begin{aligned} &(\zeta,\varkappa) \to (z,k), && \left(\frac{\zeta}{2},\varkappa\right) \to \left(\frac{z}{2},k\right), && (2\zeta,\varkappa) \to (2z,k), \\ &\left(\zeta,\frac{\varkappa}{2}\right) \to \left((1+k)\,z, \frac{2\sqrt{k}}{1+k}\right), && \left(\frac{\zeta}{2},\frac{\varkappa}{2}\right) \to \left(\frac{1+k}{2}\,z, \frac{2\sqrt{k}}{1+k}\right), && \left(2\zeta,\frac{\varkappa}{2}\right) \to \left(2(1+k)\,z, \frac{2\sqrt{k}}{1+k}\right), \\ &(\zeta,2\varkappa) \to \left(\frac{1+k'}{2}\,z, \frac{1-k'}{1+k'}\right), && \left(\frac{\zeta}{2},2\varkappa\right) \to \left(\frac{1+k'}{4}\,z, \frac{1-k'}{1+k'}\right), && (2\zeta,2\varkappa) \to \left((1+k')\,z, \frac{1-k'}{1+k'}\right). \end{aligned}\right\} \tag{863}$$

120. Funktionsverlauf der Jacobischen elliptischen Funktionen und der zugehörigen Ableitungen und logarithmischen Ableitungen im Reellen. Ausartungen

Die zwölf Jacobischen elliptischen Funktionen gliedern sich nach dem Vorhergehenden in die drei Gruppen

$$\mathrm{cs}, \mathrm{sc}, \mathrm{nd}, \mathrm{dn} \quad \text{bzw.} \quad \mathrm{ds}, \mathrm{nc}, \mathrm{sd}, \mathrm{cn} \quad \text{bzw.} \quad \mathrm{ns}, \mathrm{dc}, \mathrm{cd}, \mathrm{sn},$$

von denen die erste Gruppe nach (789) im ζ, $\varkappa$-System bzw. im z, k-System die reelle Periode 1 bzw. $2K$, die zweite und dritte Gruppe die reelle Periode 2 bzw. $4K$ besitzen.

Der Funktionsverlauf im Reellen in Abhängigkeit vom Parameter bzw. Modul läßt sich am anschaulichsten im $(\zeta, \varkappa)$-System verfolgen, da in diesem Falle die Periode für alle $\varkappa$-Werte die gleiche ist und die Büschel der den $\varkappa$-Werten entsprechenden Kurven von den zu $\varkappa \to 0$ und $\varkappa \to \infty$ gehörigen Ausartungen asymptotisch begrenzt werden.

Es empfiehlt sich, den Betrachtungen die beiden Ausartungen voranzustellen, die für $\varkappa \to 0$ durch einen singulären Verlauf und für $\varkappa \to \infty$ durch trigonometrische Funktionen gekennzeichnet sind.

Die Ausartungen der Jacobischen elliptischen Funktionen für $\varkappa \to \infty$ ergeben sich durch Grenzübergang aus (811) in Verbindung mit (766), wobei K, k, k' die Werte

$$K = \frac{\pi}{2}, \quad k = 0, \quad k' = 1 \qquad (\varkappa \to \infty) \tag{864}$$

annehmen, zu

$$\left.\begin{aligned} &\mathrm{cs}(\zeta,\infty) = \cot\pi\zeta, && \mathrm{sc}(\zeta,\infty) = \tan\pi\zeta, && \mathrm{nd}(\zeta,\infty) = 1, && \mathrm{dn}(\zeta,\infty) = 1, \\ &\mathrm{ds}(\zeta,\infty) = \frac{1}{\sin\pi\zeta}, && \mathrm{nc}(\zeta,\infty) = \frac{1}{\cos\pi\zeta}, && \mathrm{sd}(\zeta,\infty) = \sin\pi\zeta, && \mathrm{cn}(\zeta,\infty) = \cos\pi\zeta, \\ &\mathrm{ns}(\zeta,\infty) = \frac{1}{\sin\pi\zeta}, && \mathrm{dc}(\zeta,\infty) = \frac{1}{\cos\pi\zeta}, && \mathrm{cd}(\zeta,\infty) = \cos\pi\zeta, && \mathrm{sn}(\zeta,\infty) = \sin\pi\zeta. \end{aligned}\right\} \tag{865}$$

Die Ausartungen für $\varkappa \to 0$ folgen durch Grenzübergang aus (812) in Verbindung mit (766), wobei

$$K' = \pi/2, \quad k' = 0, \quad k = 1 \tag{866}$$

wird. Die Gln. (812) gelten zwar nur für $0 < |\zeta| < \frac{1}{2}$, aber durch Grenzübergang für $\zeta \to 0$ und $\zeta \to \frac{1}{2}$ in Verbindung mit dem aus (865) ersichtlichen Periodenverhalten bereitet die beiderseitige analytische Fortsetzung keine Schwierigkeiten. Für den stufenförmigen Verlauf innerhalb des Intervalls $0 \leqq |\zeta| \leqq \frac{1}{2}$ ergibt sich im Falle $\varkappa \to 0$

$$\left.\begin{array}{llllll}
\mathrm{cs}(0,0)=\infty, & \mathrm{ds}(0,0)=\infty, & \mathrm{ns}(0,0)=\infty, & \mathrm{sc}(0,0)=0, & \mathrm{nc}(0,0)=1, & \mathrm{dc}(0,0)=1,\\
\mathrm{cs}(\zeta,0)=0, & \mathrm{ds}(\zeta,0)=0, & \mathrm{ns}(\zeta,0)=1, & \mathrm{sc}(\zeta,0)=\infty, & \mathrm{nc}(\zeta,0)=\infty, & \mathrm{dc}(\zeta,0)=1,\\
\mathrm{cs}(\frac{1}{2},0)=0, & \mathrm{ds}(\frac{1}{2},0)=0, & \mathrm{ns}(\frac{1}{2},0)=1, & \mathrm{sc}(\frac{1}{2},0)=\infty, & \mathrm{nc}(\frac{1}{2},0)=\infty, & \mathrm{dc}(\frac{1}{2},0)=\infty;\\
\mathrm{nd}(0,0)=1, & \mathrm{sd}(0,0)=0, & \mathrm{cd}(0,0)=1, & \mathrm{dn}(0,0)=1, & \mathrm{cn}(0,0)=1, & \mathrm{sn}(0,0)=0,\\
\mathrm{nd}(\zeta,0)=\infty, & \mathrm{sd}(\zeta,0)=\infty, & \mathrm{cd}(\zeta,0)=1, & \mathrm{dn}(\zeta,0)=0, & \mathrm{cn}(\zeta,0)=0, & \mathrm{sn}(\zeta,0)=1,\\
\mathrm{nd}(\frac{1}{2},0)=\infty, & \mathrm{sd}(\frac{1}{2},0)=\infty, & \mathrm{cd}(\frac{1}{2},0)=0, & \mathrm{dn}(\frac{1}{2},0)=0, & \mathrm{cn}(\frac{1}{2},0)=0, & \mathrm{sn}(\frac{1}{2},0)=1.
\end{array}\right\} \tag{867}$$

Aus den Abb. 130 bis 141 ist der Verlauf der 12 JACOBIschen elliptischen Funktionen im $(\zeta, \varkappa)$-System für $-1 \leqq \zeta \leqq +1$, d. h. für einen Perioden- oder Doppelperiodenstreifen ersichtlich. Bei einer Darstellung im (z, k)-System würden gemäß $-2K \leqq z \leqq +2K$ die Perioden- oder Doppelperiodenstreifen mit $\varkappa$ ihre Länge ändern. Für $\varkappa \to \infty$ geht $4K \to 2\pi$, während für $\varkappa \to 0$ die Periode über alle Grenzen wächst. Außerdem wird

$$\pi\zeta = \frac{\pi z}{2K} = z \quad \text{für} \quad \varkappa \to \infty, \qquad \frac{\pi\zeta}{\varkappa} = \pi\frac{z}{2K}\frac{K}{K'} = z \quad \text{für} \quad \varkappa \to 0. \tag{868}$$

Hiermit liefert (811) und (812) in Verbindung mit (766) für das (z, k)-System

$$\left.\begin{array}{lllll}
\mathrm{cs}(z,0)=\cot z, & \mathrm{sc}(z,0)=\tan z, & \mathrm{nd}(z,0)=1, & \mathrm{dn}(z,0)=1, & \\
\mathrm{ds}(z,0)=\dfrac{1}{\sin z}, & \mathrm{nc}(z,0)=\dfrac{1}{\cos z}, & \mathrm{sd}(z,0)=\sin z, & \mathrm{cn}(z,0)=\cos z, & (\varkappa\to\infty)\\
\mathrm{ns}(z,0)=\dfrac{1}{\sin z}, & \mathrm{dc}(z,0)=\dfrac{1}{\cos z}, & \mathrm{cd}(z,0)=\cos z, & \mathrm{sn}(z,0)=\sin z; & \\
\mathrm{cs}(z,1)=\dfrac{1}{\sinh z}, & \mathrm{sc}(z,1)=\sinh z, & \mathrm{nd}(z,1)=\cosh z, & \mathrm{dn}(z,1)=\dfrac{1}{\cosh z}, & \\
\mathrm{ds}(z,1)=\dfrac{1}{\sinh z}, & \mathrm{nc}(z,1)=\cosh z, & \mathrm{sd}(z,1)=\sinh z, & \mathrm{cn}(z,1)=\dfrac{1}{\cosh z}, & (\varkappa\to 0)\\
\mathrm{ns}(z,1)=\coth z, & \mathrm{dc}(z,1)=1, & \mathrm{cd}(z,1)=1, & \mathrm{sn}(z,1)=\tanh z. &
\end{array}\right\} \tag{869}$$

Der Verlauf der Ableitungen nach z der JACOBIschen elliptischen Funktionen, die sich nach den Gln. (828) als deren Produkte darstellen lassen, ist aus den Abb. 142 bis 153 ersichtlich, und zwar bezogen auf das $(\zeta, \varkappa)$-System. Die zugehörigen Ausartungen im $(\zeta, \varkappa)$-System können den Abbildungen entnommen werden. Im (z, k)-System ergibt sich:

$$\left.\begin{array}{lllll}
\mathrm{cs}'(z,0)=-\dfrac{1}{\sin^2 z}, & \mathrm{sc}'(z,0)=+\dfrac{1}{\cos^2 z}, & \mathrm{nd}'(z,0)=0, & \mathrm{dn}'(z,0)=0, & \\
\mathrm{ds}'(z,0)=-\dfrac{\cos z}{\sin^2 z}, & \mathrm{nc}'(z,0)=+\dfrac{\sin z}{\cos^2 z}, & \mathrm{sd}'(z,0)=+\cos z, & \mathrm{cn}'(z,0)=-\sin z, & (\varkappa\to\infty)\\
\mathrm{ns}'(z,0)=-\dfrac{\cos z}{\sin^2 z}, & \mathrm{dc}'(z,0)=+\dfrac{\sin z}{\cos^2 z}, & \mathrm{cd}'(z,0)=-\sin z, & \mathrm{sn}'(z,0)=+\cos z; & \\
\mathrm{cs}'(z,1)=-\dfrac{\cosh z}{\sinh^2 z}, & \mathrm{sc}'(z,1)=+\cosh z, & \mathrm{nd}'(z,1)=+\sinh z, & \mathrm{dn}'(z,1)=-\dfrac{\sinh z}{\cosh^2 z}, & \\
\mathrm{ds}'(z,1)=-\dfrac{\cosh z}{\sinh^2 z}, & \mathrm{nc}'(z,1)=+\sinh z, & \mathrm{sd}'(z,1)=+\cosh z, & \mathrm{cn}'(z,1)=-\dfrac{\sinh z}{\cosh^2 z}, & (\varkappa\to 0)\\
\mathrm{ns}'(z,1)=-\dfrac{1}{\sinh^2 z}, & \mathrm{dc}'(z,1)=0, & \mathrm{cd}'(z,1)=0, & \mathrm{sn}'(z,1)=+\dfrac{1}{\cosh^2 z}. &
\end{array}\right\} \tag{870}$$

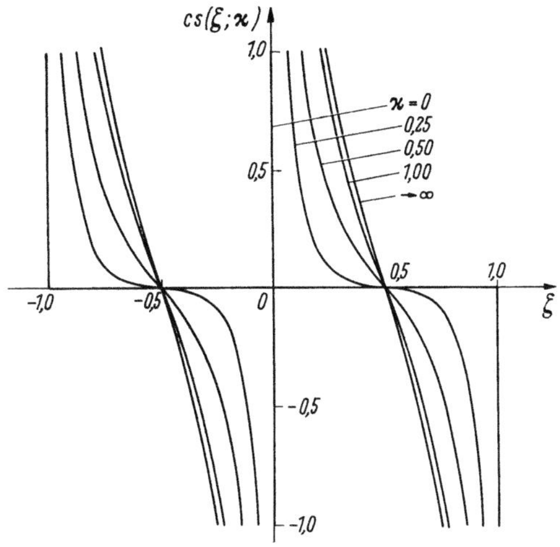

Abb. 130. Verlauf der JACOBIschen elliptischen Funktion cs(ζ, $\varkappa$)

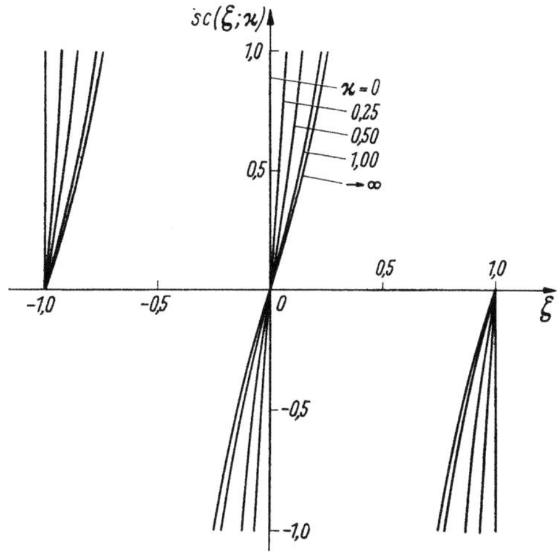

Abb. 131. Verlauf der JACOBIschen elliptischen Funktion sc(ζ, $\varkappa$)

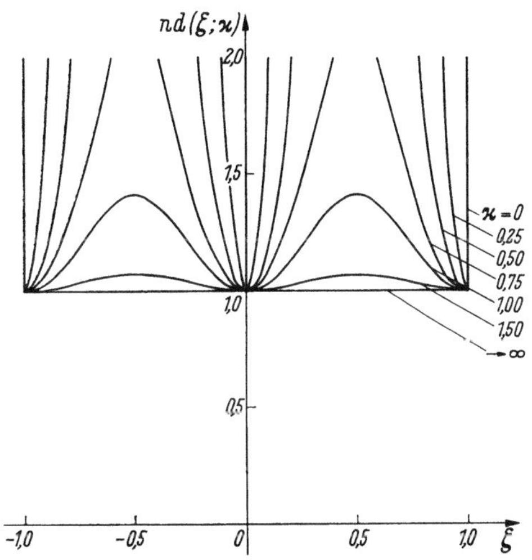

Abb. 132. Verlauf der JACOBIschen elliptischen Funktion nd(ζ, $\varkappa$)

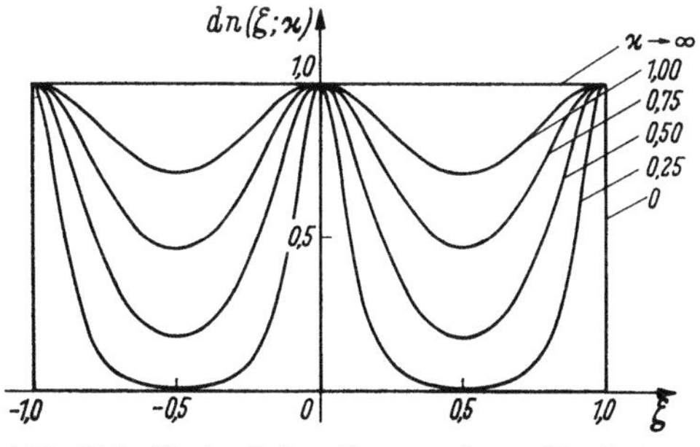

Abb. 133. Verlauf der JACOBIschen elliptischen Funktion dn(ζ, $\varkappa$)

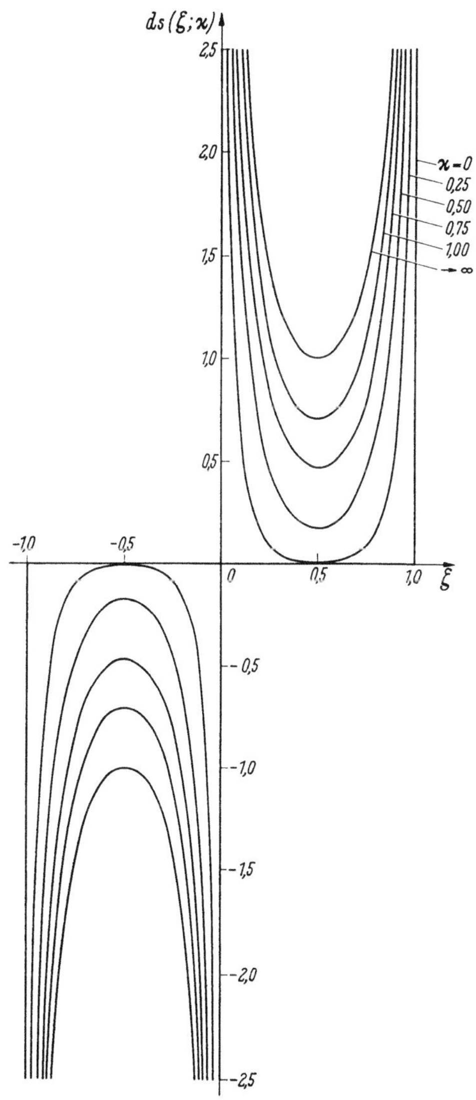

Abb. 134. Verlauf der JACOBIschen elliptischen Funktion ds(ζ, $\varkappa$)

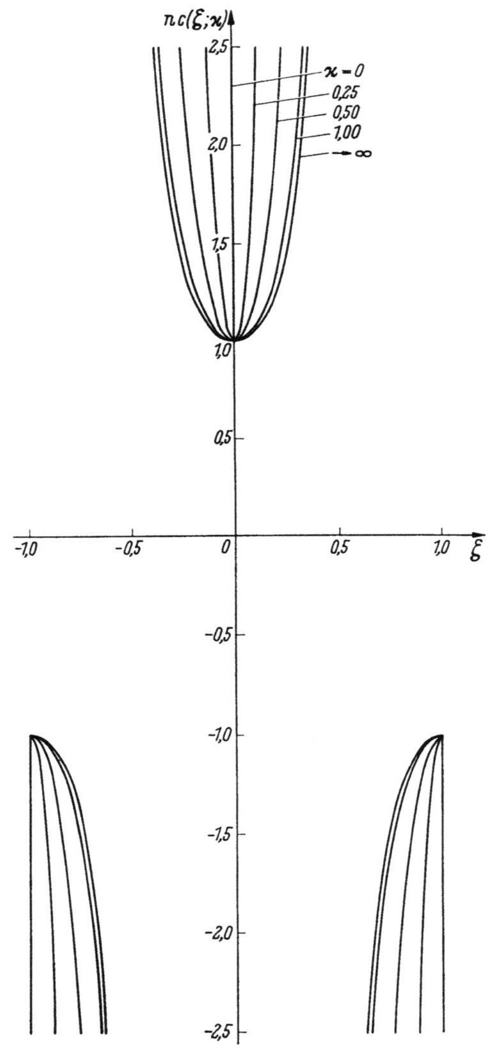

Abb. 135. Verlauf der JACOBIschen elliptischen Funktion nc(ζ, κ)

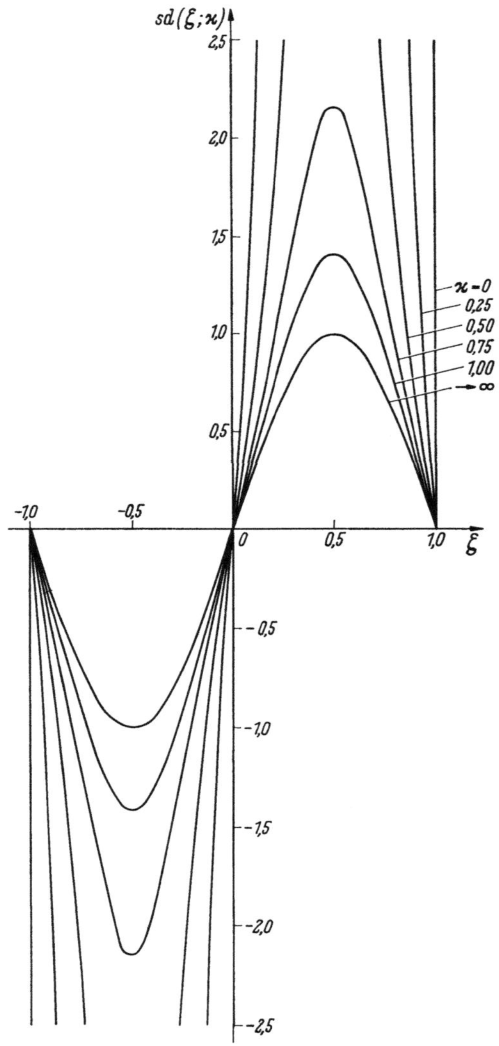

Abb. 136. Verlauf der JACOBIschen elliptischen Funktion sd(ζ, κ)

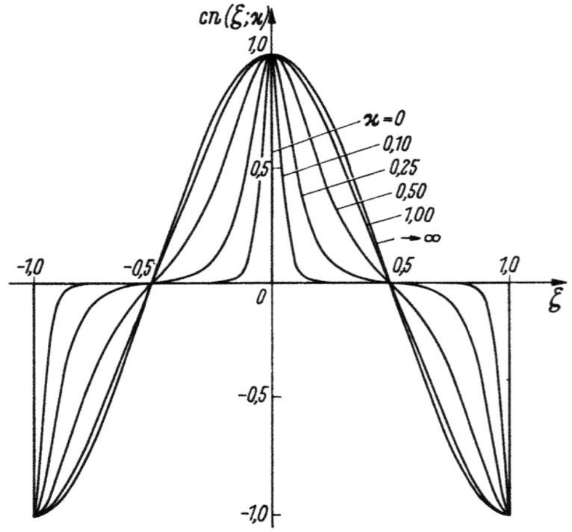

Abb. 137. Verlauf der JACOBIschen elliptischen Funktion cn(ζ, κ)

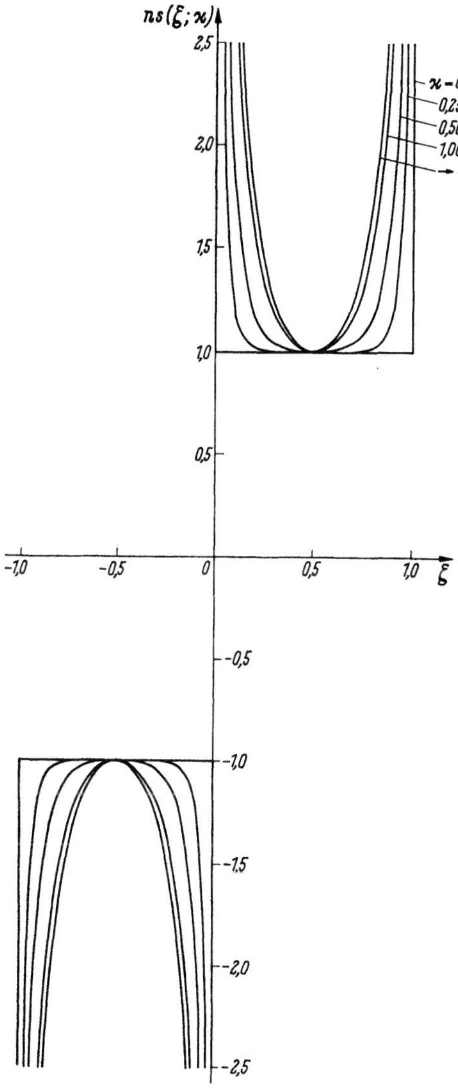

Abb. 138
Verlauf der JACOBIschen elliptischen Funktion ns(ζ, κ)

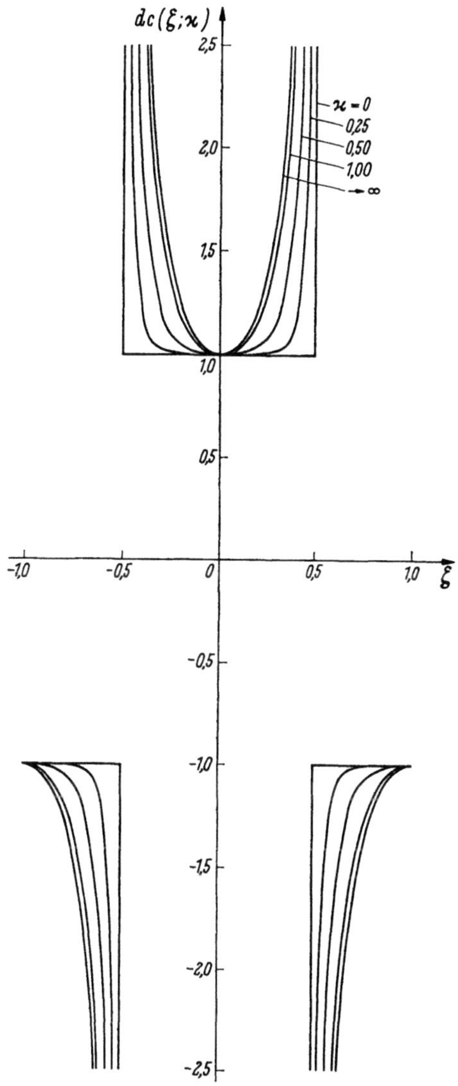

Abb. 139
Verlauf der JACOBIschen elliptischen Funktion dc(ζ, κ)

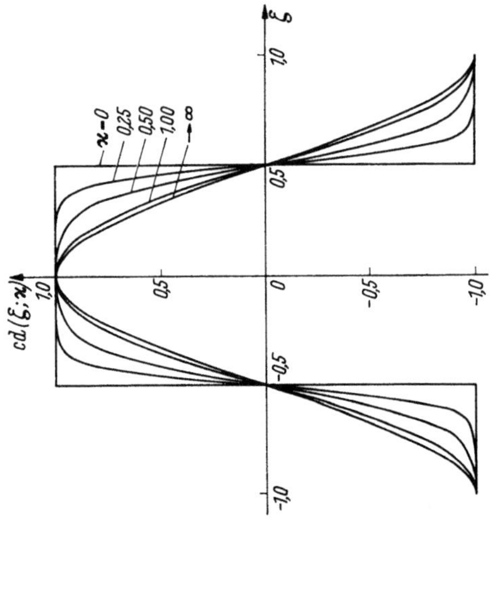

Abb. 140. Verlauf der Jacobischen elliptischen Funktion cd(ζ, κ)

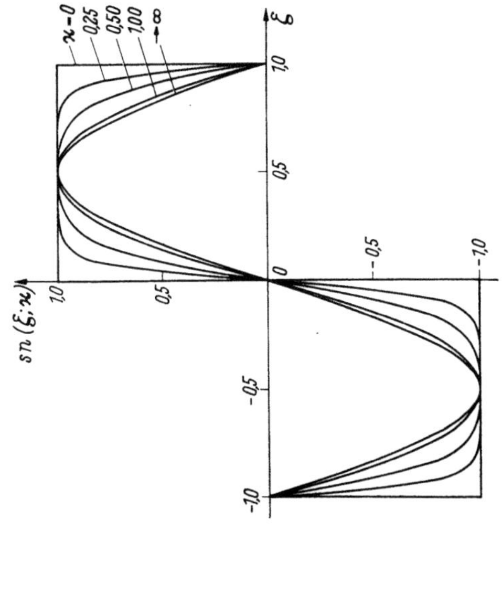

Abb. 141. Verlauf der Jacobischen elliptischen Funktion sn(ζ, κ)

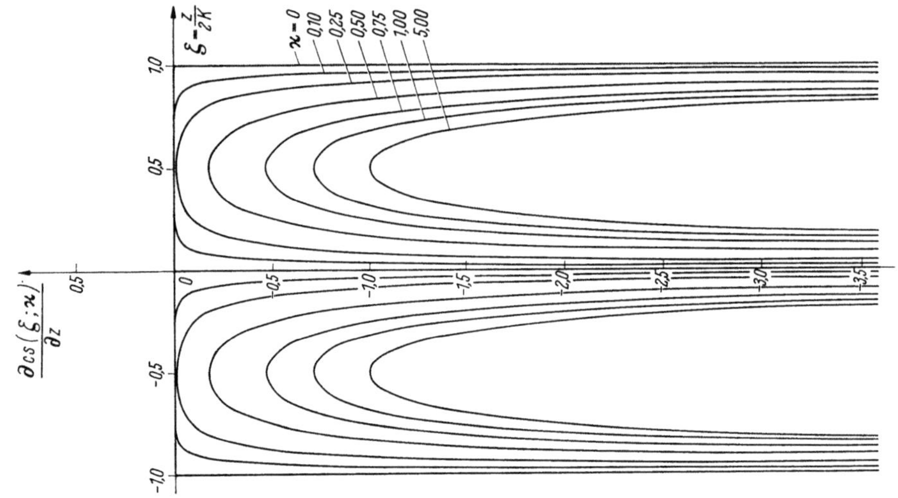

Abb. 142. Verlauf der Funktion $\frac{\partial\, \mathrm{cs}(\zeta, \varkappa)}{\partial z}$

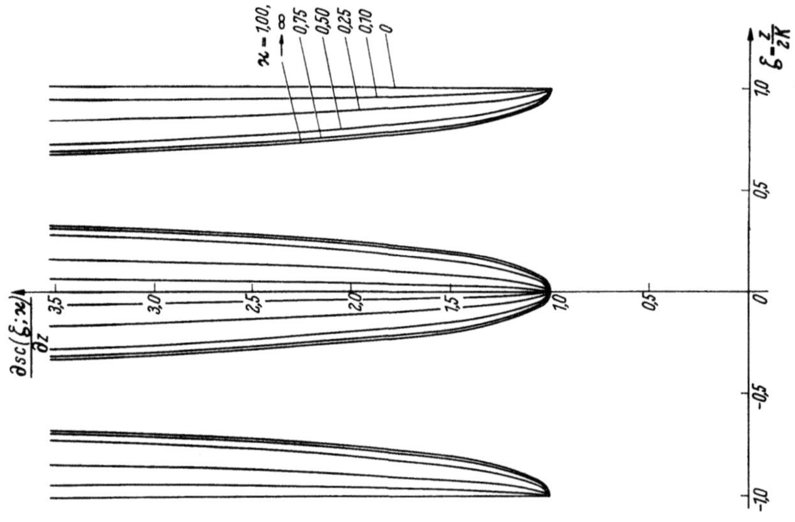

Abb. 143. Verlauf der Funktion $\frac{\partial\, \mathrm{sc}(\zeta, \varkappa)}{\partial z}$

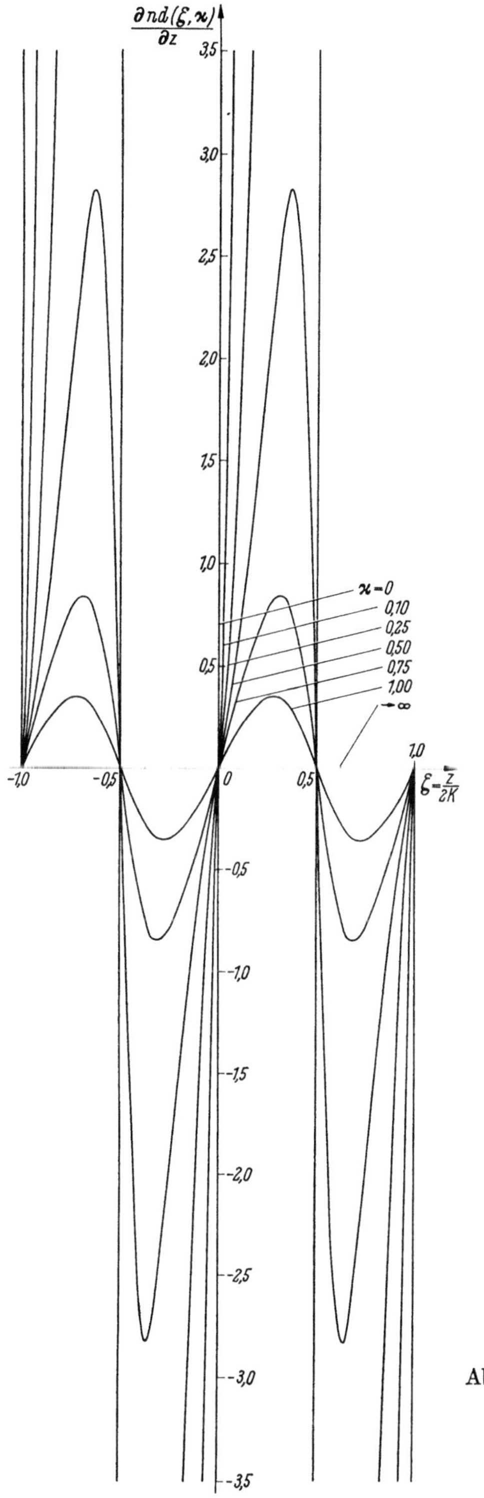

Abb. 144. Verlauf der Funktion $\frac{\partial \,\mathrm{nd}(\zeta,\varkappa)}{\partial z}$

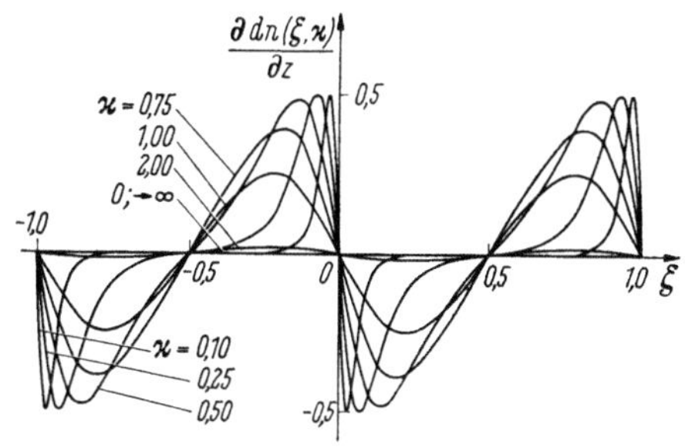

Abb. 145. Verlauf der Funktion $\frac{\partial \,\mathrm{dn}(\zeta,\varkappa)}{\partial z}$

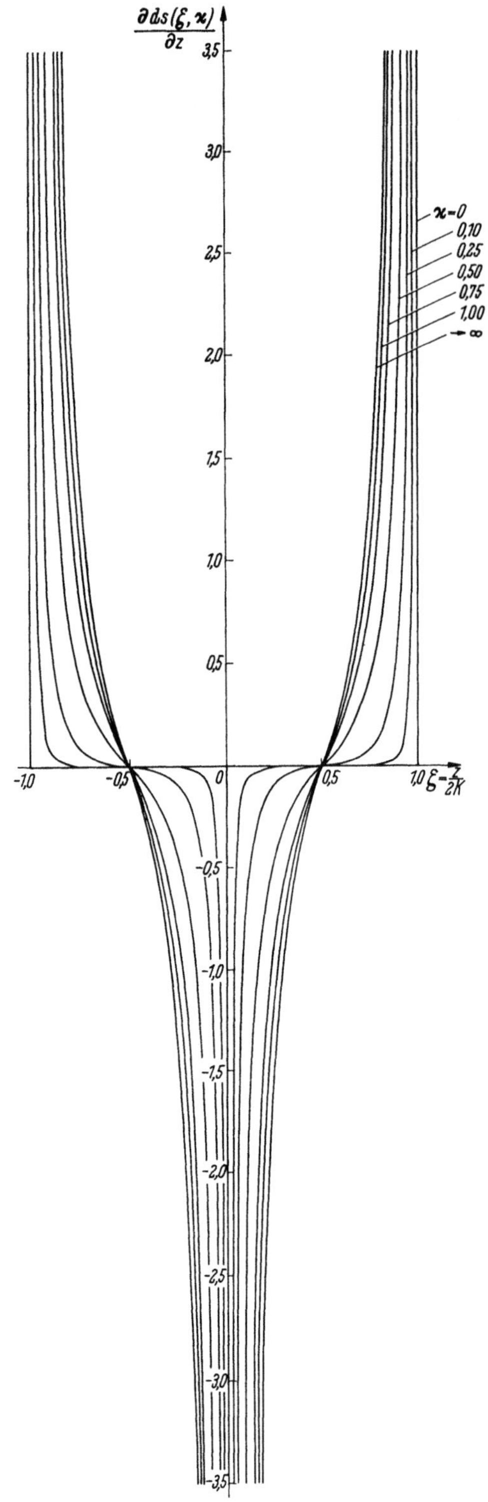

Abb. 146. Verlauf der Funktion $\frac{\partial\, \mathrm{ds}(\zeta, \varkappa)}{\partial z}$

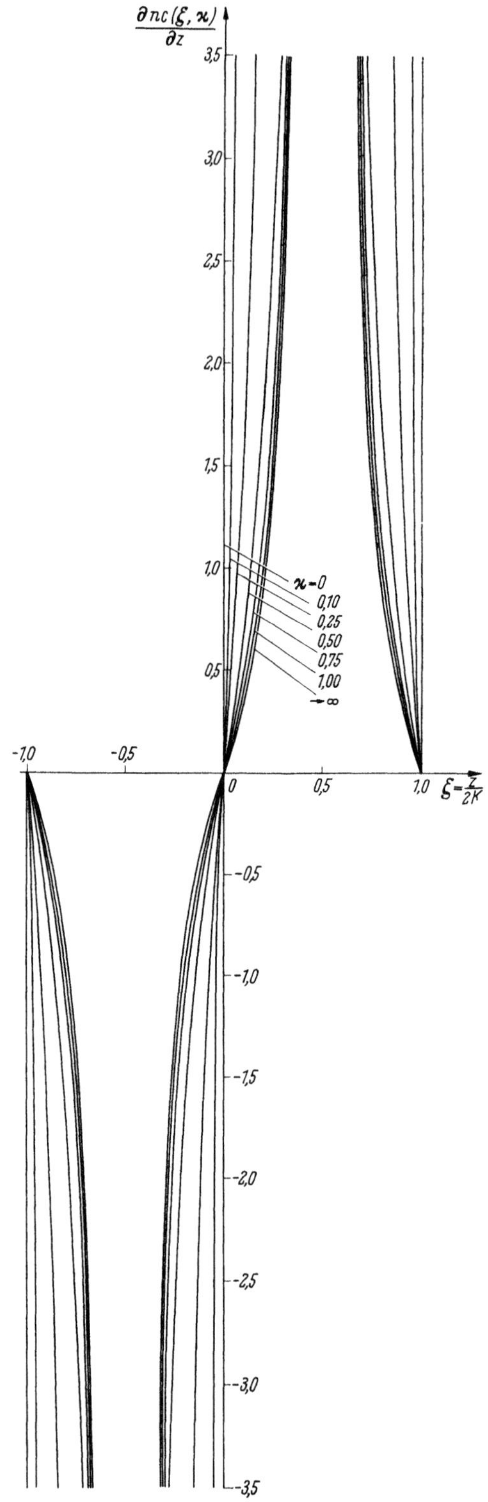

Abb. 147. Verlauf der Funktion $\frac{\partial\, \mathrm{nc}(\zeta, \varkappa)}{\partial z}$

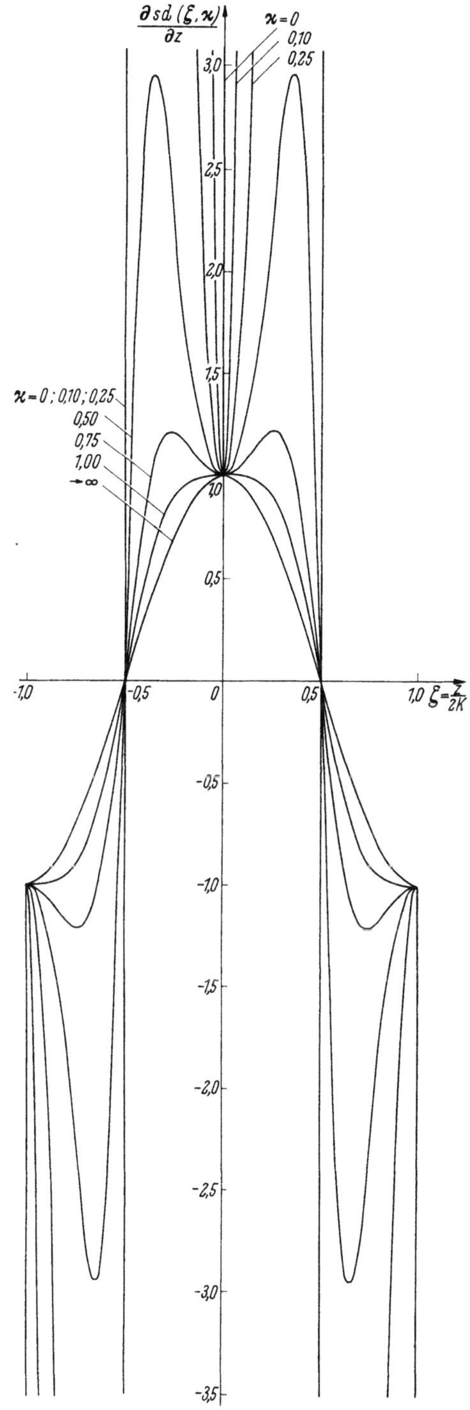

Abb. 148. Verlauf der Funktion $\frac{\partial\,\mathrm{sd}(\zeta,\varkappa)}{\partial z}$

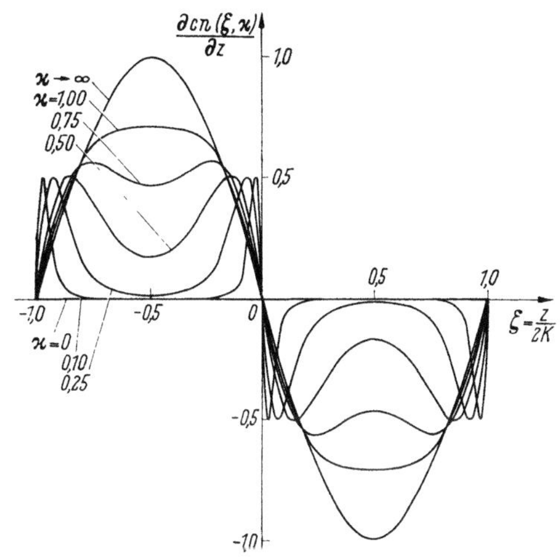

Abb. 149. Verlauf der Funktion $\frac{\partial\,\mathrm{cn}(\zeta,\varkappa)}{\partial z}$

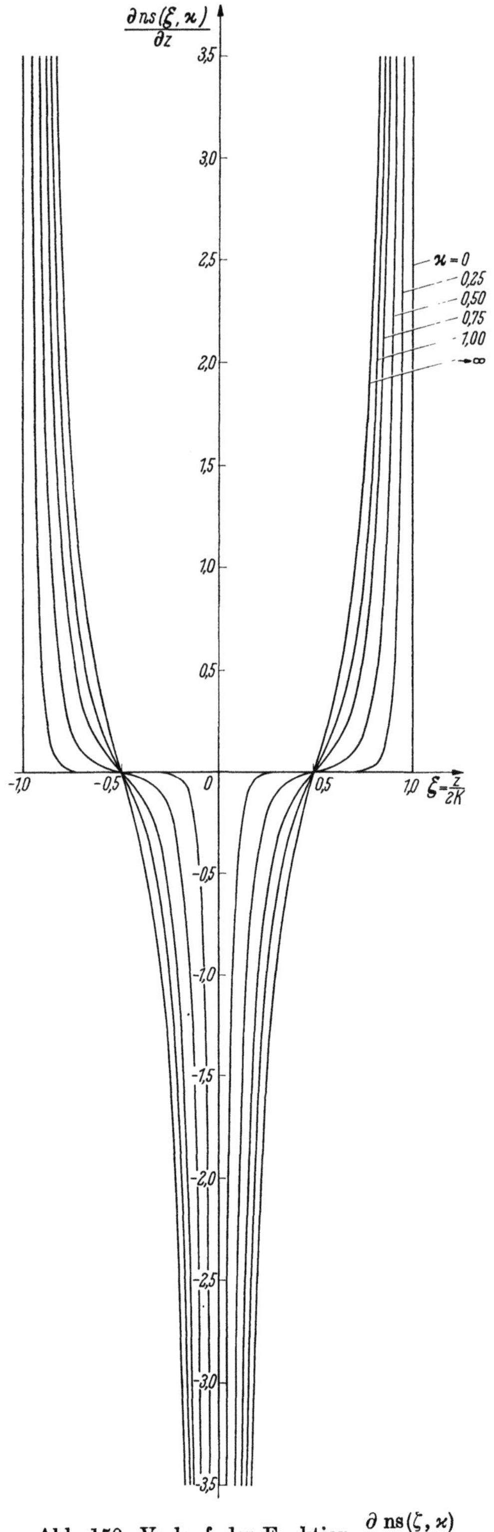

Abb. 150. Verlauf der Funktion $\frac{\partial\, \mathrm{ns}(\zeta, \varkappa)}{\partial z}$

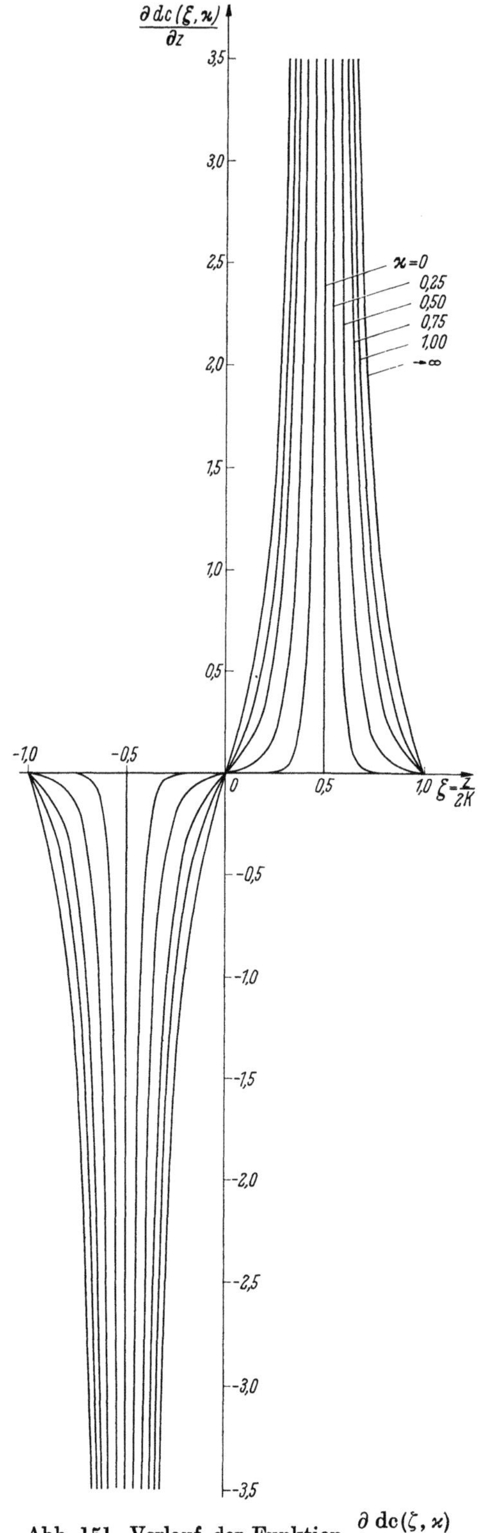

Abb. 151. Verlauf der Funktion $\frac{\partial\, \mathrm{dc}(\zeta, \varkappa)}{\partial z}$

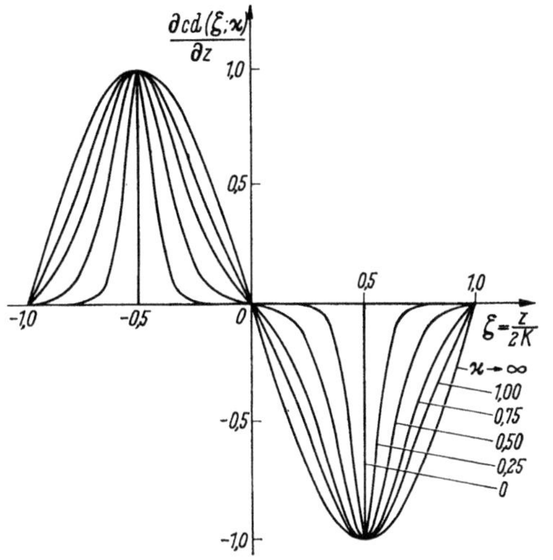

Abb. 152. Verlauf der Funktion $\frac{\partial\,\mathrm{cd}(\zeta,\varkappa)}{\partial z}$

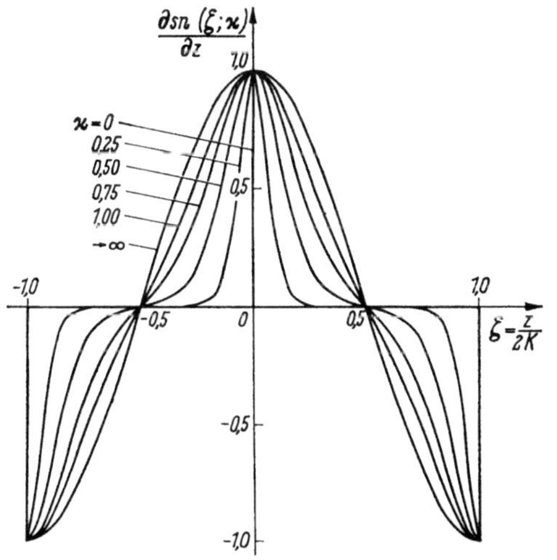

Abb. 153. Verlauf der Funktion $\frac{\partial\,\mathrm{sn}(\zeta,\varkappa)}{\partial z}$

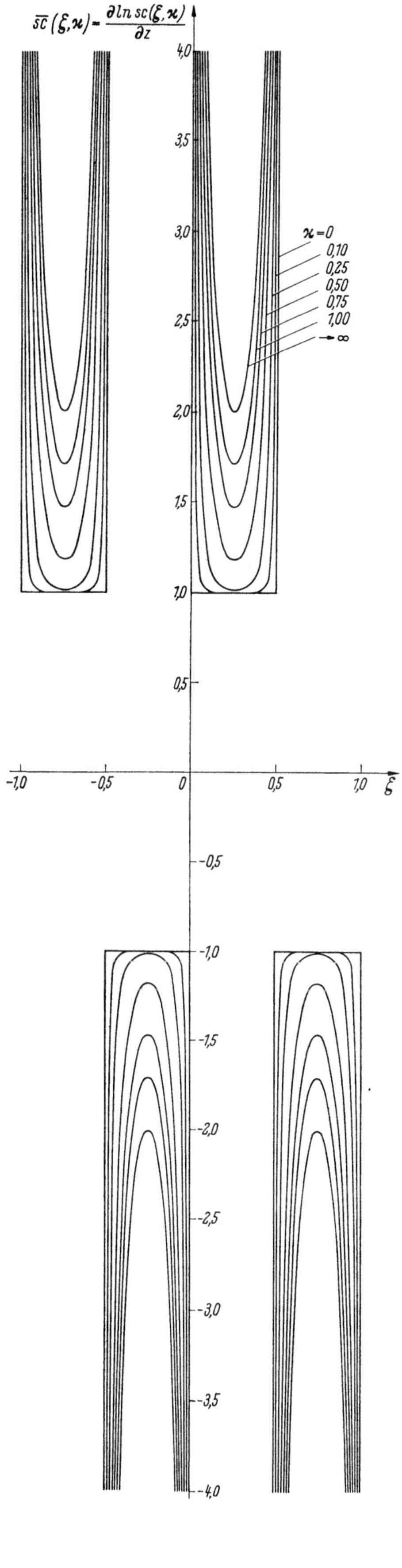

Abb. 154. Verlauf der Funktion $\overline{\mathrm{sc}}(\zeta,\varkappa)$

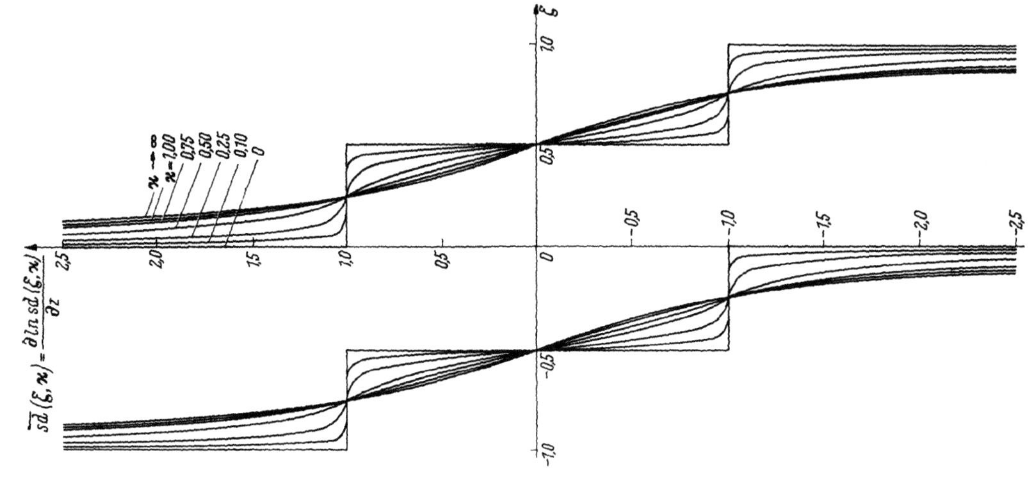

Abb. 155. Verlauf der Funktion $\overline{\mathrm{sd}}(\zeta, \varkappa)$

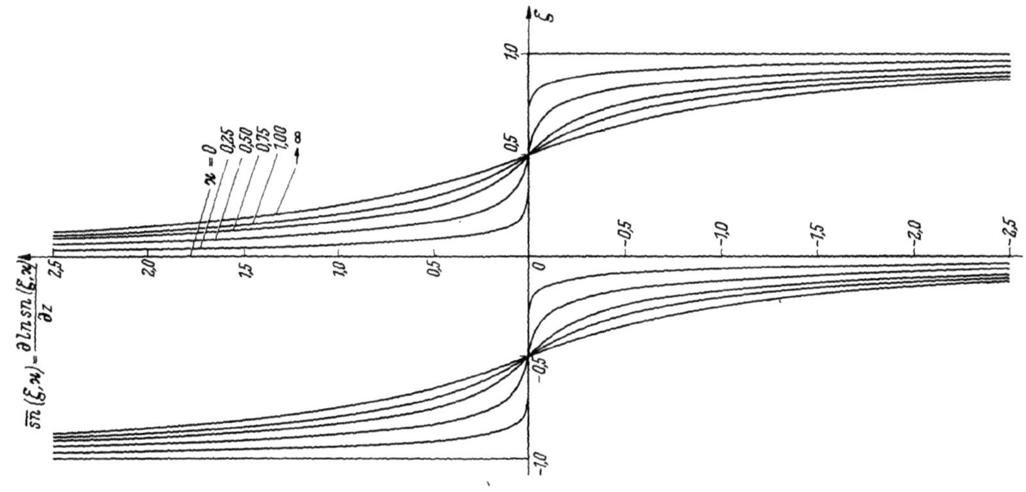

Abb. 156. Verlauf der Funktion $\overline{\mathrm{sn}}(\zeta, \varkappa)$

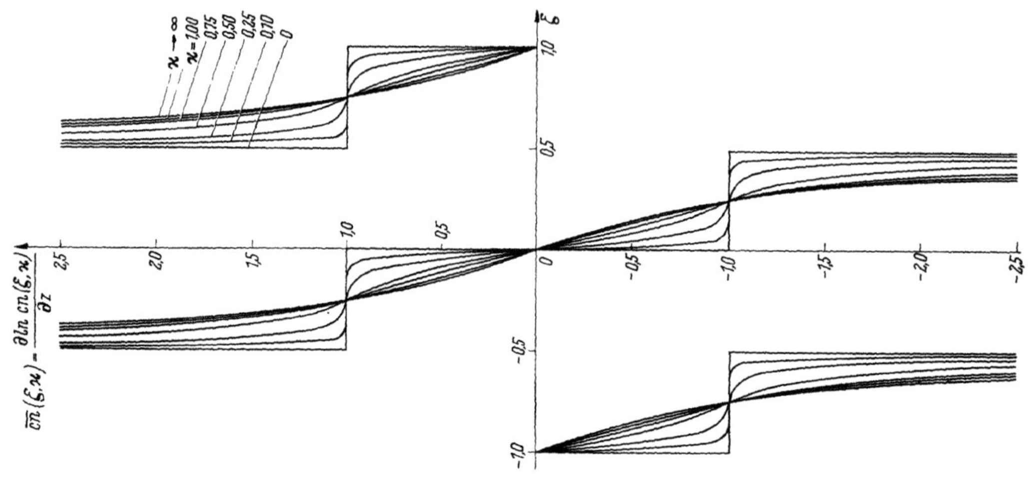

Abb. 157. Verlauf der Funktion $\overline{\mathrm{cn}}(\zeta, \varkappa)$

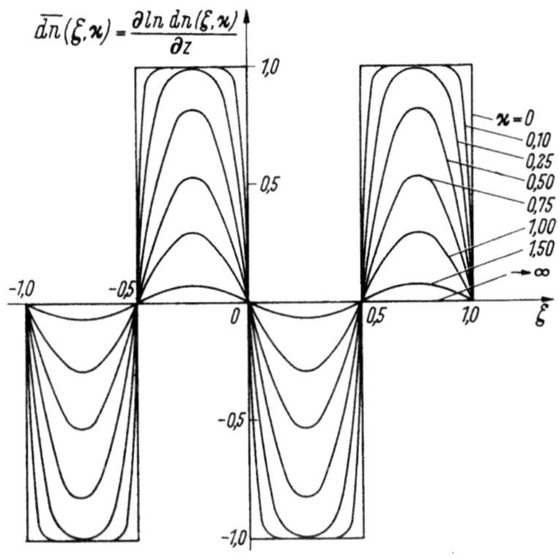

Abb. 158. Verlauf der Funktion $\overline{\mathrm{dn}}(\zeta, \varkappa)$

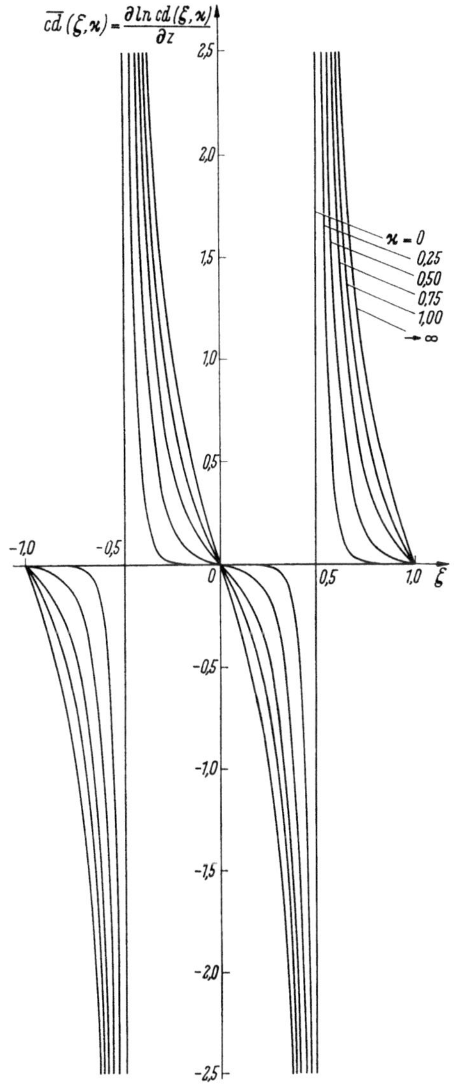

Abb. 159. Verlauf der Funktion $\overline{\mathrm{cd}}(\zeta, \varkappa)$

Die Abb. 154 bis 159 zeigen den Verlauf der ersten logarithmischen Ableitungen, die sich nach (767) ebenfalls als Produkte Jacobischer elliptischer Funktionen darstellen lassen. Von diesen sind die Funktionen $\overline{\mathrm{ds}}$ und $\overline{\mathrm{nc}}$ besonders interessant, die nach den Abb. 155 und 157 für $\varkappa \to 0$ in Stufenkurven mit Doppelstufen im Periodenintervall ausarten. Für die Ausartungen im (z, k)-System erhält man

$$\left.\begin{array}{llll}
\overline{\mathrm{cs}}(z,0) = -\dfrac{1}{\sin z\cos z}, & \overline{\mathrm{sc}}(z,0) = +\dfrac{1}{\sin z\cos z}, & \overline{\mathrm{nd}}(z,0) = 0, & \overline{\mathrm{dn}}(z,0) = 0, \\
\overline{\mathrm{ds}}(z,0) = -\cot z, & \overline{\mathrm{nc}}(z,0) = +\tan z, & \overline{\mathrm{sd}}(z,0) = +\cot z, & \overline{\mathrm{cn}}(z,0) = -\tan z, \quad (\varkappa \to \infty) \\
\overline{\mathrm{ns}}(z,0) = -\cot z, & \overline{\mathrm{dc}}(z,0) = +\tan z, & \overline{\mathrm{cd}}(z,0) = -\tan z, & \overline{\mathrm{sn}}(z,0) = +\cot z, \\
\overline{\mathrm{cs}}(z,1) = -\coth z, & \overline{\mathrm{sc}}(z,1) = +\coth z, & \overline{\mathrm{nd}}(z,1) = +\tanh z, & \overline{\mathrm{dn}}(z,1) = -\tanh z, \\
\overline{\mathrm{ds}}(z,1) = -\coth z, & \overline{\mathrm{nc}}(z,1) = +\tanh z, & \overline{\mathrm{sd}}(z,1) = +\coth z, & \overline{\mathrm{cn}}(z,1) = -\tanh z, \quad (\varkappa \to 0) \\
\overline{\mathrm{ns}}(z,1) = -\dfrac{1}{\sinh z\cosh z}, & \overline{\mathrm{dc}}(z,1) = 0, & \overline{\mathrm{cd}}(z,1) = 0, & \overline{\mathrm{sn}}(z,1) = +\dfrac{1}{\sinh z\cosh z}.
\end{array}\right\} \quad (871)$$

121. Differentialgleichungen erster und zweiter Ordnung

Die Berücksichtigung von (766) in (707) zeigt, daß jede der 12 Jacobischen elliptischen Funktionen einer nichtlinearen Differentialgleichung erster Ordnung genügt. Der entsprechende Formelsatz lautet, wenn die Wurzelvorzeichen dem Funktionsverlauf im Argumentbereich $0 \leqq \zeta \leqq \frac{1}{4}$ bzw. $0 \leqq z \leqq \frac{1}{2}K$ angepaßt werden,

$$\left.\begin{array}{lll}
\dfrac{\partial\,\mathrm{cs}}{\partial z} = -\sqrt{(1+\mathrm{cs}^2)(k'^2+\mathrm{cs}^2)}, & \dfrac{\partial\,\mathrm{sc}}{\partial z} = +\sqrt{(1+\mathrm{sc}^2)(1+k'^2\,\mathrm{sc}^2)}, & \dfrac{\partial\,\mathrm{nd}}{\partial z} = +\sqrt{(\mathrm{nd}^2-1)(1-k'^2\,\mathrm{nd}^2)}, \\
\dfrac{\partial\,\mathrm{dn}}{\partial z} = -\sqrt{(1-\mathrm{dn}^2)(\mathrm{dn}^2-k'^2)}, & \dfrac{\partial\,\mathrm{ds}}{\partial z} = -\sqrt{(k^2+\mathrm{ds}^2)(\mathrm{ds}^2-k'^2)}, & \dfrac{\partial\,\mathrm{nc}}{\partial z} = +\sqrt{(\mathrm{nc}^2-1)(k^2+k'^2\,\mathrm{nc}^2)}, \\
\dfrac{\partial\,\mathrm{sd}}{\partial z} = +\sqrt{(1+k^2\,\mathrm{sd}^2)(1-k'^2\,\mathrm{sd}^2)}, & \dfrac{\partial\,\mathrm{cn}}{\partial z} = -\sqrt{(1-\mathrm{cn}^2)(k'^2+k^2\,\mathrm{cn}^2)}, & \dfrac{\partial\,\mathrm{ns}}{\partial z} = -\sqrt{(\mathrm{ns}^2-1)(\mathrm{ns}^2-k^2)}, \\
\dfrac{\partial\,\mathrm{dc}}{\partial z} = +\sqrt{(\mathrm{dc}^2-1)(\mathrm{dc}^2-k^2)}, & \dfrac{\partial\,\mathrm{cd}}{\partial z} = -\sqrt{(1-\mathrm{cd}^2)(1-k^2\,\mathrm{cd}^2)}, & \dfrac{\partial\,\mathrm{sn}}{\partial z} = +\sqrt{(1-\mathrm{sn}^2)(1-k^2\,\mathrm{sn}^2)}.
\end{array}\right\} \quad (872)$$

Entsprechend liefert die Berücksichtigung von (767) in (719) für die logarithmischen Ableitungen der Jacobischen elliptischen Funktionen

$$\left.\begin{array}{ll}
\dfrac{\partial\,\overline{\mathrm{cs}}}{\partial z} = +\sqrt{[\overline{\mathrm{cs}}^2-(1+k')^2]\,[\overline{\mathrm{cs}}^2-(1-k')^2]}, & \dfrac{\partial\,\overline{\mathrm{ds}}}{\partial z} = +\sqrt{[\overline{\mathrm{ds}}^2-(k+i\,k')^2]\,[\overline{\mathrm{ds}}^2-(k-i\,k')^2]}, \\
\dfrac{\partial\,\overline{\mathrm{ns}}}{\partial z} = +\sqrt{[\overline{\mathrm{ns}}^2+(1+k)^2]\,[\overline{\mathrm{ns}}^2+(1-k)^2]}, & \dfrac{\partial\,\overline{\mathrm{nd}}}{\partial z} = +\sqrt{[\overline{\mathrm{nd}}^2-(1+k')^2]\,[\overline{\mathrm{nd}}^2-(1-k')^2]}, \\
\dfrac{\partial\,\overline{\mathrm{nc}}}{\partial z} = +\sqrt{[\overline{\mathrm{nc}}^2-(k+i\,k')^2]\,[\overline{\mathrm{nc}}^2-(k-i\,k')^2]}, & \dfrac{\partial\,\overline{\mathrm{dc}}}{\partial z} = +\sqrt{[\overline{\mathrm{dc}}^2+(1+k)^2]\,[\overline{\mathrm{dc}}^2+(1-k)^2]}.
\end{array}\right\} \quad (873)$$

Durch Vertauschen von $\overline{\mathrm{cs}}$ mit $-\overline{\mathrm{sc}}$, $\overline{\mathrm{ds}}$ mit $-\overline{\mathrm{sd}}$, $\overline{\mathrm{ns}}$ mit $-\overline{\mathrm{sn}}$, $\overline{\mathrm{nd}}$ mit $-\overline{\mathrm{dn}}$, $\overline{\mathrm{nc}}$ mit $-\overline{\mathrm{cn}}$, $\overline{\mathrm{dc}}$ mit $-\overline{\mathrm{cd}}$ folgen aus (873) die nichtlinearen Differentialgleichungen für die restlichen Funktionen.

Durch Ableitung von (872) und (873) ergeben sich die 18 betrachteten elliptischen Funktionen als Lösungen der 18 nichtlinearen Differentialgleichungen zweiter Ordnung

$$\left.\begin{array}{lll}
\dfrac{\partial^2\mathrm{cs}}{\partial z^2} = +\mathrm{cs}(2\,\mathrm{cs}^2+k'^2+1), & \dfrac{\partial^2\mathrm{sc}}{\partial z^2} = +\mathrm{sc}(2k'^2\,\mathrm{sc}^2+k'^2+1), & \dfrac{\partial^2\mathrm{nd}}{\partial z^2} = -\mathrm{nd}(2k'^2\,\mathrm{nd}^2-k'^2-1), \\
\dfrac{\partial^2\mathrm{dn}}{\partial z^2} = -\mathrm{dn}(2\,\mathrm{dn}^2-k'^2-1), & \dfrac{\partial^2\mathrm{ds}}{\partial z^2} = +\mathrm{ds}(2\,\mathrm{ds}^2+k^2-k'^2), & \dfrac{\partial^2\mathrm{nc}}{\partial z^2} = +\mathrm{nc}(2k'^2\,\mathrm{nc}^2+k^2-k'^2), \\
\dfrac{\partial^2\mathrm{sd}}{\partial z^2} = -\mathrm{sd}(2k^2k'^2\,\mathrm{sd}^2-k^2+k'^2), & \dfrac{\partial^2\mathrm{cn}}{\partial z^2} = -\mathrm{cn}(2k^2\,\mathrm{cn}^2-k^2+k'^2), & \dfrac{\partial^2\mathrm{ns}}{\partial z^2} = +\mathrm{ns}(2\,\mathrm{ns}^2-k^2-1), \\
\dfrac{\partial^2\mathrm{dc}}{\partial z^2} = +\mathrm{dc}(2\,\mathrm{dc}^2-k^2-1), & \dfrac{\partial^2\mathrm{cd}}{\partial z^2} = +\mathrm{cd}(2k^2\,\mathrm{cd}^2-k^2-1), & \dfrac{\partial^2\mathrm{sn}}{\partial z^2} = +\mathrm{sn}(2k^2\,\mathrm{sn}^2-k^2-1), \\
\dfrac{\partial^2\overline{\mathrm{cs}}}{\partial z^2} = +2\,\overline{\mathrm{cs}}(\overline{\mathrm{cs}}^2-k'^2-1), & \dfrac{\partial^2\overline{\mathrm{ds}}}{\partial z^2} = +2\,\overline{\mathrm{ds}}(\overline{\mathrm{ds}}^2-k^2+k'^2), & \dfrac{\partial^2\overline{\mathrm{ns}}}{\partial z^2} = +2\,\overline{\mathrm{ns}}(\overline{\mathrm{ns}}^2+k^2+1), \\
\dfrac{\partial^2\overline{\mathrm{nd}}}{\partial z^2} = +2\,\overline{\mathrm{nd}}(\overline{\mathrm{nd}}^2-k'^2-1), & \dfrac{\partial^2\overline{\mathrm{nc}}}{\partial z^2} = +2\,\overline{\mathrm{nc}}(\overline{\mathrm{nc}}^2-k^2+k'^2), & \dfrac{\partial^2\overline{\mathrm{dc}}}{\partial z^2} = +2\,\overline{\mathrm{dc}}(\overline{\mathrm{dc}}^2+k^2+1).
\end{array}\right\} \quad (874)$$

Die Berücksichtigung von (766) in (716) und (717) liefert

$$\left.\begin{array}{lll} \dfrac{\partial u}{\partial z} = -\sqrt{3e_1 \pm 2k' \cosh 2u}, & + \text{ Zeichen für } & u = \ln \dfrac{\mathrm{cs}(z, k)}{\sqrt{k'}} = -\ln\left(\sqrt{k'}\,\mathrm{sc}(z, k)\right), \\ \dfrac{\partial^2 u}{\partial z^2} = \pm 2k' \sinh 2u, & - \text{ Zeichen für } & u = \ln \dfrac{\mathrm{dn}(z, k)}{\sqrt{k'}} = -\ln\left(\sqrt{k'}\,\mathrm{nd}(z, k)\right). \end{array}\right\} \quad (875)$$

$$\left.\begin{array}{llll} \dfrac{\partial u}{\partial z} = \pm\sqrt{3e_2 + 2kk' \sinh 2u}, & + \text{ Zeichen für } u = \ln\left(\sqrt{\dfrac{k'}{k}}\,\mathrm{nc}(z, k)\right) & \text{und} & u = -\ln\left(\sqrt{\dfrac{k}{k'}}\,\mathrm{cn}(z, k)\right), \\ \dfrac{\partial^2 u}{\partial z^2} = +2kk' \cosh 2u, & - \text{ Zeichen für } u = \ln \dfrac{\mathrm{ds}(z, k)}{\sqrt{kk'}} & \text{und} & u = -\ln\left(\sqrt{kk'}\,\mathrm{sd}(z, k)\right). \end{array}\right\} \quad (876)$$

$$\left.\begin{array}{lll} \dfrac{\partial u}{\partial z} = -\sqrt{3e_3 + 2k \cosh 2u} & \text{für} & u = \ln \dfrac{\mathrm{ns}(z, k)}{\sqrt{k}} = -\ln\left(\sqrt{k}\,\mathrm{sn}(z, k)\right), \\ \dfrac{\partial^2 u}{\partial z^2} = +2k \sinh 2u & \text{und} & u = \ln\left(\sqrt{k}\,\mathrm{cd}(z, k)\right) = -\ln \dfrac{\mathrm{dc}(z, k)}{\sqrt{k}}. \end{array}\right\} \quad (877)$$

122. Die Integrale der Jacobischen elliptischen Funktionen

Die Integrale der 12 JACOBIschen elliptischen Funktionen ergeben sich durch Integration von (725) unter Beachtung von (766). Bei gleichzeitiger Bezugnahme auf eine feste Integrationsgrenze $z = 0$ bzw. $z = K$ erhält man

$$\left.\begin{array}{ll} \displaystyle\int_z^K \mathrm{cs}(\bar z, k)\, d\bar z = \operatorname{ar\,tanh} \frac{\mathrm{dn}(z,k) - k'}{1 - k'\,\mathrm{dn}(z, k)}, & \displaystyle\int_z^K \mathrm{nd}(\bar z, k)\, d\bar z = \frac{1}{k'} \arctan \frac{\mathrm{cs}(z, k)}{k'}, \\ \displaystyle\int_z^K \mathrm{ds}(\bar z, k)\, d\bar z = \operatorname{ar\,tanh} \mathrm{cn}(z, k), & \displaystyle\int_z^K \mathrm{sd}(\bar z, k)\, d\bar z = \frac{1}{kk'} \arctan \frac{k\,\mathrm{cn}(z, k)}{k'}, \\ \displaystyle\int_z^K \mathrm{ns}(\bar z, k)\, d\bar z = \operatorname{ar\,tanh} \mathrm{cd}(z, k), & \displaystyle\int_0^z \mathrm{cd}(\bar z, k)\, d\bar z = \frac{1}{k} \operatorname{ar\,tanh}\left(k\,\mathrm{sn}(z, k)\right), \\ \displaystyle\int_0^z \mathrm{sc}(\bar z, k)\, d\bar z = \frac{1}{k'} \operatorname{ar\,tanh} \frac{k'(1 - \mathrm{dn}(z, k))}{\mathrm{dn}(z, k) - k'^2}, & \displaystyle\int_z^K \mathrm{dn}(\bar z, k)\, d\bar z = \arctan \mathrm{cs}(z, k), \\ \displaystyle\int_0^z \mathrm{nc}(\bar z, k)\, d\bar z = \frac{1}{k'} \operatorname{ar\,tanh}\left(k'\,\mathrm{sd}(z, k)\right), & \displaystyle\int_0^z \mathrm{cn}(\bar z, k)\, d\bar z = \frac{1}{k} \arctan\left(k\,\mathrm{sd}(z, k)\right), \\ \displaystyle\int_0^z \mathrm{dc}(\bar z, k)\, d\bar z = \operatorname{ar\,tanh} \mathrm{sn}(z, k), & \displaystyle\int_z^K \mathrm{sn}(\bar z, k)\, d\bar z = \frac{1}{k} \operatorname{ar\,tanh}\left(k\,\mathrm{cd}(z, k)\right), \end{array}\right\} \quad (878)$$

wobei noch zu bemerken ist, daß die Integrale für $\mathrm{cs}(z, k)$ und $\mathrm{sc}(z, k)$ sich nicht unmittelbar aus (725), sondern erst in Verbindung mit der fünften der Gln. (150) des ersten Bandes ergeben.

123. Die Integrale der logarithmischen Ableitungen der Jacobischen elliptischen Funktionen

Aus (767) folgt in Verbindung mit (799) und (857) unter Einflechtung einer festen Integrationsgrenze $z = 0$ bzw. $z = \frac{1}{2}K$ bzw. $z = K$

$$\left.\begin{array}{ll} \displaystyle\int_{\frac{1}{2}K}^z \overline{\mathrm{sc}}(\bar z, k)\, d\bar z = \ln\left(\sqrt{k'}\,\mathrm{sc}(z, k)\right), & \displaystyle\int_0^z \overline{\mathrm{nc}}(\bar z, k)\, d\bar z = \ln \mathrm{nc}(z, k), \\ \displaystyle\int_z^K \overline{\mathrm{sd}}(\bar z, k)\, d\bar z = \ln \frac{\mathrm{ds}(z, k)}{k'}, & \displaystyle\int_0^z \overline{\mathrm{dc}}(\bar z, k)\, d\bar z = \ln \mathrm{dc}(z, k), \\ \displaystyle\int_z^K \overline{\mathrm{sn}}(\bar z, k)\, d\bar z = \ln \mathrm{ns}(z, k), & \displaystyle\int_0^z \overline{\mathrm{nd}}(\bar z, k)\, d\bar z = \ln \mathrm{nd}(z, k). \end{array}\right\} \quad (879)$$

Kapitel 6

Umkehrfunktionen der Jacobischen elliptischen Funktionen und elliptische Normalintegrale erster Gattung. Elliptische Amplitudenfunktion sowie Legendresche F- und E-Funktion. Elliptische Normalintegrale zweiter Gattung. Jacobische Zeta- und Heumansche Lambda-Funktion

124. Die 18 Umkehrfunktionen der Jacobischen elliptischen Funktionen und ihrer logarithmischen Ableitungen. (Elliptische Normalintegrale erster Gattung.) Additionstheoreme der Umkehrfunktionen

Den Betrachtungen dieses Abschnittes muß die historische Bemerkung vorangestellt werden, daß die Umkehrfunktionen der JACOBIschen elliptischen Funktionen durch die Arbeiten von A. M. LEGENDRE und insbesondere durch sein bahnbrechendes Werk: ,,Traité des fonctions elliptiques et des intégrales Eulériennes", Paris: Huzard-Courcier 1825, bereits bekannt waren, als C. G. J. JACOBI die nach ihm benannten elliptischen Funktionen entdeckte.

Werden die Differentialgleichungen (872) und (873) nach Trennung der Variablen integriert, so stellen die dabei auftretenden Integrale die Umkehrfunktionen der JACOBIschen elliptischen Funktionen und ihrer logarithmischen Ableitungen dar. Wird hierbei, zunächst unter Beschränkung auf (872), über eine der Integrationsgrenzen in passender Weise verfügt, so werden die 12 zugehörigen Umkehrfunktionen mit den 12 elliptischen Normalintegralen erster Gattung identisch, welche durch das Buch von BYRD-FRIEDMAN[1] eine weite Verbreitung gefunden haben. Den zu (873) gehörigen Umkehrfunktionen, die im Hinblick auf (767) auf sechs beschränkt werden können, entsprechen weitere sechs elliptische Normalintegrale erster Gattung. Die 18 Normalintegrale heißen vollständig, wenn sie gerade den Wert K annehmen.

Bezeichnet

$$f = f(z, k)$$

die elliptische Funktion, so sollen ähnlich wie in Abschnitt 63 die Umkehrfunktionen in der Form

$$z = z(f, k)$$

eingeführt werden. Wo dies aus Unterscheidungsgründen nicht ausreicht, läßt sich die Bezeichnungsweise entsprechend ergänzen.

Nachfolgend sind die 18 Umkehrfunktionen bzw. elliptischen Normalintegrale erster Gattung und die zugehörigen vollständigen Normalintegrale zusammengestellt, wobei der Sonderfall

$$k^2 = k'^2 = \tfrac{1}{2},$$

der auf häufig auftretende Spezialintegrale führt, in die Zusammenstellungen eingeschlossen wurde.

$$z(\mathrm{cs}, k) = \int_{\mathrm{cs}}^{\infty} \frac{dt}{\sqrt{(t^2+1)(t^2+k'^2)}}, \qquad K = \int_0^{\infty} \frac{dt}{\sqrt{(t^2+1)(t^2+k'^2)}}, \qquad z\left(\mathrm{cs}, \sqrt{\tfrac{1}{2}}\right) = \int_{\mathrm{cs}}^{\infty} \frac{dt}{\sqrt{t^4+\frac{3}{2}t^2+\frac{1}{2}}},$$

$$z(\mathrm{ds}, k) = \int_{\mathrm{ds}}^{\infty} \frac{dt}{\sqrt{(t^2+k^2)(t^2-k'^2)}}, \qquad K = \int_{k'}^{\infty} \frac{dt}{\sqrt{(t^2+k^2)(t^2-k'^2)}}, \qquad z\left(\mathrm{ds}, \sqrt{\tfrac{1}{2}}\right) = \int_{\mathrm{ds}}^{\infty} \frac{dt}{\sqrt{t^4-\frac{1}{4}}},$$

$$z(\mathrm{ns}, k) = \int_{\mathrm{ns}}^{\infty} \frac{dt}{\sqrt{(t^2-1)(t^2-k^2)}}, \qquad K = \int_1^{\infty} \frac{dt}{\sqrt{(t^2-1)(t^2-k^2)}}, \qquad z\left(\mathrm{ns}, \sqrt{\tfrac{1}{2}}\right) = \int_{\mathrm{ns}}^{\infty} \frac{dt}{\sqrt{t^4-\frac{3}{2}t^2+\frac{1}{2}}},$$

[1] BYRD-FRIEDMAN: Handbook of Elliptic Integrals for Engineers and Physicists. Berlin/Göttingen/Heidelberg: Springer 1954.

$$\left.\begin{aligned}
z(\mathrm{sc},k)&=\int_0^{\mathrm{sc}}\frac{dt}{\sqrt{(1+t^2)(1+k'^2t^2)}}, & K&=\int_0^{\infty}\frac{dt}{\sqrt{(1+t^2)(1+k'^2t^2)}}, & z\left(\mathrm{sc},\sqrt{\tfrac{1}{2}}\right)&=\int_0^{\mathrm{sc}}\frac{dt}{\sqrt{\frac{1}{2}t^4+\frac{3}{2}t^2+1}},\\
z(\mathrm{nc},k)&=\int_1^{\mathrm{nc}}\frac{dt}{\sqrt{(t^2-1)(k^2+k'^2t^2)}}, & K&=\int_1^{\infty}\frac{dt}{\sqrt{(t^2-1)(k^2+k'^2t^2)}}, & z\left(\mathrm{nc},\sqrt{\tfrac{1}{2}}\right)&=\int_1^{\mathrm{nc}}\frac{\sqrt{2}\,dt}{\sqrt{t^4-1}},\\
z(\mathrm{dc},k)&=\int_1^{\mathrm{dc}}\frac{dt}{\sqrt{(t^2-1)(t^2-k^2)}}, & K&=\int_1^{\infty}\frac{dt}{\sqrt{(t^2-1)(t^2-k^2)}}, & z\left(\mathrm{dc},\sqrt{\tfrac{1}{2}}\right)&=\int_1^{\mathrm{dc}}\frac{dt}{\sqrt{t^4-\frac{3}{2}t^2+\frac{1}{2}}},\\
z(\mathrm{nd},k)&=\int_1^{\mathrm{nd}}\frac{dt}{\sqrt{(t^2-1)(1-k'^2t^2)}}, & K&=\int_1^{1/k'}\frac{dt}{\sqrt{(t^2-1)(1-k'^2t^2)}}, & z\left(\mathrm{nd},\sqrt{\tfrac{1}{2}}\right)&=\int_1^{\mathrm{nd}}\frac{dt}{\sqrt{-\frac{1}{2}t^4+\frac{3}{2}t^2-1}},\\
z(\mathrm{sd},k)&=\int_0^{\mathrm{sd}}\frac{dt}{\sqrt{(1+k^2t^2)(1-k'^2t^2)}}, & K&=\int_0^{1/k'}\frac{dt}{\sqrt{(1+k^2t^2)(1-k'^2t^2)}}, & z\left(\mathrm{sd},\sqrt{\tfrac{1}{2}}\right)&=\int_0^{\mathrm{sd}}\frac{dt}{\sqrt{1-\frac{1}{4}t^4}},\\
z(\mathrm{cd},k)&=\int_{\mathrm{cd}}^{1}\frac{dt}{\sqrt{(1-t^2)(1-k^2t^2)}}, & K&=\int_0^{1}\frac{dt}{\sqrt{(1-t^2)(1-k^2t^2)}}, & z\left(\mathrm{cd},\sqrt{\tfrac{1}{2}}\right)&=\int_{\mathrm{cd}}^{1}\frac{dt}{\sqrt{\frac{1}{2}t^4-\frac{3}{2}t^2+1}},\\
z(\mathrm{dn},k)&=\int_{\mathrm{dn}}^{1}\frac{dt}{\sqrt{(1-t^2)(t^2-k'^2)}}, & K&=\int_{k'}^{1}\frac{dt}{\sqrt{(1-t^2)(t^2-k'^2)}}, & z\left(\mathrm{dn},\sqrt{\tfrac{1}{2}}\right)&=\int_{\mathrm{dn}}^{1}\frac{dt}{\sqrt{-t^4+\frac{3}{2}t^2-\frac{1}{2}}},\\
z(\mathrm{cn},k)&=\int_{\mathrm{cn}}^{1}\frac{dt}{\sqrt{(1-t^2)(k'^2+k^2t^2)}}, & K&=\int_0^{1}\frac{dt}{\sqrt{(1-t^2)(k'^2+k^2t^2)}}, & z\left(\mathrm{cn},\sqrt{\tfrac{1}{2}}\right)&=\int_{\mathrm{cn}}^{1}\frac{\sqrt{2}\,dt}{\sqrt{1-t^4}},\\
z(\mathrm{sn},k)&=\int_0^{\mathrm{sn}}\frac{dt}{\sqrt{(1-t^2)(1-k^2t^2)}}, & K&=\int_0^{1}\frac{dt}{\sqrt{(1-t^2)(1-k^2t^2)}}, & z\left(\mathrm{sn},\sqrt{\tfrac{1}{2}}\right)&=\int_0^{\mathrm{sn}}\frac{dt}{\sqrt{\frac{1}{2}t^4-\frac{3}{2}t^2+1}},\\
z(\overline{\mathrm{sc}},k)&=\int_{\overline{\mathrm{sc}}}^{\infty}\frac{dt}{\sqrt{(t^2-(1+k')^2)(t^2-(1-k')^2)}}, & K&=\int_{-\infty}^{\infty}\frac{dt}{\sqrt{t^4-6e_1t^2+k^4}}, & z\left(\overline{\mathrm{sc}},\sqrt{\tfrac{1}{2}}\right)&=\int_{\overline{\mathrm{sc}}}^{\infty}\frac{dt}{\sqrt{t^4-3t^2+\frac{1}{4}}},\\
z(\overline{\mathrm{sd}},k)&=\int_{\overline{\mathrm{sd}}}^{\infty}\frac{dt}{\sqrt{(t^2-(k+i\,k')^2)(t^2-(k-i\,k')^2)}}, & K&=\int_0^{\infty}\frac{dt}{\sqrt{t^4-6e_2t^2+1}}, & z\left(\overline{\mathrm{sd}},\sqrt{\tfrac{1}{2}}\right)&=\int_{\overline{\mathrm{sd}}}^{\infty}\frac{dt}{\sqrt{t^4+1}},\\
z(\overline{\mathrm{sn}},k)&=\int_{\overline{\mathrm{sn}}}^{\infty}\frac{dt}{\sqrt{(t^2+(1+k)^2)(t^2+(1-k)^2)}}, & K&=\int_0^{\infty}\frac{dt}{\sqrt{t^4-6e_3t^2+k'^4}}, & z\left(\overline{\mathrm{sn}},\sqrt{\tfrac{1}{2}}\right)&=\int_{\overline{\mathrm{sn}}}^{\infty}\frac{dt}{\sqrt{t^4+3t^2+\frac{1}{4}}},\\
z(\overline{\mathrm{nc}},k)&=\int_0^{\overline{\mathrm{nc}}}\frac{dt}{\sqrt{(t^2-(k+ik')^2)(t^2-(k-ik')^2)}}, & K&=\int_0^{\infty}\frac{dt}{\sqrt{t^4-6e_2t^2+1}}, & z\left(\overline{\mathrm{nc}},\sqrt{\tfrac{1}{2}}\right)&=\int_0^{\overline{\mathrm{nc}}}\frac{dt}{\sqrt{t^4+1}},\\
z(\overline{\mathrm{dc}},k)&=\int_0^{\overline{\mathrm{dc}}}\frac{dt}{\sqrt{(t^2+(1+k)^2)(t^2+(1-k)^2)}}, & K&=\int_0^{\infty}\frac{dt}{\sqrt{t^4-6e_3t^2+k'^4}}, & z\left(\overline{\mathrm{dc}},\sqrt{\tfrac{1}{2}}\right)&=\int_0^{\overline{\mathrm{dc}}}\frac{dt}{\sqrt{t^4+3t^2+\frac{1}{4}}},\\
z(\overline{\mathrm{nd}},k)&=\int_0^{\overline{\mathrm{nd}}}\frac{dt}{\sqrt{(t^2-(1+k')^2)(t^2-(1-k')^2)}}, & K&=\int_{-\infty}^{+\infty}\frac{dt}{\sqrt{t^4-6e_1t^2+k^4}}, & z\left(\overline{\mathrm{nd}},\sqrt{\tfrac{1}{2}}\right)&=\int_0^{\overline{\mathrm{nd}}}\frac{dt}{\sqrt{t^4-3t^2+\frac{1}{4}}}.
\end{aligned}\right\}\quad(880)$$

Die mit den Normalintegralen (880) identischen Umkehrungen der JACOBIschen elliptischen Funktionen sind unendlich vieldeutige Funktionen. Ihr Verlauf ist aus den Abb. 160 bis 177 ersichtlich, in welchen die $1/2\,K$-fachen Funktionswerte aufgetragen und bei der Beschriftung auch die HOUELschen Bezeichnungen berücksichtigt wurden.

In Verbindung mit (784) und (785) kann jede der 18 Umkehrfunktionen von (880) bezüglich des Arguments auf die Argumente der Umkehrfunktionen der 12 JACOBIschen elliptischen Funktionen umgeschrieben werden, wenn anstelle der bisher verwendeten Bezeichnungsweise auf das arg-Symbol von HOUEL Bezug genommen, d. h. wenn $\arg \mathrm{ell}(w, k)$ anstelle von $z(\mathrm{ell}, k)$ geschrieben wird. Beispielsweise ergibt sich in Verbindung mit den Gln. (784) für die Funktion $\arg \mathrm{sn}(z, k)$ die Gleichungskette

$$\arg \mathrm{sn}(w, k) = \arg \mathrm{cs}\left(\frac{\sqrt{1-w^2}}{w}, k\right) = \arg \mathrm{ds}\left(\frac{\sqrt{1-k^2 w^2}}{w}, k\right) =$$

$$= \arg \mathrm{ns}\left(\frac{1}{w}, k\right) = \arg \mathrm{sc}\left(\frac{w}{\sqrt{1-w^2}}, k\right) =$$

$$= \arg \mathrm{nc}\left(\frac{1}{\sqrt{1-w^2}}, k\right) = \arg \mathrm{dc}\left(\frac{\sqrt{1-k^2 w^2}}{\sqrt{1-w^2}}, k\right) =$$

$$= \arg \mathrm{nd}\left(\frac{1}{\sqrt{1-k^2 w^2}}, k\right) = \arg \mathrm{sd}\left(\frac{w}{\sqrt{1-k^2 w^2}}, k\right) =$$

$$= \arg \mathrm{cd}\left(\frac{\sqrt{1-w^2}}{\sqrt{1-k^2 w^2}}, k\right) = \arg \mathrm{dn}\left(\sqrt{1-k^2 w^2}, k\right) =$$

$$= \arg \mathrm{cn}\left(\sqrt{1-w^2}, k\right).$$

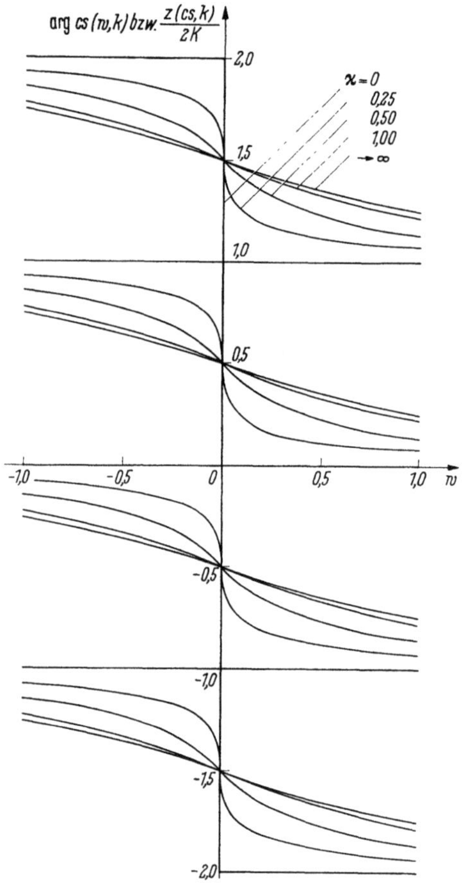

Abb. 160. Verlauf der Funktion $\arg \mathrm{cs}(w, k)$

Läßt man in (880) $k \to 0$ bzw. $k' \to 1$ gehen, so arten die Umkehrfunktionen mit Ausnahme der imaginär werdenden Funktionen $z(\mathrm{nd}, 0)$, $z(\mathrm{dn}, 0)$ und $z(\overline{\mathrm{nd}}, 0)$ in arcus-Funktionen aus, während sich beim Übergang auf $k \to 1$ bzw. $k' \to 0$ mit Ausnahme von $z(\mathrm{dc}, k)$, $z(\mathrm{cd}, k)$ und $z(\overline{\mathrm{dc}}, k)$ Area-Funktionen ergeben. Die Ausartungen lauten bei Bezugnahme auf das arg-Symbol:

$$\left.\begin{array}{lll}
\arg \mathrm{cs}(w, 0) = \operatorname{arc} \cot w, & \arg \mathrm{dc}(w, 0) = \operatorname{arc} \cos \frac{1}{w}, & \arg \overline{\mathrm{sc}}(w, 0) = \frac{1}{2} \operatorname{arc} \sin \frac{2}{w}, \\
\arg \mathrm{ds}(w, 0) = \operatorname{arc} \sin \frac{1}{w}, & \arg \mathrm{sd}(w, 0) = \operatorname{arc} \sin w, & \arg \overline{\mathrm{sd}}(w, 0) = \operatorname{arc} \cot w, \\
\arg \mathrm{ns}(w, 0) = \operatorname{arc} \sin \frac{1}{w}, & \arg \mathrm{cd}(w, 0) = \operatorname{arc} \cos w, & \arg \overline{\mathrm{sn}}(w, 0) = \operatorname{arc} \cot w, \\
\arg \mathrm{sc}(w, 0) = \operatorname{arc} \tan w, & \arg \mathrm{cn}(w, 0) = \operatorname{arc} \cos w, & \arg \overline{\mathrm{nc}}(w, 0) = \operatorname{arc} \tan w, \\
\arg \mathrm{nc}(w, 0) = \operatorname{arc} \cos \frac{1}{w}, & \arg \mathrm{sn}(w, 0) = \operatorname{arc} \sin w, & \arg \overline{\mathrm{dc}}(w, 0) = \operatorname{arc} \tan w; \\
\arg \mathrm{cs}(w, 1) = \operatorname{ar} \sinh \frac{1}{w}, & \arg \mathrm{nd}(w, 1) = \operatorname{ar} \cosh w, & \arg \overline{\mathrm{sc}}(w, 1) = \operatorname{ar} \coth w, \\
\arg \mathrm{ds}(w, 1) = \operatorname{ar} \sinh \frac{1}{w}, & \arg \mathrm{sd}(w, 1) = \operatorname{ar} \sinh w, & \arg \overline{\mathrm{sd}}(w, 1) = \operatorname{ar} \coth w, \\
\arg \mathrm{ns}(w, 1) = \operatorname{ar} \coth w, & \arg \mathrm{dn}(w, 1) = \operatorname{ar} \cosh \frac{1}{w}, & \arg \overline{\mathrm{sn}}(w, 1) = \frac{1}{2} \operatorname{ar} \sinh \frac{2}{w}, \\
\arg \mathrm{sc}(w, 1) = \operatorname{ar} \sinh w, & \arg \mathrm{cn}(w, 1) = \operatorname{ar} \cosh \frac{1}{w}, & \arg \overline{\mathrm{nc}}(w, 1) = \operatorname{ar} \tanh w, \\
\arg \mathrm{nc}(w, 1) = \operatorname{ar} \cosh w, & \arg \mathrm{sn}(w, 1) = \operatorname{ar} \tanh w, & \arg \overline{\mathrm{nd}}(w, 1) = \operatorname{ar} \tanh w.
\end{array}\right\} \quad (881)$$

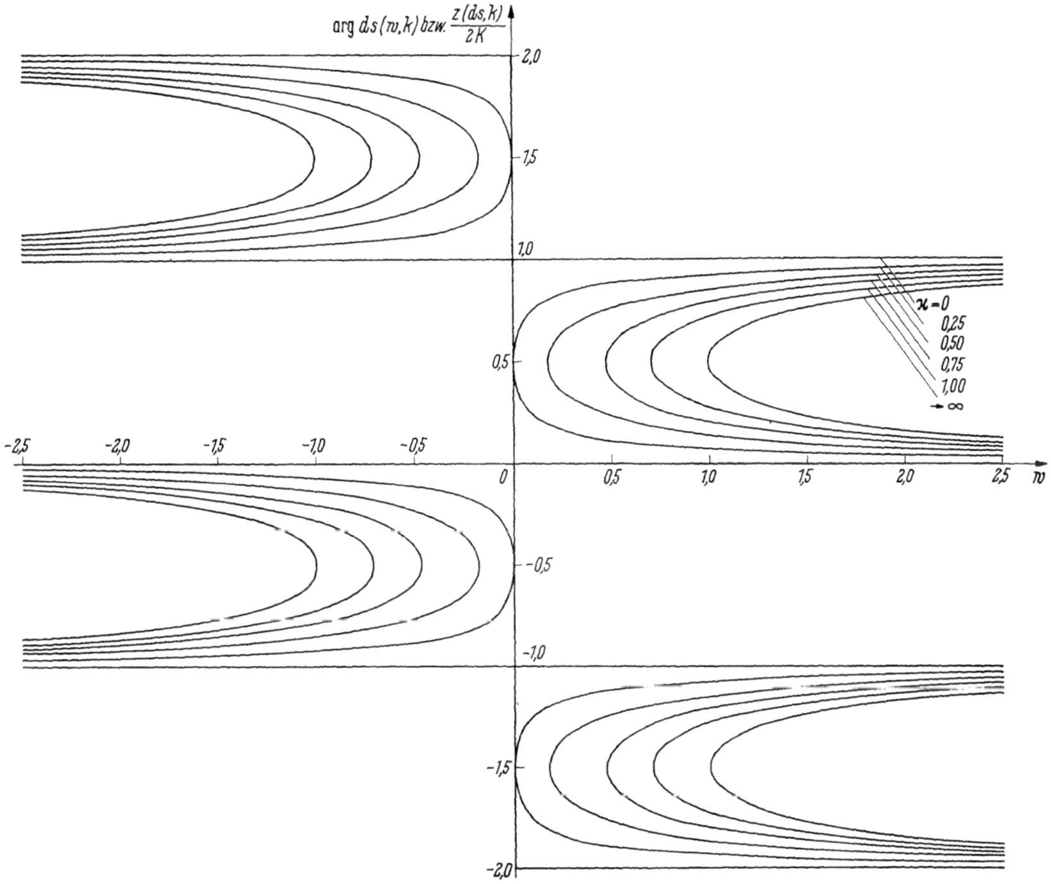

Abb. 161. Verlauf der Funktion arg ds(w, k)

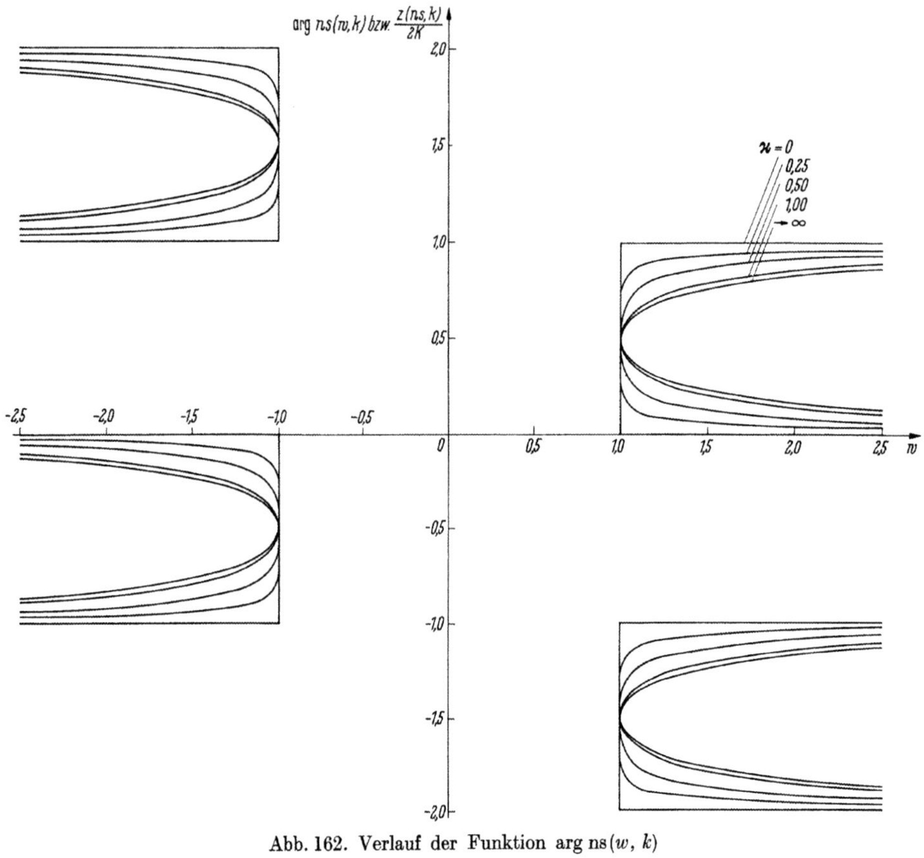

Abb. 162. Verlauf der Funktion arg ns(w, k)

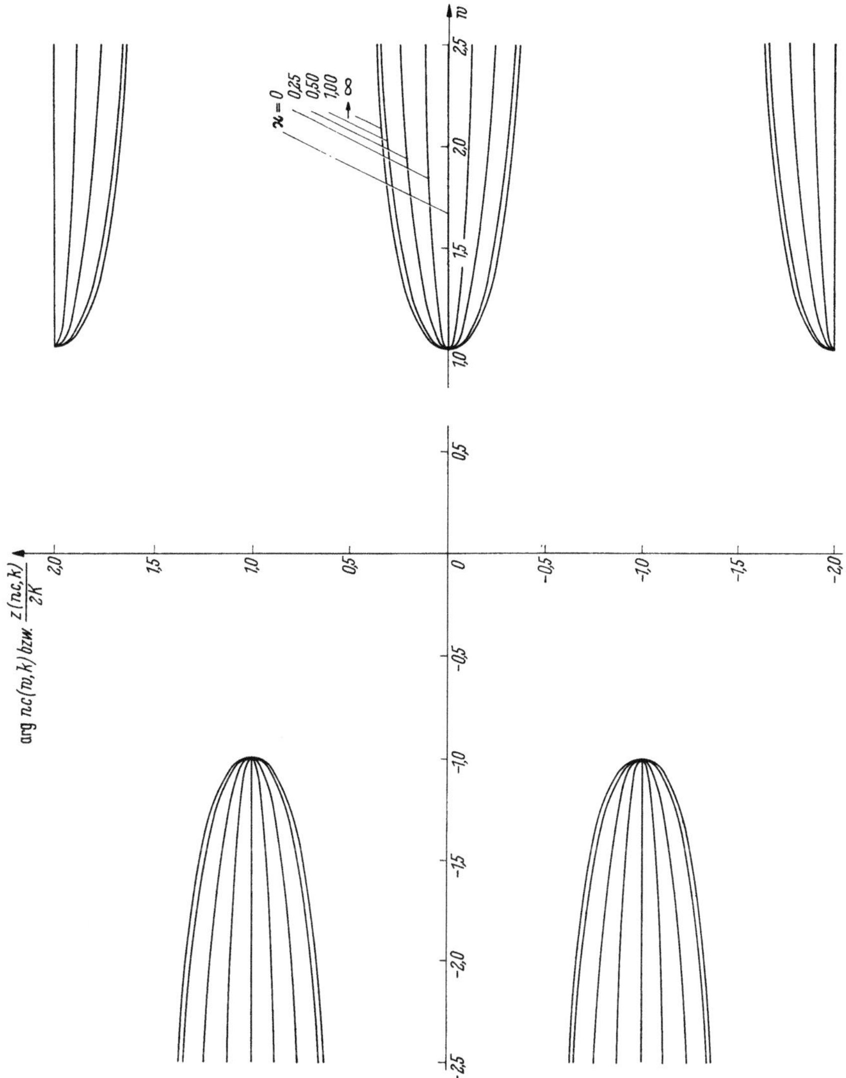

Abb. 164. Verlauf der Funktion arg nc(w, k)

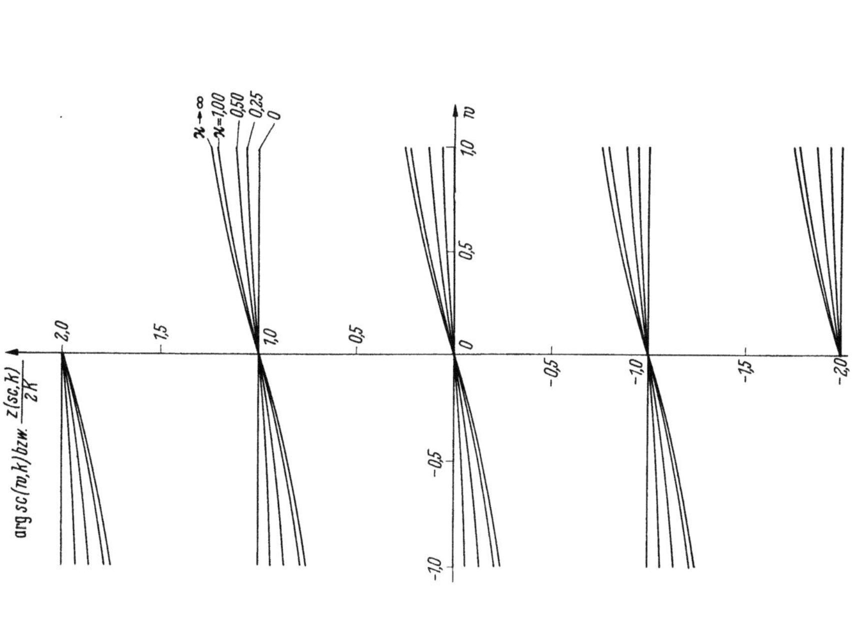

Abb. 163. Verlauf der Funktion arg sc(w, k)

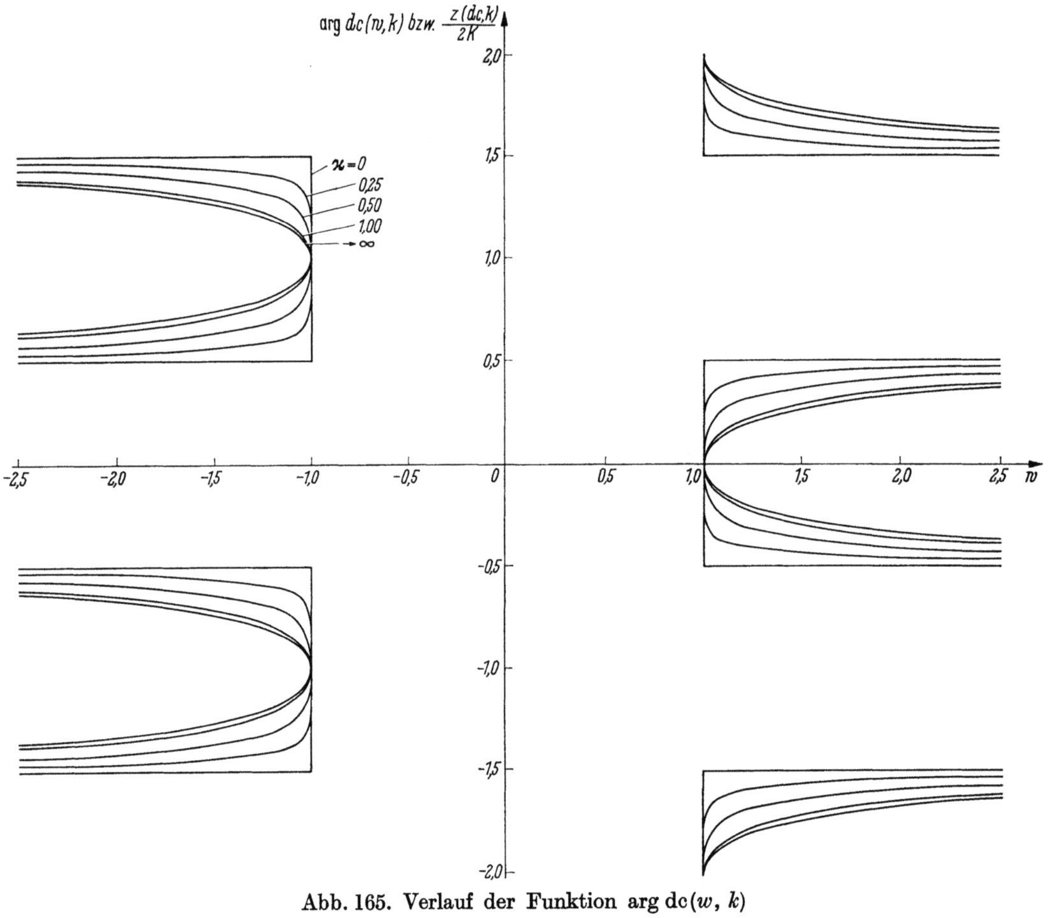

Abb. 165. Verlauf der Funktion arg dc(w, k)

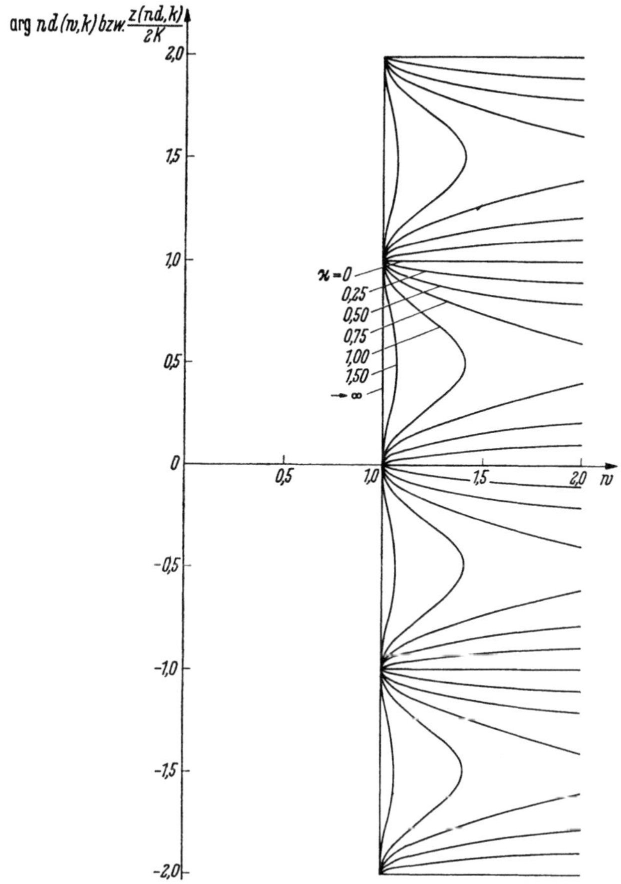

Abb. 166. Verlauf der Funktion arg nd(w, k)

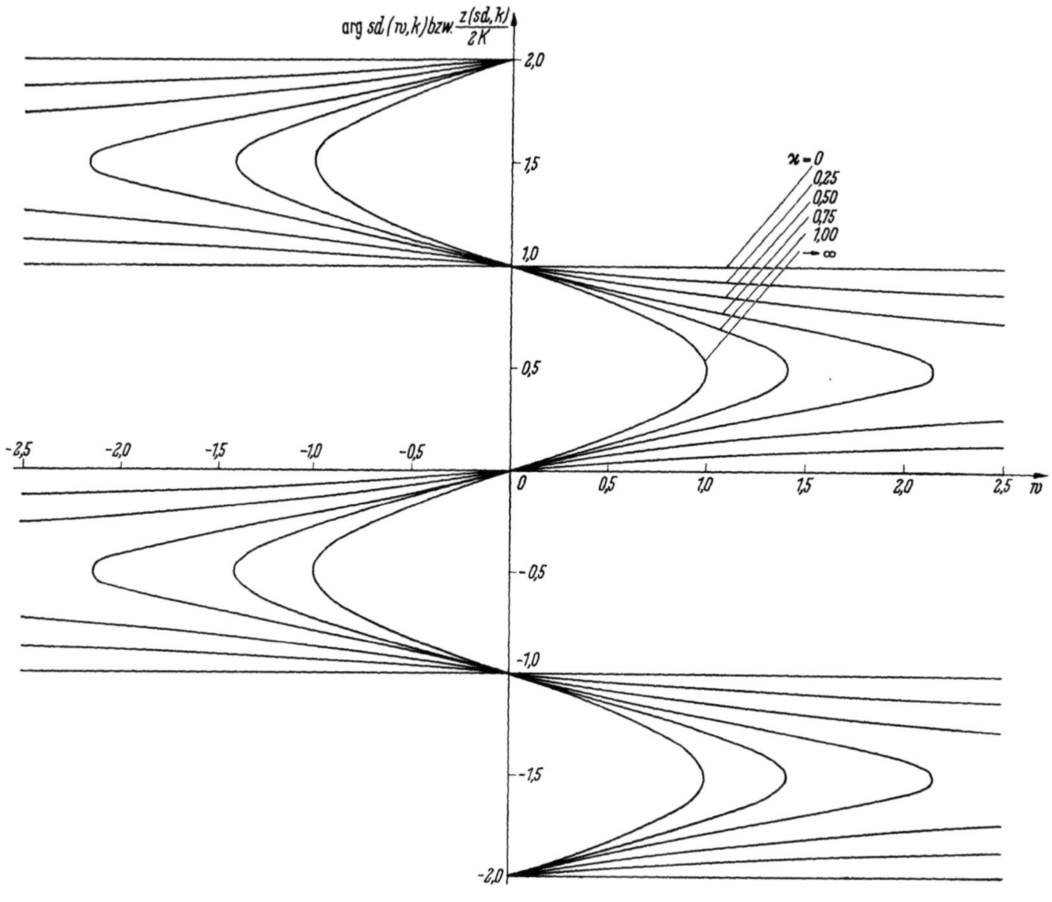

Abb. 167. Verlauf der Funktion arg sd(w, k)

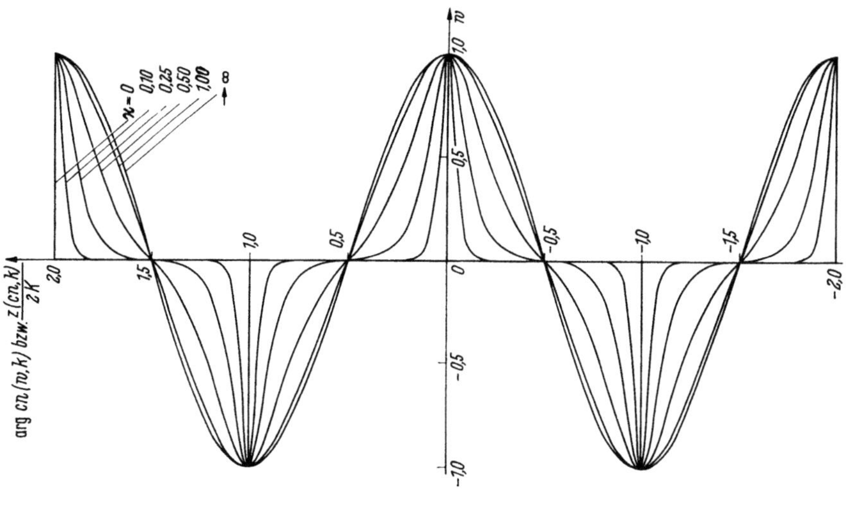

Abb. 170. Verlauf der Funktion arg cn(w, k)

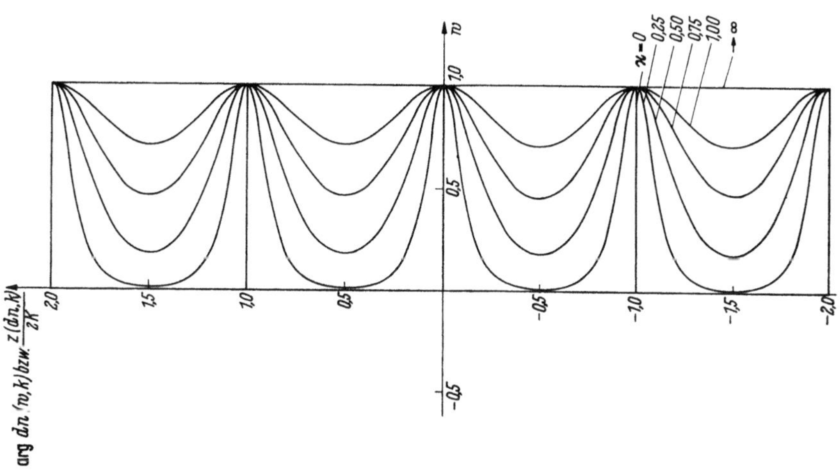

Abb. 169. Verlauf der Funktion arg dn(w, k)

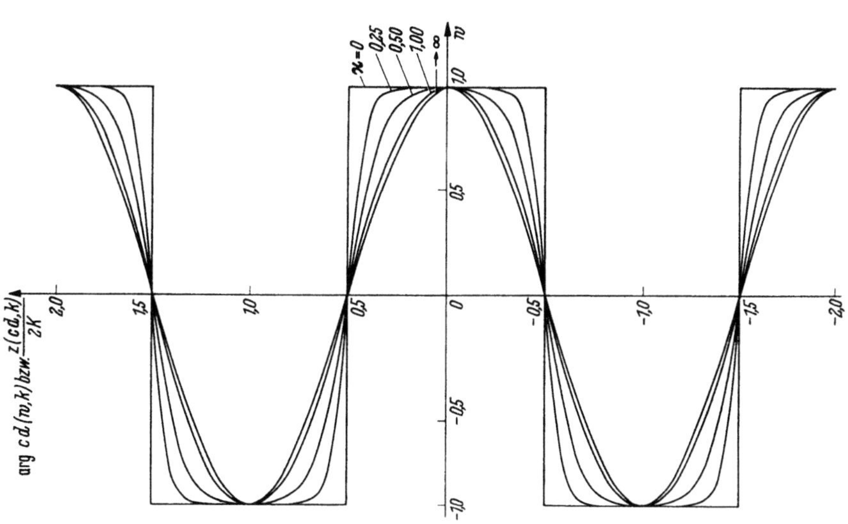

Abb. 168. Verlauf der Funktion arg cd(w, k)

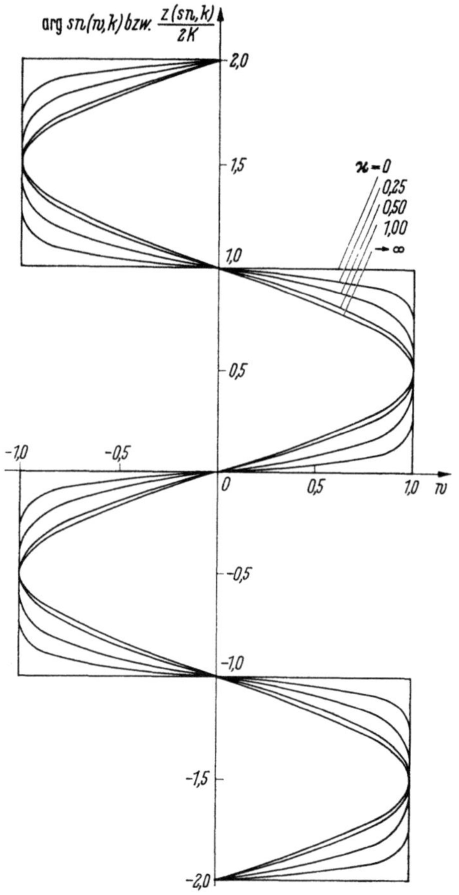

Abb. 171. Verlauf der Funktion arg sn(w, k)

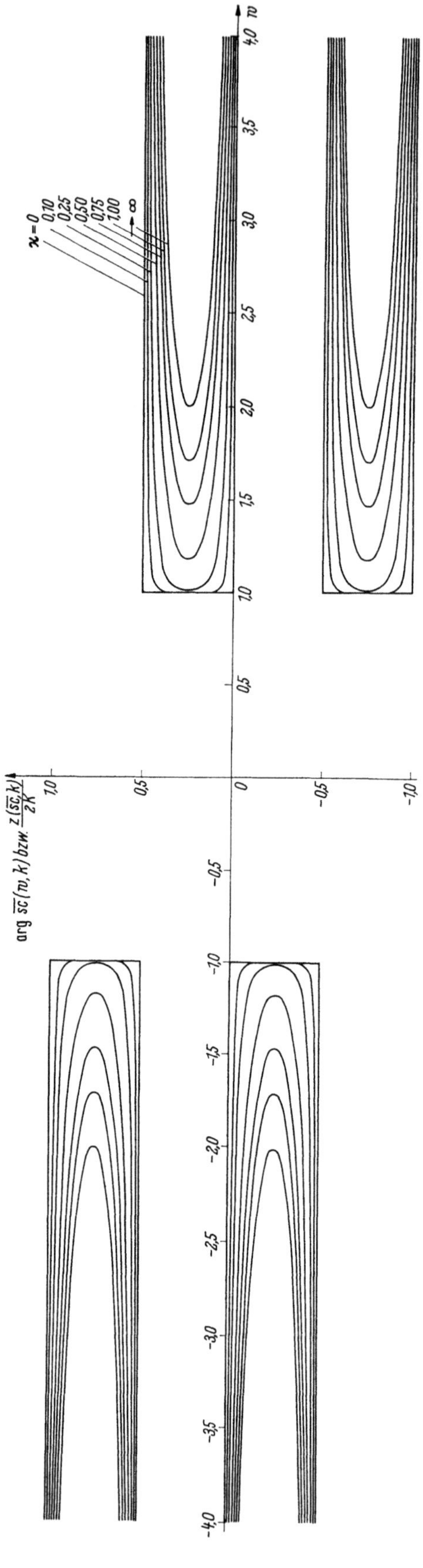

Abb. 172. Verlauf der Funktion arg $\overline{\mathrm{sc}}(w, k)$

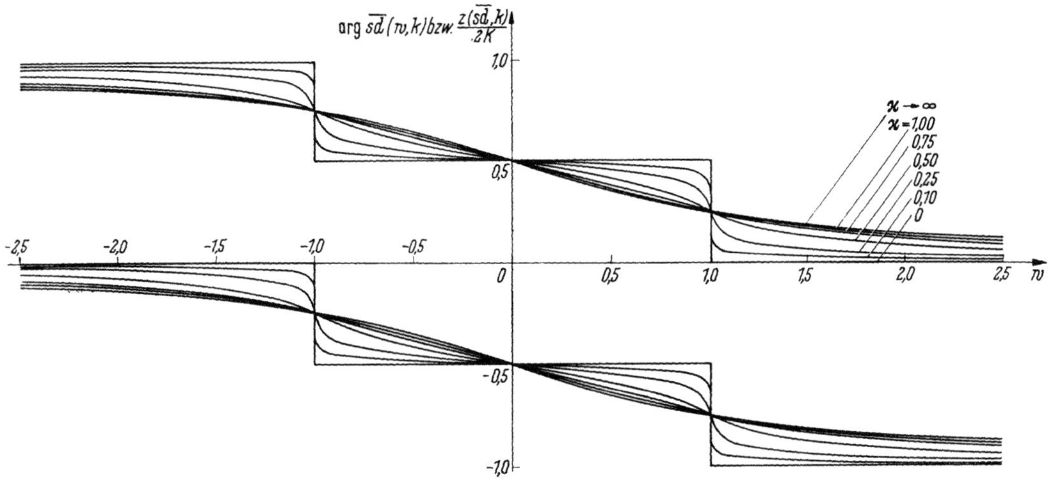

Abb. 173. Verlauf der Funktion arg $\overline{\mathrm{sd}}(w, k)$

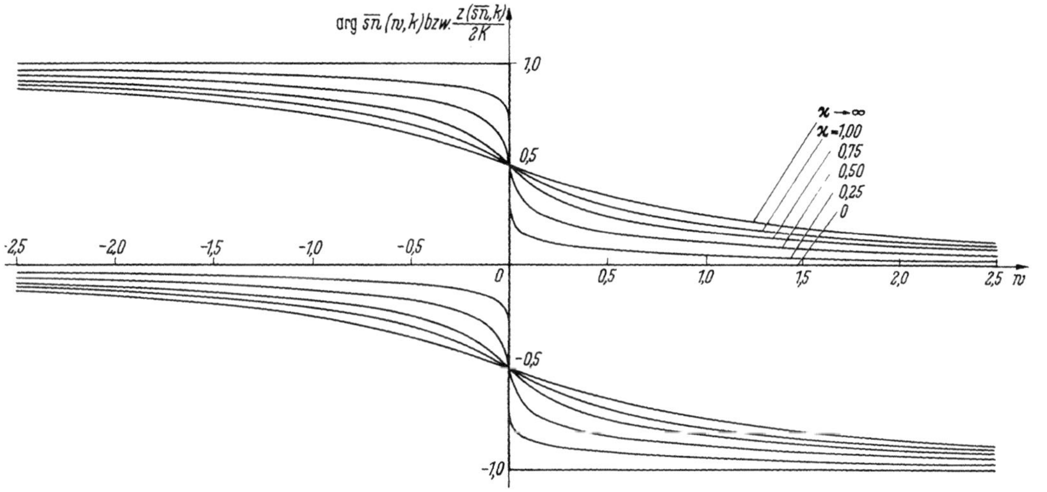

Abb. 174. Verlauf der Funktion arg $\overline{\mathrm{sn}}(w, k)$

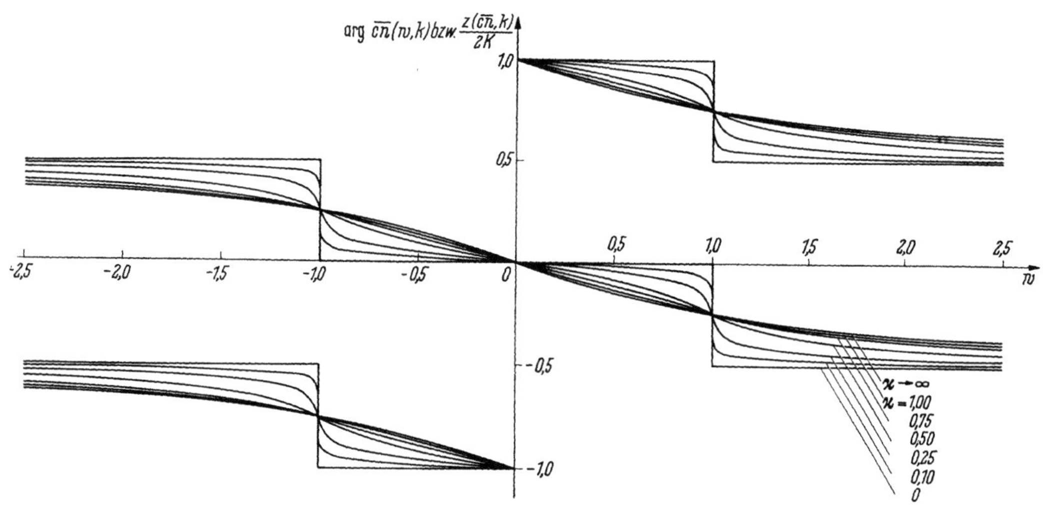

Abb. 175. Verlauf der Funktion arg $\overline{\mathrm{cn}}(w, k)$

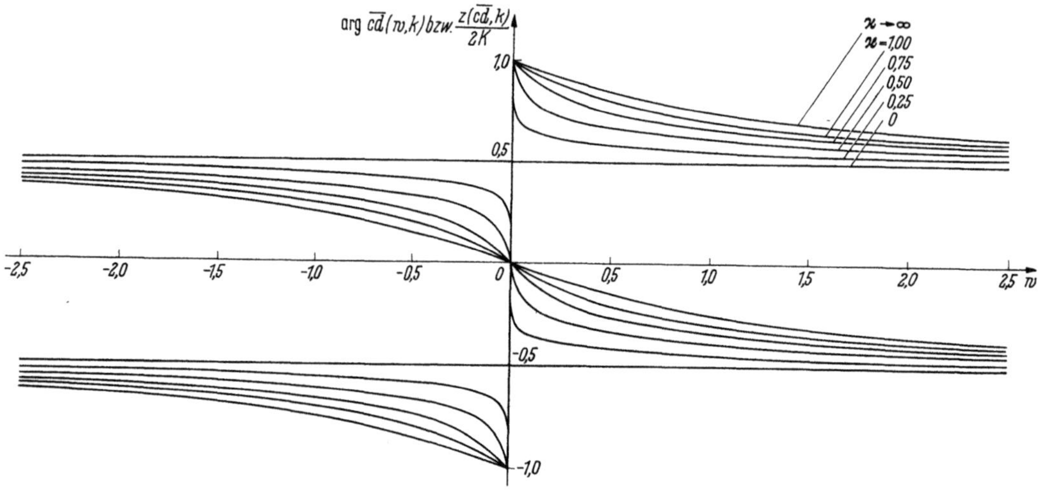

Abb. 176. Verlauf der Funktion $\arg \overline{\mathrm{cd}}(w, k)$

Aus den Additionstheoremen (844) und (845) der JACOBIschen elliptischen Funktionen und ihrer logarithmischen Ableitungen folgen entsprechende Additionstheoreme für die Umkehrfunktionen. Für die Funktionen $\arg \mathrm{sn}(w, k)$, $\arg \mathrm{cn}(w, k)$ und $\arg \mathrm{dn}(w, k)$ erhält man beispielsweise:

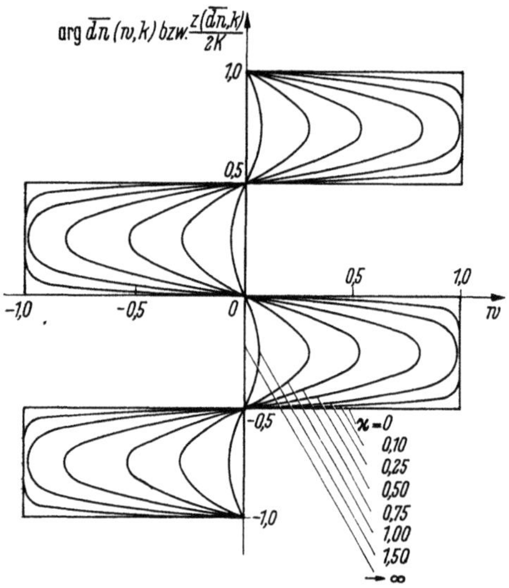

Abb. 177. Verlauf der Funktion $\arg \overline{\mathrm{dn}}(w, k)$

$$\left.\begin{aligned}
&\arg \mathrm{sn}(u, k) + \arg \mathrm{sn}(v, k)\\
&= \arg \mathrm{sn}\left(\frac{u\sqrt{(1-v^2)(1-k^2 v^2)} + v\sqrt{(1-u^2)(1-k^2 u^2)}}{1 - k^2 u^2 v^2}, k\right),\\
&\arg \mathrm{cn}(u, k) + \arg \mathrm{cn}(v, k)\\
&= \arg \mathrm{cn}\left(\frac{u\, v - \sqrt{(1-u^2)(1-v^2)(k'^2 + k^2 u^2)(k'^2 + k^2 v^2)}}{1 - k^2(1-u^2)(1-v^2)}, k\right),\\
&\arg \mathrm{dn}(u, k) + \arg \mathrm{dn}(v, k)\\
&= \arg \mathrm{dn}\left(\frac{k^2 u\, v - \sqrt{(1-u^2)(1-v^2)(u^2 - k'^2)(v^2 - k'^2)}}{k^2 - (1-u^2)(1-v^2)}, k\right).
\end{aligned}\right\} \quad (882)$$

125. Elliptische Normalintegrale erster Gattung in hyperbolischer Form

Setzt man in (875) bis (877) die Funktionen auf den linken Seiten gleich ψ, so lassen sich die z als hyperbolische elliptische Integrale nach ψ darstellen. Werden dabei die z als Umkehrfunktionen der entsprechenden JACOBIschen elliptischen Funktionen ausgedrückt, so ergibt sich

$$\left.\begin{aligned}
&\int_{\psi}^{\infty} \frac{d\bar{\psi}}{\sqrt{3e_1 + 2k' \cosh 2\bar{\psi}}} = \arg \mathrm{cs}\,(\sqrt{k'}\, e^{\psi}, k), &&\int_{\frac{1}{2}\ln k'}^{\psi} \frac{d\bar{\psi}}{\sqrt{3e_1 - 2k' \cosh 2\bar{\psi}}} = \arg \mathrm{nd}\left(\frac{1}{\sqrt{k'}}\, e^{\psi}, k\right),\\
&\int_{\psi}^{\infty} \frac{d\bar{\psi}}{\sqrt{3e_2 + 2k\,k' \sinh 2\bar{\psi}}} = \arg \mathrm{ds}\,(\sqrt{k\,k'}\, e^{\psi}, k), &&\int_{-\infty}^{\psi} \frac{d\bar{\psi}}{\sqrt{3e_2 + 2k\,k' \sinh 2\bar{\psi}}} = \arg \mathrm{sd}\left(\frac{1}{\sqrt{k\,k'}}\, e^{\psi}, k\right),\\
&\int_{\psi}^{\infty} \frac{d\bar{\psi}}{\sqrt{3e_3 + 2k \cosh 2\bar{\psi}}} = \arg \mathrm{ns}\,(\sqrt{k}\, e^{\psi}, k), &&\int_{\psi}^{\frac{1}{2}\ln k} \frac{d\bar{\psi}}{\sqrt{3e_3 + 2k \cosh 2\bar{\psi}}} = \arg \mathrm{cd}\left(\frac{1}{\sqrt{k}}\, e^{\psi}, k\right),
\end{aligned}\right|$$

$$\left.\begin{aligned}
&\int\limits_{-\infty}^{\psi}\frac{d\overline{\psi}}{\sqrt{3e_1+2k'\cosh 2\overline{\psi}}}=\arg\operatorname{sc}\left(\frac{1}{\sqrt{k'}}e^{\psi},\,k\right), &&\int\limits_{\psi}^{\frac12\ln 1/k'}\frac{d\overline{\psi}}{\sqrt{3e_1-2k'\cosh 2\overline{\psi}}}=\arg\operatorname{dn}\left(\sqrt{k'}\,e^{\psi},\,k\right),\\
&\int\limits_{\frac12\ln k'/k}^{\psi}\frac{d\overline{\psi}}{\sqrt{3e_2+2kk'\sinh 2\overline{\psi}}}=\arg\operatorname{nc}\left(\sqrt{\frac{k}{k'}}\,e^{\psi},\,k\right), &&\int\limits_{\psi}^{\frac12\ln k/k'}\frac{d\overline{\psi}}{\sqrt{3e_2+2kk'\sinh 2\overline{\psi}}}=\arg\operatorname{cn}\left(\sqrt{\frac{k'}{k}}\,e^{\psi},\,k\right),\\
&\int\limits_{\frac12\ln 1/k}^{\psi}\frac{d\overline{\psi}}{\sqrt{3e_3+2k\cosh 2\overline{\psi}}}=\arg\operatorname{dc}\left(\sqrt{k}\,e^{\psi},\,k\right), &&\int\limits_{-\infty}^{\psi}\frac{d\overline{\psi}}{\sqrt{3e_3+2k\cosh 2\overline{\psi}}}=\arg\operatorname{sn}\left(\frac{1}{\sqrt{k}}e^{\psi},\,k\right).
\end{aligned}\right\}\quad(883)$$

126. Potenzreihen-Entwicklungen der Umkehrfunktionen

Für die Funktionen $z(\mathrm{sc})$, $z(\mathrm{sd})$, $z(\mathrm{sn})$, $z(\overline{\mathrm{nc}})$, $z(\overline{\mathrm{dc}})$, $z(\overline{\mathrm{nd}})$ ergeben sich die Reihenentwicklungen durch Identitätsvergleich, indem diese als Reihen mit ungeraden Gliedern und unbestimmten Koeffizienten in die rechten Seiten der Gln. $(816)^1$, $(817)^2$, $(818)^3$, $(819)^{4,5,6}$ eingeführt werden. Man erhält, wenn ähnlich wie in Abschnitt 113 die Koeffizienten einmal als Funktionen von k^2 und einmal als solche von k'^2 dargestellt werden,

$$\left.\begin{aligned}
z(\mathrm{sc})&=\mathrm{sc}-(2-k^2)\frac{\mathrm{sc}^3}{3!}+(24-24k^2+9k^4)\frac{\mathrm{sc}^5}{5!}-(720-1080k^2+810k^4-225k^6)\frac{\mathrm{sc}^7}{7!}+\cdots,\\
&=\mathrm{sc}-(1+k'^2)\frac{\mathrm{sc}^3}{3!}+(9+6k'^2+9k'^4)\frac{\mathrm{sc}^5}{5!}-(225+135k'^2+135k'^4+225k'^6)\frac{\mathrm{sc}^7}{7!}+\cdots,\\
z(\mathrm{sd})&=\mathrm{sd}+(1-2k^2)\frac{\mathrm{sd}^3}{3!}+(9-24k^2+24k^4)\frac{\mathrm{sd}^5}{5!}+(225-810k^2+1080k^4-720k^6)\frac{\mathrm{sd}^7}{7!}+\cdots,\\
&=\mathrm{sd}-(1-2k'^2)\frac{\mathrm{sd}^3}{3!}+(9-24k'^2+24k'^4)\frac{\mathrm{sd}^5}{5!}-(225-810k'^2+1080k'^4-720k'^6)\frac{\mathrm{sd}^7}{7!}+\cdots,\\
z(\mathrm{sn})&=\mathrm{sn}+(1+k^2)\frac{\mathrm{sn}^3}{3!}+(9+6k^2+9k^4)\frac{\mathrm{sn}^5}{5!}+(225+135k^2+135k^4+225k^6)\frac{\mathrm{sn}^7}{7!}+\cdots,\\
&=\mathrm{sn}+(2-k'^2)\frac{\mathrm{sn}^3}{3!}+(24-24k'^2+9k'^4)\frac{\mathrm{sn}^5}{5!}+(720-1080k'^2+810k'^4-225k'^6)\frac{\mathrm{sn}^7}{7!}+\cdots.
\end{aligned}\right\}\quad(884)$$

$$\left.\begin{aligned}
z(\overline{\mathrm{nc}})&=\overline{\mathrm{nc}}-\frac{1-2k^2}{3}\overline{\mathrm{nc}}^3+\frac{1-6k^2+6k^4}{5}\overline{\mathrm{nc}}^5-\frac{1-12k^2+30k^4-20k^6}{7}\overline{\mathrm{nc}}^7+\cdots,\\
&=\overline{\mathrm{nc}}+\frac{1-2k'^2}{3}\overline{\mathrm{nc}}^3+\frac{1-6k'^2+6k'^4}{5}\overline{\mathrm{nc}}^5+\frac{1-12k'^2+30k'^4-20k'^6}{7}\overline{\mathrm{nc}}^7+\cdots,\\
z(\overline{\mathrm{dc}})&=\frac{\overline{\mathrm{dc}}}{1-k^2}-\frac{1+k^2}{3}\left(\frac{\overline{\mathrm{dc}}}{1-k^2}\right)^3+\frac{1+4k^2+k^4}{5}\left(\frac{\overline{\mathrm{dc}}}{1-k^2}\right)^5-\frac{1+9k^2+9k^4+k^6}{7}\left(\frac{\overline{\mathrm{dc}}}{1-k^2}\right)^7+\cdots,\\
&=\frac{\overline{\mathrm{dc}}}{k'^2}-\frac{2-k'^2}{3}\left(\frac{\overline{\mathrm{dc}}}{k'^2}\right)^3+\frac{6-6k'^2+k'^4}{5}\left(\frac{\overline{\mathrm{dc}}}{k'^2}\right)^5-\frac{20-30k'^2+12k'^4-k'^6}{7}\left(\frac{\overline{\mathrm{dc}}}{k'^2}\right)^7+\cdots,\\
z(\overline{\mathrm{nd}})&=\frac{\overline{\mathrm{nd}}}{k^2}+\frac{2-k^2}{3}\left(\frac{\overline{\mathrm{nd}}}{k^2}\right)^3+\frac{6-6k^2+k^4}{5}\left(\frac{\overline{\mathrm{nd}}}{k^2}\right)^5+\frac{20-30k^2+12k^4-k^6}{7}\left(\frac{\overline{\mathrm{nd}}}{k^2}\right)^7+\cdots,\\
&=\frac{\overline{\mathrm{nd}}}{1-k'^2}+\frac{1+k'^2}{3}\left(\frac{\overline{\mathrm{nd}}}{1-k'^2}\right)^3+\frac{1+4k'^2+k'^4}{5}\left(\frac{\overline{\mathrm{nd}}}{1-k'^2}\right)^5+\frac{1+9k'^2+9k'^4+k'^6}{7}\left(\frac{\overline{\mathrm{nd}}}{1-k'^2}\right)^7+\cdots.
\end{aligned}\right\}\quad(885)$$

Werden in den rechten Seiten von (884) die Jacobischen elliptischen Funktionen durch ihre Reziprokwerte ersetzt und in (885) die Gln. (774) berücksichtigt, so entstehen Reihenentwicklungen für die Funktionen

$$z(\mathrm{cs}),\quad z(\mathrm{ds}),\quad z(\mathrm{ns}),\quad z(\overline{\mathrm{sc}}),\quad z(\overline{\mathrm{sd}}),\quad z(\overline{\mathrm{sn}})$$

nach fallenden Potenzen. Sie lauten

$$\left.\begin{aligned}
z\left\langle\begin{aligned}
&= \frac{1}{\mathrm{cs}} - \frac{2-k^2}{3!}\frac{1}{\mathrm{cs}^3} + \frac{24-24k^2+9k^4}{5!}\frac{1}{\mathrm{cs}^5} - \frac{720-1080k^2+810k^4-225k^6}{7!}\frac{1}{\mathrm{cs}^7} + \cdots,\\
&= \frac{1}{\mathrm{cs}} - \frac{1+k'^2}{3!}\frac{1}{\mathrm{cs}^3} + \frac{9+6k'^2+9k'^4}{5!}\frac{1}{\mathrm{cs}^5} - \frac{225+135k'^2+135k'^4+225k'^6}{7!}\frac{1}{\mathrm{cs}^7} + \cdots,
\end{aligned}\right.\\
z\left\langle\begin{aligned}
&= \frac{1}{\mathrm{ds}} + \frac{1-2k^2}{3!}\frac{1}{\mathrm{ds}^3} + \frac{9-24k^2+24k^4}{5!}\frac{1}{\mathrm{ds}^5} + \frac{225-810k^2+1080k^4-720k^6}{7!}\frac{1}{\mathrm{ds}^7} + \cdots,\\
&= \frac{1}{\mathrm{ds}} - \frac{1-2k'^2}{3!}\frac{1}{\mathrm{ds}^3} + \frac{9-24k'^2+24k'^4}{5!}\frac{1}{\mathrm{ds}^5} - \frac{225-810k'^2+1080k'^4-720k'^6}{7!}\frac{1}{\mathrm{ds}^7} + \cdots,
\end{aligned}\right.\\
z\left\langle\begin{aligned}
&= \frac{1}{\mathrm{ns}} + \frac{1+k^2}{3!}\frac{1}{\mathrm{ns}^3} + \frac{9+6k^2+9k^4}{5!}\frac{1}{\mathrm{ns}^5} + \frac{225+135k^2+135k^4+225k^6}{7!}\frac{1}{\mathrm{ns}^7} + \cdots,\\
&= \frac{1}{\mathrm{ns}} + \frac{2-k'^2}{3!}\frac{1}{\mathrm{ns}^3} + \frac{24-24k'^2+9k'^4}{5!}\frac{1}{\mathrm{ns}^5} + \frac{720-1080k'^2+810k'^4-225k'^6}{7!}\frac{1}{\mathrm{ns}^7} + \cdots.
\end{aligned}\right.
\end{aligned}\right\} \quad (886)$$

$$\left.\begin{aligned}
z\left\langle\begin{aligned}
&= \frac{1}{\overline{\mathrm{sc}}} + \frac{2-k^2}{3}\frac{1}{\overline{\mathrm{sc}}^3} + \frac{6-6k^2+k^4}{5}\frac{1}{\overline{\mathrm{sc}}^5} + \frac{20-30k^2+12k^4-k^6}{7}\frac{1}{\overline{\mathrm{sc}}^7} + \cdots,\\
&= \frac{1}{\overline{\mathrm{sc}}} + \frac{1+k'^2}{3}\frac{1}{\overline{\mathrm{sc}}^3} + \frac{1+4k'^2+k'^4}{5}\frac{1}{\overline{\mathrm{sc}}^5} + \frac{1+9k'^2+9k'^4+k'^6}{7}\frac{1}{\overline{\mathrm{sc}}^7} + \cdots,
\end{aligned}\right.\\
z\left\langle\begin{aligned}
&= \frac{1}{\overline{\overline{\mathrm{sd}}}} - \frac{1-2k^2}{3}\frac{1}{\overline{\overline{\mathrm{sd}}}^3} + \frac{1-6k^2+6k^4}{5}\frac{1}{\overline{\overline{\mathrm{sd}}}^5} - \frac{1-12k^2+30k^4-20k^6}{7}\frac{1}{\overline{\overline{\mathrm{sd}}}^7} + \cdots,\\
&= \frac{1}{\overline{\overline{\mathrm{sd}}}} + \frac{1-2k'^2}{3}\frac{1}{\overline{\overline{\mathrm{sd}}}^3} + \frac{1-6k'^2+6k'^4}{5}\frac{1}{\overline{\overline{\mathrm{sd}}}^5} + \frac{1-12k'^2+30k'^4-20k'^6}{7}\frac{1}{\overline{\overline{\mathrm{sd}}}^7} + \cdots,
\end{aligned}\right.\\
z\left\langle\begin{aligned}
&= \frac{1}{\overline{\mathrm{sn}}} - \frac{1+k^2}{3}\frac{1}{\overline{\mathrm{sn}}^3} + \frac{1+4k^2+k^4}{5}\frac{1}{\overline{\mathrm{sn}}^5} - \frac{1+9k^2+9k^4+k^6}{7}\frac{1}{\overline{\mathrm{sn}}^7} + \cdots,\\
&= \frac{1}{\overline{\mathrm{sn}}} - \frac{2-k'^2}{3}\frac{1}{\overline{\mathrm{sn}}^3} + \frac{6-6k'^2+k'^4}{5}\frac{1}{\overline{\mathrm{sn}}^5} - \frac{20-30k'^2+12k'^4-k'^6}{7}\frac{1}{\overline{\mathrm{sn}}^7} + \cdots.
\end{aligned}\right.
\end{aligned}\right\} \quad (887)$$

Für die restlichen Umkehrfunktionen

$$z(\mathrm{nc}),\quad z(\mathrm{dc}),\quad z(\mathrm{nd}),\quad z(\mathrm{cd}),\quad z(\mathrm{dn}),\quad z(\mathrm{cn})$$

gelangt man zu Reihenentwicklungen, wenn in $(816)^{2,}$, $(817)^{1,3}$ und $(818)^{1,2}$ die konstanten Glieder auf die linke Seite gebracht und die Reihen anschließend durch den Faktor von $z^2/2!$ dividiert werden. Es läßt sich dann z nach den Wurzeln der auf diese Weise gebildeten Funktionen entwickeln. Der Koeffizientenvergleich liefert

$$\left.\begin{aligned}
z\left\langle\begin{aligned}
&= \sqrt{2(\mathrm{nc}-1)}\left[1 - \frac{5-4k^2}{2\cdot 3!}(\mathrm{nc}-1) + \frac{129-264k^2+144k^4}{4\cdot 5!}(\mathrm{nc}-1)^2 - \cdots\right],\\
&= \sqrt{2(\mathrm{nc}-1)}\left[1 - \frac{1+4k'^2}{2\cdot 3!}(\mathrm{nc}-1) + \frac{9-24k'^2+144k'^4}{4\cdot 5!}(\mathrm{nc}-1)^2 - \cdots\right],
\end{aligned}\right.\\
z\left\langle\begin{aligned}
&= \sqrt{2\frac{\mathrm{dc}-1}{1-k^2}}\left[1 - \frac{5-k^2}{2\cdot 3!}\frac{\mathrm{dc}-1}{1-k^2} + \frac{129+6k^2+9k^4}{4\cdot 5!}\left(\frac{\mathrm{dc}-1}{1-k^2}\right)^2 - \cdots\right],\\
&= \sqrt{2\frac{\mathrm{dc}-1}{k'^2}}\left[1 - \frac{4+k'^2}{2\cdot 3!}\frac{\mathrm{dc}-1}{k'^2} + \frac{144-24k^2+9k^4}{4\cdot 5!}\left(\frac{\mathrm{dc}-1}{k'^2}\right)^2 - \cdots\right],
\end{aligned}\right.\\
z\left\langle\begin{aligned}
&= \sqrt{2\frac{\mathrm{nd}-1}{k^2}}\left[1 + \frac{4-5k^2}{2\cdot 3!}\frac{\mathrm{nd}-1}{k^2} + \frac{144-264k^2+129k^4}{4\cdot 5!}\left(\frac{\mathrm{nd}-1}{k^2}\right)^2 + \cdots\right],\\
&= \sqrt{2\frac{\mathrm{nd}-1}{1-k'^2}}\left[1 - \frac{1-5k'^2}{2\cdot 3!}\frac{\mathrm{nd}-1}{1-k'^2} + \frac{9+6k'^2+129k'^4}{4\cdot 5!}\left(\frac{\mathrm{nd}-1}{1-k'^2}\right)^2 - \cdots\right],
\end{aligned}\right.\\
z\left\langle\begin{aligned}
&= \sqrt{2\frac{1-\mathrm{cd}}{1-k^2}}\left[1 + \frac{1-5k^2}{2\cdot 3!}\frac{1-\mathrm{cd}}{1-k^2} + \frac{9+6k^2+129k^4}{4\cdot 5!}\left(\frac{1-\mathrm{cd}}{1-k^2}\right)^2 + \cdots\right],\\
&= \sqrt{2\frac{1-\mathrm{cd}}{k'^2}}\left[1 - \frac{4-5k'^2}{2\cdot 3!}\frac{1-\mathrm{cd}}{k'^2} + \frac{144-264k'^2+129k'^4}{4\cdot 5!}\left(\frac{1-\mathrm{cd}}{k'^2}\right)^2 - \cdots\right],
\end{aligned}\right.\\
z\left\langle\begin{aligned}
&= \sqrt{2\frac{1-\mathrm{dn}}{k^2}}\left[1 + \frac{4+k^2}{2\cdot 3!}\frac{1-\mathrm{dn}}{k^2} + \frac{144-24k^2+9k^4}{4\cdot 5!}\left(\frac{1-\mathrm{dn}}{k^2}\right)^2 + \cdots\right],\\
&= \sqrt{2\frac{1-\mathrm{dn}}{1-k'^2}}\left[1 + \frac{5-k'^2}{2\cdot 3!}\frac{1-\mathrm{dn}}{1-k'^2} + \frac{129+6k'^2+9k'^4}{4\cdot 5!}\left(\frac{1-\mathrm{dn}}{1-k'^2}\right)^2 + \cdots\right],
\end{aligned}\right.
\end{aligned}\right\} \quad (888)$$

$$z \begin{cases} = \sqrt{2(1-\mathrm{cn})}\left[1 + \dfrac{1+4k^2}{2\cdot 3!}(1-\mathrm{cn}) + \dfrac{9 - 24k^2 + 144k^4}{4\cdot 5!}(1-\mathrm{cn})^2 + \cdots\right], \\ = \sqrt{2(1-\mathrm{cn})}\left[1 + \dfrac{5-4k'^2}{2\cdot 3!}(1-\mathrm{cn}) + \dfrac{129 - 264k'^2 + 144k'^4}{4\cdot 5!}(1-\mathrm{cn})^2 + \cdots\right]. \end{cases}$$

127. Die elliptische Amplitudenfunktion $\varphi = \mathrm{am}(z, k)$ und ihre Umkehrfunktion $z = F(\varphi, k)$. Die vier trigonometrischen Legendreschen Normalintegrale erster Gattung

Die elliptische Amplitudenfunktion $\varphi = \mathrm{am}(z, k)$ führt die Jacobischen elliptischen Funktionen und ihre logarithmischen Ableitungen auf trigonometrische Funktionen zurück. Sie stellt das Integral

$$\varphi = \mathrm{am}(z, k) = \int_0^z \mathrm{dn}(\bar{z}, k)\, d\bar{z} \tag{889}$$

dar. Da die Jacobische elliptische Funktion $\mathrm{dn}(z, k)$ nach Abb. 133 im Reellen stets positiv ist und die Periode 1 bzw. $2K$ besitzt, muß ihr Integral monoton ansteigen und die elliptische Amplitudenfunktion eindeutig umkehrbar sein. Ihr aus Abb. 178 ersichtlicher Verlauf im $(\zeta, \varkappa)$-System läßt erkennen, daß die Funktion

$$\mathrm{am}(z, k) - \frac{\pi z}{2K} = \mathrm{am}(\zeta, \varkappa) - \pi\zeta$$

periodisch ist. Dies bestätigt die trigonometrische Entwicklung

$$\mathrm{am}(\zeta, \varkappa) = \pi\zeta + 2\sum_{1}^{\infty}{}_{n} \frac{\frac{1}{n} e^{-n\pi\varkappa}}{1 + e^{-2n\pi\varkappa}} \sin 2n\pi\zeta \tag{890}$$

$$\text{für } \zeta = \frac{z}{2K} \quad \text{und} \quad \left|e^{-(n-\frac{1}{2})\pi\varkappa \pm \pi i\zeta}\right| < 1,$$

die sich aus der zehnten der Gln. (811) durch Integration ergibt und zeigt, daß $\mathrm{am}(z, k)$ für $\varkappa \to \infty$ bzw. $k \to 0$ bzw. $K \to \pi/2$ gemäß

$$\varphi(z, 0) = \mathrm{am}(z, 0) = \pi\zeta = z \tag{891}$$

in ihr Argument ausartet. Die entsprechende, aus der zehnten der Gln. (812) folgende hyperbolische Entwicklung lautet, wenn noch Gl. (268) des ersten Bandes beachtet wird,

$$\mathrm{am}(\zeta, \varkappa) = \mathrm{amh}\frac{\pi\zeta}{\varkappa} - 4\sum_{1}^{\infty}{}_{n} \frac{\frac{(-1)^n}{2n-1} e^{-(2n-1)\pi/\varkappa}}{1 - e^{-(2n-1)\pi/\varkappa}} \sinh(2n-1)\frac{\pi\zeta}{\varkappa} \tag{892}$$

$$\text{für } \zeta = \frac{z}{2K} \quad \text{und} \quad 0 < |\zeta| < \frac{1}{2}, \quad 0 < \varkappa < \infty.$$

Hieraus ergibt sich, daß $\mathrm{am}(z, k)$ für $\varkappa \to 0$ bzw. $k \to 1$ bzw. $K' \to \frac{\pi}{2}$ bzw. $\frac{\pi\zeta}{\varkappa} = \frac{\pi z}{2K'} \to z$ gemäß

$$\varphi(z, 1) = \mathrm{am}(z, 1) = \mathrm{amh}\, z \tag{893}$$

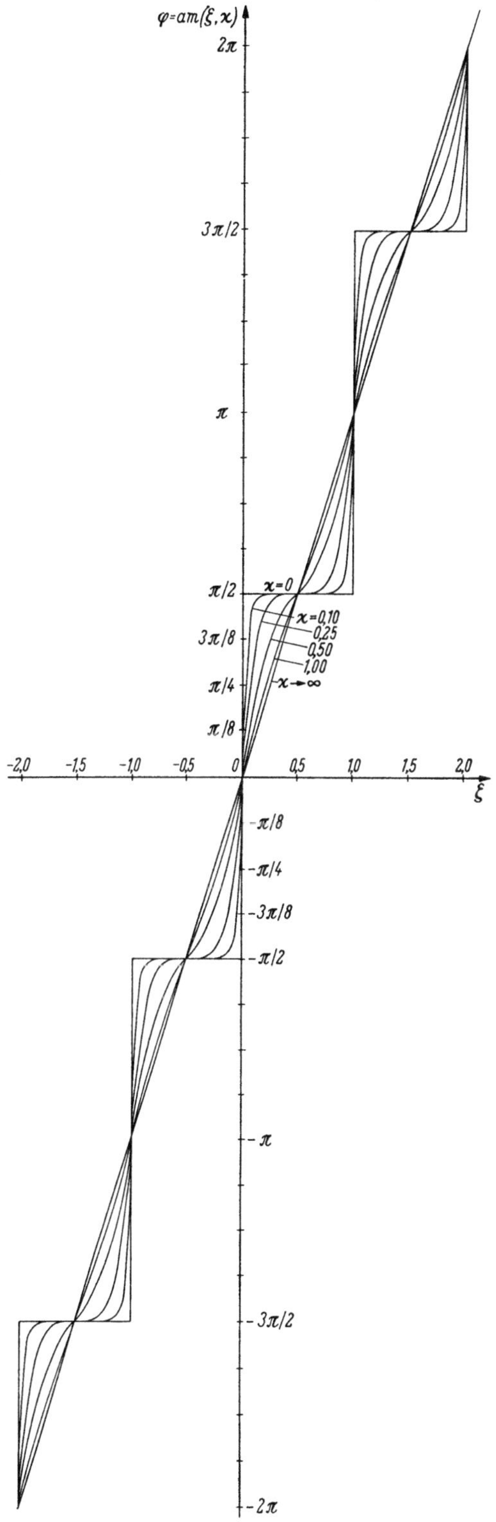

Abb. 178. Verlauf der elliptischen Amplitudenfunktion im $(\zeta, \varkappa)$-System

in die hyperbolische Amplitudenfunktion ausartet. Aus Abb. 179 ist der Verlauf von $\operatorname{am}(z, k)$ im (z, k)-System für $k = \sin\alpha$ ersichtlich.

Die Integration der ersten der Gln. (818) liefert

$$\operatorname{am}(z, k) = z - k^2\frac{z^3}{3!} + k^2(4 + k^2)\frac{z^5}{5!} - k^2(16 + 44k^2 + k^4)\frac{z^7}{7!} + \cdots, \qquad \operatorname{am}(-z, k) = -\operatorname{am}(z, k). \tag{894}$$

Die elliptische Amplitudenfunktion läßt sich durch Jacobische elliptische Funktionen geschlossen darstellen. Aus (889) und der zehnten der Gln. (878) folgt

$$\varphi = \operatorname{am}(z, k) = \frac{\pi}{2} - \operatorname{arc\,tan}\operatorname{cs}(z, k) = \operatorname{arc\,cot}\operatorname{cs}(z, k),$$

woraus in Verbindung mit (766) und (784) die Gleichungsgruppe

$$\varphi = \operatorname{am}(z, k) = \operatorname{arc\,cot}\operatorname{cs}(z, k) = \operatorname{arc\,tan}\operatorname{sc}(z, k) = \operatorname{arc\,cos}\operatorname{cn}(z, k) = \operatorname{arc\,sin}\operatorname{sn}(z, k) \tag{895}$$

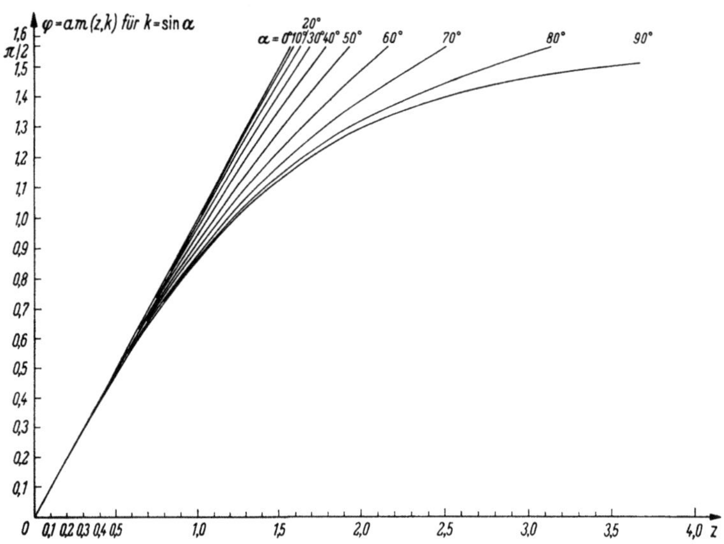

Abb. 179. Verlauf der elliptischen Amplitudenfunktion im (z, k)-System

entwickelt werden kann. Für die Ableitung nach z liefert (889)

$$\frac{\partial\varphi}{\partial z} = \frac{\partial\operatorname{am}(z, k)}{\partial z} = \operatorname{dn}(z, k). \tag{896}$$

Die Umkehrung der Gln. (895) ergibt in Verbindung mit (784) und (785)

$$\left.\begin{aligned}
&\operatorname{cs}^2(\varphi, k) = \cot^2\varphi, && \operatorname{nd}^2(\varphi, k) = \frac{1}{1 - k^2\sin^2\varphi}, && \overline{\operatorname{cs}}(\varphi, k) = -\overline{\operatorname{sc}}(\varphi, k) = -\frac{\sqrt{1 - k^2\sin^2\varphi}}{\sin\varphi\cos\varphi},\\
&\operatorname{ds}^2(\varphi, k) = \frac{1 - k^2\sin^2\varphi}{\sin^2\varphi}, && \operatorname{sd}^2(\varphi, k) = \frac{\sin^2\varphi}{1 - k^2\sin^2\varphi}, && \overline{\operatorname{ds}}(\varphi, k) = -\overline{\operatorname{sd}}(\varphi, k) = -\frac{\cot\varphi}{\sqrt{1 - k^2\sin^2\varphi}},\\
&\operatorname{ns}^2(\varphi, k) = \frac{1}{\sin^2\varphi}, && \operatorname{cd}^2(\varphi, k) = \frac{\cos^2\varphi}{1 - k^2\sin^2\varphi}, && \overline{\operatorname{ns}}(\varphi, k) = -\overline{\operatorname{sn}}(\varphi, k) = -\cot\varphi\sqrt{1 - k^2\sin^2\varphi},\\
&\operatorname{sc}^2(\varphi, k) = \tan^2\varphi, && \operatorname{dn}^2(\varphi, k) = 1 - k^2\sin^2\varphi, && \overline{\operatorname{nc}}(\varphi, k) = -\overline{\operatorname{cn}}(\varphi, k) = +\tan\varphi\sqrt{1 - k^2\sin^2\varphi},\\
&\operatorname{nc}^2(\varphi, k) = \frac{1}{\cos^2\varphi}, && \operatorname{cn}^2(\varphi, k) = \cos^2\varphi, && \overline{\operatorname{dc}}(\varphi, k) = -\overline{\operatorname{cd}}(\varphi, k) = +\frac{k'^2\tan\varphi}{\sqrt{1 - k^2\sin^2\varphi}},\\
&\operatorname{dc}^2(\varphi, k) = \frac{1 - k^2\sin^2\varphi}{\cos^2\varphi}, && \operatorname{sn}^2(\varphi, k) = \sin^2\varphi, && \overline{\operatorname{nd}}(\varphi, k) = -\overline{\operatorname{dn}}(\varphi, k) = +\frac{k^2\sin\varphi\cos\varphi}{\sqrt{1 - k^2\sin^2\varphi}}.
\end{aligned}\right\} \tag{897}$$

Ferner folgt in Verbindung mit (786) für die $\wp'$-Funktionen:

$$\left.\begin{aligned}
\wp_1'(\varphi, k) &= -2\,\frac{\cot\varphi}{\sin^2\varphi}\sqrt{1 - k^2\sin^2\varphi},\\
\wp_2'(\varphi, k) &= 2k'^2\,\frac{\tan\varphi}{\cos^2\varphi}\sqrt{1 - k^2\sin^2\varphi},\\
\wp_3'(\varphi, k) &= -2k^2\,k'^2\,\frac{\sin\varphi\cos\varphi}{\left(\sqrt{1 - k^2\sin^2\varphi}\right)^3},\\
\wp_4'(\varphi, k) &= 2k^2\sin\varphi\cos\varphi\sqrt{1 - k^2\sin^2\varphi},\\
\wp_5'(\varphi, k) &= \wp_1'(\varphi, k) + \wp_3'(\varphi, k),\\
\wp_6'(\varphi, k) &= \wp_2'(\varphi, k) + \wp_4'(\varphi, k).
\end{aligned}\right\} \quad (898)$$

Eine Umschreibung der $\wp$-Funktionen auf das (φ, k)-System erübrigt sich, da diese sich nach (782) und (783) von den durch (897) dargestellten Funktionen bzw. deren Quadraten nur durch eine Parameterfunktion unterscheiden.

Die Umkehrung der elliptischen Amplitudenfunktion, deren Verlauf im $(\varphi, \varkappa)$-System aus Abb. 180 ersichtlich ist, wird nach LEGENDRE mit

$$z = F(\varphi, k) \quad \text{bzw.} \quad \zeta = \frac{1}{2K}\,F(\varphi, k) \qquad (899)$$

bezeichnet. Zu ihr gehört nach (896) und (897) die Integraldarstellung

$$\left.\begin{aligned}
z &= \int_0^{\varphi} \frac{d\bar{\varphi}}{\text{dn}(\bar{\varphi}, k)} = \int_0^{\varphi} \frac{d\bar{\varphi}}{\sqrt{1 - k^2\sin^2\bar{\varphi}}}\\
\text{mit}\quad K &= \int_0^{\pi/2} \frac{d\bar{\varphi}}{\sqrt{1 - k^2\sin^2\bar{\varphi}}}.
\end{aligned}\right\} \quad (900)$$

Wird der Ansatz

$$z = \varphi + a_1\,\varphi^3 + a_2\,\varphi^5 + a_3\,\varphi^7 + \cdots$$

$$\text{zusammen mit} \quad \text{am}(z, k) = \varphi$$

in der Entwicklung (894) berücksichtigt und der Identitätsvergleich durchgeführt, so gelangt man zu der Potenzreihen-Entwicklung

$$\left.\begin{aligned}
z = F(\varphi, k) &= \varphi + k^2\left[\frac{\varphi^3}{3!} - (4 - 9k^2)\,\frac{\varphi^5}{5!} + \right.\\
&\quad \left. + (16 - 180k^2 + 225k^4)\,\frac{\varphi^7}{7!} - \cdots\right],\\
F(-\varphi, k) &= -\,F(\varphi, k).
\end{aligned}\right\} \quad (901)$$

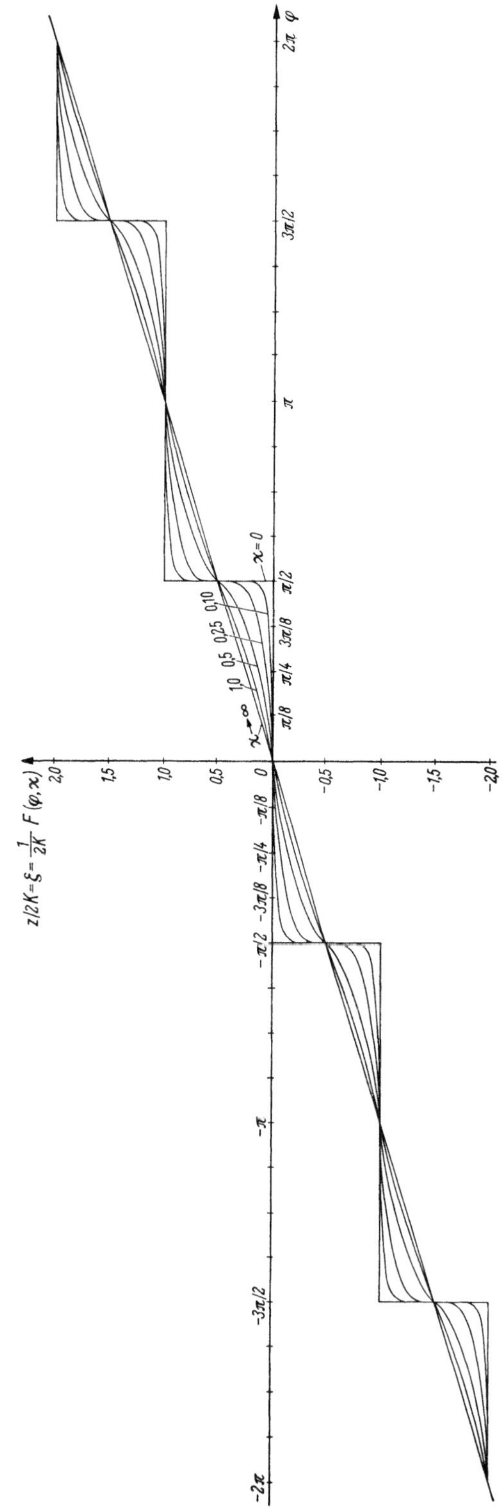

Abb. 180. Verlauf des elliptischen Normalintegrals I. Gattung im $(\varphi, \varkappa)$-System

Für $k = 0$ und $k = 1$ ergibt sich durch Umkehrung von (891) und (893)

$$F(\varphi, 0) = \varphi, \qquad F(\varphi, 1) = \text{ar amh}\,\varphi. \qquad (902)$$

Hiernach erfüllt die Funktion $F(\varphi, k)$ im Reellen den Bereich zwischen der 45°-Linie und der Umkehrfunktion der hyperbolischen Amplitudenfunktion (Abb. 181).

Das Integral (900) heißt das elliptische Normalintegral erster Gattung in der LEGENDREschen Form und gehört zu einer Vierergruppe von Grundintegralen. Ein zweites Integral dieser Gruppe

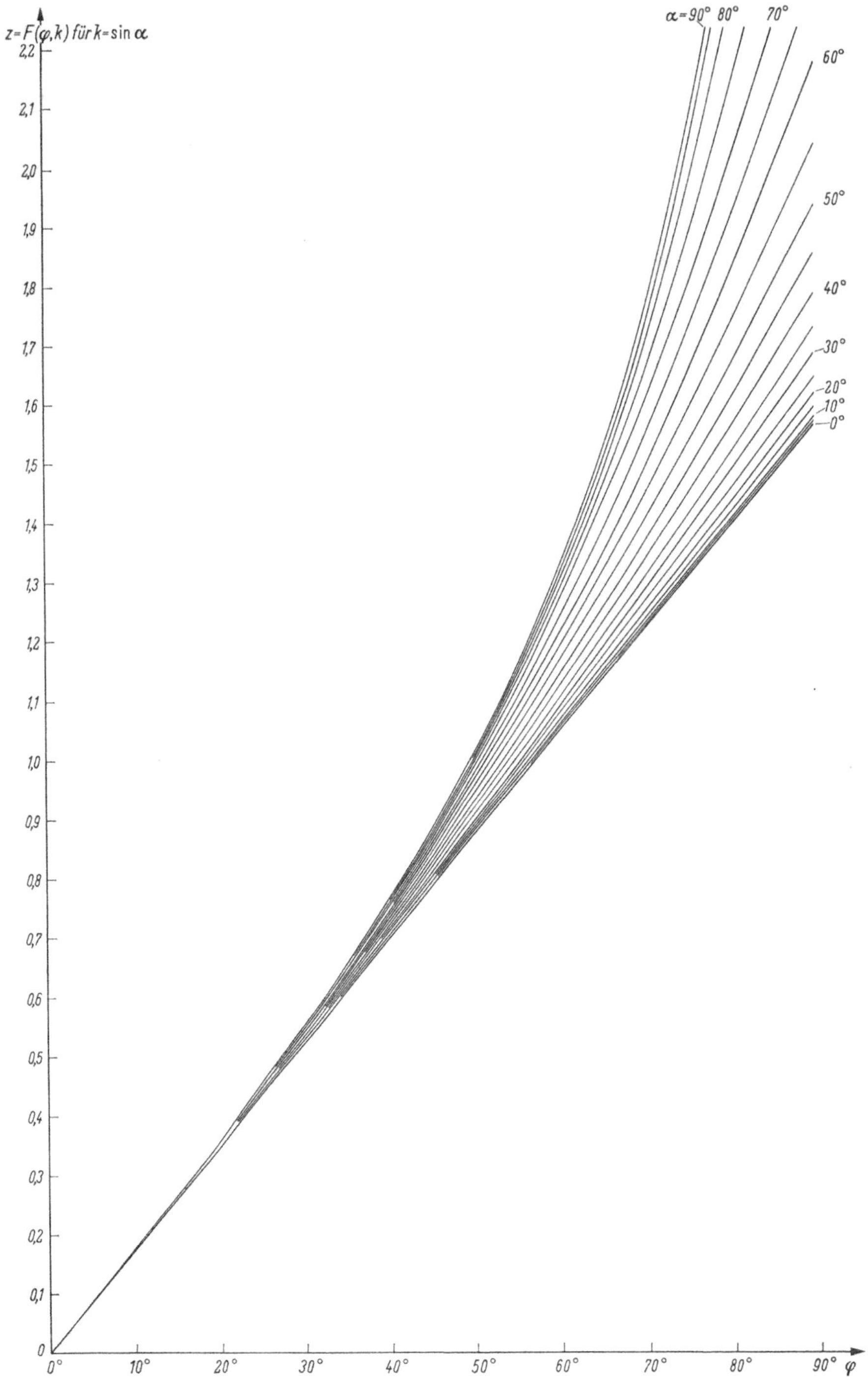

Abb. 181. Verlauf des elliptischen Normalintegrals I. Gattung im $(\varphi,\, k)$-System

erhält man, wenn in der zehnten der Gln. (880) $t = \sin\varphi$ bzw. $\mathrm{dn} = \sin\varphi$ substituiert wird, eine Substitution, welcher nach der letzten der Gln. (784) $\mathrm{sn} = \cos\varphi/k$ entspricht, so daß sich nach

(899) und (895) $F\left(\arcsin \frac{\cos\varphi}{k}\right)$ als Wert des Integrals ergibt. Zwei weitere Grundintegrale folgen durch Vertauschen von φ mit $\left(\frac{\pi}{2} - \varphi\right)$. Die Vierergruppe lautet:

$$\left.\begin{aligned}
\int_0^{\varphi} \frac{d\bar{\varphi}}{\sqrt{1-k^2\sin^2\bar{\varphi}}} &= F(\varphi, k) &&= K - F\left(\arcsin \frac{\cos\varphi}{\sqrt{1-k^2\sin^2\varphi}}, k\right),\\
\int_0^{\varphi} \frac{d\bar{\varphi}}{\sqrt{k^2-\sin^2\bar{\varphi}}} &= F\left(\arcsin \frac{\sin\varphi}{k}, k\right) &&= K - F\left(\arcsin \frac{\sqrt{k^2-\sin^2\varphi}}{k\cos\varphi}, k\right),\\
\int_{\varphi}^{\pi/2} \frac{d\bar{\varphi}}{\sqrt{k'^2+k^2\sin^2\bar{\varphi}}} &= F\left(\frac{\pi}{2}-\varphi, k\right) &&= K - F\left(\arcsin \frac{\sin\varphi}{\sqrt{k'^2+k^2\sin^2\varphi}}, k\right),\\
\int_{\varphi}^{\pi/2} \frac{d\bar{\varphi}}{\sqrt{-k'^2+\sin^2\bar{\varphi}}} &= F\left(\arcsin \frac{\cos\varphi}{k}, k\right) &&= K - F\left(\arcsin \frac{\sqrt{-k'^2+\sin^2\varphi}}{k\sin\varphi}, k\right).
\end{aligned}\right\} \quad (903)$$

$$\int_0^{\pi/2} \frac{d\bar{\varphi}}{\sqrt{1-k^2\sin^2\bar{\varphi}}} = \int_0^{\arcsin k} \frac{d\bar{\varphi}}{\sqrt{k^2-\sin^2\bar{\varphi}}} = \int_0^{\pi/2} \frac{d\bar{\varphi}}{\sqrt{k'^2+k^2\sin^2\bar{\varphi}}} = \int_{\arccos k}^{\pi/2} \frac{d\bar{\varphi}}{\sqrt{-k'^2+\sin^2\bar{\varphi}}} = K. \quad (903)'$$

Die zweite Darstellungsform von (903) ergibt sich, wenn in den Gln. (880) $t = k'\tan\varphi$ bzw. $t = \frac{1}{k'}\tan\varphi$ bzw. $t = \frac{k}{k'}\tan\varphi$ bzw. $t = \frac{1}{k}\sin\varphi$ in passender Weise substituiert und dabei die Gln. (905) des nachfolgenden Abschnittes berücksichtigt werden.

128. Darstellung der 18 Umkehrfunktionen und der elliptischen Normalintegrale erster Gattung durch die Funktion *F*. Die vier hyperbolischen Legendreschen Normalintegrale erster Gattung und die Funktion *F* für imaginäres Argument

Durch Verbindung von (899) und (895) folgt bei Bezugnahme auf die arc sin-Funktion

$$z(\mathrm{sn}, k) = F(\arcsin \mathrm{sn}, k), \quad (904)$$

d. h. eine Darstellung des zwölften der Integrale (880) durch die Funktion F. Nun lassen sich aber nach den Gln. (784) und (785) alle 18 unter den Integralen von (880) auftretenden Funktionen durch sn ausdrücken. Werden daher die entsprechenden sn-Werte sukzessive in die rechte Seite von (904) eingeführt, so erhält man für alle 18 Umkehrfunktionen von (880) und damit auch für die zugehörigen elliptischen Normalintegrale erster Gattung geschlossene Darstellungen über die Funktion F. Diese lauten:

$$\left.\begin{aligned}
z(\mathrm{cs}, k) &= F\left(\arcsin \frac{1}{\sqrt{\mathrm{cs}^2+1}}, k\right), & z(\mathrm{nd}, k) &= F\left(\arcsin \frac{\sqrt{\mathrm{nd}^2-1}}{k\,\mathrm{nd}}, k\right),\\
z(\mathrm{ds}, k) &= F\left(\arcsin \frac{1}{\sqrt{\mathrm{ds}^2+k^2}}, k\right), & z(\mathrm{sd}, k) &= F\left(\arcsin \frac{\mathrm{sd}}{\sqrt{1+k^2\mathrm{sd}^2}}, k\right),\\
z(\mathrm{ns}, k) &= F\left(\arcsin \frac{1}{\mathrm{ns}}, k\right), & z(\mathrm{cd}, k) &= F\left(\arcsin \sqrt{\frac{1-\mathrm{cd}^2}{1-k^2\mathrm{cd}^2}}, k\right),\\
z(\mathrm{sc}, k) &= F\left(\arcsin \frac{\mathrm{sc}}{\sqrt{1+\mathrm{sc}^2}}, k\right), & z(\mathrm{dn}, k) &= F\left(\arcsin \frac{\sqrt{1-\mathrm{dn}^2}}{k}, k\right),\\
z(\mathrm{nc}, k) &= F\left(\arcsin \frac{\sqrt{\mathrm{nc}^2-1}}{\mathrm{nc}}, k\right), & z(\mathrm{cn}, k) &= F\left(\arcsin \sqrt{1-\mathrm{cn}^2}, k\right),\\
z(\mathrm{dc}, k) &= F\left(\arcsin \sqrt{\frac{\mathrm{dc}^2-1}{\mathrm{dc}^2-k^2}}, k\right), & z(\mathrm{sn}, k) &= F(\arcsin \mathrm{sn}, k),\\
z(\overline{\mathrm{sc}}, k) &= F\left(\arcsin \frac{-1}{\overline{\mathrm{sc}}} \sqrt{\frac{1}{2}\overline{\mathrm{sc}}^2 + 1 - \frac{3}{2}e_1 - \sqrt{\left(\frac{1}{2}\overline{\mathrm{sc}}^2 - \frac{3}{2}e_1\right)^2 - k'^2}}, k\right),
\end{aligned}\right\} \quad (905)$$

$$z(\overline{\mathrm{sd}}, k) = F\left(\arcsin \frac{-1}{k\,\overline{\mathrm{sd}}} \sqrt{\frac{1}{2}\overline{\mathrm{sd}}^2 + k^2 - \frac{3}{2}e_2 - \sqrt{\left(\frac{1}{2}\overline{\mathrm{sd}}^2 - \frac{3}{2}e_2\right)^2 + k^2 k'^2}}, k\right),$$

$$z(\overline{\mathrm{sn}}, k) = F\left(\arcsin \frac{1}{k} \sqrt{\frac{1}{2}\overline{\mathrm{sn}}^2 - \frac{3}{2}e_3 - \sqrt{\left(\frac{1}{2}\overline{\mathrm{sn}}^2 - \frac{3}{2}e_3\right)^2 - k^2}}, k\right),$$

$$z(\overline{\mathrm{nc}}, k) = F\left(\arcsin \frac{1}{k} \sqrt{\frac{1}{2}\overline{\mathrm{nc}}^2 + k^2 - \frac{3}{2}e_2 - \sqrt{\left(\frac{1}{2}\overline{\mathrm{nc}}^2 - \frac{3}{2}e_2\right)^2 + k^2 k'^2}}, k\right),$$

$$z(\overline{\mathrm{dc}}, k) = F\left(\arcsin \frac{1}{k\,\overline{\mathrm{dc}}} \sqrt{\frac{1}{2}k'^4 - \frac{3}{2}e_3\,\overline{\mathrm{dc}}^2 - \sqrt{\left(\frac{1}{2}k'^4 - \frac{3}{2}e_3\,\overline{\mathrm{dc}}^2\right)^2 - k^2\,\overline{\mathrm{dc}}^4}}, k\right),$$

$$z(\overline{\mathrm{nd}}, k) = F\left(\arcsin \frac{1}{k} \sqrt{\frac{1}{2}\overline{\mathrm{nd}}^2 + 1 - \frac{3}{2}e_1 + \sqrt{\left(\frac{1}{2}\overline{\mathrm{nd}}^2 - \frac{3}{2}e_1\right)^2 - k'^2}}, k\right).$$

Durch die Gln. (905) ist die Möglichkeit gegeben, alle elliptischen Normalintegrale erster Gattung durch die Funktion F darzustellen. Wird hierbei auf eine einheitliche Integrationsgrenze w Bezug genommen, so erhält man

$$\int_w^\infty \frac{dt}{\sqrt{(1+t^2)(k'^2+t^2)}} = F\left(\arcsin \frac{1}{\sqrt{w^2+1}}, k\right), \qquad \int_1^w \frac{dt}{\sqrt{(t^2-1)(1-k'^2t^2)}} = F\left(\arcsin \frac{\sqrt{w^2-1}}{k\,w}, k\right),$$

$$\int_w^\infty \frac{dt}{\sqrt{(k^2+t^2)(t^2-k'^2)}} = F\left(\arcsin \frac{1}{\sqrt{w^2+k^2}}, k\right), \qquad \int_0^w \frac{dt}{\sqrt{(1+k^2t^2)(1-k'^2t^2)}} = F\left(\arcsin \frac{w}{\sqrt{1+k^2w^2}}, k\right),$$

$$\int_w^\infty \frac{dt}{\sqrt{(t^2-1)(t^2-k^2)}} = F\left(\arcsin \frac{1}{w}, k\right), \qquad \int_w^1 \frac{dt}{\sqrt{(1-t^2)(1-k^2t^2)}} = F\left(\arcsin \sqrt{\frac{1-w^2}{1-k^2w^2}}, k\right),$$

$$\int_0^w \frac{dt}{\sqrt{(1+t^2)(1+k'^2t^2)}} = F\left(\arcsin \frac{w}{\sqrt{1+w^2}}, k\right), \qquad \int_w^1 \frac{dt}{\sqrt{(1-t^2)(t^2-k'^2)}} = F\left(\arcsin \frac{\sqrt{1-w^2}}{k}, k\right),$$

$$\int_1^w \frac{dt}{\sqrt{(t^2-1)(k^2+k'^2t^2)}} = F\left(\arcsin \frac{\sqrt{w^2-1}}{w}, k\right), \qquad \int_w^1 \frac{dt}{\sqrt{(1-t^2)(k'^2+k^2t^2)}} = F(\arcsin \sqrt{1-w^2}, k),$$

$$\int_1^w \frac{dt}{\sqrt{(t^2-1)(t^2-k^2)}} = F\left(\arcsin \sqrt{\frac{w^2-1}{w^2-k^2}}, k\right), \qquad \int_0^w \frac{dt}{\sqrt{(1-t^2)(1-k^2t^2)}} = F(\arcsin w, k),$$

$$\int_w^\infty \frac{dt}{\sqrt{(t^2-(1+k')^2)(t^2-(1-k')^2)}} = F\left(\arcsin \frac{-1}{w} \sqrt{\frac{1}{2}w^2 + 1 - \frac{3}{2}e_1 - \sqrt{\left(\frac{1}{2}w^2 - \frac{3}{2}e_1\right)^2 - k'^2}}, k\right), \tag{906}$$

$$\int_w^\infty \frac{dt}{\sqrt{(t^2-(k+ik')^2)(t^2-(k-ik')^2)}} = F\left(\arcsin \frac{-1}{k\,w} \sqrt{\frac{1}{2}w^2 + k^2 - \frac{3}{2}e_2 - \sqrt{\left(\frac{1}{2}w^2 - \frac{3}{2}e_2\right)^2 + k^2k'^2}}, k\right),$$

$$\int_w^\infty \frac{dt}{\sqrt{(t^2+(1+k)^2)(t^2+(1-k)^2)}} = F\left(\arcsin \frac{1}{k} \sqrt{\frac{1}{2}w^2 - \frac{3}{2}e_3 - \sqrt{\left(\frac{1}{2}w^2 - \frac{3}{2}e_3\right)^2 - k^2}}, k\right),$$

$$\int_0^w \frac{dt}{\sqrt{(t^2-(k+ik')^2)(t^2-(k-ik')^2)}} = F\left(\arcsin \frac{1}{k} \sqrt{\frac{1}{2}w^2 + k^2 - \frac{3}{2}e_2 - \sqrt{\left(\frac{1}{2}w^2 - \frac{3}{2}e_2\right)^2 + k^2k'^2}}, k\right),$$

$$\int_0^w \frac{dt}{\sqrt{(t^2+(1+k)^2)(t^2+(1-k)^2)}} = F\left(\arcsin \frac{1}{k\,w} \sqrt{\frac{1}{2}k'^4 - \frac{3}{2}e_3w^2 - \sqrt{\left(\frac{1}{2}k'^4 - \frac{3}{2}e_3w^2\right)^2 - k^2w^4}}, k\right),$$

$$\int_0^w \frac{dt}{\sqrt{(t^2-(1+k')^2)(t^2-(1-k')^2)}} = F\left(\arcsin \frac{1}{k} \sqrt{\frac{1}{2}w^2 + 1 - \frac{3}{2}e_1 + \sqrt{\left(\frac{1}{2}w^2 - \frac{3}{2}e_1\right)^2 - k'^2}}, k\right).$$

Die Gln. (906) bieten eine bequeme Möglichkeit zur Darstellung der vier hyperbolischen LEGENDREschen Normalintegrale erster Gattung, indem je nach Aufbau des Integrals $\tanh\psi$ bzw. $\frac{1}{k}\tanh\psi$ bzw. $\frac{1}{k'}\tanh\psi$ oder $\coth\psi$ bzw. $k\coth\psi$ bzw. $k'\coth\psi$ als neue Integrationsveränderliche substituiert werden. Der vollständige Integralsatz lautet:

$$\left.\begin{aligned}
\int_0^\psi \frac{d\overline{\psi}}{\sqrt{1+k'^2\sin^2\overline{\psi}}} &= F(\operatorname{arc\,sin}\tanh\psi,\, k) &&= K - F\left(\operatorname{arc\,sin}\frac{1}{\sqrt{1+k'^2\sinh^2\psi}},\, k\right),\\
\int_0^\psi \frac{d\overline{\psi}}{\sqrt{k'^2+\sinh^2\overline{\psi}}} &= F\left(\operatorname{arc\,sin}\frac{\sinh\psi}{\sqrt{k'^2+\sinh^2\psi}},\, k\right) &&= K - F\left(\operatorname{arc\,sin}\frac{1}{\cosh\psi},\, k\right),\\
\int_0^\psi \frac{d\overline{\psi}}{\sqrt{k^2-k'^2\sinh^2\overline{\psi}}} &= F\left(\operatorname{arc\,sin}\frac{\tanh\psi}{k},\, k\right) &&= K - F\left(\operatorname{arc\,sin}\sqrt{1-\frac{k'^2}{k^2}\sinh^2\psi},\, k\right),\\
\int_{\operatorname{ar\,tanh} k'}^\psi \frac{d\overline{\psi}}{\sqrt{-k'^2+k^2\sinh^2\overline{\psi}}} &= F\left(\operatorname{arc\,sin}\frac{\sqrt{-k'^2+k^2\sinh^2\psi}}{k\sinh\psi},\, k\right) &&= K - F\left(\operatorname{arc\,sin}\frac{1}{k\cosh\psi},\, k\right).
\end{aligned}\right\} \quad (907)$$

Für $\psi = \infty$ bzw. $\psi = \operatorname{ar\,tanh} k$ ergibt sich

$$\int_0^\infty \frac{d\psi}{\sqrt{1+k'^2\sinh^2\psi}} = \int_0^\infty \frac{d\psi}{\sqrt{k'^2+\sinh^2\psi}} = \int_0^{\operatorname{ar\,tanh} k} \frac{d\psi}{\sqrt{k^2-k'^2\sinh^2\psi}} = \int_{\operatorname{ar\,tanh} k'}^\infty \frac{d\psi}{\sqrt{-k'^2+k^2\sinh^2\psi}} = K. \quad (907)'$$

Wird in dem ersten der Integrale (903) ψ mit $i\,\psi$ vertauscht, so liefert der Vergleich mit dem ersten der Integrale (907), nachdem darin k mit k' vertauscht wurde,

$$F(i\,\psi,\, k) = i\int_0^\psi \frac{d\overline{\psi}}{\sqrt{1+k^2\sinh^2\overline{\psi}}} = i\,F(\operatorname{arc\,sin}\tanh\psi,\, k'). \quad (908)$$

Ersetzt man in (908) ψ durch $-i\,\psi$, so ergibt sich unter Beachtung von (901)

$$F(\varphi,\, k) = -i\,F(\operatorname{arc\,sin}\tanh i\,\varphi,\, k'). \quad (908)'$$

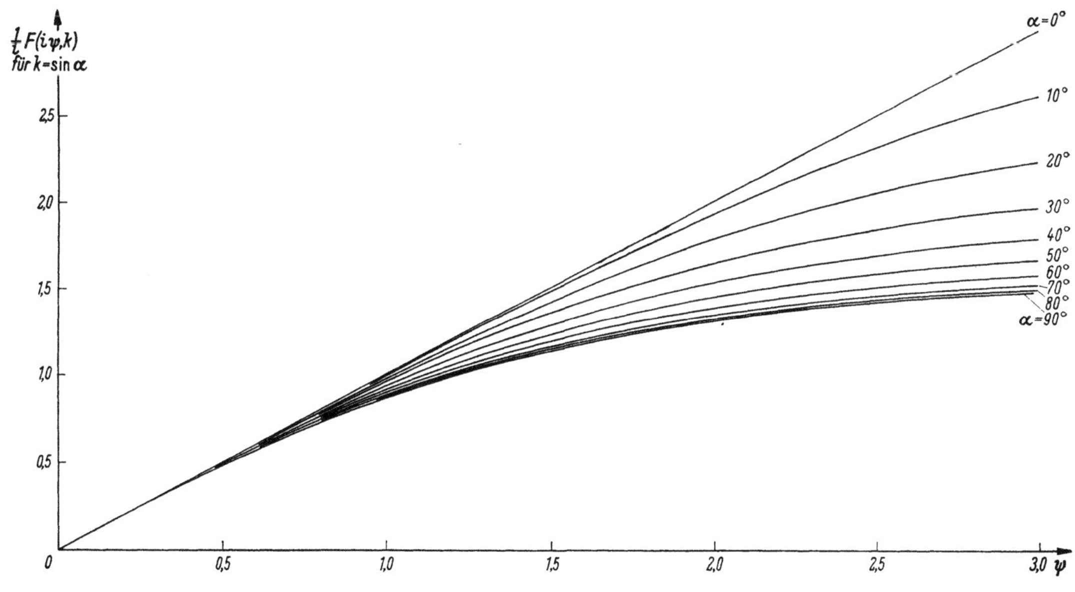

Abb. 182. Verlauf der Funktion $\frac{1}{i}F(i\,\psi,\, k)$

Aus (901) folgt für $F(i\,\psi, k)$ die Potenzreihen-Entwicklung

$$F(i\,\psi, k) = i\left\{\psi - k^2\left[\frac{\psi^3}{3!} + (4 - 9k^2)\frac{\psi^5}{5!} + (16 - 180k^2 + 225k^4)\frac{\psi^7}{7!} + \cdots\right]\right\}. \tag{909}$$

Setzt man in (909) $k = 0$ und in (908) $k = 1$ bzw. $k' = 0$, so ergibt sich in Verbindung mit der Gl. (175) des ersten Bandes

$$F(i\,\psi, 0) = i\,\psi, \quad F(i\,\psi, 1) = i\int_0^\psi \frac{d\bar\psi}{\cosh\bar\psi} = i\,\mathrm{amh}\,\psi. \tag{910}$$

Hiernach erfüllt die Funktion $\frac{1}{i}F(i\,\psi, k)$ den Bereich zwischen der 45°-Linie und der hyperbolischen Amplitudenfunktion, vgl. Abb. 182.

129. Die Legendresche E-Funktion für reelles und imaginäres Argument

Die Funktion $E(z, k)$ kann u. a. als Integral über dem Quadrat der Jacobischen Funktion $\mathrm{dn}(z, k)$ definiert werden. Sie besitzt daher eine gewisse Verwandtschaft mit der in Abschnitt 127 betrachteten Funktion $\varphi(z, k)$, die nach (889) als Integral über $\mathrm{dn}(z, k)$ definiert wurde, und muß daher wie diese im Reellen monoton ansteigen und eindeutig umkehrbar sein. In Verbindung mit der vierten der Gln. (782) sowie mit (501) und (449) folgt

$$E(z, k) = \int_0^z \mathrm{dn}^2(\bar z, k)\,d\bar z = e_1 z - \int_0^z \wp_4(\bar z, k)\,d\bar z = \frac{E}{K}z + \frac{\partial}{\partial z}\ln\vartheta_4(z, k). \tag{911}$$

Wird die Integration unter Einführung von $\wp_4(z, k)$ gemäß (516) und (517) durchgeführt, so ergeben sich die Entwicklungen

$$\begin{aligned} E(z, k) &= \frac{E}{K}z + \frac{2\pi}{K}\sum_1^\infty \frac{e^{-n\pi K'/K}}{1 - e^{-2n\pi K'/K}}\sin\frac{n\pi z}{K}, & &\left|e^{-\frac{\pi K'}{K} \pm \frac{\pi i z}{K}}\right| < 1, \\ E(z, k) &= \left(1 - \frac{E'}{K'}\right)z + \frac{\pi}{2K'}\tanh\frac{\pi z}{2K'} - \frac{2\pi}{K'}\sum_1^\infty \frac{(-1)^n e^{-2n\pi K/K'}}{1 - e^{-2n\pi K/K'}}\sinh\frac{n\pi z}{K'}, & &\left(0 \le \left|\frac{z}{2K}\right| < \frac{1}{2}\right). \\ & & &(K/K' < 0) \end{aligned} \tag{912}$$

Hiernach ist die Funktion

$$E(z, k) - \frac{E}{K}z$$

eine im Reellen periodische Funktion oder anders ausgedrückt: Die E-Funktion ist in bezug auf die Gerade $\frac{E}{K}z$ periodisch.

Läßt man $k \to 0$ gehen, so verschwinden wegen $K'/K \to \infty$ die Reihenglieder der oberen Entwicklung von (912). Bewegt sich $k \to 1$, so verschwinden wegen $E'/K' = 1$ und $K/K' \to \infty$ das erste Glied und die Reihenglieder der unteren Entwicklung von (912). Es verbleibt daher mit $E/K = 1$ für $k \to 0$ bzw. $K' = \pi/2$ für $k \to 1$

$$E(z, 0) = z = \pi\zeta, \quad E(z, 1) = \tanh z. \tag{913}$$

Hiernach wird die der E-Funktion entsprechende Kurvenschar nach oben durch die 45°-Linie, nach unten durch die hyperbolische Tangensfunktion begrenzt (Abb. 183).

Führt man die Integration von (911) unter Einführung von $\wp_4(z, k)$ gemäß (521) bei Beachtung von (443) durch, so ergibt sich eine Potenzreihen-Entwicklung mit den Parameterfunktionen e_3 und g_2. Sie lautet

$$E(z, k) = z - \left(e_3^2 - \frac{1}{12}g_2\right)\left[z^3 + \frac{3}{5}e_3 z^5 + \frac{3}{7}\left(e_3^2 - \frac{1}{20}g_2\right)z^7 + \frac{2}{7}e_3\left(e_3^2 - \frac{3}{40}g_2\right)z^9 + \cdots\right]. \tag{914}$$

Die Umschreibung von (914) auf k^2 mit Hilfe von (442) und (446) liefert

$$E(z, k) = z - \frac{1}{3}k^2\left[\frac{3}{1\cdot 3}z^3 - \frac{3 + 3k^2}{1\cdot 3\cdot 5}z^5 + \frac{2 + 13k^2 + 2k^4}{1\cdot 3\cdot 5\cdot 7}z^7 - \frac{1 + 30k^2 + 30k^4 + k^6}{1\cdot 3\cdot 5\cdot 7\cdot 9}z^9 + \cdots\right]. \tag{915}$$

Der zu den Entwicklungen (914) und (915) gehörige Konvergenzbereich stimmt mit demjenigen der Entwicklung von $\wp_4(z, k)$ überein und ist für reelle k durch $0 \leq |z| < K'$ gegeben.

Der Verlauf der Funktion $E(z, k)$ im Reellen ist unter Bezugnahme auf das $(\zeta, \varkappa)$-System $(\zeta = z/2K, \varkappa = K'/K)$ für die Parameterwerte $\varkappa = 0$, $\varkappa = \frac{1}{4}$, $\varkappa = \frac{1}{2}$, $\varkappa = 1$ und $\varkappa = \infty$ aus Abb. 184 ersichtlich. In die Abbildung sind auch die Geraden

$$w = \frac{E}{K} z$$

eingezeichnet, in bezug auf welche die E-Funktion ein periodisches Verhalten zeigt. Für $\varkappa = 0$ bzw. $k = 1$ ergibt sich nach der rechten der Gln. (913) mit $K \to \infty$

$$\lim_{k \to 1} \tanh \frac{\pi z}{2K'} = \lim_{k \to 1} \tanh z = \lim_{K \to \infty} \tanh 2K\zeta = 1.$$

Dieser Ausartung entspricht nach Abb. 184 eine Stufenlinie mit der Stufenhöhe 1.

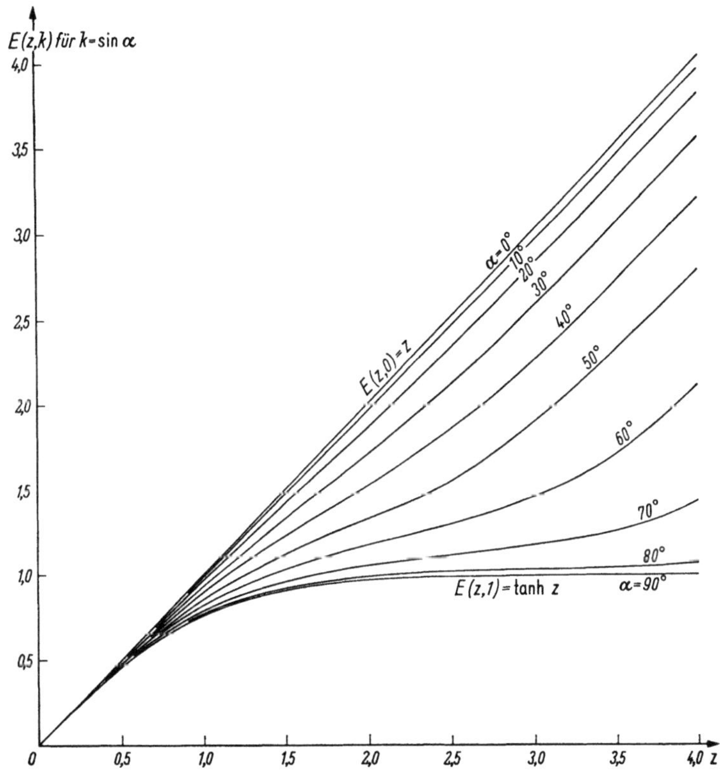

Abb. 183. Verlauf des elliptischen Normalintegrals II. Gattung im (z, k)-System

In (911) kann auch $\varphi = \mathrm{am}(z, k)$ als Integrationsveränderliche substituiert werden, indem nach (896) $dz = d\varphi/\mathrm{dn}(z, k)$ gesetzt und $\mathrm{dn}(z, k)$ nach (897) durch φ ausgedrückt wird. Beachtet man bezüglich der unteren Integralgrenze noch (894), so folgt

$$E(\varphi, k) = \int_0^{\varphi} \sqrt{1 - k^2 \sin^2 \bar{\varphi}}\, d\bar{\varphi}, \quad E = \int_0^{\pi/2} \sqrt{1 - k^2 \sin^2 \varphi}\, d\varphi, \quad E(\varphi, 0) = \varphi, \quad E(\varphi, 1) = \sin\varphi, \qquad (916)$$

d. h. eine Darstellung in der Form des sogenannten LEGENDREschen Grundnormalintegrals zweiter Gattung, dessen Verlauf der Abb. 185 entnommen werden kann.

Wird in der Potenzreihen-Entwicklung (915) für $E(z, k)$ die Potenzreihen-Entwicklung (901) für z berücksichtigt, so erhält man

$$E(\varphi, k) = \varphi - k^2 \left[\frac{\varphi^3}{3!} - (4 - 3k^2)\frac{\varphi^5}{5!} + (16 + 104k^2 - 324k^4)\frac{\varphi^7}{7!} - \cdots\right], \quad E(-\varphi, k) = -E(\varphi, k). \qquad (917)$$

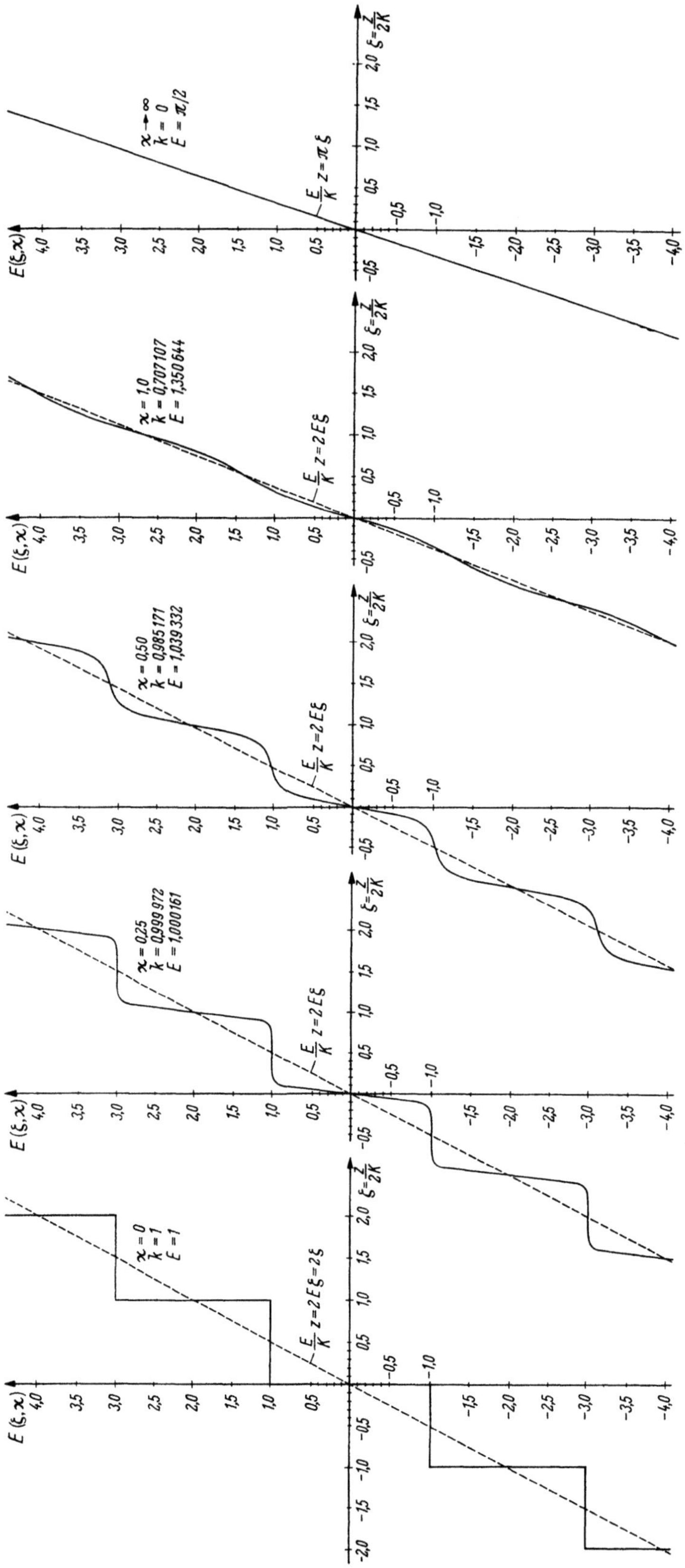

Abb. 184. Verlauf des elliptischen Normalintegrals II. Gattung im (ζ, κ)-System

Die Funktion $E(z, k)$ besitzt ein Additionstheorem, welches in der ersten der Gln. (748) für den Index 4 enthalten ist, wenn die Integration zwischen 0 und z vollzogen und ein Austausch der WEIERSTRASSschen Funktionen gegen die JACOBIschen elliptischen Funktionen vorgenommen wird. In Verbindung mit (766) folgt zunächst

$$\int_0^z [\mathrm{dn}^2(\bar{z} + z_0, k) - \mathrm{dn}^2(\bar{z}, k)]\, d\bar{z} = -\int_0^z [\wp_4(\bar{z} + z_0, k) - \wp_4(\bar{z}, k)]\, d\bar{z} = -k^2 \,\mathrm{sn}(z + z_0, k)\,\mathrm{sn}(z, k)\,\mathrm{sn}(z_0, k)$$

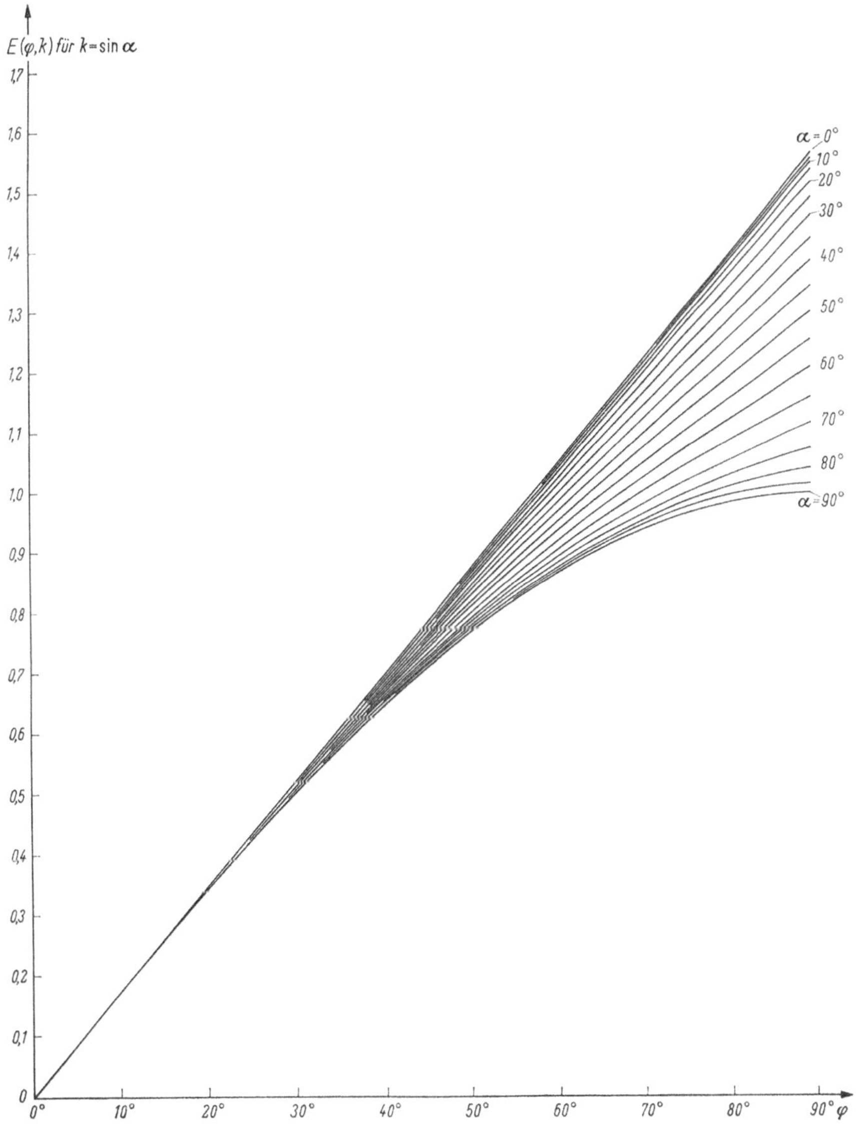

Abb. 185. Verlauf des elliptischen Normalintegrals II. Gattung im (φ, k)-System

und bei Berücksichtigung von (911)

$$E(z + z_0, k) = E(z, k) + E(z_0, k) - k^2 \,\mathrm{sn}(z + z_0, k)\,\mathrm{sn}(z, k)\,\mathrm{sn}(z_0, k). \tag{918}$$

Setzt man in (918) $z_0 = z$ bzw. $z_0 = -\frac{1}{2}z$, so ergibt sich in Verbindung mit der dritten der Gln. (847) und der zwölften der Gln. (775) bzw. der dritten der Gln. (852)

$$\begin{aligned} E(2z, k) &= 2\left[E(z, k) - \frac{\overline{\mathrm{nd}}(z, k)}{1 + \overline{\mathrm{sd}}^2(z, k)}\right], & E\left(\frac{z}{2}, k\right) &= \frac{1}{2}\left[E(z, k) + k^2 \,\mathrm{sn}(z, k)\frac{1 - \mathrm{cn}(z, k)}{1 + \mathrm{dn}(z, k)}\right], \\ E(2K, k) &= 2E, & E\left(\frac{K}{2}, k\right) &= \frac{1}{2}\left(E + \frac{k^2}{1 + k'}\right) = \frac{1}{2}(E + 1 - k'). \end{aligned} \tag{919}$$

Wird in (911) z mit iz vertauscht, so folgt mit $(443)_3$, $(444)_1$, (513) und (911)

$$E(iz,k) = i\left[e_1 z - \int_0^z \wp_4(i\bar z, k)\,d\bar z\right] = i\left[z - e_1' z + \int_0^z \wp_2(\bar z, k')\,d\bar z\right]$$

$$= i\left[z - e_1' z + \int_0^z \wp_4(\bar z, k')\,d\bar z + \int_0^z (\wp_2(\bar z, k') - \wp_4(\bar z, k'))\,d\bar z\right] = i\left[z - E(z,k') + \int_0^z (\wp_2(\bar z, k') - \wp_4(\bar z, k'))\,d\bar z\right].$$

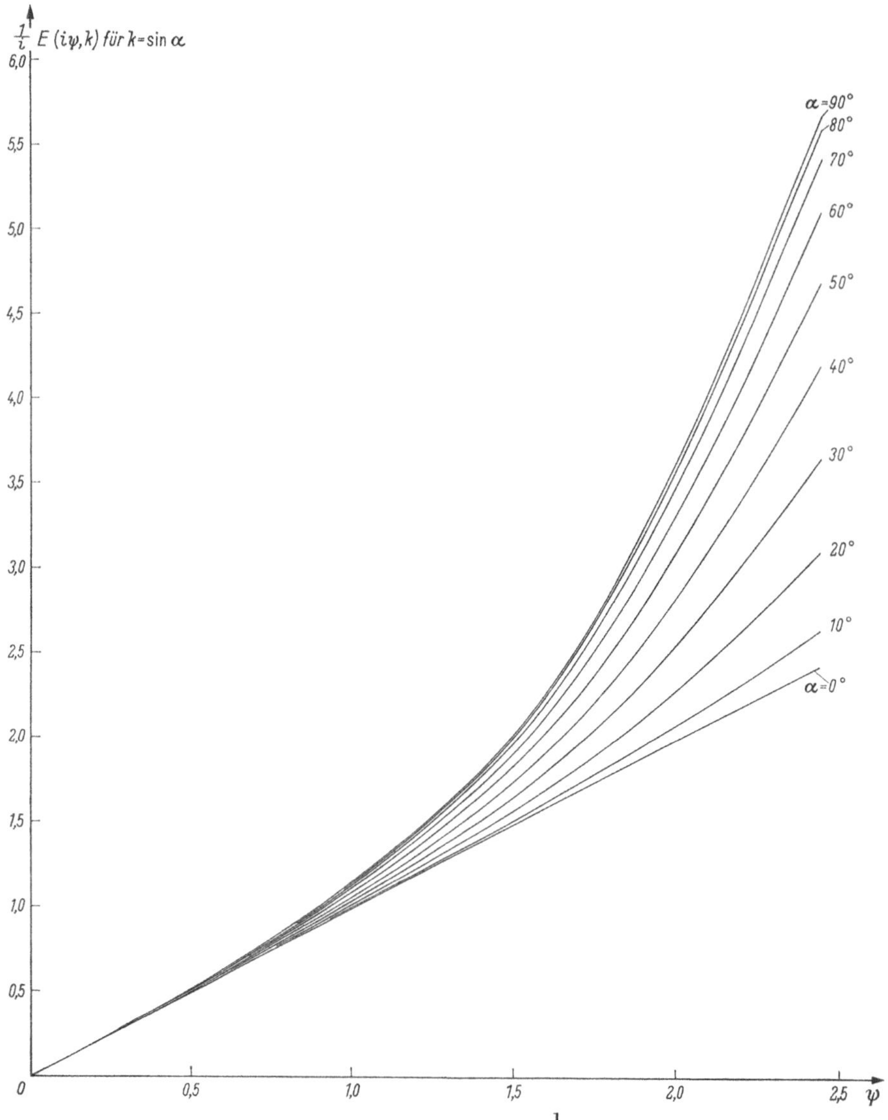

Abb. 186. Verlauf der Funktion $\frac{1}{i} E(i\,\psi, k)$

Nun liefert (737) in Verbindung mit (767) und (801)

$$\int_0^z (\wp_2(\bar z, k') - \wp_4(\bar z, k'))\,d\bar z = \int_0^z \frac{\partial^2}{\partial \bar z^2} \ln\sqrt{\wp_2 - e_2'}\,d\bar z = \frac{\partial}{\partial \bar z} \ln\sqrt{\wp_2 - e_2'}\,\Bigg|_0^z = \overline{\mathrm{nc}}(z, k').$$

Damit ergibt sich unter Beachtung von (767)

$$E(iz,k) = i[z - E(z,k') + \overline{\mathrm{nc}}(z,k')] = i\left[z - E(z,k') + \frac{\mathrm{sn}(z,k')\,\mathrm{dn}(z,k')}{\mathrm{cn}(z,k')}\right]. \qquad (920)$$

Geht man in (920) auf das (φ, k)-System über und setzt

$$z = F(\varphi, k') \quad \text{bzw.} \quad \mathrm{sn}(z,k') = \sin\varphi,\quad \mathrm{cn}(z,k') = \cos\varphi,\quad \mathrm{dn}(z,k') = \sqrt{1 - k'^2 \sin^2\varphi}$$

und beachtet man die aus (908)′ folgende Beziehung

$$i z = i F(\varphi, k') = F(\operatorname{arc}\sin\tanh i\,\varphi, k),$$

so ergibt sich zunächst

$$E(\operatorname{arc}\sin\tanh i\,\varphi, k) = F(\operatorname{arc}\sin\tanh i\,\varphi, k) - i\,E(\varphi, k') + i\tan\varphi\sqrt{1-k'^2\sin^2\varphi}$$

und nach Vertauschen von φ mit $-i\,\psi$ und k mit k' in Verbindung mit (901) und (917)

$$E(i\,\psi, k) = i[F(\operatorname{arc}\sin\tanh\psi, k') - E(\operatorname{arc}\sin\tanh\psi, k') + \tanh\psi\sqrt{1+k^2\sinh^2\psi}]. \tag{921}$$

Für $E(i\,\psi, k)$ liefert (917) die Potenzreihen-Entwicklung

$$E(i\,\psi, k) = i\left\{\psi + k^2\left[\frac{\psi^3}{3!} + (4-3k^2)\frac{\psi^5}{5!} + (16+104k^2-324k^4)\frac{\psi^7}{7!} + \cdots\right]\right\}. \tag{922}$$

Der Verlauf der Funktion $\frac{1}{i}E(i\,\psi, k)$, deren Parameterschar gemäß

$$\frac{1}{i}E(i\,\psi, k) = \int_0^{\psi}\sqrt{1+k^2\sinh^2\bar\psi}\,d\bar\psi, \quad \frac{1}{i}E(i\,\psi, 0) = \psi, \quad \frac{1}{i}E(i\,\psi, 1) = \sinh\psi \tag{923}$$

von der 45°-Linie und der hyperbolischen Sinusfunktion begrenzt wird, ist aus Abb. 186 ersichtlich.

130. Die 18 Integrale der Quadrate der Jacobischen elliptischen Funktionen und ihrer logarithmischen Ableitungen, die 12 durch Umformung der letzteren entstehenden hyperbolischen Integrale, die 24 Normalintegrale zweiter Gattung und die 8 trigonometrischen und hyperbolischen Legendreschen Normalintegrale zweiter Gattung

Die Einführung von (501) und (449) in (766) liefert mit (443)

$$\left.\begin{aligned}
\operatorname{cs}^2(z,k) &= -\frac{\partial^2\ln\vartheta_1}{\partial z^2} - \frac{E}{K}, &\quad \operatorname{nd}^2(z,k) &= +\frac{1}{k'^2}\frac{\partial^2\ln\vartheta_3}{\partial z^2} + \frac{1}{k'^2}\frac{E}{K},\\
\operatorname{ds}^2(z,k) &= -\frac{\partial^2\ln\vartheta_1}{\partial z^2} - \frac{E}{K} + k'^2, & \operatorname{sd}^2(z,k) &= +\frac{1}{k^2k'^2}\frac{\partial^2\ln\vartheta_3}{\partial z^2} + \frac{1}{k^2k'^2}\frac{E}{K} - \frac{1}{k^2},\\
\operatorname{ns}^2(z,k) &= -\frac{\partial^2\ln\vartheta_1}{\partial z^2} - \frac{E}{K} + 1, & \operatorname{cd}^2(z,k) &= -\frac{1}{k^2}\frac{\partial^2\ln\vartheta_3}{\partial z^2} - \frac{1}{k^2}\frac{E}{K} + \frac{1}{k^2},\\
\operatorname{sc}^2(z,k) &= -\frac{1}{k'^2}\frac{\partial^2\ln\vartheta_2}{\partial z^2} - \frac{1}{k'^2}\frac{E}{K}, & \operatorname{dn}^2(z,k) &= +\frac{\partial^2\ln\vartheta_4}{\partial z^2} + \frac{E}{K},\\
\operatorname{nc}^2(z,k) &= -\frac{1}{k'^2}\frac{\partial^2\ln\vartheta_2}{\partial z^2} - \frac{1}{k'^2}\frac{E}{K} + 1, & \operatorname{cn}^2(z,k) &= +\frac{1}{k^2}\frac{\partial^2\ln\vartheta_4}{\partial z^2} + \frac{1}{k^2}\frac{E}{K} - \frac{k'^2}{k^2},\\
\operatorname{dc}^2(z,k) &= -\frac{\partial^2\ln\vartheta_2}{\partial z^2} - \frac{E}{K} + 1, & \operatorname{sn}^2(z,k) &= -\frac{1}{k^2}\frac{\partial^2\ln\vartheta_4}{\partial z^2} - \frac{1}{k^2}\frac{E}{K} + \frac{1}{k^2}.
\end{aligned}\right\} \tag{924}$$

Hieraus folgt durch Integration zwischen z und K im Falle von cs^2, ds^2 und ns^2 und zwischen 0 und z in den neun restlichen Fällen

$$\left.\begin{aligned}
\int_z^K \operatorname{cs}^2(\bar z,k)\,d\bar z &= +\frac{\partial\ln\vartheta_1}{\partial z} - \frac{E}{K}(K-z), &\quad \int_0^z \operatorname{nd}^2(\bar z,k)\,d\bar z &= +\frac{1}{k'^2}\frac{\partial\ln\vartheta_3}{\partial z} + \frac{1}{k'^2}\frac{E}{K}z,\\
\int_z^K \operatorname{ds}^2(\bar z,k)\,d\bar z &= +\frac{\partial\ln\vartheta_1}{\partial z} - \left(\frac{E}{K} - k'^2\right)(K-z), & \int_0^z \operatorname{sd}^2(\bar z,k)\,d\bar z &= +\frac{1}{k^2k'^2}\frac{\partial\ln\vartheta_3}{\partial z} + \left(\frac{1}{k^2k'^2}\frac{E}{K} - \frac{1}{k^2}\right)z,\\
\int_z^K \operatorname{ns}^2(\bar z,k)\,d\bar z &= +\frac{\partial\ln\vartheta_1}{\partial z} - \left(\frac{E}{K} - 1\right)(K-z), & \int_0^z \operatorname{cd}^2(\bar z,k)\,d\bar z &= -\frac{1}{k^2}\frac{\partial\ln\vartheta_3}{\partial z} - \left(\frac{1}{k^2}\frac{E}{K} - \frac{1}{k^2}\right)z,\\
\int_0^z \operatorname{sc}^2(\bar z,k)\,d\bar z &= -\frac{1}{k'^2}\frac{\partial\ln\vartheta_2}{\partial z} - \frac{1}{k'^2}\frac{E}{K}z, & \int_0^z \operatorname{dn}^2(\bar z,k)\,d\bar z &= +\frac{\partial\ln\vartheta_4}{\partial z} + \frac{E}{K}z,\\
\int_0^z \operatorname{nc}^2(\bar z,k)\,d\bar z &= -\frac{1}{k'^2}\frac{\partial\ln\vartheta_2}{\partial z} - \left(\frac{1}{k'^2}\frac{E}{K} - 1\right)z, & \int_0^z \operatorname{cn}^2(\bar z,k)\,d\bar z &= +\frac{1}{k^2}\frac{\partial\ln\vartheta_4}{\partial z} + \left(\frac{1}{k^2}\frac{E}{K} - \frac{k'^2}{k^2}\right)z,\\
\int_0^z \operatorname{dc}^2(\bar z,k)\,d\bar z &= -\frac{\partial\ln\vartheta_2}{\partial z} - \left(\frac{E}{K} - 1\right)z, & \int_0^z \operatorname{sn}^2(\bar z,k)\,d\bar z &= -\frac{1}{k^2}\frac{\partial\ln\vartheta_4}{\partial z} - \left(\frac{1}{k^2}\frac{E}{K} - \frac{1}{k^2}\right)z
\end{aligned}\right\} \tag{925}$$

In (925) sind die Integrationsgrenzen gerade so gewählt worden, daß die logarithmischen Ableitungen der Theta-Funktionen für die festen Integrationsgrenzen verschwinden.

Das zehnte der Integrale von (925) stellte nach (911) gerade die $E(z, k)$-Funktion dar. Es folgt daher

$$\frac{\partial \ln \vartheta_4}{\partial z} = E(z, k) - \frac{E}{K} z \quad \text{bzw.} \quad \frac{\partial \ln \vartheta_4}{\partial z} = E(\varphi, k) - \frac{E}{K} F(\varphi, k). \tag{926}$$

Hieraus ergibt sich in Verbindung mit (767)

$$\left.\begin{aligned} \frac{\partial \ln \vartheta_3}{\partial z} &= \frac{\partial \ln \vartheta_4}{\partial z} + \frac{\partial}{\partial z} \ln \frac{\vartheta_3}{\vartheta_4} = \frac{\partial \ln \vartheta_4}{\partial z} + \frac{\partial \ln \mathrm{dn}}{\partial z} = \frac{\partial \ln \vartheta_4}{\partial z} + \overline{\mathrm{dn}}(z, k), \\ \frac{\partial \ln \vartheta_2}{\partial z} &= \frac{\partial \ln \vartheta_4}{\partial z} + \frac{\partial}{\partial z} \ln \frac{\vartheta_2}{\vartheta_4} = \frac{\partial \ln \vartheta_4}{\partial z} + \frac{\partial \ln \mathrm{cn}}{\partial z} = \frac{\partial \ln \vartheta_4}{\partial z} + \overline{\mathrm{cn}}(z, k), \\ \frac{\partial \ln \vartheta_1}{\partial z} &= \frac{\partial \ln \vartheta_4}{\partial z} + \frac{\partial}{\partial z} \ln \frac{\vartheta_1}{\vartheta_4} = \frac{\partial \ln \vartheta_4}{\partial z} + \frac{\partial \ln \mathrm{sn}}{\partial z} = \frac{\partial \ln \vartheta_4}{\partial z} + \overline{\mathrm{sn}}(z, k), \end{aligned}\right\} \tag{927}$$

oder bei Berücksichtigung von (926) und (897)

$$\left.\begin{aligned} \frac{\partial \ln \vartheta_3}{\partial z} &= E(z, k) - \frac{E}{K} z + \overline{\mathrm{dn}}(z, k) \quad \text{bzw.} \quad \frac{\partial \ln \vartheta_3}{\partial z} = E(\varphi, k) - \frac{E}{K} F(\varphi, k) - \frac{k^2 \sin\varphi \cos\varphi}{\sqrt{1 - k^2 \sin^2\varphi}}, \\ \frac{\partial \ln \vartheta_2}{\partial z} &= E(z, k) - \frac{E}{K} z + \overline{\mathrm{cn}}(z, k) \quad \text{bzw.} \quad \frac{\partial \ln \vartheta_2}{\partial z} = E(\varphi, k) - \frac{E}{K} F(\varphi, k) - \tan\varphi \sqrt{1 - k^2 \sin^2\varphi}, \\ \frac{\partial \ln \vartheta_1}{\partial z} &= E(z, k) - \frac{E}{K} z + \overline{\mathrm{sn}}(z, k) \quad \text{bzw.} \quad \frac{\partial \ln \vartheta_1}{\partial z} = E(\varphi, k) - \frac{E}{K} F(\varphi, k) + \cot\varphi \sqrt{1 - k^2 \sin^2\varphi}. \end{aligned}\right\} \tag{928}$$

Die Berücksichtigung von (926) und (928) in (925) liefert

$$\left.\begin{aligned} &\int_z^K \mathrm{cs}^2(\bar z, k)\, d\bar z = -E + E(z, k) + \overline{\mathrm{sn}}(z, k), && \int_0^z \mathrm{nd}^2(\bar z, k)\, d\bar z = \frac{1}{k'^2}[E(z, k) + \overline{\mathrm{dn}}(z, k)], \\ &\int_z^K \mathrm{ds}^2(\bar z, k)\, d\bar z = -E + k'^2(K - z) + E(z, k) + \overline{\mathrm{sn}}(z, k), && \int_0^z \mathrm{sd}^2(\bar z, k)\, d\bar z = -\frac{z}{k^2} + \frac{1}{k^2 k'^2}[E(z, k) + \overline{\mathrm{dn}}(z, k)], \\ &\int_z^K \mathrm{ns}^2(\bar z, k)\, d\bar z = -E + (K - z) + E(z, k) + \overline{\mathrm{sn}}(z, k), && \int_0^z \mathrm{cd}^2(\bar z, k)\, d\bar z = +\frac{z}{k^2} - \frac{1}{k^2}[E(z, k) + \overline{\mathrm{dn}}(z, k)], \\ &\int_0^z \mathrm{sc}^2(\bar z, k)\, d\bar z = -\frac{1}{k'^2}[E(z, k) + \overline{\mathrm{cn}}(z, k)], && \int_0^z \mathrm{dn}^2(\bar z, k)\, d\bar z = E(z, k), \\ &\int_0^z \mathrm{nc}^2(\bar z, k)\, d\bar z = z - \frac{1}{k'^2}[E(z, k) + \overline{\mathrm{cn}}(z, k)], && \int_0^z \mathrm{cn}^2(\bar z, k)\, d\bar z = -\frac{k'^2}{k^2} z + \frac{1}{k^2} E(z, k), \\ &\int_0^z \mathrm{dc}^2(\bar z, k)\, d\bar z = z - [E(z, k) + \overline{\mathrm{cn}}(z, k)], && \int_0^z \mathrm{sn}^2(\bar z, k)\, d\bar z = +\frac{z}{k^2} - \frac{1}{k^2} E(z, k). \end{aligned}\right\} \tag{929}$$

Da die Quadrate der logarithmischen Ableitungen der Jacobischen elliptischen Funktionen nach (771) ausgedrückt werden können, lassen sich deren Integrale in Verbindung mit (929) sofort bilden. Dabei muß für die Integrale mit $\overline{\mathrm{sc}}^2$, $\overline{\mathrm{sd}}^2$ und $\overline{\mathrm{sn}}^2$ als feste Grenze $z = K/2$ gewählt werden, da die Integrale für $z = 0$ und $z = K$ unendlich groß werden. Man erhält:

$$\begin{aligned} &\int_z^{\frac{1}{2}K} \overline{\mathrm{sc}}^2(\bar z, k)\, d\bar z = -E + 3e_1(\tfrac{1}{2}K - z) + 2E(z, k) + \overline{\mathrm{sn}}(z, k) + \overline{\mathrm{cn}}(z, k), \\ &\int_z^K \overline{\mathrm{sd}}^2(\bar z, k)\, d\bar z = -2E + K - z + 2E(z, k) + \overline{\mathrm{sn}}(z, k) + \overline{\mathrm{dn}}(z, k), \\ &\int_z^K \overline{\mathrm{sn}}^2(\bar z, k)\, d\bar z = -2E + k'^2(K - z) + 2E(z, k) + \overline{\mathrm{sn}}(z, k), \end{aligned}$$

$$\left.\begin{aligned}
&\int_0^z \overline{\mathrm{nc}}^2(\bar z, k)\,d\bar z = z - 2E(z, k) - \overline{\mathrm{cn}}(z, k),\\
&\int_0^z \overline{\mathrm{dc}}^2(\bar z, k)\,d\bar z = k'^2 z - 2E(z, k) - \overline{\mathrm{cn}}(z, k) - \overline{\mathrm{dn}}(z, k),\\
&\int_0^z \overline{\mathrm{nd}}^2(\bar z, k)\,d\bar z = (1 + k'^2)\, z - 2E(z, k) - \overline{\mathrm{dn}}(z, k).
\end{aligned}\right\} \qquad (930)$$

Die Integrale (930) lassen sich in hyperbolische Integrale umformen, wenn die Quadrate unter Bezugnahme auf die dritte Gruppe der Gln. (771) durch Quadrate JACOBIscher elliptischer Funktionen ausgedrückt, wenn anstelle von z die zu letzteren gehörigen Umkehrfunktionen beziehungsweise als Integrationsveränderliche gemäß (880) eingeführt und wenn in den so entstehenden Integralen anstelle von t Exponentialausdrücke gemäß (883) als Integrationsveränderliche substituiert werden. Wird dabei noch (442), (905), (857) und (785) beachtet, so ergibt sich:

$$\left.\begin{aligned}
&\int_0^\psi \sqrt{3e_1 + 2k'\cosh 2\bar\psi}\,d\bar\psi = -E + \frac{3}{2} e_1 K - 3e_1 F\left(\arcsin\frac{1}{\sqrt{1 + k' e^{2\psi}}}, k\right) +\\
&\qquad + 2E\left(\arcsin\frac{1}{\sqrt{1 + k' e^{2\psi}}}, k\right) - \frac{1 - k' e^{2\psi}}{1 + k' e^{2\psi}}\sqrt{3e_1 + 2k'\cosh 2\psi},\\
&\int_{\frac{1}{2}\ln k'/k}^\psi \sqrt{3e_2 + 2k k'\sinh 2\bar\psi}\,d\bar\psi = -2E + K - F\left(\arcsin\frac{1}{\sqrt{k(k + k' e^{2\psi})}}, k\right) +\\
&\qquad + 2E\left(\arcsin\frac{1}{\sqrt{k(k + k' e^{2\psi})}}, k\right) - \frac{k - k' e^{2\psi}}{k + k' e^{2\psi}}\sqrt{3e_2 + 2k k'\sinh 2\psi},\\
&\int_{\frac{1}{2}\ln 1/k}^\psi \sqrt{3e_3 + 2k\cosh 2\bar\psi}\,d\bar\psi = -2E + k'^2 K - k'^2 F\left(\arcsin\frac{e^{-\psi}}{\sqrt{k}}, k\right) +\\
&\qquad + 2E\left(\arcsin\frac{e^{-\psi}}{\sqrt{k}}, k\right) + \sqrt{3e_3 + 2k\cosh 2\psi},\\
&\int_{\frac{1}{2}\ln 1/k'}^\psi \sqrt{3e_1 - 2k'\cosh 2\bar\psi}\,d\bar\psi = (1 + k'^2)\, F\left(\arcsin\frac{\sqrt{1 - k' e^{-2\psi}}}{k}, k\right) -\\
&\qquad - 2E\left(\arcsin\frac{\sqrt{1 - k' e^{\,2\psi}}}{k}, k\right) + \sqrt{3e_1 - 2k'\cosh 2\psi},\\
&\int_\psi^{\frac{1}{2}\ln k/k'} \sqrt{3e_2 - 2k k'\sinh 2\bar\psi}\,d\bar\psi = F\left(\arcsin\sqrt{1 - \frac{k'}{k} e^{2\psi}}, k\right) -\\
&\qquad - 2E\left(\arcsin\sqrt{1 - \frac{k'}{k} e^{2\psi}}, k\right) + \sqrt{3e_2 - 2k k'\sinh 2\psi},\\
&\int_{\frac{1}{2}\ln 1/k}^\psi \sqrt{3e_3 + 2k\cosh 2\bar\psi}\,d\bar\psi = k'^2 F\left(\arcsin\frac{1}{k}\sqrt{\frac{k e^{2\psi} - k^2}{k e^{2\psi} - 1}}, k\right) -\\
&\qquad - 2E\left(\arcsin\frac{1}{k}\sqrt{\frac{k e^{2\psi} - k^2}{k e^{2\psi} - 1}}, k\right) + \frac{1 + k e^{2\psi}}{1 - k e^{2\psi}}\sqrt{3e_3 + 2k\cosh 2\psi}.
\end{aligned}\right\} \qquad (931)$$

In (931) wurde nur die Hälfte der sich ergebenden Integrale aufgeführt, da man die restlichen Integrale sofort aus (931) entwickeln kann, indem $\bar\psi$ mit $-\bar\psi$ und ψ mit $-\psi$ vertauscht wird.

Substituiert man in den Integralen (929) in geeigneter Weise neue Integrationsveränderliche durch Bezugnahme auf (880) und (770), so gehören zu jedem Integral zwei sogenannte Normalintegrale zweiter Gattung. Die 24 Integrale sind dadurch gekennzeichnet, daß jeweils einer der Faktoren in den Integranden von (880) in den Zähler tritt. Wird gleichzeitig (905) und (785) berücksichtigt, so erhält man:

$$\left.\begin{aligned}
&\int_0^w \frac{\sqrt{t^2+k'^2}}{\sqrt{t^2+1}}\,dt = -E + k'^2\left[K - F\left(\arcsin\frac{1}{\sqrt{w^2+1}}, k\right)\right] + E\left(\arcsin\frac{1}{\sqrt{w^2+1}}, k\right) + w\sqrt{\frac{w^2+k'^2}{w^2+1}},\\
&\int_0^w \frac{\sqrt{t^2+1}}{\sqrt{t^2+k'^2}}\,dt = -E + \left[K - F\left(\arcsin\frac{1}{\sqrt{w^2+1}}, k\right)\right] + E\left(\arcsin\frac{1}{\sqrt{w^2+1}}, k\right) + w\sqrt{\frac{w^2+k'^2}{w^2+1}},\\
&\int_{k'}^w \frac{\sqrt{t^2+k^2}}{\sqrt{t^2-k'^2}}\,dt = -E + \left[K - F\left(\arcsin\frac{1}{\sqrt{w^2+k^2}}, k\right)\right] + E\left(\arcsin\frac{1}{\sqrt{w^2+k^2}}, k\right) + w\sqrt{\frac{w^2-k'^2}{w^2+k^2}},\\
&\int_{k'}^w \frac{\sqrt{t^2-k'^2}}{\sqrt{t^2+k^2}}\,dt = -E + E\left(\arcsin\frac{1}{\sqrt{w^2+k^2}}, k\right) + w\sqrt{\frac{w^2-k'^2}{w^2+k^2}},\\
&\int_1^w \frac{\sqrt{t^2-1}}{\sqrt{t^2-k^2}}\,dt = -E + E\left(\arcsin\frac{1}{w}, k\right) + \frac{1}{w}\sqrt{(w^2-1)(w^2-k^2)},\\
&\int_1^w \frac{\sqrt{t^2-k^2}}{\sqrt{t^2-1}}\,dt = -E + k'^2\left[K - F\left(\arcsin\frac{1}{w}, k\right)\right] + E\left(\arcsin\frac{1}{w}, k\right) + \frac{1}{w}\sqrt{(w^2-1)(w^2-k^2)},\\
&\int_0^w \frac{\sqrt{1+t^2}}{\sqrt{1+k'^2t^2}}\,dt = F\left(\arcsin\frac{w}{\sqrt{w^2+1}}, k\right) - \frac{1}{k'^2}E\left(\arcsin\frac{w}{\sqrt{w^2+1}}, k\right) + \frac{w}{k'^2}\,\frac{\sqrt{k'^2w^2+1}}{\sqrt{w^2+1}},\\
&\int_0^w \frac{\sqrt{1+k'^2t^2}}{\sqrt{1+t^2}}\,dt = F\left(\arcsin\frac{w}{\sqrt{w^2+1}}, k\right) - E\left(\arcsin\frac{w}{\sqrt{w^2+1}}, k\right) + w\,\frac{\sqrt{k'^2w^2+1}}{\sqrt{w^2+1}},\\
&\int_1^w \frac{\sqrt{k^2+k'^2t^2}}{\sqrt{t^2-1}}\,dt = F\left(\arcsin\frac{\sqrt{w^2-1}}{w}, k\right) - E\left(\arcsin\frac{\sqrt{w^2-1}}{w}, k\right) + \frac{1}{w}\sqrt{(w^2-1)(k'^2w^2+k^2)},\\
&\int_1^w \frac{\sqrt{t^2-1}}{\sqrt{k^2+k'^2t^2}}\,dt = -\frac{1}{k'^2}E\left(\arcsin\frac{\sqrt{w^2-1}}{w}, k\right) + \frac{1}{k'^2w}\sqrt{(w^2-1)(k'^2w^2+k^2)},\\
&\int_1^w \frac{\sqrt{t^2-1}}{\sqrt{t^2-k^2}}\,dt = -E\left(\arcsin\frac{\sqrt{w^2-1}}{\sqrt{w^2-k^2}}, k\right) + w\,\frac{\sqrt{w^2-1}}{\sqrt{w^2-k^2}},\\
&\int_1^w \frac{\sqrt{t^2-k^2}}{\sqrt{t^2-1}}\,dt = k'^2F\left(\arcsin\frac{\sqrt{w^2-1}}{\sqrt{w^2-k^2}}, k\right) - E\left(\arcsin\frac{\sqrt{w^2-1}}{\sqrt{w^2-k^2}}, k\right) + w\,\frac{\sqrt{w^2-1}}{\sqrt{w^2-k^2}},\\
&\int_1^w \frac{\sqrt{t^2-1}}{\sqrt{1-k'^2t^2}}\,dt = -F\left(\arcsin\frac{\sqrt{w^2-1}}{kw}, k\right) + \frac{1}{k'^2}E\left(\arcsin\frac{\sqrt{w^2-1}}{kw}, k\right) - \frac{1}{k'^2w}\sqrt{(w^2-1)(1-k'^2w^2)},\\
&\int_1^w \frac{\sqrt{1-k'^2t^2}}{\sqrt{t^2-1}}\,dt = F\left(\arcsin\frac{\sqrt{w^2-1}}{kw}, k\right) - E\left(\arcsin\frac{\sqrt{w^2-1}}{kw}, k\right) + \frac{1}{w}\sqrt{(w^2-1)(1-k'^2w^2)},\\
&\int_0^w \frac{\sqrt{1-k'^2t^2}}{\sqrt{1+k^2t^2}}\,dt = \frac{1}{k^2}F\left(\arcsin\frac{w}{\sqrt{1+k^2w^2}}, k\right) - \frac{1}{k^2}E\left(\arcsin\frac{w}{\sqrt{1+k^2w^2}}, k\right) + w\,\frac{\sqrt{1-k'^2w^2}}{\sqrt{1+k^2w^2}},
\end{aligned}\right\} \quad (932)$$

$$\int_0^w \frac{\sqrt{1+k^2t^2}}{\sqrt{1-k'^2t^2}}\,dt = \frac{1}{k'^2}E\left(\arcsin\frac{w}{\sqrt{1+k^2w^2}},\,k\right) - \frac{k^2}{k'^2}w\frac{\sqrt{1-k'^2w^2}}{\sqrt{1+k^2w^2}},$$

$$\int_w^1 \frac{\sqrt{1-k^2t^2}}{\sqrt{1-t^2}}\,dt = E\left(\arcsin\frac{\sqrt{1-w^2}}{\sqrt{1-k^2w^2}},\,k\right) - k^2 w\frac{\sqrt{1-w^2}}{\sqrt{1-k^2w^2}},$$

$$\int_w^1 \frac{\sqrt{1-t^2}}{\sqrt{1-k^2t^2}}\,dt = -\frac{k'^2}{k^2}F\left(\arcsin\frac{\sqrt{1-w^2}}{\sqrt{1-k^2w^2}},\,k\right) + \frac{1}{k^2}E\left(\arcsin\frac{\sqrt{1-w^2}}{\sqrt{1-k^2w^2}},\,k\right) - w\frac{\sqrt{1-w^2}}{\sqrt{1-k^2w^2}},$$

$$\int_w^1 \frac{\sqrt{t^2-k'^2}}{\sqrt{1-t^2}}\,dt = -k'^2F\left(\arcsin\frac{\sqrt{1-w^2}}{k},\,k\right) + E\left(\arcsin\frac{\sqrt{1-w^2}}{k},\,k\right),$$

$$\int_w^1 \frac{\sqrt{1-t^2}}{\sqrt{t^2-k'^2}}\,dt = F\left(\arcsin\frac{\sqrt{1-w^2}}{k},\,k\right) - E\left(\arcsin\frac{\sqrt{1-w^2}}{k},\,k\right),$$

$$\int_w^1 \frac{\sqrt{1-t^2}}{\sqrt{k'^2+k^2t^2}}\,dt = \frac{1}{k^2}F\left(\arcsin\sqrt{1-w^2},\,k\right) - \frac{1}{k^2}E\left(\arcsin\sqrt{1-w^2},\,k\right),$$

$$\int_w^1 \frac{\sqrt{k'^2+k^2t^2}}{\sqrt{1-t^2}}\,dt = E\left(\arcsin\sqrt{1-w^2},\,k\right),$$

$$\int_0^w \frac{\sqrt{1-k^2t^2}}{\sqrt{1-t^2}}\,dt = E(\arcsin w,\,k),$$

$$\int_0^w \frac{\sqrt{1-t^2}}{\sqrt{1-k^2t^2}}\,dt = -\frac{k'^2}{k^2}F(\arcsin w,\,k) + \frac{1}{k^2}E(\arcsin w,\,k).$$

Werden in entsprechend ausgewählten Integralen der Gleichungsgruppe (932) $t = \sin\varphi$ bzw. $t = \frac{1}{k}\sin\varphi$ bzw. $t = \frac{1}{k'}\sin\varphi$ als neue Integrationsveränderliche substituiert, so erhält man den vollständigen Satz der trigonometrischen LEGENDREschen Normalintegrale zweiter Gattung. Er lautet:

$$\int_0^\varphi \sqrt{1-k^2\sin^2\bar\varphi}\,d\bar\varphi \begin{cases} = E(\varphi,\,k) \\ = E - E\left(\arcsin\frac{\cos\varphi}{\sqrt{1-k^2\sin^2\varphi}},\,k\right) + k^2\frac{\sin\varphi\cos\varphi}{\sqrt{1-k^2\sin^2\varphi}}, \end{cases}$$

$$\int_0^\varphi \sqrt{k^2-\sin^2\bar\varphi}\,d\bar\varphi \begin{cases} = -k'^2F\left(\arcsin\frac{\sin\varphi}{k},\,k\right) + E\left(\arcsin\frac{\sin\varphi}{k},\,k\right), \\ = -k'^2\left[K - F\left(\arcsin\frac{\sqrt{k^2-\sin^2\varphi}}{k\cos\varphi},\,k\right)\right] + \left[E - E\left(\arcsin\frac{\sqrt{k^2-\sin^2\varphi}}{k\cos\varphi},\,k\right)\right] + \\ \quad + \tan\varphi\sqrt{k^2-\sin^2\varphi}, \end{cases}$$

$$\int_\varphi^{\pi/2} \sqrt{k'^2+k^2\sin^2\bar\varphi}\,d\bar\varphi \begin{cases} = E\left(\frac{\pi}{2}-\varphi,\,k\right), \\ = E - E\left(\arcsin\frac{\sin\varphi}{\sqrt{k'^2+k^2\sin^2\varphi}},\,k\right) + k^2\frac{\sin\varphi\cos\varphi}{\sqrt{k'^2+k^2\sin^2\varphi}}, \end{cases} \qquad (933)$$

$$\int_\varphi^{\pi/2} \sqrt{-k'^2+\sin^2\bar\varphi}\,d\bar\varphi \begin{cases} = -k'^2F\left(\arcsin\frac{\cos\varphi}{k},\,k\right) + E\left(\arcsin\frac{\cos\varphi}{k},\,k\right), \\ = -k'^2\left[K - F\left(\arcsin\frac{\sqrt{-k'^2+\sin^2\varphi}}{k\sin\varphi},\,k\right)\right] + \left[E - E\left(\arcsin\frac{\sqrt{-k'^2+\sin^2\varphi}}{k\sin\varphi},\,k\right)\right] + \\ \quad + \cot\varphi\sqrt{-k'^2+\sin^2\varphi}. \end{cases}$$

In entsprechender Weise erhält man für $t = \sinh\psi$, $t = k\sinh\psi$, $t = k'\sinh\psi$, $t = \frac{1}{k}\sinh\psi$, $t = \frac{1}{k'}\sinh\psi$, $t = \frac{k}{k'}\sinh\psi$, $t = \frac{k'}{k}\sinh\psi$ den vollständigen Satz der hyperbolischen LEGENDREschen Normalintegrale zweiter Gattung:

$$\int_0^{\psi}\sqrt{1+k'^2\sinh^2\bar\psi}\,d\bar\psi \begin{cases} = F(\arcsin\tanh\psi, k) - E(\arcsin\tanh\psi, k) + \tanh\psi\sqrt{1+k'^2\sinh^2\psi}, \\ = \left[K - F\left(\arcsin\frac{1}{\sqrt{1+k'^2\sinh^2\psi}}, k\right)\right] - \left[E + E\left(\arcsin\frac{1}{\sqrt{1+k'^2\sinh^2\psi}}, k\right)\right] + \\ \quad + k'^2\frac{\sinh\psi\cosh\psi}{\sqrt{1+k'^2\sinh^2\psi}}, \end{cases}$$

$$\int_0^{\psi}\sqrt{k'^2+\sinh^2\bar\psi}\,d\bar\psi \begin{cases} = k'^2 F\left(\arcsin\frac{\sinh\psi}{\sqrt{k'^2+\sinh^2\psi}}, k\right) - E\left(\arcsin\frac{\sinh\psi}{\sqrt{k'^2+\sinh^2\psi}}, k\right) + \frac{\sinh\psi\cosh\psi}{\sqrt{k'^2+\sinh^2\psi}}, \\ = k'^2\left[K - F\left(\arcsin\frac{1}{\cosh\psi}, k\right)\right] - \left[E - E\left(\arcsin\frac{1}{\cosh\psi}, k\right)\right] + \\ \quad + \tanh\psi\sqrt{k'^2+\sinh^2\psi}, \end{cases}$$

$$\int_0^{\psi}\sqrt{k^2-k'^2\sinh^2\bar\psi}\,d\bar\psi \begin{cases} = F\left(\arcsin\frac{\tanh\psi}{k}, k\right) - E\left(\arcsin\frac{\tanh\psi}{k}, k\right) + \tanh\psi\sqrt{k^2-k'^2\sinh^2\psi}, \\ = \left[K - F\left(\arcsin\sqrt{1-\frac{k'^2}{k^2}\sinh^2\psi}, k\right)\right] - \left[E - E\left(\arcsin\sqrt{1-\frac{k'^2}{k^2}\sinh^2\psi}, k\right)\right], \end{cases}$$

$$\int_{\operatorname{artanh} k'}^{\psi}\sqrt{-k'^2+k^2\sinh^2\bar\psi}\,d\bar\psi \begin{cases} = -E\left(\arcsin\frac{\sqrt{-k'^2+k^2\sinh^2\psi}}{k\sinh\psi}, k\right) + \coth\psi\sqrt{-k'^2+k^2\sinh^2\psi}, \\ = -\left[E - E\left(\arcsin\frac{1}{k\cosh\psi}, k\right)\right] + \tanh\psi\sqrt{-k'^2+k^2\sinh^2\psi}. \end{cases} \tag{934}$$

Aus (933) und (934) ergeben sich die vollständigen Integrale

$$\int_0^{\pi/2}\sqrt{1-k^2\sin^2\varphi}\,d\varphi = \int_0^{\pi/2}\sqrt{k'^2+k^2\sin^2\varphi}\,d\varphi = E, \quad \int_0^{\arcsin k}\sqrt{k^2-\sin^2\varphi}\,d\varphi = \int_{\arccos k}^{\pi/2}\sqrt{-k'^2+\sin^2\varphi}\,d\varphi = -k'^2K + E,$$
$$\int_0^{\operatorname{artanh} k}\sqrt{k^2-k'^2\sinh^2\psi}\,d\psi = K - E. \tag{935}$$

131. Die 46 Normalintegrale erster und zweiter Gattung mit linearen trigonometrischen und hyperbolischen Funktionen

Werden in den Gln. (903) und (933) die Quadrate der trigonometrischen Funktionen unter Einführung des doppelten Winkels $2\varphi = t$ transformiert und wird dabei teilweise t mit $\frac{\pi}{2} - t$ vertauscht, so folgt, wenn in einigen Integralgruppen auch noch der Modul in geeigneter Weise transformiert wird,

$$\int_0^t \frac{d\tau}{\sqrt{1+k^2\cos\tau}} = \frac{2}{\sqrt{1+k^2}}F\left(\frac{t}{2}, \frac{k\sqrt2}{\sqrt{1+k^2}}\right), \qquad \int_0^t\sqrt{1+k^2\cos\tau}\,d\tau = 2\sqrt{1+k^2}\,E\left(\frac{t}{2}, \frac{k\sqrt2}{\sqrt{1+k^2}}\right),$$

$$\int_t^{\pi} \frac{d\tau}{\sqrt{1-k^2\cos\tau}} = \frac{2}{\sqrt{1+k^2}}F\left(\frac{\pi-t}{2}, \frac{k\sqrt2}{\sqrt{1+k^2}}\right), \qquad \int_t^{\pi}\sqrt{1-k^2\cos\tau}\,d\tau = 2\sqrt{1+k^2}\,E\left(\frac{\pi-t}{2}, \frac{k\sqrt2}{\sqrt{1+k^2}}\right),$$

$$\int_t^{\frac12\pi} \frac{d\tau}{\sqrt{1+k^2\sin\tau}} = \frac{2}{\sqrt{1+k^2}}F\left(\frac{\frac12\pi-t}{2}, \frac{k\sqrt2}{\sqrt{1+k^2}}\right), \qquad \int_t^{\frac12\pi}\sqrt{1+k^2\sin\tau}\,d\tau = 2\sqrt{1+k^2}\,E\left(\frac{\frac12\pi-t}{2}, \frac{k\sqrt2}{\sqrt{1+k^2}}\right),$$

$$\int_{-\frac12\pi}^t \frac{d\tau}{\sqrt{1-k^2\sin\tau}} = \frac{2}{\sqrt{1+k^2}}F\left(\frac{\frac12\pi+t}{2}, \frac{k\sqrt2}{\sqrt{1+k^2}}\right), \qquad \int_{-\frac12\pi}^t\sqrt{1-k^2\sin\tau}\,d\tau = 2\sqrt{1+k^2}\,E\left(\frac{\frac12\pi+t}{2}, \frac{k\sqrt2}{\sqrt{1+k^2}}\right);$$

$$\int_0^t \frac{d\tau}{\sqrt{\pm k^2+\cos\tau}} = \sqrt{2}\,F\left(\arcsin\frac{\sin\frac{t}{2}}{\sqrt{\frac{1}{2}(1\pm k^2)}},\ \sqrt{\frac{1}{2}(1\pm k^2)}\right),$$

$$\int_t^\pi \frac{d\tau}{\sqrt{\pm k^2-\cos\tau}} = \sqrt{2}\,F\left(\arcsin\frac{\cos\frac{t}{2}}{\sqrt{\frac{1}{2}(1\pm k^2)}},\ \sqrt{\frac{1}{2}(1\pm k^2)}\right),$$

$$\int_t^{\frac{1}{2}\pi} \frac{d\tau}{\sqrt{\pm k^2+\sin\tau}} = \sqrt{2}\,F\left(\arcsin\frac{\sin\frac{\frac{1}{2}\pi-t}{2}}{\sqrt{\frac{1}{2}(1\pm k^2)}},\ \sqrt{\frac{1}{2}(1\pm k^2)}\right),$$

$$\int_{-\frac{1}{2}\pi}^t \frac{d\tau}{\sqrt{\pm k^2-\sin\tau}} = \sqrt{2}\,F\left(\arcsin\frac{\cos\frac{\frac{1}{2}\pi-t}{2}}{\sqrt{\frac{1}{2}(1\pm k^2)}},\ \sqrt{\frac{1}{2}(1\pm k^2)}\right),$$

$$\int_0^t \sqrt{\pm k^2+\cos\tau}\,d\tau = 2\sqrt{2}\left[E\left(\arcsin\frac{\sin\frac{t}{2}}{\sqrt{\frac{1}{2}(1\pm k^2)}},\ \sqrt{\frac{1}{2}(1\pm k^2)}\right) - \frac{1\mp k^2}{2}F\left(\arcsin\frac{\sin\frac{t}{2}}{\sqrt{\frac{1}{2}(1\pm k^2)}},\ \sqrt{\frac{1}{2}(1\pm k^2)}\right)\right],$$

$$\int_t^\pi \sqrt{\pm k^2-\cos\tau}\,d\tau = 2\sqrt{2}\left[E\left(\arcsin\frac{\cos\frac{t}{2}}{\sqrt{\frac{1}{2}(1\pm k^2)}},\ \sqrt{\frac{1}{2}(1\pm k^2)}\right) - \frac{1\mp k^2}{2}F\left(\arcsin\frac{\cos\frac{t}{2}}{\sqrt{\frac{1}{2}(1\pm k^2)}},\ \sqrt{\frac{1}{2}(1\pm k^2)}\right)\right],$$

$$\int_t^{\frac{1}{2}\pi} \sqrt{\pm k^2+\sin\tau}\,d\tau = 2\sqrt{2}\left[E\left(\arcsin\frac{\sin\frac{\frac{1}{2}\pi-t}{2}}{\sqrt{\frac{1}{2}(1\pm k^2)}},\ \sqrt{\frac{1}{2}(1\pm k^2)}\right) - \frac{1\mp k^2}{2}F\left(\arcsin\frac{\sin\frac{\frac{1}{2}\pi-t}{2}}{\sqrt{\frac{1}{2}(1\pm k^2)}},\ \sqrt{\frac{1}{2}(1\pm k^2)}\right)\right],$$

$$\int_{-\frac{1}{2}\pi}^t \sqrt{\pm k^2-\sin\tau}\,d\tau = 2\sqrt{2}\left[E\left(\arcsin\frac{\cos\frac{\frac{1}{2}\pi-t}{2}}{\sqrt{\frac{1}{2}(1\pm k^2)}},\ \sqrt{\frac{1}{2}(1\pm k^2)}\right) - \frac{1\mp k^2}{2}F\left(\arcsin\frac{\cos\frac{\frac{1}{2}\pi-t}{2}}{\sqrt{\frac{1}{2}(1\pm k^2)}},\ \sqrt{\frac{1}{2}(1\pm k^2)}\right)\right];$$

$$\int_0^t \frac{d\tau}{\sqrt{\cos\tau}} = \sqrt{2}\,F\left(\arcsin\frac{\sin\frac{t}{2}}{\sqrt{\frac{1}{2}}},\ \sqrt{\frac{1}{2}}\right),\qquad \int_t^{\frac{1}{2}\pi} \frac{d\tau}{\sqrt{\sin\tau}} = \sqrt{2}\,F\left(\arcsin\frac{\sin\frac{\frac{1}{2}\pi-t}{2}}{\sqrt{\frac{1}{2}}},\ \sqrt{\frac{1}{2}}\right),$$

$$\int_t^\pi \frac{d\tau}{\sqrt{-\cos\tau}} = \sqrt{2}\,F\left(\arcsin\frac{\cos\frac{t}{2}}{\sqrt{\frac{1}{2}}},\ \sqrt{\frac{1}{2}}\right),\qquad \int_{-\frac{1}{2}\pi}^t \frac{d\tau}{\sqrt{-\sin\tau}} = \sqrt{2}\,F\left(\arcsin\frac{\cos\frac{\frac{1}{2}\pi-t}{2}}{\sqrt{\frac{1}{2}}},\ \sqrt{\frac{1}{2}}\right),$$

$$\int_0^t \sqrt{\cos\tau}\,d\tau = 2\sqrt{2}\left[E\left(\arcsin\frac{\sin\frac{t}{2}}{\sqrt{\frac{1}{2}}},\ \sqrt{\frac{1}{2}}\right) - \frac{1}{2}F\left(\arcsin\frac{\sin\frac{t}{2}}{\sqrt{\frac{1}{2}}},\ \sqrt{\frac{1}{2}}\right)\right],$$

$$\int_t^\pi \sqrt{-\cos\tau}\,d\tau = 2\sqrt{2}\left[E\left(\arcsin\frac{\cos\frac{t}{2}}{\sqrt{\frac{1}{2}}},\ \sqrt{\frac{1}{2}}\right) - \frac{1}{2}F\left(\arcsin\frac{\cos\frac{t}{2}}{\sqrt{\frac{1}{2}}},\ \sqrt{\frac{1}{2}}\right)\right],$$

$$\int_t^{\frac{1}{2}\pi} \sqrt{\sin\tau}\,d\tau = 2\sqrt{2}\left[E\left(\arcsin\frac{\sin\frac{\frac{1}{2}\pi-t}{2}}{\sqrt{\frac{1}{2}}},\ \sqrt{\frac{1}{2}}\right) - \frac{1}{2}F\left(\arcsin\frac{\sin\frac{\frac{1}{2}\pi-t}{2}}{\sqrt{\frac{1}{2}}},\ \sqrt{\frac{1}{2}}\right)\right],$$

$$\int_{-\frac{1}{2}\pi}^t \sqrt{-\sin\tau}\,d\tau = 2\sqrt{2}\left[E\left(\arcsin\frac{\cos\frac{\frac{1}{2}\pi-t}{2}}{\sqrt{\frac{1}{2}}},\ \sqrt{\frac{1}{2}}\right) - \frac{1}{2}F\left(\arcsin\frac{\cos\frac{\frac{1}{2}\pi-t}{2}}{\sqrt{\frac{1}{2}}},\ \sqrt{\frac{1}{2}}\right)\right].$$

(936)

Aus (936) ergeben sich die vollständigen Integrale

$$\left.\begin{aligned}
&\int_0^{\pi}\frac{d\tau}{\sqrt{1+k^2\cos\tau}}=\int_0^{\pi}\frac{d\tau}{\sqrt{1-k^2\cos\tau}}=\int_{-\pi/2}^{+\pi/2}\frac{d\tau}{\sqrt{1+k^2\sin\tau}}=\int_{-\pi/2}^{+\pi/2}\frac{d\tau}{\sqrt{1-k^2\sin\tau}}=\frac{2}{\sqrt{1+k^2}}K\left(\frac{k\sqrt{2}}{\sqrt{1+k^2}}\right),\\
&\int_0^{\pi}\sqrt{1+k^2\cos\tau}\,d\tau=\int_0^{\pi}\sqrt{1-k^2\cos\tau}\,d\tau=\int_{-\pi/2}^{+\pi/2}\sqrt{1+k^2\sin\tau}\,d\tau=\int_{-\pi/2}^{+\pi/2}\sqrt{1-k^2\sin\tau}\,d\tau=2\sqrt{1+k^2}\,E\left(\frac{k\sqrt{2}}{\sqrt{1+k^2}}\right),\\
&\int_0^{2\arcsin\sqrt{\frac12(1+k^2)}}\frac{d\tau}{\sqrt{1+\frac{1}{k^2}\cos\tau}}=-\int_{\pi}^{2\arccos\sqrt{\frac12(1+k^2)}}\frac{d\tau}{\sqrt{1-\frac{1}{k^2}\cos\tau}}=-\int_{\frac12\pi}^{\frac12\pi-2\arcsin\sqrt{\frac12(1+k^2)}}\frac{d\tau}{\sqrt{1+\frac{1}{k^2}\sin\tau}}=\int_{-\frac12\pi}^{\frac12\pi-2\arccos\sqrt{\frac12(1+k^2)}}\frac{d\tau}{\sqrt{1-\frac{1}{k^2}\sin\tau}}\\
&\qquad=k\sqrt{2}\,K\left(\sqrt{\frac{1}{2}(1+k^2)}\right),\\
&\int_0^{2\arcsin\sqrt{\frac12(1+k^2)}}\sqrt{1+\frac{1}{k^2}\cos\tau}\,d\tau=-\int_{\pi}^{2\arccos\sqrt{\frac12(1+k^2)}}\sqrt{1-\frac{1}{k^2}\cos\tau}\,d\tau=-\int_{\frac12\pi}^{\frac12\pi-2\arcsin\sqrt{\frac12(1+k^2)}}\sqrt{1+\frac{1}{k^2}\sin\tau}\,d\tau=\int_{-\frac12\pi}^{\frac12\pi-2\arccos\sqrt{\frac12(1+k^2)}}\sqrt{1-\frac{1}{k^2}\sin\tau}\,d\tau\\
&\qquad=\frac{1}{k}\sqrt{2}\,A\left(\sqrt{\frac{1}{2}(1+k^2)}\right),\\
&\int_0^{\pi/2}\frac{d\tau}{\sqrt{\cos\tau}}=\int_{\pi/2}^{\pi}\frac{d\tau}{\sqrt{-\cos\tau}}=\int_0^{\pi/2}\frac{d\tau}{\sqrt{\sin\tau}}=\int_{-\pi/2}^{0}\frac{d\tau}{\sqrt{-\sin\tau}}=\sqrt{2}\,K\left(\sqrt{\frac{1}{2}}\right)=2{,}622\ldots,\\
&\int_0^{\pi/2}\sqrt{\cos\tau}\,d\tau=\int_{\pi/2}^{\pi}\sqrt{-\cos\tau}\,d\tau=\int_0^{\pi/2}\sqrt{\sin\tau}\,d\tau=\int_{-\pi/2}^{0}\sqrt{-\sin\tau}\,d\tau=\sqrt{2}\,A\left(\sqrt{\tfrac12}\right)=1{,}197\ldots,
\end{aligned}\right\}\quad(937)$$

wobei bezüglich der Parameterfunktion A auf (379) verwiesen werden kann.

Die den Gln. (936) entsprechenden Integrale mit hyperbolischen Funktionen erhält man durch Umformung der Gln. (907) und (934) sowie der fünften und elften der Gln. (883) in Verbindung mit (905) und der zweiten und fünften der Gln. (931). Die Integrale lauten:

$$\begin{aligned}
&\int_0^{t}\frac{d\tau}{\sqrt{1+k^2\cosh\tau}}=\frac{2}{\sqrt{1+k^2}}F\left(\arcsin\tanh\frac{t}{2},\ \sqrt{\frac{1-k^2}{1+k^2}}\right),\\
&\int_0^{t}\frac{d\tau}{\sqrt{1-k^2\cosh\tau}}=\frac{2}{\sqrt{1+k^2}}F\left(\arcsin\sqrt{\frac{1+k^2}{1-k^2}}\tanh\frac{t}{2},\ \sqrt{\frac{1-k^2}{1+k^2}}\right),\\
&\int_0^{t}\frac{d\tau}{\sqrt{\pm k^2+\cosh\tau}}=\sqrt{2}\,F\left(\arcsin\frac{\sqrt{2}\sinh\frac{t}{2}}{\sqrt{\pm k^2+\cosh t}},\ \sqrt{\frac{1}{2}(1\mp k^2)}\right),\\
&\int_0^{t}\frac{d\tau}{\sqrt{\cosh\tau}}=\sqrt{2}\,F\left(\arcsin\frac{\sqrt{2}\sinh\frac{t}{2}}{\sqrt{\cosh t}},\ \sqrt{\frac{1}{2}}\right),\\
&\int_{\ln k'/k}^{t}\frac{d\tau}{\sqrt{\frac{2k^2-1}{2kk'}+\sinh\tau}}=2\sqrt{2kk'}\,F\left(\arcsin\sqrt{1-\frac{k'}{k}e^{-t}},\ k\right),\\
&\int_{t}^{\ln k/k'}\frac{d\tau}{\sqrt{\frac{2k^2-1}{2kk'}-\sinh\tau}}=2\sqrt{2kk'}\,F\left(\arcsin\sqrt{1-\frac{k'}{k}e^{+t}},\ k\right),
\end{aligned}$$

$$\left.\begin{aligned}
&\int_0^t \frac{d\tau}{\sqrt{\sinh\tau}} = 2F\left(\arcsin\sqrt{1-e^{-t}}, \sqrt{\tfrac{1}{2}}\right), \qquad \int_t^0 \frac{d\tau}{\sqrt{-\sinh\tau}} = 2F\left(\arcsin\sqrt{1-e^{+t}}, \sqrt{\tfrac{1}{2}}\right),\\
&\int_0^t \sqrt{1+k^2\cosh\tau}\,d\tau = 2\sqrt{1+k^2}\left[F\left(\arcsin\tanh\frac{t}{2}, \sqrt{\frac{1-k^2}{1+k^2}}\right) - E\left(\arcsin\tanh\frac{t}{2}, \sqrt{\frac{1-k^2}{1+k^2}}\right)\right] + 2\tanh\frac{t}{2}\sqrt{1+k^2\cosh t},\\
&\int_0^t \sqrt{1-k^2\cosh\tau}\,d\tau = 2\sqrt{1+k^2}\left[F\left(\arcsin\sqrt{\frac{1+k^2}{1-k^2}}\tanh\frac{t}{2}, \sqrt{\frac{1-k^2}{1+k^2}}\right) - E\left(\arcsin\sqrt{\frac{1+k^2}{1-k^2}}\tanh\frac{t}{2}, \sqrt{\frac{1-k^2}{1+k^2}}\right)\right] +\\
&\qquad + 2\tanh\frac{t}{2}\sqrt{1-k^2\cosh t},\\
&\int_0^t \sqrt{\pm k^2+\cosh\tau}\,d\tau = \sqrt{2}(1\pm k^2)\,F\left(\arcsin\frac{\sqrt{2}\sinh\frac{t}{2}}{\sqrt{\pm k^2+\cosh t}}, \sqrt{\frac{1}{2}(1\mp k^2)}\right) -\\
&\qquad - 2\sqrt{2}\,E\left(\arcsin\frac{\sqrt{2}\sinh\frac{t}{2}}{\sqrt{\pm k^2+\cosh t}}, \sqrt{\frac{1}{2}(1\mp k^2)}\right) + \frac{2\sinh t}{\sqrt{\pm k^2+\cosh t}},\\
&\int_0^t \sqrt{\cosh\tau}\,d\tau = \sqrt{2}F\left(\arcsin\frac{\sqrt{2}\sinh\frac{t}{2}}{\sqrt{\cosh t}}, \sqrt{\tfrac{1}{2}}\right) - 2\sqrt{2}E\left(\arcsin\frac{\sqrt{2}\sinh\frac{t}{2}}{\sqrt{\cosh t}}, \sqrt{\tfrac{1}{2}}\right) + \frac{2\sinh t}{\sqrt{\cosh t}},\\
&\int_{\ln k'/k}^t \sqrt{\frac{2k^2-1}{2kk'}+\sinh\tau}\,d\tau = \sqrt{\frac{2}{kk'}}\left[F\left(\arcsin\sqrt{1-\frac{k'}{k}e^{-t}}, k\right) - 2E\left(\arcsin\sqrt{1-\frac{k'}{k}e^{-t}}, k\right)\right] +\\
&\qquad + 2\sqrt{\frac{2k^2-1}{2kk'}+\sinh t},\\
&\int_t^{\ln k/k'} \sqrt{\frac{2k^2-1}{2kk'}-\sinh\tau}\,d\tau = \sqrt{\frac{2}{kk'}}\left[F\left(\arcsin\sqrt{1-\frac{k'}{k}e^{t}}, k\right) - 2E\left(\arcsin\sqrt{1-\frac{k'}{k}e^{t}}, k\right)\right] + 2\sqrt{\frac{2k^2-1}{2kk'}-\sinh t},\\
&\int_0^t \sqrt{\sinh\tau}\,d\tau = 2F(\arcsin\sqrt{1-e^{-t}}, k) - 4E(\arcsin\sqrt{1-e^{-t}}, k) + 2\sqrt{\sinh t},\\
&\int_0^t \sqrt{-\sinh\tau}\,d\tau = 2F(\arcsin\sqrt{1-e^{t}}, k) - 4E(\arcsin\sqrt{1-e^{t}}, k) + 2\sqrt{-\sinh t}.
\end{aligned}\right\} \quad (938)$$

Aus (938) ergeben sich die vollständigen Integrale

$$\left.\begin{aligned}
&\int_0^\infty \frac{d\tau}{\sqrt{1+k^2\cosh\tau}} = \int_0^{2\,\mathrm{artanh}\sqrt{\frac{1-k^2}{1+k^2}}} \frac{d\tau}{\sqrt{1-k^2\cosh\tau}} = \frac{2}{\sqrt{1+k^2}}K\left(\sqrt{\frac{1-k^2}{1+k^2}}\right),\\
&\int_0^\infty \frac{d\tau}{\sqrt{k^2+\cosh\tau}} = \sqrt{2}K\left(\sqrt{\frac{1}{2}(1-k^2)}\right), \qquad \int_0^\infty \frac{d\tau}{\sqrt{-k^2+\cosh\tau}} = \sqrt{2}K\left(\sqrt{\frac{1}{2}(1+k^2)}\right),\\
&\int_{\ln k'/k}^\infty \frac{d\tau}{\sqrt{\frac{2k^2-1}{2kk'}+\sinh\tau}} = \int_{-\infty}^{\ln k/k'} \frac{d\tau}{\sqrt{\frac{2k^2-1}{2kk'}-\sinh\tau}} = 2\sqrt{2kk'}\,K,\\
&\int_0^\infty \frac{d\tau}{\sqrt{\cosh\tau}} = \sqrt{2}K\left(\sqrt{\tfrac{1}{2}}\right) = 2{,}622\ldots, \qquad \int_0^\infty \frac{d\tau}{\sqrt{\sinh\tau}} = \int_{-\infty}^0 \frac{d\tau}{\sqrt{-\sinh\tau}} = 2K\left(\sqrt{\tfrac{1}{2}}\right) = 3{,}708\ldots,\\
&\int_0^{2\,\mathrm{artanh}\sqrt{\frac{1-k^2}{1+k^2}}} \sqrt{1-k^2\cosh\tau}\,d\tau = 2\sqrt{1+k^2}\left[K\left(\sqrt{\frac{1-k^2}{1+k^2}}\right) - E\left(\sqrt{\frac{1-k^2}{1+k^2}}\right)\right].
\end{aligned}\right\} \quad (939)$$

132. Jacobische Zeta-Funktion und Heumansche Lambda-Funktion

Die Definitionsgleichungen der im Reellen periodischen und aus Abb. 187 ersichtlichen JACOBIschen Zeta-Funktion lauten

$$\begin{aligned} Z(z,k) &= \frac{\partial \ln \vartheta_4}{\partial z} = E(z,k) - \frac{E}{K} z, \\ Z(\zeta,\varkappa) &= \frac{1}{2K}\frac{\partial \ln \vartheta_4}{\partial \zeta} = E(\zeta,\varkappa) - 2E\,\zeta, \quad Z(\zeta,0) = 1 - 2\zeta, \quad Z(\zeta,\infty) = 0. \end{aligned} \tag{940}$$

Z genügt nach (169) und (940) der partiellen Differentialgleichung

$$\frac{\partial^2 Z}{\partial z^2} + 2Z\frac{\partial Z}{\partial z} - \frac{\pi}{K^2}\frac{\partial Z}{\partial \varkappa} = 0 \quad \text{bzw.} \quad \frac{\partial^2 Z}{\partial \zeta^2} + 4KZ\frac{\partial Z}{\partial \zeta} - 4\pi\frac{\partial Z}{\partial \varkappa} = 0. \tag{941}$$

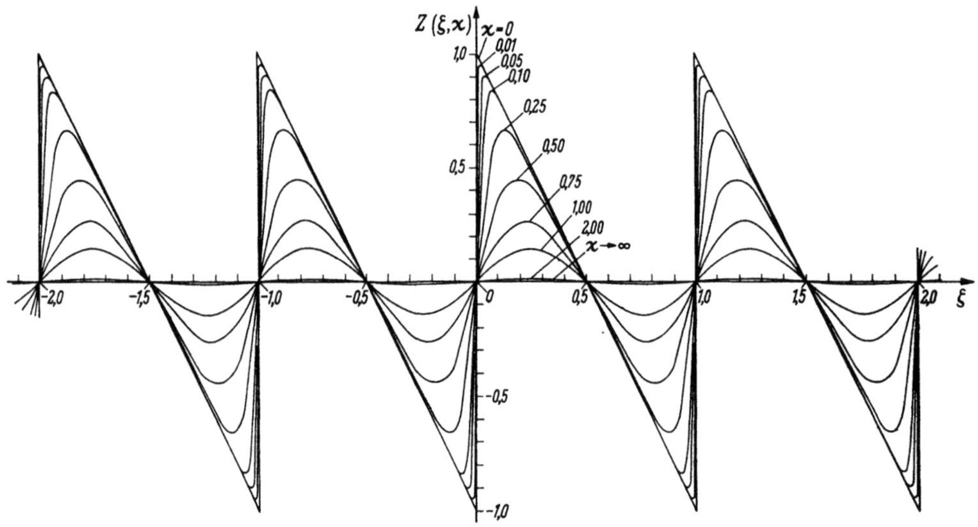

Abb. 187. Verlauf der JACOBIschen Zeta-Funktion im $(\zeta, \varkappa)$-System

Für die um die Gerade 2ζ periodische HEUMANsche Lambda-Funktion, deren Verlauf im Reellen die Abb. 188 zeigt, lauten die Definitionsgleichungen

$$\begin{aligned} \Lambda(z,k) &= \frac{2}{\pi}[K\,E(z,k') - (K-E)\,z], \\ \Lambda(\zeta,\varkappa) &= \frac{2}{\pi}\left[K\,E\left(\zeta,\frac{1}{\varkappa}\right) - 2(K-E)\,K'\,\zeta\right], \quad \Lambda(\zeta,0) = 2\zeta, \quad \Lambda(\zeta,\infty) = 1. \end{aligned} \tag{942}$$

Die HEUMANsche Lambda-Funktion steht in linearer Beziehung zu der für den konjugierten Modul genommenen JACOBIschen Zeta-Funktion. Aus (940) folgt zunächst

$$Z(z,k') = E(z,k') - \frac{E'}{K'} z.$$

Nun ist aber nach der LEGENDREschen Relation (303)

$$\frac{E'}{K'} = \frac{\pi}{2KK'} + 1 - \frac{E}{K}$$

und damit

$$Z(z,k') = \frac{\pi}{2K}\left[-\frac{z}{K'} + \frac{2}{\pi}(K\,E(z,k') - (K-E)\,z)\right].$$

Wird hierin (942) berücksichtigt, so erhält man

$$Z(z,k') = -\frac{\pi}{2KK'}z + \frac{\pi}{2K}\Lambda(z,k), \quad \Lambda(z,k) = \frac{z}{K'} + \frac{2K}{\pi}Z(z,k').$$

Durch diese Gleichungen wird in Verbindung mit (303) und (901) die Einführung einer abgewandelten HEUMANschen Funktion

$$\Lambda^*(z, k) = \frac{\pi}{2K'}\Lambda(z, k') = E(z, k) - \left(1 - \frac{E'}{K'}\right)z = E(z, k) + \left(\frac{\pi}{2KK'} - \frac{E}{K}\right)z = \frac{\pi}{2KK'}z + \frac{\partial}{\partial z}\ln\vartheta_4(z, k) \qquad (943)$$

nahegelegt, deren Verlauf Abb. 189 zeigt. Hierfür ergibt sich

$$\left.\begin{aligned} Z(z, k') &= -\frac{\pi}{2KK'}z + \Lambda^*(z, k'),\\ \Lambda^*(z, k') &= \frac{\pi}{2KK'}z + Z(z, k'). \end{aligned}\right\} \qquad (944)$$

Vertauscht man noch k' mit k, so folgt schließlich

$$\left.\begin{aligned} Z(z, k) &= -\frac{\pi}{2KK'}z + \Lambda^*(z, k),\\ Z(\zeta, \varkappa) &= -\frac{\pi}{K'}\zeta + \Lambda^*(\zeta, \varkappa), \qquad \Lambda^*(\zeta, 0) = 1,\\ \Lambda^*(z, k) &= +\frac{\pi}{2KK'}z + Z(z, k),\\ \Lambda^*(\zeta, \varkappa) &= +\frac{\pi}{K'}\zeta + Z(\zeta, \varkappa), \qquad \Lambda^*(\zeta, \infty) = 0. \end{aligned}\right\} \qquad (945)$$

Unter Bezugnahme auf $\varphi = \operatorname{am}(z, k)$ als Argument gehen die Definitionsgleichungen (940), (942) und (943) in

$$\left.\begin{aligned} Z(\varphi, k) &= E(\varphi, k) - \frac{E}{K}F(\varphi, k),\\ Z(\varphi, 0) &= 0, \qquad Z\left(\varphi, \frac{\pi}{2}\right) = E;\\ \Lambda(\varphi, k) &= \frac{2}{\pi}\left[K\,E(\varphi, k') - (K - E)\,F(\varphi, k')\right],\\ \Lambda(\varphi, 0) &= \sin\varphi, \qquad \Lambda\left(\varphi, \frac{\pi}{2}\right) = \frac{2}{\pi}\varphi;\\ \Lambda^*(\varphi, k) &= E(\varphi, k) + \left(\frac{\pi}{2KK'} - \frac{E}{K}\right)F(\varphi, k),\\ \Lambda^*(\varphi, 0) &= 0, \qquad \Lambda^*\left(\varphi, \frac{\pi}{2}\right) = \sin\varphi \end{aligned}\right\} \qquad (946)$$

über, während (945)

$$\left.\begin{aligned} Z(\varphi, k) &= -\frac{\pi}{2KK'}F(\varphi, k) + \Lambda^*(\varphi, k),\\ \Lambda^*(\varphi, k) &= +\frac{\pi}{2KK'}F(\varphi, k) + Z(\varphi, k) \end{aligned}\right\} \qquad (947)$$

lautet.

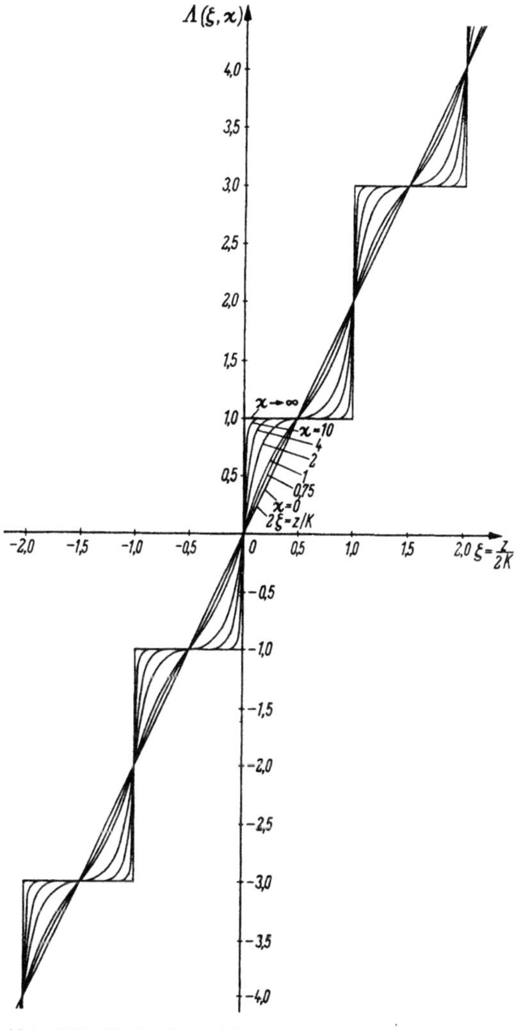

Abb. 188. Verlauf der HEUMANschen Lambda-Funktion $\Lambda(\zeta, \varkappa)$

Der Verlauf der Funktionen $Z(\varphi, k)$, $\Lambda(\varphi, k)$ und $\Lambda^*(\varphi, k)$ im Reellen ist aus den Abb. 190 bis 192 ersichtlich.

Die Einführung von (940) und (943) in (926) und (927) liefert für die logarithmischen Ableitungen der vier Theta-Funktionen nach z

$$\left.\begin{aligned} \frac{\partial}{\partial z}\ln\vartheta_1(z, k) &= Z(z, k) + \overline{\operatorname{sn}}(z, k) = -\frac{\pi}{2KK'}z + \Lambda^*(z, k) + \overline{\operatorname{sn}}(z, k),\\ \frac{\partial}{\partial z}\ln\vartheta_2(z, k) &= Z(z, k) + \overline{\operatorname{cn}}(z, k) = -\frac{\pi}{2KK'}z + \Lambda^*(z, k) + \overline{\operatorname{cn}}(z, k),\\ \frac{\partial}{\partial z}\ln\vartheta_3(z, k) &= Z(z, k) + \overline{\operatorname{dn}}(z, k) = -\frac{\pi}{2KK'}z + \Lambda^*(z, k) + \overline{\operatorname{dn}}(z, k),\\ \frac{\partial}{\partial z}\ln\vartheta_4(z, k) &= Z(z, k) \qquad\qquad\quad = -\frac{\pi}{2KK'}z + \Lambda^*(z, k). \end{aligned}\right\} \qquad (948)$$

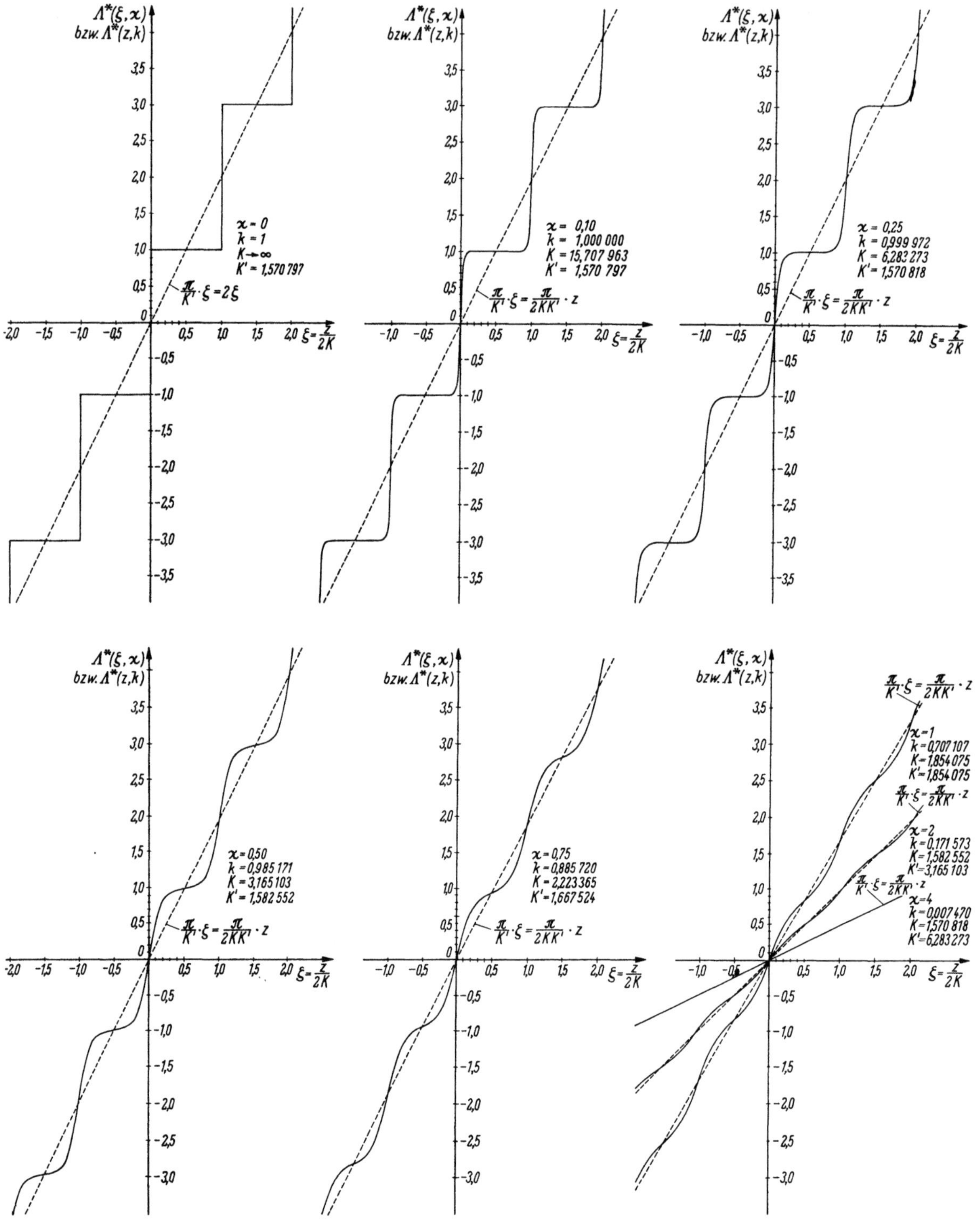

Abb. 189. Verlauf der abgewandelten HEUMANschen Lambda-Funktion $\Lambda^*(\zeta, \varkappa)$

Werden die Gln. (166) der imaginären Transformation der logarithmischen Ableitungen der Theta-Funktionen auf das (z, k)-System umgeschrieben, so folgt

$$\frac{\partial}{\partial z} \ln \vartheta_{\substack{1\\2\\3\\4}}(i\,z,\,k) = \frac{\pi}{2\,K\,K'}\,z + \frac{\partial}{\partial z} \ln \vartheta_{\substack{1\\4\\3\\2}}(z,\,k'), \qquad \frac{\partial}{\partial z} \ln \vartheta_{\substack{5\\6}}(i\,z,\,k) = \frac{\pi}{K\,K'}\,z + \frac{\partial}{\partial z} \ln \vartheta_{\substack{5\\6}}(z,\,k') \tag{949}$$

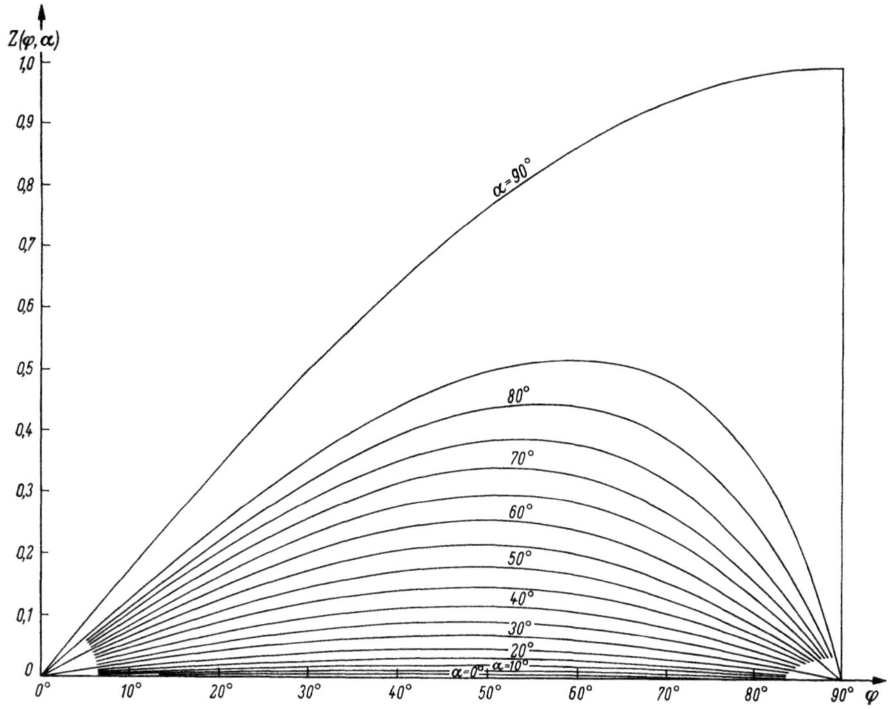

Abb. 190. Verlauf der JACOBIschen Zeta-Funktion im (φ, α)-System ($\alpha = \text{arc} \sin k$)

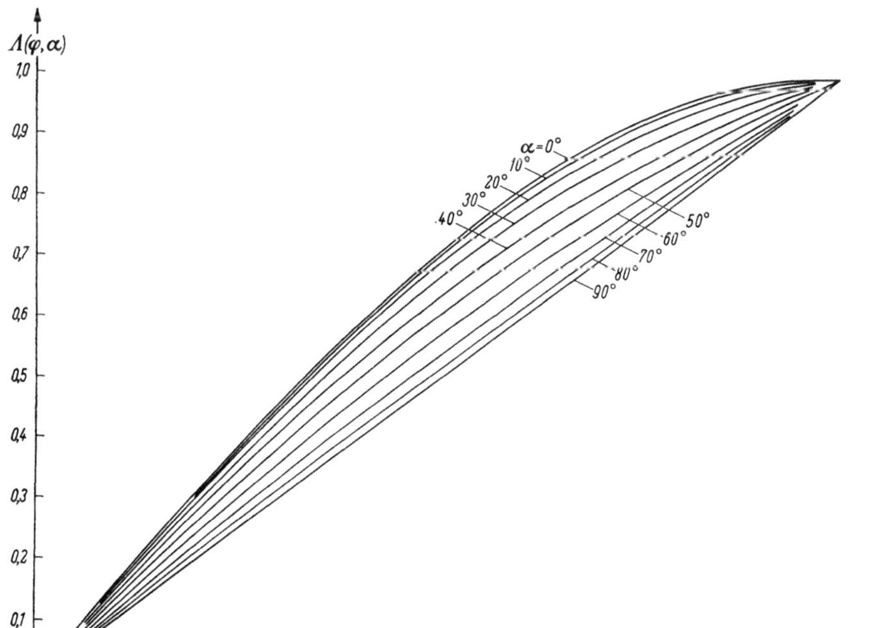

Abb. 191. Verlauf der HEUMANschen Lambda-Funktion $\Lambda(\varphi, \alpha)$ ($\alpha = \text{arc} \sin k$)

und in Verbindung mit (948)

$$\left.\begin{aligned}
\frac{\partial}{\partial z}\ln\vartheta_1(iz,k) &= \frac{\pi}{2KK'}z + Z(z,k') + \overline{\mathrm{sn}}(z,k') = \Lambda^*(z,k') + \overline{\mathrm{sn}}(z,k'),\\
\frac{\partial}{\partial z}\ln\vartheta_2(iz,k) &= \frac{\pi}{2KK'}z + Z(z,k') \qquad\qquad\quad = \Lambda^*(z,k'),\\
\frac{\partial}{\partial z}\ln\vartheta_3(iz,k) &= \frac{\pi}{2KK'}z + Z(z,k') + \overline{\mathrm{dn}}(z,k') = \Lambda^*(z,k') + \overline{\mathrm{dn}}(z,k'),\\
\frac{\partial}{\partial z}\ln\vartheta_4(iz,k) &= \frac{\pi}{2KK'}z + Z(z,k') + \overline{\mathrm{cn}}(z,k') = \Lambda^*(z,k') + \overline{\mathrm{cn}}(z,k').
\end{aligned}\right\} \tag{950}$$

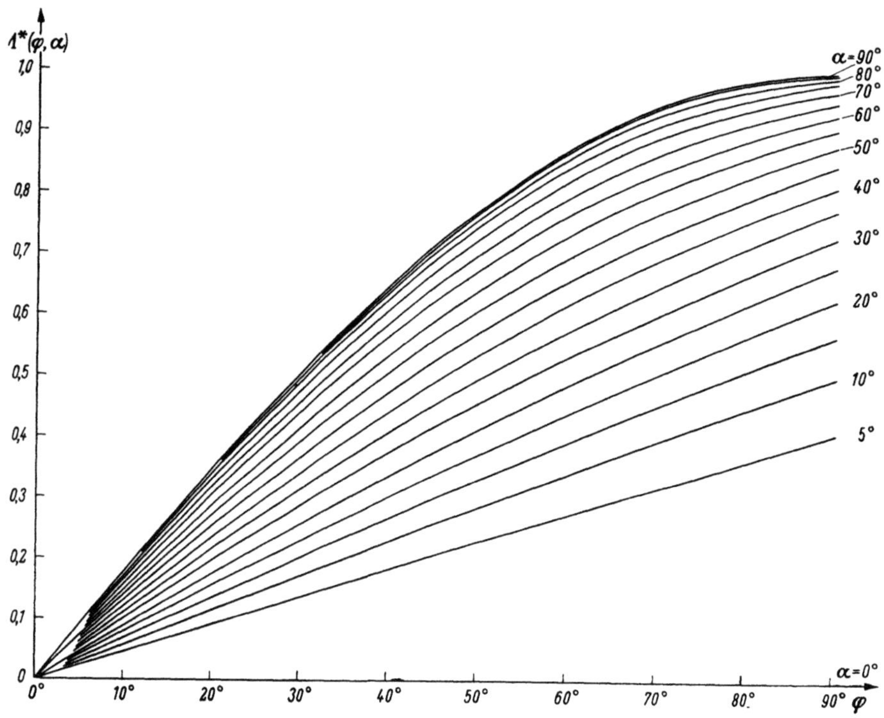

Abb. 192. Verlauf der abgewandelten HEUMANschen Lambda-Funktion $\Lambda^*(\varphi, \alpha)$ $(\alpha = \operatorname{arc}\sin k)$

Werden die vordere Gruppe von (948) und die hintere Gruppe von (950) einander gegenübergestellt, so erhält man

$$\left.\begin{aligned}
\frac{\partial}{\partial z}\ln\vartheta_1(z,k) &= Z(z,k) + \overline{\mathrm{sn}}(z,k), & \frac{\partial}{\partial z}\ln\vartheta_1(iz,k) &= \Lambda^*(z,k') + \overline{\mathrm{sn}}(z,k'),\\
\frac{\partial}{\partial z}\ln\vartheta_2(z,k) &= Z(z,k) + \overline{\mathrm{cn}}(z,k), & \frac{\partial}{\partial z}\ln\vartheta_2(iz,k) &= \Lambda^*(z,k'),\\
\frac{\partial}{\partial z}\ln\vartheta_3(z,k) &= Z(z,k) + \overline{\mathrm{dn}}(z,k), & \frac{\partial}{\partial z}\ln\vartheta_3(iz,k) &= \Lambda^*(z,k') + \overline{\mathrm{dn}}(z,k'),\\
\frac{\partial}{\partial z}\ln\vartheta_4(z,k) &= Z(z,k), & \frac{\partial}{\partial z}\ln\vartheta_4(iz,k) &= \Lambda^*(z,k') + \overline{\mathrm{cn}}(z,k').
\end{aligned}\right\} \tag{951}$$

Nach (951) stehen die JACOBIsche Zeta-Funktion und die abgewandelte HEUMANsche Lambda-Funktion bezüglich der imaginären Transformation der logarithmischen Ableitungen der Theta-Funktionen in Wechselbeziehung. Für die abgewandelte HEUMANsche Lambda-Funktion liefert (951) die weitere Definitionsgleichung

$$\Lambda^*(z,k) = \frac{\partial}{\partial z}\ln\vartheta_2(iz,k'). \tag{952}$$

Nach (173), (940) und (943) ergeben sich für das Argument $\zeta = z/2K$ und den Parameter $\varkappa = K'/K$ für $|e^{-\pi\varkappa \pm 2\pi i\zeta}| < 1$ die trigonometrischen Reihenentwicklungen

$$Z(\zeta, \varkappa) = \frac{2\pi}{K} \sum_1^\infty \frac{e^{-n\pi\varkappa} \sin 2n\pi\zeta}{1 - e^{-2n\pi\varkappa}}, \quad \Lambda^*(\zeta, \varkappa) = \frac{\pi}{K'}\zeta + \frac{2\pi}{K} \sum_1^\infty \frac{e^{-n\pi\varkappa} \sin 2n\pi\zeta}{1 - e^{-2n\pi\varkappa}}. \tag{953}$$

Aus (953) folgt für $\zeta = 0$ und $\zeta = \frac{1}{2}$ bzw. $z = 0$ und $z = K$

$$\begin{aligned} &Z(0, \varkappa) = Z\left(\frac{1}{2}, \varkappa\right) = 0, \quad \Lambda^*(0, \varkappa) = 0, \quad \Lambda^*\left(\frac{1}{2}, \varkappa\right) = \frac{\pi}{2K'}, \\ &Z(0, k) = Z(K, k) \;\; = 0, \quad \Lambda^*(0, k) = 0, \quad \Lambda^*(K, k) \;\; = \frac{\pi}{2K'}. \end{aligned} \tag{954}$$

Durch Verbindung von (914), (940) und (944) ergeben sich die Potenzreihen-Entwicklungen

$$Z(z, k) = \left(1 - \frac{E}{K}\right) z - \left(e_3^2 - \frac{g_2}{12}\right)\left[z^3 + \frac{3}{5} e_3 z^5 + \frac{3}{7}\left(e_3^2 - \frac{g_2}{20}\right) z^7 + \frac{2}{7} e_3 \left(e_3^2 - \frac{3g_2}{40}\right) z^9 + \cdots\right]. \tag{955}$$

$$\Lambda^*(z, k) = \left(1 - \frac{E}{K} + \frac{\pi}{2KK'}\right) z - \left(e_3^2 - \frac{g_2}{12}\right)\left[z^3 + \frac{3}{5} e_3 z^5 + \frac{3}{7}\left(e_3^2 - \frac{g_2}{20}\right) z^7 + \frac{2}{7} e_3 \left(e_3^2 - \frac{3g_2}{40}\right) z^9 + \cdots\right]. \tag{956}$$

Aus (918) folgen in Verbindung mit (940) und (944) die Additionstheoreme

$$\begin{aligned} Z(z + z_0, k) &= -\frac{E}{K}(z + z_0) + E(z, k) + E(z_0, k) - k^2 \operatorname{sn}(z + z_0, k) \operatorname{sn}(z, k) \operatorname{sn}(z_0, k), \\ \Lambda^*(z + z_0, k) &= -\left(\frac{E}{K} - \frac{\pi}{2KK'}\right)(z + z_0) + E(z, k) + E(z_0, k) - k^2 \operatorname{sn}(z + z_0, k) \operatorname{sn}(z, k) \operatorname{sn}(z_0, k). \end{aligned} \tag{957}$$

Aus (154), (155) und (951) ergibt sich für die logarithmische Ableitung der ϑ_3-Funktion für die Argumente z und iz

$$\frac{\partial \ln \vartheta_3(z, k)}{\partial z} = \frac{\partial \ln \vartheta_4(K - z, k)}{\partial z} = -\frac{\partial \ln \vartheta_4(K - z, k)}{\partial (K - z)} = -Z(K - z, k),$$

$$\begin{aligned} \frac{1}{i}\frac{\partial \ln \vartheta_3(iz, k)}{\partial z} &= -\frac{\pi i}{2K} + \frac{1}{i}\frac{\partial \ln \vartheta_2(iz - iK', k)}{\partial z} = -\frac{\pi i}{2K} - \frac{1}{i}\frac{\partial \ln \vartheta_2(i(K' - z), k)}{\partial (K' - z)} \\ &= -\frac{\pi i}{2K} - \frac{1}{i}\Lambda^*(K' - z, k') \end{aligned}$$

oder nach Kürzung mit $1/i$

$$\frac{\partial \ln \vartheta_3(z, k)}{\partial z} = -Z(K - z, k), \quad \frac{\partial \ln \vartheta_3(iz, k)}{\partial z} = \frac{\pi}{2K} - \Lambda^*(K' - z, k'). \tag{958}$$

Der Vergleich von (958) mit der dritten der Gln. (951) liefert

$$Z(K - z, k) = -Z(z, k) - \overline{\operatorname{dn}}(z, k),$$

$$\Lambda^*(K' - z, k') = \frac{\pi}{2K} - \Lambda^*(z, k') - \overline{\operatorname{dn}}(z, k'),$$

und wenn in der unteren Gleichung noch k' mit k vertauscht wird,

$$\begin{aligned} Z(K - z, k) &= -Z(z, k) - \overline{\operatorname{dn}}(z, k), \\ \Lambda^*(K - z, k) &= \frac{\pi}{2K'} - \Lambda^*(z, k) - \overline{\operatorname{dn}}(z, k). \end{aligned} \tag{959}$$

Eliminiert man in (959) die Funktion $\overline{\operatorname{dn}}(z, k)$, so folgt die Funktionalgleichung

$$Z(K - z, k) + Z(z, k) = -\frac{\pi}{2K'} + \Lambda^*(K - z, k) + \Lambda^*(z, k), \tag{960}$$

die sich auch sofort aus (945) ergibt.

Kapitel 7

Normalintegrale dritter Gattung. Legendresche Π-Funktion. Zurückführung des allgemeinen elliptischen Integrals auf Normalintegrale erster, zweiter und dritter Gattung

133. Die 96 Normalintegrale dritter Gattung in Jacobischer Form

Den zwölf JACOBIschen elliptischen Funktionen entsprechen 48 Normalintegrale dritter Gattung vom hyperbolischen und 48 vom kreisförmigen Typus.

Die 48 Integrale vom hyperbolischen Typus ergeben sich durch Integration nach z der auf WEIERSTRASSschen Funktionen aufgebauten Gln. (742) bei Umschreibung auf JACOBIsche Funktionen in Verbindung mit (766), wenn die dabei anfallenden 16 Integrale mit Hilfe der Beziehungen

$$\wp_i - \wp_k = (\wp_i - e_1) - (\wp_k - e_1) = (\wp_i - e_2) - (\wp_k - e_2) = (\wp_i - e_3) - (\wp_k - e_3)$$

zu einem Satz von 48 Integralen ausgeweitet werden. Die Integrale führen bezüglich des Arguments ζ auf Logarithmen von Theta-Funktionen, für welche mit

$$\zeta = \frac{z}{2K}, \quad \zeta_0 = \frac{z_0}{2K}, \quad \varkappa = \frac{K'}{K}$$

die Entwicklungen (175) und (176) gelten. Sie lauten:

$$\int_0^z \frac{d\bar{z}}{\mathrm{cs}^2(\bar{z},k) - \mathrm{cs}^2(z_0,k)} = \int_0^z \frac{d\bar{z}}{\mathrm{ds}^2(\bar{z},k) - \mathrm{ds}^2(z_0,k)} = \int_0^z \frac{d\bar{z}}{\mathrm{ns}^2(\bar{z},k) - \mathrm{ns}^2(z_0,k)}$$
$$= \frac{1}{\wp_1'(z_0,k)} \left[\ln \frac{\vartheta_1(\zeta-\zeta_0,\varkappa)}{\vartheta_1(\zeta+\zeta_0,\varkappa)} + 2z \frac{\partial \ln \vartheta_1}{\partial z_0}\right],$$

$$\int_0^z \frac{\frac{1}{k'^2}\,d\bar{z}}{\mathrm{sc}^2(\bar{z},k) - \mathrm{sc}^2(z_0,k)} = \int_0^z \frac{\frac{1}{k'^2}\,d\bar{z}}{\mathrm{nc}^2(\bar{z},k) - \mathrm{nc}^2(z_0,k)} = \int_0^z \frac{d\bar{z}}{\mathrm{dc}^2(\bar{z},k) - \mathrm{dc}^2(z_0,k)}$$
$$= \frac{1}{\wp_2'(z_0,k)} \left[\ln \frac{\vartheta_1(\zeta-\zeta_0,\varkappa)}{\vartheta_1(\zeta+\zeta_0,\varkappa)} + 2z \frac{\partial \ln \vartheta_2}{\partial z_0}\right],$$

$$\int_0^z \frac{-\frac{1}{k'^2}\,d\bar{z}}{\mathrm{nd}^2(\bar{z},k) - \mathrm{nd}^2(z_0,k)} = \int_0^z \frac{-\frac{1}{k^2 k'^2}\,d\bar{z}}{\mathrm{sd}^2(\bar{z},k) - \mathrm{sd}^2(z_0,k)} = \int_0^z \frac{\frac{1}{k^2}\,d\bar{z}}{\mathrm{cd}^2(\bar{z},k) - \mathrm{cd}^2(z_0,k)}$$
$$= \frac{1}{\wp_3'(z_0,k)} \left[\ln \frac{\vartheta_1(\zeta-\zeta_0,\varkappa)}{\vartheta_1(\zeta+\zeta_0,\varkappa)} + 2z \frac{\partial \ln \vartheta_3}{\partial z_0}\right],$$

$$\int_0^z \frac{-d\bar{z}}{\mathrm{dn}^2(\bar{z},k) - \mathrm{dn}^2(z_0,k)} = \int_0^z \frac{-\frac{1}{k^2}\,d\bar{z}}{\mathrm{cn}^2(\bar{z},k) - \mathrm{cn}^2(z_0,k)} = \int_0^z \frac{\frac{1}{k^2}\,d\bar{z}}{\mathrm{sn}^2(\bar{z},k) - \mathrm{sn}^2(z_0,k)}$$
$$= \frac{1}{\wp_4'(z_0,k)} \left[\ln \frac{\vartheta_1(\zeta-\zeta_0,\varkappa)}{\vartheta_1(\zeta+\zeta_0,\varkappa)} + 2z \frac{\partial \ln \vartheta_4}{\partial z_0}\right],$$

$$\int_0^z \frac{\frac{1}{k'^2}\,d\bar{z}}{\mathrm{sc}^2(\bar{z},k) - \frac{1}{k'^2}\,\mathrm{cs}^2(z_0,k)} = \int_0^z \frac{\frac{1}{k'^2}\,d\bar{z}}{\mathrm{nc}^2(\bar{z},k) - \frac{1}{k'^2}\,\mathrm{ds}^2(z_0,k)} = \int_0^z \frac{d\bar{z}}{\mathrm{dc}^2(\bar{z},k) - \mathrm{ns}^2(z_0,k)}$$
$$= \frac{1}{\wp_1'(z_0,k)} \left[\ln \frac{\vartheta_2(\zeta-\zeta_0,\varkappa)}{\vartheta_2(\zeta+\zeta_0,\varkappa)} + 2z \frac{\partial \ln \vartheta_1}{\partial z_0}\right],$$

$$\int_0^z \frac{d\bar{z}}{\mathrm{cs}^2(\bar{z},k) - k'^2\,\mathrm{sc}^2(z_0,k)} = \int_0^z \frac{d\bar{z}}{\mathrm{ds}^2(\bar{z},k) - k'^2\,\mathrm{nc}^2(z_0,k)} = \int_0^z \frac{d\bar{z}}{\mathrm{ns}^2(\bar{z},k) - \mathrm{dc}^2(z_0,k)}$$
$$= \frac{1}{\wp_2'(z_0,k)} \left[\ln \frac{\vartheta_2(\zeta-\zeta_0,\varkappa)}{\vartheta_2(\zeta+\zeta_0,\varkappa)} + 2z \frac{\partial \ln \vartheta_2}{\partial z_0}\right],$$

$$\int_0^z \frac{-d\bar z}{\mathrm{dn}^2(\bar z, k) - k'^2\,\mathrm{nd}^2(z_0, k)} = \int_0^z \frac{-\frac{1}{k^2}\,d\bar z}{\mathrm{cn}^2(\bar z, k) - k'^2\,\mathrm{sd}^2(z_0, k)} = \int_0^z \frac{\frac{1}{k^2}\,d\bar z}{\mathrm{sn}^2(\bar z, k) - \mathrm{cd}^2(z_0, k)}$$
$$= \frac{1}{\wp_3'(z_0, k)}\left[\ln\frac{\vartheta_2(\zeta - \zeta_0, \varkappa)}{\vartheta_2(\zeta + \zeta_0, \varkappa)} + 2z\frac{\partial \ln \vartheta_3}{\partial z_0}\right],$$

$$\int_0^z \frac{-\frac{1}{k'^2}\,d\bar z}{\mathrm{nd}^2(\bar z, k) - \frac{1}{k'^2}\,\mathrm{dn}^2(z_0, k)} = \int_0^z \frac{-\frac{1}{k^2 k'^2}\,d\bar z}{\mathrm{sd}^2(\bar z, k) - \frac{1}{k'^2}\,\mathrm{cn}^2(z_0, k)} = \int_0^z \frac{\frac{1}{k^2}\,d\bar z}{\mathrm{cd}^2(\bar z, k) - \mathrm{sn}^2(z_0, k)}$$
$$= \frac{1}{\wp_4'(z_0, k)}\left[\ln\frac{\vartheta_2(\zeta - \zeta_0, \varkappa)}{\vartheta_2(\zeta + \zeta_0, \varkappa)} + 2z\frac{\partial \ln \vartheta_4}{\partial z_0}\right],$$

$$\int_0^z \frac{-\frac{1}{k'^2}\,d\bar z}{\mathrm{nd}^2(\bar z, k) + \frac{1}{k'^2}\,\mathrm{cs}^2(z_0, k)} = \int_0^z \frac{-\frac{1}{k^2 k'^2}\,d\bar z}{\mathrm{sd}^2(\bar z, k) + \frac{1}{k^2 k'^2}\,\mathrm{ds}^2(z_0, k)} = \int_0^z \frac{\frac{1}{k^2}\,d\bar z}{\mathrm{cd}^2(\bar z, k) - \frac{1}{k^2}\,\mathrm{ns}^2(z_0, k)}$$
$$= \frac{1}{\wp_1'(z_0, k)}\left[\ln\frac{\vartheta_3(\zeta - \zeta_0, \varkappa)}{\vartheta_3(\zeta + \zeta_0, \varkappa)} + 2z\frac{\partial \ln \vartheta_1}{\partial z_0}\right],$$

$$\int_0^z \frac{-d\bar z}{\mathrm{dn}^2(\bar z, k) + k'^2\,\mathrm{sc}^2(z_0, k)} = \int_0^z \frac{-\frac{1}{k^2}\,d\bar z}{\mathrm{cn}^2(\bar z, k) + \frac{k'^2}{k^2}\,\mathrm{nc}^2(z_0, k)} = \int_0^z \frac{\frac{1}{k^2}\,d\bar z}{\mathrm{sn}^2(\bar z, k) - \frac{1}{k^2}\,\mathrm{dc}^2(z_0, k)}$$
$$= \frac{1}{\wp_2'(z_0, k)}\left[\ln\frac{\vartheta_3(\zeta - \zeta_0, \varkappa)}{\vartheta_3(\zeta + \zeta_0, \varkappa)} + 2z\frac{\partial \ln \vartheta_2}{\partial z_0}\right],$$

$$\int_0^z \frac{d\bar z}{\mathrm{cs}^2(\bar z, k) + k'^2\,\mathrm{nd}^2(z_0, k)} = \int_0^z \frac{d\bar z}{\mathrm{ds}^2(\bar z, k) + k^2 k'^2\,\mathrm{sd}^2(z_0, k)} = \int_0^z \frac{d\bar z}{\mathrm{ns}^2(\bar z, k) - k^2\,\mathrm{cd}^2(z_0, k)}$$
$$= \frac{1}{\wp_3'(z_0, k)}\left[\ln\frac{\vartheta_3(\zeta - \zeta_0, \varkappa)}{\vartheta_3(\zeta + \zeta_0, \varkappa)} + 2z\frac{\partial \ln \vartheta_3}{\partial z_0}\right],$$

$$\int_0^z \frac{\frac{1}{k'^2}\,d\bar z}{\mathrm{sc}^2(\bar z, k) + \frac{1}{k'^2}\,\mathrm{dn}^2(z_0, k)} = \int_0^z \frac{\frac{1}{k'^2}\,d\bar z}{\mathrm{nc}^2(\bar z, k) + \frac{k^2}{k'^2}\,\mathrm{cn}^2(z_0, k)} = \int_0^z \frac{d\bar z}{\mathrm{dc}^2(\bar z, k) - k^2\,\mathrm{sn}^2(z_0, k)}$$
$$= \frac{1}{\wp_4'(z_0, k)}\left[\ln\frac{\vartheta_3(\zeta - \zeta_0, \varkappa)}{\vartheta_3(\zeta + \zeta_0, \varkappa)} + 2z\frac{\partial \ln \vartheta_4}{\partial z_0}\right],$$

$$\int_0^z \frac{-d\bar z}{\mathrm{dn}^2(\bar z, k) + \mathrm{cs}^2(z_0, k)} = \int_0^z \frac{-\frac{1}{k^2}\,d\bar z}{\mathrm{cn}^2(\bar z, k) + \frac{1}{k^2}\,\mathrm{ds}^2(z_0, k)} = \int_0^z \frac{\frac{1}{k^2}\,d\bar z}{\mathrm{sn}^2(\bar z, k) - \frac{1}{k^2}\,\mathrm{ns}^2(z_0, k)}$$
$$= \frac{1}{\wp_1'(z_0, k)}\left[\ln\frac{\vartheta_4(\zeta - \zeta_0, \varkappa)}{\vartheta_4(\zeta + \zeta_0, \varkappa)} + 2z\frac{\partial \ln \vartheta_1}{\partial z_0}\right],$$

$$\int_0^z \frac{-\frac{1}{k'^2}\,d\bar z}{\mathrm{nd}^2(\bar z, k) + \mathrm{sc}^2(z_0, k)} = \int_0^z \frac{-\frac{1}{k^2 k'^2}\,d\bar z}{\mathrm{sd}^2(\bar z, k) + \frac{1}{k^2}\,\mathrm{nc}^2(z_0, k)} = \int_0^z \frac{\frac{1}{k^2}\,d\bar z}{\mathrm{cd}^2(\bar z, k) - \frac{1}{k^2}\,\mathrm{dc}^2(z_0, k)}$$
$$= \frac{1}{\wp_2'(z_0, k)}\left[\ln\frac{\vartheta_4(\zeta - \zeta_0, \varkappa)}{\vartheta_4(\zeta + \zeta_0, \varkappa)} + 2z\frac{\partial \ln \vartheta_2}{\partial z_0}\right],$$

$$\int_0^z \frac{\frac{1}{k'^2}\,d\bar z}{\mathrm{sc}^2(\bar z, k) + \mathrm{nd}^2(z_0, k)} = \int_0^z \frac{\frac{1}{k'^2}\,d\bar z}{\mathrm{nc}^2(\bar z, k) + k^2\,\mathrm{sd}^2(z_0, k)} = \int_0^z \frac{d\bar z}{\mathrm{dc}^2(\bar z, k) - k^2\,\mathrm{cd}^2(z_0, k)}$$
$$= \frac{1}{\wp_3'(z_0, k)}\left[\ln\frac{\vartheta_4(\zeta - \zeta_0, \varkappa)}{\vartheta_4(\zeta + \zeta_0, \varkappa)} + 2z\frac{\partial \ln \vartheta_3}{\partial z_0}\right],$$

$$\int_0^z \frac{d\bar z}{\mathrm{cs}^2(\bar z, k) + \mathrm{dn}^2(z_0, k)} = \int_0^z \frac{d\bar z}{\mathrm{ds}^2(\bar z, k) + k^2\,\mathrm{cn}^2(z_0, k)} = \int_0^z \frac{d\bar z}{\mathrm{ns}^2(\bar z, k) - k^2\,\mathrm{sn}^2(z_0, k)}$$
$$= \frac{1}{\wp_4'(z_0, k)}\left[\ln\frac{\vartheta_4(\zeta - \zeta_0, \varkappa)}{\vartheta_4(\zeta + \zeta_0, \varkappa)} + 2z\frac{\partial \ln \vartheta_4}{\partial z_0}\right]. \tag{961}$$

Zu den 48 kreisförmigen Integralen gelangt man, wenn in (961) z_0 mit $i\,z_0$ vertauscht wird und man die Gln. (568), (824), (949) sowie die aus (177) für $\zeta = 0$ folgende Beziehung

$$\lim_{z \to 0} \ln \frac{\vartheta_1(z - i\,z_0,\,k)}{\vartheta_1(z + i\,z_0,\,k)} = \ln \vartheta_1(-i\,z_0,\,k) - \ln \vartheta_1(i\,z_0,\,k) = -\pi\,i$$

beachtet. Die Integrale, bezüglich deren numerischer Auswertung auf die für $\zeta = z/K$, $\zeta_0 = z_0/K$, $\varkappa = K'/K$ anzusetzenden Gln. (177) und (178) verwiesen werden kann, gestalten sich wie folgt:

$$\int_0^z \frac{d\bar z}{\mathrm{cs}^2(\bar z,\,k) + \mathrm{ns}^2(z_0,\,k')} = \int_0^z \frac{d\bar z}{\mathrm{ds}^2(\bar z,\,k) + \mathrm{ds}^2(z_0,\,k')} = \int_0^z \frac{d\bar z}{\mathrm{ns}^2(\bar z,\,k) + \mathrm{cs}^2(z_0,\,k')}$$
$$= \frac{1}{\wp_1'(z_0,\,k')}\left[\frac{1}{i}\ln\frac{\vartheta_1(\zeta - i\,\zeta_0,\,\varkappa)}{\vartheta_1(\zeta + i\,\zeta_0,\,\varkappa)} - \frac{\pi\,z\,z_0}{K\,K'} - 2z\,\frac{\partial \ln \vartheta_1(z_0,\,k')}{\partial z_0} + \pi\right],$$

$$\int_0^z \frac{\frac{1}{k'^2}\,d\bar z}{\mathrm{sc}^2(\bar z,\,k) + \mathrm{sn}^2(z_0,\,k')} = \int_0^z \frac{\frac{1}{k'^2}\,d\bar z}{\mathrm{nc}^2(\bar z,\,k) - \mathrm{cn}^2(z_0,\,k')} = \int_0^z \frac{d\bar z}{\mathrm{dc}^2(\bar z,\,k) - \mathrm{dn}^2(z_0,\,k')}$$
$$= \frac{1}{\wp_4'(z_0,\,k')}\left[\frac{1}{i}\ln\frac{\vartheta_1(\zeta - i\,\zeta_0,\,\varkappa)}{\vartheta_1(\zeta + i\,\zeta_0,\,\varkappa)} - \frac{\pi\,z\,z_0}{K\,K'} - 2z\,\frac{\partial \ln \vartheta_4(z_0,\,k')}{\partial z_0} + \pi\right],$$

$$\int_0^z \frac{-\frac{1}{k'^2}\,d\bar z}{\mathrm{nd}^2(\bar z,\,k) - \mathrm{cd}^2(z_0,\,k')} = \int_0^z \frac{-\frac{1}{k^2\,k'^2}\,d\bar z}{\mathrm{sd}^2(\bar z,\,k) + \mathrm{sd}^2(z_0,\,k')} = \int_0^z \frac{\frac{1}{k^2}\,d\bar z}{\mathrm{cd}^2(\bar z,\,k) - \mathrm{nd}^2(z_0,\,k')}$$
$$= \frac{1}{\wp_3'(z_0,\,k')}\left[\frac{1}{i}\ln\frac{\vartheta_1(\zeta - i\,\zeta_0,\,\varkappa)}{\vartheta_1(\zeta + i\,\zeta_0,\,\varkappa)} - \frac{\pi\,z\,z_0}{K\,K'} - 2z\,\frac{\partial \ln \vartheta_3(z_0,\,k')}{\partial z_0} + \pi\right],$$

$$\int_0^z \frac{-d\bar z}{\mathrm{dn}^2(\bar z,\,k) - \mathrm{dc}^2(z_0,\,k')} = \int_0^z \frac{-\frac{1}{k^2}\,d\bar z}{\mathrm{cn}^2(\bar z,\,k) - \mathrm{nc}^2(z_0,\,k')} = \int_0^z \frac{\frac{1}{k^2}\,d\bar z}{\mathrm{sn}^2(\bar z,\,k) + \mathrm{sc}^2(z_0,\,k')}$$
$$= \frac{1}{\wp_2'(z_0,\,k')}\left[\frac{1}{i}\ln\frac{\vartheta_1(\zeta - i\,\zeta_0,\,\varkappa)}{\vartheta_1(\zeta + i\,\zeta_0,\,\varkappa)} - \frac{\pi\,z\,z_0}{K\,K'} - 2z\,\frac{\partial \ln \vartheta_2(z_0,\,k')}{\partial z_0} + \pi\right],$$

$$\int_0^z \frac{\frac{1}{k'^2}\,d\bar z}{\mathrm{sc}^2(\bar z,\,k) + \frac{1}{k'^2}\,\mathrm{ns}^2(z_0,\,k')} = \int_0^z \frac{\frac{1}{k'^2}\,d\bar z}{\mathrm{nc}^2(\bar z,\,k) + \frac{1}{k'^2}\,\mathrm{ds}^2(z_0,\,k')} = \int_0^z \frac{d\bar z}{\mathrm{dc}^2(\bar z,\,k) + \mathrm{cs}^2(z_0,\,k')}$$
$$= \frac{1}{\wp_1'(z_0,\,k')}\left[\frac{1}{i}\ln\frac{\vartheta_2(\zeta - i\,\zeta_0,\,\varkappa)}{\vartheta_2(\zeta + i\,\zeta_0,\,\varkappa)} - \frac{\pi\,z\,z_0}{K\,K'} - 2z\,\frac{\partial \ln \vartheta_1(z_0,\,k')}{\partial z_0}\right],$$

$$\int_0^z \frac{d\bar z}{\mathrm{cs}^2(\bar z,\,k) + k'^2\,\mathrm{sn}^2(z_0,\,k')} = \int_0^z \frac{d\bar z}{\mathrm{ds}^2(\bar z,\,k) - k'^2\,\mathrm{cn}^2(z_0,\,k')} = \int_0^z \frac{d\bar z}{\mathrm{ns}^2(\bar z,\,k) - \mathrm{dn}^2(z_0,\,k')}$$
$$= \frac{1}{\wp_4'(z_0,\,k')}\left[\frac{1}{i}\ln\frac{\vartheta_2(\zeta - i\,\zeta_0,\,\varkappa)}{\vartheta_2(\zeta + i\,\zeta_0,\,\varkappa)} - \frac{\pi\,z\,z_0}{K\,K'} - 2z\,\frac{\partial \ln \vartheta_4(z_0,\,k')}{\partial z_0}\right],$$

$$\int_0^z \frac{-d\bar z}{\mathrm{dn}^2(\bar z,\,k) - k'^2\,\mathrm{cd}^2(z_0,\,k')} = \int_0^z \frac{-\frac{1}{k^2}\,d\bar z}{\mathrm{cn}^2(\bar z,\,k) + k'^2\,\mathrm{sd}^2(z_0,\,k')} = \int_0^z \frac{\frac{1}{k^2}\,d\bar z}{\mathrm{sn}^2(\bar z,\,k) - \mathrm{nd}^2(z_0,\,k')}$$
$$= \frac{1}{\wp_3'(z_0,\,k')}\left[\frac{1}{i}\ln\frac{\vartheta_2(\zeta - i\,\zeta_0,\,\varkappa)}{\vartheta_2(\zeta + i\,\zeta_0,\,\varkappa)} - \frac{\pi\,z\,z_0}{K\,K'} - 2z\,\frac{\partial \ln \vartheta_3(z_0,\,k')}{\partial z_0}\right],$$

$$\int_0^z \frac{-\frac{1}{k'^2}\,d\bar z}{\mathrm{nd}^2(\bar z,\,k) - \frac{1}{k'^2}\,\mathrm{dc}^2(z_0,\,k')} = \int_0^z \frac{-\frac{1}{k^2\,k'^2}\,d\bar z}{\mathrm{sd}^2(\bar z,\,k) - \frac{1}{k'^2}\,\mathrm{nc}^2(z_0,\,k')} = \int_0^z \frac{\frac{1}{k^2}\,d\bar z}{\mathrm{cd}^2(\bar z,\,k) + \mathrm{sc}^2(z_0,\,k')}$$
$$= \frac{1}{\wp_2'(z_0,\,k')}\left[\frac{1}{i}\ln\frac{\vartheta_2(\zeta - i\,\zeta_0,\,\varkappa)}{\vartheta_2(\zeta + i\,\zeta_0,\,\varkappa)} - \frac{\pi\,z\,z_0}{K\,K'} - 2z\,\frac{\partial \ln \vartheta_2(z_0,\,k')}{\partial z_0}\right],$$

$$\left.\begin{aligned}
&\int_0^z \frac{-\frac{1}{k'^2}\,d\bar z}{\operatorname{nd}^2(\bar z,k)-\frac{1}{k'^2}\operatorname{ns}^2(z_0,k')}=\int_0^z \frac{-\frac{1}{k^2k'^2}\,d\bar z}{\operatorname{sd}^2(\bar z,k)-\frac{1}{k^2k'^2}\operatorname{ds}^2(z_0,k')}=\int_0^z \frac{\frac{1}{k^2}\,d\bar z}{\operatorname{cd}^2(\bar z,k)+\frac{1}{k^2}\operatorname{cs}^2(z_0,k')}\\
&\qquad=\frac{1}{\wp_1'(z_0,k')}\left[\frac{1}{i}\ln\frac{\vartheta_3(\zeta-i\zeta_0,\varkappa)}{\vartheta_3(\zeta+i\zeta_0,\varkappa)}-\frac{\pi z z_0}{KK'}-2z\frac{\partial\ln\vartheta_1(z_0,k')}{\partial z_0}\right],\\
&\int_0^z \frac{-d\bar z}{\operatorname{dn}^2(\bar z,k)-k'^2\operatorname{sn}^2(z_0,k')}=\int_0^z \frac{-\frac{1}{k^2}\,d\bar z}{\operatorname{cn}^2(\bar z,k)+\frac{k'^2}{k^2}\operatorname{cn}^2(z_0,k')}=\int_0^z \frac{\frac{1}{k^2}\,d\bar z}{\operatorname{sn}^2(\bar z,k)-\frac{1}{k^2}\operatorname{dn}^2(z_0,k')}\\
&\qquad=\frac{1}{\wp_4'(z_0,k')}\left[\frac{1}{i}\ln\frac{\vartheta_3(\zeta-i\zeta_0,\varkappa)}{\vartheta_3(\zeta+i\zeta_0,\varkappa)}-\frac{\pi z z_0}{KK'}-2z\frac{\partial\ln\vartheta_4(z_0,k')}{\partial z_0}\right],\\
&\int_0^z \frac{d\bar z}{\operatorname{cs}^2(\bar z,k)+k'^2\operatorname{cd}^2(z_0,k')}=\int_0^z \frac{d\bar z}{\operatorname{ds}^2(\bar z,k)-k^2k'^2\operatorname{sd}^2(z_0,k')}=\int_0^z \frac{d\bar z}{\operatorname{ns}^2(\bar z,k)-k^2\operatorname{nd}^2(z_0,k')}\\
&\qquad=\frac{1}{\wp_3'(z_0,k')}\left[\frac{1}{i}\ln\frac{\vartheta_3(\zeta-i\zeta_0,\varkappa)}{\vartheta_3(\zeta+i\zeta_0,\varkappa)}-\frac{\pi z z_0}{KK'}-2z\frac{\partial\ln\vartheta_3(z_0,k')}{\partial z_0}\right],\\
&\int_0^z \frac{\frac{1}{k'^2}\,d\bar z}{\operatorname{sc}^2(\bar z,k)+\frac{1}{k'^2}\operatorname{dc}^2(z_0,k')}=\int_0^z \frac{\frac{1}{k'^2}\,d\bar z}{\operatorname{nc}^2(\bar z,k)+\frac{k^2}{k'^2}\operatorname{nc}^2(z_0,k')}=\int_0^z \frac{d\bar z}{\operatorname{dc}^2(\bar z,k)+k^2\operatorname{sc}^2(z_0,k')}\\
&\qquad=\frac{1}{\wp_2'(z_0,k')}\left[\frac{1}{i}\ln\frac{\vartheta_3(\zeta-i\zeta_0,\varkappa)}{\vartheta_3(\zeta+i\zeta_0,\varkappa)}-\frac{\pi z z_0}{KK'}-2z\frac{\partial\ln\vartheta_2(z_0,k')}{\partial z_0}\right],\\
&\int_0^z \frac{-d\bar z}{\operatorname{dn}^2(\bar z,k)-\operatorname{ns}^2(z_0,k')}=\int_0^z \frac{-\frac{1}{k^2}\,d\bar z}{\operatorname{cn}^2(\bar z,k)-\frac{1}{k^2}\operatorname{ds}^2(z_0,k')}=\int_0^z \frac{\frac{1}{k^2}\,d\bar z}{\operatorname{sn}^2(\bar z,k)+\frac{1}{k^2}\operatorname{cs}^2(z_0,k')}\\
&\qquad=\frac{1}{\wp_1'(z_0,k')}\left[\frac{1}{i}\ln\frac{\vartheta_4(\zeta-i\zeta_0,\varkappa)}{\vartheta_4(\zeta+i\zeta_0,\varkappa)}-\frac{\pi z z_0}{KK'}-2z\frac{\partial\ln\vartheta_1(z_0,k')}{\partial z_0}\right],\\
&\int_0^z \frac{-\frac{1}{k'^2}\,d\bar z}{\operatorname{nd}^2(\bar z,k)-\operatorname{sn}^2(z_0,k')}=\int_0^z \frac{-\frac{1}{k^2k'^2}\,d\bar z}{\operatorname{sd}^2(\bar z,k)+\frac{1}{k^2}\operatorname{cn}^2(z_0,k')}=\int_0^z \frac{\frac{1}{k^2}\,d\bar z}{\operatorname{cd}^2(\bar z,k)-\frac{1}{k^2}\operatorname{dn}^2(z_0,k')}\\
&\qquad=\frac{1}{\wp_4'(z_0,k')}\left[\frac{1}{i}\ln\frac{\vartheta_4(\zeta-i\zeta_0,\varkappa)}{\vartheta_4(\zeta+i\zeta_0,\varkappa)}-\frac{\pi z z_0}{KK'}-2z\frac{\partial\ln\vartheta_4(z_0,k')}{\partial z_0}\right],\\
&\int_0^z \frac{\frac{1}{k'^2}\,d\bar z}{\operatorname{sc}^2(\bar z,k)+\operatorname{cd}^2(z_0,k')}=\int_0^z \frac{\frac{1}{k'^2}\,d\bar z}{\operatorname{nc}^2(\bar z,k)-k^2\operatorname{sd}^2(z_0,k')}=\int_0^z \frac{d\bar z}{\operatorname{dc}^2(\bar z,k)-k^2\operatorname{nd}^2(z_0,k')}\\
&\qquad=\frac{1}{\wp_3'(z_0,k')}\left[\frac{1}{i}\ln\frac{\vartheta_4(\zeta-i\zeta_0,\varkappa)}{\vartheta_4(\zeta+i\zeta_0,\varkappa)}-\frac{\pi z z_0}{KK'}-2z\frac{\partial\ln\vartheta_3(z_0,k')}{\partial z_0}\right],\\
&\int_0^z \frac{d\bar z}{\operatorname{cs}^2(\bar z,k)+\operatorname{dc}^2(z_0,k')}=\int_0^z \frac{d\bar z}{\operatorname{ds}^2(\bar z,k)+k^2\operatorname{nc}^2(z_0,k')}=\int_0^z \frac{d\bar z}{\operatorname{ns}^2(\bar z,k)+k^2\operatorname{sc}^2(z_0,k')}\\
&\qquad=\frac{1}{\wp_2'(z_0,k')}\left[\frac{1}{i}\ln\frac{\vartheta_4(\zeta-i\zeta_0,\varkappa)}{\vartheta_4(\zeta+i\zeta_0,\varkappa)}-\frac{\pi z z_0}{KK'}-2z\frac{\partial\ln\vartheta_2(z_0,k')}{\partial z_0}\right].
\end{aligned}\right\}\quad(962)$$

134. Die 8 zu den logarithmischen Ableitungen der Jacobischen elliptischen Funktionen gehörigen Normalintegrale dritter Gattung

Werden die zwei unteren der Gln. (742), nachdem die Brüche auf den rechten Seiten mit Hilfe der zweiten und vierten der Gln. (771) auf logarithmische Ableitungen JACOBIscher elliptischer Funktionen umgeschrieben worden sind, unter Bezugnahme auf das (z, k)-System zwischen $z = 0$ und $z = 2K\zeta$ integriert, so erhält man acht Integrale, bezüglich deren numerischer Auswertung auf (177) und (178) verwiesen werden kann. Zunächst ergibt sich:

$$\left.\begin{aligned}
\int_0^z \frac{d\bar{z}}{\overline{\mathrm{sd}}^2(\bar{z},k)-\overline{\mathrm{sd}}^2(z_0,k)} &= \frac{1}{\wp_5'(z_0,k)}\left[\ln\frac{\vartheta_5(\zeta-\zeta_0,\varkappa)}{\vartheta_5(\zeta+\zeta_0,\varkappa)}+2z\frac{\partial}{\partial z_0}\ln\vartheta_5(z_0,k)\right],\\
\int_0^z \frac{d\bar{z}}{\overline{\mathrm{nc}}^2(\bar{z},k)-\overline{\mathrm{nc}}^2(z_0,k)} &= \frac{1}{\wp_6'(z_0,k)}\left[\ln\frac{\vartheta_5(\zeta-\zeta_0,\varkappa)}{\vartheta_5(\zeta+\zeta_0,\varkappa)}+2z\frac{\partial}{\partial z_0}\ln\vartheta_6(z_0,k)\right],\\
\int_0^z \frac{d\bar{z}}{\overline{\mathrm{sd}}^2(\bar{z},k)-\overline{\mathrm{nc}}^2(z_0,k)} &= \frac{1}{\wp_6'(z_0,k)}\left[\ln\frac{\vartheta_6(\zeta-\zeta_0,\varkappa)}{\vartheta_6(\zeta+\zeta_0,\varkappa)}+2z\frac{\partial}{\partial z_0}\ln\vartheta_6(z_0,k)\right],\\
\int_0^z \frac{d\bar{z}}{\overline{\mathrm{nc}}^2(\bar{z},k)-\overline{\mathrm{sd}}^2(z_0,k)} &= \frac{1}{\wp_5'(z_0,k)}\left[\ln\frac{\vartheta_6(\zeta-\zeta_0,\varkappa)}{\vartheta_6(\zeta+\zeta_0,\varkappa)}+2z\frac{\partial}{\partial z_0}\ln\vartheta_5(z_0,k)\right].
\end{aligned}\right\}\quad(963)$$

Wird in (963) z_0 mit $i\,z_0$ vertauscht, so folgt mit dem gleichen Grenzübergang wie im Anschluß an (961) in Verbindung mit (568), (825) und (949)

$$\left.\begin{aligned}
\int_0^z \frac{d\bar{z}}{\overline{\mathrm{sd}}^2(\bar{z},k)+\overline{\mathrm{sd}}^2(z_0,k')} &= \frac{1}{\wp_5'(z_0,k')}\left[\frac{1}{i}\ln\frac{\vartheta_5(\zeta-i\zeta_0,\varkappa)}{\vartheta_5(\zeta+i\zeta_0,\varkappa)}-\frac{2\pi z z_0}{KK'}-2z\frac{\partial}{\partial z_0}\ln\vartheta_5(z_0,k')+\pi\right],\\
\int_0^z \frac{d\bar{z}}{\overline{\mathrm{nc}}^2(\bar{z},k)+\overline{\mathrm{nc}}^2(z_0,k')} &= \frac{1}{\wp_6'(z_0,k')}\left[\frac{1}{i}\ln\frac{\vartheta_5(\zeta-i\zeta_0,\varkappa)}{\vartheta_5(\zeta+i\zeta_0,\varkappa)}-\frac{2\pi z z_0}{KK'}-2z\frac{\partial}{\partial z_0}\ln\vartheta_6(z_0,k')+\pi\right],\\
\int_0^z \frac{d\bar{z}}{\overline{\mathrm{sd}}^2(\bar{z},k)+\overline{\mathrm{nc}}^2(z_0,k')} &= \frac{1}{\wp_6'(z_0,k')}\left[\frac{1}{i}\ln\frac{\vartheta_6(\zeta-i\zeta_0,\varkappa)}{\vartheta_6(\zeta+i\zeta_0,\varkappa)}-\frac{2\pi z z_0}{KK'}-2z\frac{\partial}{\partial z_0}\ln\vartheta_6(z_0,k')\right],\\
\int_0^z \frac{d\bar{z}}{\overline{\mathrm{nc}}^2(\bar{z},k)+\overline{\mathrm{sd}}^2(z_0,k')} &= \frac{1}{\wp_5'(z_0,k')}\left[\frac{1}{i}\ln\frac{\vartheta_6(\zeta-i\zeta_0,\varkappa)}{\vartheta_6(\zeta+i\zeta_0,\varkappa)}-\frac{2\pi z z_0}{KK'}-2z\frac{\partial}{\partial z_0}\ln\vartheta_5(z_0,k')\right].
\end{aligned}\right\}\quad(964)$$

135. 48 Quotientenintegrale und 48 spezielle Normalintegrale dritter Gattung in der Jacobischen Form

Durch Integration der ersten und vierten Gleichung der rechten Gruppe der Gln. (832) ergibt sich, wenn gleichzeitig die aus (357) folgende Transformationskette

$$dz(\varkappa) = d\,(2K(\varkappa)\,\zeta) = d\left(\frac{2K\left(\frac{\varkappa}{2}\right)}{1+k}\,\zeta\right) = \frac{1}{1+k}\,d\left(2K\left(\frac{\varkappa}{2}\right)\zeta\right) = \frac{1}{1+k}\,dz\left(\frac{\varkappa}{2}\right)$$

für $z = 2K\zeta$ beachtet wird,

$$\int_z^K \frac{1+k\,\mathrm{sn}^2(\bar{z},k)}{1-k\,\mathrm{sn}^2(\bar{z},k)}\,d\bar{z} = \int_z^K \frac{\mathrm{nd}\left(\zeta,\frac{\varkappa}{2}\right)}{1+k}\,d\bar{z}\left(\frac{\varkappa}{2}\right) \quad\text{und}\quad \int_z^K \frac{1-k\,\mathrm{sn}^2(\bar{z},k)}{1+k\,\mathrm{sn}^2(\bar{z},k)}\,d\bar{z} = \int_z^K \frac{\mathrm{dn}\left(\zeta,\frac{\varkappa}{2}\right)}{1+k}\,d\bar{z}\left(\frac{\varkappa}{2}\right)$$

und bei Berücksichtigung von (284) und (878)

$$\int_z^K \frac{1+k\,\mathrm{sn}^2(\bar{z},k)}{1-k\,\mathrm{sn}^2(\bar{z},k)}\,d\bar{z} = \frac{1}{1-k}\arctan\frac{(1+k)\,\mathrm{cs}\left(\zeta,\frac{\varkappa}{2}\right)}{1-k} \quad\text{und}\quad \int_z^K \frac{1-k\,\mathrm{sn}^2(\bar{z},k)}{1+k\,\mathrm{sn}^2(\bar{z},k)}\,d\bar{z} = \frac{1}{1+k}\arctan\mathrm{cs}\left(\zeta,\frac{\varkappa}{2}\right).$$

Hierin kann nun nach der dritten der Gln. (768)

$$\operatorname{cs}\left(\zeta, \frac{\varkappa}{2}\right) = \frac{1}{1+k}\,\overline{\operatorname{sn}}(z, k)$$

gesetzt werden, und man erhält in Zusammenfassung beider Integrale

$$\int_z^K \frac{1 \pm k \operatorname{sn}^2(\bar z, k)}{1 \mp k \operatorname{sn}^2(\bar z, k)}\,d\bar z = \int_K^z \frac{1 \pm \frac{1}{k}\operatorname{ns}^2(\bar z, k)}{1 \mp \frac{1}{k}\operatorname{ns}^2(\bar z, k)}\,d\bar z = \frac{1}{1 \mp k}\operatorname{arc\,tan}\frac{\overline{\operatorname{sn}}(z, k)}{1 \mp k}. \tag{965}$$

Nach der ersten und vierten Gleichung der rechten Gruppe der Gln. (832) ist

$$\frac{1 \mp k \operatorname{cd}^2(z, k)}{1 \pm k \operatorname{cd}^2(z, k)} = \frac{1 \mp k}{1 \pm k}\,\frac{1 \pm k \operatorname{sn}^2(z, k)}{1 \mp k \operatorname{sn}^2(z, k)}.$$

Wird daher (965) mit $(1 \mp k)/(1 \pm k)$ multipliziert, so folgt

$$\int_z^K \frac{1 \mp k \operatorname{cd}^2(\bar z, k)}{1 \pm k \operatorname{cd}^2(\bar z, k)}\,d\bar z = \int_K^z \frac{1 \mp \frac{1}{k}\operatorname{dc}^2(\bar z, k)}{1 \pm \frac{1}{k}\operatorname{dc}^2(\bar z, k)}\,d\bar z = \frac{1}{1 \pm k}\operatorname{arc\,tan}\frac{\overline{\operatorname{sn}}(z, k)}{1 \mp k}. \tag{966}$$

Die acht Integrale von (965) und (966) lassen sich bei Heranziehung der Funktionalgleichungen (770) auf 24 Integrale ausweiten. Wird der Integrationsbereich dabei einheitlich auf z bis K erstreckt und jede der Integralbeziehungen (965) und (966) in vier Einzelbeziehungen aufgespalten, so ergibt sich:

$$\left.\begin{aligned}
&\int_z^K \frac{1+k+\operatorname{cs}^2(\bar z,k)}{1-k+\operatorname{cs}^2(\bar z,k)}\,d\bar z = \int_z^K \frac{k(1+k)+\operatorname{ds}^2(\bar z,k)}{-k(1-k)+\operatorname{ds}^2(\bar z,k)}\,d\bar z = \int_z^K \frac{k+\operatorname{ns}^2(\bar z,k)}{-k+\operatorname{ns}^2(\bar z,k)}\,d\bar z = \frac{1}{1-k}\operatorname{arc\,tan}\frac{\overline{\operatorname{sn}}(z,k)}{1-k},\\
&\int_z^K \frac{1-k+\operatorname{cs}^2(\bar z,k)}{1+k+\operatorname{cs}^2(\bar z,k)}\,d\bar z = \int_z^K \frac{-k(1-k)+\operatorname{ds}^2(\bar z,k)}{k(1+k)+\operatorname{ds}^2(\bar z,k)}\,d\bar z = \int_z^K \frac{-k+\operatorname{ns}^2(\bar z,k)}{k+\operatorname{ns}^2(\bar z,k)}\,d\bar z = \frac{1}{1+k}\operatorname{arc\,tan}\frac{\overline{\operatorname{sn}}(z,k)}{1+k},\\
&\int_z^K \frac{1+k+k'^2\operatorname{sc}^2(\bar z,k)}{1-k+k'^2\operatorname{sc}^2(\bar z,k)}\,d\bar z = \int_z^K \frac{k(1+k)+k'^2\operatorname{nc}^2(\bar z,k)}{-k(1-k)+k'^2\operatorname{nc}^2(\bar z,k)}\,d\bar z = \int_z^K \frac{k+\operatorname{dc}^2(\bar z,k)}{-k+\operatorname{dc}^2(\bar z,k)}\,d\bar z = \frac{1}{1-k}\operatorname{arc\,tan}\frac{\overline{\operatorname{sn}}(z,k)}{1+k},\\
&\int_z^K \frac{1-k+k'^2\operatorname{sc}^2(\bar z,k)}{1+k+k'^2\operatorname{sc}^2(\bar z,k)}\,d\bar z = \int_z^K \frac{-k(1-k)+k'^2\operatorname{nc}^2(\bar z,k)}{k(1+k)+k'^2\operatorname{nc}^2(\bar z,k)}\,d\bar z = \int_z^K \frac{-k+\operatorname{dc}^2(\bar z,k)}{k+\operatorname{dc}^2(\bar z,k)}\,d\bar z = \frac{1}{1+k}\operatorname{arc\,tan}\frac{\overline{\operatorname{sn}}(z,k)}{1-k},\\
&\int_z^K \frac{1+k-k'^2\operatorname{nd}^2(\bar z,k)}{-1+k+k'^2\operatorname{nd}^2(\bar z,k)}\,d\bar z = \int_z^K \frac{1+k-k\,k'^2\operatorname{sd}^2(\bar z,k)}{1-k+k\,k'^2\operatorname{sd}^2(\bar z,k)}\,d\bar z = \int_z^K \frac{1+k\operatorname{cd}^2(\bar z,k)}{1-k\operatorname{cd}^2(\bar z,k)}\,d\bar z = \frac{1}{1-k}\operatorname{arc\,tan}\frac{\overline{\operatorname{sn}}(z,k)}{1+k},\\
&\int_z^K \frac{-1+k+k'^2\operatorname{nd}^2(\bar z,k)}{1+k-k'^2\operatorname{nd}^2(\bar z,k)}\,d\bar z = \int_z^K \frac{1-k+k\,k'^2\operatorname{sd}^2(\bar z,k)}{1+k-k\,k'^2\operatorname{sd}^2(\bar z,k)}\,d\bar z = \int_z^K \frac{1-k\operatorname{cd}^2(\bar z,k)}{1+k\operatorname{cd}^2(\bar z,k)}\,d\bar z = \frac{1}{1+k}\operatorname{arc\,tan}\frac{\overline{\operatorname{sn}}(z,k)}{1-k},\\
&\int_z^K \frac{1+k-\operatorname{dn}^2(\bar z,k)}{-1+k+\operatorname{dn}^2(\bar z,k)}\,d\bar z = \int_z^K \frac{1+k-k\operatorname{cn}^2(\bar z,k)}{1-k+k\operatorname{cn}^2(\bar z,k)}\,d\bar z = \int_z^K \frac{1+k\operatorname{sn}^2(\bar z,k)}{1-k\operatorname{sn}^2(\bar z,k)}\,d\bar z = \frac{1}{1-k}\operatorname{arc\,tan}\frac{\overline{\operatorname{sn}}(z,k)}{1-k},\\
&\int_z^K \frac{-1+k+\operatorname{dn}^2(\bar z,k)}{1+k-\operatorname{dn}^2(\bar z,k)}\,d\bar z = \int_z^K \frac{1-k+k\operatorname{cn}^2(\bar z,k)}{1+k-k\operatorname{cn}^2(\bar z,k)}\,d\bar z = \int_z^K \frac{1-k\operatorname{sn}^2(\bar z,k)}{1+k\operatorname{sn}^2(\bar z,k)}\,d\bar z = \frac{1}{1+k}\operatorname{arc\,tan}\frac{\overline{\operatorname{sn}}(z,k)}{1+k}.
\end{aligned}\right\} \tag{967}$$

Zu dem Gegenstück der Gln. (967) gelangt man durch Integration der letzten Gleichung der linken Gruppe und der dritten Gleichung der rechten Gruppe der Gln. (835) bei Beachtung der aus (357) folgenden Transformationskette

$$dz(\varkappa) = d(2K(\varkappa)\,\zeta) = \frac{2}{1+k'}\,d(2K(2\varkappa)\,\zeta) = \frac{1}{1+k'}\,d(2K(2\varkappa)\,2\zeta) = \frac{1}{1+k'}\,d(2z(2\varkappa)).$$

Dies ergibt zunächst

$$\int_0^z \frac{1+k'\,\mathrm{sc}^2(\bar z,k)}{1-k'\,\mathrm{sc}^2(\bar z,k)}\,d\bar z = \frac{1}{1+k'}\int_0^z \mathrm{dc}(2\zeta,2\varkappa)\,d(2\bar z) \quad \text{und} \quad \int_0^z \frac{1-k'\,\mathrm{sc}^2(\bar z,k)}{1+k'\,\mathrm{sc}^2(\bar z,k)}\,d\bar z = \frac{1}{1+k'}\int_0^z \mathrm{cd}(2\zeta,2\varkappa)\,d(2\bar z).$$

Werden hierin (878), (768) und (284) berücksichtigt, so erhält man

$$\int_0^z \frac{1\pm k'\,\mathrm{sc}^2(\bar z,k)}{1\mp k'\,\mathrm{sc}^2(\bar z,k)}\,d\bar z = -\int_0^z \frac{1\pm\frac{1}{k'}\,\mathrm{cs}^2(\bar z,k)}{1\mp\frac{1}{k'}\,\mathrm{cs}^2(\bar z,k)}\,d\bar z = \frac{1}{1\pm k'}\,\mathrm{ar\,tanh}\,\frac{\overline{\mathrm{nd}}(z,k)}{1\mp k}. \tag{968}$$

Nach der sechsten und achten der Gln. (835) ist

$$\frac{1\pm k'\,\mathrm{nd}^2(z,k)}{1\mp k'\,\mathrm{nd}^2(z,k)} = \frac{1\pm k'}{1\mp k'}\,\frac{1\pm k'\,\mathrm{sc}^2(z,k)}{1\mp k'\,\mathrm{sc}^2(z,k)}.$$

Wird daher (968) mit $(1\pm k')/(1\mp k')$ multipliziert, so folgt

$$\int_0^z \frac{1\pm k'\,\mathrm{nd}^2(\bar z,k)}{1\mp k'\,\mathrm{nd}^2(\bar z,k)}\,d\bar z = -\int_0^z \frac{1\pm\frac{1}{k'}\,\mathrm{dn}^2(\bar z,k)}{1\mp\frac{1}{k'}\,\mathrm{dn}^2(\bar z,k)}\,d\bar z = \frac{1}{1\mp k'}\,\mathrm{ar\,tanh}\,\frac{\overline{\mathrm{nd}}(z,k)}{1\mp k'}. \tag{969}$$

In den Gln. (968) und (969) liegt eine zweite Gruppe von Integralbeziehungen vor, die sich bei Heranziehung der Funktionalgleichungen (770) wiederum auf 24 Integrale ausweiten lassen. Der gesamte Satz lautet:

$$\left.\begin{aligned}
&\int_0^z \frac{k'+\mathrm{cs}^2(\bar z,k)}{-k'+\mathrm{cs}^2(\bar z,k)}\,d\bar z = \int_0^z \frac{k'(1-k')+\mathrm{ds}^2(\bar z,k)}{-k'(1+k')+\mathrm{ds}^2(\bar z,k)}\,d\bar z = \int_0^z \frac{1-k'-\mathrm{ns}^2(\bar z,k)}{1+k'-\mathrm{ns}^2(\bar z,k)}\,d\bar z = \frac{1}{1+k'}\,\mathrm{ar\,tanh}\,\frac{\overline{\mathrm{nd}}(z,k)}{1-k'},\\
&\int_0^z \frac{-k'+\mathrm{cs}^2(\bar z,k)}{k'+\mathrm{cs}^2(\bar z,k)}\,d\bar z = \int_0^z \frac{-k'(1+k')+\mathrm{ds}^2(\bar z,k)}{k'(1-k')+\mathrm{ds}^2(\bar z,k)}\,d\bar z = \int_0^z \frac{1+k'-\mathrm{ns}^2(\bar z,k)}{1-k'-\mathrm{ns}^2(\bar z,k)}\,d\bar z = \frac{1}{1-k'}\,\mathrm{ar\,tanh}\,\frac{\overline{\mathrm{nd}}(z,k)}{1+k'},\\
&\int_0^z \frac{1+k'\,\mathrm{sc}^2(\bar z,k)}{1-k'\,\mathrm{sc}^2(\bar z,k)}\,d\bar z = \int_0^z \frac{1-k'+k'\,\mathrm{nc}^2(\bar z,k)}{1+k'-k'\,\mathrm{nc}^2(\bar z,k)}\,d\bar z = \int_0^z \frac{-1+k'+\mathrm{dc}^2(\bar z,k)}{1+k'-\mathrm{dc}^2(\bar z,k)}\,d\bar z = \frac{1}{1+k'}\,\mathrm{ar\,tanh}\,\frac{\overline{\mathrm{nd}}(z,k)}{1-k'},\\
&\int_0^z \frac{1-k'\,\mathrm{sc}^2(\bar z,k)}{1+k'\,\mathrm{sc}^2(\bar z,k)}\,d\bar z = \int_0^z \frac{1+k'-k'\,\mathrm{nc}^2(\bar z,k)}{1-k'+k'\,\mathrm{nc}^2(\bar z,k)}\,d\bar z = \int_0^z \frac{1+k'-\mathrm{dc}^2(\bar z,k)}{-1+k'+\mathrm{dc}^2(\bar z,k)}\,d\bar z = \frac{1}{1-k'}\,\mathrm{ar\,tanh}\,\frac{\overline{\mathrm{nd}}(z,k)}{1+k'},\\
&\int_0^z \frac{1+k'\,\mathrm{nd}^2(\bar z,k)}{1-k'\,\mathrm{nd}^2(\bar z,k)}\,d\bar z = \int_0^z \frac{1+k'+k'k^2\,\mathrm{sd}^2(\bar z,k)}{1-k'-k'k^2\,\mathrm{sd}^2(\bar z,k)}\,d\bar z = \int_0^z \frac{1+k'-k^2\,\mathrm{cd}^2(\bar z,k)}{-1+k'+k^2\,\mathrm{cd}^2(\bar z,k)}\,d\bar z = \frac{1}{1-k'}\,\mathrm{ar\,tanh}\,\frac{\overline{\mathrm{nd}}(z,k)}{1-k'},\\
&\int_0^z \frac{1-k'\,\mathrm{nd}^2(\bar z,k)}{1+k'\,\mathrm{nd}^2(\bar z,k)}\,d\bar z = \int_0^z \frac{1-k'-k'k^2\,\mathrm{sd}^2(\bar z,k)}{1+k'+k'k^2\,\mathrm{sd}^2(\bar z,k)}\,d\bar z = \int_0^z \frac{-1+k'+k^2\,\mathrm{cd}^2(\bar z,k)}{1+k'-k^2\,\mathrm{cd}^2(\bar z,k)}\,d\bar z = \frac{1}{1+k'}\,\mathrm{ar\,tanh}\,\frac{\overline{\mathrm{nd}}(z,k)}{1+k'},\\
&\int_0^z \frac{k'+\mathrm{dn}^2(\bar z,k)}{-k'+\mathrm{dn}^2(\bar z,k)}\,d\bar z = \int_0^z \frac{k'(1+k')+k^2\,\mathrm{cn}^2(\bar z,k)}{-k'(1-k')+k^2\,\mathrm{cn}^2(\bar z,k)}\,d\bar z = \int_0^z \frac{1+k'-k^2\,\mathrm{sn}^2(\bar z,k)}{1-k'-k^2\,\mathrm{sn}^2(\bar z,k)}\,d\bar z = \frac{1}{1-k'}\,\mathrm{ar\,tanh}\,\frac{\overline{\mathrm{nd}}(z,k)}{1-k'},\\
&\int_0^z \frac{-k'+\mathrm{dn}^2(\bar z,k)}{k'+\mathrm{dn}^2(\bar z,k)}\,d\bar z = \int_0^z \frac{-k'(1-k')+k^2\,\mathrm{cn}^2(\bar z,k)}{k'(1+k')+k^2\,\mathrm{cn}^2(\bar z,k)}\,d\bar z = \int_0^z \frac{1-k'-k^2\,\mathrm{sn}^2(\bar z,k)}{1+k'-k^2\,\mathrm{sn}^2(\bar z,k)}\,d\bar z = \frac{1}{1+k'}\,\mathrm{ar\,tanh}\,\frac{\overline{\mathrm{nd}}(z,k)}{1+k'}.
\end{aligned}\right\} \tag{970}$$

Wird zu den Integralen (967) und (970) das Integral $\int\limits_z^K d\bar{z} = K - z$ bzw. $\int\limits_0^z d\bar{z} = z$ entweder addiert oder subtrahiert und anschließend mit einer passend gewählten Parameterfunktion multipliziert, so entstehen Normalintegrale dritter Gattung in der JACOBIschen Form, in welchen über den Parameter z_0 in ganz bestimmter Weise verfügt ist. Sie lauten:

$$\left.\begin{aligned}
&\int\limits_z^K \frac{d\bar{z}}{1-k+\mathrm{cs}^2(\bar{z},k)} = \int\limits_z^K \frac{d\bar{z}}{-k(1-k)+\mathrm{ds}^2(\bar{z},k)} = \int\limits_z^K \frac{d\bar{z}}{-k+\mathrm{ns}^2(\bar{z},k)} \\
&\qquad = \frac{1}{2k}\left[-(K-z)+\frac{1}{1-k}\arctan\frac{\overline{\mathrm{sn}}(z,k)}{1-k}\right], \\
&\int\limits_z^K \frac{d\bar{z}}{1+k+\mathrm{cs}^2(\bar{z},k)} = \int\limits_z^K \frac{d\bar{z}}{k(1+k)+\mathrm{ds}^2(\bar{z},k)} = \int\limits_z^K \frac{d\bar{z}}{k+\mathrm{ns}^2(\bar{z},k)} \\
&\qquad = \frac{1}{2k}\left[+(K-z)-\frac{1}{1+k}\arctan\frac{\overline{\mathrm{sn}}(z,k)}{1+k}\right], \\
&\int\limits_z^K \frac{d\bar{z}}{1-k+k'^2\,\mathrm{sc}^2(\bar{z},k)} = \int\limits_z^K \frac{d\bar{z}}{-k(1-k)+k'^2\,\mathrm{nc}^2(\bar{z},k)} = \int\limits_z^K \frac{d\bar{z}}{-k+\mathrm{dc}^2(\bar{z},k)} \\
&\qquad = \frac{1}{2k}\left[-(K-z)+\frac{1}{1-k}\arctan\frac{\overline{\mathrm{sn}}(z,k)}{1+k}\right], \\
&\int\limits_z^K \frac{d\bar{z}}{1+k+k'^2\,\mathrm{sc}^2(\bar{z},k)} = \int\limits_z^K \frac{d\bar{z}}{k(1+k)+k'^2\,\mathrm{nc}^2(\bar{z},k)} = \int\limits_z^K \frac{d\bar{z}}{k+\mathrm{dc}^2(\bar{z},k)} \\
&\qquad = \frac{1}{2k}\left[+(K-z)-\frac{1}{1+k}\arctan\frac{\overline{\mathrm{sn}}(z,k)}{1-k}\right], \\
&\int\limits_z^K \frac{k\,d\bar{z}}{-1+k+k'^2\,\mathrm{nd}^2(\bar{z},k)} = \int\limits_z^K \frac{d\bar{z}}{1-k+k\,k'^2\,\mathrm{sd}^2(\bar{z},k)} = \int\limits_z^K \frac{d\bar{z}}{1-k\,\mathrm{cd}^2(\bar{z},k)} \\
&\qquad = \frac{1}{2}\left[(K-z)+\frac{1}{1-k}\arctan\frac{\overline{\mathrm{sn}}(z,k)}{1+k}\right], \\
&\int\limits_z^K \frac{k\,d\bar{z}}{1+k-k'^2\,\mathrm{nd}^2(\bar{z},k)} = \int\limits_z^K \frac{d\bar{z}}{1+k-k\,k'^2\,\mathrm{sd}^2(\bar{z},k)} = \int\limits_z^K \frac{d\bar{z}}{1+k\,\mathrm{cd}^2(\bar{z},k)} \\
&\qquad = \frac{1}{2}\left[(K-z)+\frac{1}{1+k}\arctan\frac{\overline{\mathrm{sn}}(z,k)}{1-k}\right], \\
&\int\limits_z^K \frac{k\,d\bar{z}}{-1+k+\mathrm{dn}^2(\bar{z},k)} = \int\limits_z^K \frac{d\bar{z}}{1-k+k\,\mathrm{cn}^2(\bar{z},k)} = \int\limits_z^K \frac{d\bar{z}}{1-k\,\mathrm{sn}^2(\bar{z},k)} \\
&\qquad = \frac{1}{2}\left[(K-z)+\frac{1}{1-k}\arctan\frac{\overline{\mathrm{sn}}(z,k)}{1-k}\right], \\
&\int\limits_z^K \frac{k\,d\bar{z}}{1+k-\mathrm{dn}^2(\bar{z},k)} = \int\limits_z^K \frac{d\bar{z}}{1+k-k\,\mathrm{cn}^2(\bar{z},k)} = \int\limits_z^K \frac{d\bar{z}}{1+k\,\mathrm{sn}^2(\bar{z},k)} \\
&\qquad = \frac{1}{2}\left[(K-z)+\frac{1}{1+k}\arctan\frac{\overline{\mathrm{sn}}(z,k)}{1+k}\right]
\end{aligned}\right\} \quad (971)$$

bzw.

$$\begin{aligned}
&\int\limits_0^z \frac{d\bar{z}}{-k'+\mathrm{cs}^2(\bar{z},k)} = \int\limits_0^z \frac{d\bar{z}}{-k'(1+k')+\mathrm{ds}^2(\bar{z},k)} = \int\limits_0^z \frac{d\bar{z}}{-(1+k')+\mathrm{ns}^2(\bar{z},k)} \\
&\qquad = \frac{1}{2k'}\left[-z+\frac{1}{1+k'}\operatorname{ar\,tanh}\frac{\overline{\mathrm{nd}}(z,k)}{1-k'}\right], \\
&\int\limits_0^z \frac{d\bar{z}}{k'+\mathrm{cs}^2(\bar{z},k)} = \int\limits_0^z \frac{d\bar{z}}{k'(1-k')+\mathrm{ds}^2(\bar{z},k)} = \int\limits_0^z \frac{d\bar{z}}{-(1-k')+\mathrm{ns}^2(\bar{z},k)} \\
&\qquad = \frac{1}{2k'}\left[+z-\frac{1}{1-k'}\operatorname{ar\,tanh}\frac{\overline{\mathrm{nd}}(z,k)}{1+k'}\right],
\end{aligned}$$

$$
\left.
\begin{aligned}
&\int_0^z \frac{d\bar{z}}{1-k'\,\mathrm{sc}^2(\bar{z},k)} = \int_0^z \frac{d\bar{z}}{1+k'-k'\,\mathrm{nc}^2(\bar{z},k)} = \int_0^z \frac{k'\,d\bar{z}}{1+k'-\mathrm{dc}^2(\bar{z},k)} \\
&\qquad = \frac{1}{2}\left[z + \frac{1}{1+k'}\,\mathrm{ar\,tanh}\,\frac{\overline{\mathrm{nd}}(z,k)}{1-k'}\right], \\
&\int_0^z \frac{d\bar{z}}{1+k'\,\mathrm{sc}^2(\bar{z},k)} = \int_0^z \frac{d\bar{z}}{1-k'+k'\,\mathrm{nc}^2(\bar{z},k)} = \int_0^z \frac{k'\,d\bar{z}}{-1+k'+\mathrm{dc}^2(\bar{z},k)} \\
&\qquad = \frac{1}{2}\left[z + \frac{1}{1-k'}\,\mathrm{ar\,tanh}\,\frac{\overline{\mathrm{nd}}(z,k)}{1+k'}\right], \\
&\int_0^z \frac{d\bar{z}}{1-k'\,\mathrm{nd}^2(\bar{z},k)} = \int_0^z \frac{d\bar{z}}{1-k'-k'k^2\,\mathrm{sd}^2(\bar{z},k)} = \int_0^z \frac{k'\,d\bar{z}}{-1+k'+k^2\,\mathrm{cd}^2(\bar{z},k)} \\
&\qquad = \frac{1}{2}\left[z + \frac{1}{1-k'}\,\mathrm{ar\,tanh}\,\frac{\overline{\mathrm{nd}}(z,k)}{1-k'}\right], \\
&\int_0^z \frac{d\bar{z}}{1+k'\,\mathrm{nd}^2(\bar{z},k)} = \int_0^z \frac{d\bar{z}}{1+k'+k'k^2\,\mathrm{sd}^2(\bar{z},k)} = \int_0^z \frac{k'\,d\bar{z}}{1+k'-k^2\,\mathrm{cd}^2(\bar{z},k)} \\
&\qquad = \frac{1}{2}\left[z + \frac{1}{1+k'}\,\mathrm{ar\,tanh}\,\frac{\overline{\mathrm{nd}}(z,k)}{1+k'}\right], \\
&\int_0^z \frac{d\bar{z}}{-k'+\mathrm{dn}^2(\bar{z},k)} = \int_0^z \frac{d\bar{z}}{-k'(1-k')+k^2\,\mathrm{cn}^2(\bar{z},k)} = \int_0^z \frac{d\bar{z}}{1-k'-k^2\,\mathrm{sn}^2(\bar{z},k)} \\
&\qquad = \frac{1}{2k'}\left[-z + \frac{1}{1-k'}\,\mathrm{ar\,tanh}\,\frac{\overline{\mathrm{nd}}(z,k)}{1-k'}\right], \\
&\int_0^z \frac{d\bar{z}}{k'+\mathrm{dn}^2(\bar{z},k)} = \int_0^z \frac{d\bar{z}}{k'(1+k')+k^2\,\mathrm{cn}^2(\bar{z},k)} = \int_0^z \frac{d\bar{z}}{1+k'-k^2\,\mathrm{sn}^2(\bar{z},k)} \\
&\qquad = \frac{1}{2k'}\left[+z - \frac{1}{1+k'}\,\mathrm{ar\,tanh}\,\frac{\overline{\mathrm{nd}}(z,k)}{1+k'}\right].
\end{aligned}
\right\} \tag{972}
$$

136. Algebraische Form der elliptischen Normalintegrale dritter Gattung

Die durch (961) und (962) dargestellten 96 elliptischen Normalintegrale dritter Gattung in der JACOBIschen Form lassen sich in solche algebraischer oder LEGENDREscher Form überführen, wenn als Integrationsveränderliche anstelle von z die Integrale (880) substituiert werden. Hierbei fallen für jede der 12 JACOBIschen elliptischen Funktionen acht algebraische Integrale an. Von diesen sind aber jeweils nur vier von praktischem Interesse, da, wenn die von z unabhängigen Glieder der Integranden von (961) und (962) mit t_0^2 bezeichnet werden, der gesamte t_0^2-Bereich von $-\infty < t_0^2 < +\infty$ durch vier Integrale bereits lückenlos überdeckt wird. Außerdem können noch die zu dc und cd gehörigen algebraischen Integrale unterdrückt werden, da sie mit denjenigen von ns und sn übereinstimmen. Die Umschreibung ergibt:

$$
\begin{aligned}
&\int_0^z \frac{d\bar{z}}{\mathrm{cs}^2(\bar{z},k)-t_0^2} = \int_{\mathrm{cs}}^{\infty} \frac{dt}{(t^2-t_0^2)\sqrt{(t^2+1)(t^2+k'^2)}} \\
&\quad = \frac{1}{\wp_1'(z_0,k')}\left[\frac{1}{i}\ln\frac{\vartheta_1(\zeta-i\varkappa\zeta_0,\varkappa)}{\vartheta_1(\zeta+i\varkappa\zeta_0,\varkappa)} - 4\pi\zeta\zeta_0 - \frac{2\zeta}{\varkappa}\,\frac{\partial\ln\vartheta_1(z_0,k')}{\partial\zeta_0} + \pi\right], \qquad [t_0^2 = -\mathrm{ns}^2(z_0,k'),\ -\infty < t_0^2 \leqq -1], \\
&\int_0^z \frac{d\bar{z}}{\mathrm{cs}^2(\bar{z},k)-t_0^2} = \int_{\mathrm{cs}}^{\infty} \frac{dt}{(t^2-t_0^2)\sqrt{(t^2+1)(t^2+k'^2)}} \\
&\quad = \frac{1}{\wp_3'(z_0,k)}\left[\ln\frac{\vartheta_3(\zeta-\zeta_0,\varkappa)}{\vartheta_3(\zeta+\zeta_0,\varkappa)} + 2\zeta\,\frac{\partial\ln\vartheta_3(z_0,k)}{\partial\zeta_0}\right], \qquad [t_0^2 = -k'^2\,\mathrm{nd}^2(z_0,k),\ -1 \leqq t_0^2 \leqq -k'^2],
\end{aligned}
$$

$$\left.\begin{aligned}
\int_0^z \frac{d\bar z}{\operatorname{cs}^2(\bar z,k)-t_0^2} &= \int_{\operatorname{cs}}^{\infty} \frac{dt}{(t^2-t_0^2)\sqrt{(t^2+1)(t^2+k'^2)}} \\
&= \frac{1}{\wp_3'(z_0,k')}\left[\frac{1}{i}\ln\frac{\vartheta_3(\zeta-i\varkappa\zeta_0,\varkappa)}{\vartheta_3(\zeta+i\varkappa\zeta_0,\varkappa)} - 4\pi\zeta\zeta_0 - \frac{2\zeta}{\varkappa}\,\frac{\partial\ln\vartheta_3(z_0,k')}{\partial\zeta_0}\right], && [t_0^2=-k'^2\operatorname{cd}^2(z_0,k'),\ -k'^2\leqq t_0^2\leqq 0],\\
\int_0^z \frac{d\bar z}{\operatorname{cs}^2(\bar z,k)-t_0^2} &= \int_{\operatorname{cs}}^{\infty} \frac{dt}{(t^2-t_0^2)\sqrt{(t^2+1)(t^2+k'^2)}} \\
&= \frac{1}{\wp_1'(z_0,k)}\left[\ln\frac{\vartheta_1(\zeta-\zeta_0,\varkappa)}{\vartheta_1(\zeta+\zeta_0,\varkappa)} + 2\zeta\,\frac{\partial\ln\vartheta_1(z_0,k)}{\partial\zeta_0}\right]. && [t_0^2=\operatorname{cs}^2(z_0,k),\ 0\leqq t_0^2<+\infty].
\end{aligned}\right\}\tag{973}$$

$$\left.\begin{aligned}
\int_0^z \frac{d\bar z}{\operatorname{ds}^2(\bar z,k)-t_0^2} &= \int_{\operatorname{ds}}^{\infty} \frac{dt}{(t^2-t_0^2)\sqrt{(t^2+k^2)(t^2-k'^2)}} \\
&= \frac{1}{\wp_1'(z_0,k')}\left[\frac{1}{i}\ln\frac{\vartheta_1(\zeta-i\varkappa\zeta_0,\varkappa)}{\vartheta_1(\zeta+i\varkappa\zeta_0,\varkappa)} - 4\pi\zeta\zeta_0 - \frac{2\zeta}{\varkappa}\,\frac{\partial\ln\vartheta_1(z_0,k')}{\partial\zeta_0} + \pi\right], && [t_0^2=-\operatorname{ds}^2(z_0,k'),\ -\infty<t_0^2\leqq -k^2],\\
\int_0^z \frac{d\bar z}{\operatorname{ds}^2(\bar z,k)-t_0^2} &= \int_{\operatorname{ds}}^{\infty} \frac{dt}{(t^2-t_0^2)\sqrt{(t^2+k^2)(t^2-k'^2)}} \\
&= \frac{1}{\wp_3'(z_0,k)}\left[\ln\frac{\vartheta_3(\zeta-\zeta_0,\varkappa)}{\vartheta_3(\zeta+\zeta_0,\varkappa)} + 2\zeta\,\frac{\partial\ln\vartheta_3(z_0,k)}{\partial\zeta_0}\right], && [t_0^2=-k^2k'^2\operatorname{sd}^2(z_0,k),\ -k^2\leqq t_0^2\leqq 0],\\
\int_0^z \frac{d\bar z}{\operatorname{ds}^2(\bar z,k)-t_0^2} &= \int_{\operatorname{ds}}^{\infty} \frac{dt}{(t^2-t_0^2)\sqrt{(t^2+k^2)(t^2-k'^2)}} \\
&= \frac{1}{\wp_3'(z_0,k')}\left[\frac{1}{i}\ln\frac{\vartheta_3(\zeta-i\varkappa\zeta_0,\varkappa)}{\vartheta_3(\zeta+i\varkappa\zeta_0,\varkappa)} - 4\pi\zeta\zeta_0 - \frac{2\zeta}{\varkappa}\,\frac{\partial\ln\vartheta_3(z_0,k')}{\partial\zeta_0}\right], && [t_0^2=k^2k'^2\operatorname{sd}^2(z_0,k'),\ 0\leqq t_0^2\leqq k'^2],\\
\int_0^z \frac{d\bar z}{\operatorname{ds}^2(\bar z,k)-t_0^2} &= \int_{\operatorname{ds}}^{\infty} \frac{dt}{(t^2-t_0^2)\sqrt{(t^2+k^2)(t^2-k'^2)}} \\
&= \frac{1}{\wp_1'(z_0,k)}\left[\ln\frac{\vartheta_1(\zeta-\zeta_0,\varkappa)}{\vartheta_1(\zeta+\zeta_0,\varkappa)} + 2\zeta\,\frac{\partial\ln\vartheta_1(z_0,k)}{\partial\zeta_0}\right]. && [t_0^2=\operatorname{ds}^2(z_0,k),\ k'^2\leqq t_0^2<+\infty].
\end{aligned}\right\}\tag{974}$$

$$\left.\begin{aligned}
\int_0^z \frac{d\bar z}{\operatorname{ns}^2(\bar z,k)-t_0^2} &= \int_{\operatorname{ns}}^{\infty} \frac{dt}{(t^2-t_0^2)\sqrt{(t^2-1)(t^2-k^2)}} \\
&= \frac{1}{\wp_1'(z_0,k')}\left[\frac{1}{i}\ln\frac{\vartheta_1(\zeta-i\varkappa\zeta_0,\varkappa)}{\vartheta_1(\zeta+i\varkappa\zeta_0,\varkappa)} - 4\pi\zeta\zeta_0 - \frac{2\zeta}{\varkappa}\,\frac{\partial\ln\vartheta_1(z_0,k')}{\partial\zeta_0} + \pi\right], && [t_0^2=-\operatorname{cs}^2(z_0,k'),\ -\infty<t_0^2\leqq 0],\\
\int_0^z \frac{d\bar z}{\operatorname{ns}^2(\bar z,k)-t_0^2} &= \int_{\operatorname{ns}}^{\infty} \frac{dt}{(t^2-t_0^2)\sqrt{(t^2-1)(t^2-k^2)}} \\
&= \frac{1}{\wp_3'(z_0,k)}\left[\ln\frac{\vartheta_3(\zeta-\zeta_0,\varkappa)}{\vartheta_3(\zeta+\zeta_0,\varkappa)} + 2\zeta\,\frac{\partial\ln\vartheta_3(z_0,k)}{\partial\zeta_0}\right], && [t_0^2=k^2\operatorname{cd}^2(z_0,k),\ 0\leqq t_0^2\leqq k^2],\\
\int_0^z \frac{d\bar z}{\operatorname{ns}^2(\bar z,k)-t_0^2} &= \int_{\operatorname{ns}}^{\infty} \frac{dt}{(t^2-t_0^2)\sqrt{(t^2-1)(t^2-k^2)}} \\
&= \frac{1}{\wp_3'(z_0,k')}\left[\frac{1}{i}\ln\frac{\vartheta_3(\zeta-i\varkappa\zeta_0,\varkappa)}{\vartheta_3(\zeta+i\varkappa\zeta_0,\varkappa)} - 4\pi\zeta\zeta_0 - \frac{2\zeta}{\varkappa}\,\frac{\partial\ln\vartheta_3(z_0,k')}{\partial\zeta_0}\right], && [t_0^2=k^2\operatorname{nd}^2(z_0,k'),\ k^2\leqq t_0^2\leqq 1],\\
\int_0^z \frac{d\bar z}{\operatorname{ns}^2(\bar z,k)-t_0^2} &= \int_{\operatorname{ns}}^{\infty} \frac{dt}{(t^2-t_0^2)\sqrt{(t^2-1)(t^2-k^2)}} \\
&= \frac{1}{\wp_1'(z_0,k)}\left[\ln\frac{\vartheta_1(\zeta-\zeta_0,\varkappa)}{\vartheta_1(\zeta+\zeta_0,\varkappa)} + 2\zeta\,\frac{\partial\ln\vartheta_1(z_0,k)}{\partial\zeta_0}\right]. && [t_0^2=\operatorname{ns}^2(z_0,k),\ 1\leqq t_0^2<+\infty].
\end{aligned}\right\}\tag{975}$$

$$\left.\begin{aligned}
&\int\limits_0^z \frac{d\bar z}{\operatorname{sc}^2(\bar z, k) - t_0^2} = \int\limits_0^{\operatorname{sc}} \frac{dt}{(t^2 - t_0^2)\sqrt{(1+t^2)(1+k'^2 t^2)}} && \Big[t_0^2 = -\frac{1}{k'^2}\operatorname{dc}^2(z_0, k'),\\
&\quad = \frac{k'^2}{\wp_2'(z_0, k')}\left[\frac{1}{i}\ln\frac{\vartheta_3(\zeta - i\varkappa\zeta_0, \varkappa)}{\vartheta_3(\zeta + i\varkappa\zeta_0, \varkappa)} - 4\pi\zeta\zeta_0 - \frac{2\zeta}{\varkappa}\frac{\partial\ln\vartheta_2(z_0, k')}{\partial\zeta_0}\right], && -\infty < t_0^2 \leqq -\frac{1}{k'^2}\Big],\\
&\int\limits_0^z \frac{d\bar z}{\operatorname{sc}^2(\bar z, k) - t_0^2} = \int\limits_0^{\operatorname{sc}} \frac{dt}{(t^2 - t_0^2)\sqrt{(1+t^2)(1+k'^2 t^2)}} && \Big[t_0^2 = -\frac{1}{k'^2}\operatorname{dn}^2(z_0, k),\\
&\quad = \frac{k'^2}{\wp_4'(z_0, k)}\left[\ln\frac{\vartheta_3(\zeta - \zeta_0, \varkappa)}{\vartheta_3(\zeta + \zeta_0, \varkappa)} + 2\zeta\frac{\partial\ln\vartheta_4(z_0, k)}{\partial\zeta_0}\right], && -\frac{1}{k'^2} \leqq t_0^2 \leqq -1\Big],\\
&\int\limits_0^z \frac{d\bar z}{\operatorname{sc}^2(\bar z, k) - t_0^2} = \int\limits_0^{\operatorname{sc}} \frac{dt}{(t^2 - t_0^2)\sqrt{(1+t^2)(1+k'^2 t^2)}}\\
&\quad = \frac{k'^2}{\wp_4'(z_0, k')}\left[\frac{1}{i}\ln\frac{\vartheta_1(\zeta - i\varkappa\zeta_0, \varkappa)}{\vartheta_1(\zeta + i\varkappa\zeta_0, \varkappa)} - 4\pi\zeta\zeta_0 - \frac{2\zeta}{\varkappa}\frac{\partial\ln\vartheta_4(z_0, k')}{\partial\zeta_0} + \pi\right], && [t_0^2 = -\operatorname{sn}^2(z_0, k'),\ -1 \leqq t_0^2 \leqq 0],\\
&\int\limits_0^z \frac{d\bar z}{\operatorname{sc}^2(\bar z, k) - t_0^2} = \int\limits_0^{\operatorname{sc}} \frac{dt}{(t^2 - t_0^2)\sqrt{(1+t^2)(1+k'^2 t^2)}}\\
&\quad = \frac{k'^2}{\wp_2'(z_0, k)}\left[\ln\frac{\vartheta_1(\zeta - \zeta_0, \varkappa)}{\vartheta_1(\zeta + \zeta_0, \varkappa)} + 2\zeta\frac{\partial\ln\vartheta_2(z_0, k)}{\partial\zeta_0}\right]. && [t_0^2 = \operatorname{sc}^2(z_0, k),\ 0 \leqq t_0^2 < +\infty].
\end{aligned}\right\} \quad (976)$$

$$\left.\begin{aligned}
&\int\limits_0^z \frac{d\bar z}{\operatorname{nc}^2(\bar z, k) - t_0^2} = \int\limits_1^{\operatorname{nc}} \frac{dt}{(t^2 - t_0^2)\sqrt{(t^2-1)(k^2+k'^2 t^2)}} && \Big[t_0^2 = -\frac{k^2}{k'^2}\operatorname{nc}^2(z_0, k'),\\
&\quad = \frac{k'^2}{\wp_2'(z_0, k')}\left[\frac{1}{i}\ln\frac{\vartheta_3(\zeta - i\varkappa\zeta_0, \varkappa)}{\vartheta_3(\zeta + i\varkappa\zeta_0, \varkappa)} - 4\pi\zeta\zeta_0 - \frac{2\zeta}{\varkappa}\frac{\partial\ln\vartheta_2(z_0, k')}{\partial\zeta_0}\right], && -\infty < t_0^2 \leqq -\frac{k^2}{k'^2}\Big],\\
&\int\limits_0^z \frac{d\bar z}{\operatorname{nc}^2(\bar z, k) - t_0^2} = \int\limits_1^{\operatorname{nc}} \frac{dt}{(t^2 - t_0^2)\sqrt{(t^2-1)(k^2+k'^2 t^2)}} && \Big[t_0^2 = -\frac{k^2}{k'^2}\operatorname{cn}^2(z_0, k),\\
&\quad = \frac{k'^2}{\wp_4'(z_0, k)}\left[\ln\frac{\vartheta_3(\zeta - \zeta_0, \varkappa)}{\vartheta_3(\zeta + \zeta_0, \varkappa)} + 2\zeta\frac{\partial\ln\vartheta_4(z_0, k)}{\partial\zeta_0}\right], && -\frac{k^2}{k'^2} \leqq t_0^2 \leqq 0\Big],\\
&\int\limits_0^z \frac{d\bar z}{\operatorname{nc}^2(\bar z, k) - t_0^2} = \int\limits_1^{\operatorname{nc}} \frac{dt}{(t^2 - t_0^2)\sqrt{(t^2-1)(k^2+k'^2 t^2)}}\\
&\quad = \frac{k'^2}{\wp_4'(z_0, k')}\left[\frac{1}{i}\ln\frac{\vartheta_1(\zeta - i\varkappa\zeta_0, \varkappa)}{\vartheta_1(\zeta + i\varkappa\zeta_0, \varkappa)} - 4\pi\zeta\zeta_0 - \frac{2\zeta}{\varkappa}\frac{\partial\ln\vartheta_4(z_0, k')}{\partial\zeta_0} + \pi\right], && [t_0^2 = \operatorname{cn}^2(z_0, k'),\ 0 \leqq t_0^2 \leqq 1],\\
&\int\limits_0^z \frac{d\bar z}{\operatorname{nc}^2(\bar z, k) - t_0^2} = \int\limits_1^{\operatorname{nc}} \frac{dt}{(t^2 - t_0^2)\sqrt{(t^2-1)(k^2+k'^2 t^2)}}\\
&\quad = \frac{k'^2}{\wp_2'(z_0, k)}\left[\ln\frac{\vartheta_1(\zeta - \zeta_0, \varkappa)}{\vartheta_1(\zeta + \zeta_0, \varkappa)} + 2\zeta\frac{\partial\ln\vartheta_2(z_0, k)}{\partial\zeta_0}\right]. && [t_0^2 = \operatorname{nc}^2(z_0, k),\ 1 \leqq t_0^2 < +\infty].
\end{aligned}\right\} \quad (977)$$

$$\begin{aligned}
&\int\limits_0^z \frac{d\bar z}{\operatorname{nd}^2(\bar z, k) - t_0^2} = \int\limits_1^{\operatorname{nd}} \frac{dt}{(t^2 - t_0^2)\sqrt{(t^2-1)(1-k'^2 t^2)}} && \Big[t_0^2 = \frac{-1}{k'^2}\operatorname{cs}^2(z_0, k),\\
&\quad = \frac{-k'^2}{\wp_1'(z_0, k)}\left[\ln\frac{\vartheta_3(\zeta - \zeta_0, \varkappa)}{\vartheta_3(\zeta + \zeta_0, \varkappa)} + 2\zeta\frac{\partial\ln\vartheta_1(z_0, k)}{\partial\zeta_0}\right], && -\infty < t_0^2 \leqq 0\Big],\\
&\int\limits_0^z \frac{d\bar z}{\operatorname{nd}^2(\bar z, k) - t_0^2} = \int\limits_1^{\operatorname{nd}} \frac{dt}{(t^2 - t_0^2)\sqrt{(t^2-1)(1-k'^2 t^2)}}\\
&\quad = \frac{-k'^2}{\wp_3'(z_0, k')}\left[\frac{1}{i}\ln\frac{\vartheta_1(\zeta - i\varkappa\zeta_0, \varkappa)}{\vartheta_1(\zeta + i\varkappa\zeta_0, \varkappa)} - 4\pi\zeta\zeta_0 - \frac{2\zeta}{\varkappa}\frac{\partial\ln\vartheta_3(z_0, k')}{\partial\zeta_0} + \pi\right], && [t_0^2 = \operatorname{cd}^2(z_0, k'),\ 0 \leqq t_0^2 \leqq 1],
\end{aligned}$$

$$\left.\begin{aligned}
&\int\limits_0^z \frac{d\bar z}{\mathrm{nd}^2(\bar z,k)-t_0^2}=\int\limits_1^{\mathrm{nd}}\frac{dt}{(t^2-t_0^2)\sqrt{(t^2-1)(1-k'^2t^2)}} && \Big[t_0^2=\mathrm{nd}^2(z_0,k),\\
&\quad=\frac{-k'^2}{\wp_3'(z_0,k)}\left[\ln\frac{\vartheta_1(\zeta-\zeta_0,\varkappa)}{\vartheta_1(\zeta+\zeta_0,\varkappa)}+2\zeta\,\frac{\partial\ln\vartheta_3(z_0,k)}{\partial\zeta_0}\right], && 1\leqq t_0^2\leqq\frac{1}{k'^2}\Big],\\
&\int\limits_0^z \frac{d\bar z}{\mathrm{nd}^2(\bar z,k)-t_0^2}=\int\limits_1^{\mathrm{nd}}\frac{dt}{(t^2-t_0^2)\sqrt{(t^2-1)(1-k'^2t^2)}} && \Big[t_0^2=\frac{1}{k'^2}\,\mathrm{ns}^2(z_0,k'),\\
&\quad=\frac{-k'^2}{\wp_1'(z_0,k')}\left[\frac{1}{i}\ln\frac{\vartheta_3(\zeta-i\varkappa\zeta_0,\varkappa)}{\vartheta_3(\zeta+i\varkappa\zeta_0,\varkappa)}-4\pi\zeta\zeta_0-\frac{2\zeta}{\varkappa}\,\frac{\partial\ln\vartheta_1(z_0,k')}{\partial\zeta_0}\right]. && \frac{1}{k'^2}\leqq t_0^2<+\infty\Big].
\end{aligned}\right\}\quad(978)$$

$$\left.\begin{aligned}
&\int\limits_0^z \frac{d\bar z}{\mathrm{sd}^2(\bar z,k)-t_0^2}=\int\limits_0^{\mathrm{sd}}\frac{dt}{(t^2-t_0^2)\sqrt{(1+k^2t^2)(1-k'^2t^2)}} && \Big[t_0^2=\frac{-1}{k^2k'^2}\,\mathrm{ds}^2(z_0,k),\\
&\quad=\frac{-k^2k'^2}{\wp_1'(z_0,k)}\left[\ln\frac{\vartheta_3(\zeta-\zeta_0,\varkappa)}{\vartheta_3(\zeta+\zeta_0,\varkappa)}+2\zeta\,\frac{\partial\ln\vartheta_1(z_0,k)}{\partial\zeta_0}\right], && -\infty<t_0^2\leqq-\frac{1}{k^2}\Big],\\
&\int\limits_0^z \frac{d\bar z}{\mathrm{sd}^2(\bar z,k)-t_0^2}=\int\limits_0^{\mathrm{sd}}\frac{dt}{(t^2-t_0^2)\sqrt{(1+k^2t^2)(1-k'^2t^2)}} && \Big[t_0^2=-\mathrm{sd}^2(z_0,k'),\\
&\quad=\frac{-k^2k'^2}{\wp_3'(z_0,k')}\left[\frac{1}{i}\ln\frac{\vartheta_1(\zeta-i\varkappa\zeta_0,\varkappa)}{\vartheta_1(\zeta+i\varkappa\zeta_0,\varkappa)}-4\pi\zeta\zeta_0-\frac{2\zeta}{\varkappa}\,\frac{\partial\ln\vartheta_3(z_0,k')}{\partial\zeta_0}+\pi\right], && -\frac{1}{k^2}\leqq t_0^2\leqq0\Big],\\
&\int\limits_0^z \frac{d\bar z}{\mathrm{sd}^2(\bar z,k)-t_0^2}=\int\limits_0^{\mathrm{sd}}\frac{dt}{(t^2-t_0)\sqrt{(1+k^2t^2)(1-k'^2t^2)}} && \Big[t_0^2=\mathrm{sd}^2(z_0,k),\\
&\quad=\frac{-k^2k'^2}{\wp_3'(z_0,k)}\left[\ln\frac{\vartheta_1(\zeta-\zeta_0,\varkappa)}{\vartheta_1(\zeta+\zeta_0,\varkappa)}+2\zeta\,\frac{\partial\ln\vartheta_3(z_0,k)}{\partial\zeta_0}\right], && 0\leqq t_0^2\leqq\frac{1}{k'^2}\Big],\\
&\int\limits_0^z \frac{d\bar z}{\mathrm{sd}^2(\bar z,k)-t_0^2}=\int\limits_0^{\mathrm{sd}}\frac{dt}{(t^2-t_0^2)\sqrt{(1+k^2t^2)(1-k'^2t^2)}} && \Big[t_0^2=\frac{1}{k^2k'^2}\,\mathrm{ds}^2(z_0,k'),\\
&\quad=\frac{-k^2k'^2}{\wp_1'(z_0,k')}\left[\frac{1}{i}\ln\frac{\vartheta_3(\zeta\;\;i\varkappa\zeta_0,\varkappa)}{\vartheta_3(\zeta+i\varkappa\zeta_0,\varkappa)}-4\pi\zeta\zeta_0-\frac{2\zeta}{\varkappa}\,\frac{\partial\ln\vartheta_1(z_0,k')}{\partial\zeta_0}\right]. && \frac{1}{k'^2}\leqq t_0^2<+\infty\Big].
\end{aligned}\right\}\quad(979)$$

$$\left.\begin{aligned}
&\int\limits_0^z \frac{d\bar z}{\mathrm{dn}^2(\bar z,k)-t_0^2}=\int\limits_{\mathrm{dn}}^{1}\frac{dt}{(t^2-t_0^2)\sqrt{(1-t^2)(t^2-k'^2)}}\\
&\quad=\frac{-1}{\wp_2'(z_0,k)}\left[\ln\frac{\vartheta_3(\zeta-\zeta_0,\varkappa)}{\vartheta_3(\zeta+\zeta_0,\varkappa)}+2\zeta\,\frac{\partial\ln\vartheta_2(z_0,k)}{\partial\zeta_0}\right], && [t_0^2=-k'^2\,\mathrm{sc}^2(z_0,k),\ -\infty<t_0^2\leqq0],\\
&\int\limits_0^z \frac{d\bar z}{\mathrm{dn}^2(\bar z,k)-t_0^2}=\int\limits_{\mathrm{dn}}^{1}\frac{dt}{(t^2-t_0^2)\sqrt{(1-t^2)(t^2-k'^2)}}\\
&\quad=\frac{-1}{\wp_4'(z_0,k')}\left[\frac{1}{i}\ln\frac{\vartheta_3(\zeta-i\varkappa\zeta_0,\varkappa)}{\vartheta_3(\zeta+i\varkappa\zeta_0,\varkappa)}-4\pi\zeta\zeta_0-\frac{2\zeta}{\varkappa}\,\frac{\partial\ln\vartheta_4(z_0,k')}{\partial\zeta_0}\right], && [t_0^2=k'^2\,\mathrm{sn}^2(z_0,k'),\ 0\leqq t_0^2\leqq k'^2],\\
&\int\limits_0^z \frac{d\bar z}{\mathrm{dn}^2(\bar z,k)-t_0^2}=\int\limits_{\mathrm{dn}}^{1}\frac{dt}{(t^2-t_0^2)\sqrt{(1-t^2)(t^2-k'^2)}}\\
&\quad=\frac{-1}{\wp_4'(z_0,k)}\left[\ln\frac{\vartheta_1(\zeta-\zeta_0,\varkappa)}{\vartheta_1(\zeta+\zeta_0,\varkappa)}+2\zeta\,\frac{\partial\ln\vartheta_4(z_0,k)}{\partial\zeta_0}\right], && [t_0^2=\mathrm{dn}^2(z_0,k),\ k'^2\leqq t_0^2\leqq1],\\
&\int\limits_0^z \frac{d\bar z}{\mathrm{dn}^2(\bar z,k)-t_0^2}=\int\limits_{\mathrm{dn}}^{1}\frac{dt}{(t^2-t_0^2)\sqrt{(1-t^2)(t^2-k'^2)}}\\
&\quad=\frac{-1}{\wp_2'(z_0,k')}\left[\frac{1}{i}\ln\frac{\vartheta_1(\zeta-i\varkappa\zeta_0,\varkappa)}{\vartheta_1(\zeta+i\varkappa\zeta_0,\varkappa)}-4\pi\zeta\zeta_0-\frac{2\zeta}{\varkappa}\,\frac{\partial\ln\vartheta_2(z_0,k')}{\partial\zeta_0}+\pi\right]. && [t_0^2=\mathrm{dc}^2(z_0,k'),\ 1\leqq t_0^2<+\infty].
\end{aligned}\right\}\quad(980)$$

$$\left.\begin{aligned}
&\int\limits_0^z \frac{d\bar z}{\operatorname{cn}^2(\bar z,k)-t_0^2} = \int\limits_{\operatorname{cn}}^1 \frac{dt}{(t^2-t_0^2)\sqrt{(1-t^2)(k'^2+k^2t^2)}} && \left[t_0^2=-\frac{k'^2}{k^2}\operatorname{nc}^2(z_0,k),\right.\\
&\qquad = \frac{-k^2}{\wp_2'(z_0,k)}\left[\ln\frac{\vartheta_3(\zeta-\zeta_0,\varkappa)}{\vartheta_3(\zeta+\zeta_0,\varkappa)}+2\zeta\frac{\partial\ln\vartheta_2(z_0,k)}{\partial\zeta_0}\right], && \left.-\infty<t_0^2\leqq-\frac{k'^2}{k^2}\right],\\
&\int\limits_0^z \frac{d\bar z}{\operatorname{cn}^2(\bar z,k)-t_0^2} = \int\limits_{\operatorname{cn}}^1 \frac{dt}{(t^2-t_0^2)\sqrt{(1-t^2)(k'^2+k^2t^2)}} && \left[t_0^2=-\frac{k'^2}{k^2}\operatorname{cn}^2(z_0,k'),\right.\\
&\qquad = \frac{-k^2}{\wp_4'(z_0,k')}\left[\frac{1}{i}\ln\frac{\vartheta_3(\zeta-i\varkappa\zeta_0,\varkappa)}{\vartheta_3(\zeta+i\varkappa\zeta_0,\varkappa)}-4\pi\zeta\zeta_0-\frac{2\zeta}{\varkappa}\frac{\partial\ln\vartheta_4(z_0,k')}{\partial\zeta_0}\right], && \left.-\frac{k'^2}{k^2}\leqq t_0^2\leqq 0\right],\\
&\int\limits_0^z \frac{d\bar z}{\operatorname{cn}^2(\bar z,k)-t_0^2} = \int\limits_{\operatorname{cn}}^1 \frac{dt}{(t^2-t_0^2)\sqrt{(1-t^2)(k'^2+k^2t^2)}} && \\
&\qquad = \frac{-k^2}{\wp_4'(z_0,k)}\left[\ln\frac{\vartheta_1(\zeta-\zeta_0,\varkappa)}{\vartheta_1(\zeta+\zeta_0,\varkappa)}+2\zeta\frac{\partial\ln\vartheta_4(z_0,k)}{\partial\zeta_0}\right], && [t_0^2=\operatorname{cn}^2(z_0,k),\ 0\leqq t_0^2\leqq 1],\\
&\int\limits_0^z \frac{d\bar z}{\operatorname{cn}^2(\bar z,k)-t_0^2} = \int\limits_{\operatorname{cn}}^1 \frac{dt}{(t^2-t_0^2)\sqrt{(1-t^2)(k'^2+k^2t^2)}} && \\
&\qquad = \frac{-k^2}{\wp_2'(z_0,k')}\left[\frac{1}{i}\ln\frac{\vartheta_1(\zeta-i\varkappa\zeta_0,\varkappa)}{\vartheta_1(\zeta+i\varkappa\zeta_0,\varkappa)}-4\pi\zeta\zeta_0-\frac{2\zeta}{\varkappa}\frac{\partial\ln\vartheta_2(z_0,k')}{\partial\zeta_0}+\pi\right]. && [t_0^2=\operatorname{nc}^2(z_0,k'),\ 1\leqq t_0^2<+\infty].
\end{aligned}\right\}\quad(981)$$

$$\left.\begin{aligned}
&\int\limits_0^z \frac{d\bar z}{\operatorname{sn}^2(\bar z,k)-t_0^2} = \int\limits_0^{\operatorname{sn}} \frac{dt}{(t^2-t_0^2)\sqrt{(1-t^2)(1-k^2t^2)}} && \\
&\qquad = \frac{k^2}{\wp_2'(z_0,k')}\left[\frac{1}{i}\ln\frac{\vartheta_1(\zeta-i\varkappa\zeta_0,\varkappa)}{\vartheta_1(\zeta+i\varkappa\zeta_0,\varkappa)}-4\pi\zeta\zeta_0-\frac{2\zeta}{\varkappa}\frac{\partial\ln\vartheta_2(z_0,k')}{\partial\zeta_0}+\pi\right], && [t_0^2=-\operatorname{sc}^2(z_0,k'),\ -\infty<t_0^2\leqq 0],\\
&\int\limits_0^z \frac{d\bar z}{\operatorname{sn}^2(\bar z,k)-t_0^2} = \int\limits_0^{\operatorname{sn}} \frac{dt}{(t^2-t_0^2)\sqrt{(1-t^2)(1-k^2t^2)}} && \\
&\qquad = \frac{k^2}{\wp_4'(z_0,k)}\left[\ln\frac{\vartheta_1(\zeta-\zeta_0,\varkappa)}{\vartheta_1(\zeta+\zeta_0,\varkappa)}+2\zeta\frac{\partial\ln\vartheta_4(z_0,k)}{\partial\zeta_0}\right], && [t_0^2=\operatorname{sn}^2(z_0,k),\ 0\leqq t_0^2\leqq 1],\\
&\int\limits_0^z \frac{d\bar z}{\operatorname{sn}^2(\bar z,k)-t_0^2} = \int\limits_0^{\operatorname{sn}} \frac{dt}{(t^2-t_0^2)\sqrt{(1-t^2)(1-k^2t^2)}} && \left[t_0^2=\frac{1}{k^2}\operatorname{dn}^2(z_0,k'),\right.\\
&\qquad = \frac{k^2}{\wp_4'(z_0,k')}\left[\frac{1}{i}\ln\frac{\vartheta_3(\zeta-i\varkappa\zeta_0,\varkappa)}{\vartheta_3(\zeta+i\varkappa\zeta_0,\varkappa)}-4\pi\zeta\zeta_0-\frac{2\zeta}{\varkappa}\frac{\partial\ln\vartheta_4(z_0,k')}{\partial\zeta_0}\right], && \left.1\leqq t_0^2\leqq\frac{1}{k^2}\right],\\
&\int\limits_0^z \frac{d\bar z}{\operatorname{sn}^2(\bar z,k)-t_0^2} = \int\limits_0^{\operatorname{sn}} \frac{dt}{(t^2-t_0^2)\sqrt{(1-t^2)(1-k^2t^2)}} && \left[t_0^2=\frac{1}{k^2}\operatorname{dc}^2(z_0,k),\right.\\
&\qquad = \frac{k^2}{\wp_2'(z_0,k)}\left[\ln\frac{\vartheta_3(\zeta-\zeta_0,\varkappa)}{\vartheta_3(\zeta+\zeta_0,\varkappa)}+2\zeta\frac{\partial\ln\vartheta_2(z_0,k)}{\partial\zeta_0}\right]. && \left.\frac{1}{k^2}\leqq t_0^2<+\infty\right].
\end{aligned}\right\}\quad(982)$$

Die rechten Seiten von (973) bis (982) nehmen an den Übergangsstellen von einem t_0^2-Bereich zum anderen unbestimmte Ausdrücke an. Die zugehörigen Ersatzintegrale lassen sich direkt aus den Gln. (925) in Verbindung mit (770) und (766) ablesen und lauten, geordnet nach den t_0^2:

$$\left.\begin{aligned}
&\int\limits_0^z \frac{d\bar z}{\operatorname{cs}^2(\bar z,k)+1} = \int\limits_{\operatorname{cs}}^\infty \frac{dt}{(t^2+1)\sqrt{(t^2+1)(t^2+k'^2)}} = -\frac{1}{k^2}\left[\left(\frac{E}{K}-1\right)z+\frac{\partial\ln\vartheta_4}{\partial z}\right],\\
&\int\limits_0^z \frac{d\bar z}{\operatorname{cs}^2(\bar z,k)+k'^2} = \int\limits_{\operatorname{cs}}^\infty \frac{dt}{(t^2+k'^2)\sqrt{(t^2+1)(t^2+k'^2)}} = \frac{1}{k^2k'^2}\left[\left(\frac{E}{K}-k'^2\right)z+\frac{\partial\ln\vartheta_3}{\partial z}\right],\\
&\int\limits_0^z \frac{d\bar z}{\operatorname{cs}^2(\bar z,k)} = \int\limits_{\operatorname{cs}}^\infty \frac{dt}{t^2\sqrt{(t^2+1)(t^2+k'^2)}} = -\frac{1}{k'^2}\left[\frac{E}{K}z+\frac{\partial\ln\vartheta_2}{\partial z}\right].
\end{aligned}\right\}\quad(973)'$$

$$\left.\begin{aligned}
\int_0^z \frac{d\bar z}{\mathrm{ds}^2(\bar z, k) + k^2} &= \int_{\mathrm{ds}}^{\infty} \frac{dt}{(t^2 + k^2)\sqrt{(t^2 + k^2)(t^2 - k'^2)}} = -\frac{1}{k^2}\left[\left(\frac{E}{K} - 1\right) z + \frac{\partial \ln \vartheta_4}{\partial z}\right],\\
\int_0^z \frac{d\bar z}{\mathrm{ds}^2(\bar z, k)} &= \int_{\mathrm{ds}}^{\infty} \frac{dt}{t^2\sqrt{(t^2 + k^2)(t^2 - k'^2)}} = \frac{1}{k^2 k'^2}\left[\left(\frac{E}{K} - k'^2\right) z + \frac{\partial \ln \vartheta_3}{\partial z}\right],\\
\int_0^z \frac{d\bar z}{\mathrm{ds}^2(\bar z, k) - k'^2} &= \int_{\mathrm{ds}}^{\infty} \frac{dt}{(t^2 - k'^2)\sqrt{(t^2 + k^2)(t^2 - k'^2)}} = -\frac{1}{k'^2}\left[\frac{E}{K} z + \frac{\partial \ln \vartheta_2}{\partial z}\right].
\end{aligned}\right\} \quad (974)'$$

$$\left.\begin{aligned}
\int_0^z \frac{d\bar z}{\mathrm{ns}^2(\bar z, k)} &= \int_{\mathrm{ns}}^{\infty} \frac{dt}{t^2\sqrt{(t^2 - 1)(t^2 - k^2)}} = -\frac{1}{k^2}\left[\left(\frac{E}{K} - 1\right) z + \frac{\partial \ln \vartheta_4}{\partial z}\right],\\
\int_0^z \frac{d\bar z}{\mathrm{ns}^2(\bar z, k) - k^2} &= \int_{\mathrm{ns}}^{\infty} \frac{dt}{(t^2 - k^2)\sqrt{(t^2 - 1)(t^2 - k^2)}} = \frac{1}{k^2 k'^2}\left[\left(\frac{E}{K} - k'^2\right) z + \frac{\partial \ln \vartheta_3}{\partial z}\right],\\
\int_0^z \frac{d\bar z}{\mathrm{ns}^2(\bar z, k) - 1} &= \int_{\mathrm{ns}}^{\infty} \frac{dt}{(t^2 - 1)\sqrt{(t^2 - 1)(t^2 - k^2)}} = -\frac{1}{k'^2}\left[\frac{E}{K} z + \frac{\partial \ln \vartheta_2}{\partial z}\right].
\end{aligned}\right\} \quad (975)'$$

$$\left.\begin{aligned}
\int_0^z \frac{d\bar z}{\mathrm{sc}^2(\bar z, k) + \frac{1}{k'^2}} &= \int_0^{\mathrm{sc}} \frac{dt}{\left(t^2 + \frac{1}{k'^2}\right)\sqrt{(1 + t^2)(1 + k'^2 t^2)}} = -\frac{k'^2}{k^2}\left[\left(\frac{E}{K} - 1\right) z + \frac{\partial \ln \vartheta_3}{\partial z}\right],\\
\int_0^z \frac{d\bar z}{\mathrm{sc}^2(\bar z, k) + 1} &= \int_0^{\mathrm{sc}} \frac{dt}{t^2 + 1)\sqrt{(1 + t^2)(1 + k'^2 t^2)}} = +\frac{1}{k^2}\left[\left(\frac{E}{K} - k'^2\right) z + \frac{\partial \ln \vartheta_4}{\partial z}\right],\\
\int_z^K \frac{d\bar z}{\mathrm{sc}^2(\bar z, k)} &= \int_{\mathrm{sc}}^{\infty} \frac{dt}{t^2\sqrt{(1 + t^2)(1 + k'^2 t^2)}} = -\frac{E}{K}(K - z) + \frac{\partial \ln \vartheta_1}{\partial z}.
\end{aligned}\right\} \quad (976)'$$

$$\left.\begin{aligned}
\int_0^z \frac{d\bar z}{\mathrm{nc}^2(\bar z, k) + \frac{k^2}{k'^2}} &= \int_1^{\mathrm{nc}} \frac{dt}{\left(t^2 + \frac{k^2}{k'^2}\right)\sqrt{(t^2 - 1)(k^2 + k'^2 t^2)}} = -\frac{k'^2}{k^2}\left[\left(\frac{E}{K} - 1\right) z + \frac{\partial \ln \vartheta_3}{\partial z}\right],\\
\int_0^z \frac{d\bar z}{\mathrm{nc}^2(\bar z, k)} &= \int_1^{\mathrm{nc}} \frac{dt}{t^2\sqrt{(t^2 - 1)(k^2 + k'^2 t^2)}} = +\frac{1}{k^2}\left[\left(\frac{E}{K} - k'^2\right) z + \frac{\partial \ln \vartheta_4}{\partial z}\right],\\
\int_z^K \frac{d\bar z}{\mathrm{nc}^2(\bar z, k) - 1} &= \int_{\mathrm{nc}}^{\infty} \frac{dt}{(t^2 - 1)\sqrt{(t^2 - 1)(k^2 + k'^2 t^2)}} = -\frac{E}{K}(K - z) + \frac{\partial \ln \vartheta_1}{\partial z}.
\end{aligned}\right\} \quad (977)'$$

$$\left.\begin{aligned}
\int_0^z \frac{d\bar z}{\mathrm{nd}^2(\bar z, k)} &= \int_1^{\mathrm{nd}} \frac{dt}{t^2\sqrt{(t^2 - 1)(1 - k'^2 t^2)}} = \frac{E}{K} z + \frac{\partial \ln \vartheta_4}{\partial z},\\
\int_z^K \frac{d\bar z}{\mathrm{nd}^2(\bar z, k) - 1} &= \int_{\mathrm{nd}}^{1/k'} \frac{dt}{(t^2 - 1)\sqrt{(t^2 - 1)(1 - k'^2 t^2)}} = \frac{1}{k^2}\left[-\left(\frac{E}{K} - k'^2\right)(K - z) + \frac{\partial \ln \vartheta_1}{\partial z}\right],\\
\int_0^z \frac{d\bar z}{\mathrm{nd}^2(\bar z, k) - \frac{1}{k'^2}} &= \int_1^{\mathrm{nd}} \frac{dt}{\left(t^2 - \frac{1}{k'^2}\right)\sqrt{(t^2 - 1)(1 - k'^2 t^2)}} = \frac{k'^2}{k^2}\left[\left(\frac{E}{K} - 1\right) z + \frac{\partial \ln \vartheta_2}{\partial z}\right].
\end{aligned}\right\} \quad (978)'$$

$$\left.\begin{aligned}
\int_0^z \frac{d\bar z}{\operatorname{sd}^2(\bar z, k)+\frac{1}{k^2}} &= \int_0^{\operatorname{sd}} \frac{dt}{\left(t^2+\frac{1}{k^2}\right)\sqrt{(1+k^2t^2)(1-k'^2t^2)}} = k^2\left[\frac{E}{K}z+\frac{\partial \ln \vartheta_4}{\partial z}\right],\\
\int_z^K \frac{d\bar z}{\operatorname{sd}^2(\bar z, k)} &= \int_{\operatorname{sd}}^{1/k'} \frac{dt}{t^2\sqrt{(1+k^2t^2)(1-k'^2t^2)}} = -\left(\frac{E}{K}-k'^2\right)(K-z)+\frac{\partial \ln \vartheta_1}{\partial z},\\
\int_0^z \frac{d\bar z}{\operatorname{sd}^2(\bar z, k)-\frac{1}{k'^2}} &= \int_0^{\operatorname{sd}} \frac{dt}{\left(t^2-\frac{1}{k'^2}\right)\sqrt{(1+k^2t^2)(1-k'^2t^2)}} = k'^2\left[\left(\frac{E}{K}-1\right)z+\frac{\partial \ln \vartheta_2}{\partial z}\right].
\end{aligned}\right\} \quad (979)'$$

$$\left.\begin{aligned}
\int_0^z \frac{d\bar z}{\operatorname{dn}^2(\bar z, k)} &= \int_{\operatorname{dn}}^1 \frac{dt}{t^2\sqrt{(1-t^2)(t^2-k'^2)}} = \frac{1}{k'^2}\left[\frac{E}{K}z+\frac{\partial \ln \vartheta_3}{\partial z}\right],\\
\int_0^z \frac{d\bar z}{\operatorname{dn}^2(\bar z, k)-k'^2} &= \int_{\operatorname{dn}}^1 \frac{dt}{(t^2-k'^2)\sqrt{(1-t^2)(t^2-k'^2)}} = \frac{-1}{k^2k'^2}\left[\left(\frac{E}{K}-k'^2\right)z+\frac{\partial \ln \vartheta_2}{\partial z}\right],\\
\int_z^K \frac{d\bar z}{\operatorname{dn}^2(\bar z, k)-1} &= \int_{k'}^{\operatorname{dn}} \frac{dt}{(t^2-1)\sqrt{(1-t^2)(t^2-k'^2)}} = -\frac{1}{k^2}\left[-\left(\frac{E}{K}-1\right)(K-z)+\frac{\partial \ln \vartheta_1}{\partial z}\right].
\end{aligned}\right\} \quad (980)'$$

$$\left.\begin{aligned}
\int_0^z \frac{d\bar z}{\operatorname{cn}^2(\bar z, k)+\frac{k'^2}{k^2}} &= \int_{\operatorname{cn}}^1 \frac{dt}{\left(t^2+\frac{k'^2}{k^2}\right)\sqrt{(1-t^2)(k'^2+k^2t^2)}} = \frac{k^2}{k'^2}\left[\frac{E}{K}z+\frac{\partial \ln \vartheta_3}{\partial z}\right],\\
\int_0^z \frac{d\bar z}{\operatorname{cn}^2(\bar z, k)} &= \int_{\operatorname{cn}}^1 \frac{dt}{t^2\sqrt{(1-t^2)(k'^2+k^2t^2)}} = -\frac{1}{k'^2}\left[\left(\frac{E}{K}-k'^2\right)z+\frac{\partial \ln \vartheta_2}{\partial z}\right],\\
\int_z^K \frac{d\bar z}{\operatorname{cn}^2(\bar z, k)-1} &= \int_0^{\operatorname{cn}} \frac{dt}{(t^2-1)\sqrt{(1-t^2)(k'^2+k^2t^2)}} = -\left[-\left(\frac{E}{K}-1\right)(K-z)+\frac{\partial \ln \vartheta_1}{\partial z}\right].
\end{aligned}\right\} \quad (981)'$$

$$\left.\begin{aligned}
\int_z^K \frac{d\bar z}{\operatorname{sn}^2(\bar z, k)} &= \int_{\operatorname{sn}}^1 \frac{dt}{t^2\sqrt{(1-t^2)(1-k^2t^2)}} = -\left(\frac{E}{K}-1\right)(K-z)+\frac{\partial \ln \vartheta_1}{\partial z},\\
\int_0^z \frac{d\bar z}{\operatorname{sn}^2(\bar z, k)-1} &= \int_0^{\operatorname{sn}} \frac{dt}{(t^2-1)\sqrt{(1-t^2)(1-k^2t^2)}} = \frac{1}{k'^2}\left[\left(\frac{E}{K}-k'^2\right)z+\frac{\partial \ln \vartheta_2}{\partial z}\right],\\
\int_0^z \frac{d\bar z}{\operatorname{sn}^2(\bar z, k)-\frac{1}{k^2}} &= \int_0^{\operatorname{sn}} \frac{dt}{\left(t^2-\frac{1}{k^2}\right)\sqrt{(1-t^2)(1-k^2t^2)}} = -\frac{k^2}{k'^2}\left[\frac{E}{K}z+\frac{\partial \ln \vartheta_3}{\partial z}\right].
\end{aligned}\right\} \quad (982)'$$

In Ergänzung der Normalintegrale (973) bis (982) der JACOBIschen elliptischen Funktionen liefert der Bereich ihrer logarithmischen Ableitungen noch eine weitere Gruppe von Normalintegralen dritter Gattung. Sie ergibt sich aus (963) und (964) in Verbindung mit der vierzehnten oder der sechzehnten der Gln. (880) und entspricht dem konjugiert komplexen Wurzelfall. Bei Bezugnahme auf die Funktion $\overline{\mathrm{sd}}^2$ erhält man

$$\left.\begin{aligned}
&\int_0^z \frac{d\bar z}{\overline{\mathrm{sd}}^2(\bar z, k) - t_0^2} = \int_{\overline{\mathrm{sd}}}^{\infty} \frac{dt}{(t^2 - t_0^2)\sqrt{t^4 - 6e_2 t^2 + 1}} \\
&\quad = \frac{1}{\wp_5'(z_0, k')}\left[\pi + \frac{1}{i}\ln\frac{\vartheta_5(\zeta - i\varkappa\zeta_0, \varkappa)}{\vartheta_5(\zeta + i\varkappa\zeta_0, \varkappa)} - 8\pi\zeta\zeta_0 - 2\frac{\zeta}{\varkappa}\frac{\partial\ln\vartheta_5(z_0, k')}{\partial\zeta_0}\right], \\
&\text{für } t_0^2 = -\overline{\mathrm{sd}}^2(z_0, k'); \\
&\int_0^z \frac{d\bar z}{\overline{\mathrm{sd}}^2(\bar z, k) - t_0^2} = \int_{\overline{\mathrm{sd}}}^{\infty} \frac{dt}{(t^2 - t_0^2)\sqrt{t^4 - 6e_2 t^2 + 1}} \\
&\quad = \frac{1}{\wp_5'(z_0, k)}\left[\ln\frac{\vartheta_5(\zeta - \zeta_0, \varkappa)}{\vartheta_5(\zeta + \zeta_0, \varkappa)} + 2\zeta\frac{\partial\ln\vartheta_5(z_0, k)}{\partial\zeta_0}\right], \\
&\text{für } t_0^2 = +\overline{\mathrm{sd}}^2(z_0, k).
\end{aligned}\right\} \tag{983}$$

Für die Übergangsstelle $t_0^2 = 0$ liefert die vierte der Gln. (930) in Verbindung mit der mittleren der Gln. (774)

$$\int_0^z \frac{d\bar z}{\overline{\mathrm{sd}}^2(\bar z, k)} = \int_{\overline{\mathrm{sd}}}^{\infty} \frac{dt}{t^2\sqrt{t^4 - 6e_2 t^2 + 1}} = z - 2E(z, k) - \overline{\mathrm{cn}}\,(z, k). \tag{983'}$$

In den Gln. (973) bis (983) ist für z immer diejenige Umkehrfunktion zu wählen, welche zu den in den Grenzen der algebraischen Integralformen auftretenden Jacobischen elliptischen Funktionen bzw. logarithmischen Ableitungen gehört. z_0 stellt jeweils diejenige Umkehrfunktion dar, die sich aus dem bei den einzelnen Bereichsgrenzen hinzugesetzten funktionalen Zusammenhang ergibt. Für die auf den rechten Seiten auftretenden logarithmischen Quotientenfunktionen kann auf die Entwicklungen (177) und (178) verwiesen werden.

Wird in (973) bis (983) $z = K$ gesetzt, so gehen die Integrale in die vollständigen elliptischen Normalintegrale dritter Gattung über. In ihnen verschwinden nach den Entwicklungen (177) und (178) die logarithmischen Glieder. Mit (799) und (802) erhält man:

$$\left.\begin{aligned}
&\int_0^K \frac{dz}{\mathrm{cs}^2(z, k) - t_0^2} = \int_0^{\infty} \frac{dt}{(t^2 - t_0^2)\sqrt{(t^2+1)(t^2+k'^2)}} \\
&\quad = \frac{-2K}{\wp_1'(z_0, k')}\left[\frac{\pi(z_0 - K')}{2KK'} + \frac{\partial\ln\vartheta_1(z_0, k')}{\partial z_0}\right], \qquad (-\infty < t_0^2 = -\mathrm{ns}^2(z_0, k') \leqq -1), \\
&\int_0^K \frac{dz}{\mathrm{cs}^2(z, k) - t_0^2} = \int_0^{\infty} \frac{dt}{(t^2 - t_0^2)\sqrt{(t^2+1)(t^2+k'^2)}} \\
&\quad = \frac{2K}{\wp_3'(z_0, k)}\frac{\partial\ln\vartheta_3(z_0, k)}{\partial z_0}, \qquad (-1 \leqq t_0^2 = -k'^2\,\mathrm{nd}^2(z_0, k) \leqq -k'^2), \\
&\int_0^K \frac{dz}{\mathrm{cs}^2(z, k) - t_0^2} = \int_0^{\infty} \frac{dt}{(t^2 - t_0^2)\sqrt{(t^2+1)(t^2+k'^2)}} \\
&\quad = \frac{-2K}{\wp_3'(z_0, k')}\left[\frac{\pi z_0}{2KK'} + \frac{\partial\ln\vartheta_3(z_0, k')}{\partial z_0}\right], \qquad (-k'^2 \leqq t_0^2 = -k'^2\,\mathrm{cd}^2(z_0, k') \leqq 0), \\
&\int_0^K \frac{dz}{\mathrm{cs}^2(z, k) - t_0^2} = \int_0^{\infty} \frac{dt}{(t^2 - t_0^2)\sqrt{(t^2+1)(t^2+k'^2)}} \\
&\quad = \frac{2K}{\wp_1'(z_0, k)}\frac{\partial\ln\vartheta_1(z_0, k)}{\partial z_0}. \qquad (0 \leqq t_0^2 = \mathrm{cs}^2(z_0, k) < +\infty).
\end{aligned}\right\} \tag{984}$$

$$\left.\begin{aligned}
&\int_0^K \frac{dz}{\mathrm{ds}^2(z,k)-t_0^2} = \int_{k'}^{\infty} \frac{dt}{(t^2-t_0^2)\sqrt{(t^2+k^2)(t^2-k'^2)}} \\
&\qquad = \frac{-2K}{\wp_1'(z_0,k')}\left[\frac{\pi(z_0-K')}{2KK'}+\frac{\partial \ln \vartheta_1(z_0,k')}{\partial z_0}\right], \qquad (-\infty < t_0^2 = -\mathrm{ds}^2(z_0,k') \leqq -k^2), \\
&\int_0^K \frac{dz}{\mathrm{ds}^2(z,k)-t_0^2} = \int_{k'}^{\infty} \frac{dt}{(t^2-t_0^2)\sqrt{(t^2+k^2)(t^2-k'^2)}} \\
&\qquad = \frac{2K}{\wp_3'(z_0,k)}\frac{\partial \ln \vartheta_3(z_0,k)}{\partial z_0}, \qquad (-k^2 \leqq t_0^2 = -k^2k'^2\,\mathrm{sd}^2(z_0,k) \leqq 0), \\
&\int_0^K \frac{dz}{\mathrm{ds}^2(z,k)-t_0^2} = \int_{k'}^{\infty} \frac{dt}{(t^2-t_0^2)\sqrt{(t^2+k^2)(t^2-k'^2)}} \\
&\qquad = \frac{-2K}{\wp_3'(z_0,k')}\left[\frac{\pi z_0}{2KK'}+\frac{\partial \ln \vartheta_3(z_0,k')}{\partial z_0}\right], \qquad (0 \leqq t_0^2 = k^2k'^2\,\mathrm{sd}^2(z_0,k') \leqq k'^2), \\
&\int_0^K \frac{dz}{\mathrm{ds}^2(z,k)-t_0^2} = \int_{k'}^{\infty} \frac{dt}{(t^2-t_0^2)\sqrt{(t^2+k^2)(t^2-k'^2)}} \\
&\qquad = \frac{2K}{\wp_1'(z_0,k)}\frac{\partial \ln \vartheta_1(z_0,k)}{\partial z_0}. \qquad (k'^2 \leqq t_0^2 = \mathrm{ds}^2(z_0,k) < +\infty).
\end{aligned}\right\} \quad (985)$$

$$\left.\begin{aligned}
&\int_0^K \frac{dz}{\mathrm{ns}^2(z,k)-t_0^2} = \int_1^{\infty} \frac{dt}{(t^2-t_0^2)\sqrt{(t^2-1)(t^2-k^2)}} \\
&\qquad = \frac{-2K}{\wp_1'(z_0,k')}\left[\frac{\pi(z_0-K')}{2KK'}+\frac{\partial \ln \vartheta_1(z_0,k')}{\partial z_0}\right], \qquad (-\infty < t_0^2 = -\mathrm{cs}^2(z_0,k') \leqq 0), \\
&\int_0^K \frac{dz}{\mathrm{ns}^2(z,k)-t_0^2} = \int_1^{\infty} \frac{dt}{(t^2-t_0^2)\sqrt{(t^2-1)(t^2-k^2)}} \\
&\qquad = \frac{2K}{\wp_3'(z_0,k)}\frac{\partial \ln \vartheta_3(z_0,k)}{\partial z_0}, \qquad (0 \leqq t_0^2 = k^2\,\mathrm{cd}^2(z_0,k) \leqq k^2), \\
&\int_0^K \frac{dz}{\mathrm{ns}^2(z,k)-t_0^2} = \int_1^{\infty} \frac{dt}{(t^2-t_0^2)\sqrt{(t^2-1)(t^2-k^2)}} \\
&\qquad = \frac{-2K}{\wp_3'(z_0,k')}\left[\frac{\pi z_0}{2KK'}+\frac{\partial \ln \vartheta_3(z_0,k')}{\partial z_0}\right], \qquad (k^2 \leqq t_0^2 = k^2\,\mathrm{nd}^2(z_0,k') \leqq 1), \\
&\int_0^K \frac{dz}{\mathrm{ns}^2(z,k)-t_0^2} = \int_1^{\infty} \frac{dt}{(t^2-t_0^2)\sqrt{(t^2-1)(t^2-k^2)}} \\
&\qquad = \frac{2K}{\wp_1'(z_0,k)}\frac{\partial \ln \vartheta_1(z_0,k)}{\partial z_0}. \qquad (1 \leqq t_0^2 = \mathrm{ns}^2(z_0,k) < +\infty).
\end{aligned}\right\} \quad (986)$$

$$\begin{aligned}
&\int_0^K \frac{dz}{\mathrm{sc}^2(z,k)-t_0^2} = \int_0^{\infty} \frac{dt}{(t^2-t_0^2)\sqrt{(1+t^2)(1+k'^2t^2)}} \\
&\qquad = \frac{-2Kk'^2}{\wp_2'(z_0,k')}\left[\frac{\pi z_0}{2KK'}+\frac{\partial \ln \vartheta_2(z_0,k')}{\partial z_0}\right], \qquad \left(-\infty < t_0^2 = -\frac{1}{k'^2}\,\mathrm{dc}^2(z_0,k') \leqq -\frac{1}{k'^2}\right), \\
&\int_0^K \frac{dz}{\mathrm{sc}^2(z,k)-t_0^2} = \int_0^{\infty} \frac{dt}{(t^2-t_0^2)\sqrt{(1+t^2)(1+k'^2t^2)}} \\
&\qquad = \frac{2Kk'^2}{\wp_4'(z_0,k)}\frac{\partial \ln \vartheta_4(z_0,k)}{\partial z_0}, \qquad \left(-\frac{1}{k'^2} \leqq t_0^2 = -\frac{1}{k'^2}\,\mathrm{dn}^2(z_0,k) \leqq -1\right),
\end{aligned}$$

$$\left.\begin{aligned}
\int_0^K \frac{dz}{\mathrm{sc}^2(z,k)-t_0^2} &= \int_0^\infty \frac{dt}{(t^2-t_0^2)\sqrt{(1+t^2)(1+k'^2t^2)}}\\
&= \frac{-2Kk'^2}{\wp_4'(z_0,k')}\left[\frac{\pi(z_0-K')}{2KK'}+\frac{\partial\ln\vartheta_4(z_0,k')}{\partial z_0}\right], \quad (-1\leqq t_0^2=-\mathrm{sn}^2(z_0,k')\leqq 0),\\
\int_0^K \frac{dz}{\mathrm{sc}^2(z,k)-t_0^2} &= \int_0^\infty \frac{dt}{(t^2-t_0^2)\sqrt{(1+t^2)(1+k'^2t^2)}}\\
&= \frac{2Kk'^2}{\wp_2'(z_0,k)}\,\frac{\partial\ln\vartheta_2(z_0,k)}{\partial z_0}. \quad (0\leqq t_0^2=\mathrm{sc}^2(z_0,k)<+\infty).
\end{aligned}\right\}\quad (987)$$

$$\left.\begin{aligned}
\int_0^K \frac{dz}{\mathrm{nc}^2(z,k)-t_0^2} &= \int_1^\infty \frac{dt}{(t^2-t_0^2)\sqrt{(t^2-1)(k^2+k'^2t^2)}}\\
&= \frac{-2Kk'^2}{\wp_2'(z_0,k')}\left[\frac{\pi z_0}{2KK'}+\frac{\partial\ln\vartheta_2(z_0,k')}{\partial z_0}\right], \quad \left(-\infty<t_0^2=-\frac{k^2}{k'^2}\mathrm{nc}^2(z_0,k')\leqq-\frac{k^2}{k'^2}\right),\\
\int_0^K \frac{dz}{\mathrm{nc}^2(z,k)-t_0^2} &= \int_1^\infty \frac{dt}{(t^2-t_0^2)\sqrt{(t^2-1)(k^2+k'^2t^2)}}\\
&= \frac{2Kk'^2}{\wp_4'(z_0,k)}\,\frac{\partial\ln\vartheta_4(z_0,k)}{\partial z_0}, \quad \left(-\frac{k^2}{k'^2}\leqq t_0^2=-\frac{k^2}{k'^2}\mathrm{cn}^2(z_0,k)\leqq 0\right),\\
\int_0^K \frac{dz}{\mathrm{nc}^2(z,k)-t_0^2} &= \int_1^\infty \frac{dt}{(t^2-t_0^2)\sqrt{(t^2-1)(k^2+k'^2t^2)}}\\
&= \frac{-2Kk'^2}{\wp_4'(z_0,k')}\left[\frac{\pi(z_0-K')}{2KK'}+\frac{\partial\ln\vartheta_4(z_0,k')}{\partial z_0}\right], \quad (0\leqq t_0^2=\mathrm{cn}^2(z_0,k')\leqq 1),\\
\int_0^K \frac{dz}{\mathrm{nc}^2(z,k)-t_0^2} &= \int_1^\infty \frac{dt}{(t^2-t_0^2)\sqrt{(t^2-1)(k^2+k'^2t^2)}}\\
&= \frac{2Kk'^2}{\wp_2'(z_0,k)}\,\frac{\partial\ln\vartheta_2(z_0,k)}{\partial z_0}. \quad (1\leqq t_0^2=\mathrm{nc}^2(z_0,k)<+\infty).
\end{aligned}\right\}\quad (988)$$

$$\left.\begin{aligned}
\int_0^K \frac{dz}{\mathrm{nd}^2(z,k)-t_0^2} &= \int_1^{1/k'} \frac{dt}{(t^2-t_0^2)\sqrt{(t^2-1)(1-k'^2t^2)}}\\
&= \frac{-2Kk'^2}{\wp_1'(z_0,k)}\,\frac{\partial\ln\vartheta_1(z_0,k)}{\partial z_0}, \quad \left(-\infty<t_0^2=-\frac{1}{k'^2}\mathrm{cs}^2(z_0,k)\leqq 0\right),\\
\int_0^K \frac{dz}{\mathrm{nd}^2(z,k)-t_0^2} &= \int_1^{1/k'} \frac{dt}{(t^2-t_0^2)\sqrt{(t^2-1)(1-k'^2t^2)}}\\
&= \frac{2Kk'^2}{\wp_3'(z_0,k')}\left[\frac{\pi(z_0-K')}{2KK'}+\frac{\partial\ln\vartheta_3(z_0,k')}{\partial z_0}\right], \quad (0\leqq t_0^2=\mathrm{cd}^2(z_0,k')\leqq 1),\\
\int_0^K \frac{dz}{\mathrm{nd}^2(z,k)-t_0^2} &= \int_1^{1/k'} \frac{dt}{(t^2-t_0^2)\sqrt{(t^2-1)(1-k'^2t^2)}}\\
&= \frac{-2Kk'^2}{\wp_3'(z_0,k)}\,\frac{\partial\ln\vartheta_3(z_0,k)}{\partial z_0}, \quad \left(1\leqq t_0^2=\mathrm{nd}^2(z_0,k)\leqq\frac{1}{k'^2}\right),\\
\int_0^K \frac{dz}{\mathrm{nd}^2(z,k)-t_0^2} &= \int_1^{1/k'} \frac{dt}{(t^2-t_0^2)\sqrt{(t^2-1)(1-k'^2t^2)}}\\
&= \frac{2Kk'^2}{\wp_1'(z_0,k')}\left[\frac{\pi z_0}{2KK'}+\frac{\partial\ln\vartheta_1(z_0,k')}{\partial z_0}\right]. \quad \left(\frac{1}{k'^2}\leqq t_0^2=\frac{1}{k'^2}\mathrm{ns}^2(z_0,k')<+\infty\right).
\end{aligned}\right\}\quad (989)$$

$$\left.\begin{aligned}
\int_0^K \frac{dz}{\operatorname{sd}^2(z,k)-t_0^2} &= \int_0^{1/k'} \frac{dt}{(t^2-t_0^2)\sqrt{(1+k^2t^2)(1-k'^2t^2)}} \\
&= \frac{-2Kk^2k'^2}{\wp_1'(z_0,k)}\,\frac{\partial \ln \vartheta_1(z_0,k)}{\partial z_0}, \qquad \left(-\infty < t_0^2 = -\frac{1}{k^2k'^2}\operatorname{ds}^2(z_0,k) \leqq -\frac{1}{k^2}\right), \\
\int_0^K \frac{dz}{\operatorname{sd}^2(z,k)-t_0^2} &= \int_0^{1/k'} \frac{dt}{(t^2-t_0^2)\sqrt{(1+k^2t^2)(1-k'^2t^2)}} \\
&= \frac{2Kk^2k'^2}{\wp_3'(z_0,k')}\left[\frac{\pi(z_0-K')}{2KK'} + \frac{\partial \ln \vartheta_3(z_0,k')}{\partial z_0}\right], \qquad \left(-\frac{1}{k^2} \leqq t_0^2 = -\operatorname{sd}^2(z_0,k') \leqq 0\right), \\
\int_0^K \frac{dz}{\operatorname{sd}^2(z,k)-t_0^2} &= \int_0^{1/k'} \frac{dt}{(t^2-t_0^2)\sqrt{(1+k^2t^2)(1-k'^2t^2)}} \\
&= \frac{-2Kk^2k'^2}{\wp_3'(z_0,k)}\,\frac{\partial \ln \vartheta_3(z_0,k)}{\partial z_0}, \qquad \left(0 \leqq t_0^2 = +\operatorname{sd}^2(z_0,k) \leqq \frac{1}{k'^2}\right), \\
\int_0^K \frac{dz}{\operatorname{sd}^2(z,k)-t_0^2} &= \int_0^{1/k'} \frac{dt}{(t^2-t_0^2)\sqrt{(1+k^2t^2)(1-k'^2t^2)}} \\
&= \frac{2Kk^2k'^2}{\wp_1'(z_0,k')}\left[\frac{\pi z_0}{2KK'} + \frac{\partial \ln \vartheta_1(z_0,k')}{\partial z_0}\right]. \qquad \left(\frac{1}{k'^2} \leqq t_0^2 = \frac{1}{k^2k'^2}\operatorname{ds}^2(z_0,k') < +\infty\right).
\end{aligned}\right\} \quad (990)$$

$$\left.\begin{aligned}
\int_0^K \frac{dz}{\operatorname{dn}^2(z,k)-t_0^2} &= \int_{k'}^{1} \frac{dt}{(t^2-t_0^2)\sqrt{(1-t^2)(t^2-k'^2)}} \\
&= \frac{-2K}{\wp_2'(z_0,k)}\,\frac{\partial \ln \vartheta_2(z_0,k)}{\partial z_0}, \qquad (-\infty < t_0^2 = -k'^2\operatorname{sc}^2(z_0,k) \leqq 0), \\
\int_0^K \frac{dz}{\operatorname{dn}^2(z,k)-t_0^2} &= \int_{k'}^{1} \frac{dt}{(t^2-t_0^2)\sqrt{(1-t^2)(t^2-k'^2)}} \\
&= \frac{2K}{\wp_4'(z_0,k')}\left[\frac{\pi z_0}{2KK'} + \frac{\partial \ln \vartheta_4(z_0,k')}{\partial z_0}\right], \qquad (0 \leqq t_0^2 = k'^2\operatorname{sn}^2(z_0,k') \leqq k'^2), \\
\int_0^K \frac{dz}{\operatorname{dn}^2(z,k)-t_0^2} &= \int_{k'}^{1} \frac{dt}{(t^2-t_0^2)\sqrt{(1-t^2)(t^2-k'^2)}} \\
&= \frac{-2K}{\wp_4'(z_0,k)}\,\frac{\partial \ln \vartheta_4(z_0,k)}{\partial z_0}, \qquad (k'^2 \leqq t_0^2 = \operatorname{dn}^2(z_0,k) \leqq 1), \\
\int_0^K \frac{dz}{\operatorname{dn}^2(z,k)-t_0^2} &= \int_{k'}^{1} \frac{dt}{(t^2-t_0^2)\sqrt{(1-t^2)(t^2-k'^2)}} \\
&= \frac{2K}{\wp_2'(z_0,k')}\left[\frac{\pi(z_0-K')}{2KK'} + \frac{\partial \ln \vartheta_2(z_0,k')}{\partial z_0}\right]. \qquad (1 \leqq t_0^2 = \operatorname{dc}^2(z_0,k') < +\infty).
\end{aligned}\right\} \quad (991)$$

$$\begin{aligned}
\int_0^K \frac{dz}{\operatorname{cn}^2(z,k)-t_0^2} &= \int_0^{1} \frac{dt}{(t^2-t_0^2)\sqrt{(1-t^2)(k'^2+k^2t^2)}} \\
&= \frac{-2Kk^2}{\wp_2'(z_0,k)}\,\frac{\partial \ln \vartheta_2(z_0,k)}{\partial z_0}, \qquad \left(-\infty < t_0^2 = -\frac{k'^2}{k^2}\operatorname{nc}^2(z_0,k) \leqq -\frac{k'^2}{k^2}\right), \\
\int_0^K \frac{dz}{\operatorname{cn}^2(z,k)-t_0^2} &= \int_0^{1} \frac{dt}{(t^2-t_0^2)\sqrt{(1-t^2)(k'^2+k^2t^2)}} \\
&= \frac{2Kk^2}{\wp_4'(z_0,k')}\left[\frac{\pi z_0}{2KK'} + \frac{\partial \ln \vartheta_4(z_0,k')}{\partial z_0}\right], \qquad \left(-\frac{k'^2}{k^2} \leqq t_0^2 = -\frac{k'^2}{k^2}\operatorname{cn}^2(z_0,k') \leqq 0\right),
\end{aligned}$$

$$\left.\begin{aligned}
\int_0^K \frac{dz}{\operatorname{cn}^2(z,k)-t_0^2} &= \int_0^1 \frac{dt}{(t^2-t_0^2)\sqrt{(1-t^2)(k'^2+k^2t^2)}}\\
&= \frac{-2Kk^2}{\wp_4'(z_0,k)}\,\frac{\partial \ln \vartheta_4(z_0,k)}{\partial z_0}, && (0 \leqq t_0^2 = \operatorname{cn}^2(z_0,k) \leqq 1),\\
\int_0^K \frac{dz}{\operatorname{cn}^2(z,k)-t_0^2} &= \int_0^1 \frac{dt}{(t^2-t_0^2)\sqrt{(1-t^2)(k'^2+k^2t^2)}}\\
&= \frac{2Kk^2}{\wp_2'(z_0,k')}\left[\frac{\pi(z_0-K')}{2KK'}+\frac{\partial \ln \vartheta_2(z_0,k')}{\partial z_0}\right]. && (1 \leqq t_0^2 = \operatorname{nc}^2(z_0,k') < +\infty).
\end{aligned}\right\}\tag{992}$$

$$\left.\begin{aligned}
\int_0^K \frac{dz}{\operatorname{sn}^2(z,k)-t_0^2} &= \int_0^1 \frac{dt}{(t^2-t_0^2)\sqrt{(1-t^2)(1-k^2t^2)}}\\
&= \frac{-2Kk^2}{\wp_2'(z_0,k')}\left[\frac{\pi(z_0-K')}{2KK'}+\frac{\partial \ln \vartheta_2(z_0,k')}{\partial z_0}\right], && (-\infty < t_0^2 = -\operatorname{sc}^2(z_0,k') \leqq 0),\\
\int_0^K \frac{dz}{\operatorname{sn}^2(z,k)-t_0^2} &= \int_0^1 \frac{dt}{(t^2-t_0^2)\sqrt{(1-t^2)(1-k^2t^2)}}\\
&= \frac{2Kk^2}{\wp_4'(z_0,k)}\,\frac{\partial \ln \vartheta_4(z_0,k)}{\partial z_0}, && (0 \leqq t_0^2 = \operatorname{sn}^2(z_0,k) \leqq 1),\\
\int_0^K \frac{dz}{\operatorname{sn}^2(z,k)-t_0^2} &= \int_0^1 \frac{dt}{(t^2-t_0^2)\sqrt{(1-t^2)(1-k^2t^2)}}\\
&= \frac{-2Kk^2}{\wp_4'(z_0,k')}\left[\frac{\pi z_0}{2KK'}+\frac{\partial \ln \vartheta_4(z_0,k')}{\partial z_0}\right], && \left(1 \leqq t_0^2 = \frac{1}{k^2}\operatorname{dn}^2(z_0,k') \leqq \frac{1}{k^2}\right),\\
\int_0^K \frac{dz}{\operatorname{sn}^2(z,k)-t_0^2} &= \int_0^1 \frac{dt}{(t^2-t_0^2)\sqrt{(1-t^2)(1-k^2t^2)}}\\
&= \frac{2Kk^2}{\wp_2'(z_0,k)}\,\frac{\partial \ln \vartheta_2(z_0,k)}{\partial z_0}. && \left(\frac{1}{k^2} \leqq t_0^2 = \frac{1}{k^2}\operatorname{dc}^2(z_0,k) < +\infty\right).
\end{aligned}\right\}\tag{993}$$

$$\left.\begin{aligned}
\int_0^K \frac{dz}{\overline{\operatorname{sd}}^2(z,k)-t_0^2} &= \int_0^\infty \frac{dt}{(t^2-t_0^2)\sqrt{t^4-6e_2t^2+1}}\\
&= \frac{2K}{\wp_5'(z_0,k')}\left[\frac{\pi(K'-2z_0)}{2KK'}-\frac{\partial \ln \vartheta_5(z_0,k')}{\partial z_0}\right], && (t_0^2 = -\overline{\operatorname{sd}}^2(z_0,k') \leqq 0),\\
\int_0^K \frac{dz}{\overline{\operatorname{sd}}^2(z,k)-t_0^2} &= \int_0^\infty \frac{dt}{(t^2-t_0^2)\sqrt{t^4-6e_2t^2+1}}\\
&= \frac{2K}{\wp_5'(z_0,k)}\,\frac{\partial \ln \vartheta_5(z_0,k)}{\partial z_0}. && (t_0^2 = +\overline{\operatorname{sd}}^2(z_0,k) \geqq 0).
\end{aligned}\right\}\tag{994}$$

Vergleicht man (994) mit (758)′ obere Gruppe, so wird in Verbindung mit der zweiten der Gleichung (771) ersichtlich, daß durch eine Ordinatenverschiebung um $t_0 = 2e_2$ das fünfte vollständige WEIERSTRASSsche Normalintegral dritter Gattung in dasjenige des bikomplexen Wurzelfalles der LEGENDREschen Form übergeht.

Die Abb. 193 bis 203 zeigen den Verlauf der durch (984) bis (994) dargestellten elliptischen Normalintegrale dritter Gattung in Abhängigkeit von t_0^2 unter Bezugnahme auf die Parameterwerte $\varkappa = 0, \frac{1}{4}, \frac{1}{2}, 1, 2$ und ∞. Aus diesen können auch die Formeln entnommen werden, in welche die Gln. (984) bis (994) ausarten, wenn $\varkappa \to 0$ und $\varkappa \to \infty$ geht.

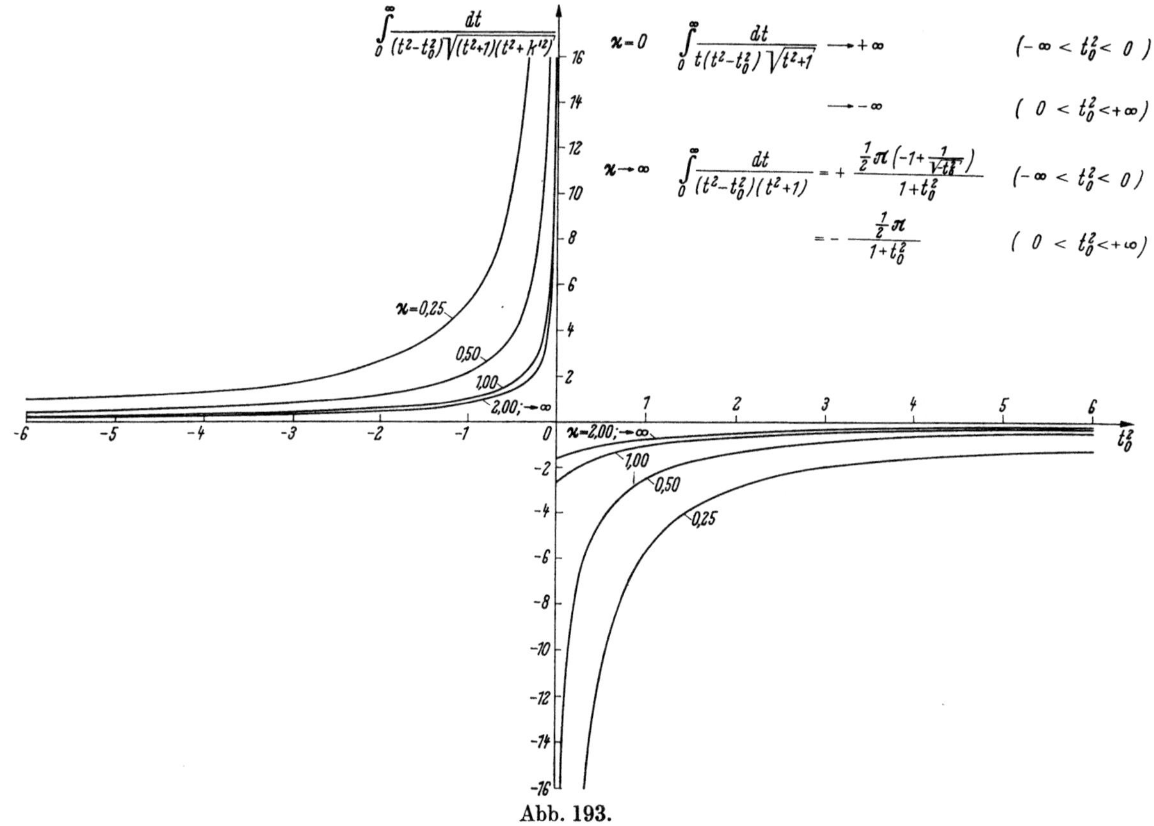

Abb. 193.

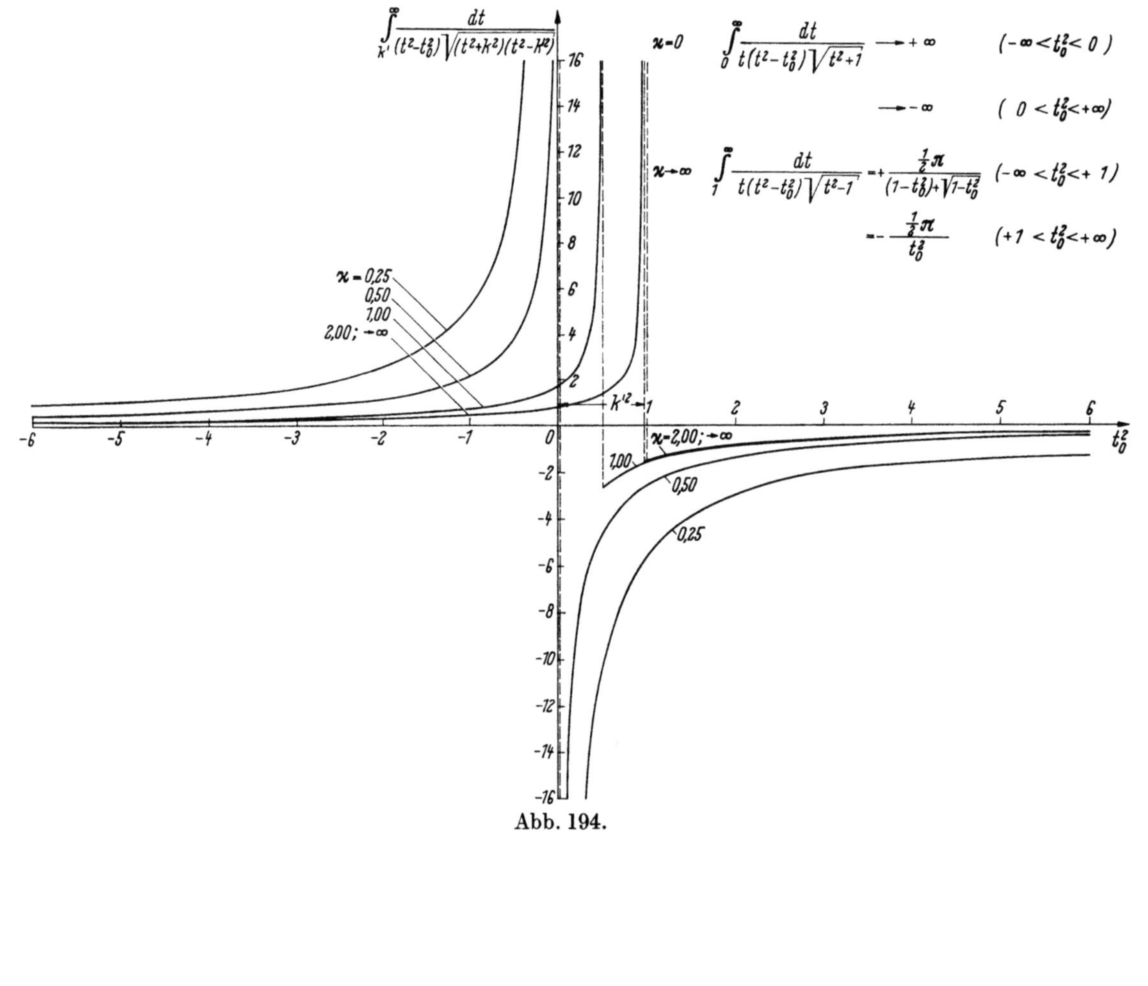

Abb. 194.

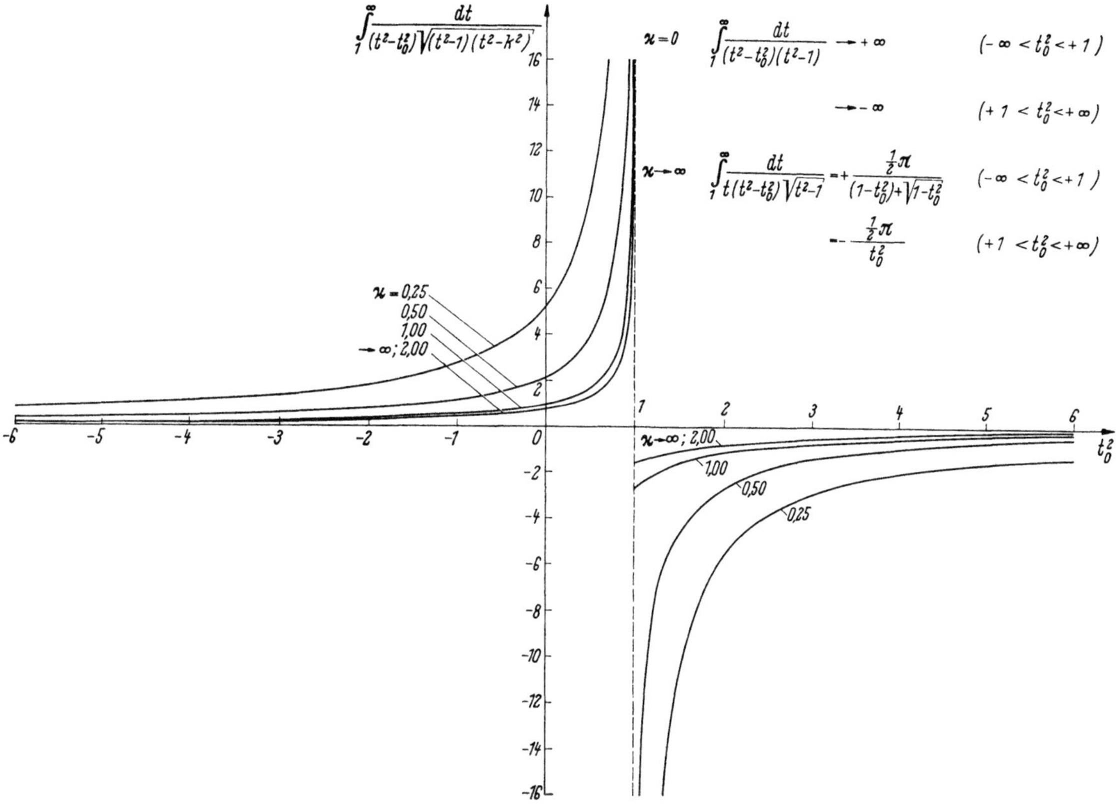

Abb. 195.

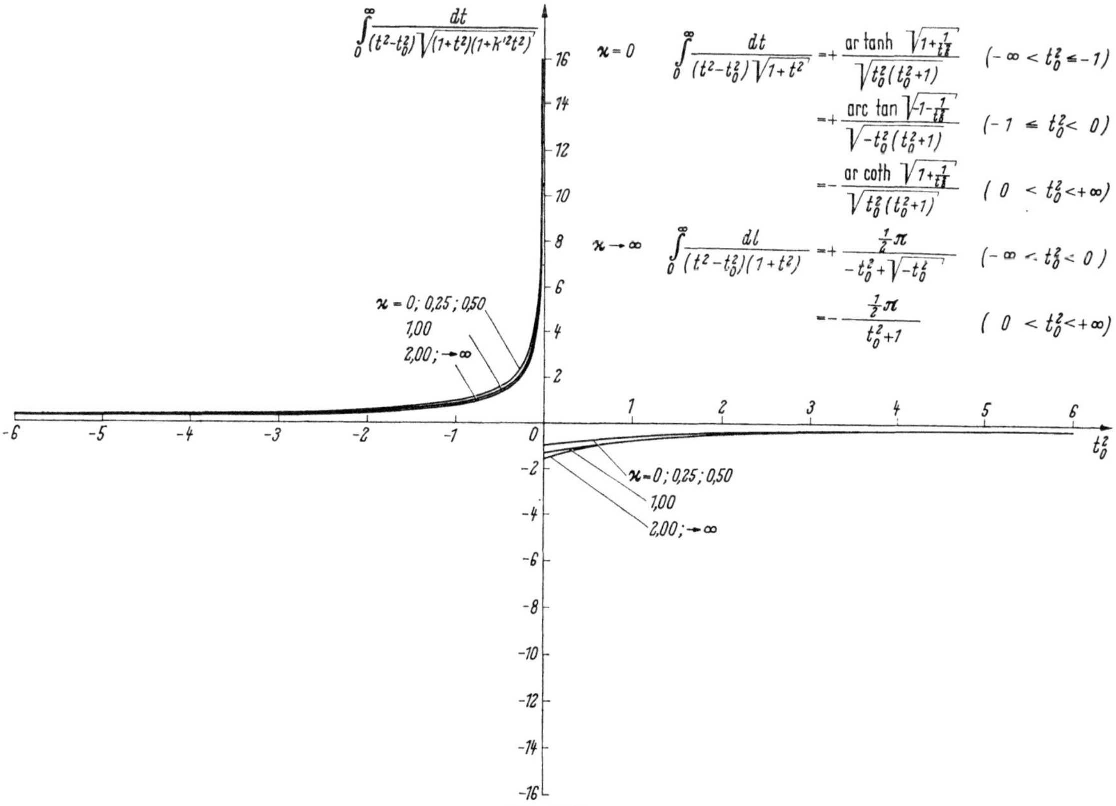

Abb. 196.

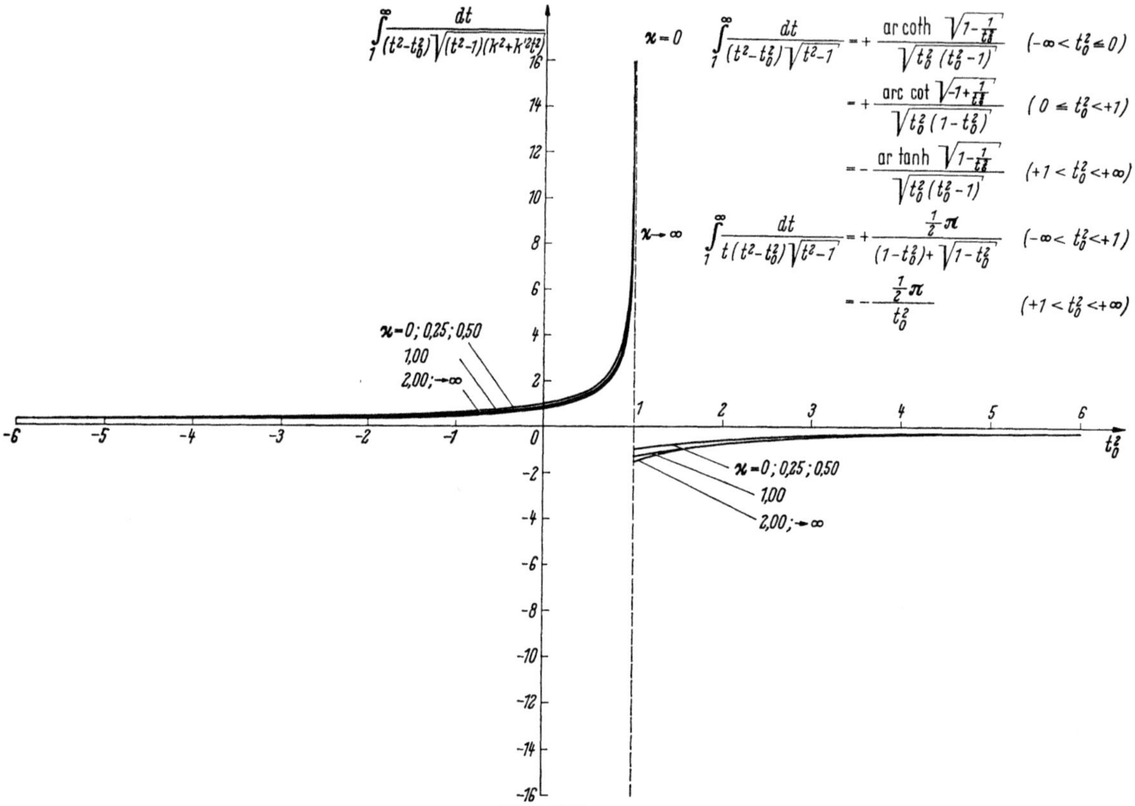

Abb. 197.

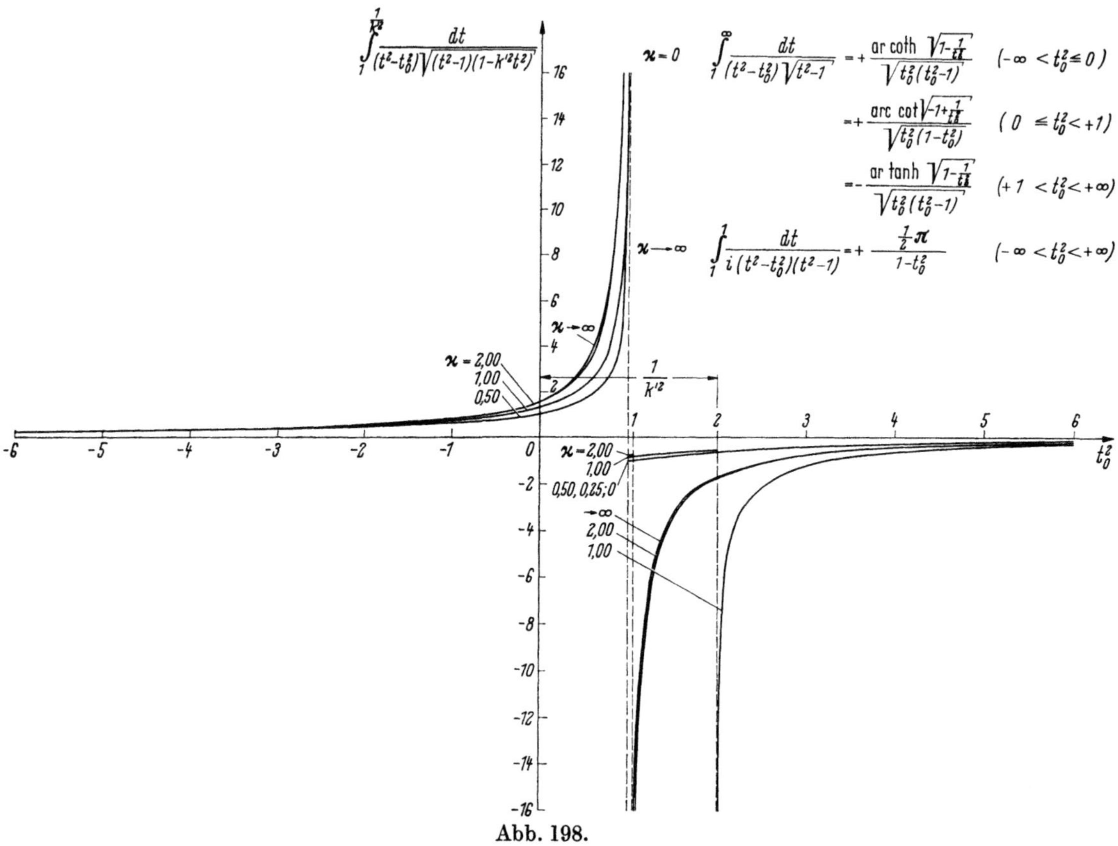

Abb. 198.

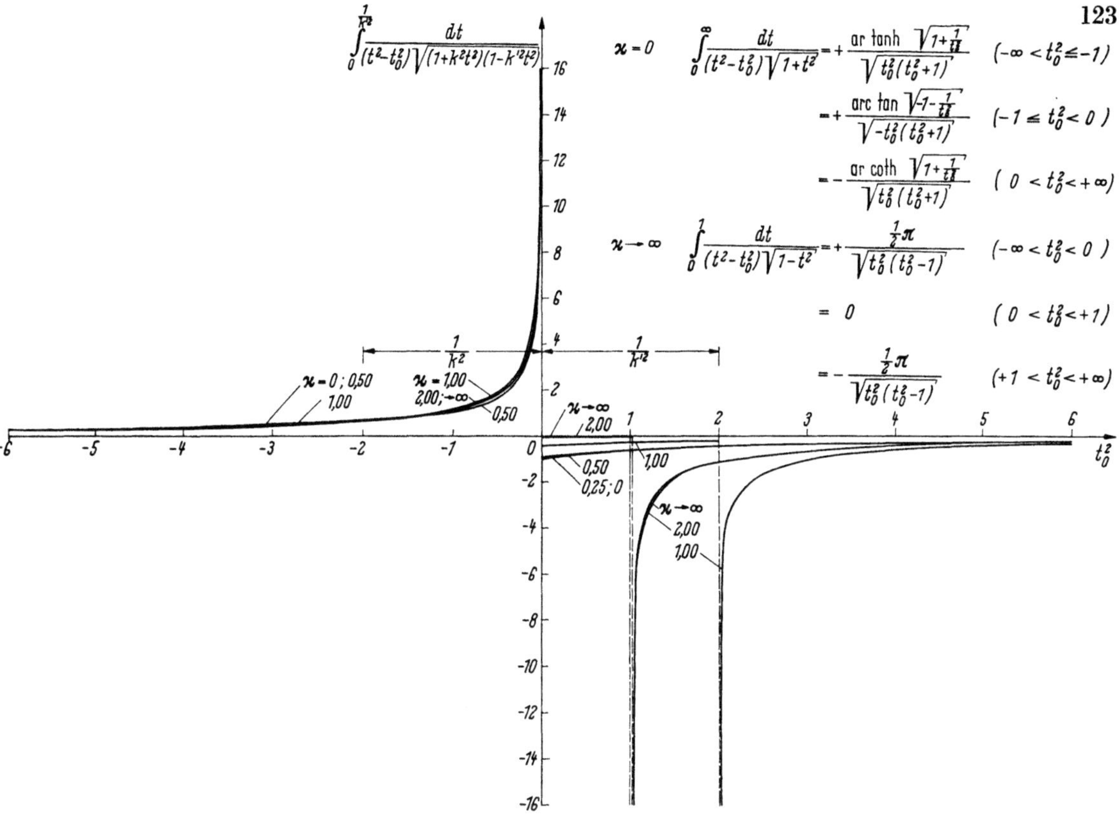

Abb. 199.

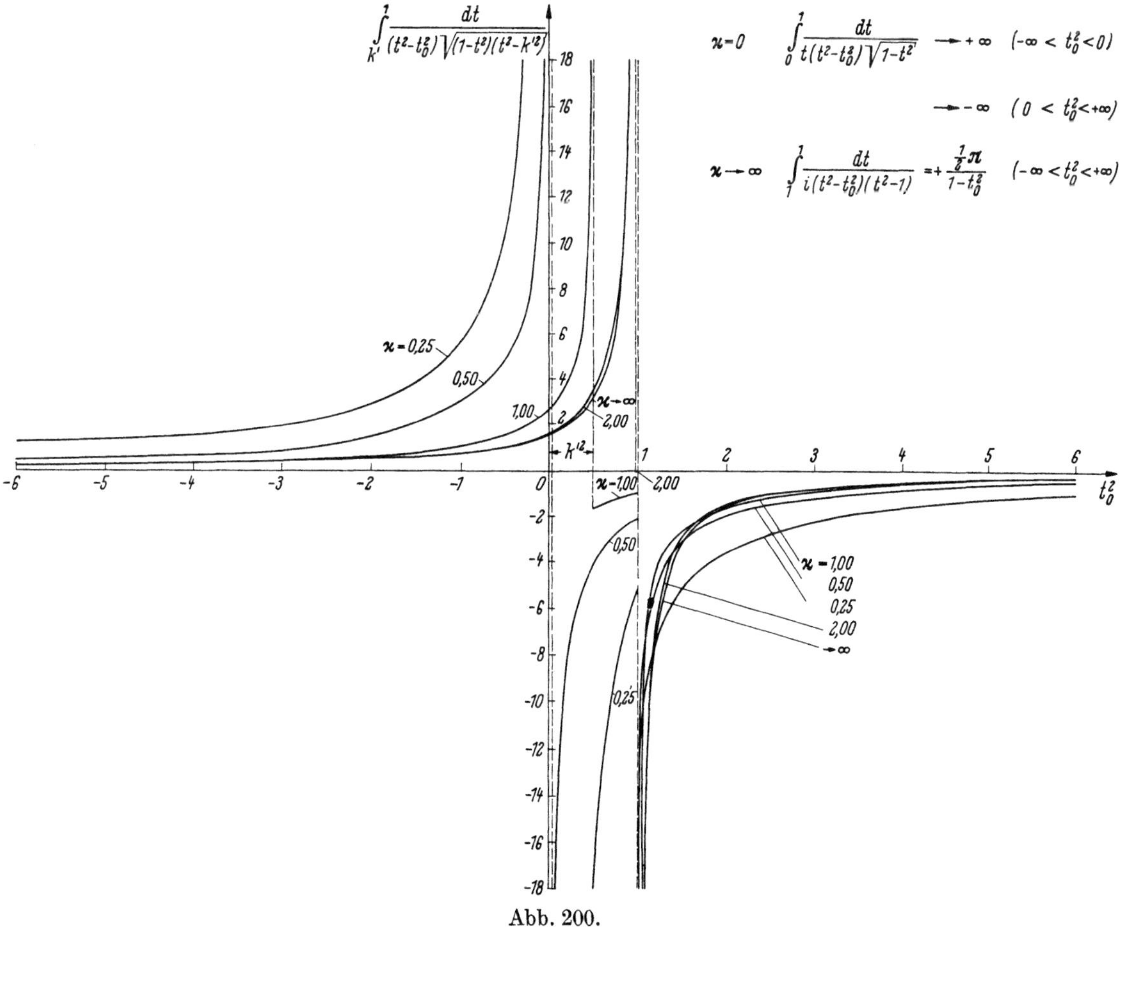

Abb. 200.

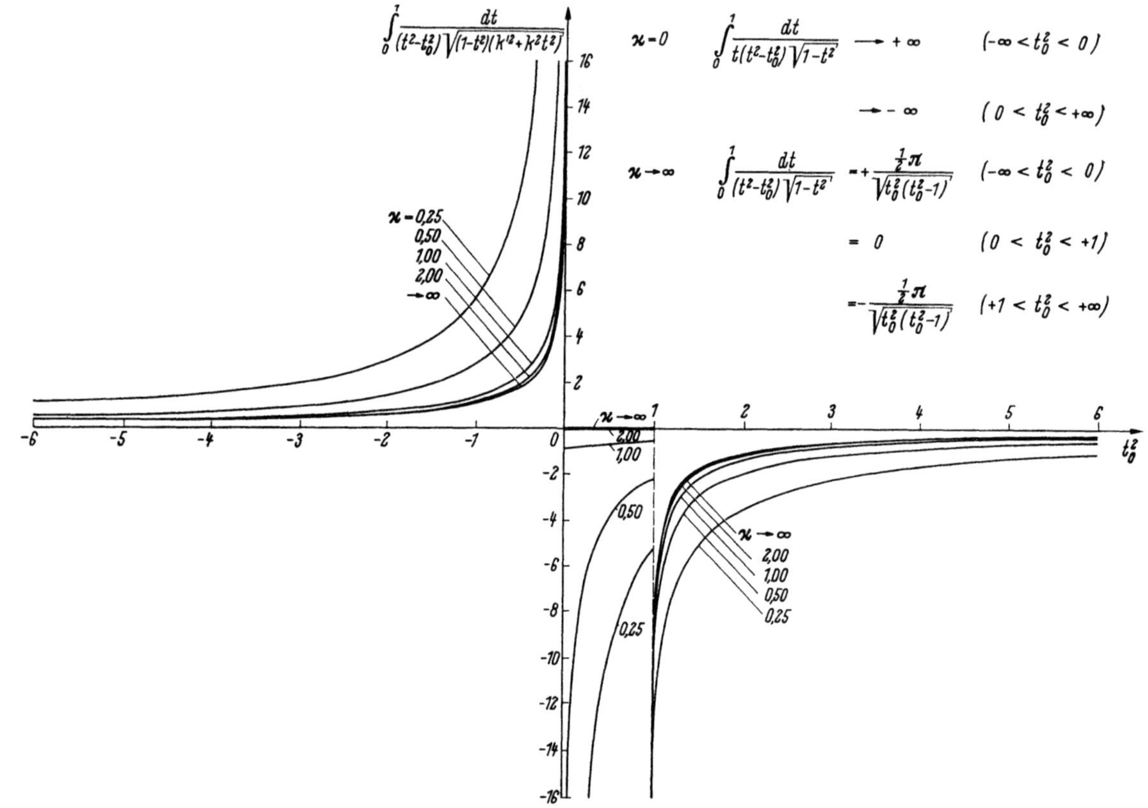

Abb. 201.

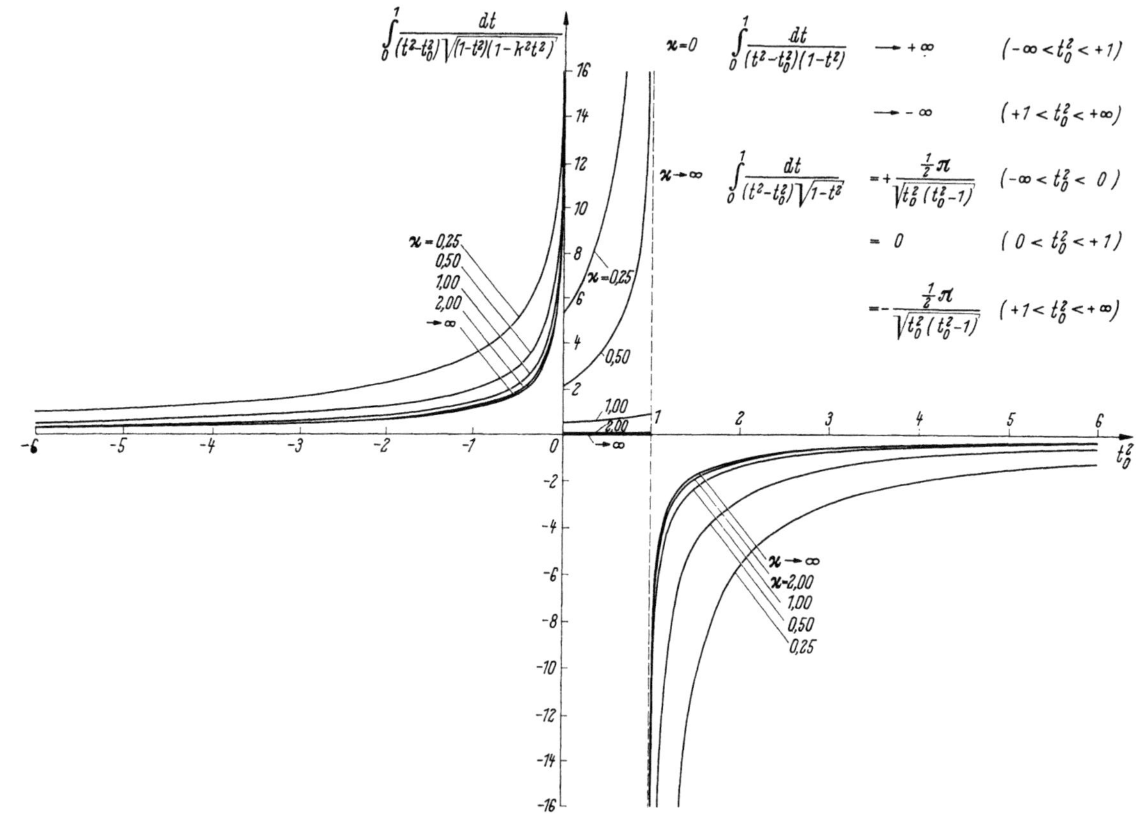

Abb. 202.

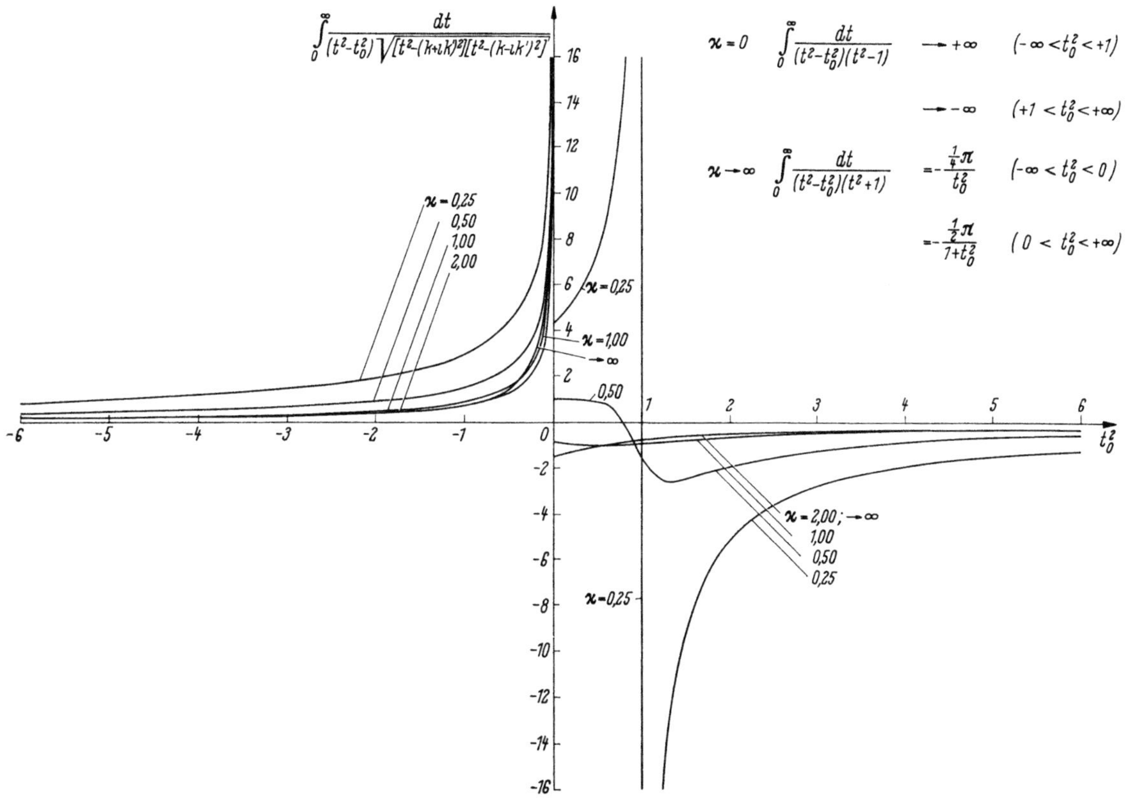

Abb. 203.

137. Darstellung der vollständigen Normalintegrale dritter Gattung durch Jacobische Zeta- und Heumansche Lambda-Funktionen

Mit Hilfe der Gln. (948) lassen sich die vollständigen Normalintegrale dritter Gattung vom hyperbolischen Typus durch HEUMANsche Lambda-Funktionen und vom kreisförmigen Typus durch JACOBIsche Zeta-Funktionen darstellen. Wird dabei gleichzeitig anstelle von z_0 auf die elliptische Amplitudenfunktion $\varphi_0 = \operatorname{amp} z_0 = \arcsin \operatorname{sn} z_0$ Bezug genommen, wofür die Gln. (905) zur Verfügung stehen, und bedient man sich zur Darstellung der elliptischen Funktionen von z_0 durch t_0^2 der Gln. (781), (784) und (786), so folgt:

$$\int_0^K \frac{dz}{\operatorname{cs}^2(z,k) - t_0^2} = \int_0^\infty \frac{dt}{(t^2 - t_0^2)\sqrt{(t^2+1)(t^2+k'^2)}}$$

$$= -\frac{K}{t_0^2}\left[1 + \frac{\sqrt{-t_0^2}\left(\Lambda^*\left(\arcsin\sqrt{\frac{-1}{t_0}},\, k'\right) - \frac{\pi}{2K}\right)}{\sqrt{(t_0^2+1)(t_0^2+k'^2)}}\right], \qquad (-\infty < t_0^2 \leqq -1),$$

$$\int_0^K \frac{dz}{\operatorname{cs}^2(z,k) - t_0^2} = \int_0^\infty \frac{dt}{(t^2 - t_0^2)\sqrt{(t^2+1)(t^2+k'^2)}}$$

$$= -\frac{K}{t_0^2}\left[1 - \frac{\sqrt{-t_0^2}\, Z\left(\arcsin\frac{1}{k}\sqrt{1 + \frac{k'^2}{t_0^2}},\, k\right)}{\sqrt{-(t_0^2+1)(t_0^2+k'^2)}}\right], \qquad (-1 \leqq t_0^2 \leqq -k'^2), \qquad (995)$$

$$\int_0^K \frac{dz}{\mathrm{cs}^2(z,k)-t_0^2} = \int_0^\infty \frac{dt}{(t^2-t_0^2)\sqrt{(t^2+1)(t^2+k'^2)}}$$

$$= -\frac{K}{t_0^2+1}\left[1 - \frac{\sqrt{t_0^2+1}\,\Lambda^*\left(\arcsin\frac{1}{k'}\sqrt{\frac{t_0^2+k'^2}{t_0^2+1}},\,k'\right)}{\sqrt{-t_0^2(t_0^2+k'^2)}}\right], \quad (-k'^2 \leqq t_0^2 \leqq 0),$$

$$\int_0^K \frac{dz}{\mathrm{cs}^2(z,k)-t_0^2} = \int_0^\infty \frac{dt}{(t^2-t_0^2)\sqrt{(t^2+1)(t^2+k'^2)}}$$

$$= -\frac{K}{t_0^2+1}\left[1 + \frac{\sqrt{t_0^2+1}\,Z\left(\arcsin\sqrt{\frac{1}{t_0^2+1}},\,k\right)}{\sqrt{t_0^2(t_0^2+k'^2)}}\right]. \quad (0 \leqq t_0^2 < +\infty).$$

$$\int_0^K \frac{dz}{\mathrm{ds}^2(z,k)-t_0^2} = \int_{k'}^\infty \frac{dt}{(t^2-t_0^2)\sqrt{(t^2+k^2)(t^2-k'^2)}}$$

$$= -\frac{K}{t_0^2-k'^2}\left[1 + \frac{\sqrt{-t_0^2+k'^2}\left(\Lambda^*\left(\arcsin\sqrt{\frac{1}{-t_0^2+k'^2}},\,k'\right)-\frac{\pi}{2K}\right)}{\sqrt{t_0^2(t_0^2+k^2)}}\right], \quad (-\infty < t_0^2 \leqq -k^2),$$

$$\int_0^K \frac{dz}{\mathrm{ds}^2(z,k)-t_0^2} = \int_{k'}^\infty \frac{dt}{(t^2-t_0^2)\sqrt{(t^2+k^2)(t^2-k'^2)}}$$

$$= -\frac{K}{t_0^2-k'^2}\left[1 - \frac{\sqrt{-t_0^2+k'^2}\,Z\left(\arcsin\frac{1}{k}\sqrt{\frac{t_0^2}{t_0^2-k'^2}},\,k\right)}{\sqrt{-t_0^2(t_0^2+k^2)}}\right], \quad (-k^2 \leqq t_0^2 \leqq 0),$$

$$\int_0^K \frac{dz}{\mathrm{ds}^2(z,k)-t_0^2} = \int_{k'}^\infty \frac{dt}{(t^2-t_0^2)\sqrt{(t^2+k^2)(t^2-k'^2)}} \tag{996}$$

$$= -\frac{K}{t_0^2+k^2}\left[1 - \frac{\sqrt{t_0^2+k^2}\,\Lambda^*\left(\arcsin\frac{1}{k'}\sqrt{\frac{t_0^2}{t_0^2+k^2}},\,k'\right)}{\sqrt{t_0^2(k'^2-t_0^2)}}\right], \quad (0 \leqq t_0^2 \leqq k'^2),$$

$$\int_0^K \frac{dz}{\mathrm{ds}^2(z,k)-t_0^2} = \int_{k'}^\infty \frac{dt}{(t^2-t_0^2)\sqrt{(t^2+k^2)(t^2-k'^2)}}$$

$$= -\frac{K}{t_0^2+k^2}\left[1 + \frac{\sqrt{t_0^2+k^2}\,Z\left(\arcsin\sqrt{\frac{1}{t_0^2+k^2}},\,k\right)}{\sqrt{t_0^2(t_0^2-k'^2)}}\right]. \quad (k'^2 \leqq t_0^2 < +\infty).$$

$$\int_0^K \frac{dz}{\mathrm{ns}^2(z,k)-t_0^2} = \int_1^\infty \frac{dt}{(t^2-t_0^2)\sqrt{(t^2-1)(t^2-k^2)}}$$

$$= \frac{K}{1-t_0^2}\left[1 + \frac{\sqrt{1-t_0^2}\left(\Lambda^*\left(\arcsin\sqrt{\frac{1}{1-t_0^2}},\,k'\right)-\frac{\pi}{2K}\right)}{\sqrt{t_0^2(t_0^2-k^2)}}\right], \quad (-\infty < t_0^2 \leqq 0),$$

$$\int_0^K \frac{dz}{\mathrm{ns}^2(z,k)-t_0^2} = \int_1^\infty \frac{dt}{(t^2-t_0^2)\sqrt{(t^2-1)(t^2-k^2)}}$$

$$= \frac{K}{1-t_0^2}\left[1 - \frac{\sqrt{1-t_0^2}\,Z\left(\arcsin\frac{1}{k}\sqrt{\frac{t_0^2-k^2}{t_0^2-1}},\,k\right)}{\sqrt{t_0^2(k^2-t_0^2)}}\right], \quad (0 \leqq t_0^2 \leqq k^2),$$

$$\left.\begin{aligned}
\int_0^K \frac{dz}{\mathrm{ns}^2(z,k)-t_0^2} &= \int_1^\infty \frac{dt}{(t^2-t_0^2)\sqrt{(t^2-1)(t^2-k^2)}} \\
&= \frac{-K}{t_0^2}\left[1-\frac{\sqrt{t_0^2}\,\Lambda^*\left(\arcsin\sqrt{\frac{t_0^2-k^2}{k'^2 t_0^2}},\,k'\right)}{\sqrt{(1-t_0^2)(t_0^2-k^2)}}\right], \qquad (k^2 \leqq t_0^2 \leqq 1), \\
\int_0^K \frac{dz}{\mathrm{ns}^2(z,k)-t_0^2} &= \int_1^\infty \frac{dt}{(t^2-t_0^2)\sqrt{(t^2-1)(t^2-k^2)}} \\
&= \frac{-K}{t_0^2}\left[1+\frac{\sqrt{t_0^2}\,Z\left(\arcsin\sqrt{\frac{1}{t_0^2}},\,k\right)}{\sqrt{(t_0^2-1)(t_0^2-k^2)}}\right]. \qquad (1 \leqq t_0^2 < \infty).
\end{aligned}\right\} \quad (997)$$

$$\left.\begin{aligned}
\int_0^K \frac{dz}{\mathrm{sc}^2(z,k)-t_0^2} &= \int_0^\infty \frac{dt}{(t^2-t_0^2)\sqrt{(1+t^2)(1+k'^2t^2)}} \\
&= \frac{-K}{t_0^2+1}\left[1-\frac{\sqrt{-(t_0^2+1)}\,\Lambda^*\left(\arcsin\frac{1}{k'}\sqrt{\frac{1+k'^2t_0^2}{1+t_0^2}},\,k'\right)}{\sqrt{t_0^2(1+k'^2t_0^2)}}\right], \qquad \left(-\infty < t_0^2 \leqq -\frac{1}{k'^2}\right), \\
\int_0^K \frac{dz}{\mathrm{sc}^2(z,k)-t_0^2} &= \int_0^\infty \frac{dt}{(t^2-t_0^2)\sqrt{(1+t^2)(1+k'^2t^2)}} \\
&= +K\,\frac{Z\left(\arcsin\frac{1}{k}\sqrt{1+k'^2t_0^2},\,k\right)}{\sqrt{t_0^2(1+t_0^2)(1+k'^2t_0^2)}}, \qquad \left(-\frac{1}{k'^2} \leqq t_0^2 \leqq -1\right), \\
\int_0^K \frac{dz}{\mathrm{sc}^2(z,k)-t_0^2} &= \int_0^\infty \frac{dt}{(t^2-t_0^2)\sqrt{(1+t^2)(1+k'^2t^2)}} \\
&= -K\,\frac{\Lambda^*\left(\arcsin\sqrt{-t_0^2},\,k'\right)-\frac{\pi}{2K}}{\sqrt{-t_0^2(1+t_0^2)(1+k'^2t_0^2)}}, \qquad (-1 \leqq t_0^2 \leqq 0), \\
\int_0^K \frac{dz}{\mathrm{sc}^2(z,k)-t_0^2} &= \int_0^\infty \frac{dt}{(t^2-t_0^2)\sqrt{(1+t^2)(1+k'^2t^2)}} \\
&= \frac{-K}{t_0^2+1}\left[1-\frac{\sqrt{t_0^2+1}\,Z\left(\arcsin\sqrt{\frac{t_0^2}{1+t_0^2}},\,k\right)}{\sqrt{t_0^2(1+k'^2t_0^2)}}\right]. \qquad (0 \leqq t_0^2 < \infty).
\end{aligned}\right\} \quad (998)$$

$$\begin{aligned}
\int_0^K \frac{dz}{\mathrm{nc}^2(z,k)-t_0^2} &= \int_1^\infty \frac{dt}{(t^2-t_0^2)\sqrt{(t^2-1)(k^2+k'^2t^2)}} \\
&= -\frac{K}{t_0^2}\left[1-\frac{\sqrt{-t_0^2}\,\Lambda^*\left(\arcsin\sqrt{\frac{k^2+k'^2t_0^2}{k'^2t_0^2}},\,k'\right)}{\sqrt{(t_0^2-1)(k^2+k'^2t_0^2)}}\right], \qquad \left(-\infty < t_0^2 \leqq -\frac{k^2}{k'^2}\right), \\
\int_0^K \frac{dz}{\mathrm{nc}^2(z,k)-t_0^2} &= \int_1^\infty \frac{dt}{(t^2-t_0^2)\sqrt{(t^2-1)(k^2+k'^2t^2)}} \\
&= +K\,\frac{Z\left(\arcsin\frac{1}{k}\sqrt{k^2+k'^2t_0^2},\,k\right)}{\sqrt{t_0^2(t_0^2-1)(k^2+k'^2t_0^2)}}, \qquad \left(-\frac{k^2}{k'^2} \leqq t_0^2 \leqq 0\right),
\end{aligned}$$

$$\left.\begin{aligned}
&\int_0^K \frac{dz}{\mathrm{nc}^2(z,k)-t_0^2} = \int_1^\infty \frac{dt}{(t^2-t_0^2)\sqrt{(t^2-1)(k^2+k'^2t^2)}} \\
&\quad = -K\,\frac{\Lambda^*(\arcsin\sqrt{1-t_0^2},k')-\frac{\pi}{2K}}{\sqrt{t_0^2(1-t_0^2)(k^2+k'^2t_0^2)}}, \qquad (0\leqq t_0^2\leqq 1),\\
&\int_0^K \frac{dz}{\mathrm{nc}^2(z,k)-t_0^2} = \int_1^\infty \frac{dt}{(t^2-t_0^2)\sqrt{(t^2-1)(k^2+k'^2t^2)}} \\
&\quad = -\frac{K}{t_0^2}\left[1-\frac{\sqrt{t_0^2}\,Z\left(\arcsin\sqrt{1-\frac{1}{t_0^2}},k\right)}{\sqrt{(t_0^2-1)(k^2+k'^2t_0^2)}}\right]. \qquad (1\leqq t_0^2<\infty).
\end{aligned}\right\}\quad(999)$$

$$\left.\begin{aligned}
&\int_0^K \frac{dz}{\mathrm{nd}^2(z,k)-t_0^2} = \int_1^{1/k'} \frac{dt}{(t^2-t_0^2)\sqrt{(t^2-1)(1-k'^2t^2)}} \\
&\quad = \frac{K}{1-k'^2t_0^2}\left[k'^2+\frac{\sqrt{1-k'^2t_0^2}\,Z\left(\arcsin\sqrt{\frac{1}{1-k'^2t_0^2}},k\right)}{\sqrt{t_0(t_0^2-1)}}\right], \qquad (-\infty<t_0^2\leqq 0),\\
&\int_0^K \frac{dz}{\mathrm{nd}^2(z,k)-t_0^2} = \int_1^{1/k'} \frac{dt}{(t^2-t_0^2)\sqrt{(t^2-1)(1-k'^2t^2)}} \\
&\quad = \frac{K}{1-k'^2t_0^2}\left[k'^2-\frac{\sqrt{1-k'^2t_0^2}\left(\Lambda^*\left(\arcsin\sqrt{\frac{1-t_0^2}{1-k'^2t_0^2}},k'\right)-\frac{\pi}{2K}\right)}{\sqrt{t_0^2(1-t_0^2)}}\right], \qquad (0\leqq t_0^2\leqq 1),\\
&\int_0^K \frac{dz}{\mathrm{nd}^2(z,k)-t_0^2} = \int_1^{1/k'} \frac{dt}{(t^2-t_0^2)\sqrt{(t^2-1)(1-k'^2t^2)}} \\
&\quad = -\frac{K}{t_0^2}\left[1-\frac{\sqrt{t_0^2}\,Z\left(\arcsin\sqrt{\frac{t_0^2-1}{k^2t_0^2}},k\right)}{\sqrt{(t_0^2-1)(1-k'^2t_0^2)}}\right], \qquad \left(1\leqq t_0^2\leqq\frac{1}{k'^2}\right),\\
&\int_0^K \frac{dz}{\mathrm{nd}^2(z,k)-t_0^2} = \int_1^{1/k'} \frac{dt}{(t^2-t_0^2)\sqrt{(t^2-1)(1-k'^2t^2)}} \\
&\quad = -\frac{K}{t_0^2}\left[1+\frac{\sqrt{t_0^2}\,\Lambda^*\left(\arcsin\frac{1}{k'}\sqrt{\frac{1}{t_0^2}},k'\right)}{\sqrt{(t_0^2-1)(k'^2t_0^2-1)}}\right]. \qquad \left(\frac{1}{k'^2}\leqq t_0^2<\infty\right).
\end{aligned}\right\}\quad(1000)$$

$$\begin{aligned}
&\int_0^K \frac{dz}{\mathrm{sd}^2(z,k)-t_0^2} = \int_0^{1/k'} \frac{dt}{(t^2-t_0^2)\sqrt{(1+k^2t^2)(1-k'^2t^2)}} \\
&\quad = \frac{K}{1-k'^2t_0^2}\left[k'^2+\frac{\sqrt{1-k'^2t_0^2}\,Z\left(\arcsin\frac{1/k}{\sqrt{1-k'^2t_0^2}},k\right)}{\sqrt{t_0^2(1+k^2t_0^2)}}\right], \qquad \left(-\infty<t_0^2\leqq-\frac{1}{k^2}\right),\\
&\int_0^K \frac{dz}{\mathrm{sd}^2(z,k)-t_0^2} = \int_0^{1/k'} \frac{dt}{(t^2-t_0^2)\sqrt{(1+k^2t^2)(1-k'^2t^2)}} \\
&\quad = \frac{K}{1-k'^2t_0^2}\left[k'^2-\frac{\sqrt{1-k'^2t_0^2}\left(\Lambda^*\left(\arcsin\sqrt{\frac{-t_0^2}{1-k'^2t_0^2}},k'\right)-\frac{\pi}{2K}\right)}{\sqrt{-t_0^2(1+k^2t_0^2)}}\right], \qquad \left(-\frac{1}{k^2}\leqq t_0^2\leqq 0\right),
\end{aligned}$$

$$\int_0^K \frac{dz}{\operatorname{sd}^2(z,k)-t_0^2} = \int_0^{1/k'} \frac{dt}{(t^2-t_0^2)\sqrt{(1+k^2t^2)(1-k'^2t^2)}}$$

$$= \frac{-K}{1+k^2t_0^2}\left[k^2 - \frac{\sqrt{1+k^2t_0^2}\,Z\left(\arcsin\sqrt{\dfrac{t_0^2}{1+k^2t_0^2}},\,k\right)}{\sqrt{t_0^2(1-k'^2t_0^2)}}\right], \qquad \left(0 \leqq t_0^2 \leqq \frac{1}{k'^2}\right),$$

$$\int_0^K \frac{dz}{\operatorname{sd}^2(z,k)-t_0^2} = \int_0^{1/k'} \frac{dt}{(t^2-t_0^2)\sqrt{(1+k^2t^2)(1-k'^2t^2)}}$$

$$= \frac{-K}{1+k^2t_0^2}\left[k^2 + \frac{\sqrt{1+k^2t_0^2}\,\Lambda^*\left(\arcsin\dfrac{1/k'}{\sqrt{1+k^2t_0^2}},\,k'\right)}{\sqrt{t_0^2(k'^2t_0^2-1)}}\right]. \qquad \left(\frac{1}{k'^2} \leqq t_0^2 < \infty\right). \tag{1001}$$

$$\int_0^K \frac{dz}{\operatorname{dn}^2(z,k)-t_0^2} = \int_{k'}^{1} \frac{dt}{(t^2-t_0^2)\sqrt{(1-t^2)(t^2-k'^2)}}$$

$$= \frac{-K}{t_0^2-k'^2}\left[1 - \frac{\sqrt{-t_0^2+k'^2}\,Z\left(\arcsin\sqrt{\dfrac{t_0^2}{t_0^2-k'^2}},\,k\right)}{\sqrt{t_0^2(t_0^2-1)}}\right], \qquad (-\infty < t_0^2 \leqq 0),$$

$$\int_0^K \frac{dz}{\operatorname{dn}^2(z,k)-t_0^2} = \int_{k'}^{1} \frac{dt}{(t^2-t_0^2)\sqrt{(1-t^2)(t^2-k'^2)}} = +K\,\frac{\Lambda^*\left(\arcsin\dfrac{1}{k'}\sqrt{t_0^2},\,k'\right)}{\sqrt{t_0^2(1-t_0^2)(k'^2-t_0^2)}}, \qquad (0 \leqq t_0^2 \leqq k'^2),$$

$$\int_0^K \frac{dz}{\operatorname{dn}^2(z,k)-t_0^2} = \int_{k'}^{1} \frac{dt}{(t^2-t_0^2)\sqrt{(1-t^2)(t^2-k'^2)}} = -K\,\frac{Z\left(\arcsin\dfrac{1}{k}\sqrt{1-t_0^2},\,k\right)}{\sqrt{t_0^2(1-t_0^2)(t_0^2-k'^2)}}, \qquad (k'^2 \leqq t_0^2 \leqq 1), \tag{1002}$$

$$\int_0^K \frac{dz}{\operatorname{dn}^2(z,k)-t_0^2} = \int_{k'}^{1} \frac{dt}{(t^2-t_0^2)\sqrt{(1-t^2)(t^2-k'^2)}}$$

$$= \frac{-K}{t_0^2-k'^2}\left[1 - \frac{\sqrt{t_0^2-k'^2}\left(\Lambda^*\left(\arcsin\sqrt{\dfrac{t_0^2-1}{t_0^2-k'^2}},\,k'\right) - \dfrac{\pi}{2K}\right)}{\sqrt{t_0^2(t_0^2-1)}}\right]. \qquad (1 \leqq t_0^2 < \infty).$$

$$\int_0^K \frac{dz}{\operatorname{cn}^2(z,k)-t_0^2} = \int_0^{1} \frac{dt}{(t^2-t_0^2)\sqrt{(1-t^2)(k'^2+k^2t^2)}}$$

$$= \frac{-K}{t_0^2}\left[1 - \frac{\sqrt{\quad t_0^2}\,Z\left(\arcsin\sqrt{\dfrac{k'^2+k^2t_0^2}{k^2t_0^2}},\,k\right)}{\sqrt{(-1+t_0^2)(k'^2+k^2t_0^2)}}\right], \qquad \left(-\infty < t_0^2 \leqq -\frac{k'^2}{k^2}\right),$$

$$\int_0^K \frac{dz}{\operatorname{cn}^2(z,k)-t_0^2} = \int_0^{1} \frac{dt}{(t^2-t_0^2)\sqrt{(1-t^2)(k'^2+k^2t^2)}}$$

$$= +K\,\frac{\Lambda^*\left(\arcsin\dfrac{1}{k'}\sqrt{k'^2+k^2t_0^2},\,k'\right)}{\sqrt{-t_0^2(1-t_0^2)(k'^2+k^2t_0)}}, \qquad \left(-\frac{k'^2}{k^2} \leqq t_0^2 \leqq 0\right), \tag{1003}$$

$$\int_0^K \frac{dz}{\operatorname{cn}^2(z,k)-t_0^2} = \int_0^{1} \frac{dt}{(t^2-t_0^2)\sqrt{(1-t^2)(k'^2+k^2t^2)}} = -K\,\frac{Z\left(\arcsin\sqrt{1-t_0^2},\,k\right)}{\sqrt{t_0^2(1-t_0^2)(k'^2+k^2t_0^2)}}, \qquad (0 \leqq t_0^2 \leqq 1),$$

$$\int_0^K \frac{dz}{\operatorname{cn}^2(z,k)-t_0^2} = \int_0^{1} \frac{dt}{(t^2-t_0^2)\sqrt{(1-t^2)(k'^2+k^2t^2)}}$$

$$= \frac{-K}{t_0^2}\left[1 - \frac{\sqrt{t_0^2}\left(\Lambda^*\left(\arcsin\sqrt{\dfrac{t_0^2-1}{t_0^2}},\,k'\right) - \dfrac{\pi}{2K}\right)}{\sqrt{(t_0^2-1)(k'^2+k^2t_0^2)}}\right]. \qquad (1 \leqq t_0^2 < \infty).$$

$$\left.\begin{aligned}
&\int_0^K \frac{dz}{\operatorname{sn}^2(z,k)-t_0^2} = \int_0^1 \frac{dt}{(t^2-t_0^2)\sqrt{(1-t^2)(1-k^2t^2)}} \\
&\quad = \frac{K}{1-t_0^2}\left[1-\frac{\sqrt{1-t_0^2}\left(\Lambda^*\left(\arcsin\sqrt{\frac{t_0^2}{t_0^2-1}},k'\right)-\frac{\pi}{2K}\right)}{\sqrt{-t_0^2(1-k^2t_0^2)}}\right], \qquad (-\infty<t_0^2\leqq 0),\\
&\int_0^K \frac{dz}{\operatorname{sn}^2(z,k)-t_0^2} = \int_0^1 \frac{dt}{(t^2-t_0^2)\sqrt{(1-t^2)(1-k^2t^2)}} = +K\frac{Z(\arcsin\sqrt{t_0^2},k)}{\sqrt{t_0^2(1-t_0^2)(1-k^2t_0^2)}}, \qquad (0\leqq t_0^2\leqq 1),\\
&\int_0^K \frac{dz}{\operatorname{sn}^2(z,k)-t_0^2} = \int_0^1 \frac{dt}{(t^2-t_0^2)\sqrt{(1-t^2)(1-k^2t^2)}} \\
&\quad = -K\frac{\Lambda^*\left(\arcsin\frac{1}{k'}\sqrt{1-k^2t_0^2},k'\right)}{\sqrt{t_0^2(t_0^2-1)(1-k^2t_0^2)}}, \qquad \left(1\leqq t_0^2\leqq\frac{1}{k^2}\right),\\
&\int_0^K \frac{dz}{\operatorname{sn}^2(z,k)-t_0^2} = \int_0^1 \frac{dt}{(t^2-t_0^2)\sqrt{(1-t^2)(1-k^2t^2)}} \\
&\quad = \frac{K}{1-t_0^2}\left[1-\frac{\sqrt{t_0^2-1}\,Z\left(\arcsin\frac{1}{k}\sqrt{\frac{1-k^2t_0^2}{1-t_0^2}},k\right)}{\sqrt{-t_0^2(1-k^2t_0^2)}}\right]. \qquad \left(\frac{1}{k^2}\leqq t_0^2<\infty\right).
\end{aligned}\right\} \tag{1004}$$

138. Die Π-Funktion und die Integrale dritter Gattung in trigonometrischer Form

Die aus Abb. 204 für das Argument $\varphi = \pi/2$ und den Modularwinkel $\alpha = \arcsin k$ ersichtliche von LEGENDRE in die Theorie eingeführte Π-Funktion lautet in Integraldarstellung

$$\Pi(\varphi,\varphi_0,k) = \int_0^\varphi \frac{d\bar\varphi}{(\sin^2\bar\varphi-\sin^2\varphi_0)\sqrt{1-k^2\sin^2\bar\varphi}}. \tag{1005}$$

Sie stellt ein elliptisches Normalintegral dritter Gattung dar, denn sie geht aus der zweiten der Gln. (982) hervor, wenn in der algebraischen Integralform $t = \sin\varphi$ und $t_0 = \sin\varphi_0$ substituiert wird. Die ihr entsprechende JACOBIsche Integralform lautet mit $\sin\varphi = \operatorname{sn}(z,k)$, $\sin\varphi_0 = \operatorname{sn}(z_0,k)$

$$\Pi(z,z_0,k) = \int_0^z \frac{d\bar z}{\operatorname{sn}^2(\bar z,k)-\operatorname{sn}^2(z_0,k)}, \quad (z = 2K\zeta,\ \ z_0 = 2K\zeta_0). \tag{1005'}$$

Der Verlauf von $\Pi(z,z_0,k)$ kann für $\zeta = \frac{1}{2}$ in Abhängigkeit von ζ_0 und $\varkappa$ der Abb. 205 entnommen werden. Die LEGENDREsche Π-Funktion ist in der Form (1005) auf den Bereich $0 \leqq t_0^2 \leqq 1$ beschränkt. Die übrigen Bereiche von t_0^2 erhält man, wenn in der ersten, dritten und vierten der Gln. (982) $t = \sin\varphi$, $\operatorname{sn}(z_0,k) = \sin\varphi_0$ bzw.

$$t_0 = i\tan\varphi_0, \qquad t_0 = \frac{1}{k}\sqrt{1-k'^2\sin^2\varphi_0}, \qquad t_0 = \frac{1}{k}\,\frac{\sqrt{1-k^2\sin^2\varphi_0}}{\cos\varphi_0}$$

substituiert wird. Vertauscht man in den aus (982) gebildeten vier trigonometrischen Integralen φ mit $\frac{\pi}{2}-\varphi$, so entsteht die trigonometrische Integralgruppe mit $\sqrt{k'^2+k^2\sin^2\varphi}$ im Integranden.

Eine dritte trigonometrische Integralgruppe ergibt sich, wenn in den Gln. (980) $t = \sin\varphi$ und $\mathrm{sn}(z_0, k) = \sin\varphi_0$ substituiert wird; sie ist durch das Auftreten von $\sqrt{-k'^2 + \sin^2\varphi}$ im Integranden gekennzeichnet. Hieraus folgt durch Vertauschen von φ mit $\frac{\pi}{2} - \varphi$ eine vierte und letzte trigonometrische Integralgruppe mit $\sqrt{k^2 - \sin^2\varphi}$ im Integranden.

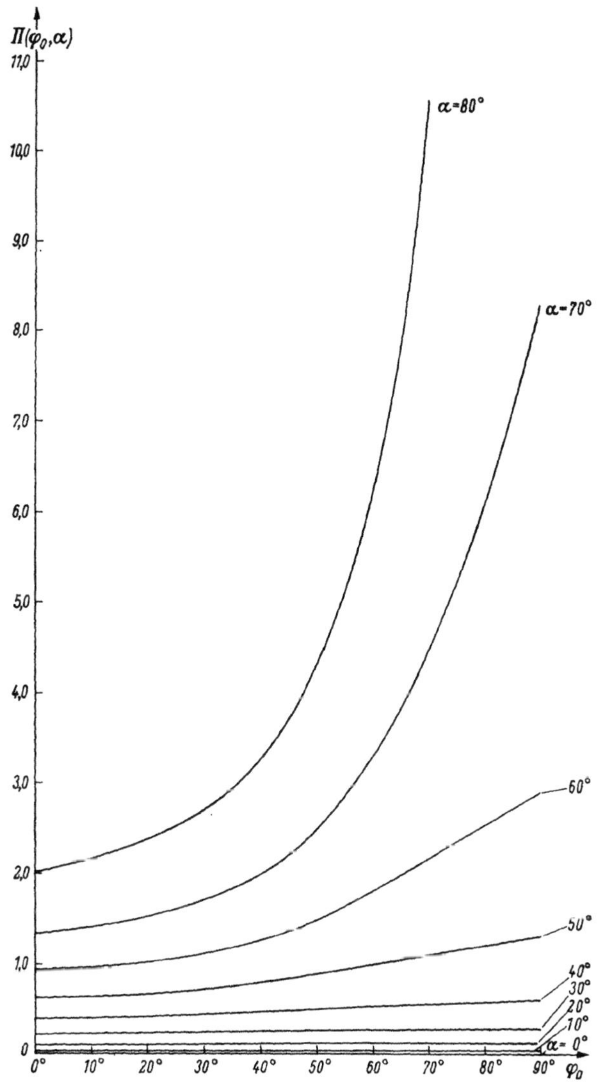

Abb. 204. Verlauf des elliptischen Normalintegrals III. Gattung im (φ_0, α)-System für $\varphi = \frac{\pi}{2}$ $(\alpha = \arcsin k)$

Die in der bezeichneten Weise zu bildenden vier Integralgruppen stellen das Analogon zu den trigonometrischen Integralen (903) und (933) der ersten und zweiten Gattung dar. Dementsprechend geht z in

$$F(\varphi, k) \quad \text{bzw.} \quad F\left(\frac{\pi}{2} - \varphi, k\right) \quad \text{bzw.} \quad F\left(\arcsin\frac{\cos\varphi}{k}, k\right) \quad \text{bzw.} \quad F\left(\arcsin\frac{\sin\varphi}{k}, k\right)$$

über. Für die Umschreibung der Integralwerte von (982) und (980) gelten die gleichen Bemerkungen wie für die entsprechenden Integrale der ersten und zweiten Gattung. Man bedient sich hierfür zweckmäßig der Gln. (784), (785) und (786) bei gleichzeitiger Beachtung der Gln. (948).

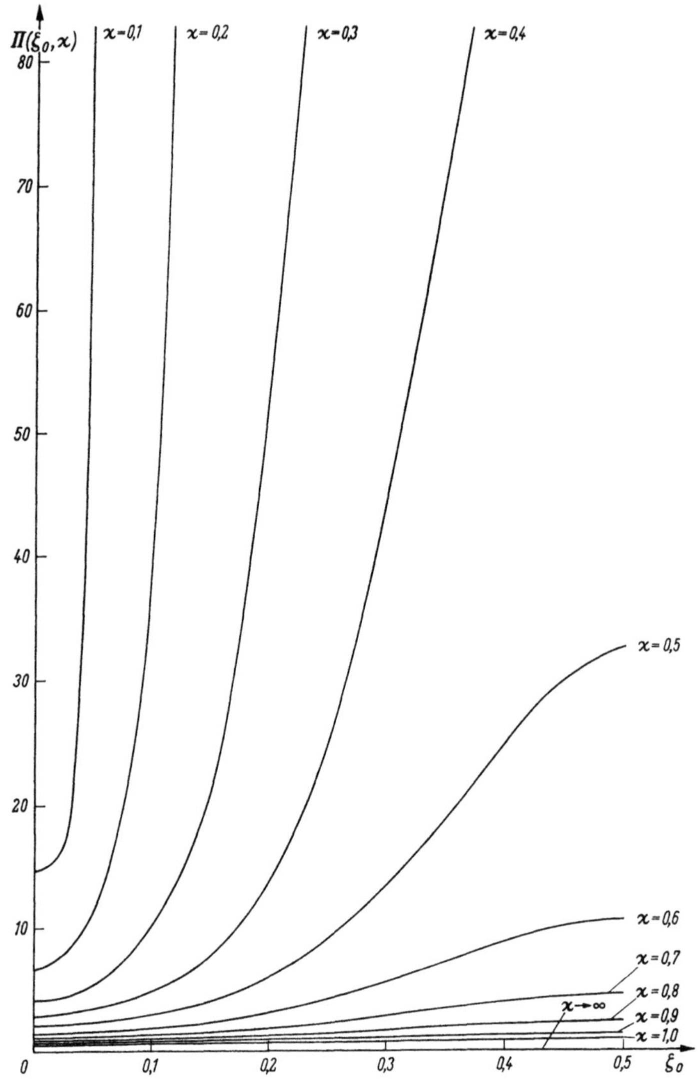

Abb. 205. Verlauf des elliptischen Normalintegrals III. Gattung im $(\zeta_0, \varkappa)$-System für $\zeta = \frac{1}{2}$ bzw. $z = K$

Die vier trigonometrischen Gruppen der elliptischen Normalintegrale dritter Gattung lauten:

$$\left.\begin{aligned}
&\int_0^{\varphi} \frac{d\bar{\varphi}}{(\sin^2\bar{\varphi} + \tan^2\varphi_0)\sqrt{1 - k^2 \sin^2\bar{\varphi}}} = F(\varphi, k)\cos^2\varphi_0 \times \\
&\times \left[1 - \frac{\cot\varphi_0\, \Lambda^*(\varphi_0, k')}{\sqrt{1 - k'^2 \sin^2\varphi_0}}\right] + \frac{\cos^2\varphi_0 \cot\varphi_0}{2\sqrt{1 - k'^2 \sin^2\varphi_0}} \left[\pi + \frac{1}{i} \ln \frac{\vartheta_1(\zeta - i\varkappa\zeta_0, \varkappa)}{\vartheta_1(\zeta + i\varkappa\zeta_0, \varkappa)}\right], \\
&\int_0^{\varphi} \frac{d\bar{\varphi}}{(\sin^2\bar{\varphi} - \sin^2\varphi_0)\sqrt{1 - k^2 \sin^2\bar{\varphi}}} = \frac{1}{\sin 2\varphi_0 \sqrt{1 - k^2 \sin^2\varphi_0}} \times \\
&\times \left[2F(\varphi, k)\, Z(\varphi_0, k) + \ln \frac{\vartheta_1(\zeta - \zeta_0, \varkappa)}{\vartheta_1(\zeta + \zeta_0, \varkappa)}\right], \qquad \zeta = \frac{F(\varphi, k)}{2K},
\end{aligned}\right\} \quad (1006)$$

$$\left.\begin{aligned}
&\int\limits_0^{\varphi} \frac{d\bar\varphi}{\left(\sin^2\bar\varphi - \dfrac{1-k'^2\sin^2\varphi_0}{k^2}\right)\sqrt{1-k^2\sin^2\bar\varphi}} = \frac{-k^2/k'^2}{\sin 2\varphi_0\sqrt{1-k'^2\sin^2\varphi_0}} \times \qquad \zeta_0 = \frac{F(\varphi_0, k)}{2K}. \\
&\qquad \times \left[2F(\varphi, k)\,\Lambda^*(\varphi_0, k') - \frac{1}{i}\ln\frac{\vartheta_3(\zeta - i\varkappa\zeta_0, \varkappa)}{\vartheta_3(\zeta + i\varkappa\zeta_0, \varkappa)}\right], \\
&\int\limits_0^{\varphi} \frac{d\bar\varphi}{\left(\sin^2\bar\varphi - \dfrac{1-k^2\sin^2\varphi_0}{k^2\cos^2\varphi_0}\right)\sqrt{1-k^2\sin^2\bar\varphi}} = -\frac{k^2}{k'^2}F(\varphi, k)\cos^2\varphi_0 \times \\
&\qquad \times \left[1 - \frac{\cot\varphi_0\,Z(\varphi_0, k)}{\sqrt{1-k^2\sin^2\varphi_0}}\right] + \frac{k^2\cos^2\varphi_0\cot\varphi_0}{2k'^2\sqrt{1-k^2\sin^2\varphi_0}}\ln\frac{\vartheta_3(\zeta-\zeta_0, \varkappa)}{\vartheta_3(\zeta+\zeta_0, \varkappa)}.
\end{aligned}\right|$$

$$\left.\begin{aligned}
&\int\limits_{\varphi}^{\pi/2} \frac{d\bar\varphi}{(\cos^2\bar\varphi + \tan^2\varphi_0)\sqrt{k'^2 + k^2\sin^2\bar\varphi}} = F\left(\frac{\pi}{2} - \varphi, k\right)\cos^2\varphi_0 \times \\
&\qquad \times \left[1 - \frac{\cot\varphi_0\,\Lambda^*(\varphi_0, k')}{\sqrt{1-k'^2\sin^2\varphi_0}}\right] + \frac{\cos^2\varphi_0\cot\varphi_0}{2\sqrt{1-k'^2\sin^2\varphi_0}}\left[\pi + \frac{1}{i}\ln\frac{\vartheta_1(\zeta - i\varkappa\zeta_0, \varkappa)}{\vartheta_1(\zeta + i\varkappa\zeta_0, \varkappa)}\right], \\
&\int\limits_{\varphi}^{\pi/2} \frac{d\bar\varphi}{(\cos^2\bar\varphi - \sin^2\varphi_0)\sqrt{k'^2 + k^2\sin^2\bar\varphi}} = \frac{1}{\sin 2\varphi_0\sqrt{1-k^2\sin^2\varphi_0}} \times \\
&\qquad \times \left[2F\left(\frac{\pi}{2} - \varphi, k\right)Z(\varphi_0, k) + \ln\frac{\vartheta_1(\zeta-\zeta_0, \varkappa)}{\vartheta_1(\zeta+\zeta_0, \varkappa)}\right], \qquad \zeta = \frac{F\left(\dfrac{\pi}{2} - \varphi, k\right)}{2K}, \\
&\int\limits_{\varphi}^{\pi/2} \frac{d\bar\varphi}{\left(\cos^2\bar\varphi - \dfrac{1-k'^2\sin^2\varphi_0}{k^2}\right)\sqrt{k'^2 + k^2\sin^2\bar\varphi}} = \frac{-k^2/k'^2}{\sin 2\varphi_0\sqrt{1-k'^2\sin^2\varphi_0}} \times \qquad \zeta_0 = \frac{F(\varphi_0, k)}{2K}. \\
&\qquad \times \left[2F\left(\frac{\pi}{2} - \varphi, k\right)\Lambda^*(\varphi_0, k') - \frac{1}{i}\ln\frac{\vartheta_3(\zeta - i\varkappa\zeta_0, \varkappa)}{\vartheta_3(\zeta + i\varkappa\zeta_0, \varkappa)}\right], \\
&\int\limits_{\varphi}^{\pi/2} \frac{d\bar\varphi}{\left(\cos^2\bar\varphi - \dfrac{1-k^2\sin^2\varphi_0}{k^2\cos^2\varphi_0}\right)\sqrt{k'^2 + k^2\sin^2\bar\varphi}} = -\frac{k^2}{k'^2}F\left(\frac{\pi}{2} - \varphi, k\right)\cos^2\varphi_0 \times \\
&\qquad \times \left[1 - \frac{\cot\varphi_0\,Z(\varphi_0, k)}{\sqrt{1-k^2\sin^2\varphi_0}}\right] + \frac{k^2\cos^2\varphi_0\cot\varphi_0}{2k'^2\sqrt{1-k^2\sin^2\varphi_0}}\ln\frac{\vartheta_3(\zeta-\zeta_0, \varkappa)}{\vartheta_3(\zeta+\zeta_0, \varkappa)}.
\end{aligned}\right\} \quad (1007)$$

$$\left.\begin{aligned}
&\int\limits_{\varphi}^{\pi/2} \frac{d\bar\varphi}{(\sin^2\bar\varphi + k'^2\tan^2\varphi_0)\sqrt{-k'^2 + \sin^2\bar\varphi}} = \frac{F\left(\arcsin\dfrac{\cos\varphi}{k}, k\right)\cos^2\varphi_0}{k'^2} \times \\
&\qquad \times \left[1 - \frac{\cot\varphi_0\,Z(\varphi_0, k)}{\sqrt{1-k^2\sin^2\varphi_0}}\right] - \frac{\cos^2\varphi_0\cot\varphi_0}{2k'^2\sqrt{1-k^2\sin^2\varphi_0}}\ln\frac{\vartheta_3(\zeta-\zeta_0, \varkappa)}{\vartheta_3(\zeta+\zeta_0, \varkappa)}, \\
&\int\limits_{\varphi}^{\pi/2} \frac{d\bar\varphi}{(\sin^2\bar\varphi - k'^2\sin^2\varphi_0)\sqrt{-k'^2 + \sin^2\bar\varphi}} = \frac{1/k'^2}{\sin 2\varphi_0\sqrt{1-k'^2\sin^2\varphi_0}} \times \\
&\qquad \times \left[2F\left(\arcsin\frac{\cos\varphi}{k}, k\right)\Lambda^*(\varphi_0, k') - \frac{1}{i}\ln\frac{\vartheta_3(\zeta - i\varkappa\zeta_0, \varkappa)}{\vartheta_3(\zeta + i\varkappa\zeta_0, \varkappa)}\right], \qquad \zeta = \frac{F\left(\arcsin\dfrac{\cos\varphi}{k}, k\right)}{2K}, \\
&\int\limits_{\varphi}^{\pi/2} \frac{d\bar\varphi}{(\sin^2\bar\varphi - (1-k^2\sin^2\varphi_0))\sqrt{-k'^2 + \sin^2\bar\varphi}} = \frac{-1/k^2}{\sin 2\varphi_0\sqrt{1-k^2\sin^2\varphi_0}} \times \qquad \zeta_0 = \frac{F(\varphi_0, k)}{2K}. \\
&\qquad \times \left[2F\left(\arcsin\frac{\cos\varphi}{k}, k\right)Z(\varphi_0, k) + \ln\frac{\vartheta_1(\zeta-\zeta_0, \varkappa)}{\vartheta_1(\zeta+\zeta_0, \varkappa)}\right], \\
&\int\limits_{\varphi}^{\pi/2} \frac{d\bar\varphi}{\left(\sin^2\bar\varphi - \dfrac{1-k'^2\sin^2\varphi_0}{\cos^2\varphi_0}\right)\sqrt{-k'^2 + \sin^2\bar\varphi}} = \frac{F\left(\arcsin\dfrac{\cos\varphi}{k}, k\right)\cos^2\varphi_0}{k^2} \times \\
&\qquad \times \left[-1 + \frac{\cot\varphi_0\,\Lambda^*(\varphi_0, k')}{\sqrt{1-k'^2\sin^2\varphi_0}}\right] - \frac{\cos^2\varphi_0\cot\varphi_0}{2k^2\sqrt{1-k'^2\sin^2\varphi_0}}\left[\pi + \frac{1}{i}\ln\frac{\vartheta_1(\zeta - i\varkappa\zeta_0, \varkappa)}{\vartheta_1(\zeta + i\varkappa\zeta_0, \varkappa)}\right].
\end{aligned}\right\} \quad (1008)$$

$$\left.\begin{aligned}
&\int_0^{\varphi}\frac{d\bar\varphi}{(\cos^2\bar\varphi+k'^2\tan^2\varphi_0)\sqrt{k^2-\sin^2\bar\varphi}}=\frac{F\left(\arcsin\frac{\sin\varphi}{k},\,k\right)\cos^2\varphi_0}{k'^2}\times\\
&\qquad\times\left[1-\frac{\cot\varphi_0\,Z(\varphi_0,k)}{\sqrt{1-k^2\sin^2\varphi_0}}\right]-\frac{\cos^2\varphi_0\cot\varphi_0}{2k'^2\sqrt{1-k^2\sin^2\varphi_0}}\ln\frac{\vartheta_3(\zeta-\zeta_0,\varkappa)}{\vartheta_3(\zeta+\zeta_0,\varkappa)},\\
&\int_0^{\varphi}\frac{d\bar\varphi}{(\cos^2\bar\varphi-k'^2\sin^2\varphi_0)\sqrt{k^2-\sin^2\bar\varphi}}=\frac{1/k'^2}{\sin2\varphi_0\sqrt{1-k'^2\sin^2\varphi_0}}\times\\
&\qquad\times\left[2F\left(\arcsin\frac{\sin\varphi}{k},\,k\right)\Lambda^*(\varphi_0,k')-\frac{1}{i}\ln\frac{\vartheta_3(\zeta-i\varkappa\zeta_0,\varkappa)}{\vartheta_3(\zeta+i\varkappa\zeta_0,\varkappa)}\right], \qquad \zeta=\frac{F\left(\arcsin\frac{\sin\varphi}{k},\,k\right)}{2K},\\
&\int_0^{\varphi}\frac{d\bar\varphi}{(\cos^2\bar\varphi-(1-k^2\sin^2\varphi_0))\sqrt{k^2-\sin^2\bar\varphi}}=\frac{-1/k^2}{\sin2\varphi_0\sqrt{1-k^2\sin^2\varphi_0}}\times \qquad \zeta_0=\frac{F(\varphi_0,k)}{2K}.\\
&\qquad\times\left[2F\left(\arcsin\frac{\sin\varphi}{k},\,k\right)Z(\varphi_0,k)+\ln\frac{\vartheta_1(\zeta-\zeta_0,\varkappa)}{\vartheta_1(\zeta+\zeta_0,\varkappa)}\right],\\
&\int_0^{\varphi}\frac{d\bar\varphi}{\left(\cos^2\bar\varphi-\frac{1-k'^2\sin^2\varphi_0}{\cos^2\varphi_0}\right)\sqrt{k^2-\sin^2\bar\varphi}}=\frac{F\left(\arcsin\frac{\sin\varphi}{k},\,k\right)\cos^2\varphi_0}{k^2}\times\\
&\qquad\times\left[-1+\frac{\cot\varphi_0\,\Lambda^*(\varphi_0,k')}{\sqrt{1-k'^2\sin^2\varphi_0}}\right]-\frac{\cos^2\varphi_0\cot\varphi_0}{2k^2\sqrt{1-k'^2\sin^2\varphi_0}}\left[\pi+\frac{1}{i}\ln\frac{\vartheta_1(\zeta-i\varkappa\zeta_0,\varkappa)}{\vartheta_1(\zeta+i\varkappa\zeta_0,\varkappa)}\right].
\end{aligned}\right\}\quad(1009)$$

Wird in (1006) $\varphi=\pi/2$ und in (1008) $\varphi=\arccos k$ gesetzt, so ergeben sich die vollständigen Integrale

$$\left.\begin{aligned}
&\int_0^{\pi/2}\frac{d\varphi}{(\sin^2\varphi+\tan^2\varphi_0)\sqrt{1-k^2\sin^2\varphi}}=K\cos^2\varphi_0\left[1+\frac{\cot\varphi_0}{\sqrt{1-k'^2\sin^2\varphi_0}}\left(\frac{\pi}{2K}-\Lambda^*(\varphi_0,k')\right)\right],\\
&\int_0^{\pi/2}\frac{d\varphi}{(\sin^2\varphi-\sin^2\varphi_0)\sqrt{1-k^2\sin^2\varphi}}=\frac{2K\,Z(\varphi_0,k)}{\sin2\varphi_0\sqrt{1-k^2\sin^2\varphi_0}},\\
&\int_0^{\pi/2}\frac{d\varphi}{\left(\sin^2\varphi-\frac{1-k'^2\sin^2\varphi_0}{k^2}\right)\sqrt{1-k^2\sin^2\varphi}}=\frac{-2\frac{k^2}{k'^2}K\,\Lambda^*(\varphi_0,k')}{\sin2\varphi_0\sqrt{1-k'^2\sin^2\varphi_0}},\\
&\int_0^{\pi/2}\frac{d\varphi}{\left(\sin^2\varphi-\frac{1-k^2\sin^2\varphi_0}{k^2\cos^2\varphi_0}\right)\sqrt{1-k^2\sin^2\varphi}}=-\frac{k^2}{k'^2}K\cos^2\varphi_0\left[1-\frac{\cot\varphi_0\,Z(\varphi_0,k)}{\sqrt{1-k^2\sin^2\varphi_0}}\right].
\end{aligned}\right\}\quad(1010)$$

$$\left.\begin{aligned}
&\int_{\arccos k}^{\pi/2}\frac{d\varphi}{(\sin^2\varphi+k'^2\tan^2\varphi_0)\sqrt{-k'^2+\sin^2\varphi}}=\frac{K\cos^2\varphi_0}{k'^2}\left[1-\frac{\cot\varphi_0\,Z(\varphi_0,k)}{\sqrt{1-k^2\sin^2\varphi_0}}\right],\\
&\int_{\arccos k}^{\pi/2}\frac{d\varphi}{(\sin^2\varphi-k'^2\sin^2\varphi_0)\sqrt{-k'^2+\sin^2\varphi}}=\frac{\frac{2K}{k'^2}\Lambda^*(\varphi_0,k')}{\sin2\varphi_0\sqrt{1-k'^2\sin^2\varphi_0}},\\
&\int_{\arccos k}^{\pi/2}\frac{d\varphi}{(\sin^2\varphi-(1-k^2\sin^2\varphi_0))\sqrt{-k'^2+\sin^2\varphi}}=\frac{-\frac{2K}{k^2}Z(\varphi_0,k)}{\sin2\varphi_0\sqrt{1-k^2\sin^2\varphi_0}},\\
&\int_{\arccos k}^{\pi/2}\frac{d\varphi}{\left(\sin^2\varphi-\frac{1-k'^2\sin^2\varphi_0}{\cos^2\varphi_0}\right)\sqrt{-k'^2+\sin^2\varphi}}=\frac{-K\cos^2\varphi_0}{k^2}\left[1+\left(\frac{\pi}{2K}-\Lambda^*(\varphi_0,k')\right)\frac{\cot\varphi_0}{\sqrt{1-k'^2\sin^2\varphi_0}}\right].
\end{aligned}\right\}\quad(1011)$$

139. Die 48 speziellen Normalintegrale dritter Gattung in algebraischer Form

Durch entsprechende Substitution von z gemäß (880) lassen sich die Integrale (971) aus der JACOBIschen Form in die algebraische überführen. Wird dabei $\overline{\mathrm{sn}}(z, k)$ unter Bezugnahme auf die dritte der Gln. (785) durch die in den Integrationsgrenzen auftretenden elliptischen Funktionen ausgedrückt, so folgt:

$$\left.\begin{aligned}
\int_0^{\mathrm{cs}} \frac{dt}{(1-k+t^2)\sqrt{(t^2+1)(t^2+k'^2)}} &= \frac{1}{2k}\left[-(K-z)+\frac{1}{1-k}\operatorname{arc\,tan}\left(\frac{\mathrm{cs}}{1-k}\sqrt{\frac{\mathrm{cs}^2+k'^2}{\mathrm{cs}^2+1}}\right)\right],\\
\int_0^{\mathrm{cs}} \frac{dt}{(1+k+t^2)\sqrt{(t^2+1)(t^2+k'^2)}} &= \frac{1}{2k}\left[(K-z)-\frac{1}{1+k}\operatorname{arc\,tan}\left(\frac{\mathrm{cs}}{1+k}\sqrt{\frac{\mathrm{cs}^2+k'^2}{\mathrm{cs}^2+1}}\right)\right],\\
\int_{k'}^{\mathrm{ds}} \frac{dt}{(-k(1-k)+t^2)\sqrt{(t^2+k^2)(t^2-k'^2)}} &= \frac{1}{2k}\left[-(K-z)+\frac{1}{1-k}\operatorname{arc\,tan}\left(\frac{\mathrm{ds}}{1-k}\sqrt{\frac{\mathrm{ds}^2-k'^2}{\mathrm{ds}^2+k^2}}\right)\right],\\
\int_{k'}^{\mathrm{ds}} \frac{dt}{(k(1+k)+t^2)\sqrt{(t^2+k^2)(t^2-k'^2)}} &= \frac{1}{2k}\left[(K-z)-\frac{1}{1+k}\operatorname{arc\,tan}\left(\frac{\mathrm{ds}}{1+k}\sqrt{\frac{\mathrm{ds}^2-k'^2}{\mathrm{ds}^2+k^2}}\right)\right],\\
\int_1^{\mathrm{ns}} \frac{dt}{(-k+t^2)\sqrt{(t^2-1)(t^2-k^2)}} &= \frac{1}{2k}\left[-(K-z)+\frac{1}{1-k}\operatorname{arc\,tan}\frac{\sqrt{(\mathrm{ns}^2-1)(\mathrm{ns}^2-k^2)}}{(1-k)\,\mathrm{ns}}\right],\\
\int_1^{\mathrm{ns}} \frac{dt}{(k+t^2)\sqrt{(t^2-1)(t^2-k^2)}} &= \frac{1}{2k}\left[(K-z)-\frac{1}{1+k}\operatorname{arc\,tan}\frac{\sqrt{(\mathrm{ns}^2-1)(\mathrm{ns}^2-k^2)}}{(1+k)\,\mathrm{ns}}\right],\\
\int_{\mathrm{sc}}^{\infty} \frac{dt}{(1-k+k'^2t^2)\sqrt{(1+t^2)(1+k'^2t^2)}} &= \frac{1}{2k}\left[-(K-z)+\frac{1}{1-k}\operatorname{arc\,tan}\left(\frac{1}{(1+k)\,\mathrm{sc}}\sqrt{\frac{1+k'^2\,\mathrm{sc}^2}{1+\mathrm{sc}^2}}\right)\right],\\
\int_{\mathrm{sc}}^{\infty} \frac{dt}{(1+k+k'^2t^2)\sqrt{(1+t^2)(1+k'^2t^2)}} &= \frac{1}{2k}\left[(K-z)-\frac{1}{1+k}\operatorname{arc\,tan}\left(\frac{1}{(1-k)\,\mathrm{sc}}\sqrt{\frac{1+k'^2\,\mathrm{sc}^2}{1+\mathrm{sc}^2}}\right)\right],\\
\int_{\mathrm{nc}}^{\infty} \frac{dt}{(-k(1-k)+k'^2t^2)\sqrt{(t^2-1)(k^2+k'^2t^2)}} &= \frac{1}{2k}\left[-(K-z)+\frac{1}{1-k}\operatorname{arc\,tan}\left(\frac{1}{(1+k)\,\mathrm{nc}}\sqrt{\frac{k^2+k'^2\,\mathrm{nc}^2}{\mathrm{nc}^2-1}}\right)\right],\\
\int_{\mathrm{nc}}^{\infty} \frac{dt}{(k(1+k)+k'^2t^2)\sqrt{(t^2-1)(k^2+k'^2t^2)}} &= \frac{1}{2k}\left[(K-z)-\frac{1}{1+k}\operatorname{arc\,tan}\left(\frac{1}{(1-k)\,\mathrm{nc}}\sqrt{\frac{k^2+k'^2\,\mathrm{nc}^2}{\mathrm{nc}^2-1}}\right)\right],\\
\int_{\mathrm{dc}}^{\infty} \frac{dt}{(-k+t^2)\sqrt{(t^2-1)(t^2-k^2)}} &= \frac{1}{2k}\left[-(K-z)+\frac{1}{1-k}\operatorname{arc\,tan}\left(\frac{k'^2\,\mathrm{dc}}{1+k}\,\frac{1}{\sqrt{(\mathrm{dc}^2-1)(\mathrm{dc}^2-k^2)}}\right)\right],\\
\int_{\mathrm{dc}}^{\infty} \frac{dt}{(k+t^2)\sqrt{(t^2-1)(t^2-k^2)}} &= \frac{1}{2k}\left[(K-z)-\frac{1}{1+k}\operatorname{arc\,tan}\left(\frac{k'^2\,\mathrm{dc}}{1-k}\,\frac{1}{\sqrt{(\mathrm{dc}^2-1)(\mathrm{dc}^2-k^2)}}\right)\right],\\
\int_{\mathrm{nd}}^{1/k'} \frac{dt}{(-1+k+k'^2t^2)\sqrt{(t^2-1)(1-k'^2t^2)}} &= \frac{1}{2k}\left[(K-z)+\frac{1}{1-k}\operatorname{arc\,tan}\left(\frac{1}{(1+k)\,\mathrm{nd}}\sqrt{\frac{1-k'^2\,\mathrm{nd}^2}{\mathrm{nd}^2-1}}\right)\right],\\
\int_{\mathrm{nd}}^{1/k'} \frac{dt}{(1+k-k'^2t^2)\sqrt{(t^2-1)(1-k'^2t^2)}} &= \frac{1}{2k}\left[(K-z)+\frac{1}{1+k}\operatorname{arc\,tan}\left(\frac{1}{(1-k)\,\mathrm{nd}}\sqrt{\frac{1-k'^2\,\mathrm{nd}^2}{\mathrm{nd}^2-1}}\right)\right],\\
\int_{\mathrm{sd}}^{1/k'} \frac{dt}{(1-k+k\,k'^2t^2)\sqrt{(1+k^2t^2)(1-k'^2t^2)}} &= \frac{1}{2}\left[(K-z)+\frac{1}{1-k}\operatorname{arc\,tan}\left(\frac{1}{(1+k)\,\mathrm{sd}}\sqrt{\frac{1-k'^2\,\mathrm{sd}^2}{1+k^2\,\mathrm{sd}^2}}\right)\right],
\end{aligned}\right\}\quad(1012)$$

$$\int_{\mathrm{sd}}^{1/k'} \frac{dt}{(1+k-k k'^2 t^2)\sqrt{(1+k^2t^2)(1-k'^2t^2)}} = \frac{1}{2}\left[(K-z)+\frac{1}{1+k}\operatorname{arc\,tan}\left(\frac{1}{(1-k)\,\mathrm{sd}}\sqrt{\frac{1-k'^2\,\mathrm{sd}^2}{1+k^2\,\mathrm{sd}^2}}\right)\right],$$

$$\int_0^{\mathrm{cd}} \frac{dt}{(1-k t^2)\sqrt{(1-t^2)(1-k^2t^2)}} = \frac{1}{2}\left[(K-z)+\frac{1}{1-k}\operatorname{arc\,tan}\left(\frac{k'^2\,\mathrm{cd}}{1+k}\frac{1}{\sqrt{(1-\mathrm{cd}^2)(1-k^2\,\mathrm{cd}^2)}}\right)\right],$$

$$\int_0^{\mathrm{cd}} \frac{dt}{(1+k t^2)\sqrt{(1-t^2)(1-k^2t^2)}} = \frac{1}{2}\left[(K-z)+\frac{1}{1+k}\operatorname{arc\,tan}\left(\frac{k'^2\,\mathrm{cd}}{1-k}\frac{1}{\sqrt{(1-\mathrm{cd}^2)(1-k^2\,\mathrm{cd}^2)}}\right)\right],$$

$$\int_{k'}^{\mathrm{dn}} \frac{dt}{(-1+k+t^2)\sqrt{(1-t^2)(t^2-k'^2)}} = \frac{1}{2k}\left[(K-z)+\frac{1}{1-k}\operatorname{arc\,tan}\left(\frac{\mathrm{dn}}{1-k}\sqrt{\frac{\mathrm{dn}^2-k'^2}{1-\mathrm{dn}^2}}\right)\right],$$

$$\int_{k'}^{\mathrm{dn}} \frac{dt}{(1+k-t^2)\sqrt{(1-t^2)(t^2-k'^2)}} = \frac{1}{2k}\left[(K-z)+\frac{1}{1+k}\operatorname{arc\,tan}\left(\frac{\mathrm{dn}}{1+k}\sqrt{\frac{\mathrm{dn}^2-k'^2}{1-\mathrm{dn}^2}}\right)\right],$$

$$\int_0^{\mathrm{cn}} \frac{dt}{(1-k+k t^2)\sqrt{(1-t^2)(k'^2+k^2t^2)}} = \frac{1}{2}\left[(K-z)+\frac{1}{1-k}\operatorname{arc\,tan}\left(\frac{\mathrm{cn}}{1-k}\sqrt{\frac{k'^2+k^2\,\mathrm{cn}^2}{1-\mathrm{cn}^2}}\right)\right],$$

$$\int_0^{\mathrm{cn}} \frac{dt}{(1+k-k t^2)\sqrt{(1-t^2)(k'^2+k^2t^2)}} = \frac{1}{2}\left[(K-z)+\frac{1}{1+k}\operatorname{arc\,tan}\left(\frac{\mathrm{cn}}{1+k}\sqrt{\frac{k'^2+k^2\,\mathrm{cn}^2}{1-\mathrm{cn}^2}}\right)\right],$$

$$\int_{\mathrm{sn}}^{1} \frac{dt}{(1-k t^2)\sqrt{(1-t^2)(1-k^2t^2)}} = \frac{1}{2}\left[(K-z)+\frac{1}{1-k}\operatorname{arc\,tan}\frac{\sqrt{(1-\mathrm{sn}^2)(1-k^2\,\mathrm{sn}^2)}}{(1-k)\,\mathrm{sn}}\right],$$

$$\int_{\mathrm{sn}}^{1} \frac{dt}{(1+k t^2)\sqrt{(1-t^2)(1-k^2t^2)}} = \frac{1}{2}\left[(K-z)+\frac{1}{1+k}\operatorname{arc\,tan}\frac{\sqrt{(1-\mathrm{sn}^2)(1-k^2\,\mathrm{sn}^2)}}{(1+k)\,\mathrm{sn}}\right].$$

In den Gln. (1012) ist für z immer diejenige Umkehrfunktion zu wählen, welche zu den in den Integralgrenzen auftretenden JACOBIschen elliptischen Funktionen gehört.

Für die vollständigen Integrale liefert (1012) mit $z = 0$

$$\int_0^{\infty} \frac{dt}{(1-k+t^2)\sqrt{(t^2+1)(t^2+k'^2)}} = \frac{1}{2k}\left(\frac{\frac{1}{2}\pi}{1-k}-K\right),$$

$$\int_0^{\infty} \frac{dt}{(1+k+t^2)\sqrt{(t^2+1)(t^2+k'^2)}} = \frac{1}{2k}\left(\frac{-\frac{1}{2}\pi}{1+k}+K\right),$$

$$\int_{k'}^{\infty} \frac{dt}{(-k(1-k)+t^2)\sqrt{(t^2+k^2)(t^2-k'^2)}} = \frac{1}{2k}\left(\frac{\frac{1}{2}\pi}{1-k}-K\right),$$

$$\int_{k'}^{\infty} \frac{dt}{(k(1+k)+t^2)\sqrt{(t^2+k^2)(t^2-k'^2)}} = \frac{1}{2k}\left(\frac{-\frac{1}{2}\pi}{1+k}+K\right),$$

$$\int_1^{\infty} \frac{dt}{(-k+t^2)\sqrt{(t^2-1)(t^2-k^2)}} = \frac{1}{2k}\left(\frac{\frac{1}{2}\pi}{1-k}-K\right),$$

$$\int_1^{\infty} \frac{dt}{(k+t^2)\sqrt{(t^2-1)(t^2-k^2)}} = \frac{1}{2k}\left(\frac{-\frac{1}{2}\pi}{1+k}+K\right),$$

$$\int_0^{\infty} \frac{dt}{(1-k+k'^2t^2)\sqrt{(1+t^2)(1+k'^2t^2)}} = \frac{1}{2k}\left(\frac{\frac{1}{2}\pi}{1-k}-K\right),$$

$$\left.\begin{aligned}
&\int_0^\infty \frac{dt}{(1+k+k'^2t^2)\sqrt{(1+t^2)(1+k'^2t^2)}} = \frac{1}{2k}\left(\frac{-\frac{1}{2}\pi}{1+k}+K\right),\\
&\int_1^\infty \frac{dt}{(-k(1-k)+k'^2t^2)\sqrt{(t^2-1)(k^2+k'^2t^2)}} = \frac{1}{2k}\left(\frac{\frac{1}{2}\pi}{1-k}-K\right),\\
&\int_1^\infty \frac{dt}{(k(1+k)+k'^2t^2)\sqrt{(t^2-1)(k^2+k'^2t^2)}} = \frac{1}{2k}\left(\frac{-\frac{1}{2}\pi}{1+k}+K\right),\\
&\int_1^\infty \frac{dt}{(-k+t^2)\sqrt{(t^2-1)(t^2-k^2)}} = \frac{1}{2k}\left(\frac{\frac{1}{2}\pi}{1-k}-K\right),\\
&\int_1^\infty \frac{dt}{(k+t^2)\sqrt{(t^2-1)(t^2-k^2)}} = \frac{1}{2k}\left(\frac{-\frac{1}{2}\pi}{1+k}+K\right),\\
&\int_1^{1/k'} \frac{dt}{(-1+k+k'^2t^2)\sqrt{(t^2-1)(1-k'^2t^2)}} = \frac{1}{2k}\left(\frac{\frac{1}{2}\pi}{1-k}+K\right),\\
&\int_1^{1/k'} \frac{dt}{(1+k-k'^2t^2)\sqrt{(t^2-1)(1-k'^2t^2)}} = \frac{1}{2k}\left(\frac{\frac{1}{2}\pi}{1+k}+K\right),\\
&\int_0^{1/k'} \frac{dt}{(1-k+kk'^2t^2)\sqrt{(1+k^2t^2)(1-k'^2t^2)}} = \frac{1}{2}\left(\frac{\frac{1}{2}\pi}{1-k}+K\right),\\
&\int_0^{1/k'} \frac{dt}{(1+k-kk'^2t^2)\sqrt{(1+k^2t^2)(1-k'^2t^2)}} = \frac{1}{2}\left(\frac{\frac{1}{2}\pi}{1+k}+K\right),\\
&\int_0^1 \frac{dt}{(1-kt^2)\sqrt{(1-t^2)(1-k^2t^2)}} = \frac{1}{2}\left(\frac{\frac{1}{2}\pi}{1-k}+K\right),\\
&\int_0^1 \frac{dt}{(1+kt^2)\sqrt{(1-t^2)(1-k^2t^2)}} = \frac{1}{2}\left(\frac{\frac{1}{2}\pi}{1+k}+K\right),\\
&\int_{k'}^1 \frac{dt}{(-1+k+t^2)\sqrt{(1-t^2)(t^2-k'^2)}} = \frac{1}{2k}\left(\frac{\frac{1}{2}\pi}{1-k}+K\right),\\
&\int_{k'}^1 \frac{dt}{(1+k-t^2)\sqrt{(1-t^2)(t^2-k'^2)}} = \frac{1}{2k}\left(\frac{\frac{1}{2}\pi}{1+k}+K\right),\\
&\int_0^1 \frac{dt}{(1-k+kt^2)\sqrt{(1-t^2)(k'^2+k^2t^2)}} = \frac{1}{2}\left(\frac{\frac{1}{2}\pi}{1-k}+K\right),\\
&\int_0^1 \frac{dt}{(1+k-kt^2)\sqrt{(1-t^2)(k'^2+k^2t^2)}} = \frac{1}{2}\left(\frac{\frac{1}{2}\pi}{1+k}+K\right),\\
&\int_0^1 \frac{dt}{(1-kt^2)\sqrt{(1-t^2)(1-k^2t^2)}} = \frac{1}{2}\left(\frac{\frac{1}{2}\pi}{1-k}+K\right),\\
&\int_0^1 \frac{dt}{(1+kt^2)\sqrt{(1-t^2)(1-k^2t^2)}} = \frac{1}{2}\left(\frac{\frac{1}{2}\pi}{1+k}+K\right).
\end{aligned}\right\} \quad (1013)$$

Eine entsprechende Behandlung der Integrale (972) ergibt, wenn die in (972) auftretende Funktion $\operatorname{dn}(z, k)$ nach der vierten der Gln. (785) durch die in den jeweiligen veränderlichen Integrationsgrenzen auftretenden JACOBIschen elliptischen Funktionen ausgedrückt werden,

$$\left.\begin{aligned}
&\int\limits_{\mathrm{cs}}^{\infty} \frac{dt}{(-k'+t^2)\sqrt{(t^2+1)(t^2+k'^2)}} = \frac{1}{2k'}\left[-z+\frac{1}{1+k'}\,\mathrm{ar\,tanh}\,\frac{(1+k')\,\mathrm{cs}}{\sqrt{(\mathrm{cs}^2+1)(\mathrm{cs}^2+k'^2)}}\right],\\
&\int\limits_{\mathrm{cs}}^{\infty} \frac{dt}{(k'+t^2)\sqrt{(t^2+1)(t^2+k'^2)}} = \frac{1}{2k'}\left[+z-\frac{1}{1-k'}\,\mathrm{ar\,tanh}\,\frac{(1-k')\,\mathrm{cs}}{\sqrt{(\mathrm{cs}^2+1)(\mathrm{cs}^2+k'^2)}}\right],\\
&\int\limits_{\mathrm{ds}}^{\infty} \frac{dt}{(-k'(1+k')+t^2)\sqrt{(t^2+k^2)(t^2-k'^2)}} = \frac{1}{2k'}\left[-z+\frac{1}{1+k'}\,\mathrm{ar\,tanh}\left(\frac{1+k'}{\mathrm{ds}}\sqrt{\frac{\mathrm{ds}^2-k'^2}{\mathrm{ds}^2+k^2}}\right)\right],\\
&\int\limits_{\mathrm{ds}}^{\infty} \frac{dt}{(k'(1-k')+t^2)\sqrt{(t^2+k^2)(t^2-k'^2)}} = \frac{1}{2k'}\left[+z-\frac{1}{1-k'}\,\mathrm{ar\,tanh}\left(\frac{1-k'}{\mathrm{ds}}\sqrt{\frac{\mathrm{ds}^2-k'^2}{\mathrm{ds}^2+k^2}}\right)\right],\\
&\int\limits_{\mathrm{ns}}^{\infty} \frac{dt}{(-(1+k')+t^2)\sqrt{(t^2-1)(t^2-k^2)}} = \frac{1}{2k'}\left[-z+\frac{1}{1+k'}\,\mathrm{ar\,tanh}\left(\frac{1+k'}{\mathrm{ns}}\sqrt{\frac{\mathrm{ns}^2-1}{\mathrm{ns}^2-k^2}}\right)\right],\\
&\int\limits_{\mathrm{ns}}^{\infty} \frac{dt}{(-(1-k')+t^2)\sqrt{(t^2-1)(t^2-k^2)}} = \frac{1}{2k'}\left[+z-\frac{1}{1-k'}\,\mathrm{ar\,tanh}\left(\frac{1-k'}{\mathrm{ns}}\sqrt{\frac{\mathrm{ns}^2-1}{\mathrm{ns}^2-k^2}}\right)\right],\\
&\int\limits_{0}^{\mathrm{sc}} \frac{dt}{(1-k't^2)\sqrt{(1+t^2)(1+k'^2t^2)}} = \frac{1}{2}\left[z+\frac{1}{1+k'}\,\mathrm{ar\,tanh}\,\frac{(1+k')\,\mathrm{sc}}{\sqrt{(1+\mathrm{sc}^2)(1+k'^2\,\mathrm{sc}^2)}}\right],\\
&\int\limits_{0}^{\mathrm{sc}} \frac{dt}{(1+k't^2)\sqrt{(1+t^2)(1+k'^2t^2)}} = \frac{1}{2}\left[z+\frac{1}{1-k'}\,\mathrm{ar\,tanh}\,\frac{(1-k')\,\mathrm{sc}}{\sqrt{(1+\mathrm{sc}^2)(1+k'^2\,\mathrm{sc}^2)}}\right],\\
&\int\limits_{1}^{\mathrm{nc}} \frac{dt}{(1+k'-k't^2)\sqrt{(t^2-1)(k^2+k'^2t^2)}} = \frac{1}{2}\left[z+\frac{1}{1+k'}\,\mathrm{ar\,tanh}\left(\frac{1+k'}{\mathrm{nc}}\sqrt{\frac{\mathrm{nc}^2-1}{k^2+k'^2\,\mathrm{nc}^2}}\right)\right],\\
&\int\limits_{1}^{\mathrm{nc}} \frac{dt}{(1-k'+k't^2)\sqrt{(t^2-1)(k^2+k'^2t^2)}} = \frac{1}{2}\left[z+\frac{1}{1-k'}\,\mathrm{ar\,tanh}\left(\frac{1-k'}{\mathrm{nc}}\sqrt{\frac{\mathrm{nc}^2-1}{k^2+k'^2\,\mathrm{nc}^2}}\right)\right],\\
&\int\limits_{1}^{\mathrm{dc}} \frac{dt}{(1+k'-t^2)\sqrt{(t^2-1)(t^2-k^2)}} = \frac{1}{2k'}\left[z+\frac{1}{1+k'}\,\mathrm{ar\,tanh}\left(\frac{1+k'}{\mathrm{dc}}\sqrt{\frac{\mathrm{dc}^2-1}{\mathrm{dc}^2-k^2}}\right)\right],\\
&\int\limits_{1}^{\mathrm{dc}} \frac{dt}{(-1+k'+t^2)\sqrt{(t^2-1)(t^2-k^2)}} = \frac{1}{2k'}\left[z+\frac{1}{1-k'}\,\mathrm{ar\,tanh}\left(\frac{1-k'}{\mathrm{dc}}\sqrt{\frac{\mathrm{dc}^2-1}{\mathrm{dc}^2-k^2}}\right)\right],\\
&\int\limits_{1}^{\mathrm{nd}} \frac{dt}{(1-k't^2)\sqrt{(t^2-1)(1-k'^2t^2)}} = \frac{1}{2}\left[z+\frac{1}{1-k'}\,\mathrm{ar\,tanh}\,\frac{\sqrt{(\mathrm{nd}^2-1)(1-k'^2\,\mathrm{nd}^2)}}{(1-k')\,\mathrm{nd}}\right],\\
&\int\limits_{1}^{\mathrm{nd}} \frac{dt}{(1+k't^2)\sqrt{(t^2-1)(1-k'^2t^2)}} = \frac{1}{2}\left[z+\frac{1}{1+k'}\,\mathrm{ar\,tanh}\,\frac{\sqrt{(\mathrm{nd}^2-1)(1-k'^2\,\mathrm{nd}^2)}}{(1+k')\,\mathrm{nd}}\right],\\
&\int\limits_{0}^{\mathrm{sd}} \frac{dt}{(1-k'-k'k^2t^2)\sqrt{(1+k^2t^2)(1-k'^2t^2)}} = \frac{1}{2}\left[z+\frac{1}{1-k'}\,\mathrm{ar\,tanh}\left((1+k')\,\mathrm{sd}\sqrt{\frac{1-k'^2\,\mathrm{sd}^2}{1+k^2\,\mathrm{sd}^2}}\right)\right],\\
&\int\limits_{0}^{\mathrm{sd}} \frac{dt}{(1+k'+k'k^2t^2)\sqrt{(1+k^2t^2)(1-k'^2t^2)}} = \frac{1}{2}\left[z+\frac{1}{1+k'}\,\mathrm{ar\,tanh}\left((1-k')\,\mathrm{sd}\sqrt{\frac{1-k'^2\,\mathrm{sd}^2}{1+k^2\,\mathrm{sd}^2}}\right)\right],
\end{aligned}\right\}\quad (1014)$$

$$\left.\begin{aligned}
&\int_{\mathrm{cd}}^{1}\frac{dt}{(-1+k'+k^2t^2)\sqrt{(1-t^2)(1-k^2t^2)}} = \frac{1}{2k'}\left[z+\frac{1}{1-k'}\operatorname{ar\,tanh}\left((1+k')\,\mathrm{cd}\sqrt{\frac{1-\mathrm{cd}^2}{1-k^2\,\mathrm{cd}^2}}\right)\right],\\
&\int_{\mathrm{cd}}^{1}\frac{dt}{(1+k'-k^2t^2)\sqrt{(1-t^2)(1-k^2t^2)}} = \frac{1}{2k'}\left[z+\frac{1}{1+k'}\operatorname{ar\,tanh}\left((1-k')\,\mathrm{cd}\sqrt{\frac{1-\mathrm{cd}^2}{1-k^2\,\mathrm{cd}^2}}\right)\right],\\
&\int_{\mathrm{dn}}^{1}\frac{dt}{(-k'+t^2)\sqrt{(1-t^2)(t^2-k'^2)}} = \frac{1}{2k'}\left[-z+\frac{1}{1-k'}\operatorname{ar\,tanh}\frac{\sqrt{(1-\mathrm{dn}^2)(\mathrm{dn}^2-k'^2)}}{(1-k')\,\mathrm{dn}}\right],\\
&\int_{\mathrm{dn}}^{1}\frac{dt}{(k'+t^2)\sqrt{(1-t^2)(t^2-k'^2)}} = \frac{1}{2k'}\left[+z-\frac{1}{1+k'}\operatorname{ar\,tanh}\frac{\sqrt{(1-\mathrm{dn}^2)(\mathrm{dn}^2-k'^2)}}{(1+k')\,\mathrm{dn}}\right],\\
&\int_{\mathrm{cn}}^{1}\frac{dt}{(-k'(1-k')+k^2t^2)\sqrt{(1-t^2)(k'^2+k^2t^2)}} = \frac{1}{2k'}\left[-z+\frac{1}{1-k'}\operatorname{ar\,tanh}\left((1+k')\,\mathrm{cn}\sqrt{\frac{1-\mathrm{cn}^2}{k'^2+k^2\,\mathrm{cn}^2}}\right)\right],\\
&\int_{\mathrm{cn}}^{1}\frac{dt}{(k'(1+k')+k^2t^2)\sqrt{(1-t^2)(k'^2+k^2t^2)}} = \frac{1}{2k'}\left[+z-\frac{1}{1+k'}\operatorname{ar\,tanh}\left((1-k')\,\mathrm{cn}\sqrt{\frac{1-\mathrm{cn}^2}{k'^2+k^2\,\mathrm{cn}^2}}\right)\right],\\
&\int_{0}^{\mathrm{sn}}\frac{dt}{(1-k'-k^2t^2)\sqrt{(1-t^2)(1-k^2t^2)}} = \frac{1}{2k'}\left[-z+\frac{1}{1-k'}\operatorname{ar\,tanh}\left((1+k')\,\mathrm{sn}\sqrt{\frac{1-\mathrm{sn}^2}{1-k^2\,\mathrm{sn}^2}}\right)\right],\\
&\int_{0}^{\mathrm{sn}}\frac{dt}{(1+k'-k^2t^2)\sqrt{(1-t^2)(1-k^2t^2)}} = \frac{1}{2k'}\left[+z-\frac{1}{1+k'}\operatorname{ar\,tanh}\left((1-k')\,\mathrm{sn}\sqrt{\frac{1-\mathrm{sn}^2}{1-k^2\,\mathrm{sn}^2}}\right)\right].
\end{aligned}\right\}$$

In den Gln. (1014) ist für z immer diejenige Umkehrfunktion zu wählen, welche zu den in den Integralgrenzen auftretenden JACOBIschen elliptischen Funktionen gehört.

Für die vollständigen Integrale liefert (1014) mit $z = K$

$$\left.\begin{aligned}
&\int_{0}^{\infty}\frac{dt}{(-k'+t^2)\sqrt{(t^2+1)(t^2+k'^2)}} = -\frac{K}{2k'}, &&\int_{1}^{1/k'}\frac{dt}{(1-k't^2)\sqrt{(t^2-1)(1-k'^2t^2)}} = \frac{1}{2}K,\\
&\int_{0}^{\infty}\frac{dt}{(k'+t^2)\sqrt{(t^2+1)(t^2+k'^2)}} = +\frac{K}{2k'}, &&\int_{1}^{1/k'}\frac{dt}{(1+k't^2)\sqrt{(t^2-1)(1-k'^2t^2)}} = \frac{1}{2}K,\\
&\int_{k'}^{\infty}\frac{dt}{(-k'(1+k')+t^2)\sqrt{(t^2+k^2)(t^2-k'^2)}} = -\frac{K}{2k'}, &&\int_{0}^{1/k'}\frac{dt}{(1-k'-k'k^2t^2)\sqrt{(1+k^2t^2)(1-k'^2t^2)}} = \frac{1}{2}K,\\
&\int_{k'}^{\infty}\frac{dt}{(k'(1-k')+t^2)\sqrt{(t^2+k^2)(t^2-k'^2)}} = +\frac{K}{2k'}, &&\int_{0}^{1/k'}\frac{dt}{(1+k'+k'k^2t^2)\sqrt{(1+k^2t^2)(1-k'^2t^2)}} = \frac{1}{2}K,\\
&\int_{1}^{\infty}\frac{dt}{(-(1+k')+t^2)\sqrt{(t^2-1)(t^2-k^2)}} = -\frac{K}{2k'}, &&\int_{0}^{1}\frac{dt}{(-1+k'+k^2t^2)\sqrt{(1-t^2)(1-k^2t^2)}} = \frac{K}{2k'},\\
&\int_{1}^{\infty}\frac{dt}{(-(1-k')+t^2)\sqrt{(t^2-1)(t^2-k^2)}} = +\frac{K}{2k'}, &&\int_{0}^{1}\frac{dt}{(1+k'-k^2t^2)\sqrt{(1-t^2)(1-k^2t^2)}} = \frac{K}{2k'},\\
&\int_{0}^{\infty}\frac{dt}{(1-k't^2)\sqrt{(1+t^2)(1+k'^2t^2)}} = \frac{1}{2}K, &&\int_{k'}^{1}\frac{dt}{(-k'+t^2)\sqrt{(1-t^2)(t^2-k'^2)}} = -\frac{K}{2k'},\\
&\int_{0}^{\infty}\frac{dt}{(1+k't^2)\sqrt{(1+t^2)(1+k'^2t^2)}} = \frac{1}{2}K, &&\int_{k'}^{1}\frac{dt}{(k'+t^2)\sqrt{(1-t^2)(t^2-k'^2)}} = +\frac{K}{2k'},
\end{aligned}\right\}\quad(1015)$$

$$\int_1^\infty \frac{dt}{(1+k'-k't^2)\sqrt{(t^2-1)(k^2+k'^2t^2)}} = \frac{1}{2}K, \qquad \int_0^1 \frac{dt}{(-k'(1-k')+k^2t^2)\sqrt{(1-t^2)(k'^2+k^2t^2)}} = -\frac{K}{2k'},$$
$$\int_1^\infty \frac{dt}{(1-k'+k't^2)\sqrt{(t^2-1)(k^2+k'^2t^2)}} = \frac{1}{2}K, \qquad \int_0^1 \frac{dt}{(k'(1+k')+k^2t^2)\sqrt{(1-t^2)(k'^2+k^2t^2)}} = +\frac{K}{2k'},$$
$$\int_1^\infty \frac{dt}{(1+k'-t^2)\sqrt{(t^2-1)(t^2-k^2)}} = \frac{K}{2k'}, \qquad \int_0^1 \frac{dt}{(1-k'-k^2t^2)\sqrt{(1-t^2)(1-k^2t^2)}} = -\frac{K}{2k'},$$
$$\int_1^\infty \frac{dt}{(-1+k'+t^2)\sqrt{(t^2-1)(t^2-k^2)}} = \frac{K}{2k'}, \qquad \int_0^1 \frac{dt}{(1+k'-k^2t^2)\sqrt{(1-t^2)(1-k^2t^2)}} = +\frac{K}{2k'}.$$

140. Weitere sechs spezielle Normalintegrale dritter Gattung

Zu weiteren sechs speziellen Normalintegralen dritter Gattung gelangt man durch Integration der drei letzten der Gln. (847). Bei Beachtung der Gln. (767) folgt in Verbindung mit (878) zunächst

$$\left.\begin{aligned}
&\int \frac{k^2+\overline{\mathrm{sc}}^2(z,k)}{k^2-\overline{\mathrm{sc}}^2(z,k)}\,dz = \frac{1}{2k'}\operatorname{arc\,tan}\frac{\mathrm{cs}(2z,k)}{k'}, &&\int \frac{k^2+\overline{\mathrm{nd}}^2(z,k)}{k^2-\overline{\mathrm{nd}}^2(z,k)}\,dz = \frac{-1}{2k'}\operatorname{arc\,tan}\frac{\mathrm{cs}(2z,k)}{k'},\\
&\int \frac{1+\overline{\mathrm{sd}}^2(z,k)}{1-\overline{\mathrm{sd}}^2(z,k)}\,dz = \frac{-1}{2k'}\operatorname{ar\,tanh}(k'\,\mathrm{sd}(2z,k)), &&\int \frac{1+\overline{\mathrm{nc}}^2(z,k)}{1-\overline{\mathrm{nc}}^2(z,k)}\,dz = \frac{1}{2k'}\operatorname{ar\,tanh}(k'\,\mathrm{sd}(2z,k)),\\
&\int \frac{k'^2+\overline{\mathrm{sn}}^2(z,k)}{k'^2-\overline{\mathrm{sn}}^2(z,k)}\,dz = -\frac{1}{2}\operatorname{ar\,tanh}\mathrm{sn}(2z,k), &&\int \frac{k'^2+\overline{\mathrm{dc}}^2(z,k)}{k'^2-\overline{\mathrm{dc}}^2(z,k)}\,dz = \frac{1}{2}\operatorname{ar\,tanh}\mathrm{sn}(2z,k).
\end{aligned}\right\} \quad (1016)$$

Wird hierin noch $\int dz = z$ superponiert, so ergeben sich die speziellen Normalintegrale dritter Gattung

$$\left.\begin{aligned}
&\int \frac{dz}{k^2-\overline{\mathrm{sc}}^2(z,k)} = \frac{1}{2k^2}\left[z+\frac{1}{2k'}\operatorname{arc\,tan}\frac{\mathrm{cs}(2z,k)}{k'}\right], &&\int \frac{dz}{k^2-\overline{\mathrm{nd}}^2(z,k)} = \frac{1}{2k^2}\left[z-\frac{1}{2k'}\operatorname{arc\,tan}\frac{\mathrm{cs}(2z,k)}{k'}\right],\\
&\int \frac{dz}{1-\overline{\mathrm{sd}}^2(z,k)} = \frac{z}{2}-\frac{1}{4k'}\operatorname{ar\,tanh}(k'\,\mathrm{sd}(2z,k)), &&\int \frac{dz}{1-\overline{\mathrm{nc}}^2(z,k)} = \frac{z}{2}+\frac{1}{4k'}\operatorname{ar\,tanh}(k'\,\mathrm{sd}(2z,k)),\\
&\int \frac{dz}{k'^2-\overline{\mathrm{sn}}^2(z,k)} = \frac{1}{2k'^2}\left[z-\frac{1}{2}\operatorname{ar\,tanh}\mathrm{sn}(2z,k)\right], &&\int \frac{dz}{k'^2-\overline{\mathrm{dc}}^2(z,k)} = \frac{1}{2k'^2}\left[z+\frac{1}{2}\operatorname{ar\,tanh}\mathrm{sn}(2z,k)\right],
\end{aligned}\right\} \quad (1017)$$

die bei Substitution von neuen Veränderlichen gemäß der dreizehnten bis achtzehnten der Gln. (880) in Integrale der LEGENDREschen Form übergeführt werden können. Sie lauten unter Einflechtung fester Grenzen in Verbindung mit (801) und (799)

$$\left.\begin{aligned}
&\int_{\overline{\mathrm{sc}}}^{\infty} \frac{dt}{(k^2-t^2)\sqrt{(t^2-(1+k')^2)(t^2-(1-k')^2)}} = \frac{1}{2k^2}\left[-\frac{\pi}{4k'}+z+\frac{1}{2k'}\operatorname{arc\,tan}\frac{\mathrm{cs}(2z,k)}{k'}\right],\\
&\int_{\overline{\mathrm{sd}}}^{\infty} \frac{dt}{(1-t^2)\sqrt{(t^2-(k+ik')^2)(t^2-(k-ik')^2)}} = \frac{z}{2}-\frac{1}{4k'}\operatorname{ar\,tanh}(k'\,\mathrm{sd}(2z,k)),\\
&\int_{\overline{\mathrm{sn}}}^{\infty} \frac{dt}{(k'^2-t^2)\sqrt{(t^2+(1+k)^2)(t^2+(1-k)^2)}} = \frac{1}{2k'^2}\left[z-\frac{1}{2}\operatorname{ar\,tanh}\mathrm{sn}(2z,k)\right],\\
&\int_0^{\overline{\mathrm{nc}}} \frac{dt}{(1-t^2)\sqrt{(t^2-(k+ik')^2)(t^2-(k-ik')^2)}} = \frac{z}{2}+\frac{1}{4k'}\operatorname{ar\,tanh}(k'\,\mathrm{sd}(2z,k)),\\
&\int_0^{\overline{\mathrm{dc}}} \frac{dt}{(k'^2-t^2)\sqrt{(t^2+(1+k)^2)(t^2+(1-k)^2)}} = \frac{1}{2k'^2}\left[z+\frac{1}{2}\operatorname{ar\,tanh}\mathrm{sn}(2z,k)\right],\\
&\int_0^{\overline{\mathrm{nd}}} \frac{dt}{(k^2-t^2)\sqrt{(t^2-(1+k')^2)(t^2-(1-k')^2)}} = \frac{1}{2k^2}\left[+\frac{\pi}{4k'}+z-\frac{1}{2k'}\operatorname{arc\,tan}\frac{\mathrm{cs}(2z,k)}{k'}\right].
\end{aligned}\right\} \quad (1018)$$

Für $z = \frac{1}{2} K$ und mit (802) bzw. (857), (858) und (799) gehen die Integrale (1018) in die vollständigen Integrale

$$\left.\begin{aligned}
\int\limits_{1+k'}^{\infty} \frac{dt}{(k^2 - t^2)\sqrt{(t^2 - (1+k')^2)(t^2 - (1-k')^2)}} &= \frac{1}{4k^2}\left(K - \frac{\pi}{2k'}\right),\\
\int\limits_{0}^{1-k'} \frac{dt}{(k^2 - t^2)\sqrt{(t^2 - (1+k')^2)(t^2 - (1-k')^2)}} &= \frac{1}{4k^2}\left(K + \frac{\pi}{2k'}\right),\\
\int\limits_{0}^{\infty} \frac{dt}{(1 - t^2)\sqrt{(t^2 - (k+i\,k')^2)(t^2 - (k-i\,k')^2)}} &= \frac{1}{2} K,\\
\int\limits_{0}^{\infty} \frac{dt}{(k'^2 - t^2)\sqrt{(t^2 + (1+k)^2)(t^2 + (1-k)^2)}} &= \frac{K}{2k'^2}
\end{aligned}\right\} \quad (1019)$$

über.

In den Integralen (1018) ist für z immer diejenige Umkehrfunktion zu wählen, welche zu den in den Integralgrenzen auftretenden logarithmischen Ableitungen der JACOBIschen elliptischen Funktionen gehört.

141. Zurückführung des allgemeinen elliptischen Integrals in der Legendreschen Form auf Normalintegrale erster, zweiter und dritter Gattung

Das allgemeine elliptische Integral in der LEGENDREschen Form ist das Integral

$$\int R(u, \sqrt{u^4 + c_3 u^3 + c_2 u^2 + c_1 u + c_0})\, du$$

einer rationalen Funktion R von u und $\sqrt{u^4 + c_3 u^3 + c_2 u^2 + c_1 u + c_0}$, wobei c_3, c_2, c_1, c_0 als reell vorausgesetzt werden, ein Integral, das stets auch in der Form

$$\int R(u, \sqrt{(u^2 + 2A_1 u + A_0)(u^2 + 2B_1 u + B_0)})\, du$$

zugrunde gelegt werden kann. In dieser läßt es sich durch die Substitution

$$u = \frac{b_0 + b_1 t}{1+t}, \qquad du = \frac{b_1 - b_0}{(1+t)^2}\, dt$$

in das Integral

$$\int R\left(\frac{b_0 + b_1 t}{1+t}, \frac{\sqrt{[(b_0+b_1 t)^2 + 2A_1(1+t)(b_0+b_1 t) + A_0(1+t)^2][(b_0+b_1 t)^2 + 2B_1(1+t)(b_0+b_1 t) + B_0(1+t)^2]}}{(1+t)^2}\right)\frac{b_1 - b_0}{(1+t)^2}\, dt$$

überführen, das die Möglichkeit bietet, die Konstanten b_0 und b_1 so zu bestimmen, daß nach Ausmultiplizieren in den beiden eckigen Klammern die linearen Glieder in t verschwinden. Die entsprechenden Bedingungsgleichungen lauten

$$\begin{aligned} b_0 b_1 + A_1(b_0 + b_1) + A_0 &= 0\\ b_0 b_1 + B_1(b_0 + b_1) + B_0 &= 0 \end{aligned} \quad \text{oder} \quad b_0 + b_1 = \frac{A_0 - B_0}{B_1 - A_1}, \qquad b_0 b_1 = \frac{B_0 A_1 - B_1 A_0}{B_1 - A_1}.$$

Die Auflösung nach b_0 und b_1 ergibt

$$b_{\substack{0\\1}} = \frac{A_0 - B_0 \pm \sqrt{(A_0 - B_0)^2 - 4(B_1 - A_1)(B_0 A_1 - B_1 A_0)}}{2(B_1 - A_1)}.$$

Hierdurch wird das allgemeine elliptische Integral auf eine bezüglich der Wurzel biquadratische Form gebracht, die im reellen Falle die Form

$$\int R(t, \sqrt{(1 + a_1 t^2)(a_2 + a_3 t^2)})\, dt,$$

im konjugiert komplexen die Form

$$\int R(t, \sqrt{(a_1 + i\,a_2 + a_3 t^2)(a_1 - i\,a_2 + a_3 t^2)})\, dt$$

besitzt.

Wird die biquadratische Wurzel, ob reell oder komplex, in der Form

$$\sqrt{(t^2 + a)(t^2 + b)}$$

zugrunde gelegt, so nimmt eine rationale Funktion von t und $\sqrt{(t^2 + a)(t^2 + b)}$ im allgemeinsten Falle die Form

$$\frac{R_1(t) + R_2(t)\sqrt{(t^2 + a)(t^2 + b)}}{R_3(t) + R_4(t)\sqrt{(t^2 + a)(t^2 + b)}} = \frac{\dfrac{R_1(t)}{\sqrt{(t^2 + a)(t^2 + b)}} + R_2(t)}{\dfrac{R_3(t)}{\sqrt{(t^2 + a)(t^2 + b)}} + R_4(t)}$$

an, die durch Erweitern mit

$$\frac{R_3(t)}{\sqrt{(t^2 + a)(t^2 + b)}} - R_4(t)$$

in die rationale Funktion

$$\frac{R_{\mathrm{I}}(t)}{\sqrt{(t^2 + a)(t^2 + b)}} + R_{\mathrm{II}}(t)$$

übergeht. Das zugehörige allgemeine elliptische Integral lautet

$$\int \left[\frac{R_{\mathrm{I}}(t)}{\sqrt{(t^2 + a)(t^2 + b)}} + R_{\mathrm{II}}(t)\right] dt = \int \frac{R_{\mathrm{I}}(t)\, dt}{\sqrt{(t^2 + a)(t^2 + b)}} + \int R_{\mathrm{II}}(t)\, dt.$$

Eine Weiterbetrachtung des rechten Integrals erübrigt sich, da dieses durch elementare Funktionen dargestellt werden kann. In dem linken Integral läßt sich $R_{\mathrm{I}}(t)$ stets in eine ganze rationale Funktion und in eine endliche Summe von Partialbrüchen zerlegen, als deren Repräsentanten die Funktionen

$$t^n \quad \text{und} \quad \frac{1}{(t - t_0)^n}$$

angesehen werden können. Da für ungerade n-Werte, d. h. für $n = 2m + 1$

$$t^{2m+1}\, dt = \tfrac{1}{2} t^{2m}\, d(t^2)$$

wird, führen die Integrale mit t^n für ungerade n-Werte ebenfalls auf elementare Funktionen, womit die weitere Untersuchung auf die Integrale

$$\int \frac{t^{2m}\, dt}{\sqrt{(t^2 + a)(t^2 + b)}} \quad \text{und} \quad \int \frac{dt}{(t - t_0)^n \sqrt{(t^2 + a)(t^2 + b)}}$$

beschränkt werden kann.

Für das Integral mit t^{2m} läßt sich eine Rekursionsformel entwickeln, durch welche dieses auf Integrale mit t^{2m-2} und t^{2m-4} zurückgeführt wird. Es folgt nämlich durch partielle Integration

$$\int t^{2m-4}\sqrt{(t^2 + a)(t^2 + b)}\, dt = \frac{t^{2m-3}}{2m - 3}\sqrt{(t^2 + a)(t^2 + b)} - \int \frac{t^{2m-3}}{2m - 3}\, \frac{t(2t^2 + a + b)}{\sqrt{(t^2 + a)(t^2 + b)}}\, dt$$

oder

$$\int \frac{t^{2m} + (a + b)\, t^{2m-2} + a\, b\, t^{2m-4}}{\sqrt{(t^2 + a)(t^2 + b)}}\, dt = \frac{t^{2m-3}}{2m - 3}\sqrt{(t^2 + a)(t^2 + b)} - \frac{1}{2m - 3}\int \frac{2t^{2m} + (a + b)\, t^{2m-2}}{\sqrt{(t^2 + a)(t^2 + b)}}\, dt$$

oder

$$\int \frac{t^{2m}\, dt}{\sqrt{(t^2 + a)(t^2 + b)}} = \frac{t^{2m-3}}{2m - 1}\sqrt{(t^2 + a)(t^2 + b)} - \frac{2m - 2}{2m - 1}(a + b)\int \frac{t^{2m-2}\, dt}{\sqrt{(t^2 + a)(t^2 + b)}} - \frac{2m - 3}{2m - 1}\, a\, b \int \frac{t^{2m-4}\, dt}{\sqrt{(t^2 + a)(t^2 + b)}}. \tag{1020}$$

Durch sukzessive Anwendung dieser Rekursionsformel lassen sich alle Integrale dieser Gruppe auf die beiden Integrale

$$\int \frac{t^2\, dt}{\sqrt{(t^2 + a)(t^2 + b)}} \quad \text{und} \quad \int \frac{dt}{\sqrt{(t^2 + a)(t^2 + b)}}$$

und damit auf Normalintegrale erster und zweiter Gattung zurückführen.

Für das Integral mit $1/(t - t_0)^n$ besteht ebenfalls eine Rekursionsformel, die durch partielle Integration entwickelt werden kann. Man erhält zunächst

$$\int \frac{\sqrt{(t^2+a)(t^2+b)}}{(t-t_0)^n}\,dt = -\frac{\sqrt{(t^2+a)(t^2+b)}}{(n-1)(t-t_0)^{n-1}} + \frac{1}{n-1}\int \frac{1}{(t-t_0)^{n-1}}\,\frac{t(2t^2+a+b)}{\sqrt{(t^2+a)(t^2+b)}}\,dt$$

oder

$$\int \frac{t^4+(a+b)t^2+ab}{(t-t_0)^n\sqrt{(t^2+a)(t^2+b)}}\,dt = -\frac{\sqrt{(t^2+a)(t^2+b)}}{(n-1)(t-t_0)^{n-1}} + \frac{1}{n-1}\int \frac{t(2t^2+a+b)\,dt}{(t-t_0)^{n-1}\sqrt{(t^2+a)(t^2+b)}}.$$

Nun ist nach dem binomischen Satze

$$t^4+(a+b)t^2+ab = (t-t_0)^4 + 4t_0(t-t_0)^3 + (6t_0^2+a+b)(t-t_0)^2 + 2t_0(2t_0^2+a+b)(t-t_0) + t_0^4 + t_0^2(a+b) + ab,$$

$$t(2t^2+a+b) = 2(t-t_0)^3 + 6t_0(t-t_0)^2 + (6t_0^2+a+b)(t-t_0) + t_0(2t_0^2+a+b).$$

Werden diese Ausdrücke in den Zählern der beiden Integranden berücksichtigt, so ergibt sich nach entsprechender Zusammenfassung

$$\begin{aligned}\int \frac{dt}{(t-t_0)^n\sqrt{(t^2+a)(t^2+b)}} = &-\frac{\sqrt{(t^2+a)(t^2+b)}}{(n-1)(t_0^4+t_0^2(a+b)+ab)(t-t_0)^{n-1}} - \\ &-\frac{n-\frac{3}{2}}{n-1}\,\frac{2t_0(2t_0^2+a+b)}{t_0^4+t_0^2(a+b)+ab}\int\frac{dt}{(t-t_0)^{n-1}\sqrt{(t^2+a)(t^2+b)}} - \\ &-\frac{n-2}{n-1}\,\frac{6t_0^2+a+b}{t_0^4+t_0^2(a+b)+ab}\int\frac{dt}{(t-t_0)^{n-2}\sqrt{(t^2+a)(t^2+b)}} - \\ &-\frac{n-\frac{5}{2}}{n-1}\,\frac{4t_0}{t_0^4+t_0^2(a+b)+ab}\int\frac{dt}{(t-t_0)^{n-3}\sqrt{(t^2+a)(t^2+b)}} - \\ &-\frac{n-3}{n-1}\,\frac{1}{t_0^4+t_0^2(a+b)+ab}\int\frac{dt}{(t-t_0)^{n-4}\sqrt{(t^2+a)(t^2+b)}}.\end{aligned} \tag{1021}$$

Die von $n = 2$ ab gültige Rekursionsformel (1021) liefert für diesen Anfangswert bei entsprechender Zusammenfassung

$$\begin{aligned}\int \frac{dt}{(t-t_0)^2\sqrt{(t^2+a)(t^2+b)}} = &-\frac{\sqrt{(t^2+a)(t^2+b)}}{(t_0^4+t_0^2(a+b)+ab)(t-t_0)} - \frac{t_0(2t_0^2+a+b)}{t_0^4+t_0^2(a+b)+ab}\int\frac{dt}{(t-t_0)\sqrt{(t^2+a)(t^2+b)}} + \\ &+\frac{1}{t_0^4+t_0^2(a+b)+ab}\int\frac{t^2\,dt}{\sqrt{(t^2+a)(t^2+b)}} - \frac{t_0^2}{t_0^4+t_0^2(a+b)+ab}\int\frac{dt}{\sqrt{(t^2+a)(t^2+b)}},\end{aligned}$$

d. h. einen Ausdruck, der neben einer rationalen Funktion die durch Normalintegrale erster und zweiter Gattung darstellbaren Integrale

$$\int\frac{dt}{\sqrt{(t^2+a)(t^2+b)}} \quad \text{und} \quad \int\frac{t^2\,dt}{\sqrt{(t^2+a)(t^2+b)}}$$

und das Integral

$$\int\frac{dt}{(t-t_0)\sqrt{(t^2+a)(t^2+b)}}$$

enthält, das sich in ein elementares Integral und ein Normalintegral dritter Gattung aufspalten läßt. Es ergibt sich nämlich

$$\int\frac{dt}{(t-t_0)\sqrt{(t^2+a)(t^2+b)}} = \int\frac{(t+t_0)\,dt}{(t^2-t_0^2)\sqrt{(t^2+a)(t^2+b)}} = \frac{1}{2}\int\frac{d(t^2)}{(t^2-t_0^2)\sqrt{(t^2+a)(t^2+b)}} + t_0\int\frac{dt}{(t^2-t_0^2)\sqrt{(t^2+a)(t^2+b)}}.$$

Das Integral mit $1/(t - t_0)^n$ läßt sich somit für $n = 2$ auf ein elementares Integral und elliptische Normalintegrale erster, zweiter und dritter Gattung zurückführen. Geht man in der Rekursionsformel (1021) von $n = 2$ zu $n = 3$, von $n = 3$ zu $n = 4$ usw. über, so zeigt sich, daß das gleiche auch für die ganze Gruppe der Integrale mit $1/(t - t_0)^n$ gilt.

Aus dem Vorstehenden folgt, daß mit den in den vorangegangenen Abschnitten entwickelten Normalintegralen auch die allgemeinen elliptischen Integrale der Legendreschen Form geschlossen dargestellt werden können.

In den Abschnitten von Kapitel 10 sind zahlreiche elliptische Integrale der Legendreschen Form geschlossen dargestellt. Es sei insbesondere auf die Abschnitte 162, 163 und 164 verwiesen. Diese enthalten die in nachfolgender Tabelle aufgeführten 54 Integralgruppen:

Tabelle der in den Abschnitten 162 bis 164 geschlossen gelösten elliptischen Integrale

$\int \frac{t^2\,dt}{\sqrt{(t^2+a)\,(t^2+b)}}$,	$\int \frac{\sqrt{t^2+a}}{\sqrt{t^2+b}}\,dt$,	$\int \frac{\sqrt{t^2+a}}{(\sqrt{t^2+b})^3}\,dt$,	$\int \frac{\frac{1}{t^2}\sqrt{t^2+a}}{\sqrt{t^2+b}}\,dt$,	$\int \frac{dt}{\sqrt{t^2+a}\,(\sqrt{t^2+b})^3}$,	$\int \frac{t^2\,dt}{\sqrt{t^2+a}\,(\sqrt{t^2+b})^3}$,
$\int \frac{\frac{1}{t^2}\,dt}{\sqrt{(t^2+a)\,(t^2+b)}}$,	$\int \frac{\sqrt{t^2+b}}{\sqrt{t^2+a}}\,dt$,	$\int \frac{\sqrt{t^2+b}}{(\sqrt{t^2+a})^3}\,dt$,	$\int \frac{\frac{1}{t^2}\sqrt{t^2+b}}{\sqrt{t^2+a}}\,dt$,	$\int \frac{dt}{\sqrt{t^2+b}\,(\sqrt{t^2+a})^3}$,	$\int \frac{t^2\,dt}{\sqrt{t^2+b}\,(\sqrt{t^2+a})^3}$,
$\int \frac{t^4\,dt}{\sqrt{(t^2+a)\,(t^2+b)}}$,	$\int \frac{(\sqrt{t^2+a})^3}{\sqrt{t^2+b}}\,dt$,	$\int \frac{(\sqrt{t^2+a})^3}{(\sqrt{t^2+b})^5}\,dt$,	$\int \frac{\frac{1}{t^4}(\sqrt{t^2+a})^3}{\sqrt{t^2+b}}\,dt$,	$\int \frac{dt}{\sqrt{t^2+a}\,(\sqrt{t^2+b})^5}$,	$\int \frac{t^4\,dt}{\sqrt{t^2+a}\,(\sqrt{t^2+b})^5}$,
$\int \frac{\frac{1}{t^4}\,dt}{\sqrt{(t^2+a)\,(t^2+b)}}$,	$\int \frac{(\sqrt{t^2+b})^3}{\sqrt{t^2+a}}\,dt$,	$\int \frac{(\sqrt{t^2+b})^3}{(\sqrt{t^2+a})^5}\,dt$,	$\int \frac{\frac{1}{t^4}(\sqrt{t^2+b})^3}{\sqrt{t^2+a}}\,dt$,	$\int \frac{dt}{\sqrt{t^2+b}\,(\sqrt{t^2+a})^5}$,	$\int \frac{t^4\,dt}{\sqrt{t^2+b}\,(\sqrt{t^2+a})^5}$,
$\int \sqrt{(t^2+a)\,(t^2+b)}\,dt$,	$\int \frac{(\sqrt{t^2+a})^3}{(\sqrt{t^2+b})^3}\,dt$,	$\int \frac{t^2\sqrt{t^2+a}}{\sqrt{t^2+b}}\,dt$,	$\int \frac{\frac{1}{t^4}\sqrt{t^2+a}}{\sqrt{t^2+b}}\,dt$,	$\int \frac{t^2\,dt}{\sqrt{t^2+a}\,(\sqrt{t^2+b})^5}$,	$\int \frac{\frac{1}{t^2}\,dt}{\sqrt{t^2+a}\,(\sqrt{t^2+b})^3}$,
$\int \frac{1}{t^2}\sqrt{(t^2+a)\,(t^2+b)}\,dt$,	$\int \frac{(\sqrt{t^2+b})^3}{(\sqrt{t^2+a})^3}\,dt$,	$\int \frac{t^2\sqrt{t^2+b}}{\sqrt{t^2+a}}\,dt$,	$\int \frac{\frac{1}{t^4}\sqrt{t^2+b}}{\sqrt{t^2+a}}\,dt$,	$\int \frac{t^2\,dt}{\sqrt{t^2+b}\,(\sqrt{t^2+a})^5}$,	$\int \frac{\frac{1}{t^2}\,dt}{\sqrt{t^2+b}\,(\sqrt{t^2+a})^3}$,
$\int \frac{1}{t^4}\sqrt{(t^2+a)\,(t^2+b)}\,dt$,	$\int \frac{\sqrt{t^2+a}}{(\sqrt{t^2+b})^5}\,dt$,	$\int \frac{t^2\sqrt{t^2+a}}{(\sqrt{t^2+b})^3}\,dt$,	$\int \frac{\frac{1}{t^2}\sqrt{t^2+a}}{(\sqrt{t^2+b})^3}\,dt$,	$\int \frac{t^4\,dt}{\sqrt{t^2+a}\,(\sqrt{t^2+b})^3}$,	$\int \frac{\frac{1}{t^2}(\sqrt{t^2+a})^3}{\sqrt{t^2+b}}\,dt$,
$\int \frac{dt}{(\sqrt{(t^2+a)\,(t^2+b)})^3}$,	$\int \frac{\sqrt{t^2+b}}{(\sqrt{t^2+a})^5}\,dt$,	$\int \frac{t^2\sqrt{t^2+b}}{(\sqrt{t^2+a})^3}\,dt$,	$\int \frac{\frac{1}{t^2}\sqrt{t^2+b}}{(\sqrt{t^2+a})^3}\,dt$,	$\int \frac{t^4\,dt}{\sqrt{t^2+b}\,(\sqrt{t^2+a})^3}$,	$\int \frac{\frac{1}{t^2}(\sqrt{t^2+b})^3}{\sqrt{t^2+a}}\,dt$,
$\int \frac{t^2\,dt}{(\sqrt{(t^2+a)\,(t^2+b)})^3}$,	$\int \frac{t^4\,dt}{(\sqrt{(t^2+a)\,(t^2+b)})^3}$,	$\int \frac{t^2\sqrt{t^2+a}}{(\sqrt{t^2+b})^5}\,dt$,	$\int \frac{t^2\sqrt{t^2+b}}{(\sqrt{t^2+a})^5}\,dt$,	$\int \frac{\frac{1}{t^2}(\sqrt{t^2+b})^3}{(\sqrt{t^2+a})^3}\,dt$,	$\int \frac{\frac{1}{t^2}(\sqrt{t^2+a})^3}{(\sqrt{t^2+b})^3}\,dt$.

Kapitel 8

Spezielle Weierstraßsche Zeta-Funktionen

142. Definitions- und Funktionalgleichungen

Die sechs speziellen WEIERSTRASSschen Zeta-Funktionen sind die Integrale der $\wp$-Funktionen nach z und damit nach (501) gleichzeitig lineare Funktionen der logarithmischen Ableitungen der Theta-Funktionen und des Arguments z und können in Verbindung mit (926) bis (928) auch als lineare Funktionen der LEGENDREschen E-Funktion, der logarithmischen Ableitungen der JACOBIschen elliptischen Funktionen und des Arguments z dargestellt werden. Sie sind somit keine doppeltperiodischen Funktionen mehr und nicht einmal mehr einfach periodisch. Ihre Definitionsgleichungen und ihre Funktionalgleichungen, die sich aus denjenigen der logarithmischen Ableitungen der Theta-Funktionen ergeben, lauten in Verbindung mit (449) und (452):

$$\left.\begin{aligned}
&\mathfrak{z}_1(z,k) = +\eta_1 K - \int_K^z \wp_1(\bar z,k)\,d\bar z = \frac{\partial}{\partial z}\ln\vartheta_1(z,k) + \eta_1 z = E(z,k) + \overline{\mathrm{sn}}(z,k) - e_1 z\\
&\qquad = +\eta_1 K + \mathfrak{z}_2(z,k) + \overline{\mathrm{sc}}(z,k) = \mathfrak{z}_3(z,k) + \overline{\mathrm{sd}}(z,k) = +\eta_1 K + \mathfrak{z}_4(z,k) + \overline{\mathrm{sn}}(z,k),\\
&\mathfrak{z}_1(z \pm 2K,k) = \mathfrak{z}_1(z,k) \pm 2K\eta_1, \quad \mathfrak{z}_1(z \pm 2iK',k) = \mathfrak{z}_1(z,k) \pm 2iK'\eta_2;\\
&\mathfrak{z}_2(z,k) = -\eta_1 K - \int_0^z \wp_2(\bar z,k)\,d\bar z = \frac{\partial}{\partial z}\ln\vartheta_2(z,k) - \eta_1(K-z) = E(z,k) + \overline{\mathrm{cn}}(z,k) - e_1 z - \eta_1 K\\
&\qquad = -\eta_1 K + \mathfrak{z}_3(z,k) + \overline{\mathrm{cd}}(z,k) = \mathfrak{z}_4(z,k) + \overline{\mathrm{cn}}(z,k) = -\eta_1 K + \mathfrak{z}_1(z,k) + \overline{\mathrm{cs}}(z,k),\\
&\mathfrak{z}_2(z \pm 2K,k) = \mathfrak{z}_2(z,k) \pm 2K\eta_1, \quad \mathfrak{z}_2(z \pm 2iK',k) = \mathfrak{z}_2(z,k) \pm 2iK'\eta_2;\\
&\mathfrak{z}_3(z,k) = -\int_0^z \wp_3(\bar z,k)\,d\bar z = \frac{\partial}{\partial z}\ln\vartheta_3(z,k) + \eta_1 z = E(z,k) + \overline{\mathrm{dn}}(z,k) - e_1 z\\
&\qquad = +\eta_1 K + \mathfrak{z}_4(z,k) + \overline{\mathrm{dn}}(z,k) = \mathfrak{z}_1(z,k) + \overline{\mathrm{ds}}(z,k) = +\eta_1 K + \mathfrak{z}_2(z,k) + \overline{\mathrm{dc}}(z,k),\\
&\mathfrak{z}_3(z \pm 2K,k) = \mathfrak{z}_3(z,k) \pm 2K\eta_1, \quad \mathfrak{z}_3(z \pm 2iK',k) = \mathfrak{z}_3(z,k) \pm 2iK'\eta_2;\\
&\mathfrak{z}_4(z,k) = -\eta_1 K - \int_0^z \wp_4(\bar z,k)\,d\bar z = \frac{\partial}{\partial z}\ln\vartheta_4(z,k) - \eta_1(K-z) = E(z,k) - e_1 z - \eta_1 K\\
&\qquad = -\eta_1 K + \mathfrak{z}_1(z,k) + \overline{\mathrm{ns}}(z,k) = \mathfrak{z}_2(z,k) + \overline{\mathrm{nc}}(z,k) = -\eta_1 K + \mathfrak{z}_3(z,k) + \overline{\mathrm{nd}}(z,k),\\
&\mathfrak{z}_4(z \pm 2K,k) = \mathfrak{z}_4(z,k) \pm 2K\eta_1, \quad \mathfrak{z}_4(z \pm 2iK',k) = \mathfrak{z}_4(z,k) \pm 2iK'\eta_2;\\
&\mathfrak{z}_5(z,k) = +\bar\eta_1 K - \int_K^z \wp_5(\bar z,k)\,d\bar z = \frac{\partial}{\partial z}\ln\vartheta_5(z,k) + \bar\eta_1 z = 2E(z,k) + \overline{\mathrm{sn}}(z,k) + \overline{\mathrm{dn}}(z,k) + \left(\bar\eta_1 - \frac{2E}{K}\right)z\\
&\qquad = e_2 z + \mathfrak{z}_1(z,k) + \mathfrak{z}_3(z,k),\\
&\mathfrak{z}_5(z \pm 2K,k) = \mathfrak{z}_5(z,k) \pm 2K\bar\eta_1, \quad \mathfrak{z}_5(z + K \pm iK',k) = \mathfrak{z}_5(z,k) + K\bar\eta_1 \pm iK'\bar\eta_2;\\
&\mathfrak{z}_6(z,k) = -\bar\eta_1 K - \int_0^z \wp_6(\bar z,k)\,d\bar z = \frac{\partial}{\partial z}\ln\vartheta_6(z,k) - \bar\eta_1(K-z) = 2E(z,k) + \overline{\mathrm{cn}}(z,k) + \left(\bar\eta_1 - \frac{2E}{K}\right)z - \bar\eta_1 K\\
&\qquad = -e_2(K-z) + \mathfrak{z}_2(z,k) + \mathfrak{z}_4(z,k),\\
&\mathfrak{z}_6(z \pm 2K,k) = \mathfrak{z}_6(z,k) \pm 2K\bar\eta_1, \quad \mathfrak{z}_6(z + K \pm iK',k) = \mathfrak{z}_6(z,k) + K\bar\eta_1 \pm iK'\bar\eta_2.
\end{aligned}\right\} \tag{1022}$$

Wird die erste der Gln. (599) unter Beachtung von (1022) nach z integriert und anschließend z mit $z - \frac{1}{2}K$, $z - \frac{1}{2}K \pm \frac{i}{2}K'$, $z \pm \frac{i}{2}K'$ vertauscht, so ergibt sich mit (154) bis (156), (449),

(452) und (1022)

$$\left.\begin{aligned}
\mathfrak{z}_1(2z,k) &= \frac{1}{2}\,[\bar{\eta}_1 K + \mathfrak{z}_5(z,k) + \mathfrak{z}_6(z,k) - 2e_2 z],\\
\mathfrak{z}_2(2z,k) &= \frac{1}{2}\left[\bar{\eta}_1 K + \mathfrak{z}_5\left(z - \frac{K}{2}, k\right) + \mathfrak{z}_6\left(z - \frac{K}{2}, k\right) + 2e_2\left(\frac{K}{2} - z\right)\right],\\
\mathfrak{z}_3(2z,k) &= \frac{1}{2}\left[2\bar{\eta}_1 K \mp i\,\bar{\eta}_2 K' - 2e_2 z + \mathfrak{z}_5\left(z - \frac{K}{2} \pm \frac{i K'}{2}, k\right) + \mathfrak{z}_6\left(z - \frac{K}{2} \pm \frac{i K'}{2}, k\right)\right],\\
\mathfrak{z}_4(2z,k) &= \frac{1}{2}\left[\mp i\,\bar{\eta}_2 K' - 2e_2\left(z - \frac{K}{2}\right) + \mathfrak{z}_5\left(z \pm \frac{i K'}{2}, k\right) + \mathfrak{z}_6\left(z \pm \frac{i K'}{2}, k\right)\right].
\end{aligned}\right\} \quad (1023)$$

143. Substitutionen

Mit (154) bis (156), (449), (452), (794), (795), (819), (856), (915), (1022) und (1023) erhält man

$$\left.\begin{aligned}
\mathfrak{z}_1(-\zeta,\varkappa) &= -\mathfrak{z}_1(\zeta,\varkappa), & \mathfrak{z}_1(-z,k) &= -\mathfrak{z}_1(z,k),\\
\mathfrak{z}_2(-\zeta,\varkappa) &= -\mathfrak{z}_2(\zeta,\varkappa) - 2\eta_1 K, & \mathfrak{z}_2(-z,k) &= -\mathfrak{z}_2(z,k) - 2\eta_1 K,\\
\mathfrak{z}_3(-\zeta,\varkappa) &= -\mathfrak{z}_3(\zeta,\varkappa), & \mathfrak{z}_3(-z,k) &= -\mathfrak{z}_3(z,k),\\
\mathfrak{z}_4(-\zeta,\varkappa) &= -\mathfrak{z}_4(\zeta,\varkappa) - 2\eta_1 K, & \mathfrak{z}_4(-z,k) &= -\mathfrak{z}_4(z,k) - 2\eta_1 K,\\
\mathfrak{z}_5(-\zeta,\varkappa) &= -\mathfrak{z}_5(\zeta,\varkappa), & \mathfrak{z}_5(-z,k) &= -\mathfrak{z}_5(z,k),\\
\mathfrak{z}_6(-\zeta,\varkappa) &= -\mathfrak{z}_6(\zeta,\varkappa) - 2\bar{\eta}_1 K; & \mathfrak{z}_6(-z,k) &= -\mathfrak{z}_6(z,k) - 2\bar{\eta}_1 K.
\end{aligned}\right\} \quad (1024)$$

$$\left.\begin{aligned}
\mathfrak{z}_1(\zeta - \tfrac{1}{2},\varkappa) &= \mathfrak{z}_2(\zeta,\varkappa), & \mathfrak{z}_1(z-K,k) &= \mathfrak{z}_2(z,k),\\
\mathfrak{z}_2(\zeta - \tfrac{1}{2},\varkappa) &= \mathfrak{z}_1(\zeta,\varkappa) - 2\eta_1 K, & \mathfrak{z}_2(z-K,k) &= \mathfrak{z}_1(z,k) - 2\eta_1 K,\\
\mathfrak{z}_3(\zeta - \tfrac{1}{2},\varkappa) &= \mathfrak{z}_4(\zeta,\varkappa), & \mathfrak{z}_3(z-K,k) &= \mathfrak{z}_4(z,k),\\
\mathfrak{z}_4(\zeta - \tfrac{1}{2},\varkappa) &= \mathfrak{z}_3(\zeta,\varkappa) - 2\eta_1 K, & \mathfrak{z}_4(z-K,k) &= \mathfrak{z}_3(z,k) - 2\eta_1 K,\\
\mathfrak{z}_5(\zeta - \tfrac{1}{2},\varkappa) &= \mathfrak{z}_6(\zeta,\varkappa), & \mathfrak{z}_5(z-K,k) &= \mathfrak{z}_6(z,k),\\
\mathfrak{z}_6(\zeta - \tfrac{1}{2},\varkappa) &= \mathfrak{z}_5(\zeta,\varkappa) - 2\bar{\eta}_1 K; & \mathfrak{z}_6(z-K,k) &= \mathfrak{z}_5(z,k) - 2\bar{\eta}_1 K.
\end{aligned}\right\} \quad (1025)$$

$$\left.\begin{aligned}
\mathfrak{z}_1(\zeta + \tfrac{1}{2},\varkappa) &= \mathfrak{z}_2(\zeta,\varkappa) + 2\eta_1 K, & \mathfrak{z}_1(z+K,k) &= \mathfrak{z}_2(z,k) + 2\eta_1 K,\\
\mathfrak{z}_2(\zeta + \tfrac{1}{2},\varkappa) &= \mathfrak{z}_1(\zeta,\varkappa), & \mathfrak{z}_2(z+K,k) &= \mathfrak{z}_1(z,k),\\
\mathfrak{z}_3(\zeta + \tfrac{1}{2},\varkappa) &= \mathfrak{z}_4(\zeta,\varkappa) + 2\eta_1 K, & \mathfrak{z}_3(z+K,k) &= \mathfrak{z}_4(z,k) + 2\eta_1 K,\\
\mathfrak{z}_4(\zeta + \tfrac{1}{2},\varkappa) &= \mathfrak{z}_3(\zeta,\varkappa), & \mathfrak{z}_4(z+K,k) &= \mathfrak{z}_3(z,k),\\
\mathfrak{z}_5(\zeta + \tfrac{1}{2},\varkappa) &= \mathfrak{z}_6(\zeta,\varkappa) + 2\bar{\eta}_1 K, & \mathfrak{z}_5(z+K,k) &= \mathfrak{z}_6(z,k) + 2\bar{\eta}_1 K,\\
\mathfrak{z}_6(\zeta + \tfrac{1}{2},\varkappa) &= \mathfrak{z}_5(\zeta,\varkappa); & \mathfrak{z}_6(z+K,k) &= \mathfrak{z}_5(z,k).
\end{aligned}\right\} \quad (1026)$$

$$\left.\begin{aligned}
\mathfrak{z}_1\left(\zeta \pm \frac{i\varkappa}{2},\varkappa\right) &= \mathfrak{z}_4(\zeta,\varkappa) + \eta_1 K \pm i\,\eta_2 K', & \mathfrak{z}_1(z \pm i K',k) &= \mathfrak{z}_4(z,k) + \eta_1 K \pm i\,\eta_2 K',\\
\mathfrak{z}_2\left(\zeta \pm \frac{i\varkappa}{2},\varkappa\right) &= \mathfrak{z}_3(\zeta,\varkappa) - \eta_1 K \pm i\,\eta_2 K', & \mathfrak{z}_2(z \pm i K',k) &= \mathfrak{z}_3(z,k) - \eta_1 K \pm i\,\eta_2 K',\\
\mathfrak{z}_3\left(\zeta \pm \frac{i\varkappa}{2},\varkappa\right) &= \mathfrak{z}_2(\zeta,\varkappa) + \eta_1 K \pm i\,\eta_2 K', & \mathfrak{z}_3(z \pm i K',k) &= \mathfrak{z}_2(z,k) + \eta_1 K \pm i\,\eta_2 K',\\
\mathfrak{z}_4\left(\zeta \pm \frac{i\varkappa}{2},\varkappa\right) &= \mathfrak{z}_1(\zeta,\varkappa) - \eta_1 K \pm i\,\eta_2 K', & \mathfrak{z}_4(z \pm i K',k) &= \mathfrak{z}_1(z,k) - \eta_1 K \pm i\,\eta_2 K',\\
\mathfrak{z}_5\left(\zeta \pm \frac{i\varkappa}{2},\varkappa\right) &= \mathfrak{z}_6(\zeta,\varkappa) + \bar{\eta}_1 K \pm i\,\bar{\eta}_2 K', & \mathfrak{z}_5(z \pm i K',k) &= \mathfrak{z}_6(z,k) + \bar{\eta}_1 K \pm i\,\bar{\eta}_2 K',\\
\mathfrak{z}_6\left(\zeta \pm \frac{i\varkappa}{2},\varkappa\right) &= \mathfrak{z}_5(\zeta,\varkappa) - \bar{\eta}_1 K \pm i\,\bar{\eta}_2 K'; & \mathfrak{z}_6(z \pm i K',k) &= \mathfrak{z}_5(z,k) - \bar{\eta}_1 K \pm i\,\bar{\eta}_2 K'.
\end{aligned}\right\} \quad (1027)$$

$$
\left.\begin{aligned}
&\mathfrak{z}_1\left(\zeta-\frac{1}{2}\pm\frac{i\varkappa}{2},\varkappa\right)=\mathfrak{z}_3(\zeta,\varkappa)-\eta_1 K\pm i\,\eta_2 K', && \mathfrak{z}_1(z-K\pm iK',k)=\mathfrak{z}_3(z,k)-\eta_1 K\pm i\,\eta_2 K',\\
&\mathfrak{z}_2\left(\zeta-\frac{1}{2}\pm\frac{i\varkappa}{2},\varkappa\right)=\mathfrak{z}_4(\zeta,\varkappa)-\eta_1 K\pm i\,\eta_2 K', && \mathfrak{z}_2(z-K\pm iK',k)=\mathfrak{z}_4(z,k)-\eta_1 K\pm i\,\eta_2 K',\\
&\mathfrak{z}_3\left(\zeta-\frac{1}{2}\pm\frac{i\varkappa}{2},\varkappa\right)=\mathfrak{z}_1(\zeta,\varkappa)-\eta_1 K\pm i\,\eta_2 K', && \mathfrak{z}_3(z-K\pm iK',k)=\mathfrak{z}_1(z,k)-\eta_1 K\pm i\,\eta_2 K',\\
&\mathfrak{z}_4\left(\zeta-\frac{1}{2}\pm\frac{i\varkappa}{2},\varkappa\right)=\mathfrak{z}_2(\zeta,\varkappa)-\eta_1 K\pm i\,\eta_2 K', && \mathfrak{z}_4(z-K\pm iK',k)=\mathfrak{z}_2(z,k)-\eta_1 K\pm i\,\eta_2 K',\\
&\mathfrak{z}_5\left(\zeta-\frac{1}{2}\pm\frac{i\varkappa}{2},\varkappa\right)=\mathfrak{z}_5(\zeta,\varkappa)-\bar\eta_1 K\pm i\,\bar\eta_2 K', && \mathfrak{z}_5(z-K\pm iK',k)=\mathfrak{z}_5(z,k)-\bar\eta_1 K\pm i\,\bar\eta_2 K',\\
&\mathfrak{z}_6\left(\zeta-\frac{1}{2}\pm\frac{i\varkappa}{2},\varkappa\right)=\mathfrak{z}_6(\zeta,\varkappa)-\bar\eta_1 K\pm i\,\bar\eta_2 K'; && \mathfrak{z}_6(z-K\pm iK',k)=\mathfrak{z}_6(z,k)-\bar\eta_1 K\pm i\,\bar\eta_2 K'.
\end{aligned}\right\}\quad(1028)
$$

$$
\left.\begin{aligned}
&\mathfrak{z}_1\left(\zeta+\frac{1}{2}\pm\frac{i\varkappa}{2},\varkappa\right)=\mathfrak{z}_3(\zeta,\varkappa)+\eta_1 K\pm i\,\eta_2 K', && \mathfrak{z}_1(z+K\pm iK',k)=\mathfrak{z}_3(z,k)+\eta_1 K\pm i\,\eta_2 K',\\
&\mathfrak{z}_2\left(\zeta+\frac{1}{2}\pm\frac{i\varkappa}{2},\varkappa\right)=\mathfrak{z}_4(\zeta,\varkappa)+\eta_1 K\pm i\,\eta_2 K', && \mathfrak{z}_2(z+K\pm iK',k)=\mathfrak{z}_4(z,k)+\eta_1 K\pm i\,\eta_2 K',\\
&\mathfrak{z}_3\left(\zeta+\frac{1}{2}\pm\frac{i\varkappa}{2},\varkappa\right)=\mathfrak{z}_1(\zeta,\varkappa)+\eta_1 K\pm i\,\eta_2 K', && \mathfrak{z}_3(z+K\pm iK',k)=\mathfrak{z}_1(z,k)+\eta_1 K\pm i\,\eta_2 K',\\
&\mathfrak{z}_4\left(\zeta+\frac{1}{2}\pm\frac{i\varkappa}{2},\varkappa\right)=\mathfrak{z}_2(\zeta,\varkappa)+\eta_1 K\pm i\,\eta_2 K', && \mathfrak{z}_4(z+K\pm iK',k)=\mathfrak{z}_2(z,k)+\eta_1 K\pm i\,\eta_2 K',\\
&\mathfrak{z}_5\left(\zeta+\frac{1}{2}\pm\frac{i\varkappa}{2},\varkappa\right)=\mathfrak{z}_5(\zeta,\varkappa)+\bar\eta_1 K\pm i\,\bar\eta_2 K', && \mathfrak{z}_5(z+K\pm iK',k)=\mathfrak{z}_5(z,k)+\bar\eta_1 K\pm i\,\bar\eta_2 K',\\
&\mathfrak{z}_6\left(\zeta+\frac{1}{2}\pm\frac{i\varkappa}{2},\varkappa\right)=\mathfrak{z}_6(\zeta,\varkappa)+\bar\eta_1 K\pm i\,\bar\eta_2 K'; && \mathfrak{z}_6(z+K\pm iK',k)=\mathfrak{z}_6(z,k)+\bar\eta_1 K\pm i\,\bar\eta_2 K'.
\end{aligned}\right\}\quad(1029)
$$

$$
\left.\begin{aligned}
&\mathfrak{z}_1\left(\zeta+\frac{1}{4},\varkappa\right)=\mathfrak{z}_1\left(z+\frac{K}{2},k\right)=\eta_1 K+\frac{1}{2}\mathfrak{z}_2(2z,k)-\frac{k'}{2}\operatorname{sc}(2z,k)+\frac{k'}{2}\operatorname{nc}(2z,k)+\frac{1}{2}\operatorname{dc}(2z,k),\\
&\mathfrak{z}_2\left(\zeta+\frac{1}{4},\varkappa\right)=\mathfrak{z}_2\left(z+\frac{K}{2},k\right)=\qquad\;\;+\frac{1}{2}\mathfrak{z}_2(2z,k)-\frac{k'}{2}\operatorname{sc}(2z,k)-\frac{k'}{2}\operatorname{nc}(2z,k)-\frac{1}{2}\operatorname{dc}(2z,k),\\
&\mathfrak{z}_3\left(\zeta+\frac{1}{4},\varkappa\right)=\mathfrak{z}_3\left(z+\frac{K}{2},k\right)=\eta_1 K+\frac{1}{2}\mathfrak{z}_2(2z,k)+\frac{k'}{2}\operatorname{sc}(2z,k)+\frac{k'}{2}\operatorname{nc}(2z,k)-\frac{1}{2}\operatorname{dc}(2z,k),\\
&\mathfrak{z}_4\left(\zeta+\frac{1}{4},\varkappa\right)=\mathfrak{z}_4\left(z+\frac{K}{2},k\right)=\qquad\;\;+\frac{1}{2}\mathfrak{z}_2(2z,k)+\frac{k'}{2}\operatorname{sc}(2z,k)-\frac{k'}{2}\operatorname{nc}(2z,k)+\frac{1}{2}\operatorname{dc}(2z,k),\\
&\mathfrak{z}_5\left(\zeta+\frac{1}{4},\varkappa\right)=\mathfrak{z}_5\left(z+\frac{K}{2},k\right)=\left(2\eta_1+\frac{1}{2}e_2\right)K+e_2 z+\mathfrak{z}_2(2z,k)+k'\operatorname{nc}(2z,k),\\
&\mathfrak{z}_6\left(\zeta+\frac{1}{4},\varkappa\right)=\mathfrak{z}_6\left(z+\frac{K}{2},k\right)=e_2\left(z-\frac{K}{2}\right)+\mathfrak{z}_2(2z,k)-k'\operatorname{nc}(2z,k).
\end{aligned}\right\}\quad(1030)
$$

$$
\left.\begin{aligned}
&\mathfrak{z}_1\left(\zeta-\frac{1}{4},\varkappa\right)=\mathfrak{z}_1\left(z-\frac{K}{2},k\right)=\qquad\quad\;+\frac{1}{2}\mathfrak{z}_2(2z,k)-\frac{k'}{2}\operatorname{sc}(2z,k)-\frac{k'}{2}\operatorname{nc}(2z,k)-\frac{1}{2}\operatorname{dc}(2z,k),\\
&\mathfrak{z}_2\left(\zeta-\frac{1}{4},\varkappa\right)=\mathfrak{z}_2\left(z-\frac{K}{2},k\right)=-\eta_1 K+\frac{1}{2}\mathfrak{z}_2(2z,k)-\frac{k'}{2}\operatorname{sc}(2z,k)+\frac{k'}{2}\operatorname{nc}(2z,k)+\frac{1}{2}\operatorname{dc}(2z,k),\\
&\mathfrak{z}_3\left(\zeta-\frac{1}{4},\varkappa\right)=\mathfrak{z}_3\left(z-\frac{K}{2},k\right)=\qquad\quad\;+\frac{1}{2}\mathfrak{z}_2(2z,k)+\frac{k'}{2}\operatorname{sc}(2z,k)-\frac{k'}{2}\operatorname{nc}(2z,k)+\frac{1}{2}\operatorname{dc}(2z,k),\\
&\mathfrak{z}_4\left(\zeta-\frac{1}{4},\varkappa\right)=\mathfrak{z}_4\left(z-\frac{K}{2},k\right)=-\eta_1 K+\frac{1}{2}\mathfrak{z}_2(2z,k)+\frac{k'}{2}\operatorname{sc}(2z,k)+\frac{k'}{2}\operatorname{nc}(2z,k)-\frac{1}{2}\operatorname{dc}(2z,k),\\
&\mathfrak{z}_5\left(\zeta-\frac{1}{4},\varkappa\right)=\mathfrak{z}_5\left(z-\frac{K}{2},k\right)=e_2\left(z-\frac{K}{2}\right)+\mathfrak{z}_2(2z,k)-k'\operatorname{nc}(2z,k),\\
&\mathfrak{z}_6\left(\zeta-\frac{1}{4},\varkappa\right)=\mathfrak{z}_6\left(z-\frac{K}{2},k\right)=-\left(2\eta_1+\frac{3}{2}e_2\right)K+e_2 z+\mathfrak{z}_2(2z,k)+k'\operatorname{nc}(2z,k).
\end{aligned}\right\}\quad(1031)
$$

$$\left.\begin{aligned}
\mathfrak{z}_1\left(\zeta \pm \frac{i\varkappa}{4}, \varkappa\right) &= \mathfrak{z}_1\left(z \pm i\frac{K'}{2}, k\right) = \frac{1}{2}[+\eta_1 K + \mathfrak{z}_4(2z, k) + k\,\mathrm{sn}(2z, k)] \pm \\
&\pm \frac{i}{2}[\eta_2 K' - k\,\mathrm{cn}(2z, k) - \mathrm{dn}(2z, k)],\\
\mathfrak{z}_2\left(\zeta \pm \frac{i\varkappa}{4}, \varkappa\right) &= \mathfrak{z}_2\left(z \pm i\frac{K'}{2}, k\right) = \frac{1}{2}[-\eta_1 K + \mathfrak{z}_4(2z, k) - k\,\mathrm{sn}(2z, k)] \pm \\
&\pm \frac{i}{2}[\eta_2 K' + k\,\mathrm{cn}(2z, k) - \mathrm{dn}(2z, k)],\\
\mathfrak{z}_3\left(\zeta \pm \frac{i\varkappa}{4}, \varkappa\right) &= \mathfrak{z}_3\left(z \pm i\frac{K'}{2}, k\right) = \frac{1}{2}[+\eta_1 K + \mathfrak{z}_4(2z, k) - k\,\mathrm{sn}(2z, k)] \pm \\
&\pm \frac{i}{2}[\eta_2 K' - k\,\mathrm{cn}(2z, k) + \mathrm{dn}(2z, k)],\\
\mathfrak{z}_4\left(\zeta \pm \frac{i\varkappa}{4}, \varkappa\right) &= \mathfrak{z}_4\left(z \pm i\frac{K'}{2}, k\right) = \frac{1}{2}[-\eta_1 K + \mathfrak{z}_4(2z, k) + k\,\mathrm{sn}(2z, k)] \pm \\
&\pm \frac{i}{2}[\eta_2 K' + k\,\mathrm{cn}(2z, k) + \mathrm{dn}(2z, k)],\\
\mathfrak{z}_5\left(\zeta \pm \frac{i\varkappa}{4}, \varkappa\right) &= \mathfrak{z}_5\left(z \pm i\frac{K'}{2}, k\right) = \eta_1 K + e_2 z + \mathfrak{z}_4(2z, k) \pm i\left[\left(\eta_2 + \frac{e_2}{2}\right)K' - k\,\mathrm{cn}(2z, k)\right],\\
\mathfrak{z}_6\left(\zeta \pm \frac{i\varkappa}{4}, \varkappa\right) &= \mathfrak{z}_6\left(z \pm i\frac{K'}{2}, k\right) = -\eta_1 K - e_2(K - z) + \mathfrak{z}_4(2z, k) \pm i\left[\left(\eta_2 + \frac{e_2}{2}\right)K' + k\,\mathrm{cn}(2z, k)\right].
\end{aligned}\right\} \quad (1032)$$

$$\left.\begin{aligned}
\mathfrak{z}_1\left(\zeta + \frac{1}{4} \pm \frac{i\varkappa}{4}, \varkappa\right) &= \mathfrak{z}_1\left(z + \frac{K}{2} \pm i\frac{K'}{2}, k\right) = \frac{1}{2}[+\eta_1 K + \mathfrak{z}_3(2z, k) + k\,\mathrm{cd}(2z, k)] \pm \\
&\pm \frac{i}{2}[\eta_2 K' + k\,k'\,\mathrm{sd}(2z, k) - k'\,\mathrm{nd}(2z, k)],\\
\mathfrak{z}_2\left(\zeta + \frac{1}{4} \pm \frac{i\varkappa}{4}, \varkappa\right) &= \mathfrak{z}_2\left(z + \frac{K}{2} \pm i\frac{K'}{2}, k\right) = \frac{1}{2}[-\eta_1 K + \mathfrak{z}_3(2z, k) - k\,\mathrm{cd}(2z, k)] \pm \\
&\pm \frac{i}{2}[\eta_2 K' - k\,k'\,\mathrm{sd}(2z, k) - k'\,\mathrm{nd}(2z, k)],\\
\mathfrak{z}_3\left(\zeta + \frac{1}{4} \pm \frac{i\varkappa}{4}, \varkappa\right) &= \mathfrak{z}_3\left(z + \frac{K}{2} \pm i\frac{K'}{2}, k\right) = \frac{1}{2}[+\eta_1 K + \mathfrak{z}_3(2z, k) - k\,\mathrm{cd}(2z, k)] \pm \\
&\pm \frac{i}{2}[\eta_2 K' + k\,k'\,\mathrm{sd}(2z, k) + k'\,\mathrm{nd}(2z, k)],\\
\mathfrak{z}_4\left(\zeta + \frac{1}{4} \pm \frac{i\varkappa}{4}, \varkappa\right) &= \mathfrak{z}_4\left(z + \frac{K}{2} \pm i\frac{K'}{2}, k\right) = \frac{1}{2}[-\eta_1 K + \mathfrak{z}_3(2z, k) + k\,\mathrm{cd}(2z, k)] \pm \\
&\pm \frac{i}{2}[\eta_2 K' - k\,k'\,\mathrm{sd}(2z, k) + k'\,\mathrm{nd}(2z, k)],\\
\mathfrak{z}_5\left(\zeta + \frac{1}{4} \pm \frac{i\varkappa}{4}, \varkappa\right) &= \mathfrak{z}_5\left(z + \frac{K}{2} \pm i\frac{K'}{2}, k\right) = \left(\eta_1 + \frac{e_2}{2}\right)K + e_2 z + \mathfrak{z}_3(2z, k) \pm \\
&\pm i\left[\left(\eta_2 + \frac{e_2}{2}\right)K' + k\,k'\,\mathrm{sd}(2z, k)\right],\\
\mathfrak{z}_6\left(\zeta + \frac{1}{4} \pm \frac{i\varkappa}{4}, \varkappa\right) &= \mathfrak{z}_6\left(z + \frac{K}{2} \pm i\frac{K'}{2}, k\right) = -\left(\eta_1 + \frac{e_2}{2}\right)K + e_2 z + \mathfrak{z}_3(2z, k) \pm \\
&\pm i\left[\left(\eta_2 + \frac{e_2}{2}\right)K' - k\,k'\,\mathrm{sd}(2z, k)\right].
\end{aligned}\right\} \quad (1033)$$

$$\left.\begin{aligned}
\mathfrak{z}_1\left(\zeta - \frac{1}{4} \pm \frac{i\varkappa}{4}, \varkappa\right) &= \mathfrak{z}_1\left(z - \frac{K}{2} \pm i\frac{K'}{2}, k\right) = \frac{1}{2}[-\eta_1 K + \mathfrak{z}_3(2z, k) - k\,\mathrm{cd}(2z, k)] \pm \\
&\pm \frac{i}{2}[\eta_2 K' - k\,k'\,\mathrm{sd}(2z, k) - k'\,\mathrm{nd}(2z, k)],\\
\mathfrak{z}_2\left(\zeta - \frac{1}{4} \pm \frac{i\varkappa}{4}, \varkappa\right) &= \mathfrak{z}_2\left(z - \frac{K}{2} \pm i\frac{K'}{2}, k\right) = \frac{1}{2}[-3\eta_1 K + \mathfrak{z}_3(2z, k) + k\,\mathrm{cd}(2z, k)] \pm \\
&\pm \frac{i}{2}[\eta_2 K' + k\,k'\,\mathrm{sd}(2z, k) - k'\,\mathrm{nd}(2z, k)],\\
\mathfrak{z}_3\left(\zeta - \frac{1}{4} \pm \frac{i\varkappa}{4}, \varkappa\right) &= \mathfrak{z}_3\left(z - \frac{K}{2} \pm i\frac{K'}{2}, k\right) = \frac{1}{2}[-\eta_1 K + \mathfrak{z}_3(2z, k) + k\,\mathrm{cd}(2z, k)] \pm \\
&\pm \frac{i}{2}[\eta_2 K' - k\,k'\,\mathrm{sd}(2z, k) + k'\,\mathrm{nd}(2z, k)],\\
\mathfrak{z}_4\left(\zeta - \frac{1}{4} \pm \frac{i\varkappa}{4}, \varkappa\right) &= \mathfrak{z}_4\left(z - \frac{K}{2} \pm i\frac{K'}{2}, k\right) = \frac{1}{2}[-3\eta_1 K + \mathfrak{z}_3(2z, k) - k\,\mathrm{cd}(2z, k)] \pm \\
&\pm \frac{i}{2}[\eta_2 K' + k\,k'\,\mathrm{sd}(2z, k) + k'\,\mathrm{nd}(2z, k)],
\end{aligned}\right\} \quad (1034)$$

$$\left.\begin{aligned}
\mathfrak{z}_5\left(\zeta - \frac{1}{4} \pm \frac{i\varkappa}{4}, \varkappa\right) &= \mathfrak{z}_5\left(z - \frac{K}{2} \pm i\frac{K'}{2}, k\right) = -\left(\eta_1 + \frac{e_2}{2}\right)K + e_2 z + \mathfrak{z}_3(2z, k) \pm \\
&\qquad \pm i\left[\left(\eta_2 + \frac{e_2}{2}\right)K' - k\,k'\,\mathrm{sd}(2z, k)\right], \\
\mathfrak{z}_6\left(\zeta - \frac{1}{4} \pm \frac{i\varkappa}{4}, \varkappa\right) &= \mathfrak{z}_6\left(z - \frac{K}{2} \pm i\frac{K'}{2}, k\right) = -3\left(\eta_1 + \frac{e_2}{2}\right)K + e_2 z + \mathfrak{z}_3(2z, k) \pm \\
&\qquad \pm i\left[\left(\eta_2 + \frac{e_2}{2}\right)K' + k\,k'\,\mathrm{sd}(2z, k)\right].
\end{aligned}\right\}$$

144. Relatives Periodenverhalten. Spezielle Funktionswerte. Funktionsverlauf

Nach den Definitions- und Funktionalgleichungen (1022) sind die speziellen WEIERSTRASSschen Zeta-Funktionen keine periodischen Funktionen mehr. Sie besitzen aber in bezug auf zwei Raumgerade eine relative Periodizität. Die Funktionen $\mathfrak{z}_1$, $\mathfrak{z}_2$, $\mathfrak{z}_3$, $\mathfrak{z}_4$ weisen im rein reellen und im rein imaginären Bereich eine relative Periodizität auf, und zwar in bezug auf die Geraden

$$z = +\eta_1 x \quad \text{und} \quad z = \pm i\,\eta_2 y.$$

Bei den Funktionen $\mathfrak{z}_5$ und $\mathfrak{z}_6$ ist der zweite Bereich der relativen Periodizität nicht im rein Imaginären sondern im Komplexen gelegen. Die Gleichungen der beiden Bezugsgeraden lauten hier

$$z = +\bar{\eta}_1 x \quad \text{und} \quad z = \bar{\eta}_1 x \pm i\frac{K'}{K}\bar{\eta}_2 y.$$

Die zu den beiden Gruppen der speziellen WEIERSTRASSschen Zeta-Funktionen gehörigen relativen Periodenzahlen entsprechen mit

$$2K \quad \text{und} \quad 2iK' \quad \text{bzw.} \quad 2K \quad \text{und} \quad K + iK'$$

denjenigen der WEIERSTRASSschen $\wp$-Funktionen.

Nachfolgend sind für einige häufig auftretende reelle, imaginäre und komplexe Argumente die Funktionswerte zusammengestellt.

$$\left.\begin{aligned}
&\mathfrak{z}_1(0, \varkappa) = \mathfrak{z}_1(0, k) = \infty, && \mathfrak{z}_1(-\tfrac{1}{2}, \varkappa) = \mathfrak{z}_1(-K, k) = -\eta_1 K, && \mathfrak{z}_1(\tfrac{1}{2}, \varkappa) = \mathfrak{z}_1(K, k) = +\eta_1 K, \\
&\mathfrak{z}_2(0, \varkappa) = \mathfrak{z}_2(0, k) = -\eta_1 K, && \mathfrak{z}_2(-\tfrac{1}{2}, \varkappa) = \mathfrak{z}_2(-K, k) = -\infty, && \mathfrak{z}_2(\tfrac{1}{2}, \varkappa) = \mathfrak{z}_2(K, k) = -\infty, \\
&\mathfrak{z}_3(0, \varkappa) = \mathfrak{z}_3(0, k) = 0, && \mathfrak{z}_3(-\tfrac{1}{2}, \varkappa) = \mathfrak{z}_3(-K, k) = -\eta_1 K, && \mathfrak{z}_3(\tfrac{1}{2}, \varkappa) = \mathfrak{z}_3(K, k) = +\eta_1 K, \\
&\mathfrak{z}_4(0, \varkappa) = \mathfrak{z}_4(0, k) = -\eta_1 K, && \mathfrak{z}_4(-\tfrac{1}{2}, \varkappa) = \mathfrak{z}_4(-K, k) = -2\eta_1 K, && \mathfrak{z}_4(\tfrac{1}{2}, \varkappa) = \mathfrak{z}_4(K, k) = 0, \\
&\mathfrak{z}_5(0, \varkappa) = \mathfrak{z}_5(0, k) = \infty, && \mathfrak{z}_5(-\tfrac{1}{2}, \varkappa) = \mathfrak{z}_5(-K, k) = -(2\eta_1 + e_2)K, && \mathfrak{z}_5(\tfrac{1}{2}, \varkappa) = \mathfrak{z}_5(K, k) = (2\eta_1 + e_2)K, \\
&\mathfrak{z}_6(0, \varkappa) = \mathfrak{z}_6(0, k) = -(2\eta_1 + e_2)K, && \mathfrak{z}_6(-\tfrac{1}{2}, \varkappa) = \mathfrak{z}_6(-K, k) = -\infty, && \mathfrak{z}_6(\tfrac{1}{2}, \varkappa) = \mathfrak{z}_6(K, k) = -\infty.
\end{aligned}\right\} \quad (1035)$$

$$\left.\begin{aligned}
&\mathfrak{z}_1\left(-\frac{1}{4}, \varkappa\right) = \mathfrak{z}_1\left(-\frac{K}{2}, k\right) = -\frac{1}{2}(1 + k' + \eta_1 K), && \mathfrak{z}_1\left(\frac{1}{4}, \varkappa\right) = \mathfrak{z}_1\left(\frac{K}{2}, k\right) = +\frac{1}{2}(1 + k' + \eta_1 K), \\
&\mathfrak{z}_2\left(-\frac{1}{4}, \varkappa\right) = \mathfrak{z}_2\left(-\frac{K}{2}, k\right) = +\frac{1}{2}(1 + k' - 3\eta_1 K), && \mathfrak{z}_2\left(\frac{1}{4}, \varkappa\right) = \mathfrak{z}_2\left(\frac{K}{2}, k\right) = -\frac{1}{2}(1 + k' + \eta_1 K), \\
&\mathfrak{z}_3\left(-\frac{1}{4}, \varkappa\right) = \mathfrak{z}_3\left(-\frac{K}{2}, k\right) = +\frac{1}{2}(1 - k' - \eta_1 K), && \mathfrak{z}_3\left(\frac{1}{4}, \varkappa\right) = \mathfrak{z}_3\left(\frac{K}{2}, k\right) = -\frac{1}{2}(1 - k' - \eta_1 K), \\
&\mathfrak{z}_4\left(-\frac{1}{4}, \varkappa\right) = \mathfrak{z}_4\left(-\frac{K}{2}, k\right) = -\frac{1}{2}(1 - k' + 3\eta_1 K), && \mathfrak{z}_4\left(\frac{1}{4}, \varkappa\right) = \mathfrak{z}_4\left(\frac{K}{2}, k\right) = +\frac{1}{2}(1 - k' - \eta_1 K), \\
&\mathfrak{z}_5\left(-\frac{1}{4}, \varkappa\right) = \mathfrak{z}_5\left(-\frac{K}{2}, k\right) = -\left(k' + \frac{e_2}{2}K + \eta_1 K\right), && \mathfrak{z}_5\left(\frac{1}{4}, \varkappa\right) = \mathfrak{z}_5\left(\frac{K}{2}, k\right) = +\left(k' + \frac{e_2}{2}K + \eta_1 K\right), \\
&\mathfrak{z}_6\left(-\frac{1}{4}, \varkappa\right) = \mathfrak{z}_6\left(-\frac{K}{2}, k\right) = +\left(k' - \frac{3e_2}{2}K - 3\eta_1 K\right), && \mathfrak{z}_6\left(\frac{1}{4}, \varkappa\right) = \mathfrak{z}_6\left(\frac{K}{2}, k\right) = -\left(k' + \frac{e_2}{2}K + \eta_1 K\right).
\end{aligned}\right\} \quad (1036)$$

$$\left.\begin{aligned}
&\mathfrak{z}_1\left(\pm\frac{i\varkappa}{2},\varkappa\right)=\mathfrak{z}_1(\pm i K', k)=\pm i\eta_2 K', \quad &&\mathfrak{z}_1\left(\pm\frac{i\varkappa}{4},\varkappa\right)=\mathfrak{z}_1\left(\pm\frac{iK'}{2},k\right)=\mp\frac{i}{2}(1+k-\eta_2 K'),\\
&\mathfrak{z}_2\left(\pm\frac{i\varkappa}{2},\varkappa\right)=\mathfrak{z}_2(\pm i K', k)=-\eta_1 K\pm i\eta_2 K', \quad &&\mathfrak{z}_2\left(\pm\frac{i\varkappa}{4},\varkappa\right)=\mathfrak{z}_2\left(\pm\frac{iK'}{2},k\right)=-\eta_1 K\mp\frac{i}{2}(1-k-\eta_2 K'),\\
&\mathfrak{z}_3\left(\pm\frac{i\varkappa}{2},\varkappa\right)=\mathfrak{z}_3(\pm i K', k)=\pm i\eta_2 K', \quad &&\mathfrak{z}_3\left(\pm\frac{i\varkappa}{4},\varkappa\right)=\mathfrak{z}_3\left(\pm\frac{iK'}{2},k\right)=\pm\frac{i}{2}(1-k+\eta_2 K'),\\
&\mathfrak{z}_4\left(\pm\frac{i\varkappa}{2},\varkappa\right)=\mathfrak{z}_4(\pm i K', k)=\infty, \quad &&\mathfrak{z}_4\left(\pm\frac{i\varkappa}{4},\varkappa\right)=\mathfrak{z}_4\left(\pm\frac{iK'}{2},k\right)=-\eta_1 K\pm\frac{i}{2}(1+k+\eta_2 K'),\\
&\mathfrak{z}_5\left(\pm\frac{i\varkappa}{2},\varkappa\right)=\mathfrak{z}_5(\pm i K', k)=\pm i(2\eta_2+e_2) K', \quad &&\mathfrak{z}_5\left(\pm\frac{i\varkappa}{4},\varkappa\right)=\mathfrak{z}_5\left(\pm\frac{iK'}{2},k\right)=\mp i\left(k-\left(\eta_2+\frac{e_2}{2}\right)K'\right),\\
&\mathfrak{z}_6\left(\pm\frac{i\varkappa}{2},\varkappa\right)=\mathfrak{z}_6(\pm i K', k)=\infty, \quad &&\mathfrak{z}_6\left(\pm\frac{i\varkappa}{4},\varkappa\right)=\mathfrak{z}_6\left(\pm\frac{iK'}{2},k\right)=-(2\eta_1+e_2)K\pm\\
& && \qquad\pm i\left(k+\left(\eta_2+\frac{e_2}{2}\right)K'\right).
\end{aligned}\right\}\quad(1037)$$

$$\left.\begin{aligned}
&\mathfrak{z}_1\left(-\frac{1}{2}\pm\frac{i\varkappa}{2},\varkappa\right)=\mathfrak{z}_1(-K\pm iK',k)=-\eta_1 K\pm i\eta_2 K', \quad &&\mathfrak{z}_1\left(\frac{1}{2}\pm\frac{i\varkappa}{2},\varkappa\right)=\mathfrak{z}_1(K\pm iK',k)=+\eta_1 K\pm i\eta_2 K',\\
&\mathfrak{z}_2\left(-\frac{1}{2}\pm\frac{i\varkappa}{2},\varkappa\right)=\mathfrak{z}_2(-K\pm iK',k)=-2\eta_1 K\pm i\eta_2 K', \quad &&\mathfrak{z}_2\left(\frac{1}{2}\pm\frac{i\varkappa}{2},\varkappa\right)=\mathfrak{z}_2(K\pm iK',k)=\pm i\eta_2 K',\\
&\mathfrak{z}_3\left(-\frac{1}{2}\pm\frac{i\varkappa}{2},\varkappa\right)=\mathfrak{z}_3(-K\pm iK',k)=\infty, \quad &&\mathfrak{z}_3\left(\frac{1}{2}\pm\frac{i\varkappa}{2},\varkappa\right)=\mathfrak{z}_3(K\pm iK',k)=\infty,\\
&\mathfrak{z}_4\left(-\frac{1}{2}\pm\frac{i\varkappa}{2},\varkappa\right)=\mathfrak{z}_4(-K\pm iK',k)=-2\eta_1 K\pm i\eta_2 K', \quad &&\mathfrak{z}_4\left(\frac{1}{2}\pm\frac{i\varkappa}{2},\varkappa\right)=\mathfrak{z}_4(K\pm iK',k)=\pm i\eta_2 K',\\
&\mathfrak{z}_5\left(-\frac{1}{2}\pm\frac{i\varkappa}{2},\varkappa\right)=\mathfrak{z}_5(-K\pm iK',k)=\infty, \quad &&\mathfrak{z}_5\left(\frac{1}{2}\pm\frac{i\varkappa}{2},\varkappa\right)=\mathfrak{z}_5(K\pm iK',k)=\infty,\\
&\mathfrak{z}_6\left(-\frac{1}{2}\pm\frac{i\varkappa}{2},\varkappa\right)=\mathfrak{z}_6(-K\pm iK',k)=-2(2\eta_1+e_2)K\pm \quad &&\mathfrak{z}_6\left(\frac{1}{2}\pm\frac{i\varkappa}{2},\varkappa\right)=\mathfrak{z}_6(K\pm iK',k)=\pm i(2\eta_2+e_2)K'.\\
&\qquad\qquad\pm i(2\eta_2+e_2)K', &&
\end{aligned}\right\}\quad(1038)$$

$$\left.\begin{aligned}
&\mathfrak{z}_1\left(-\frac{1}{4}\pm\frac{i\varkappa}{4},\varkappa\right)=\mathfrak{z}_1\left(-\frac{K}{2}\pm i\frac{K'}{2},k\right)=-\frac{1}{2}(k+\eta_1 K)\mp\frac{i}{2}(k'-\eta_2 K'),\\
&\mathfrak{z}_2\left(-\frac{1}{4}\pm\frac{i\varkappa}{4},\varkappa\right)=\mathfrak{z}_2\left(-\frac{K}{2}\pm i\frac{K'}{2},k\right)=+\frac{1}{2}(k-3\eta_1 K)\mp\frac{i}{2}(k'-\eta_2 K'),\\
&\mathfrak{z}_3\left(-\frac{1}{4}\pm\frac{i\varkappa}{4},\varkappa\right)=\mathfrak{z}_3\left(-\frac{K}{2}\pm i\frac{K'}{2},k\right)=+\frac{1}{2}(k-\eta_1 K)\pm\frac{i}{2}(k'+\eta_2 K'),\\
&\mathfrak{z}_4\left(-\frac{1}{4}\pm\frac{i\varkappa}{4},\varkappa\right)=\mathfrak{z}_4\left(-\frac{K}{2}\pm i\frac{K'}{2},k\right)=-\frac{1}{2}(k+3\eta_1 K)\pm\frac{i}{2}(k'+\eta_2 K'),\\
&\mathfrak{z}_5\left(-\frac{1}{4}\pm\frac{i\varkappa}{4},\varkappa\right)=\mathfrak{z}_5\left(-\frac{K}{2}\pm i\frac{K'}{2},k\right)=-\left(\eta_1+\frac{e_2}{2}\right)K\pm i\left(\eta_2+\frac{e_2}{2}\right)K',\\
&\mathfrak{z}_6\left(-\frac{1}{4}\pm\frac{i\varkappa}{4},\varkappa\right)=\mathfrak{z}_6\left(-\frac{K}{2}\pm i\frac{K'}{2},k\right)=-3\left(\eta_1+\frac{e_2}{2}\right)K\pm i\left(\eta_2+\frac{e_2}{2}\right)K'.
\end{aligned}\right\}\quad(1039)$$

$$\left.\begin{aligned}
&\mathfrak{z}_1\left(\frac{1}{4}\pm\frac{i\varkappa}{4},\varkappa\right)=\mathfrak{z}_1\left(\frac{K}{2}\pm i\frac{K'}{2},k\right)=+\frac{1}{2}(k+\eta_1 K)\mp\frac{i}{2}(k'-\eta_2 K'),\\
&\mathfrak{z}_2\left(\frac{1}{4}\pm\frac{i\varkappa}{4},\varkappa\right)=\mathfrak{z}_2\left(\frac{K}{2}\pm i\frac{K'}{2},k\right)=-\frac{1}{2}(k+\eta_1 K)\mp\frac{i}{2}(k'-\eta_2 K'),\\
&\mathfrak{z}_3\left(\frac{1}{4}\pm\frac{i\varkappa}{4},\varkappa\right)=\mathfrak{z}_3\left(\frac{K}{2}\pm i\frac{K'}{2},k\right)=-\frac{1}{2}(k-\eta_1 K)\pm\frac{i}{2}(k'+\eta_2 K'),\\
&\mathfrak{z}_4\left(\frac{1}{4}\pm\frac{i\varkappa}{4},\varkappa\right)=\mathfrak{z}_4\left(\frac{K}{2}\pm i\frac{K'}{2},k\right)=+\frac{1}{2}(k-\eta_1 K)\pm\frac{i}{2}(k'+\eta_2 K'),\\
&\mathfrak{z}_5\left(\frac{1}{4}\pm\frac{i\varkappa}{4},\varkappa\right)=\mathfrak{z}_5\left(\frac{K}{2}\pm i\frac{K'}{2},k\right)=+\left(\eta_1+\frac{e_2}{2}\right)K\pm i\left(\eta_2+\frac{e_2}{2}\right)K',\\
&\mathfrak{z}_6\left(\frac{1}{4}\pm\frac{i\varkappa}{4},\varkappa\right)=\mathfrak{z}_6\left(\frac{K}{2}\pm i\frac{K'}{2},k\right)=-\left(\eta_1+\frac{e_2}{2}\right)K\pm i\left(\eta_2+\frac{e_2}{2}\right)K'.
\end{aligned}\right\}\quad(1040)$$

Wird in (1035) und (1036) $\varkappa$ mit $2\varkappa$ bzw. $\varkappa$ mit $\varkappa/2$ unter Beachtung der Gln. (284), (357), (443), (449) und (451) vertauscht, so folgt

$$\left.\begin{aligned}
&\mathfrak{z}_1(0, 2\varkappa) = \infty, && \mathfrak{z}_1\left(\frac{1}{4}, 2\varkappa\right) = + \frac{E - \frac{1}{2} e_1 K + (1 + \sqrt{k'})^2}{2(1 + k')}, && \mathfrak{z}_1\left(\frac{1}{2}, 2\varkappa\right) = - \frac{\frac{1}{2} e_1 K - E}{1 + k'},\\
&\mathfrak{z}_2(0, 2\varkappa) = \frac{\frac{1}{2} e_1 K - E}{1 + k'}, && \mathfrak{z}_2\left(\frac{1}{4}, 2\varkappa\right) = - \frac{E - \frac{1}{2} e_1 K + (1 + \sqrt{k'})^2}{2(1 + k')}, && \mathfrak{z}_2\left(\frac{1}{2}, 2\varkappa\right) = -\infty,\\
&\mathfrak{z}_3(0, 2\varkappa) = 0, && \mathfrak{z}_3\left(\frac{1}{4}, 2\varkappa\right) = + \frac{E - \frac{1}{2} e_1 K - (1 - \sqrt{k'})^2}{2(1 + k')}, && \mathfrak{z}_3\left(\frac{1}{2}, 2\varkappa\right) = - \frac{\frac{1}{2} e_1 K - E}{1 + k'},\\
&\mathfrak{z}_4(0, 2\varkappa) = \frac{\frac{1}{2} e_1 K - E}{1 + k'}; && \mathfrak{z}_4\left(\frac{1}{4}, 2\varkappa\right) = - \frac{E - \frac{1}{2} e_1 K - (1 - \sqrt{k'})^2}{2(1 + k')}; && \mathfrak{z}_4\left(\frac{1}{2}, 2\varkappa\right) = 0
\end{aligned}\right\} \quad (1041)$$

bzw.

$$\left.\begin{aligned}
&\mathfrak{z}_1\left(0, \frac{\varkappa}{2}\right) = \infty, && \mathfrak{z}_1\left(\frac{1}{4}, \frac{\varkappa}{2}\right) = + \frac{E - \frac{1}{2}(1 + e_1) K + 1}{1 + k}, && \mathfrak{z}_1\left(\frac{1}{2}, \frac{\varkappa}{2}\right) = - \frac{(1 + e_1) K - 2E}{1 + k},\\
&\mathfrak{z}_2\left(0, \frac{\varkappa}{2}\right) = \frac{(1 + e_1) K - 2E}{1 + k}, && \mathfrak{z}_2\left(\frac{1}{4}, \frac{\varkappa}{2}\right) = - \frac{E - \frac{1}{2}(1 + e_1) K + 1}{1 + k}, && \mathfrak{z}_2\left(\frac{1}{2}, \frac{\varkappa}{2}\right) = -\infty,\\
&\mathfrak{z}_3\left(0, \frac{\varkappa}{2}\right) = 0, && \mathfrak{z}_3\left(\frac{1}{4}, \frac{\varkappa}{2}\right) = + \frac{E - \frac{1}{2}(1 + e_1) K - k}{1 + k}, && \mathfrak{z}_3\left(\frac{1}{2}, \frac{\varkappa}{2}\right) = - \frac{(1 + e_1) K - 2E}{1 + k},\\
&\mathfrak{z}_4\left(0, \frac{\varkappa}{2}\right) = \frac{(1 + e_1) K - 2E}{1 + k}; && \mathfrak{z}_4\left(\frac{1}{4}, \frac{\varkappa}{2}\right) = - \frac{E - \frac{1}{2}(1 + e_1) K - k}{1 + k}; && \mathfrak{z}_4\left(\frac{1}{2}, \frac{\varkappa}{2}\right) = 0.
\end{aligned}\right\} \quad (1042)$$

Der Verlauf der speziellen Weierstrassschen Zeta-Funktionen im Reellen ist in Abhängigkeit von ζ und $\varkappa$ aus den Abb. 206 bis 211 ersichtlich. In den Abb. 206 und 207 wurden die Funktionen $\mathfrak{z}_1$ und $\mathfrak{z}_2$ für die Parameterwerte $\varkappa = 0{,}50$, $\varkappa = 0{,}75$ und $\varkappa \to \infty$ mit den zugehörigen Bezugsgeraden noch gesondert dargestellt. Das gleiche geschah in den Abbildungen 210 und 211 bezüglich der Funktionen $\mathfrak{z}_5$ und $\mathfrak{z}_6$ für die Parameterwerte $\varkappa = 0{,}25$, $\varkappa = 1{,}00$ und $\varkappa \to \infty$.

Die Parameterfunktionen η_1 und $\bar{\eta}_1$, welche die Steigung der Bezugsgeraden bestimmen, nehmen nach Abb. 49 für $\varkappa = 0$ den Wert $-\frac{1}{3}$ und für $\varkappa \to \infty$ den Wert $+\frac{1}{3}$ an. Während η_1 monoton von $-\frac{1}{3}$ auf $+\frac{1}{3}$ ansteigt, besitzt $\bar{\eta}_1$ an der Stelle $\varkappa = 0{,}882$ ein Maximum mit $\bar{\eta}_1^{\max} = 0{,}466$. η_1 verschwindet an der Stelle $\varkappa = 0{,}5235$, $\bar{\eta}_1$ für $\varkappa = 0{,}2619$. Für diese Parameterwerte fallen Bezugsgerade und Abszissenachse zusammen, d. h. für $\varkappa = 0{,}5235$ bzw. $\varkappa = 0{,}2619$ zeigen die betreffenden speziellen Weierstrassschen Zeta-Funktionen ein echtes periodisches Verhalten. Für $\varkappa > 0{,}5235$ bzw. $\varkappa > 0{,}2619$ ist die Steigung der Bezugsgeraden positiv, im übrigen negativ.

Für $\varkappa \to \infty$ bzw. $k = 0$ arten die Funktionen $\mathfrak{z}_1, \mathfrak{z}_2, \mathfrak{z}_5, \mathfrak{z}_6$ nach (1022) in Verbindung mit (442), (449), (871) und (912) in trigonometrische Funktionen aus, während die Funktionen $\mathfrak{z}_3$ und $\mathfrak{z}_4$ mit ihren Bezugsgeraden zusammenfallen. Mit $\lim\limits_{\varkappa \to \infty} K = \pi/2$ ergibt sich

$$\left.\begin{aligned}
&\mathfrak{z}_1(z, 0) = + \frac{z}{3} + \cot z, && \mathfrak{z}_4(z, 0) = - \frac{\frac{\pi}{2} - z}{3},\\
&\mathfrak{z}_2(z, 0) = - \frac{\frac{\pi}{2} - z}{3} - \tan z, && \mathfrak{z}_5(z, 0) = + \frac{z}{3} + \cot z,\\
&\mathfrak{z}_3(z, 0) = + \frac{z}{3}, && \mathfrak{z}_6(z, 0) = - \frac{\frac{\pi}{2} - z}{3} - \tan z.
\end{aligned}\right\} \quad (1043)$$

Für $\varkappa \to 0$ bzw. $k = 1$ erhält man wegen $\lim\limits_{\varkappa \to 0} K = \infty$ nur für $\mathfrak{z}_1$, $\mathfrak{z}_3$ und $\mathfrak{z}_5$ brauchbare Ausartungen. Diese weisen bei $\mathfrak{z}_1$ und $\mathfrak{z}_5$ hyperbolischen Charakter auf, während die Funktion $\mathfrak{z}_3$ wieder mit ihrer Bezugsgeraden zusammenfällt. Mit $\lim\limits_{\varkappa \to 0} K' = \pi/2$ folgt aus (1022) in Verbindung mit (871) und (913)

$$\mathfrak{z}_1(z, 1) = \mathfrak{z}_5(z, 1) = - \frac{z}{3} + \coth z, \quad \mathfrak{z}_3(z, 1) = - \frac{z}{3}. \quad (1044)$$

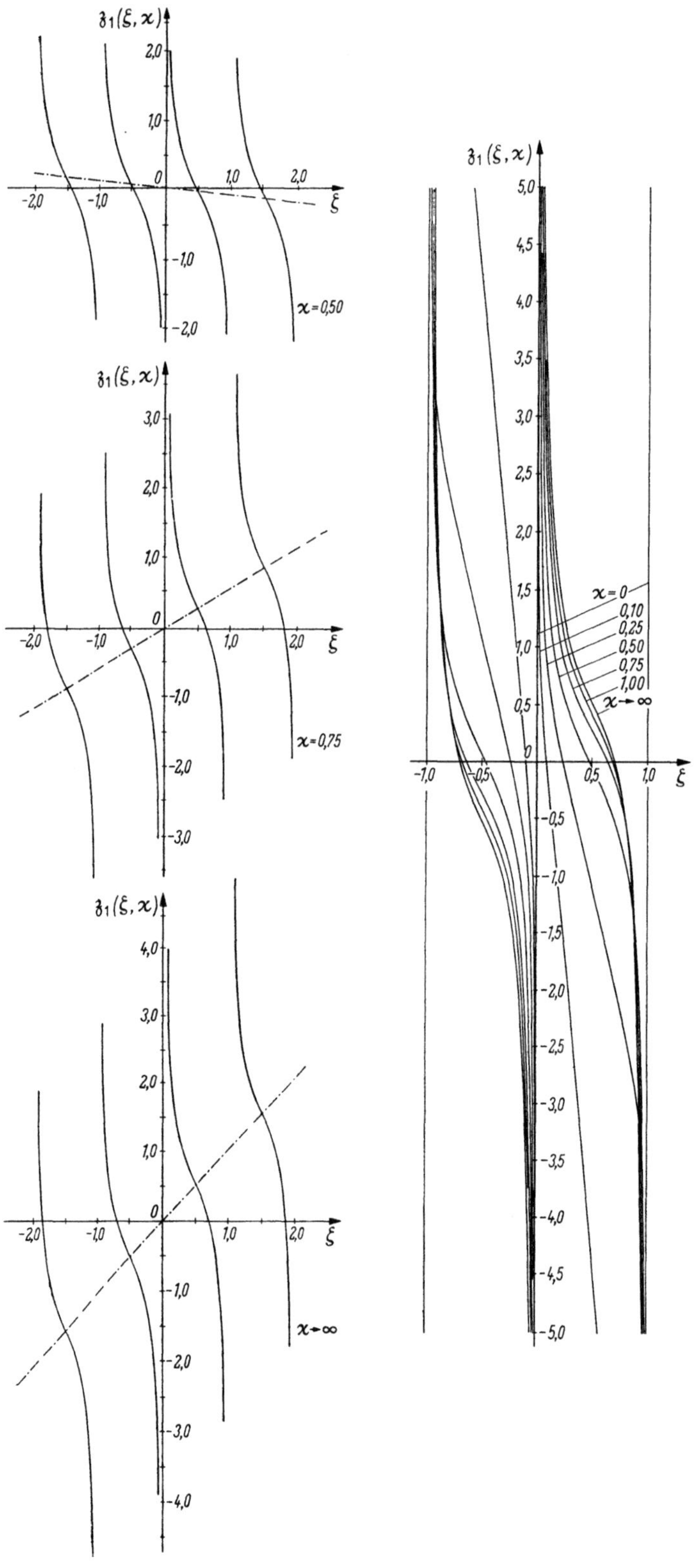

Abb. 206. Verlauf der speziellen WEIERSTRASSschen Zeta-Funktion $\mathfrak{z}_1(\zeta, \varkappa)$

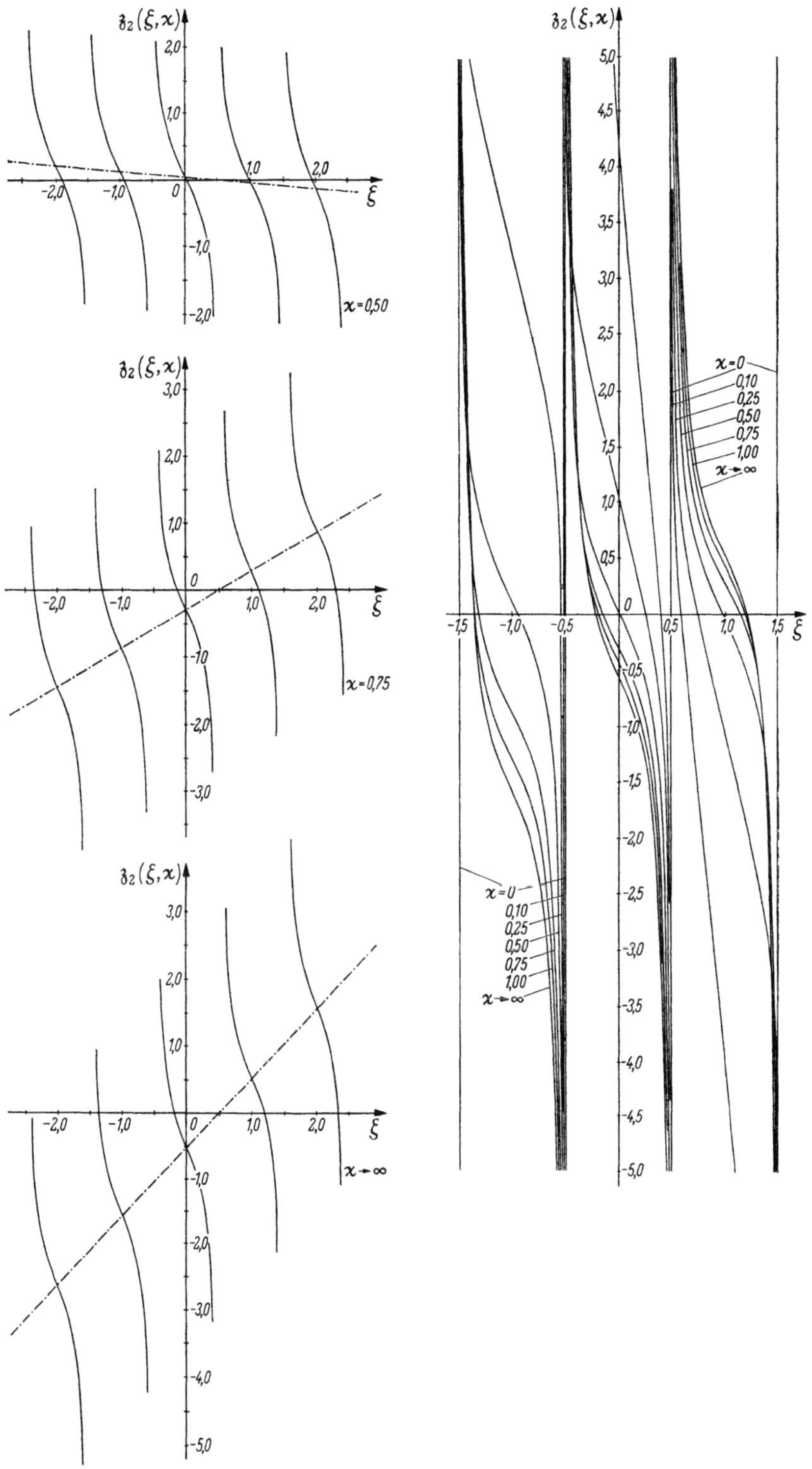

Abb. 207. Verlauf der speziellen WEIERSTRASSschen Zeta-Funktion $\mathfrak{z}_2(\zeta, \varkappa)$

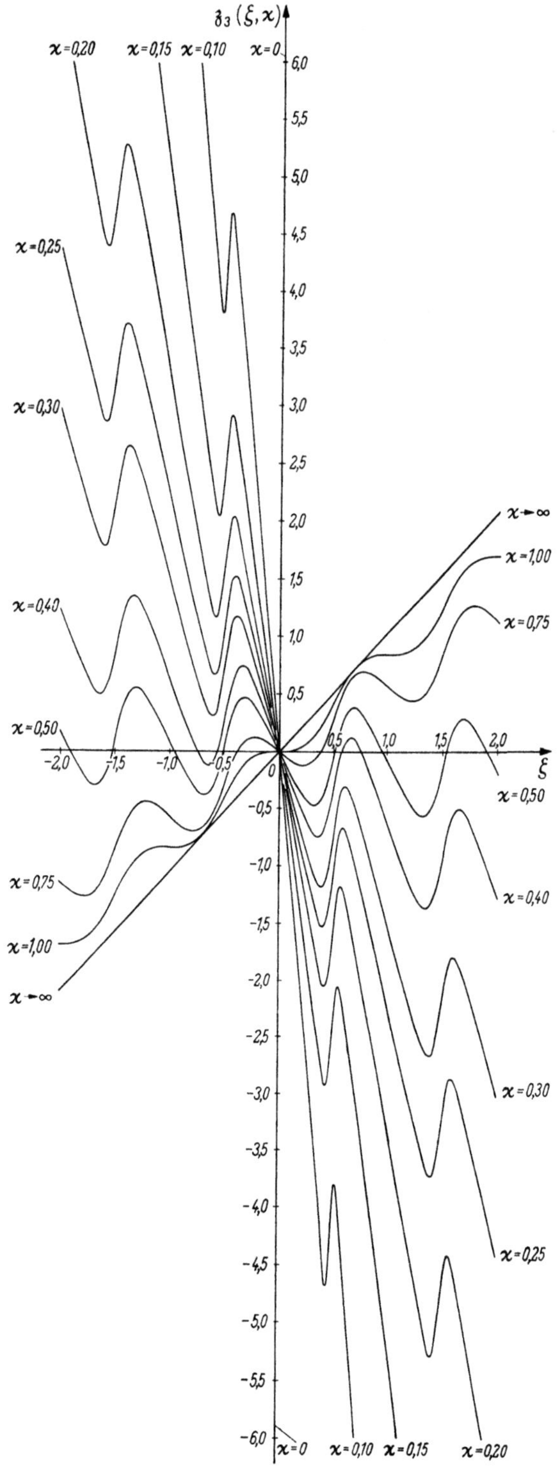

Abb. 208. Verlauf der speziellen WEIERSTRASSschen Zeta-Funktion $\mathfrak{z}_3(\zeta, \varkappa)$

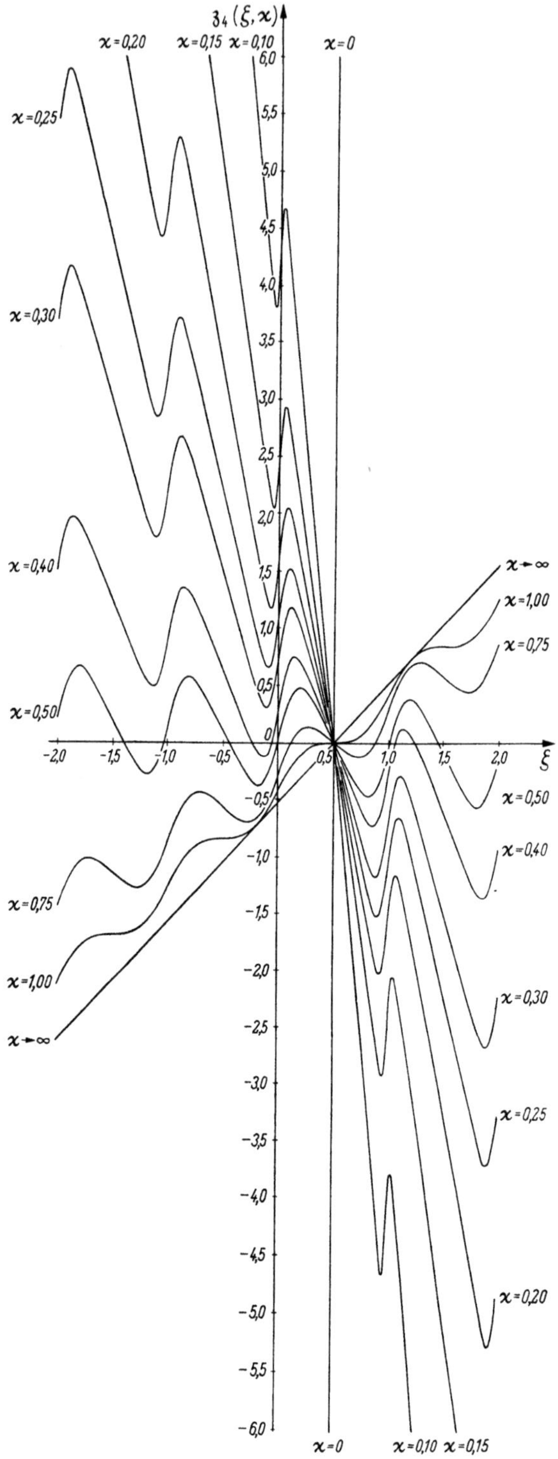

Abb. 209. Verlauf der speziellen WEIERSTRASSschen Zeta-Funktion $\mathfrak{z}_4(\zeta, \varkappa)$

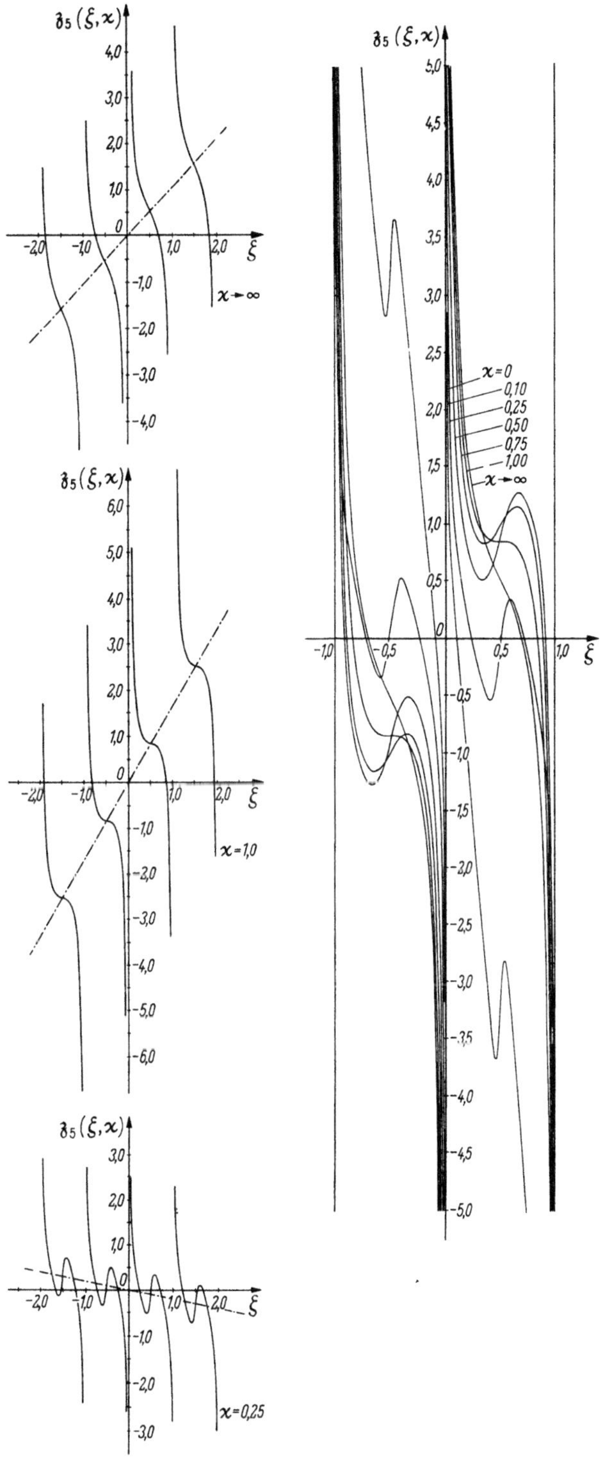

Abb. 210. Verlauf der speziellen WEIERSTRASSschen Zeta-Funktion $\mathfrak{z}_5(\zeta, \varkappa)$

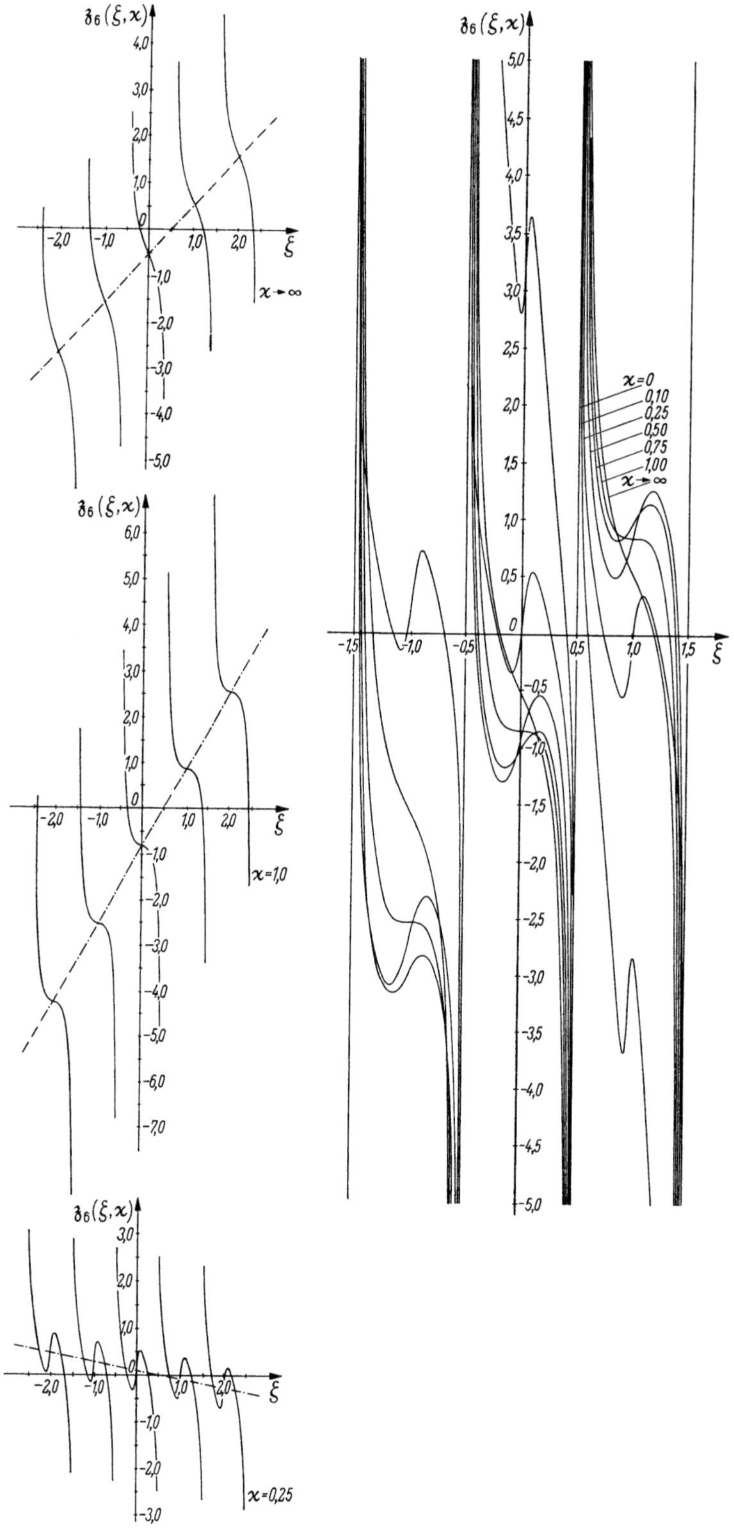

Abb. 211. Verlauf der speziellen WEIERSTRASSschen Zeta-Funktion $\mathfrak{z}_6(\zeta, \varkappa)$

145. Lineare Beziehungen zu den logarithmischen Ableitungen der Jacobischen elliptischen Funktionen und deren Ableitungen

Werden in (767) die logarithmischen Ableitungen der Theta-Funktionen nach (1022) durch spezielle WEIERSTRASSsche Zeta-Funktionen ausgedrückt, so erhält man

$$\left.\begin{aligned}
\overline{\mathrm{cs}}(z,k) &= -\overline{\mathrm{sc}}(z,k) = +\eta_1 K + \mathfrak{z}_2(z,k) - \mathfrak{z}_1(z,k), & \frac{\partial\,\overline{\mathrm{cs}}}{\partial z} &= \wp_1(z,k) - \wp_2(z,k),\\
\overline{\mathrm{ds}}(z,k) &= -\overline{\mathrm{sd}}(z,k) = + \mathfrak{z}_3(z,k) - \mathfrak{z}_1(z,k), & \frac{\partial\,\overline{\mathrm{ds}}}{\partial z} &= \wp_1(z,k) - \wp_3(z,k),\\
\overline{\mathrm{ns}}(z,k) &= -\overline{\mathrm{sn}}(z,k) = +\eta_1 K + \mathfrak{z}_4(z,k) - \mathfrak{z}_1(z,k), & \frac{\partial\,\overline{\mathrm{ns}}}{\partial z} &= \wp_1(z,k) - \wp_4(z,k),\\
\overline{\mathrm{nc}}(z,k) &= -\overline{\mathrm{cn}}(z,k) = + \mathfrak{z}_4(z,k) - \mathfrak{z}_2(z,k), & \frac{\partial\,\overline{\mathrm{nc}}}{\partial z} &= \wp_2(z,k) - \wp_4(z,k),\\
\overline{\mathrm{dc}}(z,k) &= -\overline{\mathrm{cd}}(z,k) = -\eta_1 K + \mathfrak{z}_3(z,k) - \mathfrak{z}_2(z,k), & \frac{\partial\,\overline{\mathrm{dc}}}{\partial z} &= \wp_2(z,k) - \wp_3(z,k),\\
\overline{\mathrm{nd}}(z,k) &= -\overline{\mathrm{dn}}(z,k) = +\eta_1 K + \mathfrak{z}_4(z,k) - \mathfrak{z}_3(z,k), & \frac{\partial\,\overline{\mathrm{nd}}}{\partial z} &= \wp_3(z,k) - \wp_4(z,k).
\end{aligned}\right\} \tag{1045}$$

146. Integrale der $\wp$-Funktionen als Weierstraßsche Zeta-Funktionen und Ableitungen der Zeta-Funktionen

Aus (1022) ergibt sich durch Umschreibung

$$\left.\begin{aligned}
\int_K^z \wp_1(\bar z,k)\,d\bar z &= +\eta_1 K - \mathfrak{z}_1(z,k), & \int_0^z \wp_4(\bar z,k)\,d\bar z &= -\eta_1 K - \mathfrak{z}_4(z,k),\\
\int_0^z \wp_2(\bar z,k)\,d\bar z &= -\eta_1 K - \mathfrak{z}_2(z,k), & \int_K^z \wp_5(\bar z,k)\,d\bar z &= +\bar\eta_1 K - \mathfrak{z}_5(z,k),\\
\int_0^z \wp_3(\bar z,k)\,d\bar z &= - \mathfrak{z}_3(z,k), & \int_0^z \wp_6(\bar z,k)\,d z &= -\bar\eta_1 K - \mathfrak{z}_6(z,k),
\end{aligned}\right\} \tag{1046}$$

und aus (1046) durch Ableitung bei Beachtung von (580)

$$\left.\begin{aligned}
\frac{d\mathfrak{z}_1}{dz} &= -\wp_1, & \frac{d^2\mathfrak{z}_1}{dz^2} &= -\frac{d\wp_1}{dz}, & \frac{d^3\mathfrak{z}_1}{dz^3} &= \frac{1}{2}g_2 - 6\wp_1^2,\\
\frac{d\mathfrak{z}_2}{dz} &= -\wp_2, & \frac{d^2\mathfrak{z}_2}{dz^2} &= -\frac{d\wp_2}{dz}, & \frac{d^3\mathfrak{z}_2}{dz^3} &= \frac{1}{2}g_2 - 6\wp_2^2,\\
\frac{d\mathfrak{z}_3}{dz} &= -\wp_3, & \frac{d^2\mathfrak{z}_3}{dz^2} &= -\frac{d\wp_3}{dz}, & \frac{d^3\mathfrak{z}_3}{dz^3} &= \frac{1}{2}g_2 - 6\wp_3^2,\\
\frac{d\mathfrak{z}_4}{dz} &= -\wp_4, & \frac{d^2\mathfrak{z}_4}{dz^2} &= -\frac{d\wp_4}{dz}, & \frac{d^3\mathfrak{z}_4}{dz^3} &= \frac{1}{2}g_2 - 6\wp_4^2,\\
\frac{d\mathfrak{z}_5}{dz} &= -\wp_5, & \frac{d^2\mathfrak{z}_5}{dz^2} &= -\frac{d\wp_5}{dz}. & \frac{d^3\mathfrak{z}_5}{dz^3} &= \frac{1}{2}\bar g_2 - 6\wp_5^2.\\
\frac{d\mathfrak{z}_6}{dz} &= -\wp_6, & \frac{d^2\mathfrak{z}_6}{dz^2} &= -\frac{d\wp_6}{dz}, & \frac{d^3\mathfrak{z}_6}{dz^3} &= \frac{1}{2}\bar g_2 - 6\wp_6^2.
\end{aligned}\right\} \tag{1047}$$

147. Differentialtransformationen für doppelte und halbe Parameter

Im zehnten Kapitel werden zahlreiche Gruppen elliptischer Integrale durch spezielle WEIERSTRASSsche Zeta-Funktionen dargestellt werden. Hierbei wird sich häufig die Notwendigkeit ergeben, das zu $\varkappa$ gehörige Differential dz in zu $2\varkappa$ und $\varkappa/2$ gehörige Differentiale umzuschreiben. In Verbindung mit (357) folgt

$$dz(\varkappa) = d\,(2K(\varkappa)\,\zeta) = \frac{2}{1+k'}\,d\,(2K(2\varkappa)\,\zeta) = \frac{2}{1+k'}\,dz(2\varkappa) \tag{1048}$$

bzw.

$$dz(\varkappa) = d\,(2K(\varkappa)\,\zeta) = \frac{1}{1+k}\,d\left(2K\left(\frac{\varkappa}{2}\right)\zeta\right) = \frac{1}{1+k}\,dz\left(\frac{\varkappa}{2}\right). \tag{1049}$$

148. Gaußsche und Landensche Transformation

Wird die zweite der Gln. (1022) für $\left(\zeta, \frac{\varkappa}{2}\right)$ angesetzt, so erhält man zunächst

$$\mathfrak{z}_2\left(\zeta, \frac{\varkappa}{2}\right) = -\eta_1\left(\frac{\varkappa}{2}\right) K\left(\frac{\varkappa}{2}\right) - \int_0^z \wp_2\left(\zeta, \frac{\varkappa}{2}\right) d\bar{z}\left(\frac{\varkappa}{2}\right),$$

und bei Berücksichtigung von (357), (451), (591) und (1049)

$$\mathfrak{z}_2\left(\zeta, \frac{\varkappa}{2}\right) = \frac{(1+e_1)K - 2E + e_3 z}{1+k} - \frac{1}{1+k}\int_0^z \wp_2(\bar{z}, k)\, d\bar{z} - \frac{1}{1+k}\int_0^z \wp_3(\bar{z}, k)\, d\bar{z}.$$

Werden hierin die Integrale nach der zweiten und dritten der Gln. (1022) als spezielle WEIERSTRASSsche Zeta-Funktionen dargestellt, so folgt mit (449)

$$\mathfrak{z}_2\left(\zeta, \frac{\varkappa}{2}\right) = \frac{K - E + e_3 z + \mathfrak{z}_2(z, k) + \mathfrak{z}_3(z, k)}{1+k}.$$

Wird das gleiche Verfahren auf die dritte der Gln. (1022) angewendet, so ergibt sich

$$\mathfrak{z}_3\left(\zeta, \frac{\varkappa}{2}\right) = \frac{e_3 z}{1+k} - \frac{1}{1+k}\int_0^z \wp_2\left(\bar{z} + \frac{iK'}{2}, k\right) d\bar{z} - \frac{1}{1+k}\int_0^z \wp_3\left(\bar{z} + \frac{iK'}{2}, k\right) d\bar{z}$$

$$= \frac{e_3 z}{1+k} - \frac{1}{1+k}\int_{\frac{iK'}{2}}^{z+\frac{iK'}{2}} \wp_2(\bar{z}, k)\, d\bar{z} - \frac{1}{1+k}\int_{\frac{iK'}{2}}^{z+\frac{iK'}{2}} \wp_3(\bar{z}, k)\, d\bar{z}$$

oder in Verbindung mit (1022)

$$\mathfrak{z}_3\left(\zeta, \frac{\varkappa}{2}\right) = \frac{e_3 z + \mathfrak{z}_2\left(z + \frac{iK'}{2}, k\right) - \mathfrak{z}_2\left(\frac{iK'}{2}, k\right) + \mathfrak{z}_3\left(z + \frac{iK'}{2}, k\right) - \mathfrak{z}_3\left(\frac{iK'}{2}, k\right)}{1+k}.$$

Hierin können nun die auf der rechten Seite auftretenden $\mathfrak{z}$-Funktionen gemäß (1032) und (1037) ausgedrückt werden. Dies liefert

$$\mathfrak{z}_3\left(\zeta, \frac{\varkappa}{2}\right) = \frac{\eta_1 K + e_3 z + \mathfrak{z}_4(2z, k) - k\,\mathrm{sn}(2z, k)}{1+k}.$$

Die Transformationsgleichung für $\mathfrak{z}_1\left(\zeta, \frac{\varkappa}{2}\right)$ folgt aus derjenigen für $\mathfrak{z}_2\left(\zeta, \frac{\varkappa}{2}\right)$ durch Vertauschen von z mit $z + K$ und diejenige für $\mathfrak{z}_4\left(\zeta, \frac{\varkappa}{2}\right)$ aus derjenigen für $\mathfrak{z}_3\left(\zeta, \frac{\varkappa}{2}\right)$ durch Vertauschen von z mit $z - K$. Damit sind nach der fünften und sechsten der Gln. (1022) auch die Transformationen von $\wp_5\left(\zeta, \frac{\varkappa}{2}\right)$ und $\wp_6\left(\zeta, \frac{\varkappa}{2}\right)$ bekannt. Bei Beachtung von (1022), (1026), (442), (443), (445), (449) und (793) lautet der gesamte Gleichungssatz

$$\left.\begin{aligned}
\mathfrak{z}_1\left(\zeta, \frac{\varkappa}{2}\right) &= \frac{\eta_1 K + e_3 z + \mathfrak{z}_1(z, k) + \mathfrak{z}_4(z, k)}{1+k},\\
\mathfrak{z}_2\left(\zeta, \frac{\varkappa}{2}\right) &= \frac{K - E + e_3 z + \mathfrak{z}_2(z, k) + \mathfrak{z}_3(z, k)}{1+k},\\
\mathfrak{z}_3\left(\zeta, \frac{\varkappa}{2}\right) &= \frac{\eta_1 K + e_3 z + \mathfrak{z}_4(2z, k) - k\,\mathrm{sn}(2z, k)}{1+k},\\
\mathfrak{z}_4\left(\zeta, \frac{\varkappa}{2}\right) &= \frac{K - E + e_3 z + \mathfrak{z}_4(2z, k) + k\,\mathrm{sn}(2z, k)}{1+k},\\
\mathfrak{z}_5\left(\zeta, \frac{\varkappa}{2}\right) &= \frac{2\eta_1 K - (1-k)^2 z + \mathfrak{z}_1(z, k) + \mathfrak{z}_4(z, k) + \mathfrak{z}_4(2z, k) - k\,\mathrm{sn}(2z, k)}{1+k},\\
\mathfrak{z}_6\left(\zeta, \frac{\varkappa}{2}\right) &= \frac{-2\eta_1 K + (1-k)^2(K - z) + \mathfrak{z}_2(z, k) + \mathfrak{z}_3(z, k) + \mathfrak{z}_4(2z, k) + k\,\mathrm{sn}(2z, k)}{1+k}.
\end{aligned}\right\} \quad (1050)$$

Durch die Gln. (1050) wird die GAUSSsche Transformation der speziellen WEIERSTRASSschen Zeta-Funktionen dargestellt.

Wird zur Darstellung der LANDENschen Transformationsgleichungen an die unteren der Gln. (595) und (596) angeknüpft, so liefert deren Integration nach z in Verbindung mit (1048)

$$-\int_0^z \wp_3(2\zeta, 2\varkappa)\, d\bar{z} = \frac{-1}{1+k'}\int_0^{2z(2\varkappa)} \wp_3(2\zeta, 2\varkappa)\, d2\bar{z}(2\varkappa) = \frac{e_1 z}{(1+k')^2} - \frac{1}{(1+k')^2}\left[\int_0^z \wp_3\left(\bar{z}+\frac{K}{2}, k\right) d\bar{z} + \int_0^z \wp_4\left(\bar{z}+\frac{K}{2}, k\right) d\bar{z}\right.$$

$$= \frac{e_1 z}{(1+k')^2} - \frac{1}{(1+k')^2}\left[\int_{K/2}^{z+\frac{K}{2}} \wp_3(\bar{z}, k)\, d\bar{z} + \int_{K/2}^{z+\frac{K}{2}} \wp_4(\bar{z}, k)\, d\bar{z}\right],$$

$$-\int_0^z \wp_4(2\zeta, 2\varkappa)\, d\bar{z} = \frac{-1}{1+k'}\int_0^{2z(2\varkappa)} \wp_4(2\zeta, 2\varkappa)\, d2\bar{z}(2\varkappa) = \frac{e_1 z}{(1+k')^2} - \frac{1}{(1+k')^2}\left[\int_0^z \wp_3(\bar{z}, k)\, d\bar{z} + \int_0^z \wp_4(\bar{z}, k)\, d\bar{z}\right].$$

Werden die Integrale in Verbindung mit (1046) und (1036) ausgewertet und die Gln. (357) und (451) beachtet, so erhält man

$$\mathfrak{z}_3(2\zeta, 2\varkappa) = \frac{e_1 z + \mathfrak{z}_3\left(z+\frac{K}{2}, k\right) + \mathfrak{z}_4\left(z+\frac{K}{2}, k\right)}{1+k'},$$

$$\mathfrak{z}_4(2\zeta, 2\varkappa) = \frac{e_1\left(z-\frac{K}{2}\right) + \mathfrak{z}_3(z, k) + \mathfrak{z}_4(z, k)}{1+k'}.$$

Hieraus folgen die Transformationsgleichungen für $\mathfrak{z}_2(2\zeta, 2\varkappa)$ und $\mathfrak{z}_1(2\zeta, 2\varkappa)$, indem z mit $z + i K'$ vertauscht wird und die Gln. (357), (451) und (1027) beachtet werden. Damit können nach der fünften und sechsten der Gln. (1022) auch $\mathfrak{z}_5(2\zeta, 2\varkappa)$ und $\mathfrak{z}_6(2\zeta, 2\varkappa)$ gebildet werden. Der gesamte Satz der LANDENschen Transformationsgleichungen lautet mit (442), (445), (452) und (796)

$$\left.\begin{aligned}
\mathfrak{z}_1(2\zeta, 2\varkappa) &= \frac{E - \frac{1}{2} e_1 K + e_1\left(z - \frac{K}{2}\right) + \mathfrak{z}_1(z, k) + \mathfrak{z}_2(z, k)}{1+k'},\\
\mathfrak{z}_2(2\zeta, 2\varkappa) &= \frac{-\left(E - \frac{1}{2} e_1 K\right) + e_1 z + \mathfrak{z}_1\left(z+\frac{K}{2}, k\right) + \mathfrak{z}_2\left(z+\frac{K}{2}, k\right)}{1+k'},\\
\mathfrak{z}_3(2\zeta, 2\varkappa) &= \frac{e_1 z + \mathfrak{z}_3\left(z+\frac{K}{2}, k\right) + \mathfrak{z}_4\left(z+\frac{K}{2}, k\right)}{1+k'},\\
\mathfrak{z}_4(2\zeta, 2\varkappa) &= \frac{e_1\left(z-\frac{K}{2}\right) + \mathfrak{z}_3(z, k) + \mathfrak{z}_4(z, k)}{1+k'},\\
\mathfrak{z}_5(2\zeta, 2\varkappa) &= \frac{\eta_1 K + (1-k')^2 z + \mathfrak{z}_1(z, k) + \mathfrak{z}_2(z, k) + \mathfrak{z}_3\left(z+\frac{K}{2}, k\right) + \mathfrak{z}_4\left(z+\frac{K}{2}, k\right)}{1+k'},\\
\mathfrak{z}_6(2\zeta, 2\varkappa) &= \frac{-\eta_1 K - (1-k')^2\left(\frac{K}{2} - z\right) + \mathfrak{z}_3(z, k) + \mathfrak{z}_4(z, k) + \mathfrak{z}_1\left(z+\frac{K}{2}, k\right) + \mathfrak{z}_2\left(z+\frac{K}{2}, k\right)}{1+k'}.
\end{aligned}\right\} \quad (1051)$$

Der Übergang in den beiden Gln. (1050) und (1051) vom $(\zeta, \varkappa)$ auf das (z, k)-System vollzieht sich nach (863) mit Hilfe der Transformationsbeziehungen

$$\left(\zeta, \frac{\varkappa}{2}\right) \longleftrightarrow \left[(1+k)\, z, \frac{2\sqrt{k}}{1+k}\right], \quad (2\zeta, 2\varkappa) \longleftrightarrow \left[(1+k')\, z, \frac{1-k'}{1+k'}\right], \quad \zeta \pm \frac{1}{4} \longleftrightarrow z \pm \frac{K}{2}.$$

149. Additionstheoreme und Transformationsgleichungen für doppeltes und halbes Argument

Entsprechend ihrer Entwicklung besitzen die Zeta-Funktionen zahlreiche Additionstheoreme, die sich durch Einführung der logarithmischen Ableitungen der Theta-Funktionen von (1022) in (269) und (272) ergeben. Die Additionstheoreme ohne Einschluß von Parameterfunktionen lauten:

$$\left.\begin{aligned}
\mathfrak{z}_1(z+z_0,k) &= \mathfrak{z}_{\substack{1\\3}}(z,k)+\mathfrak{z}_{\substack{1\\3}}(z_0,k)+\frac{1}{2}\,\frac{\wp'_{\substack{1\\3}}(z,k)-\wp'_{\substack{1\\3}}(z_0,k)}{\wp_{\substack{1\\3}}(z,k)-\wp_{\substack{1\\3}}(z_0,k)},\\
\mathfrak{z}_2(z+z_0,k) &= \mathfrak{z}_{\substack{1\\2\\3\\4}}(z,k)+\mathfrak{z}_{\substack{2\\1\\4\\3}}(z_0,k)+\frac{1}{2}\,\frac{\wp'_{\substack{1\\2\\3\\4}}(z,k)-\wp'_{\substack{2\\1\\4\\3}}(z_0,k)}{\wp_{\substack{1\\2\\3\\4}}(z,k)-\wp_{\substack{2\\1\\4\\3}}(z_0,k)},\\
\mathfrak{z}_3(z+z_0,k) &= \mathfrak{z}_{\substack{1\\3}}(z,k)+\mathfrak{z}_{\substack{3\\1}}(z_0,k)+\frac{1}{2}\,\frac{\wp'_{\substack{1\\3}}(z,k)-\wp'_{\substack{3\\1}}(z_0,k)}{\wp_{\substack{1\\3}}(z,k)-\wp_{\substack{3\\1}}(z_0,k)},\\
\mathfrak{z}_4(z+z_0,k) &= \mathfrak{z}_{\substack{1\\2\\3\\4}}(z,k)+\mathfrak{z}_{\substack{4\\3\\2\\1}}(z_0,k)+\frac{1}{2}\,\frac{\wp'_{\substack{1\\2\\3\\4}}(z,k)-\wp'_{\substack{4\\3\\2\\1}}(z_0,k)}{\wp_{\substack{1\\2\\3\\4}}(z,k)-\wp_{\substack{4\\3\\2\\1}}(z_0,k)},\\
\mathfrak{z}_5(z+z_0,k) &= \mathfrak{z}_5(z,k)+\mathfrak{z}_5(z_0,k)+\frac{1}{2}\,\frac{\wp'_5(z,k)-\wp'_5(z_0,k)}{\wp_5(z,k)-\wp_5(z_0,k)},\\
\mathfrak{z}_6(z+z_0,k) &= \mathfrak{z}_{\substack{6\\5}}(z,k)+\mathfrak{z}_{\substack{5\\6}}(z_0,k)+\frac{1}{2}\,\frac{\wp'_{\substack{6\\5}}(z,k)-\wp'_{\substack{5\\6}}(z_0,k)}{\wp_{\substack{6\\5}}(z,k)-\wp_{\substack{5\\6}}(z_0,k)}.
\end{aligned}\right\}\qquad(1052)$$

Wird in (1052) $z = z_0$ gesetzt und im Falle von $\mathfrak{z}_{\substack{1\\5}}(2z,k)$ der unbestimmte Ausdruck nach der HOSPITALschen Regel ausgewertet und dabei die zweite der Gln. (580) beachtet, so folgt die Doppelargumenttransformation in der Form

$$\left.\begin{aligned}
\mathfrak{z}_1(2z,k) &= 2\mathfrak{z}_1(z,k)+\frac{12\wp_1^2(z,k)-g_2}{4\wp'_1(z,k)} = 2\mathfrak{z}_1(z,k)+\frac{1}{2}\,\frac{\partial}{\partial z}\ln\wp'_1(z,k),\\
\mathfrak{z}_2(2z,k) &= \mathfrak{z}_{\substack{1\\3}}(z,k)+\mathfrak{z}_{\substack{2\\4}}(z,k)+\frac{1}{2}\,\frac{\wp'_{\substack{1\\3}}(z,k)-\wp'_{\substack{2\\4}}(z,k)}{\wp_{\substack{1\\3}}(z,k)-\wp_{\substack{2\\4}}(z,k)},\\
\mathfrak{z}_3(2z,k) &= \mathfrak{z}_1(z,k)+\mathfrak{z}_3(z,k)+\frac{1}{2}\,\frac{\wp'_1(z,k)-\wp'_3(z,k)}{\wp_1(z,k)-\wp_3(z,k)},\\
\mathfrak{z}_4(2z,k) &= \mathfrak{z}_{\substack{1\\2}}(z,k)+\mathfrak{z}_{\substack{4\\3}}(z,k)+\frac{1}{2}\,\frac{\wp'_{\substack{1\\2}}(z,k)-\wp'_{\substack{4\\3}}(z,k)}{\wp_{\substack{1\\2}}(z,k)-\wp_{\substack{4\\3}}(z,k)},\\
\mathfrak{z}_5(2z,k) &= 2\mathfrak{z}_5(z,k)+\frac{12\wp_5^2(z,k)-\bar{g}_2}{4\wp'_5(z,k)} = 2\mathfrak{z}_5(z,k)+\frac{1}{2}\,\frac{\partial}{\partial z}\ln\wp'_5(z,k),\\
\mathfrak{z}_6(2z,k) &= \mathfrak{z}_5(z,k)+\mathfrak{z}_6(z,k)+\frac{1}{2}\,\frac{\wp'_5(z,k)-\wp'_6(z,k)}{\wp_5(z,k)-\wp_6(z,k)}.
\end{aligned}\right\}\qquad(1053)$$

Werden in (1052) die Quotienten gemäß (653) durch $\wp$-Funktionen ausgedrückt, so ergeben sich für $z = z_0$ die Transformationsgleichungen

$$\left.\begin{aligned}
\mathfrak{z}_1(2z,k) &= 2\mathfrak{z}_{\substack{1\\3}}(z,k)\pm\sqrt{\wp_1(2z,k)+2\wp_{\substack{1\\3}}(z,k)},\\
\mathfrak{z}_2(2z,k) &= \mathfrak{z}_{\substack{1\\3}}(z,k)+\mathfrak{z}_{\substack{2\\4}}(z,k)\pm\sqrt{\wp_2(2z,k)+\wp_{\substack{1\\2\\3\\4}}(z,k)+\wp_{\substack{2\\1\\4\\3}}(z,k)},\\
\mathfrak{z}_3(2z,k) &= \mathfrak{z}_1(z,k)+\mathfrak{z}_3(z,k)\pm\sqrt{\wp_3(2z,k)+\wp_1(z,k)+\wp_3(z,k)},\\
\mathfrak{z}_4(2z,k) &= \mathfrak{z}_{\substack{1\\2}}(z,k)+\mathfrak{z}_{\substack{4\\3}}(z,k)\pm\sqrt{\wp_4(2z,k)+\wp_{\substack{1\\2}}(z,k)+\wp_{\substack{4\\3}}(z,k)},\\
\mathfrak{z}_5(2z,k) &= 2\mathfrak{z}_5(z,k)\pm\sqrt{\wp_5(2z,k)+2\wp_5(z,k)},\\
\mathfrak{z}_6(2z,k) &= \mathfrak{z}_5(z,k)+\mathfrak{z}_6(z,k)\pm\sqrt{\wp_6(2z,k)+\wp_5(z,k)+\wp_6(z,k)}.
\end{aligned}\right\}\qquad(1054)$$

Weitere Darstellungen der Doppelargumenttransformation sind durch die Gln. (1023) gegeben.

Wird in $(1054)^{1+5}$ z mit $z/2$ vertauscht, so ergibt sich für die Halbargumenttransformation der speziellen WEIERSTRASSschen Zeta-Funktionen

$$\left.\begin{aligned}
\mathfrak{z}_1\left(\frac{z}{2}, k\right) &= \frac{1}{2}\mathfrak{z}_1(z, k) \mp \frac{1}{2}\sqrt{\wp_1(z, k) + 2\wp_1\left(\frac{z}{2}, k\right)},\\
\mathfrak{z}_3\left(\frac{z}{2}, k\right) &= \frac{1}{2}\mathfrak{z}_1(z, k) \mp \frac{1}{2}\sqrt{\wp_1(z, k) + 2\wp_3\left(\frac{z}{2}, k\right)},\\
\mathfrak{z}_5\left(\frac{z}{2}, k\right) &= \frac{1}{2}\mathfrak{z}_5(z, k) \mp \frac{1}{2}\sqrt{\wp_5(z, k) + 2\wp_5\left(\frac{z}{2}, k\right)},
\end{aligned}\right\} \quad (1055)$$

die bei Vertauschen von z mit $z + 2K$ in Verbindung mit (1022), (1026) und (510) in

$$\left.\begin{aligned}
\mathfrak{z}_2\left(\frac{z}{2}, k\right) &= -\eta_1 K + \frac{1}{2}\mathfrak{z}_1(z, k) \mp \frac{1}{2}\sqrt{\wp_1(z, k) + 2\wp_2\left(\frac{z}{2}, k\right)},\\
\mathfrak{z}_4\left(\frac{z}{2}, k\right) &= -\eta_1 K + \frac{1}{2}\mathfrak{z}_1(z, k) \mp \frac{1}{2}\sqrt{\wp_1(z, k) + 2\wp_4\left(\frac{z}{2}, k\right)},\\
\mathfrak{z}_6\left(\frac{z}{2}, k\right) &= -\bar{\eta}_1 K + \frac{1}{2}\mathfrak{z}_5(z, k) \mp \frac{1}{2}\sqrt{\wp_5(z, k) + 2\wp_6\left(\frac{z}{2}, k\right)}
\end{aligned}\right\} \quad (1056)$$

übergeht.

150. Trigonometrische, hyperbolische und Potenzreihenentwicklungen

Werden die durch $2K$ dividierten logarithmischen Ableitungen von (173) in die Gln. (1022) eingeführt, so erhält man mit $z = 2K\zeta$, $\varkappa = K'/K$ und bei Beachtung von (449) und (452)

$$\left.\begin{aligned}
\mathfrak{z}_1(\zeta, \varkappa) &= +\eta_1 z + \frac{\pi}{2K}\cot\pi\zeta + \frac{2\pi}{K}\sum_1^\infty{}_n \frac{e^{-2n\pi\varkappa}\sin 2n\pi\zeta}{1 - e^{-2n\pi\varkappa}},\\
\mathfrak{z}_2(\zeta, \varkappa) &= -\eta_1(K - z) - \frac{\pi}{2K}\tan\pi\zeta + \frac{2\pi}{K}\sum_1^\infty{}_n (-1)^n \frac{e^{-2n\pi\varkappa}\sin 2n\pi\zeta}{1 - e^{-2n\pi\varkappa}},\\
\mathfrak{z}_3(\zeta, \varkappa) &= +\eta_1 z + \frac{2\pi}{K}\sum_1^\infty{}_n (-1)^n \frac{e^{-n\pi\varkappa}\sin 2n\pi\zeta}{1 - e^{-2n\pi\varkappa}}, \qquad \left(\left|e^{-n\pi\varkappa \pm 2n\pi i\zeta}\right| < 1\right.\\
\mathfrak{z}_4(\zeta, \varkappa) &= -\eta_1(K - z) + \frac{2\pi}{K}\sum_1^\infty{}_n \frac{e^{-n\pi\varkappa}\sin 2n\pi\zeta}{1 - e^{-2n\pi\varkappa}}, \qquad \left.\text{für } n = 1, 2, 3, \ldots\right),\\
\mathfrak{z}_5(\zeta, \varkappa) &= +\bar{\eta}_1 z + \frac{\pi}{2K}\cot\pi\zeta + \frac{2\pi}{K}\sum_1^\infty{}_n (-1)^n \frac{e^{-n\pi\varkappa}\sin 2n\pi\zeta}{1 - (-1)^n e^{-n\pi\varkappa}},\\
\mathfrak{z}_6(\zeta, \varkappa) &= -\bar{\eta}_1(K - z) - \frac{\pi}{2K}\tan\pi\zeta + \frac{2\pi}{K}\sum_1^\infty{}_n \frac{e^{-n\pi\varkappa}\sin 2n\pi\zeta}{1 - (-1)^n e^{-n\pi\varkappa}}
\end{aligned}\right\} \quad (1057)$$

bzw.

$$\left.\begin{aligned}
\mathfrak{z}_1(\zeta, \varkappa) &= +\eta_2 z + \frac{\pi}{2K'}\coth\frac{\pi\zeta}{\varkappa} - \frac{2\pi}{K'}\sum_1^\infty{}_n \frac{e^{-2n\pi/\varkappa}\sinh\frac{2n\pi\zeta}{\varkappa}}{1 - e^{-2n\pi/\varkappa}},\\
\mathfrak{z}_2(\zeta, \varkappa) &= -\eta_1 K + \eta_2 z - \frac{2\pi}{K'}\sum_1^\infty{}_n \frac{e^{-n\pi/\varkappa}\sinh\frac{2n\pi\zeta}{\varkappa}}{1 - e^{-2n\pi/\varkappa}}, \qquad \left(0 \leqq \zeta < \tfrac{1}{2},\right.\\
\mathfrak{z}_3(\zeta, \varkappa) &= +\eta_2 z - \frac{2\pi}{K'}\sum_1^\infty{}_n (-1)^n \frac{e^{-n\pi/\varkappa}\sinh\frac{2n\pi\zeta}{\varkappa}}{1 - e^{-2n\pi/\varkappa}}, \qquad \left.0 < \varkappa < \infty\right),\\
\mathfrak{z}_4(\zeta, \varkappa) &= -\eta_1 K + \eta_2 z + \frac{\pi}{2K'}\tanh\frac{\pi\zeta}{\varkappa} - \frac{2\pi}{K'}\sum_1^\infty{}_n (-1)^n \frac{e^{-2n\pi/\varkappa}\sinh\frac{2n\pi\zeta}{\varkappa}}{1 - e^{-2n\pi/\varkappa}},\\
\mathfrak{z}_5(\zeta, \varkappa) &= +\bar{\eta}_2 z + \frac{\pi}{2K'}\coth\frac{\pi\zeta}{\varkappa} - \frac{2\pi}{K'}\sum_1^\infty{}_n (-1)^n \frac{e^{-n\pi/\varkappa}\sinh\frac{2n\pi\zeta}{\varkappa}}{1 - (-1)^n e^{-n\pi/\varkappa}},\\
\mathfrak{z}_6(\zeta, \varkappa) &= -\bar{\eta}_1 K + \bar{\eta}_2 z + \frac{\pi}{2K'}\tanh\frac{\pi\zeta}{\varkappa} - \frac{2\pi}{K'}\sum_1^\infty{}_n \frac{e^{-n\pi/\varkappa}\sinh\frac{2n\pi\zeta}{\varkappa}}{1 - (-1)^n e^{-n\pi/\varkappa}}.
\end{aligned}\right\} \quad (1058)$$

Die Potenzreihenentwicklungen der speziellen WEIERSTRASSschen Zeta-Funktionen ergeben sich nach Einführung der Potenzreihenentwicklungen (520) bis (523) in (1022) durch gliedweise Integration. Hierbei ist in den Reihen für $\mathfrak{z}_1$ und $\mathfrak{z}_5$ das konstante Glied gleich Null zu setzen, wie man durch Entwicklung der ersten und fünften der Gln. (1057) oder (1058) erkennt. Man erhält:

$$\left.\begin{aligned}
\mathfrak{z}_1(z,k) &= \frac{1}{z} - \frac{g_2}{60}z^3 - \frac{g_3}{140}z^5 - \frac{g_2^2}{8400}z^7 - \frac{g_2 g_3}{18480}z^9 - \left(\frac{g_2^3}{1716000} + \frac{g_3^2}{112112}\right)z^{11} - \frac{g_2^2 g_3}{2402400}z^{13} - \\
&\quad - \left(\frac{g_2^4}{318240000} + \frac{g_2 g_3^2}{9529520}\right)z^{15} - \left(\frac{29 g_2^3 g_3}{10346336000} + \frac{g_3^3}{92176448}\right)z^{17} - \\
&\quad - \left(\frac{g_2^5}{60465600000} + \frac{97 g_2^2 g_3^2}{95600144640}\right)z^{19} - \left(\frac{389 g_2^4 g_3}{21416915520000} + \frac{123 g_2 g_3^3}{699619240320}\right)z^{21} - \cdots, \\
\mathfrak{z}_2(z,k) &= -\eta_1 K - e_1 z - k'^2\left[\frac{1}{3}z^3 + \frac{1}{5}e_1 z^5 + \frac{1}{7}\left(e_1^2 - \frac{1}{20}g_2\right)z^7 + \frac{2}{21}e_1\left(e_1^2 - \frac{3}{40}g_2\right)z^9 + \cdots\right], \\
\mathfrak{z}_3(z,k) &= \qquad\quad - e_2 z + k^2 k'^2\left[\frac{1}{3}z^3 + \frac{1}{5}e_2 z^5 + \frac{1}{7}\left(e_2^2 - \frac{1}{20}g_2\right)z^7 + \frac{2}{21}e_2\left(e_2^2 - \frac{3}{40}g_2\right)z^9 + \cdots\right], \\
\mathfrak{z}_4(z,k) &= -\eta_1 K - e_3 z - k^2\left[\frac{1}{3}z^3 + \frac{1}{5}e_3 z^5 + \frac{1}{7}\left(e_3^2 - \frac{1}{20}g_2\right)z^7 + \frac{2}{21}e_3\left(e_3^2 - \frac{3}{40}g_2\right)z^9 + \cdots\right], \\
\mathfrak{z}_5(z,k) &= \frac{1}{z} - \frac{\bar g_2}{60}z^3 - \frac{\bar g_3}{140}z^5 - \frac{\bar g_2^2}{8400}z^7 - \frac{\bar g_2 \bar g_3}{18480}z^9 - \left(\frac{\bar g_2^3}{1716000} + \frac{\bar g_3^2}{112112}\right)z^{11} - \frac{\bar g_2^2 \bar g_3}{2402400}z^{13} - \\
&\quad - \left(\frac{\bar g_2^4}{318240000} + \frac{\bar g_2 \bar g_3^2}{9529520}\right)z^{15} - \left(\frac{29 \bar g_2^3 \bar g_3}{10346336000} + \frac{\bar g_3^3}{92176448}\right)z^{17} - \\
&\quad - \left(\frac{\bar g_2^5}{60465600000} + \frac{97 \bar g_2^2 \bar g_3^2}{95600144640}\right)z^{19} - \left(\frac{389 \bar g_2^4 \bar g_3}{21416915520000} + \frac{123 \bar g_2 \bar g_3^3}{699619240320}\right)z^{21} - \cdots, \\
\mathfrak{z}_6(z,k) &= -\bar\eta_1 K + 2e_2 z - \frac{1}{3}z^3 + \frac{2}{5}e_2 z^5 - \frac{1}{7}\left(\frac{1}{3} + 2e_2^2 - \frac{2}{15}g_2\right)z^7 + \frac{2}{63}e_2\left(2 + 3e_2^2 - \frac{2}{5}g_2\right)z^9 - \cdots.
\end{aligned}\right\} \tag{1059}$$

Die Konvergenzschranken der Potenzreihenentwicklungen (1059) entsprechen denjenigen der $\wp$-Funktionen. Es kann daher auf Abschnitt 70 verwiesen werden.

151. Homogenitätstransformation der Funktionen $\mathfrak{z}_1$ und $\mathfrak{z}_5$

Aus der ersten und fünften der Gln. (1059) ist ersichtlich, daß $\mathfrak{z}_1$ und $\mathfrak{z}_5$ — ähnlich wie $\wp_1$ und $\wp_5$ — bezüglich der Abhängigkeit vom Parameter bzw. Modul als Funktionen der Invarianten g_2, g_3 und $\bar g_2, \bar g_3$ betrachtet werden können. Die den Gln. (589) entsprechende Homogenitätstransformation lautet

$$\mathfrak{z}_1\left(t z, \frac{g_2}{t^4}, \frac{g_3}{t^6}\right) = \frac{1}{t}\mathfrak{z}_1(z, g_2, g_3), \qquad \mathfrak{z}_5\left(t z, \frac{\bar g_2}{t^4}, \frac{\bar g_3}{t^6}\right) = \frac{1}{t}\mathfrak{z}_5(z, \bar g_2, \bar g_3). \tag{1060}$$

Sie unterscheidet sich von derjenigen für $\wp_1$ und $\wp_5$ lediglich durch den Austausch von $1/t^2$ gegen $1/t$, der durch die Integration nach z verursacht wurde.

152. Imaginäre Transformation der Zeta-Funktionen

Wird in (1060) $t = i$ gesetzt, so folgt

$$\mathfrak{z}_1(i z, g_2, -g_3) = -i\,\mathfrak{z}_1(z, g_2, g_3), \qquad \mathfrak{z}_5(i z, \bar g_2, -\bar g_3) = -i\,\mathfrak{z}_5(z, \bar g_2, \bar g_3).$$

Nun ist aber nach (447)

$$g_2 = g_2', \qquad -g_3 = g_3' \quad \text{und} \quad \bar g_2 = \bar g_2', \qquad -\bar g_3 = \bar g_3'.$$

Bei der imaginären Argumenttransformation werden somit $\mathfrak{z}_1$ und $\mathfrak{z}_5$ auf die mit $-i$ multiplizierten Funktionen $\mathfrak{z}_1$ und $\mathfrak{z}_5$ reellen Arguments und konjugierten Moduls zurückgeführt, was in der Modulschreibweise den Transformationsgleichungen

$$\mathfrak{z}_1(i z, k) = -i \mathfrak{z}_1(z, k'), \qquad \mathfrak{z}_5(i z, k) = -i \mathfrak{z}_5(z, k')$$

entspricht. Hieraus ergibt sich in Verbindung mit der fünften der Gln. (1022)

$$\mathfrak{z}_3(i z, k) = -i e_2 z + \mathfrak{z}_5(i z, k) - \mathfrak{z}_1(i z, k) = -i[e_2 z + \mathfrak{z}_5(z, k') - \mathfrak{z}_1(z, k')]$$

und bei gleichzeitiger Beachtung der zweiten der Gln. (444)

$$\mathfrak{z}_3(i z, k) = -i[-e_2' z + \mathfrak{z}_5(z, k') - \mathfrak{z}_1(z, k')] = -i \mathfrak{z}_3(z, k').$$

Vertauscht man in den Transformationsgleichungen für $\mathfrak{z}_1$ und $\mathfrak{z}_3$

$$i z \quad \text{mit} \quad i z - K \quad \text{bzw.} \quad z \text{ mit } z + i K,$$

so folgt bei Beachtung von (1025), (1027) und (452)

$$\mathfrak{z}_{\substack{2\\4}}(i z, k) = -i \mathfrak{z}_{\substack{4\\2}}(z, k') - i \eta_1' K' + \eta_1' K - \frac{\pi}{2K'}.$$

Nun liefern aber (303) und (450) in Verbindung mit (443) und (449)

$$\eta_1' K - \frac{\pi}{2K'} = E' \frac{K}{K'} + e_3 K - E' \frac{K}{K'} - E + K = -E + K(1 + e_3) = -E + K e_1 = -\eta_1 K.$$

Man erhält daher

$$\mathfrak{z}_{\substack{2\\4}}(i z, k) = -\eta_1 K - i \eta_1' K' - i \mathfrak{z}_{\substack{4\\2}}(z, k').$$

Wird dieses Ergebnis in der sechsten der Gln. (1022) berücksichtigt, so folgt schließlich in Verbindung mit (444) und (449)

$$\mathfrak{z}_6(i z, k) = -e_2(K - i z) + \mathfrak{z}_2(i z, k) + \mathfrak{z}_4(i z, k)$$
$$= -e_2 K - 2\eta_1 K - 2 i \eta_1' K' - i e_2' K' - i[-e_2'(K' - z) + \mathfrak{z}_2(z, k') + \mathfrak{z}_4(z, k')]$$

oder

$$\mathfrak{z}_6(i z, k) = -\bar{\eta}_1 K - i \bar{\eta}_1' K' - i \mathfrak{z}_6(z, k').$$

Die Zusammenfassung der entwickelten Transformationsgleichungen ergibt für die beiden Bezugssysteme

$$\left.\begin{aligned}
\mathfrak{z}_1(i z, k) &= -i \mathfrak{z}_1(z, k'), & \mathfrak{z}_1(i \zeta, \varkappa) &= -i \mathfrak{z}_1\left(\frac{\zeta}{\varkappa}, \frac{1}{\varkappa}\right),\\
\mathfrak{z}_2(i z, k) &= -\eta_1 K - i \eta_1' K' - i \mathfrak{z}_4(z, k'), & \mathfrak{z}_2(i \zeta, \varkappa) &= -\eta_1 K - i \eta_1' K' - i \mathfrak{z}_4\left(\frac{\zeta}{\varkappa}, \frac{1}{\varkappa}\right),\\
\mathfrak{z}_3(i z, k) &= -i \mathfrak{z}_3(z, k'), & \mathfrak{z}_3(i \zeta, \varkappa) &= -i \mathfrak{z}_3\left(\frac{\zeta}{\varkappa}, \frac{1}{\varkappa}\right),\\
\mathfrak{z}_4(i z, k) &= -\eta_1 K - i \eta_1' K' - i \mathfrak{z}_2(z, k'), & \mathfrak{z}_4(i \zeta, \varkappa) &= -\eta_1 K - i \eta_1' K' - i \mathfrak{z}_2\left(\frac{\zeta}{\varkappa}, \frac{1}{\varkappa}\right),\\
\mathfrak{z}_5(i z, k) &= -i \mathfrak{z}_5(z, k'), & \mathfrak{z}_5(i \zeta, \varkappa) &= -i \mathfrak{z}_5\left(\frac{\zeta}{\varkappa}, \frac{1}{\varkappa}\right),\\
\mathfrak{z}_6(i z, k) &= -\bar{\eta}_1 K - i \bar{\eta}_1' K' - i \mathfrak{z}_6(z, k'), & \mathfrak{z}_6(i \zeta, \varkappa) &= -\bar{\eta}_1 K - i \bar{\eta}_1' K' - i \mathfrak{z}_6\left(\frac{\zeta}{\varkappa}, \frac{1}{\varkappa}\right).
\end{aligned}\right\} \qquad (1061)$$

153. Differentialgleichungen

Werden in den Gln. (580) die $\wp$-Funktionen gemäß (1047) durch Zeta-Funktionen ausgedrückt, so gehen die Differentialgleichungen der $\wp$-Funktionen in entsprechende Differentialgleichungen der Zeta-Funktionen über. Die wichtigsten unter ihnen lauten:

$$\frac{\partial^3}{\partial z^3} \mathfrak{z}_{\substack{1\\2\\3\\4}} + 6\left(\frac{\partial}{\partial z} \mathfrak{z}_{\substack{1\\2\\3\\4}}\right)^2 - \frac{1}{2} g_2 = 0, \qquad \frac{\partial^3}{\partial z^3} \mathfrak{z}_{\substack{5\\6}} + 6\left(\frac{\partial}{\partial z} \mathfrak{z}_{\substack{5\\6}}\right)^2 - \frac{1}{2} \bar{g}_2 = 0. \qquad (1062)$$

Kapitel 9

Spezielle Weierstraßsche Sigma-Funktionen

154. Spezielle Weierstraßsche Sigma-Funktionen und zweite logarithmische Ableitungen der Produkte der Theta-Funktionen

Für die zu den sechs speziellen WEIERSTRASSschen Zeta-Funktionen gehörigen Sigma-Funktionen lauten die Definitionsgleichungen

$$\left.\begin{aligned}
&\ln\sigma_1(z,k)=\ln z+\int_0^z\left(\mathfrak{z}_1(\bar z,k)-\frac{1}{\bar z}\right)d\bar z, && \frac{\partial}{\partial z}\ln\sigma_1=\mathfrak{z}_1, && \frac{\partial^2}{\partial z^2}\ln\sigma_1=-\wp_1,\\
&\ln\sigma_2(z,k)=\int_0^z(\mathfrak{z}_2(\bar z,k)+\eta_1 K)\,d\bar z, && \frac{\partial}{\partial z}\ln\sigma_2=\mathfrak{z}_2+\eta_1 K, && \frac{\partial^2}{\partial z^2}\ln\sigma_2=-\wp_2,\\
&\ln\sigma_3(z,k)=\int_0^z\mathfrak{z}_3(\bar z,k)\,d\bar z, && \frac{\partial}{\partial z}\ln\sigma_3=\mathfrak{z}_3, && \frac{\partial^2}{\partial z^2}\ln\sigma_3=-\wp_3,\\
&\ln\sigma_4(z,k)=\int_0^z(\mathfrak{z}_4(\bar z,k)+\eta_1 K)\,d\bar z, && \frac{\partial}{\partial z}\ln\sigma_4=\mathfrak{z}_4+\eta_1 K, && \frac{\partial^2}{\partial z^2}\ln\sigma_4=-\wp_4,\\
&\ln\sigma_5(z,k)=\ln z+\int_0^z\left(\mathfrak{z}_5(\bar z,k)-\frac{1}{\bar z}\right)d\bar z, && \frac{\partial}{\partial z}\ln\sigma_5=\mathfrak{z}_5, && \frac{\partial^2}{\partial z^2}\ln\sigma_5=-\wp_5,\\
&\ln\sigma_6(z,k)=\int_0^z(\mathfrak{z}_6(\bar z,k)+\bar\eta_1 K)\,d\bar z, && \frac{\partial}{\partial z}\ln\sigma_6=\mathfrak{z}_6+\bar\eta_1 K, && \frac{\partial^2}{\partial z^2}\ln\sigma_6=-\wp_6.
\end{aligned}\right\}\quad(1063)$$

In (1063) lassen sich nun die Zeta-Funktionen nach (1022) durch logarithmische Ableitungen von Theta-Funktionen ausdrücken. Stellt man hierfür die letzteren durch Ableitung der Gln. (529) als Potenzreihen dar und wertet die Integrale aus, so entsprechen die rechten Seiten der ersten Gleichungsgruppe von (1063) gerade den um

$$\tfrac{1}{2}\eta_1 z^2 \quad \text{bzw.} \quad \tfrac{1}{2}\bar\eta_1 z^2$$

vermehrten Reihenentwicklungen (529). Es ergibt sich daher

$$\left.\begin{aligned}
&\ln\sigma_1(z,k)=\frac{\eta_1}{2}z^2+\ln\frac{\vartheta_1(z,k)}{\vartheta_1'(0,k)}, && \sigma_1(z,k)=e^{\frac{1}{2}\eta_1 z^2}\frac{\vartheta_1(z,k)}{\vartheta_1'(0,k)},\\
&\ln\sigma_2(z,k)=\frac{\eta_1}{2}z^2+\ln\frac{\vartheta_2(z,k)}{\vartheta_2(0,k)}, && \sigma_2(z,k)=e^{\frac{1}{2}\eta_1 z^2}\frac{\vartheta_2(z,k)}{\vartheta_2(0,k)},\\
&\ln\sigma_3(z,k)=\frac{\eta_1}{2}z^2+\ln\frac{\vartheta_3(z,k)}{\vartheta_3(0,k)}, && \sigma_3(z,k)=e^{\frac{1}{2}\eta_1 z^2}\frac{\vartheta_3(z,k)}{\vartheta_3(0,k)},\\
&\ln\sigma_4(z,k)=\frac{\eta_1}{2}z^2+\ln\frac{\vartheta_4(z,k)}{\vartheta_4(0,k)}, && \sigma_4(z,k)=e^{\frac{1}{2}\eta_1 z^2}\frac{\vartheta_4(z,k)}{\vartheta_4(0,k)},\\
&\ln\sigma_5(z,k)=\frac{\bar\eta_1}{2}z^2+\ln\frac{\vartheta_5(z,k)}{\vartheta_5'(0,k)}, && \sigma_5(z,k)=e^{\frac{1}{2}\bar\eta_1 z^2}\frac{\vartheta_5(z,k)}{\vartheta_5'(0,k)},\\
&\ln\sigma_6(z,k)=\frac{\bar\eta_1}{2}z^2+\ln\frac{\vartheta_6(z,k)}{\vartheta_6(0,k)}, && \sigma_6(z,k)=e^{\frac{1}{2}\bar\eta_1 z^2}\frac{\vartheta_6(z,k)}{\vartheta_6(0,k)}.
\end{aligned}\right\}\quad(1064)$$

Werden in die linke Gruppe von (1064) die Reihenentwicklungen (529) eingeführt, so folgt

$$\left.\begin{aligned}
\ln\sigma_1(z,k) &= \ln z - \frac{g_2}{240}z^4 - \frac{g_3}{840}z^6 - \frac{g_2^2}{67200}z^8 - \frac{g_2 g_3}{184800}z^{10} - \left(\frac{g_2^3}{20592000} + \frac{g_3^2}{1345344}\right)z^{12} - \cdots,\\
\ln\sigma_2(z,k) &= -\frac{1}{2}e_1 z^2 - k'^2\left[\frac{1}{12}z^4 + \frac{e_1}{30}z^6 + \frac{1}{56}\left(e_1^2 - \frac{g_2}{20}\right)z^8 + \frac{e_1}{105}\left(e_1^2 - \frac{3}{40}g_2\right)z^{10} + \cdots\right],\\
\ln\sigma_3(z,k) &= -\frac{1}{2}e_2 z^2 + k^2 k'^2\left[\frac{1}{12}z^4 + \frac{e_2}{30}z^6 + \frac{1}{56}\left(e_2^2 - \frac{g_2}{20}\right)z^8 + \frac{e_2}{105}\left(e_2^2 - \frac{3}{40}g_2\right)z^{10} + \cdots\right],\\
\ln\sigma_4(z,k) &= -\frac{1}{2}e_3 z^2 - k^2\left[\frac{1}{12}z^4 + \frac{e_3}{30}z^6 + \frac{1}{56}\left(e_3^2 - \frac{g_2}{20}\right)z^8 + \frac{e_3}{105}\left(e_3^2 - \frac{3}{40}g_2\right)z^{10} + \cdots\right],\\
\ln\sigma_5(z,k) &= \ln z - \frac{\bar g_2}{240}z^4 - \frac{\bar g_3}{840}z^6 - \frac{\bar g_2^2}{67200}z^8 - \frac{\bar g_2 \bar g_3}{184800}z^{10} - \left(\frac{\bar g_2^3}{20592000} + \frac{\bar g_3^2}{1345344}\right)z^{12} - \cdots,\\
\ln\sigma_6(z,k) &= e_2 z^2 - \frac{1}{12}z^4 + \frac{e_2}{15}z^6 - \frac{1}{56}\left(\frac{1}{3} + 2e_2^2 - \frac{2}{15}g_2\right)z^8 + \frac{e_2}{315}\left(2 + 3e_2^2 - \frac{2}{5}g_2\right)z^{10} - \cdots.
\end{aligned}\right\} \quad (1064)'$$

Der Vergleich mit den Gln. (529) zeigt, daß die beiden Potenzreihenentwicklungen ineinander übergehen, wenn in (529) $\eta_1 = 0$ bzw. $\bar\eta_1 = 0$ gesetzt wird. Da die Entwicklungen (530) durch Exponierung der Entwicklungen (529) gewonnen wurden, braucht somit in den ersteren nur $\eta_1 = 0$ bzw. $\bar\eta_1 = 0$ gesetzt zu werden, um die Entwicklungen der σ-Funktionen selbst zu erhalten. Dies liefert:

$$\left.\begin{aligned}
\sigma_1(z,k) &= z - \frac{g_2}{240}z^5 - \frac{g_3}{840}z^7 - \frac{g_2^2}{161280}z^9 - \frac{g_2 g_3}{2217600}z^{11} - \cdots,\\
\sigma_2(z,k) &= 1 - \frac{1}{2}e_1 z^2 + \frac{1}{8}\left(e_1^2 - \frac{2}{3}k'^2\right)z^4 - \frac{1}{48}e_1\left(e_1^2 - \frac{2}{5}k'^2\right)z^6 + \frac{1}{384}\left[e_1^4 - \frac{12}{35}k'^2(13e_1^2 - g_2) + \right.\\
&\quad \left. + \frac{4}{3}k'^4\right]z^8 - \frac{e_1}{3840}\left[e_1^4 + \frac{4}{105}k'^2(305e_1^2 - 27g_2) - 4k'^4\right]z^{10} + \cdots,\\
\sigma_3(z,k) &= 1 - \frac{1}{2}e_2 z^2 + \frac{1}{8}\left(e_2^2 + \frac{2}{3}k^2k'^2\right)z^4 - \frac{1}{48}e_2\left(e_2^2 + \frac{2}{5}k^2k'^2\right)z^6 + \frac{1}{384}\left[e_2^4 + \frac{12}{35}k^2k'^2(13e_2^2 - g_2) + \right.\\
&\quad \left. + \frac{4}{3}k^4k'^4\right]z^8 - \frac{e_2}{3840}\left[e_2^4 - \frac{4}{105}k^2k'^2(305e_2^2 - 27g_2) - 4k^4k'^4\right]z^{10} + \cdots,\\
\sigma_4(z,k) &= 1 - \frac{1}{2}e_3 z^2 + \frac{1}{8}\left(e_3^2 - \frac{2}{3}k^2\right)z^4 - \frac{1}{48}e_3\left(e_3^2 - \frac{2}{5}k^2\right)z^6 + \frac{1}{384}\left[e_3^4 - \frac{12}{35}k^2(13e_3^2 - g_2) + \right.\\
&\quad \left. + \frac{4}{3}k^4\right]z^8 - \frac{e_3}{3840}\left[e_3^4 + \frac{4}{105}k^2(305e_3^2 - 27g_2) - 4k^4\right]z^{10} + \cdots,\\
\sigma_5(z,k) &= z - \frac{\bar g_2}{240}z^5 - \frac{\bar g_3}{840}z^7 - \frac{\bar g_2^2}{161280}z^9 - \frac{\bar g_2 \bar g_3}{2217600}z^{11} - \cdots,\\
\sigma_6(z,k) &= 1 + e_2 z^2 + \frac{1}{2}\left(e_2^2 - \frac{1}{6}\right)z^4 + \frac{1}{6}e_2\left(e_2^2 - \frac{1}{10}\right)z^6 + \frac{1}{24}\left[e_2^4 - \frac{9}{35}e_2^2 + \frac{2}{35}g_2 \quad \frac{5}{84}\right]z^8 + \\
&\quad + \frac{e_2}{120}\left[e_2^4 - \frac{17}{21}e_2^2 + \frac{14}{105}g_2 - \frac{17}{84}\right]z^{10} + \cdots.
\end{aligned}\right\} \quad (1065)$$

Nach der ersten und fünften der Gln. (1065) können σ_1 und σ_5 gemäß

$$\sigma_1(z,k) \equiv \sigma_1(z, g_2, g_3), \qquad \sigma_5(z,k) \equiv \sigma_5(z, \bar g_2, \bar g_3)$$

anstelle von k auch als Funktion von

$$g_2(k) \text{ und } g_3(k) \quad \text{bzw.} \quad \bar g_2(k) \text{ und } \bar g_3(k)$$

betrachtet werden. Hierfür liest man aus den Reihenentwicklungen die Homogenitätstransformation

$$\sigma_1\left(tz, \frac{g_2}{t^4}, \frac{g_3}{t^6}\right) = t\,\sigma_1(z, g_2, g_3), \qquad \sigma_5\left(tz, \frac{\bar g_2}{t^4}, \frac{\bar g_3}{t^6}\right) = t\,\sigma_5(z, \bar g_2, \bar g_3) \quad (1066)$$

ab, die sich von den entsprechenden Transformationen der Zeta- und $\wp$-Funktionen lediglich durch den veränderten Multiplikator der rechten Seiten unterscheidet. Mit $t = i$ liefert (1066) für die imaginäre Transformation

$$\left.\begin{aligned}
&\sigma_1(iz, g_2, -g_3) = i\,\sigma_1(z, g_2, g_3), \qquad \sigma_5(iz, \bar g_2, -\bar g_3) = i\,\sigma_5(z, \bar g_2, \bar g_3)\\
\text{bzw.}\quad &\sigma_1(iz, g_2, g_3) = i\,\sigma_1(z, g_2, -g_3), \qquad \sigma_5(iz, \bar g_2, \bar g_3) = i\,\sigma_5(z, \bar g_2, -\bar g_3).
\end{aligned}\right\} \quad (1067)$$

Nun entspricht aber nach (447) einem Vertauschen von g_3 mit $-g_3$ und $\bar{g}_3$ mit $-\bar{g}_3$ ein Vertauschen von k mit k'. Anstelle von (1067) kann daher auch

$$\sigma_1(i\,z,\,k) = i\,\sigma_1(z,\,k'), \qquad \sigma_5(i\,z,\,k) = i\,\sigma_5(z,\,k')$$

geschrieben werden.

Da bei einem Vertauschen von k mit k' nach (444) und (447) die Parameterfunktionen $k^2\,k'^2$, e_2^2 und g_2 ihren Wert nicht ändern und die Parameterfunktion e_2 lediglich das Vorzeichen vertauscht, liest man für σ_3 und σ_6 aus der dritten und sechsten der Gln. (1065) die imaginäre Transformation

$$\sigma_3(i\,z,\,k) = \sigma_3(z,\,k'), \qquad \sigma_6(i\,z,\,k) = \sigma_6(z,\,k')$$

ab. Auf analoge Weise läßt sich durch wechselseitige Betrachtung der zweiten und vierten der Gln. (1065) zeigen, daß für σ_2 und σ_4 die imaginäre Transformation durch die Gleichungen

$$\sigma_2(i\,z,\,k) = \sigma_4(z,\,k'), \qquad \sigma_4(i\,z,\,k) = \sigma_2(z,\,k')$$

zum Ausdruck gebracht wird.

Die Zusammenfassung der erhaltenen Beziehungen ergibt

$$\sigma_{\substack{1\\5}}(i\,z,\,k) = i\,\sigma_{\substack{1\\5}}(z,\,k'), \qquad \sigma_{\substack{2\\3\\4\\6}}(i\,z,\,k) = \sigma_{\substack{4\\3\\2\\6}}(z,\,k'). \tag{1068}$$

Führt man in die Gln. (531) die sich aus (1064) ergebenden Werte ein, so folgt bei Beachtung von (449)

$$\ln\sigma_{\substack{5\\6}}(z,\,k) = \ln\sigma_{\substack{1\\2}}(z,\,k) + \ln\sigma_{\substack{3\\4}}(z,\,k) + \tfrac{1}{2}\,e_2\,z^2, \tag{1069'}$$

eine Beziehung, die sich auch mit den oben erhaltenen Potenzreihenentwicklungen bestätigen läßt. Hieraus ergibt sich für $\sigma_{\substack{5\\6}}(z,\,k)$

$$\sigma_{\substack{5\\6}}(z,\,k) = e^{\frac{1}{2}e_2 z^2}\,\sigma_{\substack{1\\2}}(z,\,k)\,\sigma_{\substack{3\\4}}(z,\,k)\,. \tag{1069}$$

Werden in (1069)' die Entwicklungen (1064)' für $\ln\sigma_1(z,\,k)$ und $\ln\sigma_5(z,\,k)$ eingeführt, so folgt

$$\ln\sigma_3(z,\,k) = -\frac{1}{2}\,e_2\,z^2 + \frac{g_2-\bar{g}_2}{240}\,z^4 + \frac{g_3-\bar{g}_3}{840}\,z^6 + \frac{g_2^2-\bar{g}_2^2}{67200}\,z^8 + \frac{g_2\,g_3-\bar{g}_2\,\bar{g}_3}{184800}\,z^{10} + \cdots \tag{1070}$$

in Analogie zu (532).

Aus den trigonometrischen und hyperbolischen Reihenentwicklungen (6) und (18) bzw. (135) und (136) der Theta-Funktionen folgen nach (1064) entsprechende Reihenentwicklungen der σ-Funktionen. Diese lauten, wenn noch die Gln. (67), (288), (452), (500), (525) und (527) beachtet werden,

$$\left.\begin{aligned}
\sigma_1(z,\,k) &= \frac{2e^{\frac{1}{2}\eta_1 z^2}}{\vartheta_1'(0,\,k)}\sum_0^\infty{}_n\,(-1)^n\,e^{-\left(n+\frac{1}{2}\right)^2\frac{\pi K'}{K}}\sin(2n+1)\,\frac{\pi z}{2K},\\
\sigma_2(z,\,k) &= \frac{2e^{\frac{1}{2}\eta_1 z^2}}{\vartheta_2(0,\,k)}\sum_0^\infty{}_n\,e^{-\left(n+\frac{1}{2}\right)^2\frac{\pi K'}{K}}\cos(2n+1)\,\frac{\pi z}{2K},\\
\sigma_3(z,\,k) &= \frac{2e^{\frac{1}{2}\eta_1 z^2}}{\vartheta_3(0,\,k)}\left[\frac{1}{2}+\sum_1^\infty{}_n\,e^{-n^2\frac{\pi K'}{K}}\cos\frac{n\,\pi\,z}{K}\right],\\
\sigma_4(z,\,k) &= \frac{2e^{\frac{1}{2}\eta_1 z^2}}{\vartheta_4(0,\,k)}\left[\frac{1}{2}+\sum_1^\infty{}_n\,(-1)^n\,e^{-n^2\frac{\pi K'}{K}}\cos\frac{n\,\pi\,z}{K}\right],\\
\sigma_5(z,\,k) &= \frac{2\sqrt{2}\,e^{\frac{1}{2}\bar{\eta}_1 z^2}}{\vartheta_5'(0,\,k)}\sum_0^\infty{}_n\left(\cos\frac{n\,\pi}{2}+\sin\frac{n\,\pi}{2}\right)e^{-\left(n+\frac{1}{2}\right)^2\frac{\pi K'}{2K}}\sin(2n+1)\,\frac{\pi z}{2K},\\
\sigma_6(z,\,k) &= \frac{2\sqrt{2}\,e^{\frac{1}{2}\bar{\eta}_1 z^2}}{\vartheta_6(0,\,k)}\sum_0^\infty{}_n\left(\cos\frac{n\,\pi}{2}-\sin\frac{n\,\pi}{2}\right)e^{-\left(n+\frac{1}{2}\right)^2\frac{\pi K'}{2K}}\cos(2n+1)\,\frac{\pi z}{2K}\\
&\text{bzw.}\\
\sigma_1(z,\,k) &= \frac{2e^{\frac{1}{2}\eta_2 z^2}}{\vartheta_1'(0,\,k')}\sum_0^\infty{}_n\,(-1)^n\,e^{-\left(n+\frac{1}{2}\right)^2\frac{\pi K}{K'}}\sinh(2n+1)\,\frac{\pi z}{2K'},
\end{aligned}\right\} \tag{1071}$$

$$\left.\begin{aligned}
\sigma_2(z, k) &= \frac{2e^{\frac{1}{2}\eta_2 z^2}}{\vartheta_4(0, k')}\left[\frac{1}{2} + \sum_{1}^{\infty}{}_n (-1)^n e^{-n^2\frac{\pi K}{K'}} \cosh\frac{n\pi z}{K'}\right],\\
\sigma_3(z, k) &= \frac{2e^{\frac{1}{2}\eta_2 z^2}}{\vartheta_3(0, k')}\left[\frac{1}{2} + \sum_{1}^{\infty}{}_n e^{-n^2\frac{\pi K}{K'}} \cosh\frac{n\pi z}{K'}\right],\\
\sigma_4(z, k) &= \frac{2e^{\frac{1}{2}\eta_2 z^2}}{\vartheta_2(0, k')}\sum_{0}^{\infty}{}_n e^{-\left(n+\frac{1}{2}\right)^2\frac{\pi K}{K'}} \cosh(2n+1)\frac{\pi z}{2K'},\\
\sigma_5(z, k) &= \frac{4\sqrt{2}\, e^{\frac{1}{2}\bar{\eta}_2 z^2 - \frac{\pi K}{8K'}}}{\vartheta_5'(0, k')}\sum_{0}^{\infty}{}_n (-1)^n e^{-\left(n+\frac{1}{2}\right)^2\frac{2\pi K}{K'}}\left[\cosh(2n+1)\frac{\pi K}{2K'}\cosh\frac{\pi z}{2K'}\sinh(2n+1)\frac{\pi z}{K'} -\right.\\
&\qquad\left. - \sinh(2n+1)\frac{\pi K}{2K'}\sinh\frac{\pi z}{2K'}\cosh(2n+1)\frac{\pi z}{K'}\right],\\
\sigma_6(z, k) &= \frac{4\sqrt{2}\, e^{\frac{1}{2}\bar{\eta}_2 z^2 - \frac{\pi K}{8K'}}}{\vartheta_6(0, k')}\sum_{0}^{\infty}{}_n (-1)^n e^{-\left(n+\frac{1}{2}\right)^2\frac{2\pi K}{K'}}\left[\sinh(2n+1)\frac{\pi K}{2K'}\cosh\frac{\pi z}{2K'}\cosh(2n+1)\frac{\pi z}{K'} -\right.\\
&\qquad\left. - \cosh(2n+1)\frac{\pi K}{2K'}\sinh\frac{\pi z}{2K'}\sinh(2n+1)\frac{\pi z}{K'}\right].
\end{aligned}\right\}$$

Die Reihenentwicklungsgruppen (1071) sind für $K'/K > 0$ und für $-\infty < z < +\infty$ gleichmäßig konvergent.

Ähnlich den Theta-Funktionen besitzen auch die Sigma-Funktionen zahlreiche Additionstheoreme. So folgt durch Umschreibung der jeweils ersten der Gln. (128) sowie der oberen der Gln. (143) bei Beachtung von (1064) und in Verbindung mit (281), (525) und (527)

$$\left.\begin{aligned}
\sigma_1(z+z_0, k)\,\sigma_1(z-z_0, k) &= \sigma_1^2(z, k)\,\sigma_2^2(z_0, k) - \sigma_2^2(z, k)\,\sigma_1^2(z_0, k),\\
\sigma_2(z+z_0, k)\,\sigma_2(z-z_0, k) &= \sigma_2^2(z, k)\,\sigma_2^2(z_0, k) - k'^2\,\sigma_1^2(z, k)\,\sigma_1^2(z_0, k),\\
\sigma_3(z+z_0, k)\,\sigma_3(z-z_0, k) &= \sigma_3^2(z, k)\,\sigma_2^2(z_0, k) + k'^2\,\sigma_4^2(z, k)\,\sigma_1^2(z_0, k),\\
\sigma_4(z+z_0, k)\,\sigma_4(z-z_0, k) &= \sigma_4^2(z, k)\,\sigma_2^2(z_0, k) + \sigma_3^2(z, k)\,\sigma_1^2(z_0, k),\\
\sigma_5(z+z_0, k)\,\sigma_5(z-z_0, k) &= \sigma_5^2(z, k)\,\sigma_6^2(z_0, k) - \sigma_6^2(z, k)\,\sigma_5^2(z_0, k),\\
\sigma_6(z+z_0, k)\,\sigma_6(z-z_0, k) &= \sigma_6^2(z, k)\,\sigma_6^2(z_0, k) - \sigma_5^2(z, k)\,\sigma_5^2(z_0, k).
\end{aligned}\right\} \quad (1072)$$

Ferner liefern die jeweils ersten der Gln. (274) und (277) bei Beachtung von (525) und (527) sowie der Gln. (1064), rechte Gruppe,

$$\left.\begin{aligned}
\sigma_1(z+z_0, k)\,\sigma_1(z-z_0, k) &= -\sigma_1^2(z_0, k)\,\sigma_1^2(z, k)\,[\wp_1(z, k) - \wp_1(z_0, k)],\\
\sigma_2(z+z_0, k)\,\sigma_2(z-z_0, k) &= +\sigma_2^2(z_0, k)\,\sigma_1^2(z, k)\,[\wp_1(z, k) - \wp_2(z_0, k)],\\
\sigma_3(z+z_0, k)\,\sigma_3(z-z_0, k) &= +\sigma_3^2(z_0, k)\,\sigma_1^2(z, k)\,[\wp_1(z, k) - \wp_3(z_0, k)],\\
\sigma_4(z+z_0, k)\,\sigma_4(z-z_0, k) &= +\sigma_4^2(z_0, k)\,\sigma_1^2(z, k)\,[\wp_1(z, k) - \wp_4(z_0, k)],\\
\sigma_5(z+z_0, k)\,\sigma_5(z-z_0, k) &= -\sigma_5^2(z_0, k)\,\sigma_5^2(z, k)\,[\wp_5(z, k) - \wp_5(z_0, k)],\\
\sigma_6(z+z_0, k)\,\sigma_6(z-z_0, k) &= +\sigma_6^2(z_0, k)\,\sigma_5^2(z, k)\,[\wp_5(z, k) - \wp_6(z_0, k)].
\end{aligned}\right\} \quad (1072)'$$

Aus der durch (572) und (573) dargestellten Doppelargumenttransformation der Theta-Funktionen folgt in Verbindung mit (1064)

$$\left.\begin{aligned}
\sigma_1(2z, k) &= -\sigma_1^4(z, k)\,\wp_1'(z, k),\\
\sigma_2(2z, k) &= +\sigma_1^2(z, k)\,\sigma_2^2(z, k)\,[\wp_1(z, k) - \wp_2(z, k)],\\
\sigma_3(2z, k) &= +\sigma_1^2(z, k)\,\sigma_3^2(z, k)\,[\wp_1(z, k) - \wp_3(z, k)],\\
\sigma_4(2z, k) &= +\sigma_1^2(z, k)\,\sigma_4^2(z, k)\,[\wp_1(z, k) - \wp_4(z, k)],\\
\sigma_5(2z, k) &= -\sigma_5^4(z, k)\,\wp_5'(z, k),\\
\sigma_6(2z, k) &= +\sigma_5^2(z, k)\,\sigma_6^2(z, k)\,[\wp_5(z, k) - \wp_6(z, k)].
\end{aligned}\right\} \quad (1073)$$

Wird in (1064) z mit $z + K$ bzw. $z + K + i\,K'$ bzw. $z + i\,K'$ vertauscht, was einem Vertauschen von ζ mit $\zeta + \frac{1}{2}$ bzw. $\zeta + \frac{1}{2} + \frac{i\varkappa}{2}$ bzw. $\zeta + \frac{i\varkappa}{2}$ entspricht, so ergeben sich in Verbindung mit den in den Abschnitten 4 und 16 entwickelten Substitutionsformeln der Theta-Funktionen entsprechende Substitutionsformeln für die σ-Funktionen, die im Aufbau zufolge der multiplikativ hinzugetretenen Exponentialfunktion etwas verwickelter sind.

Die Funktionalgleichungen der Sigma-Funktionen folgen aus den Funktionalgleichungen (36) und (132) der entsprechenden Theta-Funktionen, die bei Umschreibung auf das (z, k)-System in die Form

$$\vartheta_{\substack{1\\2\\3\\4}}(z + 2K, k) = \substack{-\\-\\+\\+}\,\vartheta_{\substack{1\\2\\3\\4}}(z, k), \qquad \vartheta_{\substack{1\\2\\3\\4}}(z + 2i\,K', k) = \substack{-\\+\\+\\-}\,e^{\frac{\pi}{K}(K' - iz)}\,\vartheta_{\substack{1\\2\\3\\4}}(z, k),$$

$$\vartheta_{\substack{5\\6}}(z + 2K, k) = \substack{-\\-}\,\vartheta_{\substack{5\\6}}(z, k), \qquad \vartheta_{\substack{5\\6}}(z + K + i\,K', k) = \pm i\,e^{\frac{\pi}{K}\left(\frac{K'}{2} - iz\right)}\,\vartheta_{\substack{5\\6}}(z, k)$$

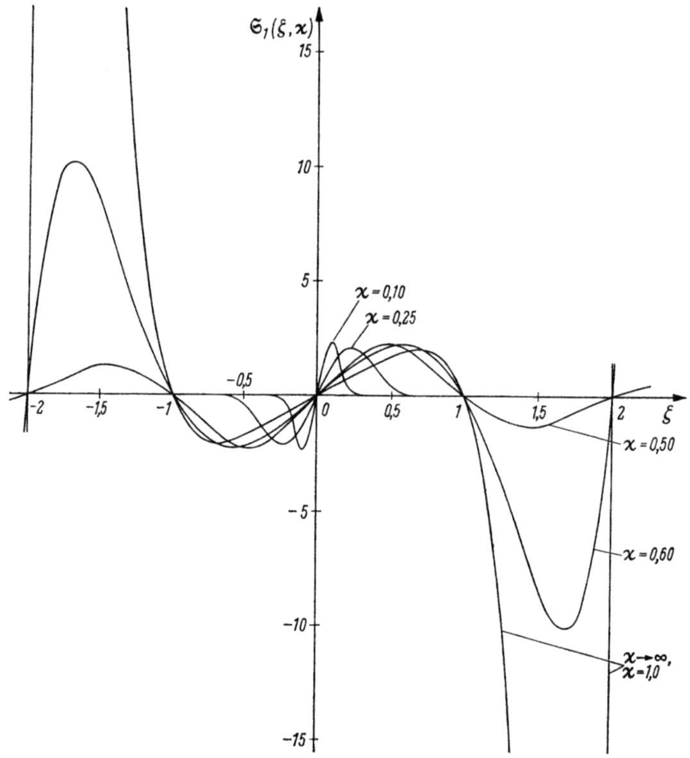

Abb. 212. Verlauf der speziellen WEIERSTRASSschen Sigma-Funktion $\sigma_1(\zeta, \varkappa)$

übergehen. Wird in (1064) z mit $z + 2K$ bzw. mit $z + 2i\,K'$ und $z + K + i\,K'$ vertauscht, so erhält man in Verbindung mit (452)

$$\begin{aligned} &\sigma_{\substack{1\\2\\3\\4}}(z + 2K, k) = \substack{-\\-\\+\\+}\,e^{2K\eta_1(z+K)}\,\sigma_{\substack{1\\2\\3\\4}}(z, k), \qquad \sigma_{\substack{1\\2\\3\\4}}(z + 2i\,K', k) = \substack{-\\+\\+\\-}\,e^{2iK'\eta_2(z+iK')}\,\sigma_{\substack{1\\2\\3\\4}}(z, k), \\ &\sigma_{\substack{5\\6}}(z + 2K, k) = \substack{-\\-}\,e^{2K\overline{\eta}_1(z+K)}\,\sigma_{\substack{5\\6}}(z, k), \quad \sigma_{\substack{5\\6}}(z + K + i\,K', k) = \substack{-\\+}\,e^{(K\overline{\eta}_1 + iK'\overline{\eta}_2)\left(z + \frac{1}{2}(K+iK')\right)}\,\sigma_{\substack{5\\6}}(z, k). \end{aligned} \tag{1074}$$

Aus den Abb. 212 bis 217 ist der Verlauf der sechs Sigma-Funktionen für reelle Argumentwerte ersichtlich. Hiernach sind die Sigma-Funktionen im Gegensatz zu den Theta-Funktionen auch im Reellen keine periodischen Funktionen mehr. Eine Ausnahme bilden die Wertepaare

$$\eta_1 = 0 \quad \text{bzw.} \quad \varkappa = 0{,}5235 \quad \text{und} \quad \bar{\eta}_1 = 0 \quad \text{bzw.} \quad \varkappa = 0{,}2619,$$

für welche die Exponentialfunktion gleich 1 wird. Für $\eta_1 > 0$ und $\bar{\eta}_1 > 0$ stellen die σ-Funktionen aufgeschaukelte harmonische Schwingungen dar, während sich für $\eta_1 < 0$ und $\bar{\eta}_1 < 0$ gedämpfte harmonische Schwingungen ergeben.

Aus den Reihenentwicklungen (1065) folgt für die Nullwertfunktionen und die zugehörigen Ableitungen

$$\begin{array}{llll} \sigma_1(0,k) = 0, & \sigma_{\substack{2\\3\\4}}(0,k) = 1, & \sigma_5(0,k) = 0, & \sigma_6(0,k) = 1, \\ \sigma_1'(0,k) = 1, & \sigma_{\substack{2\\3\\4}}'(0,k) = 0, & \sigma_5'(0,k) = 1, & \sigma_6'(0,k) = 0. \end{array} \tag{1075}$$

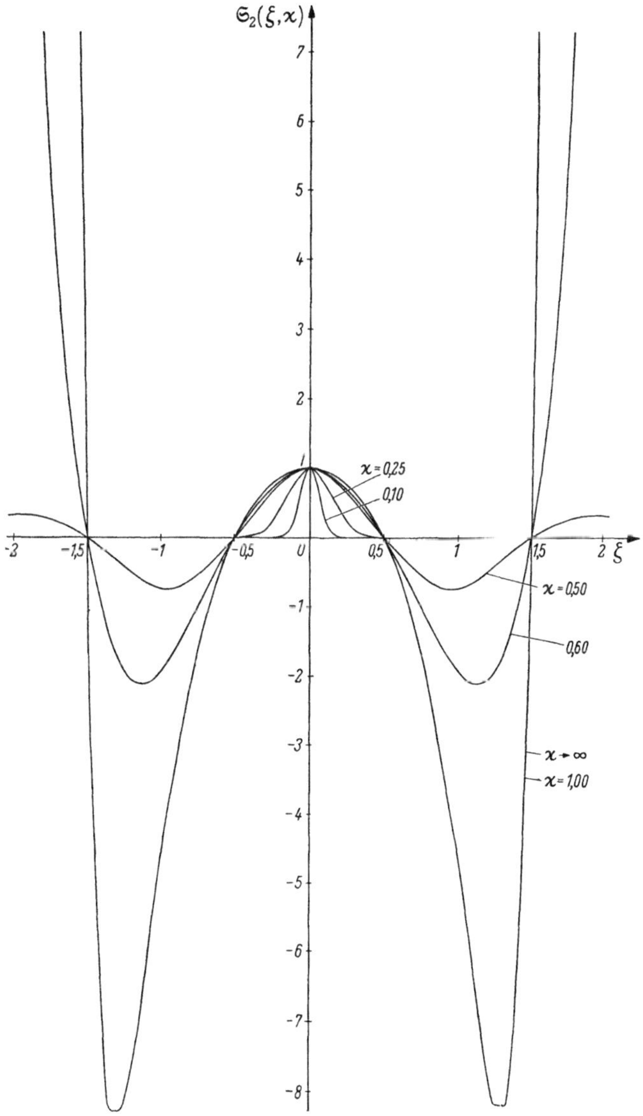

Abb. 213. Verlauf der speziellen WEIERSTRASSschen Sigma-Funktion $\sigma_2(\zeta, \varkappa)$

Werden in der letzten Gruppe der Gln. (1063) die σ-Funktionen gemäß (1064) durch Theta-Funktionen ausgedrückt und die so entstehenden Gleichungen sukzessive paarweise addiert, so folgt

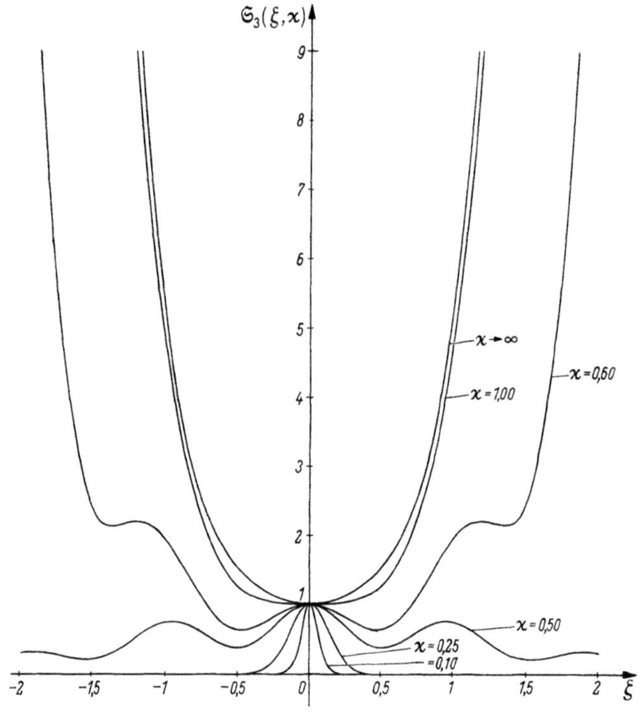

Abb. 214. Verlauf der speziellen WEIERSTRASSschen Sigma-Funktion $\sigma_3(\zeta, \varkappa)$

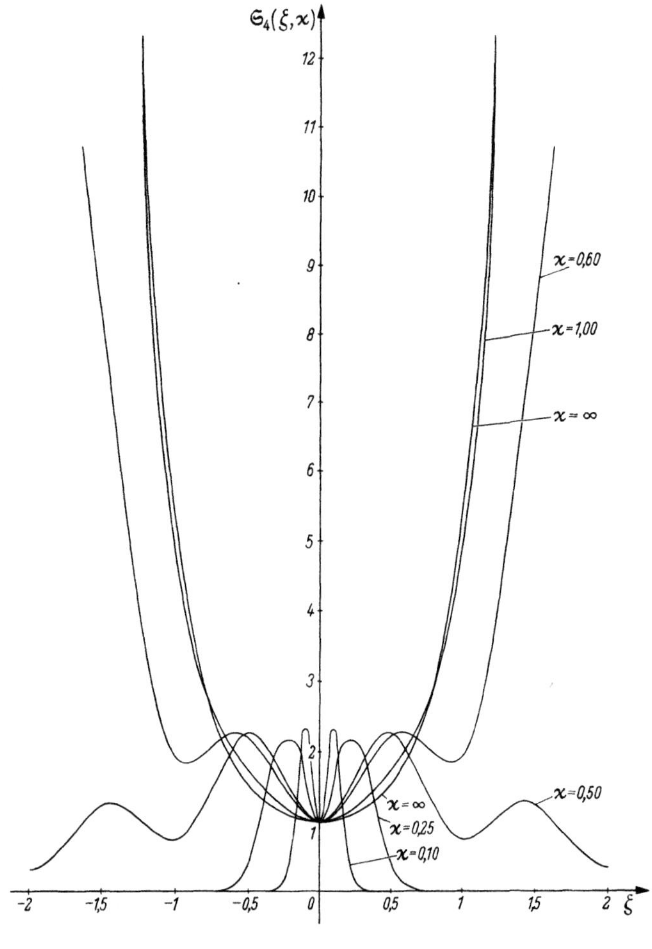

Abb. 215. Verlauf der speziellen WEIERSTRASSschen Sigma-Funktion $\sigma_4(\zeta, \varkappa)$

in Verbindung mit (449), (508) und (771)

$$\left.\begin{aligned}
&\frac{\partial^2}{\partial z^2}\ln\vartheta_1\,\vartheta_2 = -2\eta_1 + \frac{\partial^2}{\partial z^2}\ln\sigma_1\,\sigma_2 = -2\eta_1 - \wp_1 - \wp_2 = e_1 - 2\eta_1 - \overline{\mathrm{cs}}^2(z,k),\\
&\frac{\partial^2}{\partial z^2}\ln\vartheta_1\,\vartheta_3 = -2\eta_1 + \frac{\partial^2}{\partial z^2}\ln\sigma_1\,\sigma_3 = -2\eta_1 - \wp_1 - \wp_3 = e_2 - 2\eta_1 - \overline{\mathrm{ds}}^2(z,k) = -\bar{\eta}_1 - \wp_5(z,k),\\
&\frac{\partial^2}{\partial z^2}\ln\vartheta_1\,\vartheta_4 = -2\eta_1 + \frac{\partial^2}{\partial z^2}\ln\sigma_1\,\sigma_4 = -2\eta_1 - \wp_1 - \wp_4 = e_3 - 2\eta_1 - \overline{\mathrm{ns}}^2(z,k),\\
&\frac{\partial^2}{\partial z^2}\ln\vartheta_2\,\vartheta_3 = -2\eta_1 + \frac{\partial^2}{\partial z^2}\ln\sigma_2\,\sigma_3 = -2\eta_1 - \wp_2 - \wp_3 = e_3 - 2\eta_1 - \overline{\mathrm{dc}}^2(z,k),\\
&\frac{\partial^2}{\partial z^2}\ln\vartheta_2\,\vartheta_4 = -2\eta_1 + \frac{\partial^2}{\partial z^2}\ln\sigma_2\,\sigma_4 = -2\eta_1 - \wp_2 - \wp_4 = e_2 - 2\eta_1 - \overline{\mathrm{nc}}^2(z,k) = -\bar{\eta}_1 - \wp_6(z,k),\\
&\frac{\partial^2}{\partial z^2}\ln\vartheta_3\,\vartheta_4 = -2\eta_1 + \frac{\partial^2}{\partial z^2}\ln\sigma_3\,\sigma_4 = -2\eta_1 - \wp_3 - \wp_4 = e_1 - 2\eta_1 - \overline{\mathrm{nd}}^2(z,k),\\
&\frac{\partial^2}{\partial z^2}\ln\vartheta_5\,\vartheta_6 = -2\bar{\eta}_1 + \frac{\partial^2}{\partial z^2}\ln\sigma_5\,\sigma_6 = -2\bar{\eta}_1 - \wp_5 - \wp_6 = 2e_2 - 2\bar{\eta}_1 - 4\wp_1(2z,k).
\end{aligned}\right\}\quad(1076)$$

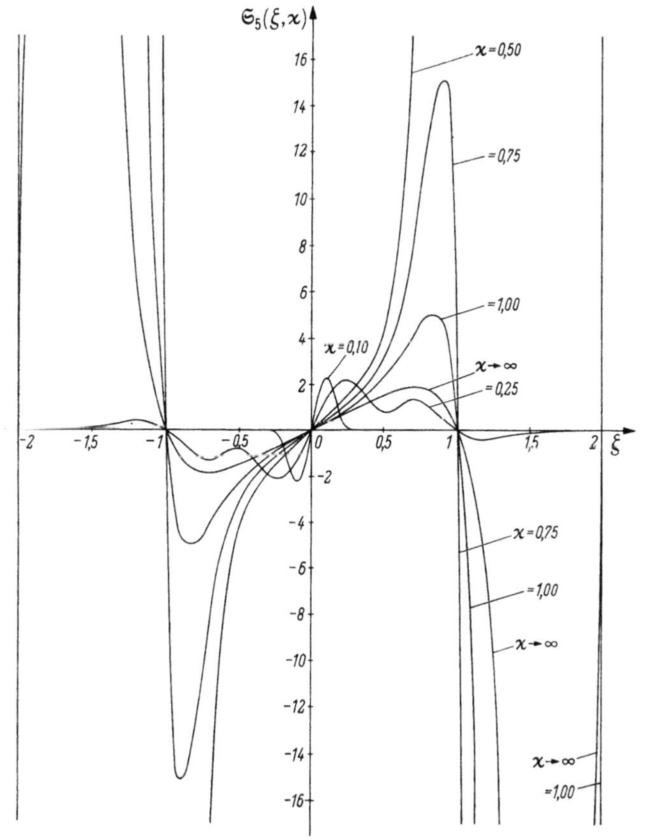

Abb. 216. Verlauf der speziellen WEIERSTRASSschen Sigma-Funktion $\sigma_5(\zeta, \varkappa)$

Aus den Abb. 218 bis 224 ist der Verlauf der durch (1076) dargestellten Funktionen nach Multiplikation mit $4K^2$ für reelle Argumentwerte ersichtlich.

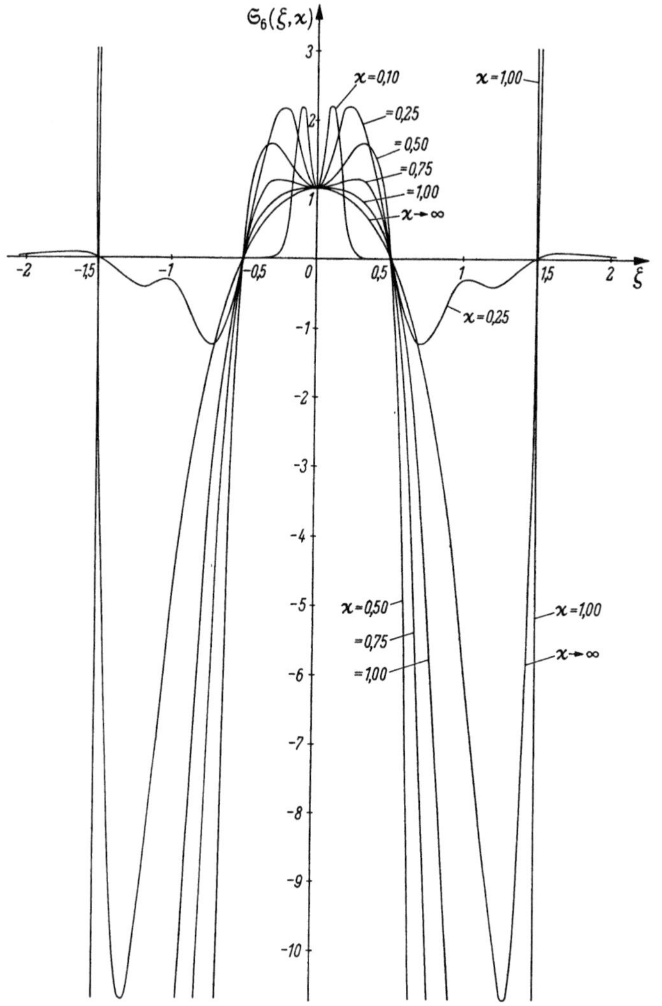

Abb. 217. Verlauf der speziellen WEIERSTRASSschen Sigma-Funktion $\sigma_6(\zeta, \varkappa)$

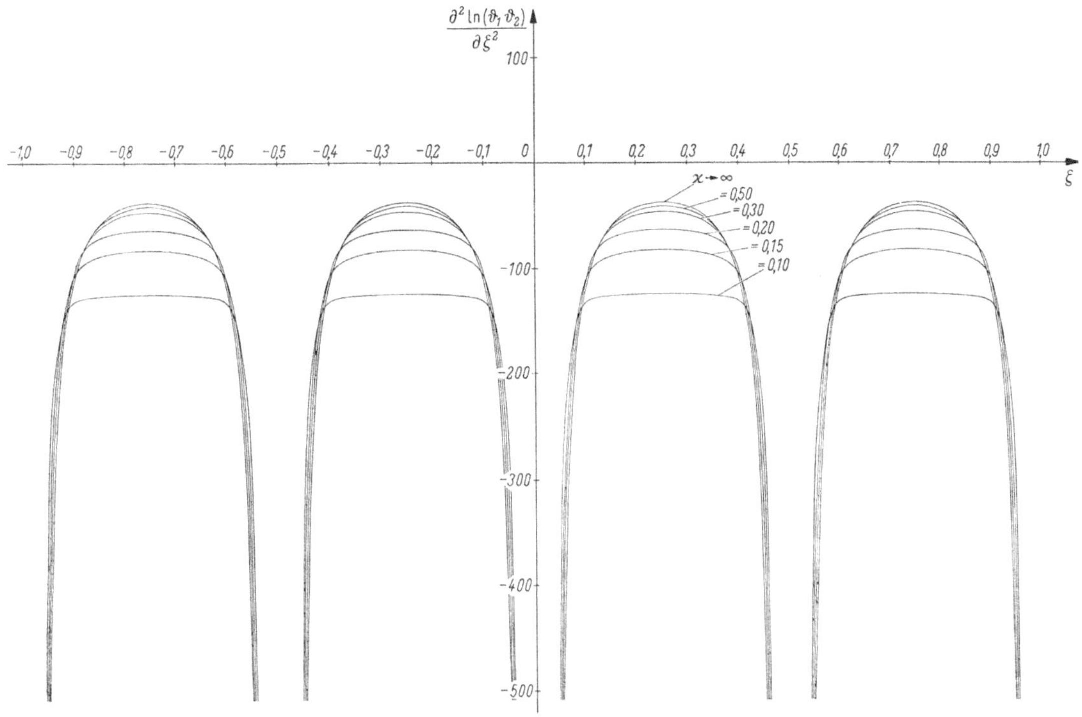

Abb. 218. Verlauf der Funktion $\frac{\partial^2}{\partial \xi^2} \ln \vartheta_1 \vartheta_2$

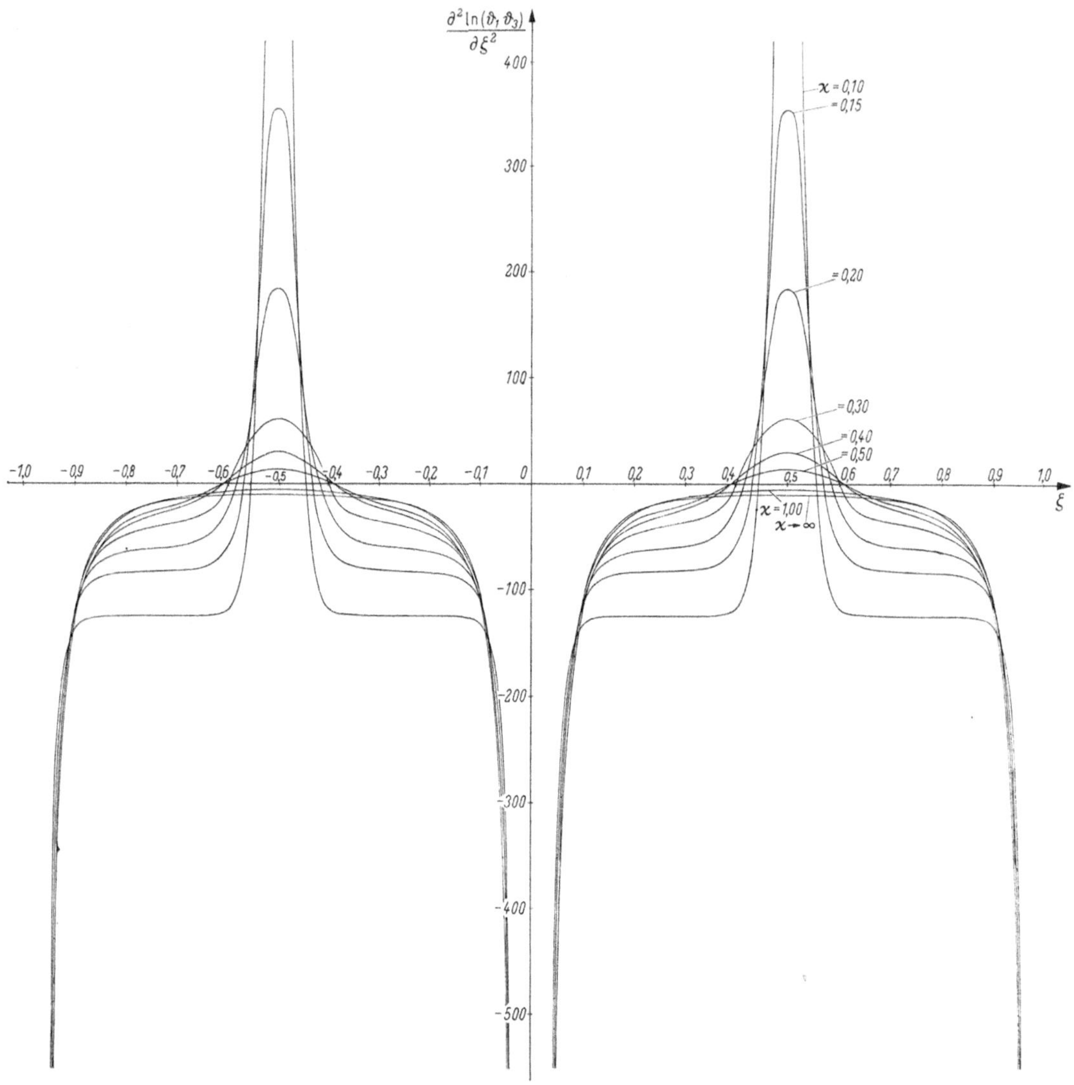

Abb. 219. Verlauf der Funktion $\frac{\partial^2}{\partial \zeta^2} \ln \vartheta_1 \vartheta_3$

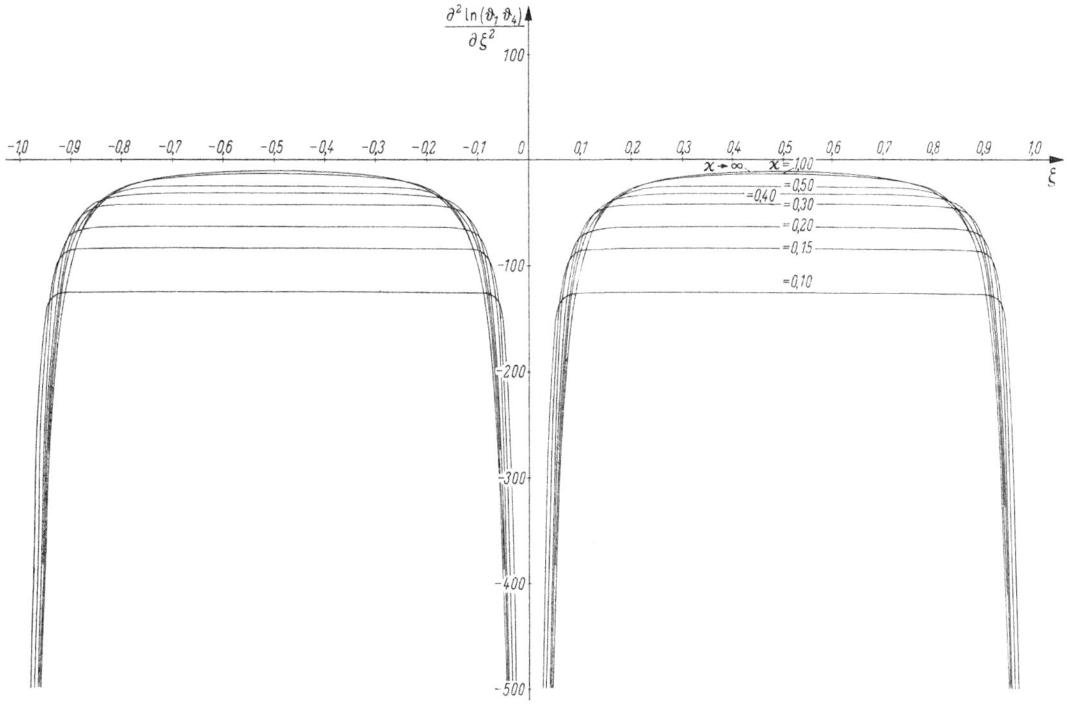

Abb. 220. Verlauf der Funktion $\frac{\partial^2}{\partial \xi^2} \ln \vartheta_1 \, \vartheta_4$

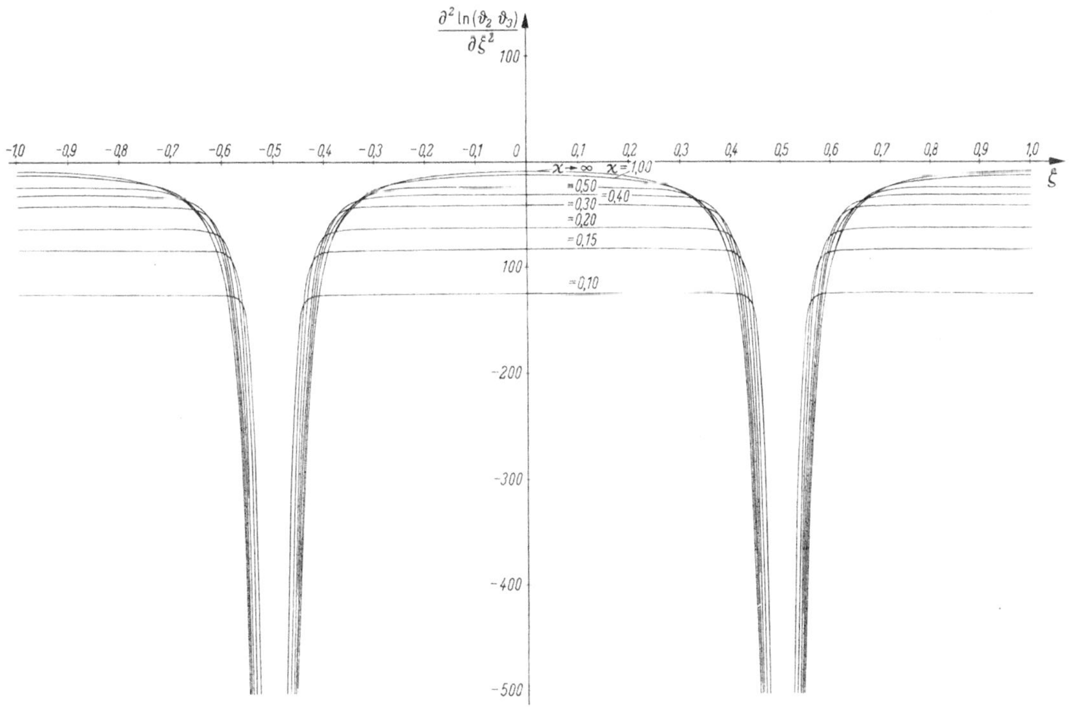

Abb. 221. Verlauf der Funktion $\frac{\partial^2}{\partial \xi^2} \ln \vartheta_2 \, \vartheta_3$

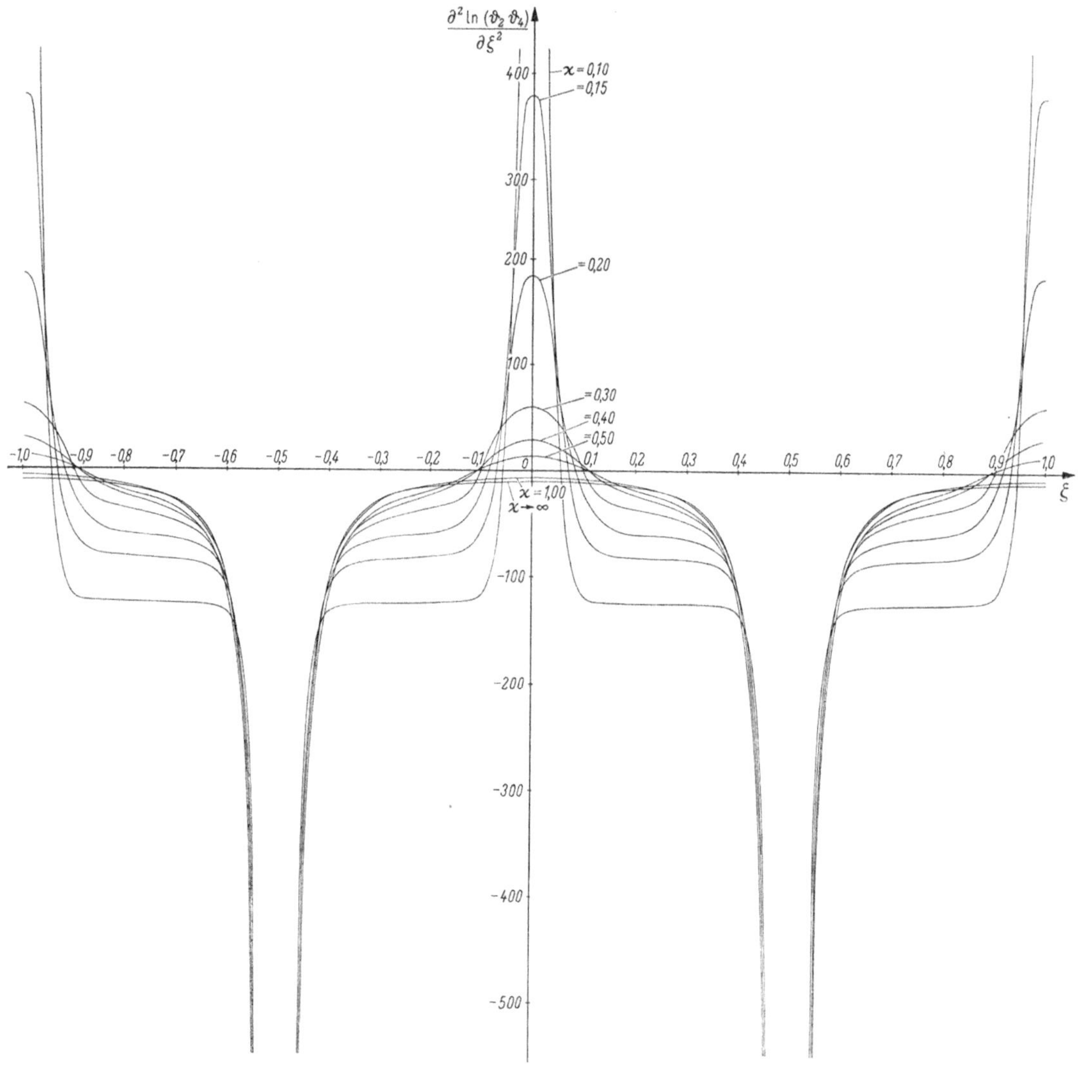

Abb. 222. Verlauf der Funktion $\frac{\partial^2}{\partial \zeta^2} \ln \vartheta_2 \vartheta_4$

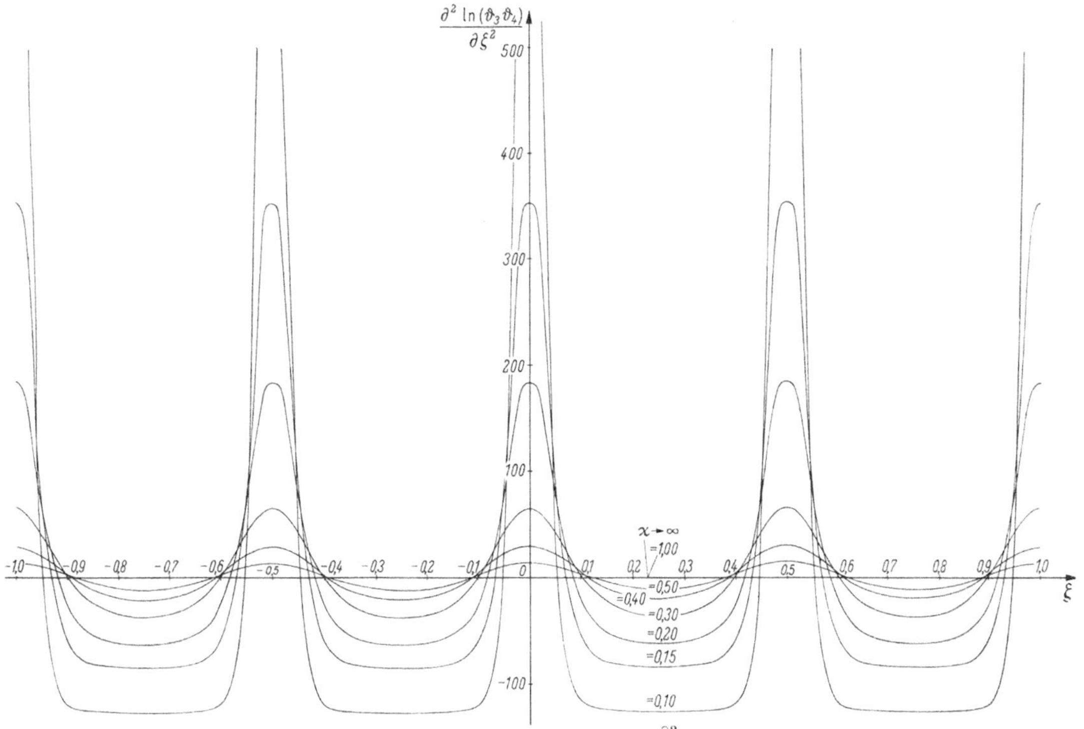

Abb. 223. Verlauf der Funktion $\frac{\partial^2}{\partial \zeta^2} \ln \vartheta_3 \, \vartheta_4$

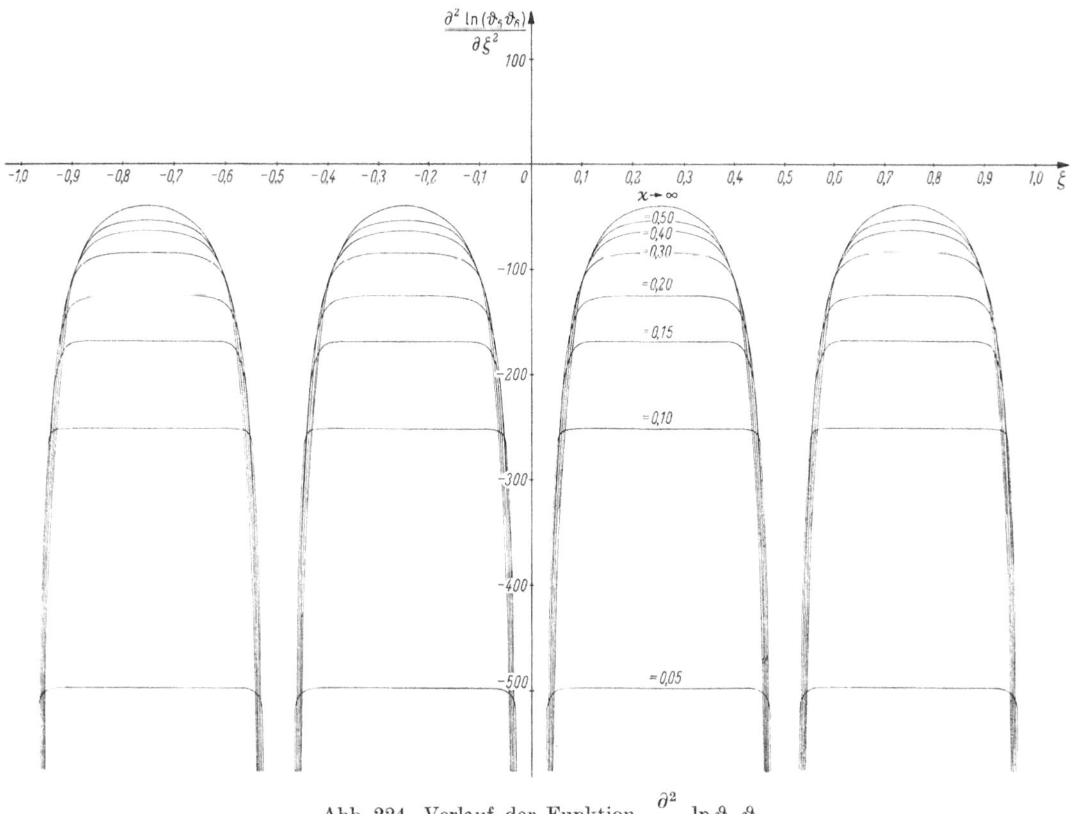

Abb. 224. Verlauf der Funktion $\frac{\partial^2}{\partial \zeta^2} \ln \vartheta_5 \, \vartheta_6$

155. Partielle Differentialgleichungen der Sigma-Funktionen

Nach (1064) stellen die Sigma-Funktionen Produkte von Exponentialfunktionen mit normierten Theta-Funktionen dar. Die Umschreibung der zu den letzteren gehörigen partiellen Differentialgleichungen (535) auf Sigma-Funktionen vom Argument z liefert nach Kürzung mit der Exponentialfunktion

$$\left.\begin{aligned}
&\frac{\partial^2}{\partial z^2}\sigma_1 - 2\eta_1 z\frac{\partial}{\partial z}\sigma_1 + (\eta_1^2 z^2 + 2\eta_1)\,\sigma_1 - \frac{\pi}{K^2}\frac{\partial}{\partial\varkappa}\sigma_1 = 0,\\
&\frac{\partial^2}{\partial z^2}\sigma_{\substack{2\\3\\4}} - 2\eta_1 z\frac{\partial}{\partial z}\sigma_{\substack{2\\3\\4}} + (\eta_1^2 z^2 + e_{\substack{1\\2\\3}})\,\sigma_{\substack{2\\3\\4}} - \frac{\pi}{K^2}\frac{\partial}{\partial\varkappa}\sigma_{\substack{2\\3\\4}} = 0,\\
&\frac{\partial^2}{\partial z^2}\sigma_5 - 2\bar\eta_1 z\frac{\partial}{\partial z}\sigma_5 + (\bar\eta_1^2 z^2 + 2\bar\eta_1)\,\sigma_5 - \frac{2\pi}{K^2}\frac{\partial}{\partial\varkappa}\sigma_5 = 0,\\
&\frac{\partial^2}{\partial z^2}\sigma_6 - 2\bar\eta_1 z\frac{\partial}{\partial z}\sigma_6 + (\bar\eta_1^2 z^2 - 2e_2)\,\sigma_6 - \frac{2\pi}{K^2}\frac{\partial}{\partial\varkappa}\sigma_6 = 0.
\end{aligned}\right\}\quad(1077)$$

156. Die Jacobischen elliptischen Funktionen und zwei ihrer logarithmischen Ableitungen als Quotienten von Sigma-Funktionen. Neufassung der Additionstheoreme der Jacobischen elliptischen Funktionen. Viererprodukte

Werden die Gln. (1064) sukzessive durcheinander dividiert und hierbei die Gln (280), (281), (525), (527) und (766) berücksichtigt, so stellen sich die zwölf JACOBIschen elliptischen Funktionen als Quotienten von Sigma-Funktionen dar. Die Darstellungen einschließlich derjenigen für $\overline{\mathrm{nc}}$ und $\overline{\mathrm{sd}}$ lauten:

$$\left.\begin{aligned}
&\mathrm{cs}(z,k) = \frac{\sigma_2(z,k)}{\sigma_1(z,k)}, \quad \mathrm{ds}(z,k) = \frac{\sigma_3(z,k)}{\sigma_1(z,k)}, \quad \mathrm{ns}(z,k) = \frac{\sigma_4(z,k)}{\sigma_1(z,k)},\\
&\mathrm{sc}(z,k) = \frac{\sigma_1(z,k)}{\sigma_2(z,k)}, \quad \mathrm{nc}(z,k) = \frac{\sigma_4(z,k)}{\sigma_2(z,k)}, \quad \mathrm{dc}(z,k) = \frac{\sigma_3(z,k)}{\sigma_2(z,k)},\\
&\mathrm{nd}(z,k) = \frac{\sigma_4(z,k)}{\sigma_3(z,k)}, \quad \mathrm{sd}(z,k) = \frac{\sigma_1(z,k)}{\sigma_3(z,k)}, \quad \mathrm{cd}(z,k) = \frac{\sigma_2(z,k)}{\sigma_3(z,k)},\\
&\mathrm{dn}(z,k) = \frac{\sigma_3(z,k)}{\sigma_4(z,k)}, \quad \mathrm{cn}(z,k) = \frac{\sigma_2(z,k)}{\sigma_4(z,k)}, \quad \mathrm{sn}(z,k) = \frac{\sigma_1(z,k)}{\sigma_4(z,k)}.\\
&\overline{\mathrm{nc}}(z,k) = -\overline{\mathrm{cn}}(z,k) = \frac{\sigma_5(z,k)}{\sigma_6(z,k)},\\
&\overline{\mathrm{sd}}(z,k) = -\overline{\mathrm{ds}}(z,k) = \frac{\sigma_6(z,k)}{\sigma_5(z,k)}.
\end{aligned}\right\}\quad(1078)$$

Werden die Gln. (1072)′ nach Vertauschen von z und z_0 durcheinander dividiert und die dabei anfallenden Quotienten nach (1078) ausgedrückt, so erscheinen die Additionstheoreme der JACOBIschen elliptischen Funktionen in der Form

$$\left.\begin{aligned}
\mathrm{cs}(z+z_0,k)\,\mathrm{cs}(z-z_0,k) &= \mathrm{cs}^2(z,k)\,\frac{\wp_2(z,k)-\wp_1(z_0,k)}{\wp_1(z,k)-\wp_1(z_0,k)},\\
\mathrm{ds}(z+z_0,k)\,\mathrm{ds}(z-z_0,k) &= \mathrm{ds}^2(z,k)\,\frac{\wp_3(z,k)-\wp_1(z_0,k)}{\wp_1(z,k)-\wp_1(z_0,k)},\\
\mathrm{ns}(z+z_0,k)\,\mathrm{ns}(z-z_0,k) &= \mathrm{ns}^2(z,k)\,\frac{\wp_4(z,k)-\wp_1(z_0,k)}{\wp_1(z,k)-\wp_1(z_0,k)},\\
\mathrm{sc}(z+z_0,k)\,\mathrm{sc}(z-z_0,k) &= \mathrm{sc}^2(z,k)\,\frac{\wp_1(z,k)-\wp_1(z_0,k)}{\wp_2(z,k)-\wp_1(z_0,k)},\\
\mathrm{nc}(z+z_0,k)\,\mathrm{nc}(z-z_0,k) &= \mathrm{nc}^2(z,k)\,\frac{\wp_4(z,k)-\wp_1(z_0,k)}{\wp_2(z,k)-\wp_1(z_0,k)},\\
\mathrm{dc}(z+z_0,k)\,\mathrm{dc}(z-z_0,k) &= \mathrm{dc}^2(z,k)\,\frac{\wp_3(z,k)-\wp_1(z_0,k)}{\wp_2(z,k)-\wp_1(z_0,k)},\\
\mathrm{nd}(z+z_0,k)\,\mathrm{nd}(z-z_0,k) &= \mathrm{nd}^2(z,k)\,\frac{\wp_4(z,k)-\wp_1(z_0,k)}{\wp_3(z,k)-\wp_1(z_0,k)},
\end{aligned}\right\}\quad(1079)$$

$$\begin{aligned}
\mathrm{sd}(z+z_0,k)\,\mathrm{sd}(z-z_0,k) &= \mathrm{sd}^2(z,k)\,\frac{\wp_1(z,k)-\wp_1(z_0,k)}{\wp_3(z,k)-\wp_1(z_0,k)}\,,\\
\mathrm{cd}(z+z_0,k)\,\mathrm{cd}(z-z_0,k) &= \mathrm{cd}^2(z,k)\,\frac{\wp_2(z,k)-\wp_1(z_0,k)}{\wp_3(z,k)-\wp_1(z_0,k)}\,,\\
\mathrm{dn}(z+z_0,k)\,\mathrm{dn}(z-z_0,k) &= \mathrm{dn}^2(z,k)\,\frac{\wp_3(z,k)-\wp_1(z_0,k)}{\wp_4(z,k)-\wp_1(z_0,k)}\,,\\
\mathrm{cn}(z+z_0,k)\,\mathrm{cn}(z-z_0,k) &= \mathrm{cn}^2(z,k)\,\frac{\wp_2(z,k)-\wp_1(z_0,k)}{\wp_4(z,k)-\wp_1(z_0,k)}\,,\\
\mathrm{sn}(z+z_0,k)\,\mathrm{sn}(z-z_0,k) &= \mathrm{sn}^2(z,k)\,\frac{\wp_1(z,k)-\wp_1(z_0,k)}{\wp_4(z,k)-\wp_1(z_0,k)}\,.
\end{aligned}$$

Ferner ergibt sich für die $\overline{\mathrm{nc}}$-Funktion und die $\overline{\mathrm{sd}}$-Funktion

$$\begin{aligned}
\overline{\mathrm{nc}}(z+z_0,k)\,\overline{\mathrm{nc}}(z-z_0,k) &= \overline{\mathrm{nc}}^2(z,k)\,\frac{\wp_5(z,k)-\wp_5(z_0,k)}{\wp_6(z,k)-\wp_5(z_0,k)}\,,\\
\overline{\mathrm{sd}}(z+z_0,k)\,\overline{\mathrm{sd}}(z-z_0,k) &= \overline{\mathrm{sd}}^2(z,k)\,\frac{\wp_6(z,k)-\wp_5(z_0,k)}{\wp_5(z,k)-\wp_5(z_0,k)}\,.
\end{aligned} \tag{1080}$$

Wenn die Gln. (1079) und (1080) einmal für z_0 und einmal für $\bar{z}_0$ angesetzt und anschließend durcheinander dividiert werden, so heben sich die ersten Faktoren auf den rechten Seiten heraus, und es entstehen die Viererproduktdarstellungen:

$$\begin{aligned}
\frac{\mathrm{cs}(z+z_0,k)\,\mathrm{cs}(z-z_0,k)}{\mathrm{cs}(z+\bar{z}_0,k)\,\mathrm{cs}(z-\bar{z}_0,k)} &= \frac{\wp_2(z,k)-\wp_1(z_0,k)}{\wp_1(z,k)-\wp_1(z_0,k)}\,\frac{\wp_1(z,k)-\wp_1(\bar{z}_0,k)}{\wp_2(z,k)-\wp_1(\bar{z}_0,k)}\,,\\
\frac{\mathrm{ds}(z+z_0,k)\,\mathrm{ds}(z-z_0,k)}{\mathrm{ds}(z+\bar{z}_0,k)\,\mathrm{ds}(z-\bar{z}_0,k)} &= \frac{\wp_3(z,k)-\wp_1(z_0,k)}{\wp_1(z,k)-\wp_1(z_0,k)}\,\frac{\wp_1(z,k)-\wp_1(\bar{z}_0,k)}{\wp_3(z,k)-\wp_1(\bar{z}_0,k)}\,,\\
\frac{\mathrm{ns}(z+z_0,k)\,\mathrm{ns}(z-z_0,k)}{\mathrm{ns}(z+\bar{z}_0,k)\,\mathrm{ns}(z-\bar{z}_0,k)} &= \frac{\wp_4(z,k)-\wp_1(z_0,k)}{\wp_1(z,k)-\wp_1(z_0,k)}\,\frac{\wp_1(z,k)-\wp_1(\bar{z}_0,k)}{\wp_4(z,k)-\wp_1(\bar{z}_0,k)}\,,\\
\frac{\mathrm{sc}(z+z_0,k)\,\mathrm{sc}(z-z_0,k)}{\mathrm{sc}(z+\bar{z}_0,k)\,\mathrm{sc}(z-\bar{z}_0,k)} &= \frac{\wp_1(z,k)-\wp_1(z_0,k)}{\wp_2(z,k)-\wp_1(z_0,k)}\,\frac{\wp_2(z,k)-\wp_1(\bar{z}_0,k)}{\wp_1(z,k)-\wp_1(\bar{z}_0,k)}\,,\\
\frac{\mathrm{nc}(z+z_0,k)\,\mathrm{nc}(z-z_0,k)}{\mathrm{nc}(z+\bar{z}_0,k)\,\mathrm{nc}(z-\bar{z}_0,k)} &= \frac{\wp_4(z,k)-\wp_1(z_0,k)}{\wp_2(z,k)-\wp_1(z_0,k)}\,\frac{\wp_2(z,k)-\wp_1(\bar{z}_0,k)}{\wp_4(z,k)-\wp_1(\bar{z}_0,k)}\,,\\
\frac{\mathrm{dc}(z+z_0,k)\,\mathrm{dc}(z-z_0,k)}{\mathrm{dc}(z+\bar{z}_0,k)\,\mathrm{dc}(z-\bar{z}_0,k)} &= \frac{\wp_3(z,k)-\wp_1(z_0,k)}{\wp_2(z,k)-\wp_1(z_0,k)}\,\frac{\wp_2(z,k)-\wp_1(\bar{z}_0,k)}{\wp_3(z,k)-\wp_1(\bar{z}_0,k)}\,,\\
\frac{\mathrm{nd}(z+z_0,k)\,\mathrm{nd}(z-z_0,k)}{\mathrm{nd}(z+\bar{z}_0,k)\,\mathrm{nd}(z-\bar{z}_0,k)} &= \frac{\wp_4(z,k)-\wp_1(z_0,k)}{\wp_3(z,k)-\wp_1(z_0,k)}\,\frac{\wp_3(z,k)-\wp_1(\bar{z}_0,k)}{\wp_4(z,k)-\wp_1(\bar{z}_0,k)}\,,\\
\frac{\mathrm{sd}(z+z_0,k)\,\mathrm{sd}(z-z_0,k)}{\mathrm{sd}(z+\bar{z}_0,k)\,\mathrm{sd}(z-\bar{z}_0,k)} &= \frac{\wp_1(z,k)-\wp_1(z_0,k)}{\wp_3(z,k)-\wp_1(z_0,k)}\,\frac{\wp_3(z,k)-\wp_1(\bar{z}_0,k)}{\wp_1(z,k)-\wp_1(\bar{z}_0,k)}\,,\\
\frac{\mathrm{cd}(z+z_0,k)\,\mathrm{cd}(z-z_0,k)}{\mathrm{cd}(z+\bar{z}_0,k)\,\mathrm{cd}(z-\bar{z}_0,k)} &= \frac{\wp_2(z,k)-\wp_1(z_0,k)}{\wp_3(z,k)-\wp_1(z_0,k)}\,\frac{\wp_3(z,k)-\wp_1(\bar{z}_0,k)}{\wp_2(z,k)-\wp_1(\bar{z}_0,k)}\,,\\
\frac{\mathrm{dn}(z+z_0,k)\,\mathrm{dn}(z-z_0,k)}{\mathrm{dn}(z+\bar{z}_0,k)\,\mathrm{dn}(z-\bar{z}_0,k)} &= \frac{\wp_3(z,k)-\wp_1(z_0,k)}{\wp_4(z,k)-\wp_1(z_0,k)}\,\frac{\wp_4(z,k)-\wp_1(\bar{z}_0,k)}{\wp_3(z,k)-\wp_1(\bar{z}_0,k)}\,,\\
\frac{\mathrm{cn}(z+z_0,k)\,\mathrm{cn}(z-z_0,k)}{\mathrm{cn}(z+\bar{z}_0,k)\,\mathrm{cn}(z-\bar{z}_0,k)} &= \frac{\wp_2(z,k)-\wp_1(z_0,k)}{\wp_4(z,k)-\wp_1(z_0,k)}\,\frac{\wp_4(z,k)-\wp_1(\bar{z}_0,k)}{\wp_2(z,k)-\wp_1(\bar{z}_0,k)}\,,\\
\frac{\mathrm{sn}(z+z_0,k)\,\mathrm{sn}(z-z_0,k)}{\mathrm{sn}(z+\bar{z}_0,k)\,\mathrm{sn}(z-\bar{z}_0,k)} &= \frac{\wp_1(z,k)-\wp_1(z_0,k)}{\wp_4(z,k)-\wp_1(z_0,k)}\,\frac{\wp_4(z,k)-\wp_1(\bar{z}_0,k)}{\wp_1(z,k)-\wp_1(\bar{z}_0,k)}\,;\\[2ex]
\frac{\overline{\mathrm{nc}}(z+z_0,k)\,\overline{\mathrm{nc}}(z-z_0,k)}{\overline{\mathrm{nc}}(z+\bar{z}_0,k)\,\overline{\mathrm{nc}}(z-\bar{z}_0,k)} &= \frac{\wp_5(z,k)-\wp_5(z_0,k)}{\wp_6(z,k)-\wp_5(z_0,k)}\,\frac{\wp_6(z,k)-\wp_5(\bar{z}_0,k)}{\wp_5(z,k)-\wp_5(\bar{z}_0,k)}\,,\\
\frac{\overline{\mathrm{sd}}(z+z_0,k)\,\overline{\mathrm{sd}}(z-z_0,k)}{\overline{\mathrm{sd}}(z+\bar{z}_0,k)\,\overline{\mathrm{sd}}(z-\bar{z}_0,k)} &= \frac{\wp_6(z,k)-\wp_5(z_0,k)}{\wp_5(z,k)-\wp_5(z_0,k)}\,\frac{\wp_5(z,k)-\wp_5(\bar{z}_0,k)}{\wp_6(z,k)-\wp_5(\bar{z}_0,k)}\,.
\end{aligned} \tag{1081}$$

Läßt man in (1079) und (1080) z_0 nach z gehen, so nehmen $\mathrm{nc}(z-z_0,k)$, $\mathrm{dc}(z-z_0,k)$, $\mathrm{nd}(z-z_0,k)$, $\mathrm{cd}(z-z_0,k)$, $\mathrm{dn}(z-z_0,k)$, $\mathrm{cn}(z-z_0,k)$ den Wert 1 an, während die Funktionen $\mathrm{cs}(z-z_0,k)$, $\mathrm{ds}(z-z_0,k)$, $\mathrm{ns}(z-z_0,k)$, $\overline{\mathrm{sd}}(z-z_0,k)$ nach $1/(z-z_0)$ und $\mathrm{sc}(z-z_0,k)$, $\mathrm{sd}(z-z_0,k)$, $\mathrm{sn}(z-z_0,k)$,

$\overline{\mathrm{nc}}(z - z_0, k)$ nach $z - z_0$ gehen, und man erhält

$$\left.\begin{aligned}
&\frac{\mathrm{sc}(2z, k)}{\mathrm{sc}^2(z, k)} = \frac{\mathrm{cs}^2(z, k)}{\mathrm{cs}(2z, k)} = \frac{\wp_1'(z, k)}{\wp_2(z, k) - \wp_1(z, k)}, \quad \frac{\mathrm{cd}(2z, k)}{\mathrm{cd}^2(z, k)} = \frac{\mathrm{dc}^2(z, k)}{\mathrm{dc}(2z, k)} = \frac{\wp_2(z, k) - \wp_1(z, k)}{\wp_3(z, k) - \wp_1(z, k)},\\
&\frac{\mathrm{sd}(2z, k)}{\mathrm{sd}^2(z, k)} = \frac{\mathrm{ds}^2(z, k)}{\mathrm{ds}(2z, k)} = \frac{\wp_1'(z, k)}{\wp_3(z, k) - \wp_1(z, k)}, \quad \frac{\mathrm{cn}(2z, k)}{\mathrm{cn}^2(z, k)} = \frac{\mathrm{nc}^2(z, k)}{\mathrm{nc}(2z, k)} = \frac{\wp_2(z, k) - \wp_1(z, k)}{\wp_4(z, k) - \wp_1(z, k)},\\
&\frac{\mathrm{sn}(2z, k)}{\mathrm{sn}^2(z, k)} = \frac{\mathrm{ns}^2(z, k)}{\mathrm{ns}(2z, k)} = \frac{\wp_1'(z, k)}{\wp_4(z, k) - \wp_1(z, k)}, \quad \frac{\mathrm{dn}(2z, k)}{\mathrm{dn}^2(z, k)} = \frac{\mathrm{nd}^2(z, k)}{\mathrm{nd}(2z, k)} = \frac{\wp_3(z, k) - \wp_1(z, k)}{\wp_4(z, k) - \wp_1(z, k)},\\
&\frac{\overline{\mathrm{nc}}(2z, k)}{\overline{\mathrm{nc}}^2(z, k)} = \frac{\overline{\mathrm{sd}}^2(z, k)}{\overline{\mathrm{sd}}(2z, k)} = \frac{\wp_5'(z, k)}{\wp_6(z, k) - \wp_5(z, k)}.
\end{aligned}\right\} \quad (1082)$$

Literaturverzeichnis

1. Elliptische Funktionen im allgemeinen

Siehe Literaturverzeichnis Bd. II, Abschnitt 1, S. 245f., [*1*]–[*93*].

2. Jacobische elliptische Funktionen

[*1*] FALK, M.: Über elliptische Funktionen 2. Grades. Upsala 1892.
[*2*] HÄRRIG, W.: Geometrische Darstellung der Jacobischen elliptischen Funktionen. Diss. Bern: Stämpfli & Co. 1921.
[*3*] JACOBI, K. G.: Gesammelte Werke, Bd. 1, 1881, Bd. 2, 1882, Bd. 3, 1884.
[*4*] JACOBI, K. G.: Theorie der elliptischen Funktionen aus den Eigenschaften der Thetareihen abgeleitet. Leipzig 1927
[*5*] NEVILLE, E. H.: Jacobian elliptic functions. 2nd Ed. Oxford: Clarendon Press 1951.
[*6*] NOTH, H. T.: Über die mit Hilfe der Jacobischen Funktion zu behandelnden Fälle der Zentralbewegung. Jena 1869.
[*7*] PFANNENSTIEHL, E.: Über die Differentialgleichungen der elliptischen Funktionen 3. Ordnung. Upsala 1891.
[*8*] REUTTER, F.: Untersuchungen auf dem Gebiet der praktischen Mathematik und damit verwandter Fragen der Geometrie. Regelflächen vierter Ordnung in der linearen Strahlenkongruenz — Betragflächen elliptischer Funktionen (Als Manuskript gedruckt.) Köln und Opladen: Westdeutscher Verlag 1962.

3. Weierstraßsche elliptische Funktionen

Siehe Literaturverzeichnis Bd. II, Abschnitt 3, S. 248, [*1*]–[*4*].

4. Formelzusammenstellungen

Siehe Literaturverzeichnis Bd. II, Abschnitt 4, S. 248, [*1*]–[*12*].

GPSR Compliance

The European Union's (EU) General Product Safety Regulation (GPSR) is a set of rules that requires consumer products to be safe and our obligations to ensure this.

If you have any concerns about our products, you can contact us on ProductSafety@springernature.com

In case Publisher is established outside the EU, the EU authorized representative is:

Springer Nature Customer Service Center GmbH
Europaplatz 3
69115 Heidelberg, Germany

Batch number: 10684220

Printed by Printforce, the Netherlands